普通高等教育"十一五"国家级规划教材

自然地理学

（第三版）

刘南威　主编

科学出版社

北京

内 容 简 介

本书是教育部 1998 年颁布实施普通高等学校本科地理专业课程重大调整之后,为新设置的"自然地理学"课程而编写的教材。根据课程调整的要求,全书既注意保持自然地理学科体系的完整性,又注意涵盖被取消的课程在地理专业中所需的内容,结构合理、内容新颖、资料丰富、图文并茂、针对性强,突出了基础理论、知识与应用,强调环境意识,贯穿人地关系与可持续发展思想,符合课程改革的要求。全书共 11 章,包括自然地理学的研究对象和任务、行星地球、地壳、气候、水文、地貌、植物、动物、土壤、自然地理环境的基本规律、人类与自然地理环境。本次修订变动较大的有第三、四、六、八、十、十一等章。

本书可供高等院校地理科学各专业本科生以及环境、土地、生态、测绘等相关专业师生使用。

图书在版编目(CIP)数据

自然地理学/刘南威主编. —3 版. —北京:科学出版社,2014.1

普通高等教育"十一五"国家级规划教材

ISBN 978-7-03-039616-7

Ⅰ.①自…　Ⅱ.①刘…　Ⅲ.①自然地理学-高等学校-教材　Ⅳ.①P9

中国版本图书馆 CIP 数据核字(2014)第 011998 号

责任编辑:文　杨　杨　红/责任校对:张小霞
责任印制:霍　兵/封面设计:迷底书装

科学出版社出版
北京东黄城根北街 16 号
邮政编码:100717
http://www.sciencep.com

保定市中画美凯印刷有限公司印刷
科学出版社发行　各地新华书店经销

*

2000 年 8 月第 一 版　　开本:890×1240　A4
2007 年 6 月第 二 版　　印张:26 1/2
2014 年 1 月第 三 版　　字数:837 000
2024 年 12 月第二十二次印刷

定价:68.00 元
(如有印装质量问题,我社负责调换)

《自然地理学》(第三版)

编著者名单

刘南威　主编

编著者	刘南威	杨士弘	刘洪杰	李保生	张声才
	黄少敏	卓正大	陈广叙	苏佩颜	龙志强
	秦　成	徐颂军	廖伟迅	曾荣青	林媚珍
	郑宗清	方碧真	郭有立		

第三版前言

本教材承蒙广大师生和社会各界厚爱,自 2000 年 7 月第一版,2007 年 6 月第二版迄今,已印刷 14 次,平均每年重印 1 次,累计发行 4 万余册,成为我国近年来使用较广、影响较大的自然地理学教材之一。

第二版前言提到,本教材是根据自然地理环境是一个开放系统及其要素组成的相对独立性和综合性来设计体系结构的,比较完整,比较合理,比较新颖。本次修订就仍然在保持教材体系结构不变的基础上进行,在内容选择上,注重去旧入新,去繁就简和结合生产实际。本次修订,不少章、节多有改动。改动最多、最大的是地貌部分,其次是板块构造,地壳的演化与发展简史,整体性规律,自然地理环境基本规律的应用,台风,全球变化,植物群落对环境的指示作用,动物地理区的划分,太阳系、月球探测,海啸等部分。

本次修订,得到黄少敏、龙志强、陈广叙、杨士弘、卓正大、刘洪杰、张声才、李保生、廖伟迅等老师的密切配合,使本书修订得以顺利完成,谨致谢意。

刘南威

2013 年秋分于华南师范大学寓所

第二版前言

《自然地理学》是在 1998 年教育部修订教学计划新设置"自然地理学"课程之后编写的首本教材。自 2000 年 8 月第一版出版至今,承蒙读者厚爱,被许多高等学校选作相关专业的本科教材,以及硕士、博士研究生入学考试指定参考书,使用效果和社会反映良好,由科学出版社多次重印。

2006 年经教育部组织评审,本书列入普通高等教育"十一五"国家级规划教材建设项目。考虑到本书第一版的自然地理学体系、结构比较严谨,修订工作在保持原体系结构不变的前提下进行。

本书第一版体系结构,是在论述自然地理学的研究对象(即自然地理环境的形成、物质和要素组成,以及基本特征)之后,根据自然地理环境是一个开放系统及要素组成的相对独立性和综合性来安排的。首先阐明影响开放系统外部环境的行星地球和组成自然地理环境四个基本地圈之一的沉积岩石圈所在的地壳;继而根据相对独立性,分别叙述气候、水文、地貌、植物、动物、土壤六大自然地理环境组成要素,在要素的排列上,不是按习惯的土壤、植物、动物的顺序,而是根据发生学观点,按植物、动物、土壤的顺序排列;进而根据综合性,阐述自然地理环境的基本规律;最后论及人类与自然地理环境的关系。同时,在各章设立过渡段,说明该章在自然地理环境中的地位、作用以及它们之间的相互联系。

再版时,根据学科发展、教学改革的要求和编者多年的教学实践经验、近年使用教材的体会以及部分读者的反馈意见进行修订,主要改写和删减了部分内容,补充新内容,并在各小节节末配备复习思考题,以供学生温习使用。

本次修订,蒙杨士弘教授协助并参与统稿,得到华南师范大学地理科学学院院长徐颂军教授的支持和华南师范大学所有参与本书编写的同仁的积极配合;范小平老师核对第九章中的部分插图;书中与冥王星"降级"相关的内容,蒙北京天文学会原理事长、北京天文台李竞教授提出修改意见,使本书的修订工作能够顺利完成。在此一并致谢!

本书修订是集体创作完成,虽经统稿,但不当之处在所难免,恳请读者批评指正。

刘南威
2007 年春节于华南师范大学寓所

第一版前言

1998年7月,新修订的《普通高等学校本科专业目录》,由教育部正式颁布和实施。该本科专业目录,对高等学校本科地理专业的课程设置进行了重大调整,其中一个重大调整,是取消综合性大学和师范院校原教学计划中的"气象学与气候学"、"水文学"、"地貌学"、"土壤地理学"、"植物地理学"、"动物地理学"、"地质学"、"综合自然地理学"以及师范院校的"地球概论"等课程,而新设置"自然地理学"。

本书是为新设置的《自然地理学》而编写的。编写时,既注意保持自然地理学体系的完整性,又注意涵盖前述被取消课程在地理专业中所需的内容,以符合课程改革的要求和满足形势发展的需要。

本书由刘南威主编。编写分工如下:

第一章　刘南威

第二章　刘南威　苏佩颜　廖伟迅　郑宗清

第三章　李保生　龙志强

第四章　杨士弘　秦　成　曾荣青

第五章　张声才

第六章　黄少敏

第七章　卓正大　徐颂军　林媚珍　方碧真

第八章　刘洪杰

第九章　刘洪杰

第十章　陈广叙　刘南威　郭有立

第十一章　刘南威　杨士弘　郭有立

本书的编写,得到杨士弘、刘洪杰两位老师的大力协助,共同商定编写提纲和参与统稿;得到华南师范大学地理系领导的支持;并在云南师范大学苏佩颜、广州大学林媚珍、方碧真、广西师范学院秦成、韶关学院廖伟迅等老师以及华南师范大学地理系有关教师的共同努力下完成的。本书的出版,是在科学出版社吴三保编审的积极帮助下,才得以面世。在此一并致谢。

"自然地理学"是新设置的课程,还未经过教学实践,缺乏经验,加之多人编写,且时间仓促,不完善之处,恳请使用本书的教师和同学,提出改进意见,以供有机会再版时参考。

刘南威

目　　录

第一章 自然地理学的研究对象和任务

第一节 地理学的研究对象

地球表层是人类赖以生存的地理环境。地理学就是研究地理环境的科学。

所谓环境，是相对主体而言的。从微观世界到宏观世界，从自然界到人类社会，每一具体事物都是在一定的空间和时间中不断地运动着，都要与周围的事物发生复杂的联系。那些围绕着主体、占据一定空间、构成主体存在条件的诸种物质实体或社会因素，就是该主体事物的环境。

主体有大小之分，环境有大小之别。大到整个宇宙，小到基本粒子，它们都有其存在的空间条件。因此，环境因主体的不同而不同，随主体的变化而变化。

许多科学的内容都涉及环境。然而，把环境作为实体来研究的主要有生物科学中的生态学、地球科学中的地理学以及近年发展起来的环境学。虽然这三门学科的研究对象都是环境，但研究的主体不同，主要矛盾不同，其"环境"的含义也各有差别。生态学领域的主要矛盾是生物与环境的矛盾，其"环境"是以动物、植物和微生物为主体的生态环境；环境学领域的主要矛盾是人体与环境的矛盾，其"环境"是以人体为主体的污染环境；地理学领域的主要矛盾是人类社会与环境的矛盾，其"环境"是以人类社会为主体的地理环境。

作为地理学研究对象的地理环境，是由自然环境、经济环境和社会文化环境相互重叠、相互联系所构成的整体。自然环境是由地球表层各种自然物质和能量所组成，具有地理结构特征并受自然规律控制的地理环境部分。经济环境是在自然环境的基础上由人类社会经济活动形成的地理环境部分，主要指自然条件和自然资源经人类利用、改造后形成的生产力的地域综合体，包括工业、农业、交通和城镇居民点等各种生产力实体。社会文化环境是人类社会本身所构成的地理环境部分，包括人口、社会、国家以及民族、民俗、语言、文化等方面的地域分布和组合结构，还涉及社会上人们对周围事物的心理感应和相应的社会行为。

对应于上述地理环境的三部分，地理学可分为三个主要的学科，即研究自然环境的自然地理学、研究经济环境的经济地理学和研究社会文化环境的社会文化地理学（即狭义的人文地理学）。经济环境和社会文化环境构成的人文环境，是人文地理学（广义的）的研究对象。

复习思考题

地理环境包括哪三种环境？它们的含义是什么？

第二节 自然地理学的研究对象

一、天然环境和人为环境

地理环境中的自然环境，包括天然环境和人为环境。天然环境是指那些只受人类间接或轻微影响，而原有自然面貌基本上未发生明显变化的原生自然环境，如极地、高山、大荒漠、大沼泽、热带雨林、某些自然保护区以及人类活动较少的海域等。人为环境是指那些自然条件经受人类直接影响和长期作用之后，自然面貌发生重大变化的次生自然环境，如放牧的草场，经过采伐的森林、农田、鱼塘、水库、运河等。人为环境的成因及其形式，主要取决于人类干预的方式和强度。然而它自身的演变和作用过程，则仍受制于自然规律，如水库、运河的水量和流速等水情要素，与天然湖泊、河流一样，仍受制于气候、地貌等因素的影响。因此，人为环境和天然环境一样，同属于自然环境。

二、自然地理环境的形成

地球构造的一个显著特点是它的圈层性。整个地球是由一系列具有不同物理和化学性质的物质圈层所构成。这些地球圈层称为地圈。

地球的外部笼罩着大气圈,其中还可再分为散逸层、电离层、中间层、平流层和对流层;大气圈的下垫面是海洋和陆地水构成的水圈;地球固体部分的外层是岩石圈(包括地壳和地幔的刚体部分)。岩石圈的上部分布着很薄的一层沉积岩石圈及地表风化壳和土被层;岩石圈以下的地球内部是地幔的大部和地核;此外,在海陆表面还存在生命物质,它们组成生物圈。所有这些地圈的组合形式具有两种类型:在高空和地球深部的地圈,其层内理化性质较为一致,圈层之间的关系较为简单,表现为上下成层的组合形式;而在海陆表面附近的大气圈(下部)、水圈、岩石圈(上部)和生物圈则表现为相互交织的组合形式。这后一种组合形式的四个地圈不仅紧密接触,而且多方面地相互渗透,相互作用,从而形成一个新的、比地球其他圈层具有独特地理意义的物质体系。这个物质体系不是大气、水体、岩石和生物等各种物质成分的机组凑合(正如食糖这样的碳水化合物,不是碳、氢、氧的机械相加那样),而是一个复杂的具有自己独特性质的物质体系,是自然地理学的研究对象。

20世纪60年代前期,中国科学院地理研究所把这一新的物质体系,称为自然地理环境。对这个新物质体系,自然地理学家曾使用不同术语来表达。尽管表达的字眼以及所包括的空间范围不完全一致,而其所指的客观实体却是基本相同的。这些术语主要有:地理壳(A. A. 格里哥里耶夫)、地理圈(Д. Л. 阿尔曼德);景观壳(C. B. 卡列斯尼克)、景观圈(Ю. K. 叶夫列鲁夫)、表成地圈(A. Г. 伊萨钦科)、生物发生圈(И. M. 查别林)、地球表层(Л. И. 布罗乌诺夫)、自然地理面(牛文元)等。

复习思考题

1. 天然环境与人为环境有何异同?
2. 试述自然地理学研究对象的形成。

三、自然地理环境的范围和边界

由上可见,自然地理环境是地球的一个复合圈层,它镶嵌于地球的表层,以自己的表面朝向宇宙空间,正像一个包着固体地球的"壳",因此,有些自然地理学家把它称作"地理壳"、"景观壳"。这种名称突出了自然地理环境的外形和空间位置。

然而,要确定自然地理环境的空间位置,即确

定它的范围和边界,却是一个棘手的科学课题。我们知道,客观物体的边界有两种不同的类型:第一类是突变的鲜明边界。这类边界在空间呈一个面(没有厚度),界面两侧物质(体系)的性质有明显区别,如海陆交界。第二类是渐变的模糊边界。这类边界在空间上呈现一个过渡区间,其内不同属性的相邻两物质(体系)并存,且一方属性逐渐消失而另一方属性逐渐显著。自然地理环境的边界正是一种具有一定过渡区间的渐变界限。如它的两个边缘圈层(大气圈和岩石圈)的厚度很大,而两者的物质组成和结构特性随高度或深度的不同又具有渐变的性质,所以,要在这两个地圈中确定自然地理环境的边界就不是容易的事情了。

长期以来,不少自然地理学家就自然地理环境的边界问题进行了深入的探索,提出了许多不同的观点。所有的观点,概括起来包括三类。

有一类观点趋向于把自然地理环境的界限划定在一个巨大的空间范围。这类观点主要为原苏联地理学者所提出。

其中一部分原苏联学者侧重在自然地理环境的"外部联系显著减弱之处"寻找边界和确定范围。例如:C. B. 卡列斯尼克1947年提出,地理壳的上限为臭氧层的高度,约在海平面以上25～30km高度,因为臭氧层调节了到达地表的紫外线,使波长小于$0.29\mu m$的紫外线不能到达地表;下限则应为普通震源所在的深度,即在海平面以下15km或20km到40km或50km的地方,因为普通震源是引起地表变化的地球内能来源的深度。

另一部分原苏联学者着眼于自然地理环境的"内在联系显著减弱之处"。例如:1953年,A. Г. 伊萨钦科认为地理壳的上限在对流层顶,下限在沉积岩石圈的底界(约在地面以下5～6km)。因为对流层和水圈参与着太阳能引起的地理壳的积极的物质循环,沉积岩则是由三个无机圈层和有机体相互作用的产物,而从对流层到沉积岩石圈的范围也是生命有机体可能生存的区间,在这一区间之外,自然地理环境的内部联系就显著减弱了。

另一类观点把自然地理环境的界限划定在较小的空间范围。这一观点以我国自然地理学者牛文元为代表。他认为原苏联地理学家划定的界限和范围偏大而流于空泛。他根据所研究问题的特点以及讨论时的方便,把自然地理环境限于一个较薄的空间内,视之为一个开放性的系统,取名"自然

地理面"。自然地理面的上限定在地表向上约 50～100m 的近地面边界层,而下限定在太阳能量影响地表的终止线(其深度在陆地约 20～30m,在海洋可达 100m 的深处)。理由是,在近地面层空气运动以乱流处于主导地位,支配着这里与其上的大气层的物质和能量交换;在陆地上以太阳作为外力作用的代表,自然地理面的下限不应超过外力对地球的作用深度。

还有一类观点也是我国自然地理学者提出的,北京大学陈传康(1931～1997 年)认为自然地理学所研究的范围界限不应作硬性规定,硬性规定一个厚度未必都符合客观实际,而应视研究问题的性质有相应的变化。通常随研究范围的不同,牵涉的厚度也不同。研究小范围的问题,所涉及的厚度就应薄;研究大范围的问题,厚度就应大;全球性的问题,才可能涉及地理壳的厚度。

总而言之,关于自然地理环境的范围和边界至今仍是一个值得探讨的科学问题。但就全球尺度的自然地理环境而言,目前大多数自然地理工作者基本接受了 А.Г. 伊萨钦科的划法。而在具体的研究中,陈传康的观点是值得重视的。

复习思考题

简述伊萨钦科对自然地理环境范围和边界的看法。

四、自然地理环境的组成

自然地理环境是一个庞大的物质系统。其组成包括:自然地理环境的各种物质以及在能量支配下物质运动所构成的各种动态体系,即自然地理要素。

1. 自然地理环境的物质组成

自然地理环境的物质组成,可能包括地球所有的化学元素种类。然而这里的讨论不过细地涉及各种地球元素,而仅以宏观的角度着眼于那些具有地域结构意义的物质成分及其构成的物质系统。

从上述观念出发,可以把自然地理环境的物质成分概括为四大类,即固态的岩石、液态的水、气态的空气和活质有机体。它们是自然地理环境最基本的组成成分。这四类物质成分相互联系、相互渗透,普遍存在于自然地理环境中,并各以自己为主

体构成了下列自然地理环境的四个基本地圈。

(1) 对流圈。大气圈底部对流运动最显著的大气圈层,主要由气态物质组成。这里集中了整个大气质量的 3/4 和几乎全部的水汽。它的下界是海陆表面,上界随纬度、季节及其他条件不同而不同。根据观测,对流层的平均厚度在低纬度为 17～18km,在中纬度为 10～12km,在高纬度为 8～9km。一般夏季厚而冬季薄。

(2) 水圈。地球表层水体的总称,包括海洋、河流、湖泊、沼泽、冰川和地下水。其中海洋面积最为宽广,占地球表面积的 70.8%,平均深度 3.8km。水圈总体积约为 13.7 亿 km³(其中陆地水仅占 2.8%)。

(3) 沉积岩石圈。亦称成层岩石圈。地壳(及岩石圈)的上部,主要由沉积岩构成,沉积岩石圈的厚度是不均匀的,平均约有 5km。它的最上面往往覆盖着一层厚薄不等的风化壳及土壤,后两者是前者的派生自然体。一般地说,沉积岩石圈位于气圈和水圈之下,露出水圈之上的部分即构成陆地。

(4) 生物圈。地表生命有机体及其生活领域的总称,包括植物、动物和微生物三大类。地球生物的活动和影响范围虽然包括了对流层、水圈和沉积岩石圈,但主要集中在这三个无机圈层很薄的接触带中。组成生物圈的有机体的总质量约有 10 万亿 t,其中又以植物为主,占了有机体总质量的 99%。

2. 自然地理环境的要素组成

自然地理环境的要素组成,包括气候、水文、地貌、植物、动物和土壤,是自然地理学中应用最广泛的概念。它们是自然地理环境四种基本组成成分在能量的支配下相互联系、相互作用而产生的各种自然地理动态的物质体系。它们既是物质的,又是动态的。如果说自然地理环境的物质组成强调物质实体的一面,则自然地理环境的要素组成更强调物质的运动方面。有关自然地理环境的每一个组成要素的具体情况,将在本书的第四、五、六、七、八、九章中叙述。

总之,自然地理环境的各种物质成分在以太阳能和地球内能为主的各种环境能量的作用下,形成了各种自然地理组成要素。每一组成要素都按着自身的规律存在和发展着,而且,各个要素又相互联系、相互作用,使自然地理环境组成为一个特殊的物质体系。

五、自然地理环境的基本特征

综上所述,自然地理环境在组成上具有自己的特殊性,因而明显地区别于其他地球圈层。这种特殊性一般可概括为四个基本特征:

(1)地球的外能和内能作用显著。以太阳辐射为代表的地球外能,除部分被高空大气吸收和被云反射回太空外,其余都投射到地球表层,并在这里发生多方面的转化与传输,成为自然地理环境中各种过程的主要能源。而以地热和重力为代表的地球内能也进入地球表层,它的作用多以间接的方式和途径反映出来。内外两种能量在自然地理环境中相互叠加、共同作用,支配了整个自然地理环境的功能、结构及动态发展。

(2)气体、固体和液体三相物质并存。自然地理环境中三相物质并存,而又以同心圈层分离形成一定界面:在陆地表面是固态圈层和气态圈层的界面,海洋表面是液态圈层与气态圈层的界面,海洋底部是液态圈层与固态圈层的界面,海洋和陆地边缘部分是特殊的气、液、固三态圈层的界面。在这些界面之间,三相物质既相互分离,又相互接触渗透,发生着多种形式的物质交换和能量转化的过程。

(3)有机界和无机界相互转化。无生命物质与生命体相互转化是自然地理环境的特殊过程。这种转化过程维持了地表自然界的生命现象和生命过程的永恒发展。生命的存在是自然地理环境最典型的特征。

(4)人类聚居的场所。自然地理环境是人类诞生、生存和发展的环境,也是人类集中活动的空间。虽然人造地球卫星和星际航行事业的发展,使人类的环境超出地球表层的范围,人可以进入高空和宇宙空间,但是现代航天技术没有从本质上扩大人类

的生存环境。从根本上说,自然地理环境始终是人类各种活动的基本空间。

复习思考题

1. 什么是自然地理环境要素组成？它们之间关系怎样？

2. 自然地理环境的基本特征如何？

第三节　自然地理学的分科

自然地理环境的物质组成具有相对独立性、整体性和区域性的特点。相应于这三个方面,自然地理学可分为部门自然地理学、综合自然地理学和区域自然地理学。部门自然地理学研究组成自然地理环境的某一要素,即研究这个要素的组成、结构、时空动态和分布等特征和规律,如气候学、水文学、地貌学、植物地理学、动物地理学和土壤地理学等。综合自然地理学研究自然地理环境的综合特征,即把自然地理环境作为一个整体来研究,着重研究其整体的各组成要素及各组成部分的相互联系和相互作用的规律。[①] 区域自然地理学研究一定区域自然地理环境的某个组成要素和自然地理环境的综合特征,即对区域的部门情况和区域的综合情况进行研究,故可分为区域部门自然地理和区域综合自然地理。前者如土地类型和区域气候、区域水文、区域地貌、区域植被、区域动物等,后者对某一具体区域进行土地类型和综合自然区划的研究。区域自然地理学要以部门自然地理学和综合自然地理学的基本理论为基础,它是部门自然地理学和综合自然地理学理论联系实际的具体体现,也是自然地理学为社会生产实践服务的衔接环节。部门自然地理学、综合自然地理学和区域自然地理学之间的关系,可用下列图式表示(图 1.1)。

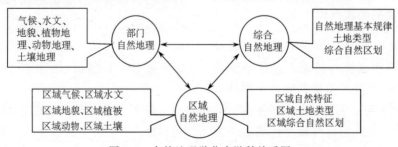

图 1.1　自然地理学分支学科关系图

---

① "综合自然地理学"这一学科名称,是 20 世纪 50 年代,原苏联景观学家 A. Г. 伊萨钦科来华为中山大学和北京大学联合举办的"自然地理学基本问题进修班"讲学,在集体讨论该学科性质时,由中国青年学者提出的。

复习思考题

试述自然地理学的分支学科及它们的研究对象和相互关系。

第四节　自然地理学的任务

自然地理学的主要任务是：

（1）研究各自然地理要素的性质、形成机制和发展规律。

（2）研究各自然地理要素的相互关系、彼此间的本质联系和作用效应。

（3）研究自然地理环境的动态，从整体上阐明它的变化规律，预测其演替趋势。

（4）研究自然地理环境的空间分异规律，划分不同等级的自然综合体；确定其特征及开发利用方向。

（5）参与自然条件、自然资源的评价以及自然灾害防治和全球变化的研究。

（6）协调环境、资源、人口和发展的关系，探求自然环境和资源的永续利用途径。

复习思考题

自然地理学的任务有哪些？

第二章　行星地球

自然地理环境位于地球的特定范围内,是地球的一部分,而地球又是宇宙中的一颗普通行星。它不断地和周围环境进行能量、物质和信息的交换和传输,从而对自然地理环境产生多方面的影响,推动着各种自然地理过程的演进,是自然地理环境形成和发展的必要条件。因此,为了加深对自然地理环境的认识,就必须了解行星地球的宇宙环境及其自身的特性。

第一节　地球的宇宙环境

一、从地球看宇宙

在茫茫宇宙中,人类的故乡——地球是一颗普通的行星。地球不停地绕着太阳运行,接受太阳光热的哺育,演化成一颗生机盎然的星球。

宇宙间物质存在的形式是多种多样的,有的聚集在一起形成凝聚态,如日月星辰;有的在广阔的星际空间形成弥漫态,称为星际物质。通常说的天体,指的是宇宙中各种星体和星际物质的总称。肉眼可见的天体有恒星、星云、行星、卫星、彗星、流星等。我们认识宇宙,主要是认识宇宙中各种天体的运动及其变化。

在地球上看,天体都在天上,但是,地球也是一个自然天体。在宇宙飞船和在其他天体上看地球,地球也是在"天上"的。从"天地是一家"的观点出发,研究地球的宇宙环境,就是为了加深对整体地球的认识。现按由远至近的顺序,剖析不同层次的天体系统,探讨地球的宇宙环境,以便更好地了解地球本身。

（一）恒　星

恒星是由炽热气体(等离子体)构成的,能自行发光发热的球状或类球状天体。恒星质量巨大,在高温高压的条件下,内部不断进行热核反应,外部不断抛射物质。它是宇宙中数量最多和最重要的天体。恒星的成分,氢约占 70%,氦约占 28%,其余为碳、氮、氧、铁等元素。每颗恒星,如同光芒四射的太阳,成为产能基地,通过对流和辐射,向宇宙空间输送着巨大的辐射能。

1. 恒星的距离

恒星离我们十分遥远,通常用来测量天体距离的单位有:

（1）光年。光在真空中一年时间所经过的距离称为 1 光年。1 光年 = 94605 亿 km。"光年"是天文学中常用的距离单位。

太阳光到达地球是 8 分 18 秒。离太阳最近的恒星是半人马座的比邻星,距离是 4.22 光年,牛郎星约 16 光年,织女星约 26 光年,北极星约 400 光年。因为每颗恒星距离我们远近不一,它们的光到达地球的时间是不相同的,所以我们所见星空,其实是由恒星到地球的不同光行时间所组成的星空图像,反映的是不同恒星的不同历史时期的面貌,称为星空的不等时性。

（2）秒差距。恒星周年视差(详见本章第二节)为 1″时的恒星距离叫做 1 秒差距。如图 2.1 所示:当星日连线和星地连线的最大张角为 1″时,该星日距离长度定义为 1 秒差距。

图 2.1　恒星周年视差与秒差距

恒星周年视差的测定十分困难,离地球最近的比邻星的周年视差仅 0″.767,其他遥远恒星的周年视差就更小,通常采用照相方法测定。周年视差与秒差距互为倒数关系,当周年视差愈大(小)时,恒星距离就愈小(大)。

（3）天文单位、光年和秒差距之关系。1 天文单位即日地平均距离，约 14960 万 km，用于测定太阳系天体的距离。

1 光年＝94605 亿 km＝63240 天文单位

1 秒差距＝3.26 光年＝206162 天文单位

2. 恒星的亮度和光度

（1）亮度。在地球上，肉眼所见恒星的明暗程度称为视亮度，简称亮度。亮度的等级用视星等（m）来表示。

古代，人们将肉眼看到的最明亮的星叫一等星，勉强可见的暗星叫六等星，它们之间亮度相差 100 倍。凡星等每差一级，则亮度差为

$$\sqrt[6-1]{100} = 2.512$$

即星等每差一级，亮度差 2.512 倍。1 等星比 2 等星亮 2.512 倍，2 等星比 3 等星亮 2.512 倍，余类推。比 1 等星亮 2.512 倍的是 0 等星，再亮的是 -1 等星、-2 等星、…如大犬座 α 星（天狼星）是 -1.4^m、满月 -12.7^m、太阳 -26.7^m。比 6 等星更暗的星，肉眼就看不到了。比 6 等星暗 2.512 倍的是 7 等星，再暗的是 8 等星、9 等星、…大望远镜可观察到 26 等的暗星。

星等与亮度之间的关系为，星等以等差级数减小（增大），亮度以等比级数增大（减小），用普森公式表示如下：

$$\frac{l}{l_0} = 2.512^{m_0 - m}$$

式中，l 和 m 为较亮一颗星的亮度和星等；l_0 和 m_0 为较暗一颗星的亮度和星等。

（2）光度。恒星的真正发光能力叫光度，其等级用绝对星等（M）来表示。恒星的亮度是不考虑其距离的远近，而恒星的光度是把它们都放在同等距离上进行亮度比较，这才能真正地反映恒星的发光状况。国际上规定：将恒星移到距地球 10 秒差距（即 32.6 光年）处，恒星所具有的视星等，称为绝对星等。例如，太阳处在 10 秒差距的地方，其绝对星等仅 4.9^m，成为一颗十分暗淡的星了。

（3）m，M 和 r 的关系。设 m，r 为恒星的视星等和距离，M 是其绝对星等，标准距离为 10 秒差距，l，L 是与之相对应的亮度。因为亮度与距离平方成反比，结合普森公式，则有

$$\frac{L}{l} = \frac{r^2}{10^2} \qquad \frac{L}{l} = 2.512^{m-M}$$

所以

$$2.512^{m-M} = \frac{r^2}{10^2}$$

上式两边取对数，整理后得

$$M = m + 5 - 5\lg r$$

上式在天文测距中十分重要。若知某星的 M 和 m，则该星 r 即可求。反之，如知道某星的 m 和 r，则可求出它的 M 值。

例如，已知太阳的视星等 $m_\odot = -26.7^m$，距离 $r_\odot = 1/206265$ 秒差距，那么太阳的绝对星等 $M_\odot = -26.7^m + 5 - 5\lg 1/206265 \approx 4.9^m$。

3. 特殊的恒星

恒星世界五彩斑斓、多种多样。大多数恒星大同小异；少数恒星却与众不同，如变星、脉冲星和中子星等。

（1）变星。变星是指在较短的时间内（几年或更短）亮度发生明显变化的恒星。变星分为几何变星、脉动变星和爆发变星。几何变星是指两颗星的几何位置发生变化，即二者相互遮掩而引起亮度变化的星，又称为食变星。脉动变星，是由于恒星的体积做周期性的膨胀和收缩而引起亮度变化的变星，约 2/3 的变星属此类。爆发变星，是因为恒星本身的爆发现象而引起亮度突然变化的变星，如新星和超新星。其中，光度在几天内突然增加 9 个星等以上，亮度增大几万倍至几百万倍的变星叫新星；若光度增加更大，亮度增大到 1000 万倍至 1 亿倍的变星，叫超新星。新星并非新出现的星，而是恒星演化到后期的一种现象。如金牛座蟹状星云，就是 1054 年一颗超新星爆发后的余迹。据我国文献记载，当时它最亮时比金星还亮，白天都能看到。

（2）脉冲星与中子星。脉冲星是 1967 年发现的一种新型天体。它是以很短（几秒至百分之几秒）的周期发射出强烈的无线电脉冲的恒星。目前认为，脉冲星就是具有强磁场的快速自转的中子星。而中子星是指由中子组成的恒星。它是由于恒星演化到后期，发生超新星爆发现象，爆发后核心部分急剧收缩，内部物质在高温高压情况下，把电子挤入原子核内，电子与质子结合成中子，从而形成中子星。如前述金牛座蟹状星云的核心，就是一颗中子星。其特征是：具有恒星般的质量（可达到太阳质量的两倍）、行星般的体积（直径一般仅 10km 左右），故密度极大，中心密度可达 10^{14} g/cm³，且具有极强的磁场，磁感应强度高达 10^8 T（特斯拉）。

4. 恒星的演化

（1）恒星的光谱。恒星光谱是由连续光谱和吸收线组成。不同恒星的温度、密度、压力、磁场和化学成分的差异，表现为不同的恒星光谱型。我们通过对遥远恒星的光谱分析，就能了解到恒星有关的理化性质。

恒星的光谱型与恒星的颜色、温度的关系见表 2.1。

表 2.1　恒星的光谱型

光谱型	颜色	表面温度/K	典型星
O	蓝	40000～25000	参宿一、参宿三
B	蓝、白	25000～11000	参宿二、参宿七
A	白	11000～7500	天狼、织女
F	黄、白	7500～6000	老人、南河三
G	黄	6000～5000	太阳、南门二
K	橙	5000～3500	大角、北河三
M	红	3500～2500	参宿四、心宿二

20 世纪初，丹麦的赫兹普伦和美国的罗素，各自根据恒星的光谱型和绝对星等的关系，绘制了著名的"赫罗图"，又称"恒星光谱-光度图"（图 2.2）。

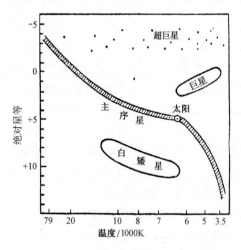

图 2.2　赫罗图

图中以恒星的光度为纵坐标，以恒星的光谱型或温度为横坐标。在赫罗图上，大多数恒星分布在左上方至右下方的一条狭长带内，其排列由光度大、温度高的 O,B 型星延续到光度小、温度低的 K,M 型星，形成一个明显的序列叫主星序，其上的恒星叫做主序星。在图右上方，还集中了一些绝对星等为零等的 G,K,M 型星，叫做巨星。在巨星之上

为光度更大的 $-2^m \sim -7^m$ 的星，叫做超巨星。在图 2.2 左下方，是一些光度小、体积小、密度大的白色星，叫做白矮星。由此可知，赫罗图直观生动地反映了恒星光谱与光度之间的关系。

（2）恒星的演化过程。恒星的演化过程，是恒星内部物质的吸引和排斥对立统一的过程，具体表现为恒星的收缩和膨胀过程。这个过程可分为四个阶段。

第一阶段：引力收缩阶段——幼年期。

宇宙空间弥漫着密度极小的星际物质，数量级约为 10^{-24}。星际物质在密度较大处可成为引力中心，形成了星际云。星际云在自身引力作用下进一步收缩，引力动能部分转化为热能，使内部温度升高，演化成恒星胚胎，最后逐渐成为向外辐射红外线的红外星。红外星是幼年期的恒星。在这过程中，引力收缩起支配作用，引力动能为其主要热源。

第二阶段：主序星阶段——壮年期。

红外星因引力收缩使其内部温度不断增高，当中心温度达到 80 万 K 以上时，恒星内部开始出现热核反应，当中心温度升高到 700 万 K，热核反应所产生的热能和向外辐射消耗的热量，达到相对平衡，星体不再收缩，引力与斥力处于平衡，此时恒星进入壮年期。它们在赫罗图上的分布，是从左上角至右下角的主序星带内。在这过程中，引力收缩停止，引力与斥力相平衡，核反应是主要能源。恒星在这一阶段停留时间长、数量多，太阳在这一阶段的停留时间约为 100 亿年。

第三阶段：红巨星阶段——中年期。

恒星的温度和密度愈向中心愈增加，致使中心部分氢氦聚变反应进行得最快。当中心区氢消耗到一定程度时，热核反应减弱，产生的能量供应不足，而在中心区外围，氢核聚变反应继续进行，恒星内部斥力和引力的相对平衡及其稳定状态遭破坏，内部又开始收缩。由于收缩释放出来的能量，使恒星外壳急剧膨胀，变成体积大、密度小、表面温度低、光度仍然很强的红巨星。恒星内部继续收缩，温度不断升高，当达到 1 亿 K 时，就产生新的热核反应，由三个氦核聚变成一个碳核，再次产生巨大能量，恒星内部压力增高，斥力与引力再度相对平衡，恒星又稳定下来，渡过它的中年期。太阳将来也会变红巨星，在此阶段约维持 10 亿年左右。

第四阶段：白矮星、中子星、黑洞阶段——晚年期。

红巨星内部在进行着剧烈的氦-碳核反应,温度愈来愈高。当内部温度达到 60 亿 K 时,产生极强的辐射,向外放射着极强的能量。此时,斥力大于引力,平衡再次遭到破坏。质量大的恒星,大多数外壳发生爆炸,使其本身光度突然增高几万倍甚至几亿倍,形成新星或超新星。新星和超新星外层的物质大量抛向宇宙空间,又成为孕育新恒星的星际物质。内部高密度的核心部分,成为爆炸后的残骸。恒星的质量不同,残骸的表现形式也不一样。质量小于太阳质量 1.44 倍的恒星,可演化成白矮星,已发现的白矮星有 1000 颗以上。质量在太阳质量 1.44～2 倍的恒星,内部物质急剧坍缩成超高密的中子星。质量大于太阳质量 2 倍的恒星,内部物质更加急剧坍缩,成为密度更大的坍缩星,或称黑洞。黑洞是巨大质量高度集中在很小的体积内,密度极大,引力大到任何物质无法逃脱,辐射也被禁锢出不来的天体。黑洞不发光,但可根据其强大的引力场,推测它的存在。目前认为可能是黑洞的天体是天鹅座 X-1。

（二）银　河　系

1. 银河和银河系

在夏秋晴朗无月的夜晚,仰望星空,从东北方

向越过头顶再朝西南方向延伸,有一条乳白色的光带横跨天空,这就是"银河"。银河又叫星河、银汉等;西方称它为"牛奶道路"(milkway)。

银河与银河系不能混淆。"银河"是指我们在地球上看到的一条光带,是银河系在天空上的投影,是肉眼所见到的部分银河系。"银河系"是指太阳所在的整个星系,是比太阳系更高层次的庞大天体系统,是由构成银河系的气体、尘埃、恒星、星团以及星云所组成的密集区。

2. 银河系的结构、大小和形状

银河系是一个包括约 1500 亿颗恒星和大量星际物质组成的庞大星系级的天体系统。银河系的直径约 10 万光年,其恒星的分布是不均匀的。中心区域恒星较密集,距中心愈远,恒星愈稀疏。银河系的结构分银盘、核球和银晕三部分。银盘直径约 10 万光年,中心厚约 1 万光年,太阳位于距中心约 3 万光年处。核球是银盘中隆起部分,近似球形,直径约 1 万多光年。核球中心恒星更加密集的区域叫银心。银晕是在银盘以外,由稀疏地分布在一个圆球状的空间范围内的恒星和星云组成(图 2.3)。

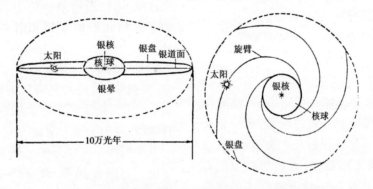

图 2.3　银河系的结构(左为侧视图,右为俯视图)

俯视银河系的形状,它是一个旋涡状结构的星系。它是由于恒星围绕中心旋转形成的。银河系物质分布不均匀,在银盘上由核心向外延伸出 4 条旋臂,它们是恒星密集区,分别为猎户臂、英仙臂、人马臂和三千秒差距臂。太阳位于猎户臂中。

侧视银河系,似铁饼状,又像两顶草帽合在一起,中间厚两边薄。由于我们观测者不处在银心位置,故各方恒星投影在天空上呈现非均匀的光带。银河系的中心在人马座方向,那里的恒星显得十分密集。

3. 银河系的运动

整个银河系绕中心轴线不停地旋转,称为银河系的自转。银河系所有的恒星除各自运动外,都有围绕着银河系中心的旋转运动。这种运动被称为银河系的自转运动。由于银河系物质分布与引力有关,因此各部分恒星的运动速度也有所差异。整个银河系在宇宙空间的运动,朝麒麟座方向以 214km/s 运动着,好像一个车轮子,自身不断旋转

的同时又不停地向前进。

太阳以 3 万光年为半径绕银心作圆周运动,旋转速度约 250km/s,周期约 2.5 亿年,称为一个"宇宙年"。已知地球年龄约 46 亿年,那么地球随太阳系一起绕转银心已 18 圈多。此外,还可以观测到太阳以 20km/s 的速度向武仙座方向运动。

（三）总　星　系

1. 河外星系

在茫茫星海中,可以看到一些模糊不清的云雾状天体,过去把它们统称为星云。进一步的研究认为,这些星云中,有些是由银河系内的气体和尘埃物质组成的,称为河内星云,简称星云,如猎户座大星云等。另一些则是在银河系以外,类似银河系的庞大的恒星集团,由于它们距离太遥远,看上去也是云雾状天体,称为河外星云或河外星系,如仙女座大星系等。

目前已发现河外星系约 10 亿个,其中离银河系最近的有大、小麦哲伦星系和仙女座大星系。大麦哲伦星系距离我们约 16 万光年,小麦哲伦星系距离我们约 19 万光年。这两个星系在南半球可见,它们是航海家麦哲伦作环球航行时,于 1520 年在南美洲南部发现的。而在北半球可见的最亮的河外星系则是仙女座大星系,它距离我们约 220 万光年。

2. 总星系

（1）天体系统层次。天体互相吸引、彼此绕质心旋转而构成了天体系统。一般情况下,次一级天体系统又围绕高一级天体系统旋转。例如,地月系绕共同质心旋转,并绕太阳旋转;太阳偕同太阳系成员又绕银河系质心旋转……目前我们认识到的天体系统层次为:地月系—太阳系—银河系—星系群—星系团—超星系团—总星系。

地月系由地球和月球组成,月地平均距离是 384400km。太阳系由中心天体太阳及其周围小天体组成,太阳到海王星平均距离约 30 天文单位。银河系是由约 1500 亿颗恒星(包括太阳在内)组成的恒星集团、10 万光年为直径的天体系统。以银河系为中心,半径为 300 万光年的空间,包含约 40 个星系组成的星系群体,称为本星系群。除银河系之外,仙女座大星系、三角星系、大小麦哲伦星系等,都是本星系群的成员。比星系群更大的成团的星

系结构为星系团。一个星系团可由几十个以至成百上千个星系聚集在一起组成。目前已发现约 1 万个星系团。离我们最近的最著名的星系团是室女座星系团,其距离为 6000 万光年,直径约 850 万光年。包括本星系群在内的 2500 个星系,比星系团更高一级的星系结构称超星系团,其直径可达 2 亿~3 亿光年。其中包括本星系群在内的超星系团又称本超星系团,它的中心是室女座星系团,而银河系所在的本星系群只处于边缘。

（2）总星系的范围。目前我们观测到的最远距离(类星体),根据哈勃望远镜测定的哈勃常数推算为 120 亿光年。在这个以 120 亿光年为半径的空间范围内所有星系的总称叫做总星系。总星系的星系数目达 10 亿个以上。

总星系是我们观测所及的宇宙范围,是目前人类认识到最高层次的天体系统,是现代宇宙学研究的重要对象。

（四）无限的宇宙

恩格斯曾经说过:"我们的自然科学的极限,直到今天仍然是我们的宇宙,而在我们的宇宙以外的无限多的宇宙,是我们认识自然界时所用不着的。"在这里,恩格斯所阐述的宇宙无限观,是先把我们的宇宙和我们的宇宙以外的无限多的宇宙区别开来。

我们的宇宙,是有限的宇宙,就是科学上的宇宙,是指"观测到的宇宙",即现在能够观测到的现象的总和,实质上就是总星系,它在空间上是有边界的,在时间上是有起源的。

我们的宇宙以外的无限多的宇宙,是哲学上的宇宙。它没有起源、没有终结、没有中心、没有边界,是无限的。

宇宙的有限和无限是不能截然分开的。因为随着我们的宇宙的范围不断扩大,愈来愈证明宇宙是无限的;而且从有限的,我们的宇宙中得到的知识,可以在一定条件下,外推到无限的,尚未认识的宇宙中去。这就是宇宙的有限与无限的辩证统一。坚持宇宙的有限和无限的统一,才能恰当地评价现代宇宙学的科学成果。

（五）宇宙的起源——大爆炸宇宙学简介

关于宇宙的起源有许多假说,这里仅介绍最有

影响的,1948 年由美国天体物理学家伽莫夫提出的大爆炸宇宙学。

（1）大爆炸宇宙学的基本观点。大爆炸宇宙学认为,宇宙早期是一个超高密度、超高温的"宇宙蛋"。宇宙蛋在某种物理条件下,发生迅猛的大爆炸,于是便开始不断膨胀起来,结果物质也随着时空膨胀而从密到稀、从热到冷地演化着,在演化过程中逐渐形成各种恒星体系。

（2）大爆炸过程。宇宙早期,密度近于无穷大的状态,温度极高,在 100 亿 K 以上,当时宇宙只存在质子、中子、电子、光子及中微子等基本粒子。随着宇宙的绝热膨胀,温度下降很快。当温度降至 10 亿 K 时,中子失去自由存在的条件,质子与中子结合成氢、氦,各种化学元素开始形成。当温度下降到 100 万 K 时,早期形成的各种化学元素告一段落。宇宙继续膨胀和冷却,直到约 1000 万年以后,温度下到 3000K 时,电子和核才组成稳定的原子。辐射减退,宇宙间主要是气态物质,并逐渐凝聚成星云,再进一步形成各种星系和恒星,成为我们今天观测到的具有各种类型天体的宇宙。

（3）主要观测事实。大爆炸宇宙学的成功之处,在于它比其他宇宙学说能说明较多的观测事实:第一,观测得知,多数河外星系的谱线红移,星系距离愈远,红移现象愈大,符合哈勃定律（$v = H \cdot R$,式中 v 为星系红移速度,H 为哈勃常数,R 为星系距离）。哈勃红移是宇宙膨胀的反映。第二,大爆炸宇宙学认为所有天体都是在温度下降后的产物。理论上,任何天体年龄都应比大爆炸温度下降至今的 200 亿年时间为短。观测事实是,现今天体的年龄都不超过 200 亿年。第三,宇宙中的各种天体氦丰度约占 30%,如银河系氦丰度为 29%,大麦哲伦星系氦丰度为 25%,小麦哲伦星系氦丰度为 29%。大爆炸宇宙学认为氦是在星系及天体形成之前,在宇宙早期高温条件下形成。在氦合成时代,宇宙中中子数 n 和质子数 p 之比为 $n/p=1/7$,据此氦丰度（指氦元素在宇宙中所占的质量比）有

$$He = \frac{2n}{n+p} = \frac{2}{1+n/p} \approx 25\%$$

式中,中子 n 和质子 p 的比值,是测定 He 丰度的重要数据。第四,大爆炸宇宙学认为,宇宙间存在各向同性的微波段的背景辐射,相当于 3K 的热辐射。1965 年,在微波波段上发现了 3K 微波辐射,在定性与定量上与大爆炸理论相符,被认为是宇宙大爆炸

遗留下余热的最有力的证据。

虽然,大爆炸宇宙学能解释一些观测事实,但仍存在不少问题,如宇宙蛋中无限密度以及爆炸机制等问题。

二、地球所属的太阳系

（一）太阳系的组成

太阳系是由太阳、行星、矮行星以及太阳系小天体组成的行星系统。太阳的质量占太阳系质量的 99.87%,处于主宰地位（图 2.4）。

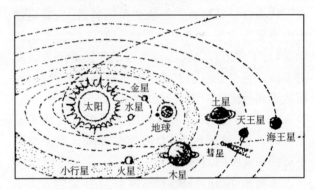

图 2.4　太阳系示意图

行星在希腊语中是"流浪者"的意思,指在星空中游荡的天体。根据传统观点,太阳系有"九大行星",随着太阳系探测的深入,新的天文发现不断出现,使这一观点遭到质疑。1846 年发现海王星后的几十年间,根据当时测定的海王星基本参数（如质量）,认为其运行轨道的实测方位与理论计算不一致,预示在海王星轨道外,存在着一个质量和海王星类似的天体。美国天文学家洛威尔为此进行了没有取得预期成果的巡天探索。1929 年以洛威尔命名的天文台,借助新筹建的天体照相仪开展了新一轮的巡天。结果在 1930 年初,美国天文学家汤博果真发现一颗海外行星,天文学家随即认定它就是预期的海外行星,遂顺理成章地认定它是继水星、金星、地球、火星、木星、土星、天王星、海王星之后的第九"大"行星。之后,按天文学界的传统,给它起了个罗马神话中神灵的名字——冥王星。随着进一步探测,确定冥王星的亮度远小于预期,质量不仅小于海王星,其质量上限甚至小于地球,而且其轨道偏心率和轨道倾角都偏大,和其他八大行星相比,是个名副其实的另类,不是预期的那个天体。

尽管如此,"九大行星"的说法,已编进中小学教科书,成为"约定俗成"、人所共知的科学常识。天文学家知道,此刻再纠缠正名,为时已晚,只能"默认"了。直到 2003 年美国天文学家布朗在太阳系外围科伊伯带发现编号为"2003 UB313"的天体,又名齐娜(Xena),其直径约为 2400km,比冥王星直径大 100 余 km,这是自 1930 年发现冥王星以来在太阳系内发现的最大天体,如果冥王星算是大行星,那么齐娜更有资格,才使天文学界开始重视冥王星的定位和行星定义问题。2006 年 8 月 24 日,在捷克首都布拉格召开了第 26 届国际天文学联合会大会,经过 12 天的激烈辩论,通过了太阳系新的行星定义。认为行星是指位于围绕太阳的轨道上,有足够大的质量来克服固体应力以达到流体静力平衡的形状(近于球形),以及已经清空了其轨道附近区域的天体。冥王星由于未能清空其轨道附近的区域,而达不到行星的标准,只能"降级",与齐娜等一起,被称为"矮行星"。其余所有围绕太阳运转又不是卫星的天体,被统称为"太阳系小天体",如无数的小行星和众多的彗星等。

太阳系外围的科伊伯带,因 1951 年美国天文学家科伊伯提出而得名。科伊伯根据周期短于 200 年的彗星轨道特征,预言在海王星轨道之外,沿黄道带平面的一个带状天区内,存在 10 亿至 100 亿颗以冰态为主要成分的小天体绕太阳公转。1992 年人类首次在海王星轨道外发现一颗暗淡、完整的小天体,使科伊伯带的存在得以证实。科伊伯带是许多小行星和众多彗星的发源地。它距离太阳约 30~100 天文单位,在这个区域中,1992~2006 年已发现超过 1000 个天体。据推测,科伊伯带是盘状原始太阳星云的遗留物,是太阳系早期行星形成过程的产物。科伊伯带天体是一些行星胚胎,它们的直径约为 50~2000km,几乎完全由冰和石块组成,是 40 多亿年前太阳系形成时留下的遗物,是太阳系的"化石"。因此,考察和研究它们,有可能获取许多行星形成时期的信息,这对了解太阳系早期历史是非常重要的。

在宇宙中,太阳系不是唯一的行星系统,随着天文观测手段和仪器的日益先进,到 2006 年,已经发现太阳附近空间,拥有行星和行星系的恒星超过 200 个,其中有几个还是利用"精确测光方法",直接观测到"行星凌恒星"现象。

(二) 太　　阳

太阳是一颗既普通又特殊的恒星。说它普通,是因为太阳的质量、体积在恒星中属中等大小、处于壮年期的一颗恒星。说它特殊,指太阳是太阳系的中心天体,吸引周围天体,构成太阳系。太阳是离地球最近的一颗恒星,是地球光热和生命之源,是研究其他恒星的标本。

1. 太阳的距离和大小

(1) 日地距离。日地平均距离约 14960 万 km,称为一个"天文单位",可用"a"表示。1976 年,国际天文学会宣布,自 1984 年起,"a"值统一使用 1.49597870 亿 km。用 a 这把量天尺来度量十分方便,如日地平均距离为 1a,太阳到海王星的平均距离约 30a。根据理论计算,太阳系的引力范围可达 15 万 a。

日地距离的测定原理,是运用三角视差法或雷达测距法,先测出近地行星或小行星距日的距离,再测出行星和地球的绕日公转周期,依据开普勒行星运动第三定律,便可求得日地的距离。

$$\because \quad a_{地}^3 : a_{行}^3 = T_{地}^2 : T_{行}^2$$

$$\therefore \quad a_{地} = \sqrt[3]{\frac{T_{地}^2}{T_{行}^2}} \times a_{行} \approx 1.4960 \text{ 亿 km}$$

(2) 太阳的大小和质量。在地球上看到光亮的太阳圆面叫太阳视圆面。太阳视圆面对地球所张的角度叫太阳视直径,平均值为 $31'59.3''$,太阳视半径 $\rho_\odot$ 约为 $16'$。从图 2.5 中可求得太阳半径 $R_\odot$ 的值:

$$R_\odot = a \cdot \sin\rho_\odot \approx 69.6 \text{ 万 km}$$

$\odot$ 是太阳符号,$\oplus$ 是地球符号。已知地球平均半径为 6371km,太阳半径约是地球半径的 109 倍,用正球体体积的计算公式,可求得太阳体积 $V_\odot$ 是地球体积 $V_\oplus$ 的 130 万倍。已知太阳质量占太阳系质量的 99.87%,相当于所有的行星及其卫星质量的 745 倍。太阳的巨大质量产生的巨大引力,从而制约着

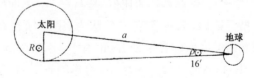

图 2.5　太阳半径 $R_\odot$

行星、彗星等较小天体的公转运动。太阳对地球的引力，可用万有引力定律公式算出：

$$F_\odot = G\frac{M_\odot m_\oplus}{a^2} = 3.5 \times 10^{22}\text{N}$$

式中，$F_\odot$ 为太阳对地球的引力，其大小相当于把 2 万亿根直径 5m 的钢柱一下子拉断的拉力；G 为万有引力常数；$M_\odot$ 为太阳质量；$m_\oplus$ 为地球质量；a 为天文单位。

太阳质量的测定，是依据地球公转所需的向心力 F_1，也就是太阳对于地球的引力 F_2 联等后求得的：

$$F_1 = \frac{m_\oplus v^2}{a} \qquad F_2 = G\frac{M_\odot m_\oplus}{a^2}$$

$$F_1 = F_2 \qquad G\frac{M_\odot m_\oplus}{a^2} = \frac{m_\oplus v^2}{a}$$

化简上式后得 $M_\odot = \dfrac{av^2}{G}$。已知 a 约为 14960 万 km，$v = 29.78\text{m/s}$，$G = 6.67 \times 10^{-8}\text{dyn}[①] \cdot \text{cm}^2/\text{g}^2$，将这些数值代入上式得

$$M_\odot = \frac{av^2}{G} = 1.989 \times 10^{33}(\text{g}) = 1.989 \times 10^{27}\text{t}$$

太阳质量约 2×10^{27} t，相当于地球质量（6×10^{21} t）的 33 万倍。已知太阳半径为地球半径的 109 倍，因此日面重力相当于地面重力的 28 倍（330000/109^2）。又已知太阳质量 $M_\odot$ 和体积 $V_\odot$，便可求得太阳平均密度 $D_\odot$：

$$D_\odot = \frac{M_\odot}{V_\odot} = 1.41\text{g/cm}^3$$

太阳平均密度约为地球平均密度（5.52g/cm^3）的 1/4。但太阳各部分密度的差别很大，其表面的密度极小，仅有 10^{-7}g/cm^3，而中心的密度竟高达 90g/cm^3。

2. 太阳的外部构造

太阳物质处于高度电离状态，氢和氦原子在高温高压条件下，离解为带正电荷的质子和带负电荷的电子。因为正、负两种离子所带电荷的总量是相等的，故称等离子体。太阳是个炽热的等离子气态球体，其分层无明显的界线。为了研究方便，将太阳大致分成内三层（核反应区、辐射区和对流区）和

外三层（光球、色球和日冕）。太阳内层无法直接观测，只是一种理论模式（图 2.6）。

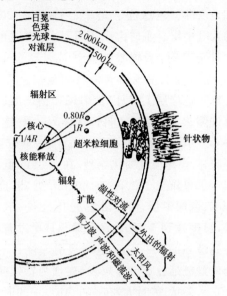

图 2.6 太阳结构示意图

现主要讨论太阳外部结构：

（1）光球。光球为肉眼所见光亮夺目的太阳表面，太阳大气的最底层。光球是包围对流区的一层薄膜，厚约 500km。光球平均温度 5770K，向内部或外部的温度梯度变化很大。由于温度分布显著的不均衡，故我们观测到的太阳表面各部分亮度是不均匀的。日面中心区最亮，愈靠边缘愈暗，这叫"临边昏暗"现象。这是因为我们看到光球中央部分大气是较厚的大气层，且光球下面大气温度高，而边缘部分大气是较薄的大气层，且光球表层大气温度低，所以显得光球中心部分较边缘部分要明亮些。光球表面分布有米粒组织、黑子和光斑。米粒组织是对流区上升气流所致，就像煮开锅的米粥。米粒直径约 1000km 左右，超米粒直径可达 30000km。其平均温度比光球高出 $300 \sim 400$K，平均寿命 $7 \sim 8$min。黑子是强磁场形成的旋涡，多半成对或成群出现，黑子大小不一，其长度小的仅 1000km，大的可达 20 万 km。一般黑子愈大、磁场愈强、寿命愈长，而小黑子几小时内可能消失。黑子温度约 4500K，在明亮的光球背景下显得黝黑。黑子是明显的太阳活动区，消长周期约 11 年，而一个完整的黑子磁周期（黑子磁场颠倒一次）约 22 年。光球呈各种纤

---

① 1dyn(达因)＝10^{-5}N(牛顿)，下同。

维结构,可在日面边缘部分观测到。光斑比光球温度高 100K,平均寿命约 15 天,个别可长达 3 个月。

（2）色球。色球位于光球之上,厚度 2000km 以上的大气中层。平时肉眼不可见,可通过色球仪观测。日全食时,当耀眼的光球被月球全部遮住时,在日轮边缘上呈现出犬齿状的玫瑰色环状物,称为色球。色球层上有日珥、耀斑和谱斑等。色球上部有许多火舌状物(又叫针状体),这便是日珥,其寿命 5～10min,喷发高度有 3000～4000km 至 1 万余 km。色球温度变化剧烈,在 100km 低层处,温度从 4600K 降至 4200K;在 400km 处,温度上升到 5500K;色球中层,温度继续上升到 8000K,色球高层处,温度达到 5 万 K;在色球—日冕过渡区,温度上升到最高的 100 万 K。色球最引人注目的是耀斑活动。耀斑是色球突然爆发,表现为特别明亮的斑块。它来势猛、能量大,在 100～1000s 的时间内,释放出相当于太阳在一般情况下 1s 辐射的总能量。从耀斑中发出的有可见光、紫外线、X 射线、红外线、射电辐射、高能粒子流和宇宙线等。耀斑是太阳活动的重要角色。绝大多数耀斑出现在黑子群的周围,当黑子增多时,易触发耀斑的爆发。至于谱斑,它是色球层大块的斑区,有些较亮、有些较暗,在色球面上都可以观测到。谱斑也多出现在黑子群四周,寿命比黑子长。

（3）日冕。日冕在色球层之外,为极稀薄的太阳最外层大气,由高温低密度的等离子体组成。日全食时,在日轮周围呈现乳白色光辉的环状物就是日冕。应用近紫外和 X 射线观测。日冕可分为内、中、外三层。在可见光照片上,日冕亮度比较均匀。但在太空拍摄到的 X 射线照片上,发现日冕中有大片的长条形暗区域,叫做冕洞。冕洞的能源被认为用来产生和加速太阳风,它是强太阳风的源泉,是太阳磁场开放的区域。那里的磁力线向行星张开,大量带电质点在日冕压力梯度作用下,反抗太阳中心引力,而顺着太阳磁力线向外运动,形成太阳风。携带高能粒子流的太阳风,一直吹向海王星以外,充满整个太阳系广阔的空间。

3. 太阳的能源

（1）太阳热能。太阳是太阳系光热的主要源泉,是地球能量的主要供给者。太阳以电磁波形式不断地向外辐射能量,称为太阳辐射。太阳辐射能量主要集中在狭窄的 $0.2\sim10.0\mu m$ 波段,该波段的

辐射量占总辐射量的 99.9%。此外,紫外线、γ 射线、红外线和米波辐射,就它们的总辐射能量而言,虽然只占太阳辐射总能量微不足道的一小部分,但是它们变化幅度很大,且极不稳定,可以迅速传递太阳表面微波和无线电波各种物理过程的信息。

太阳常数 I_0 定义为:在地球大气层外、距离太阳一个天文单位的地方、太阳直射(垂直于太阳光束方向)的单位面积上、在单位时间内接收到的所有波长的太阳辐射能量,$I_0 = 8.16 J/(cm^2 \cdot min)$。知道 I_0 数值后,就能计算出地球获得太阳辐射的数量。太阳每分钟向宇宙空间辐射的总能量,相当于以日地距离为半径的球面上所获得的能量,其值为 $I_0 \times 4\pi a^2 = 3.826 \times 10^{26} J/s$。因为地球是个球体,它被太阳照射的半个球面所得到的能量,等同于以地球半径 $R_\oplus$(6371km)为半径的圆面上、阳光直射下的能量,其值为 $I_0 \times \pi R_\oplus^2 = 1.74 \times 10^{17} J/s$。地球每分钟获取的能量同太阳总辐射能量的比值是:

$$\frac{I_0 \pi R^2}{I_0 4\pi a^2} = \left(\frac{R_\oplus}{2a}\right)^2 \approx \frac{1}{22 亿}$$

由此可知,地球获得的太阳能很少,仅仅相当太阳向宇宙空间辐射总能的 1/22 亿。这极小部分的太阳能,足以维持着地表上各种自然现象过程的进行,尤其是使赖以生存的生命得以繁衍延续,人类应该加倍珍惜太阳的恩赐!

（2）太阳能源。太阳不断地释放出巨大的能量。巨大能量来源于太阳内部的热核聚变。对太阳光谱的分析得知,太阳含有极其丰富的氢元素,按质量计约占 71%。氢核在几百万度(K)高温下即可聚变成氦核,而太阳中心处于极高温(即 1500 万 K)和极高压(2000 亿个标准大气压)状态下,四个氢核聚变成一个氦核,从而释放出巨大能量。氢-氦聚变方程如下:

$$4H^1 \longrightarrow He^4 + 2e + 2\upsilon + \gamma$$
$$\text{(氢核)} \qquad \text{(氦核)} \quad \text{(正电子)} \quad \text{(中微子)} \quad \text{(光子)}$$

1 个氢核的质量是 1.008 个原子质量单位,1 个氦核的质量是 4.004 个原子质量单位。在氢核聚变成氦核的过程中,将伴随着质量的损耗。设 m 为损耗的质量,则有

$$m = 4 \times 1.008 - 4.004 = 0.028$$

即当 4 个氢核聚合成 1 个氦核时,就有 0.028 个原子质量单位的质量损耗。如计算 1g 氢核聚变为氦核时,其质量损耗为 X,则有

$$1 : 4 \times 1.008 = X : 0.028$$

$$X = 0.007(g)$$

爱因斯坦在狭义相对论中指出,质量和能量可以互相转化,其转化公式为 $E=mv^2$。式中,E 为能量;m 为质量;v 为光速。现将 0.007 代入上式得: $E=0.007\times(3\times10^{10})^2\approx6.21\times10^{11}\mathrm{J}$,即 1g 氢核聚变为氦核时,能产生 $6.21\times10^{11}\mathrm{J}$ 的热能,相当于燃烧 2700t 标准煤所发出的热量。按照上述计算,太阳从诞生到现在仅损耗了其总质量的 0.03%,维持了 50 亿年的光能辐射。估计太阳寿命约 100 亿年,其质量的损耗也不过是总质量的 0.06%。

4. 太阳活动对地球的影响

太阳活动是指发生在太阳大气层局部区域的、在有限时间间隔内的各种物理过程的总称。主要表现为太阳黑子、光斑、谱斑、耀斑、日珥和太阳射电等变化现象。其中,太阳黑子是太阳活动的明显标志,耀斑是太阳活动最急剧猛烈的形式。

太阳活动强弱变化周期约为 11 年。1749 年后第一个太阳黑子低值年(1755 年)规定为太阳活动的第一个周期,2000 年是太阳活动峰值年的第 23 个周期。峰值年前后,黑子、耀斑等现象异常活跃,是研究太阳的大好时机。太阳以电磁波和高能粒子流的形式,向外放射着巨大的能量和物质。太阳的能量流和物质流对地球发生着深刻的影响,它对自然地理环境的形成、发展及演化具有决定性的作用。

(1) 太阳风与地球磁层。地球周围存在一个偶极磁场,当太阳风等离子体吹向地球时,使地球磁场被太阳风包围,形成地球磁层(图 2.7)。一方面,由于地球磁层的存在,使得太阳风高能带电粒子不能到达地面,从而保护了地球表面有机体的生存和发展;另一方面,总有一部分高能带电粒子闯入磁层内,被磁层禁锢在地球高层。通过空间探测器,1958 年美国范·艾伦发现了包围地球的强辐射带,称为"范·艾伦辐射带"。这个强辐射带分内、外两层,像套在地球赤道周围的两个轮胎环子,它对人类冲出地球的宇宙活动,会造成严重辐射的危害,要注意采取预防措施。

(2) 对地球电离层的影响。距地面约 80～800km 的大气层,在太阳紫外线、X 射线、粒子辐射的作用下发生电离,称为电离层。其中,电离 E 层和 F_1 层,因太阳短波辐射强烈,电离程度高,自由电子密度大,主要反射短波电波;电离 D 层,由于太阳短波辐射较弱,电离程度差,自由电子密度小,只能

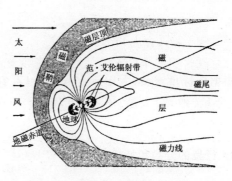

图 2.7　地球磁层

反射长波。当太阳活动增强时,会激发电离层大气分子进一步电离,造成离子浓度增高和吸收电波增强。尤其是太阳耀斑爆发后,会引起地球向阳半球面短波信号衰减或中断。短波无线电信号的中断,一般是几秒钟至几分钟,特别情况下长达半小时至 1 小时以上。

(3) 对地磁的影响。太阳活动引起地球磁场的不规则变化,叫做"磁扰"。十分强烈的磁扰现象称为"磁暴"。地球上发生磁暴时,磁针失灵,不能正确指示方向,从而影响野外工作,尤其是磁力探矿。同时,对军事战斗,以及飞机和船舶的定向、定位也都带来影响。

另外,在地球高纬度地区,经常出现一种变幻莫测、美丽壮观的极光现象,这也是由太阳活动引起的。极光主要发生在 100～200km 的高空,有的高达 1000km。对于极光形成的理论,最早认为是太阳活动发出的高能带电粒子在到达地球附近时,受地球磁场的作用,迫使其沿磁力线方向运动到地球磁极的上空,它们与地球大气中的分子、原子碰撞而发光。而现代研究认为:极光是围绕地球的两半球的一种大规模放电过程和表现形式。这种放电过程,是通过太阳风与地球磁层的相互作用来实现的。通过实验,证明极光在南、北极地区同纬度、同时间会一起出现与消失。

(4) 太阳活动与其他方面的关系。太阳辐射是地球气候形成的重要因素。由于太阳活动引起太阳辐射的改变,必然导致气候相应的变化。例如,有人研究认为树木年轮的生长状况,是受当时的气温、降水的影响,它既记录着气候历史的变化,又反映了太阳活动的情况,与太阳活动 11 年周期相符。此外,现代构造运动的重要标志之一的地震活动同太阳活动亦有密切关系。

（三）行　　星

根据新行星定义，太阳系有八大行星，它们是水星、金星、地球、火星、木星、土星、天王星和海王星。

1. 行星的分类和特征

八大行星的分类及其主要理化性质有关状况参阅表 2.2。

八大行星有多种分类法。若以地球为界，可将行星分为地内行星（水、金）和地外行星（火、木、土、天王、海王）。若以小行星为界，按八大行星距太阳近远的排列，可将行星分为内行星（水、金、地、火）和外行星（木、土、天王、海王）。若根据八大行星理化性质的主要差异划分，则可将理化性质相似地球的行星叫类地行星（水、金、地、火），将理化性质相似木星的行星叫类木行星（木、土、天王、海王）。

从表 2.2 中可以看出，类地行星接近太阳，自水星的 0.387 天文单位到火星的 1.524 天文单位；类木行星离太阳较远，自木星的 5.205 天文单位到海王星的 30.13 天文单位。这种对太阳距离上的巨大差异，在很大程度上影响到它们物理性质和化学组成的不同。

表 2.2　太阳系行星表

行　星	轨道半长径（天文单位）	公转周期	轨道偏心率 e 值	轨道倾角（°）	自转周期	赤道和轨道交角	赤道半径（km）	质量（地球=1）	体积（地球=1）	密度（水=1）	表面重力（地球=1）	卫星数（个）*
水　星	0.387	88 日	0.206	7.0°	58.6 日	<28°	2440	0.0554	0.056	5.46	0.37	0
金　星	0.723	225 日	0.007	3.4°	243 日	177°	6050	0.815	0.856	5.26	0.88	0
地　球	1.000	1 年	0.017	0°	23 时 56 分	23°26′	6378	1.00	1.00	5.52	1	1
火　星	1.524	1.88 年	0.093	1.9°	24 时 37 分	23°59′	3395	0.1075	0.150	3.96	0.38	2
木　星	5.205	11.9 年	0.048	1.3°	9 时 50 分（赤道）	3°05′	71400	317.94	1316	1.33	2.64	66
土　星	9.576	29.5 年	0.055	2.5°	10 时 14 分（赤道）	26°44′	60000	95.18	745	0.70	1.15	62
天王星	19.28	84 年	0.051	0.8°	(24±3)时	97°55′	25900	14.63	65.2	1.24	1.17	27
海王星	30.13	165 年	0.006	1.8°	(24±4)时	28°48′	24750	17.22	57.1	1.66	1.18	13

＊ 截至 2013 年年初。

首先，类地行星的质量较小，而类木行星的质量较大。从表 2.2 中可知，木星和土星的质量分别为地球质量的约 318 倍和 95 倍，而类地行星中的水星、金星和火星的质量均小于地球。由于质量太小，水星没有大气，酷似月球世界；火星只有极微弱的大气，是一个极其荒凉的世界。水星和火星表面都有环形山分布。

其次，类地行星的平均密度较高，而类木行星的密度较低。如表 2.2 中所列，以水的密度为 1，那么，类地行星的密度（除火星为 3.96 外）均超过 5；而类木行星中密度最大的海王星，也不足 1.7。其中土星的密度仅为 0.7，如果把它放在水中，它将浮出水面。

第三，从化学组成看，类地行星主要由重物质组成，有固体表面；类木行星则以轻物质为主，因而没有固体表面。木星和土星是流体球。由于流体收缩产生能量，以致它们放出的能量远超过其所吸收太阳辐射的能量。从这个意义上说，有点类似于恒星。天王星和海王星由于温度太低，一些气体物质冻结成冰物质，因而不同于木星和土星。

第四，类地行星接近太阳，因而它们有较高的温度；反之，类木行星的温度很低。就这个条件而论，太阳系的生命圈限于类地行星（水星除外）。从理论上说，金星和火星可能有生命。金星的大小、质量和逃逸速度同地球颇相似，是地球的姐妹星，表面有一层浓厚的大气，密度是地球大气的 50 倍，表面气压高达 90 大气压。主要成分是二氧化碳（97％）。由于二氧化碳的温室效应，金星的表面温度高达 465～485℃，连铅和锡都要熔化，是一个非常炎热的世界。火星比地球小得多，大气十分稀薄，气压仅 7.5hPa（百帕），相当于地面 40～45km 高空的大气压强。主要成分是二氧化碳，水汽更少得可怜。空间探测证实，金星和火星上都不存在生命。

第五，类地行星卫星数无或少；类木行星卫星数量多。

八大行星都绕太阳公转，公转的周期和速度严格遵循开普勒定律。此外，它们的运动情况还各有异同。

（1）表2.2中的数据表明，除最接近太阳的水星外，行星轨道的偏心率和轨道的倾角都很小。

（2）地内行星有特别长的自转周期，水星的自转周期为58.6日，金星的自转周期甚至超过它的公转周期，达243日，而两颗巨行星——木星和土星的自转周期却很短，还不及地球自转周期的一半。因此木星和土星都显得较扁，在它们的视圆面上，肉眼也能清楚地分辨出来。这两颗行星都是流体球，因而不同于固体行星的自转，赤道部分的自转周期比其他部分要短。它们的视圆面上有明显的平行于赤道的云带。

（3）金星的赤道同其轨道的交角达177°，这意味着金星的自转是逆转（即自东向西转，与公转方向相反）。在金星的天空中，太阳是从西方升起的，它的一昼夜长度为地球上的117日。因此，金星

上的一年，还不到两个昼夜。另一个例外的情形是天王星，它的赤道同其轨道的交角约为98°，这意味着天王星的自转也是逆转。如果把金星的自转比喻为倒转，那么，天王星便是躺着自转。除金星和天王星外，其余行星的自转方向皆与公转方向相同。

考虑到行星特征的差别与太阳系演化有关，又可把类木行星分为巨行星（木、土）和远日行星（天王、海王）。巨行星的质量和体积最大、卫星数最多，本身有辐射热源。远日行星除距日远、温度低外，多数性质介于类地行星和巨行星之间。

2. 行星的分布规律和运动特征

（1）分布规律：基本遵循提丢斯－波得定则。

八大行星的分布内密外稀，是构成太阳系的骨干天体。经过1766年德国天文学家提丢斯和1772年柏林天文台台长波得的研究，发表了计算行星距离的一个经验公式，即著名的提丢斯－波得定则。定则的表达式为

$$a_n = 0.4 + 0.3 \times 2^n$$

式中，a_n代表行星的序号。n的取值，水星为$-\infty$，金星为0，地球为1，火星为2，小行星带为3，木星为4…海王星为7。详见表2.3。

表2.3　八大行星及小行星带与太阳的距离（单位：a）

星名 项目	水星	金星	地球	火星	小行星带	木星	土星	天王星	海王星
n值	$-\infty$	0	1	2	3	4	5	6	7
计算值	0.4	0.7	1.0	1.6	2.8	5.2	10.0	19.6	38.8
实测值	0.387	0.723	1.000	1.524	2.770	5.202	9.576	19.28	30.13

从表2.3可知，n值在6以前，计算值与实测值符合较好。定则发表时，小行星、天王星和海王星都还没有被人们发现。1781年发现了天王星，它到太阳的距离正好同定则的计算相符，于是促使人们在2.8天文单位距离处发现了众多的小行星。但后来发现的海王星到太阳距离的实测值却与计算值相差较远。这表明该定则并不是行星到太阳距离所遵循的必然规律。不过，该定则对记忆行星到太阳的距离，确实是一个简便的方法。有趣的是，提丢斯－波得定则不仅反映了行星绕日轨道距离的数值，而且基本符合巨行星的规则卫星（指具有近圆性、共面性和同向性的卫星）轨道距离的数值。

（2）运动特征：近圆性、同向性和共面性。

近圆性、同向性和共面性是八大行星和规则卫

星运动的重要特征。在说明"三性"时，参见表2.2。

近圆性：从表2.2可知，八大行星偏心率均为$1 > e > 0$，且接近0，说明行星轨道形状是近圆的椭圆形。其中，海王星和金星的e值仅为0.006～0.007，它们的轨道形状十分接近正圆。e值小，行星的近日距和远日距的差值小；e值大，行星的近日距和远日距的差值大。八大行星中，e值最大的水星为0.206，其椭圆轨道形状就较扁长些。

同向性：指八大行星无一例外地都按逆时针方向（顺行）绕日公转。同时，太阳和大多数行星（金星、天王星除外）绕轴自转也是顺向。同向性被认为太阳和行星是起源于同一块顺向旋转的原始星云。至于金星的逆向自转和天王星的侧向自转，很可能是它们运行过程中，曾被一较大星碰撞所致。

共面性：八大行星公转轨道接近于一个平面，即它们与地球轨道面（黄道面）的倾角 i 大多数不超过 $3°$，它们的公转轨道面在黄道面附近。其中，水星的 i 值最大，为 $7°$。

（四）矮　行　星

矮行星是指位于围绕太阳的轨道上，有足够大的质量来克服固体应力以达到流体静力平衡的形状（近于球形），还没有清空其轨道附近区域以及不是一颗卫星的天体。这是第 26 届国际天文学联合会大会赋予矮行星的新内涵，大会确定的矮行星有冥王星、谷神星和齐娜星。

1. 冥王星

当了第九"大"行星 76 年的冥王星，终于被第 26 届国际天文学联合会决议定为"矮行星"，从而失去大行星的身份，决议还把其视为海王星外矮行星这类天体的标志。冥王星与太阳的平均距离约 39.44 天文单位，是科伊伯带中最早被发现的天体；冥王星绕太阳一周需要 248 年。1978 年冥王星的卫星被发现，从而计算出它的质量约为地球质量的 0.0024 倍；直径只有 2250km。科学家推断，冥王星主要由岩石和约占总质量 30％ 的冰构成。有资料显示，夏季冥王星表面冰冻的氮汽化，形成宽广的大气层，冬季氮气凝结成雪，降落到表面。冥王星有 3 颗卫星，分别是冥卫一、冥卫二、冥卫三，其中冥卫一取名卡戎（Charon）。它的直径为 1190km，约为冥王星直径（2250km）的一半，质量为冥王星的 1/8；卡戎的公转周期与冥王星的自转周期相同，都是 6.387 天，是一颗天然的同步卫星。根据第 26 届国际天文学联合会关于矮行星的定义，卡戎不能算是冥王星的卫星，而是一颗矮行星。

2. 谷神星

谷神星位于火星和木星轨道之间，它是由意大利天文学家发现的天体，直径约为 1020km，等于月球直径的 1/4，质量约为月球的 1/50。长期以来，谷神星一直被看成是火星和木星之间小行星带中最大的小行星，号称"1 号小行星"。科学家最近发现，谷神星有些方面像地球，如它可能有一个包含冰水

的表层，内部有不同层次，比较轻的物质靠近表层，稠密的物质在核心，几乎为球形，表明其形状受到自身引力的控制。第 26 届国际天文学联合会大会把谷神星"升级"为矮行星。

3. 齐娜星

齐娜是 2003 年美国天文学家布朗发现的一颗新天体，2005 年这一发现正式宣布。齐娜是布朗为其取的昵称，2006 年 9 月 13 日，齐娜星已被正式命名为 Eris，中文名为阋神星。齐娜星的轨道半长径 67.661 天文单位，偏心率 0.442，倾角 44.2°，距离太阳最近时 37.75 天文单位，最远时 97.57 天文单位，绕太阳一周需 650 年，直径比冥王星大 100km 余，是迄今为止在柯伊伯带发现的最大的小天体。德国科学家贝托尔自 2005 年开始观测齐娜星，发现它几乎不存在被反射的太阳光，其体现出的明亮度，完全取决于自身的体积和温度。它可能有一颗卫星，估计大小为齐娜星的 1/10，直径大约 250km。齐娜星是已发现的矮行星中最大的一颗，也是在柯伊伯带发现的第一颗矮行星。

随着天文学家对柯伊伯带的进一步观测，可以想象，将有更多的矮行星被发现。迄今为止，在柯伊伯带新发现的矮行星有 5 颗（鸟神星、妊神星、塞德娜、创神星和亡神星）。

（五）太阳系小天体

1. 小行星

小行星带主要分布在火星和木星轨道之间，绝大多数小行星距太阳 2.2～3.6a 处。小行星质量总和约为地球质量的万分之四，且质量越小的数量越多。发现小行星是非常费神的事，照相巡天观测发现大于照相星等 21.2 等的小行星达 50 万颗。目前编号的有近 5000 颗。其中约 30 颗直径大于 200km，最大的 4 颗为谷神星[①]（直径 1020km）、智神星、灶神星和婚神星。1801 年元旦夜，意大利天文学家皮亚齐发现了第一颗小行星，命名为谷神星。小行星运行轨道较扁长。小行星多数是碳质的，少数是石质的或铁质的。已发现有几颗小行星也带有卫星。小行星是各类天体中唯一可由发现者命名的天体；中国人发现的第一颗小行星是紫金

---

① 第 26 届国际天文学联合会大会将其"升级"为矮行星。

山天文台前台长张钰哲在美国发现的,编号"1125",命名"CHINA"(中华);至 1999 年紫金山天文台已发现并命名的有 120 多颗。多数人认为在太阳系诞生初期,原始弥漫物质未能凝聚成大行星,从而形成了小行星;而小行星带可能是一颗大行星破碎后形成的。

2. 彗星

俗称"扫帚星"。中国古代"彗"字,即扫帚之意;西方原于希腊文,即"尾巴"或"毛发"之意。已发现的彗星有 1600 多颗,但计算出轨道的只有 600 多颗。

彗星是在扁长轨道上绕太阳运行的一种体积庞大、质量较小、呈云雾状(或带彗尾)的天体。$e<1$ 的多数彗星,轨道为扁长的椭圆形、如期回归、绕日运行,称为"周期性彗星"。其中周期短于 200 年的称为"短周期彗星",周期长于 200 年的称为"长周期彗星"。而 $e \geqslant 1$ 的一些彗星,轨道呈抛物线或双曲线,只过一次近日点,就一去不复返,称为"非周期性彗星"。彗星的外貌和亮度,随着距离太阳的远近而发生显著变化:当它远离太阳时,呈现为朦胧的星状小暗斑;当它靠近太阳时,质量较大的彗星会产生各种形状的彗尾,且亮度增大。

彗星主要由彗头和彗尾组成。彗头包括彗核、彗发和彗云三部分。彗星较亮的中心部分叫做"彗核",主要是冰块和尘埃冻结在一团的"脏雪球",其中 30% 是水,其他含复杂的有机物、硅酸盐、碳、一氧化碳、二氧化碳等。彗核直径约 1～10km,是彗星物质集中的地方。彗核外围的云雾包层称为"彗发"。包围在彗发周围的一个巨大的发射紫外线的氢原子云叫做"彗云"(又称"氢云")。彗发和彗云,是在太阳辐射的作用下,由彗核中蒸发出来的气体和微小尘粒组成,其密度接近真空。彗发直径可达几万至几十万公里。彗尾是彗星最壮观的部分。当具有一定质量的彗星运行到距日很近时,太阳风和太阳辐射压将彗发的气体、微尘推开,便生成彗尾。彗尾密度更接近真空,可长达数亿公里。必须指出,并非所有彗星都带有彗尾。

我国是世界上最早记录彗星的国家。《春秋》记载鲁文公十四年(公元前 613 年)秋七月,有星孛入于"北斗"。这是世界上第一次关于哈雷彗星的确切记载。著名的哈雷彗星平均回归周期为 76 年。1682 年,当这颗彗星出现时,英国天文学家哈雷,注意到它的轨道与 1607 年和 1531 年出现的彗星轨道相似,他认定这是同一颗彗星的三次出现,并预言 1758 年底或 1759 年初将再次出现。虽然哈雷于 1742 年去世,但是他预言的彗星果然于 1759 年初再次出现了!最近一次是 1986 年的哈雷彗星回归,已获丰硕的观测成果。哈雷彗星下次回归时间约在 2061 年。

3. 流星和陨石

(1)流星。在行星际空间,游荡着无数的尘粒和固体块,称为流星体。流星体来源于原始星云的残存颗粒、小行星互相撞碰的产物、彗星瓦解碎片、行星和大卫星的喷发物等。当流星体穿过地球大气时,具有很大的速度,因摩擦而发热发光,人们可看到一条亮光划破夜空,这就是流星现象。流星一般在离地面 80～120km 高空才开始发光。特别明亮并伴随闷雷般的响声的流星,又称"火流星"。通常所见的流星体是单个的,叫"偶发流星",它们是单个天体碎片,像行星一样绕日运行,在接近地球时被吸引落进大气层而形成。另一类流星体成群出现且具有周期性,叫"周期流星"。这种成群出现的流星体叫"流星群"。流星群与彗星有关,当彗星破碎后,其碎片散布在它们的轨道上,在地球穿过其轨道时,成群的碎片进入大气层而形成流星雨。地球每年与流星群相遇时,就会在天空的某一点看到较多的流星向外射出。流星集中射出的点称为辐射点。流星群以辐射点所在的星座命名。例如狮子座流星群,出现在每年的 11 月,极盛之时,可形成壮观的"流星暴"。

(2)陨石。大块流星体穿过地球大气层后尚未燃尽,其剩余部分落到地面上成为陨石。通常陨石以降落处的地名命名。陨石按其化学组成可分为石陨石、铁陨石和石铁陨石三大类。石陨石占陨石总数的 94.8%,主要由硅酸盐组成。1976 年 3 月 8 日降落在我国吉林的"吉林一号"石陨石,重达 1770kg,是目前世界上最大的石陨石。铁陨石占陨石总数的 4.60%,主要由铁镍组成,含有少量的硫化物、磷化物和碳化物。目前最大的铁陨石是非洲纳米比亚的戈巴陨铁,重达 60t;我国新疆大陨铁重 30t,占世界第三位。石铁陨石由硅酸盐和铁镍组成,仅占陨石总数的 0.6%。此外,还有一种由天然玻璃物质组成的"玻璃陨石",多分布在赤道附近低纬度地区。早在 1000 多年前,我国雷州半岛就有发现,称为"雷公墨"。玻璃陨石一般仅几厘米大小,颜色为深褐、墨黑或绿色。

小行星、彗星、陨石等小天体,被认为是太阳系的"考古"标本。这些地球的天外来客,保存了太阳系天体物质的最原始、最直接和最丰富的信息,这为研究太阳系的起源和演化、生命早期的化学演变过程及促进空间技术的发展,均具有重大的科学价值。尤其值得一提的是,陨石物质对自然地理环境有重大影响。据资料分析,发现陨石撞击地球有 10 个相对集中的时期,这些时期与地球造陆运动、造山运动相吻合,每个集中撞击时期延续几百万年。例如,距今 7000 万年前,相当于白垩纪末的燕山运动时期和距今 300 万～200 万年,相当于第三纪末的喜马拉雅运动时期,都是陨石集中撞击地球的时期等。

由此可见,大规模的陨石袭击是自然地理环境沧桑巨变的外因之一。

(六) 太阳系天体的运动规律
——开普勒三定律
与牛顿万有引力定律

德国天文学家开普勒,在哥白尼日心体系的基础上研究了大量行星运动资料,总结发表了行星运动的三条定律,定量地阐明了行星运动真实轨道的几何形状和运动规律。实际上,太阳系中的小行星、周期彗星以及规则卫星也都是遵照开普勒三大定律运行。因此,开普勒被誉为"天空的立法者"。英国科学家牛顿在总结开普勒三定律的基础上,得出了著名的万有引力定律,解决了太阳系天体运动的力学原理,以此把研究天体运动建立在天体力学的理论基础之上。

开普勒第一定律:行星绕日公转轨道都是椭圆,太阳位于椭圆的一个焦点上。如图 2.8 所示:a 为椭圆半长径,椭圆偏心率 e 为

$$e = \frac{\sqrt{a^2 - b^2}}{a} = \frac{c}{a}$$

当 $e=0$ 时,轨道为正圆;当 $0<e<1$ 时,轨道为椭圆;当 $e=1$ 时,轨道为抛物线;当 $e>1$时,轨道为双曲线。八大行星的 e 值是近圆的椭圆形状。

开普勒第二定律:行星向径(日星中心的连线)在单位时间内,扫过的面积相等。行星的轨道速度是随其距日远近而变化的。行星离日近时,公转速度大,

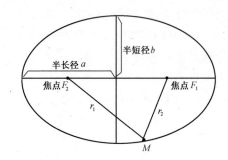

图 2.8　行星的椭圆轨道

在近日点附近运行速度最快;行星离日远时,公转速度小,在远日点附近运行速度最慢。其原因是由面积定律所决定。由图 2.9 所示,行星在近日点附近时,单位时间所运行的弧段长,故速度快;而在远日点附近时,单位时间所运行的弧段短,故速度慢。

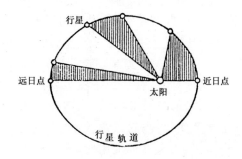

图 2.9　开普勒第二定律——面积定律

开普勒第三定律:行星绕日公转周期的平方同它们与日平均距离的立方成正比。若以 T_1,T_2,T_3,…分别表示行星绕日公转周期;以 a_1,a_2,a_3,…分别表示它们距日的平均距离,则表达式为

$$\frac{T_1^2}{a_1^3} = \frac{T_2^2}{a_2^3} = \frac{T_3^2}{a_3^3} = \frac{T^2 \cdots}{a^3 \cdots} = k \, (\text{常数})$$

由此得知,距日愈近的行星,公转周期愈短;距日愈远的行星,公转周期愈长。实测行星的公转周期 T,即可求出星日的平均距离 a 为

$$a = T^{\frac{2}{3}}$$

如取 $T_{地}=1$,则 $a_{地}=1$。

开普勒第三定律是一个近似式,加上天体质量的修正,则得出第三定律的普遍式,它是测定天体质量的重要依据:

$$\frac{T_1^2(M_1 + m_1)}{T_2^2(M_2 + m_2)} = \frac{a_1^3}{a_2^3}$$

式中,(M_1+m_1) 和 (M_2+m_2) 分别表示两个天体系统的质量(其中,M_1,M_2 为中心天体质量;m_1,m_2

为环绕天体质量）；T_1，T_2 为环绕天体运转周期；a_1，a_2 为环绕天体到中心天体的距离。1978 年发现冥王星的卫星后，用第三定律的普遍式准确地测定出冥王星的质量相当于 0.0024 个地球质量。

牛顿借助于微积分数学工具，综合了开普勒三定律和向心加速度公式，提出了万有引力定律。即宇宙间一切物体之间都是互相吸引的，引力的大小同这两个物质质量的乘积成正比，同它们之间的距离平方成反比。则有

$$F = G\frac{m_1 m_2}{r^2}$$

式中，F 为万有引力；m_1 和 m_2 分别为两物体的质量；r 为它们之间的距离；G 为万有引力常数（6.67×10^{-8} dyn·cm²/g²）。

严格地说，万有引力定律只适用于质点。经过证明，密度均匀的圆球或各层密度均匀的多层球，可以作为质量集中于球心的质点来处理。在太阳系中，因为天体之间的距离比它们自身的直径大得多，大天体的形状又近于球形，所以可将它们近似地作为质点处理。将两个天体看成质点，研究它们按万有引力定律相互吸引的运动规律，称为"二体问题"。实际上，任何行星除受太阳引力外，还要受到其他天体引力（摄动力）的影响，使天体的运动偏离二体轨道的现象，被称为"摄动"。

根据万有引力定律，行星是受惯性力（运动着的天体如不受外力作用，一直做匀速直线运动）和受引力（另一天体把它拉向轨道中心的外力）的共同作用下，而沿着其合力方向作椭圆轨道运行的。因此，开普勒第一定律可以更普遍地叙述为：太阳系天体绕日运动的轨道是圆锥曲线，包括椭圆、抛物线和双曲线三种类型的轨道。八大行星属近圆的椭圆轨道，而彗星三种类型的轨道都有。开普勒第二定律实质上是动量矩守恒定律，即行星在近日点运行得快些，才不被太阳引力拉过去；行星在远日点运行得慢些，才不脱离太阳引力而跑掉。八大行星公转的向心加速度是和太阳引力作用相当的，因而它们井然有序并较稳定地绕日运行着。无论是卫星绕行星运动，还是行星携带它的卫星绕日运动，或是太阳携带整个太阳系在银河系中绕银心运动，无一例外，都遵循万有引力定律。

（七）太阳系的起源——新星云说简介

自 1755 年德国哲学家康德，在其发表的《宇宙发展史概论》一书中，首先提出了著名的"星云说"；1785 年法国天文学家拉普拉斯在其发表的《宇宙系统论》一书中，阐述了关于太阳系起源的"星云说"观点。200 多年来关于太阳系起源说有 40 多种。康德和拉普拉斯的学说虽有差异，但他们都共同认为太阳系是起源于同一块星云物质，人们通常把他们的学说合称为"康德－拉普拉斯星云说"，又称"旧星云说"。

我国已故天文学家戴文赛先生提出了太阳系起源新学说，是新星云说的代表之一。这个新学说，将太阳系起源理论提高到一个新水平。这个学说认为：

47 亿年前，一个质量比太阳大几千倍的银河星云，因自引力而收缩，在收缩中产生旋涡，旋涡使星云破碎成一二千块，每一块相当于一个恒星质量。其中形成太阳系的碎块，叫太阳星云。

在自引力的作用下，太阳星云进一步收缩，使本来已在旋转的太阳星云旋转加快，产生更大的惯性离心力，使太阳星云逐渐变扁。同时，由于体积愈来愈大，所产生的惯性离心力也愈来愈大，当惯性离心力足以全部抵消自引力时，赤道附近物质便停留在那里，不再收缩，而太阳星云其他部分仍继续收缩，于是形成扁扁的、内薄外厚、连续的星云盘。星云盘物质有"土物质"、"冰物质"和"气物质"三类。

在进一步收缩过程中，原始太阳因不断收缩而持续增温，当内部温度达到几百万度（K）时，开始热核反应，形成自行发光的太阳。

星云盘中的尘粒，因碰撞而增大，形成大尘粒，大尘粒因吸附小尘粒而增大，当大到不致因碰撞而破碎时，形成"星子"。星子与其他尘粒进行碰撞吸积而增大，产生特大星子，出现在目前行星的轨道上，成长成"行星胎"。行星胎形成后，碰撞吸积为引力吸积取代，把其"势力范围内"的星子"吃"掉，不断增大而成行星。行星附近的残余物质，在较小范围内重演行星形成过程，产生卫星。

新星云说对各类行星的特性，进行了较合理的解释。类地行星靠近太阳，温度高，冰物质和气物质都挥发，只有土物质凝聚，因而密度大，而且它们的行星区宽度比较小，行星的体积和质量就比较小。巨行星区的温度比较低，只有一部分气体挥发，土物质、冰物质都凝聚，部分气物质也成为木星和土星的原料，而且行星区宽度较大，因而密度就

小,而体积和质量就大。远日行星远离太阳,温度低,太阳的引力又弱,气物质很容易逃逸,形成远日行星的物质是土物质和冰物质,所以密度、质量、体积都属中等。

新星云说除能较好地解释行星、卫星的形成外,还能较满意地解释行星运动的同向性、共面性和近圆性。当然,作为假说还有待完善,理论必须符合观测事实。

三、地球的天然卫星

月球是地球的唯一天然卫星。地球和月球相互吸引和共同绕转,构成了地月系。由于月球绕地球、地球绕太阳的运动,产生了有目共睹的月相变化和日食、月食等天文现象。

(一)月球概况

1. 月球的距离、质量和大小

月球是距离地球最近的天体。月地距离的测量,最早是用三角视差法,测得的距离约为384400km,误差达±3.2km以上。20世纪60年代,雷达天文学的发展,提高了天体的测距精度,从而测得较准确的月地距离为384402±1km。在激光问世后,人们利用宇航员在月面上安置的激光反射镜来测月地距离,由于激光比无线电波的波束更集中,方向性好、单色性强,很容易使回波与背景的太阳光区别开来,故使测距精度大大提高。目前已将月地测距精度提高到±8cm。雷达和激光测距的原理相同,是从地面向月球(或行星)发射无线电或激光讯号,记下发射讯号的时刻(t_1),当讯号到达月面再返回地面观测站时,再记下接收的时刻(t_2),无线电波传播的速度为光速(c)。于是,可由下式求取月地距离:

$$d = c \cdot \frac{t_2 - t_1}{2}$$

现在国际上采用的月地平均距离为384401km。

月球质量的测定比较困难。目前是采用测定地月系统的质心 c 的位置,以此来推算出月地的质量比。如图2.10所示,地、月的质量分别为 m,m',地月系质心距地心为 x,月地距离为 d,则根据力矩定律得关系式:

$$m' \cdot (d - x) = m \cdot x$$

$$\frac{m'}{m} = \frac{x}{d - x}$$

由观测太阳黄经的变化,得出 x 的平均值为4671km,这样可算出月地两者的质量比:

$$\frac{m'}{m} = \frac{1}{81.3}$$

已知地球的质量为 $5.98 \times 10^{27} g$,则月球的质量为 $7.36 \times 10^{25} g$,是地球质量的1/81.3。

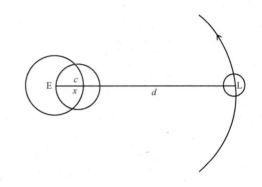

图 2.10　地月系公共质心

由球面三角公式可知,天体的线半径与视半径有如下关系式:

$$R = d \cdot \sin\rho$$

用测角仪器测得月球的视半径 $\rho = 15'33''$(平均值),将月地距离 $d = 384401 km$,代入上式求得月球线半径 $R = 1738 km$,约为地球半径1/4倍。已知月球半径,月球的体积:$V_月 = \frac{4}{3} \pi R_月^3 = 219.9$ 亿 km^3,约为地球体积的1/49。

已知月球的质量和体积,不难求出月球的平均密度为 $3.34 g/cm^3$,比地球平均密度 $5.52 g/cm^3$ 小。月球表面的重力加速度是 $1.62 m/s^2$,约为地球表面重力加速度的1/6。月球重力小,是其形成与地球完全不同的自然状况的主要原因。

2. 月球的自然状况

月球即使曾经有过大气,但它微弱的重力,也不能保住大气。人们在望远镜中可以看到清晰的月面,以及飞船登月实地考察,都证明月球几乎没有大气,只有极微量的气体,其主要成分是氦和氩,密度仅为地球大气密度的110000亿分之一。由于月面的重力小,它的逃逸速度也很小,只有 2.4km/s(地面上是 11.2km/s),在常温下氧和氮分子热运动的速度已超过这个速度,从而能够逃逸到太空去。

没有大气，声音得不到传播，因此月球世界万籁俱寂，充满着寂静和荒凉。登月飞行的宇航员形容月球"有一种自成一格的荒凉之美"。没有大气对光的散射作用，月球上见不到"蔚蓝色"的天空，也没有迷人的晨昏曚影，即使在白天，天空也是一片漆黑。白昼和黑夜都是突然来临，星星、太阳、地球同时出现在天空。没有大气也就无法保持水分，故月球上没有风云变幻，不见雨露霜雪，也不会出现雷电和彩虹，不用做天气预报。由于月球没有大气干扰，清晰度极佳，是天文观测的好基地。

因得不到大气和水分的调节，加上月球上的昼夜漫长（一昼夜为一个朔望月），况且月壤的热容量和导热率都很小，因此，月面上温度变化十分剧烈。白天，在太阳照射下，温度可高达+127℃，黎明前可下降到-173℃。登月考察证明，月球表面被一层平均厚约10cm的细沙粒层所覆盖。

没有大气、没有水分、温度变化剧烈，因此，月球上难以存在生命。虽然在月球物质中已发现各种有机化合物，但目前在月面上没有任何证据表明存在有生命能力的有机体。

3. 月球的表面特征与内部结构

在地球上用肉眼观察月球，可看到月面上明暗不均的现象，这反映了月面对光的反射特性的差异。当我们用望远镜观察月面时，则可清楚地看到高低不平的外貌，以及复杂的结构特征（图2.11），其主要月貌类型有：

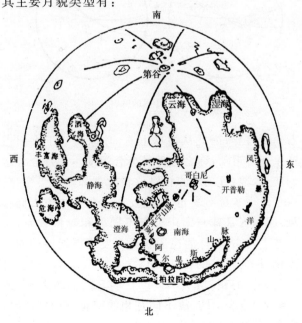

图 2.11　月球正面图

（1）月陆。观察所见月表明亮部分称为"月陆"。因为它的反照率较高，故月陆看起来比较明亮。月陆是月面上的高地，为大面积的熔融结晶的岩石覆盖，是月球最古老的岩石，年龄约41亿~46亿年。

（2）环形山。又称"月坑"，是月面上最显著的特征。据统计，直径大于1km的环形山总数约33000多个，最小的不到1m。直径最大的是月球南极附近的贝利环形山，为295km，可容纳整个海南岛。天文学家认为，绝大多数环形山为陨星撞击而成，少数是火山造成。大且复杂的环形山坑壁呈台阶状，中央有突起；年轻的环形山周围还保留有清晰的辐射状的溅射物，称"辐射纹"。月面上带有辐射纹的环形山约有50个，著名的有第谷环形山，其直径86km，有辐射纹12条，最长达3000km。

（3）山脉。月面上有一些类似地球上的山脉，且借用地球上山脉名字来命名，如阿尔卑斯山脉、高加索山脉等。其中最长的亚平宁山脉，长1000km。在月球南极附近的山峰高达8000~9000m。

（4）月海。肉眼所见月面上暗黑的区域称"月海"。月海是月面上广阔的低平原，滴水均无。已知的月海有22个，绝大部分分布在月球正面。月海比月陆低2~3km，且比月陆年轻，约形成于距今39亿~31亿年前。其中最大的"风暴洋"，面积约500万km²；较大的月海还有雨海、静海、澄海、丰富海、云海、危海、酒海等。

（5）月谷和月溪。月谷类似地球上的大裂谷。较宽的大月谷多出现在月陆较平坦的地区。最长的月谷达500km，宽20~30km。月面上的细小的月谷和月溪，在月陆和月海中均有发现。

月球的背面也有同正面一样的地形，只是"海"的面积较小，而环形山很多，其中有5座是以中国人命名的，他们是石申、张衡、祖冲之、郭守敬和"万户"（中国古代官职名）。

据月震资料分析表明，月球内部构造与地球相似，可分月壳、月幔和月核三个同心圈层。月壳厚约60km，月面下60~1000km为月幔，1000km以下为月核。月壳和月幔组成刚性的岩石圈。月核为软流圈，温度约1000K，可能是由硅酸盐类物质组成，不是地球那样的金属核，因此，它的密度比地球小得多。空间探测发现，在某些月"海"表面有特别强的重力场，表明那里的物质凝聚特别集中，被称为"重力瘤"。目前已发现12处重力瘤，它们全部都集中在月球的正面。这说明月球内部物质分布不均,也是探寻月球矿床的可能区域。

月球几乎没有磁场,太阳风的粒子和宇宙线可以直接轰击月面。但是,已发现月岩中含有微弱的剩余磁性,其原因尚无公认的解释。

(二)月球的运动

1. 月球的公转运动

(1)月球轨道。月球绕地球的运动,称为月球的

公转运动。但严格地讲,是月球和地球绕其公共质心的运动,只因其公共质心仍位于地球内部,故可简单地把月球的公转看成是绕地球(或地心)的运动。月球公转轨道是一个椭圆,轨道偏心率为 0.0549,近地点的平均距离为 363300km,远地点的平均距离为 405500km。以上所讲是指月球的地心轨道,它是一个封闭的椭圆。但是,月球在绕地球旋转的同时,还随地球绕太阳运行,所以,月球运行的日心轨道是月球绕地球、地球绕太阳两种运动的合成(图 2.12)。

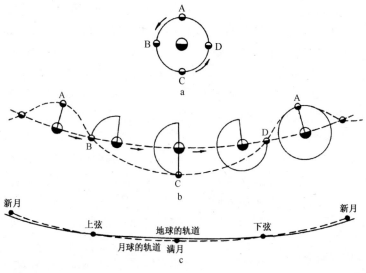

图 2.12　月球的运动

月球公转轨道在天球上的投影叫做"白道"。白道面相对于黄道面平均有 5°09′ 的倾角,叫做"黄白交角"。月球在白道上运行,相对于黄道而言,月球从黄道以南进入黄道以北的那个交点叫"升交点";相反,月球从黄道以北进入黄道以南的那个交点,叫"降交点"。由于太阳引力的影响,月球轨道交点沿黄道不断西移,每年西移约 19°24′,即 18.6 年移动一周。在移动的一个周期内,月球的升、降交点总有与春分点重合的机会。如图 2.13 所示,当升交点与春分点重合时(左图),白道与天赤道的夹角最大,即月球赤纬最大,其变化幅度为:$\delta_月 = \pm(23°26′+5°09′) = \pm28°35′$;当降交点与春分点重合时(右图),白道与天赤道的夹角最小,即月球赤纬最小,其变化幅度为:$\delta_月 = \pm(23°26′-5°09′) = \pm18°17′$。月球赤纬的变化幅度,就决定了某地所见月球的地平高度的变化幅度,也是我们所见月球离地面有高低变化之原因。

(2)日月会合运动与月相。由于月球绕地球公转的同时,地球还在绕太阳公转,同时两者又存在

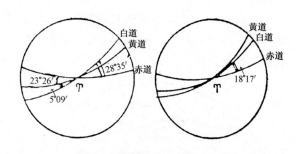

图 2.13　月球的赤纬变化

着速度差异,因此从地球上看,月球相对于太阳也产生相对运动,称之为日月会合运动。日月会合运动使日、地、月三球的相对位置时刻都在发生变化。由于月球本身不发光,只是反射太阳光才被人们看见,所以当月球与太阳处于不同的相对位置时,从地球上看来,月球的视形状就会发生周期性的圆缺变化,称为月球的位相,简称"月相"(图 2.14)。月球与太阳的相对位置,是以它们之间的角距离(或黄经差)来表示的,故不同月相的变化,就是日月角距离(黄经差)的变化。由图 2.14 可推出各种月相出没的时刻(表 2.4)。

表 2.4　月球出没情况

月相	夏历日期	日月角距(黄经差)	月出	中天	月没	明亮部位	夜晚可见情况
朔	初一	0°日月相合	晨	午	昏	无	不可见
上弦	初七、八	90°东方照	午	昏	夜	西半亮(右)	上半夜见于西天
望	十五、六	180°日月相冲	昏	夜	晨	全亮	整夜可见
下弦	二十二、三	270°西方照	夜	晨	午	东半亮(左)	下半夜见于东天

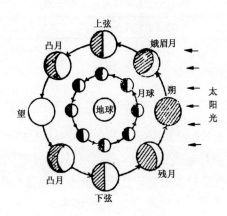

图 2.14　月相成因

由表 2.4 可知,朔月(新月)时,日出月出,日落月落;上弦月时,正午月出,子夜月落;望月(满月)时,日落月出,日出月落;下弦月时,子夜月出,正午月落。月球从朔→上弦→望→下弦→朔,完成了一次日、月会合运动,也就是完成了一次月相圆缺盈亏的变化。此外,月相呈镰刀形的娥眉月时,我们可见月相的其余部分会呈现微弱的灰色光芒,称为"灰光",俗称"新月抱旧月",这是由于地球反射太阳光,而投射到月球上面的现象。

(3)月球公转的周期与速度。月球绕地球运行一周的时间叫做月球的公转周期。由于选择的参考点不同,而有以下各种不同的月:①恒星月以恒星为参考点,指球中心连续两次自西向东回到同一恒星方向上所经历的时间,约 27.3217 日。它是月球公转 360°所需的时间,是月球公转的真正周期。②朔望月。以太阳为参考点,是月球连续两次"合朔"(或合望)的时间间隔,约 29.5306 日。它是日月会合运动的周期,也是月相变化周期。③交点月。以黄白交点为参考点,指月球中心连续两次通过同一黄白交点的时间间隔,长度约 27.2122 日。④近点月。以近地点为参考点,指月球中心连续两次通过近地点的时间间隔,长度约 27.5546 日。

上述朔望月比恒星月长 2.21 日,是因为朔望月要比恒星月多转 29°;交点月比恒星月短,是因为黄白交点每月西移约 1.6°;而近点月比恒星月长,是因为近地点每月东移约 3°3′。

已知月球的公转周期(恒星月),可求出月球公转的角速度为 13°10′。由于月球公转轨道是椭圆,近地点时角速度最快,约为 15°/日,远地点时最慢,约为 11°/日。而平均角速度为 13°10′/日。因为月球的公转方向是自西向东,而它的周日视运动方向又是自东向西,所以月球每日出没地平的时刻(太阳时),必然逐日向后推迟。其推迟的时间可由日、月会合运动速度求出:因月球的公转平均角速度为 13°10′/日,地球公转平均角速度为 59′/日,则日月会合角速度每日为 13°10′−59′=12°11′,而地球自转 12°11′的时间约 50min,因此月球的出没时刻,每日向后推迟约 50min。

2. 月球的自转运动

在长期的观测中,人们总是只看到月球的半边脸,并认为月球没有自转运动。事实恰好相反,这个现象正表明了月球有自转运动。只是因为月球的自转方向和周期与它公转相同所致,天文学上称这种自转叫"同步自转"。即月球的自转周期为一个恒星月(27.3217 日)。如图 2.15 所示:月球在 M_1 时,月面上 a 点正对地球 E,当月球公转 90°到达 M_2 时,月球也自转了 90°,月面上 a 点依然对准地球……依次类推。月球从 $M_1 \rightarrow M_2 \rightarrow M_3 \rightarrow M_4 \rightarrow M_1$,公转了一周,月球本身也以同样的速度自转了一周。这样月面上的 a 点总是对着地球。

月球总是一面向着地球,这只是近似的说法。实际上,我们可以看到 59%的月面积。这是因为月球公转速度的不均匀造成的"经度天平动"和月球自转轴 83°21′的倾斜造成的"纬度天平动"所致,使我们能多看到 9%的月面积。

(三)日食和月食

在日月会合运动中,当月球运行到太阳和地球之间(朔日),且日、地、月三球恰好或几乎在同

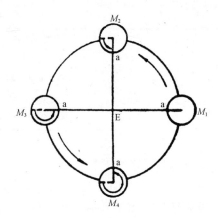

图 2.15　月球的自转

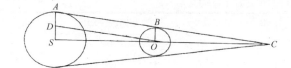

图 2.17　本影的长度

表 2.5　地球和月球本影长度

项　目	地球本影(km)	月球本影(km)
最短	1358900	367000
最长	1404800	379700
平均	1381900	373300

一直线上时,月球遮住了太阳,在地球上处于月影区域的观察者,看不见或看不全太阳的现象称为"日食";在日月会合运动中,当月球运行到和太阳相对的方向(望日),且日、地、月三球恰好或几乎在同一直线上时,月球进入地球的影子,在地球上处于夜半球地区的观察者,看不见或看不全月球的现象称为"月食"。日食和月食是一种普通的天文现象。

1. 月、地影子与日、月食种类

(1)月影和地影。月球和地球都是自身不发光且不透光的球形天体,在太阳光照射下,产生圆锥形影子,称为"影锥"。按其受光的强弱,影锥分为三部分,即本影、半影和伪本影(图 2.16)。本影是个会聚圆锥,其长度可用相似三角形对应边或比例求出。如图 2.17所示:S 是太阳,O 为地球(或月球),OC 为本影长度,作辅助线 DO 平行于 AB,则 $\triangle BOC$ 与 $\triangle DSO$ 相似,所以可求得影长公式:

$$OC = \frac{BO}{AS - BO} \cdot SO$$

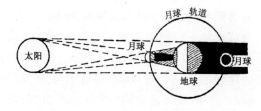

图 2.16　交食全图

式中,BO 为地球(或月球)半径;AS 为太阳半径;OS 为日地(或日月)距离。将这三个值分别代入上式,便可求出地球(或月球)本影的长度,计算结果列于表 2.5。

由表 2.5可知,地球本影的最短长度(1358900km)远远大于月地最远距离(405508km),因此,只要月球所处轨道位置合适,月球就会全部或部分进入地影范围之内,发生月食。而月球本影的最大长度(379700km)只稍稍大于月地最近距离(363000km),且小于月地平均距离(384400km),因此,月球本影通常不能到达地面,只有半影和伪本影落在地面上,这就决定了在地球上见到的日偏食和日环食多于日全食。

(2)日、月食的分类:①如图 2.18所示,日食可分为日全食、日偏食和日环食三种。日食类型的不同,取决于地球所处的不同月影区域。处于月本影区域的观察者,看到月球全部遮住了太阳,完全看不见太阳的现象,就叫"日全食";处于月半影区域的观察者,只看见月球遮住部分太阳的现象,就叫"日偏食";处于月伪本影区的观察者,只看见太阳中心部分被月球遮住,而太阳周边仍放光芒、呈现光环状的现象,叫做"日环食"。天文学上将日全食和日环食合称"中心食"。对同一地点的观察者来说,一生难得遇上几次观看日全食的机会。日全食的景象十分壮观,当白天光耀夺目的太阳圆面突然

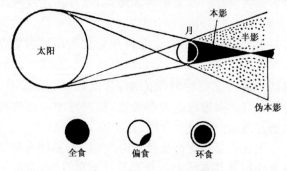

图 2.18　月影结构和日食类型

被黑暗的月轮遮住时,温度下降,黑夜突然降临,天空繁星闪烁,平时肉眼不可见到的日珥、日冕、贝利珠等呈现在眼前,构成一幅奇妙的景观。②如图2.19所示,月食可分为月全食和月偏食两种,没有月环食。月食类型的不同,取决于月球是否全部或部分进入地球本影。当月球全部进入地球本影时,月轮整个变暗,就叫"月全食"。当月球部分进入地球本影时,月轮部分被遮,叫做"月偏食"。当整个月球进入地球半影时,其亮度有所减弱,称月半影食。但肉眼不易察觉,故月半影食一般不算月食。只要发生月食,处于地球夜半球的各地点,都可同时见到月食现象。而月食无环食的原因是地本影长度远远大于月地距离,并在月球距离处,地球本影的横截面平均直径(9212km)比月轮平均直径(3476km)大得多。月全食时,月面并非完全黑暗,通常呈铜红色,亮度比平时减弱,这是由于地球大气折射阳光中的红光到地球本影所致。

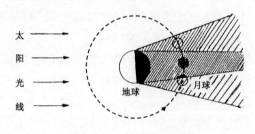

图 2.19 月全食和月偏食

2. 日、月食过程

月球公转的方向和地球公转的方向都是自西向东的,但两者的速度各不相同,前者 $13°10'$/日,后者尚不足 $1°$/日。所谓日、月食过程,是指月球自西向东赶超并遮掩太阳的过程。因此,日食总是开始于日轮的西缘,结束于日轮的东缘;月食却是开始于月轮的东缘,结束于月轮的西缘(图2.20和图2.21)。一次完整的全食过程分为 3 个阶段,即偏食—全食—偏食;5 个食相,即初亏、食既、食甚、生光和复圆。现以日全食(图2.20)为例说明。

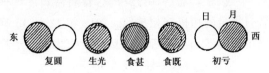

图 2.20 日食过程

(1) 初亏。当月轮与日轮第一次外切时称"初亏",日偏食开始。

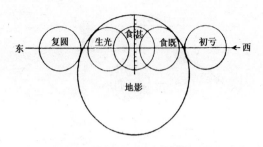

图 2.21 月食过程

(2) 食既。当月轮与日轮第一次内切时称"食既",日全食开始。

(3) 食甚。当月轮与日轮中心最接近的时刻称"食甚"。

(4) 生光。当月轮与日轮第二次内切时称"生光",日全食结束。

(5) 复圆。当月轮与日轮第二次外切时称"复圆",日食全过程结束。

月全食是月轮通过地本影的过程,其过程和食相与上述相同(图 2.21)。

我们通常用食分大小来表示日面或月面被遮掩的程度。取日轮视直径为 1,有

$$日偏食食分 = \frac{日轮视直径被遮部分}{日轮视直径} < 1$$

$$日全食食分 = \frac{月轮视直径}{日轮视直径} \geq 1$$

$$月全食食分 = \frac{地本影视直径}{月球视直径} \geq 1$$

食分有两点含义:一是表明日、月被掩食的程度,即食分愈大,被遮掩的面积愈大;二是表明日、月食过程的时间长短,即食分愈大,日、月食过程的时间愈长。

3. 发生日、月食的条件

(1) 必要条件。由前所述,日食必定发生在"朔"日时,月食必定发生在"望"日时,这是发生日、月食的必要条件。但是,并非每逢朔望都有日、月食发生。这是因为黄道和白道不在同一平面内,两者约有 $5°09'$ 的交角。如图 2.22 所示,朔日时,月球有时在太阳的上方通过,有时在太阳的下方通过;望日时,月球有时在地球本影的上方通过,有时在地球本影的下方通过。如在这种情况下的朔与望,就不会发生日、月食现象。可见,朔望只是发生日月食的一个必要条件。

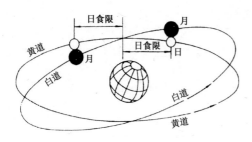

图 2.22　日食限

（2）充分条件。发生日食的朔，是指日月相合于黄白交点及其附近的朔；发生月食的望，是指日月相冲于黄白交点及其附近的望。这就是发生日月食的充分条件。因为日、月都不是一个光点，而是一个视直径平均有 0.5° 多的圆面，所以两者不一定严格地要求位于黄白交点上。"交点附近"指的是在距交点一定的范围内，也可能发生日、月食，称之为日、月食限角，可运用球面三角边的正弦定律计算得出：

日偏食最大限角为 17.9°，最小限角为 15.9°；日中心食最大限角为 11.5°，最小限角为 10.1°；月偏食最大限角为 11.9°，最小限角为 10.9°；月全食最大限角为 6.9°，最小限角为 4.1°。

综上所述，发生日食的条件是：日、月相合（朔）于黄白交点或其附近（日食限角内）；发生月食的条件是：日、月相冲（望）于黄白交点或其附近（月食限角内）。

（四）月 球 探 测

人类近距离的探月活动，始于 20 世纪 50 年代后期。

1957 年，原苏联发射了第一颗人造地球卫星，标志着人类空间时代的到来，1959 年 10 月原苏联发射"月球 1 号"探测器绕月运行，拍摄了第一张月球背面照片，此后继续发射"月球"系列和"宇宙"系列月球探测器，对月球展开系列性探测；与此同时，美国发射了"先驱者"系列、"徘徊者"系列、"勘察者"系列、"月球轨道器"系列和"阿波罗"系列月球探测器，直到 1967 年 7 月，"阿波罗"11 号载人飞船登月成功，三名宇航员踏上了月球大地，宇航员阿姆斯特朗说："对个人来说，这是一小步，但对人类来说，这是跨了一大步！"拉开了人类登月探测的序幕。从 1959 年到 1979 年，苏、美两国一共成功发射月球探测器 48 个。美国实现 6 次载人登月，带回月球样品 381.7kg；原苏联进行了 3 次不载人自动采样返回，带回 0.3kg 月球样品。1990 年 1 月，日本发射了"飞天号"月球探测器，该探测器载有重 12kg 的子卫星，用于对月观测。2004 年 1 月 14 日，美国总统在国家航天局总部宣布月球探测计划，将于 2008 年开始持续对月球进行不载人探测，2018 年重新载人登月，并在月球上建立永久性常驻基地；在此基础上，2030 年左右把宇航员从月球送上火星。欧洲空间局宣布了月球探测计划，在 2020 年前进行不载人月球探测，2020～2025 年开始载人登月。此外，日本、俄罗斯、德国、英国、加拿大、奥地利、印度、巴西和波兰也相继提出各自的月球探测计划。

自古以来，我国人民就梦想飞到月球上饱览月面风光，由此创造出"嫦娥奔月"的神话故事。我国人民的这一美好愿望，在我国成功发射人造地球卫星和载人航天飞船以及实现"太空行走"（出舱活动）之后，有望能够变成现实。在 20 世纪六七十年代苏、美两个空间大国进行激烈的探月竞争时，我国一些专家、学者就已经开始为月球探测活动做准备工作。至 2004 年，中国的月球探测计划"嫦娥工程"经国务院批准正式立项。"嫦娥工程"的近期目标以不载人月球探测为宗旨，分"绕、落、回"三个阶段实施。2004～2007 年为"绕"的阶段，主要目标是环月探测，2007 年发射我国第一颗月球探测器——"嫦娥 1 号"，对月球进行全球性、整体性和综合性探测；2007～2012 年为"落"的阶段，主要目标是月面软着陆器探测与月球车月面巡视勘察；2012～2017 年为"回"的阶段，主要目标是月面自动采样返回。"嫦娥 1 号"卫星已于 2007 年 10 月 24 日发射升空，2007 年 11 月 7 日进入月球轨道，11 月 18 日传回探测数据，11 月 26 日公布第一幅月面图像，标志着"嫦娥工程""绕"的任务圆满完成。2010 年我国发射"嫦娥 2 号"卫星，作为"嫦娥 3 号"的"先导星"，取得丰硕的有关月球的科学成果。2013 年 12 月 2 日发射的"嫦娥 3 号"，于 2013 年 12 月 14 日平稳落月，完成了嫦娥工程"落"的任务。使我国成为继苏、美之后，第三个在月球软着陆的国家。嫦娥 3 号月球探测器由着陆器和巡视器（"玉兔号"月球车）组成，软着陆后，两器分离，着陆器和月球车可用各自携带的相机互相拍照。2013 年 12 月 15 日晚传来由着陆器拍摄的带有五星红旗的"玉兔号"月球车照片，标志着嫦娥 3 号任务取得圆满成功。

纵观世界月球探测的趋势，根据 20 世纪后半叶月球探测积累的经验和技术，在 21 世纪，人类把月球作为征服太阳系、迈向宇宙的前哨站和转运站，以及开发、利用月球资源为人类服务，是可以实现的。

复习思考题

1. 行星地球的宇宙环境及其自身特性对自然地理环境有什么影响？

2. 何谓"光年"、"秒差距"和"天文单位"？如何判别恒星亮度与光度？

3. 恒星演化各阶段的主要特点是什么？

4. 绘出银河系结构示意图，解释其结构、大小和形状。

5. 简述冥王星"降级"的原因及经过。

6. 简述行星、矮行星和太阳系小天体的定义。

7. 何谓柯伊伯带？

8. 试述太阳活动及其对地球的影响。

9. 试述行星的分布规律和运动特征。

10. 简述开普勒三定律和牛顿万有引力定律。

11. 简述月球的表面特征。

12. 什么是月相？主要月相的日月出没和月亮夜晚可见的情形怎样？

13. 简要说明日月食的过程。

14. 什么叫食分？食分有何意义？

15. 每逢朔望一定发生日月食吗？

16. 简述我国的月球探测过程和计划。

第二节　地球的运动

生活在地球上的人们，无法直接感觉地球的运动。然而，人们却能直接观察到日月星辰绕地球旋转的现象。因此，很容易误认为地球位居宇宙中心静止不动，于是地心说应运而生。较为明确的地心说是由柏拉图（公元前 427～前 347 年）提出，再由他的门生欧多克斯和亚里士多德极力倡导，后经托勒密（90～168 年）在 2 世纪中叶加以系统化，便形成一个完整的地心体系。在政教合一的欧洲，这一理论将近统治了 1500 年。

波兰天文学家哥白尼（1473～1543 年），总结分析了前人学说及其观测资料，在 1505 年提出日心说的理论，并用了大半生时间去验证修改和补充日心说的理论。最后，在他的弟子雷提卡斯的协助下，于其临终前公开发表了日心说巨著——《天体运行论》。哥白尼在他的著作中明确指出：地球是运动的，它只是一颗既有自转运动而又环绕太阳作公转运动的普通行星。

一、地球的自转运动

（一）地球自转的证明

天球的周日运动是有目共睹的，地心说认为这是真运动，而日心说则认为这是视运动——地球自转运动在天球上的反映。到底真是"天旋"还是真的"地转"？哥白尼在他的《天体运行论》中未能提出地球自转的直接证据。在其逝世后的 300 余年中，无数学者前赴后继地为地球自转寻找证据。其中最有说服力、最直观的证据，是傅科摆的偏转。

1851 年，法国物理学家傅科在巴黎保泰安教堂，用一个特殊的单摆让在场的观众亲眼看到地球在自转，从而巧妙地证明了地球的自转现象。后人为了纪念他，把这种特殊的单摆叫做"傅科摆"。傅科摆的特殊结构，是为了使摆动平面不受地球自转牵连，以及尽可能延长摆动维持时间而设定的。因而，傅科摆须有一个密度大的有足够重量的金属摆锤（傅科当年用了一个 28kg 金属锤），以增大惯性并可储备足够的摆动机械能；傅科摆还须有一个尽可能长的摆臂（傅科当年用了一根 67m 长的钢丝悬挂摆锤），使摆周期延长以降低摆锤运动速度、减小其在空气中运动的阻力；傅科摆结构的关键一环是钢丝末端的特殊悬挂装置——万向节，正是这个万向节使得摆动平面能够超然于地球自转。这样有了一个能摆脱地球自转牵连，并能长时间作惯性摆动的傅科摆，人们就可以耐心地观察地球极为缓慢的自转现象。

当傅科摆起摆若干时间后，在北半球人们会发现摆动平面发生顺时针方向偏转（图 2.23），而在南半球摆动平面则发生逆时针方向偏转。

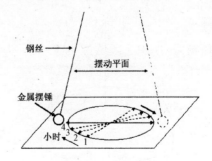

图 2.23　北半球摆面偏转方向

傅科摆的偏转现象可作如下解释：假设当傅科摆起摆时，摆动平面与南北方向（或东西方向）重合。经过若干时间后，由于地球的自转，导致该地的南北方向线(或东西方向线)发生偏转,但因摆锤运动的惯性和摆动平面不受地球自转的牵连,故南北方向线(或东西方向线)相对摆面发生了偏离。

摆动平面的偏转角速度 ω 是与纬度的正弦成正比的,即

$$\omega = 15°\sin\varphi/h$$

如图 2.24 所示,设傅科摆在 A 地起摆时,摆动平面与 A 地经线的切线(AC)重合,经若干时间(t)后,因地球自转,傅科摆随地球自转到达空间 B 点,这时原经线的切线(AC)方向在空间的指向也发生了变化,即变为 BC 方向(与 AC 方向的夹角为 θ)。但因摆动平面不受地球自转牵连及其保持运动惯性之故,其空间方向保持不变,即 BC' 方向(与 AC 方向平行)。这样,摆动平面 BC' 就与 B 点经线的切线方向产生了偏角(θ),于是当 θ 很小时,满足:

θ 角用弧度表示,则 $\theta = \dfrac{\overset{\frown}{AB}}{AC}$

时角 t 用弧度表示,则 $t = \dfrac{\overset{\frown}{AB}}{AO}$

故摆面偏转的角速度 ω 应为

$$\omega = \frac{\theta}{t} = \frac{\overset{\frown}{AB}/AC}{\overset{\frown}{AB}/AO} = \frac{AO}{AC}$$

$\because \sin\varphi = \dfrac{AO}{AC}$　　$\therefore \omega = \dfrac{\theta}{t} = \sin\varphi$

若将 θ 化为角度,t 化为时间,则 $\omega = \dfrac{\theta \times 360°/2\pi}{t \times 24^h/2\pi} = \sin\varphi \cdot 15°/h$

即　　$\omega = \sin\varphi \cdot 15°/h$

式中,ω 为正值时,表示摆面顺时针偏转,若为负值时,则表示摆面逆时针偏转;纬度 φ 的取值为北正南负。因此:①当 $\varphi = \pm90°$ 时,$\omega = \pm15°/h$,即在极

点摆面偏转角速度最大。②当 $\varphi=0°,\omega=0$,即在赤道摆面无偏转。③北半球 $\varphi>0,\omega>0$,摆面顺时针偏转;南半球 $\varphi<0,\omega<0$,摆面逆时针偏转。

(二) 地球自转的规律

1. 地球自转的方向

地球的东西方向是以地球的自转方向来确定的,因此正确认识地球的自转方向是十分必要的。地球的自转方向,可以通过右手法则认记:设想右手握住地轴,大拇指竖直指向北极星,四手指的方向则代表地球的自转方向。事实上,无论是地球上的东西方向或是天球上的东西方向都是从地球的自转方向引申出来的:人们把顺地球自转的方向定义为自西向东方向,把逆地球自转的方向定义为自东向西方向。由于天球的视运动方向与地球的自转方向相反,因此日月星辰周日视运动的方向为自东向西方向。通过右手法则我们不难判定:在北极上空看地球自转,是逆时针方向的;而在南极上空看地球自转,则是顺时针方向的。显然与傅科摆的偏转方向是恰恰相反的,这是由于选择不同的参照系以及运动的相对性原理所致。

2. 地球自转的周期

地球的自转周期统称为 1 日。然而,考察地球的自转周期时,在天球上选择不同的参考点,就有不同的自转周期,它们分别是:恒星日、太阳日和太阴日。

(1) 恒星日。恒星日是以天球上的某恒星(或春分点)作参考点。恒星日是指:某地经线连续两次通过同一恒星(或春分点)与地心连线的时间间隔。时间为 23h56min4s,这是地球自转的真正周期,也就是地球恰好自转 360° 所用的时间。如果忽略地球自转速度极为微小的变化,恒星日是常量。

(2) 太阳日。太阳日是以太阳的视圆面中心作参考点。太阳日是指:日地中心连线连续两次与某地经线相交的时间间隔。太阳日的平均日长为 24h,是地球昼夜更替的周期。太阳日之所以比恒星的平均长 3min56s,是由于地球的公转使日地连线向东偏转导致的。如图 2.25 所示,当 A 地完成 360° 自转(一个恒星日)后,日地连线已经东偏一个角度,待 A 地经线再度赶上日地连线与之相交时,地球平均多转 59′。也就是说一个太阳日,地球平均自转 360°59′。因地球公转的角速度是不均匀的,

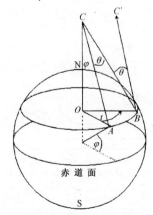

图 2.24　傅科摆偏转的角速度与
纬度的正弦成正比

故太阳日不是常量。1月初,地球在近日点,公转角速度大(每日公转 61′),太阳日较长,为 24h+8s(地球自转 361°01′);7月初,地球在远日点,公转角速度小(每日公转 57′),太阳日较短,为 24h−8s(地球自转 360°57′)。

(3)太阴日。以月球中心作参考点测定的地球自转周期,叫太阴日。太阴日是指:月地中心连线连续两次通过某地经线的时间间隔。太阴日平均值为 24h50min,这是潮汐日变化的理论周期。太阴日长于恒星日,是由于月球绕地球公转使月地连线东偏所致。一个太阴日,地球平均自转 373°38′,比恒星日多转 13°38′(图2.25)。同样,因月球轨道为椭圆,其公转角速度也是不均匀的,故太阴日为变量。

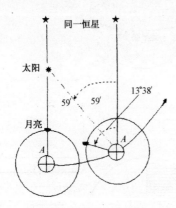

图 2.25 地球自转周期

3. 地球自转的速度

(1)地球自转的角速度。地球自转可视为刚体自转,在无外力作用的情况下,刚体的自转必为定轴等角速度自转。由此可知:地球自转的角速度是均匀的,既不随纬度而变化,又不随高度而变化,是全球一致的。地球自转的角速度($\omega_\oplus$)可以用地球自转一周实际转过的角度与其对应的周期之比导出,即

$$\omega_\oplus = 360°/恒星日 = 360°59′/太阳日$$
$$= 15°.041/h$$

或

$$\omega_\oplus = 2\pi/恒星日 = 2\pi/86164s$$
$$= 7.2921235 \times 10^{-5} rad/s$$

在精度要求不高时,为了方便记忆,角速度约为 15°/h。

(2)地球自转的线速度。地球自转的线速度,是随纬度和高度的变化而不同的。这是由于地点纬度、高度不同,其绕地轴旋转的半径不同所致。如图 2.26 所示,假设地球为正球体,A 地的纬度为

φ,海拔为 h,该地绕地轴旋转的半径为 r,有

$$r = (R + h)\cos\varphi$$

则 A 地自转的线速度为 $V_\varphi = \dfrac{2\pi r}{T}$ (T 为恒星日)

即

$$V_\varphi = \frac{2\pi}{T}(R + h)\cos\varphi$$

$$\because \omega_\oplus = \frac{2\pi}{T} \qquad \therefore V_\varphi = \omega_\oplus(R + h)\cos\varphi$$

从公式可知,纬度越低,自转线速度越大。在赤道海平面上的自转线速度已超过音速,达到 465m/s。因此,顺地球自转方向发射人造卫星,可以大大减少发射能量,降低发射成本。

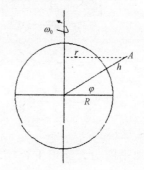

图 2.26 地球自转线速度

(三)地球自转的地理效应

1. 天球的周日运动

(1)天球的周日运动是地球自转的反映。人们把天球上的日月星辰自东向西的系统性视运动叫做天球的周日运动。“天旋”只是假象,实质就是“地转”,而现象与本质却有很好的对应关系(图2.27)。

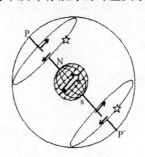

图 2.27 “天旋”与“地转”

天球周日运动的转轴(天轴)是地轴的无限延长:天轴与天球的两交点,即北天极(P)与南天极(P′),是地球两极在天球上的投影。

天球周日运动的方向是地球自转方向的反映:

正是由于地球自西向东的自转,才导致天球相对地球发生自东向西的周日视运动。

　　天球周日运动的周期是地球自转周期的反映:恒星周日运动的周期就是恒星日,它是地球自转的真正周期;太阳周日运动的周期就是太阳日,即地球昼夜更替的周期。恒星周日运动角速度的大小,反映了地球自转角速度的大小(方向不同),地球自转角速度的变化,是通过精密测量恒星周日运动的角速度的天文手段确认的。

　　(2) 不同纬度的天体的周日运动。我们观察天体出没升降的状况都是相对于当地的地平面而言的。人们把地平面无限扩大与天球相交的大圆称为地平圈。天体周日视运动的轨迹(即周日圈)与地平圈的相对关系,就是我们观察到天体周日运动的状况。因为周日圈总是平行于天赤道(即地球赤道平面无限扩大与天球相交的大圆),在不同纬度,地平圈与天赤道的交角不同,所以看到天体周日运动的状况就不同(图 2.28)。

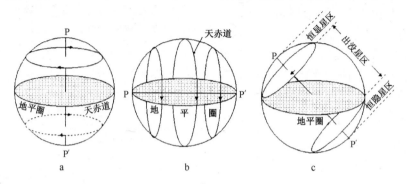

图 2.28　不同纬度的天体周日视运动

　　在极点,地平圈与天赤道重合,天轴与地平圈垂直。天体的周日圈与地平圈(天赤道)平行,处在地平圈以上的天体,永不下落,称为恒显星;在地平圈之下的天体,永不可见,称为恒隐星(图 2.28a)。

　　在赤道上,天轴与地平圈重合,周日圈垂直于地平圈。天体从东方垂直升起向西方垂直落下,全部星体都有出没现象称为出没星(图 2.28b)。

　　在其他纬度地区(图 2.28c)天轴及周日圈均与地平圈斜交。仅有两个周日圈与地平圈相切,其中一个在地平圈之上,另一个在地平圈之下,在这两个周日圈以内的(即球冠上的)星体,分别为恒显星和恒隐星;在这两个周日圈之间的(即球台上的)星体均为出没星。

2. 昼夜的交替

　　地球是不透明的,在太阳的照射下,向着太阳的半球,处于白昼状态,称昼半球;背着太阳的半球,处于黑夜状态,称夜半球。昼半球和夜半球的分界线称为晨昏线(图 2.29)。

　　由于地球不停地自西向东旋转,使得昼夜半球和晨昏线也不断自东向西移动,这样就形成了昼夜的交替。有了昼夜的更替,使太阳可以均匀加热地球,创造了较好的生存环境,也使地球上的一切生命活动和各种物理化学过程,都具有明显的昼夜变化。

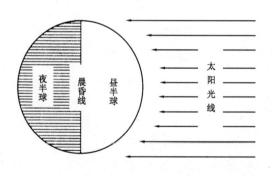

图 2.29　昼半球和夜半球

3. 地球坐标的确定

　　地球表面地理坐标的确定,是以地球自转特性为依据的。在地球表面自转线速度最大的各点连成的大圆就是赤道,而线速度为零的两点则是地球的南、北极点;在地球内部自转线速度为零的各点连成的直线就是地轴。两极和赤道构成了地理坐标的基本点和基本圈。在此基础上,就可以确定地表的经纬线,从而建立地理坐标系统。

　　(1) 经纬线与地球上的方向。通过地球南北两极(N,S)的大圆,叫经圈;被极点分割的经圈半圆,叫经线,又称子午线。其中通过英国格林尼治天文台旧址的经线叫本初子午线,它是经度的起算平面。所谓纬线就是与地轴垂直的平面与地球相交的圆。所有纬线均与赤道平行。

经线是地球上的南北方向线——沿经线指向北极（N）为正北方向，指向南极（S）为正南方向。南北方向是有限方向：北极点是北向的终极点，于是站在北极点上面向任何方向均为南方；南极点是南向的终极点，在此处面向任何方向均为北方。

纬线是地球上的东西方向线——沿纬线顺地球自转方向为正东方向，逆地球自转方向则为正西方向，东西方向是无限方向。但为了避免混乱，在同一纬线上的两点（如图2.30的A,B两点）相对的东西方向是以劣弧来确定的。即A点位于B点的东方，B点则位于A点的西方。

（2）地理坐标的经纬度。地球上的所有经纬线都是垂直正交的，于是地表上的任意点都可以由两条正交的经纬线确定（如图2.30的A点），而这两条经纬线的经纬度就是交点的经纬度。

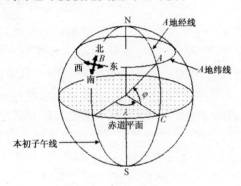

图 2.30　地理坐标的建立

经度是指某地的经线平面与本初子午面的夹角。经度是以本初子午面作起算平面的，向东量度$0°\sim180°$为东经，向西量度$0°\sim180°$为西经，经度的记号为λ（图2.30）。国际通用的经度表示方法是用E代表东经，用W代表西经。如东经$120°35'$，记作$120°35'E$。

东西经$180°$是同一条经线，它与本初子午线共一个经圈，但习惯上不以该经圈划分东西半球。为了照顾欧洲和非洲大陆的完整性，地图上是以$20°W$与$160°E$这两条经线划分东西半球的。

纬度是指过某地（如图2.30中的A地）的铅垂线与赤道平面的夹角。如果在精度要求不高的情况下，把地球当做正球体，某地的纬度就是该地的球半径与赤道面的夹角。赤道面是纬度的起算平面，自该面向北量度$0°\sim90°$为北纬，向南量度$0°\sim90°$为南纬，纬度的记号为φ。国际通用的纬度表示方法是：用N表示北纬，用S表示南纬，如北纬$23°$

$30'$记作$23°30'N$。

（3）地球上的距离。

常用的距离单位包括：①海里（n mile）——人们将地球上1角分大圆弧的长度定义为1n mile，即地球上每度大圆弧为60n mile。船在海上航行的速度以"节"表示，1节＝1n mile/h。②公里（km）——法国人把地球上大圆弧周长的四万分之一定义为1km，中国人使用的华里则为公里长度的1/2。每度大圆弧之长＝$40000km/360°＝111.11km/1°$。

因$1°$大圆弧＝60n mile＝111.11km，故 1n mile＝1.85km，或 1km＝0.54n mile。

地球上两点间的距离公式：地球面上两点之间的距离以大圆弧为最短。如果已知A地的地理坐标为(φ_A,λ_A)，B地的坐标为(φ_B,λ_B)，则两地距离（$\overset{\frown}{AB}$大圆弧的度数）可用以下公式求得：

$$\cos\overset{\frown}{AB}=\sin\varphi_A\sin\varphi_B$$
$$+\cos\varphi_A\cos\varphi_B\cos(\lambda_B-\lambda_A)$$

式中，φ 北纬取正，南纬取负；λ 东经取正，西经取负。

4. 水平运动物体的偏转

地球自转，还导致地球上作任意方向水平运动的物体，都会与其运动的最初方向发生偏离。若以运动物体前进方向为准，北半球水平运动物体偏向右方，南半球偏向左方。

造成地表水平运动物体方向偏转的原因，是由于物体都具有惯性，力图保持自己的速率和方向。如上所述，地球上的水平方向，都是以经线和纬线为准的，经线的方向就是南北方向，纬线的方向就是东西方向。但是由于地球自转，作为南北和东西方向标准的经线和纬线，都随地球自转而发生偏转。于是，真正保持不变方向的物体的水平运动，如果用地球上的方向来表示，反而相对地发生了偏转。

地球自转的方向是自西向东，在北半球看起来是逆时针方向，即自右向左转动；在南半球看起来是顺时针方向，即自左向右转动。因此，北半球的经线和纬线都在向左偏转，以致那里的水平运动方向相对地发生向右偏转；南半球的经线和纬线都在向右偏转，以致那里的水平方向相对地发生向左偏转（图2.31）。

法国数学家科里奥利（1792～1843年）研究确认，在地球表面运动的物体也要受到一种惯性力的

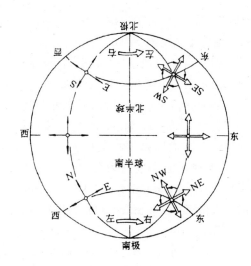

图 2.31　水平运动的偏转

作用。后人将之称为科里奥利力,简称科氏力。地表水平运动物体的方向偏转,是受科氏力水平分力作用的结果,这个水平分力叫做地转偏向力(A),其数学表达式为

$$A = 2mv\omega\sin\varphi$$

式中,m 为物体的质量;v 为物体的运动速度;ω 为地球自转的角速度;φ 为运动物体所在的纬度。

地转偏向力的存在,对许多自然地理现象产生深远的影响。

二、地球的公转运动

(一)天球坐标

1. 天球的概念

天球是以观测者为中心,任意远为半径的假想球面。它来源于人们的直观感觉,人们站在地球上无论何处仰望天空,天空像一个巨大的半球,覆盖着大地,日月星辰似乎都离我们一样的遥远,它们都镶嵌在这个半球的内表面上。人们联想到还有半个天空,就用"天球"这一概念表示这一直观感觉。由于天球半径是任意的,于是球心可根据观测需要而选定,通常以地面观测者所在位置作为球心。为了便于研究问题,有时需将球心取在地球中心或太阳中心,这样的天球,分别称为地心天球或日心天球。

2. 天球的基本点和圈

为了建立天球坐标,我们必须明确天球的一些重要的基本点和圈。

(1)天顶和地平圈。如图 2.32 所示,过天球中心,垂直于观测者铅垂线的平面,与天球相交的大圆,叫作地平圈 SWNE。铅垂线向上和向下延长,与天球的交点,分别叫作天顶(Z)和天底(Z′)。地平圈把天球分成可见天球和不可见天球。

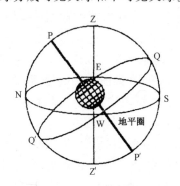

图 2.32　天极、天赤道、地平圈、天子午图、四方点

(2)天极和天赤道。天轴(地轴的延长线)与天球的交点,叫做天极,与地球北极正对的为北天极(P),与地球南极正对的是南天极(P′)。通过天球中心与天轴垂直的平面和天球相交的大圆,叫做天赤道 QWQ′E(图 2.32)。天赤道把天球分成南、北两半球。显然,天赤道平面同地球的赤道平面或者重合(地心天球)或者平行(日心天球)。

(3)天子午圈和四方点。通过天顶、天底和天极的大圆,叫做天子午圈(图 2.32)。它被 P、P′分成两半,天顶所在的一半,叫做午圈,天底所在的一半叫做子圈。天子午圈与地平圈相交于北(N)、南(S)两点,其中北点靠近北天极,南点靠近南天极;天赤道与地平圈相交于东(E)、西(W)两点。东、南、西、北点代表当地的东南西北四个方向,叫做四方点。天子午圈与天赤道相交于 Q(上点)和 Q′(下点),它们分别位于可见天球和不可见天球。天体过天子午圈的瞬间叫中天,其中过午圈的瞬间为上中天,过子圈的瞬间为下中天。

(4)黄道和春分点。如图 2.33 所示,地球的轨道平面无限扩大与天球相交的大圆,叫做黄道,是地球轨道的日心天球投影,它与天赤道有 23°26′的交角。距黄道最远的两点叫做黄极,其中近北天极的叫北黄极(K),近南天极的叫南黄极(K′)。黄道与天赤道相交有两个点,其中太阳自西向东作周年视运动时,从南半天球进入北半天球时的交点,叫做春分点(Υ),从北半天球进入南半天球的交点叫做秋分点;在黄道上最北的点叫做夏至点,最南的

叫冬至点(图 2.34)。

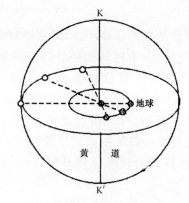

图 2.33 黄道和黄极

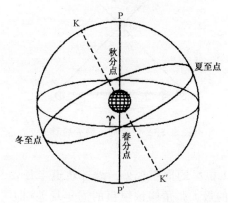

图 2.34 二分、二至点

3. 天球坐标系

（1）地平坐标系。取地平圈为基本圈的天球坐标系是地平坐标系，天顶（Z）和天底（Z′）是它的极。过天顶和天底的大圆是地平经圈，有无数个，子午圈就是一个地平经圈，它被 Z 和 Z′平分为以北点为中心的午圈和以南点为中心的子圈。S 点是地平径圈的原点(图 2.35)。

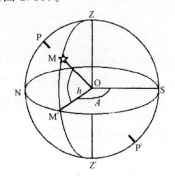

图 2.35 地平坐标系

地平坐标系的坐标是方位（A）和高度（h）。方位是天体相对于午圈的方向和角距离，是过天体 M

的地平经圈平面与午圈平面之间的夹角，即∠SOM′，从南点开始，向西顺时针量度，从 0°到 360°。高度是天体 M 相对于地平圈的方向和角距离，即∠MOM′，从地平圈开始，向天顶方向量度为正，向天底为负，从 0°到 90°。高度的余角为天顶距（Z）。

由于天球的周日运动和地平坐标系本身有明显的地方性，因此同一天体的方位和高度随时间而不同，随地点而变化。

（2）第一赤道坐标系。取天赤道为基本圈的天球坐标系是赤道坐标系，北天极（P）和南天极（P′）是它的极。以上点（Q）为原点的赤道坐标系，为第一赤道坐标系，又称时角坐标系。过北天极和南天极的大圆是时圈，其中过 Q，Q′的时圈为天子午圈，它被 P、P′分为以 Q 为中点的午圈和 Q′所在的子圈。

时角坐标系的坐标是时角（t）和赤纬（δ）。时角是天体相对于午圈的方位和角距离，是过天体 M 的时圈平面与午圈平面之间的夹角，即∠QOM′(图 2.36)，从 Q（或午圈）开始，向西顺时针量度，从 0h 到 24h，或从 0°到 360°。赤纬是天体相对于天赤道的方向和角距离。是天体 M 与地心连线与天赤道平面之间的夹角，即∠M′OM，从天赤道开始向北天极方向量度为正，向南天极为负，从 0°到 90°。

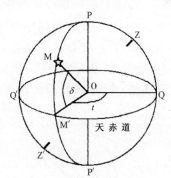

图 2.36 第一赤道坐标系

由于时角以 Q 为起算点，午圈是因地而异的，故时角因地而变，在同一地点，由于地球自转，天体的时角是与时间同步增长，因而常用于测定时间。

（3）第二赤道坐标系。以春分点 ♈ 为原点的赤道坐标系，为第二赤道坐标系。过 P、P′的大圆是赤经圈，其中过春分点和秋分点的赤经图为二分圈，它被 P、P′分成两半，含春分点的一半叫春分圈。

第二赤道坐标系的坐标是赤经（α）和赤纬（δ）。赤经是天体相对于春分圈的方向和角距离，是过天体的赤经圈平面与春分圈平面之间的夹角,即 ΥOM′(图 2.37),从 Υ(或春分圈)开始,向东逆时针量度。从 0°到 360°,或从 0h 到 24h。

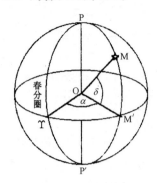

图 2.37 第二赤道坐标系

赤纬的定义、量度等与时角坐标系相同。

由于天体的赤经、赤纬较为稳定,它不因观测位置和天体的周日运动而发生变化,因此常用于编制星表、星图。

(4) 黄道坐标系。取黄道为基本圈的天球坐标系是黄道坐标系,北黄极(K)和南黄极(K′)是它的极。过 K、K′的大圆是黄经圈。

黄道坐标系的坐标是黄经(λ)和黄纬(β)。黄经是天体相对于春分点所在的黄经圈的方向和角距离,是过天体 M 的黄经圈与过春分点所在的黄经圈的夹角,即∠ΥOM′(图 2.38),从春分点开始,向东逆时针量度,从 0°到 360°。黄纬是天体相对于黄道的方向和角距离,即∠M′OM,从黄道开始向北黄极为正,向南黄极为负,从 0°到 90°。黄纬与黄经不因时、因地而改变,常用于表示太阳系内天体的位置。

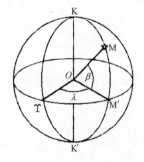

图 2.38 黄道坐标系

(二) 地球公转的证明

1543 年哥白尼在《天体运行论》中,并没有为地球的公转提出直接的证据。此后天文学家在 1837

年用恒星的视差位移,清楚地证明了地球的公转运动。

(1) 恒星的视差位移现象,即在地球上观察近距离的恒星时,由于地球的公转运动导致该恒星相对天球背景发生视位移的现象(如图 2.39 的 A′B′位移)。地球在半年的空间位移(AB)虽然十分巨大(近 3 亿 km),但相比之下,恒星的距离更为遥远(最近的比邻星距离为地球轨道半径的 27 万倍),因此恒星的视差位移是极为微小的、难以观察的。

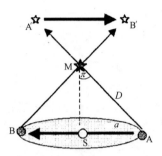

图 2.39 恒星周年视差位移

(2) 恒星的周年视差。地球轨道半径(a)对于某恒星的最大张角叫该恒星的周年视差(即图中的 π 角)。在直角三角形 MSA 中:

$$\sin\pi = \frac{a}{D}$$

式中,D 为星地距离。由于 π 角很小,可用 π 角的弧度值代表其正弦值,有

$$\pi = \frac{a}{D}（弧度）$$

由于 1 弧度＝206265″,将 π 角的单位由弧度化为角秒,得

$$\pi'' = \frac{206265a}{D}$$

天文学上把 206265a 定义为一种长度单位,称作秒差距(PC),1 秒差距＝3.26 光年。即 206265a＝1 秒差距(PC)＝3.26 光年,故上式可写为

$$D = \frac{1}{\pi''}（PC）= \frac{3.26}{\pi''}（光年）$$

因此,如果恒星的距离用秒差距表示,恰好等于该恒星周年视差角秒值的倒数。1837 年德国天文学家贝塞尔率先测出天鹅座 61 的周年视差值为 0.3″(实为 0.29″),次年 12 月便向世人宣布了他的测量结果,从而证实了地球的公转运动。

（三）地球公转的规律

1. 地球公转的轨道

受地心说均轮偏心圆理论的影响，哥白尼认为五大行星与地球都是沿着各自的偏心圆轨道自西向东绕日公转的。后来，开普勒发现火星的实测位置与偏心圆轨道的理论位置有8′的误差，反复研究才认定行星绕日公转的轨道是椭圆形的，而太阳则位于椭圆的其中一个焦点上。地球自西向东绕日公转的椭圆轨道参数为：半长轴(a)149597870km；半短轴(b)14576980km；半焦距(c)2500000km；偏心率$(e)=c/a=0.0167114$；扁率$(f)=(a-b)/a=0.00014$。

日地平均距离为1.496亿km，在近日点（1月初）上，日地距为1.471亿km，在远日点（7月初）上，日地距为1.521亿km。受太阳系其他行星引力摄动的影响，近日点（或远日点）每年东移11″，因此地球过近日点（或远日点）的日期，每57.47年推迟1天。

地球的轨道平面与其赤道平面交角为23°26′21.448″（历元2000年），此角反映在天球上，即为黄道面与天赤道面交角，简称黄赤交角。

2. 地球公转的周期

地球绕日公转的周期统称为年。在天球上选择不同的参考点就有不同的年，如恒星年、回归年、食年等。它们对应的参考点分别为恒星、春分点、黄白交点。下面以日心天球讨论地球公转的周期。

（1）恒星年。恒星年是指地心连续两次通过黄道同一恒星的时间间隔，年长为365.2564日。由于恒星参考点是天球上的固定点，因此恒星年是地球公转的真正周期，地心在黄道上恰好转过360°。

（2）地轴进动与回归年。回归年是指地心连续两次通过春分点的时间间隔，年长为365.2422日。回归年之所以比恒星年短（古人将它们之差称为岁差），是因为春分点每年沿黄道西退50.29″，使地球两次与春分点会合实际只公转了359°59′9.71″。回归年是季节更替的周期。

春分点西移是地轴进动的后果之一。如图2.40所示，地轴进动是指地轴自东向西绕黄轴做缓慢圆锥回转运动的现象（周期为25800年）。

地球与所有的回旋体一样，在无外加力矩作用

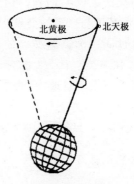

图2.40　地轴进动

的情况下（图2.41），其动量矩$(\vec{L})$是守恒的，即动量矩的大小不变、指向（沿转轴方向满足右手螺旋法则）不变。但有外力矩$(\vec{M})$作用的情况下，回旋体的动量矩就不守恒，即外力矩矢量的转轴方向的分量，将导致回旋体动量矩大小改变（旋转加速或减速）；外力矩矢量与转轴垂直的分量（简称垂直分量），则导致回旋体动量矩方向的改变，使回旋体转轴发生进动，而外力矩垂直分量的指向则为转轴进动的方向（在判定转轴进动方向时，必须将外力矩垂直分量平移到动量矩矢量的箭首）。

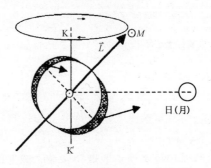

图2.41　地轴进动的成因与方向

由于黄赤交角（或白赤交角）的存在，日（月）对赤道隆起带的差异吸引，导致对地球产生一个垂直地轴的外加力矩$\vec{M}$，在图2.41中，其方向垂直于纸面指向读者，用⊙表示。在$\vec{M}$的作用下，致使地球动量矩$\vec{L}$的指向绕黄轴发生自东向西的旋进现象。地轴指向自东向西地改变，必须引起赤道平面的倾向发生自东向西的变化，进而导致黄赤交点（春分点）的西移。地轴进动的另一个直接后果就是北极星的变迁，而天极与春分点的改变，则导致恒星赤经、赤纬的变化。

（3）黄白交点西退与食年。月球轨道平面无限

扩大与天球相交的大圆叫白道。白道与黄道的平均交角为5°09′,黄道与白道的交点叫黄白交点。地球连续两次通过同一个黄白交点的时间间隔叫食年(年长为346.6200日)。食年比恒星年短18.6364日,是由于太阳对地、月的差异吸引产生的外加力矩,导致地月系的动量矩的指向发生自东向西进动,致使黄白交点每年西退19.344°所致。

3. 地球公转的速度

地日系统在无外力作用的情况下是一个保守系统。因此,地球在椭圆轨道绕日公转时满足机械能守恒定律。当日地距离增大时,地球克服太阳引力做功,即消耗地球动能,增加系统位能;当日地距离减小时,太阳引力对地球做功,即增加地球动能,消耗系统位能。于是地球在近日点时公转线速度最大(30.3km/s),角速度最大(61′10″/日);地球在远日点时公转线速度最小(29.3km/s),角速度最小(57′10″/日)。

地球公转的平均线速度为29.78km/s,平均角速度为每日0.99°,亦即每日约59′;只有地球向径单位时间扫过的面积速度始终不变。

(四)地球公转的地理效应

1. 太阳的周年视运动

古人根据黄道上夜半中星(在黄道上与太阳成180°的恒星,如图2.42所示)自西向东的周年变化(M₁→M₂→M₃),推测太阳在黄道上的位置(S₁→S₂→S₃)是自西向东移动的,并且大致日行一度。事实上,太阳的周年视运动是地球公转在天球上的反映。

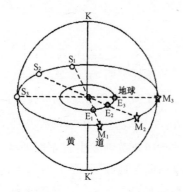

图 2.42　太阳周年视运动

(1)太阳周年视运动的轨迹(黄道),是地球轨道在日心天球上的投影。黄赤交角也正是地球轨

道面与其赤道面夹角在天球上的反映。

(2)太阳在黄道上的不同位置,是地球在轨道上不同位置的反映(图2.42)。太阳视圆面最小时,表明地球恰好位于远日点上;反之,则位于近日点上。

(3)太阳周年视运动的方向(S₁→S₂→S₃),是地球公转方向(E₁→E₂→E₃)在天球上的反映,二者均为自西向东。

(4)太阳周年视运动的角速度,是地球公转角速度在天球上的反映。在近日点附近地球公转角速度大,太阳周年视运动的角速度也大;反之,在远日点附近,二者角速度则变小。地球公转的角速度,可以通过每天测定太阳的黄经差导出(精确值须用中星仪测定夜半中星的黄经差导出)。

(5)太阳周年视运动的周期,是地球公转周期在天球上的反映。在地心天球上,日心连续两次通过黄道上的同一恒星或春分点或同一个黄白交点的时间间隔,所对应地球的公转周期分别是:恒星年、回归年和食年。

2. 四季的变化

(1)太阳回归运动与四季形成。由于黄赤交角的存在,太阳在天球上自西向东沿黄道的周年视运动,必然导致太阳在南、北半天球($\delta=\pm23°26′$)之间,以回归年为周期做往返运动。与天球上太阳的南北运动相对应的则是:地球上太阳直射点在回归线之间($\varphi=\pm23°26′$)的南北往返运动。人们把这两种南北向的往返运动,统称太阳的回归运动(图2.34)。太阳的回归运动是形成地球四季交替最根本的原因。本章所讨论的四季性质纯属天文四季。天文四季的形成,主要是由于地球上太阳直射点的回归运动,进而引起太阳高度以及昼夜长短两大天文因素的周年变化所导致的。下面就分别讨论正午太阳高度和昼夜长短的周年变化。

(2)正午太阳高度的周年变化。太阳直射点的回归运动,必然导致地表太阳高度的季节变化。为了简化讨论问题,下面将推导正午太阳高度表达式,以定量说明太阳高度的纬度变化与季节变化。

从图2.43不难导出正午太阳高度(h)的数学表达式为

$$h=90°-(\varphi-\delta_\odot)　　　(此式半球范围适用)$$

为使上式在全球全年都适用,则有

$$h=90°-|\varphi-\delta_\odot|$$

使用此式时应注意:$\varphi,\delta_\odot$ 的取值均为北正南负。当 $h>0$ 时,表示太阳在地平之上;当 $h<0$ 时,表示太阳在地平之下(实为极夜现象)。

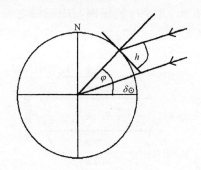

图 2.43 正午太阳高度

我们从公式可以推知正午太阳高度的纬度变化及季节变化有如下规律:

无论任何季节,在纬度 φ 等于太阳赤纬 $\delta_\odot$ 处的正午太阳高度 h 为最大值($90°$),自该纬度向两极方向降低。

在半球范围内同一时刻,任意两地正午太阳高度之差等于这两地的纬度之差。这一点,利用半球适用的正午太阳高度公式是很容易证明的:

在 A 地,正午太阳高度为 $h_A=90°-(\varphi_A-\delta_\odot)$
在 B 地,正午太阳高度为 $h_B=90°-(\varphi_B-\delta_\odot)$

以上两式相减,得

$$h_A-h_B=\varphi_B-\varphi_A$$

任意地点正午太阳高度的年平均值等于该地纬度的余角,即

$$h_{平均}=90°-\varphi$$

读者可以利用正午太阳高度公式自行证明。

在 $|\varphi|\geqslant23°26'$ 的地方,正午太阳高度的年变化呈单峰型,极大极小值分别出现在二至日(北半球夏至最大,冬至最小;南半球反之)。

在南北回归线之间,正午太阳高度的年变化呈双峰型。有两个极大值 $h=90°$,两个极小值,即主极小值 $h=66°34'-|\varphi|$,次极小值 $h=66°34'+|\varphi|$。

(3)昼夜长短的周年变化。昼夜长短的变化是产生季节变化的重要因素之一。下面首先讨论有关昼夜现象的基本概念。

晨昏线:是指昼夜半球的分界线。如果不考虑大气的折射作用,把阳光当做平行光的话,理想的晨昏线是一个大圆;而实际上阳光不是平行光,再

加上大气的折射作用,这样实际的晨昏线是一个往夜半球平移了大约 100km 的小圆。当然,在精度要求不高时为了简化讨论问题,我们完全可以把晨昏线看成一个大圆。

昼弧和夜弧:昼夜长短是由昼弧、夜弧的长短决定的。在地球上所谓的昼弧是指处在昼半球的纬线弧段,夜弧则是处在夜半球的纬线弧段(图2.44)。然而,在天球上(图2.45)所谓的昼弧是指太阳的周日圈在地平上的弧段(ABC弧段),夜弧则为太阳的周日圈在地平下的弧段(CDA弧段)。

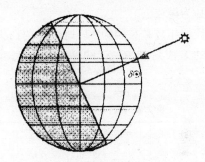

图 2.44 晨昏线与昼夜弧

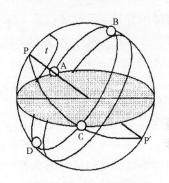

图 2.45 天球上的昼夜弧

利用球面三角的余弦定理,不难导出昼长表达式为

$$\cos t=-\tan\varphi\tan\delta_\odot$$

式中,t 为半昼长,$2t$ 才是昼长。

当($-\tan\varphi\tan\delta_\odot$)$\geqslant1$ 时为极夜现象。

当($-\tan\varphi\tan\delta_\odot$)$\leqslant-1$ 时为极昼现象。

从昼长表达式可推知,昼夜长短的纬度变化和季节变化有如下规律:

当太阳的赤纬 $\delta_\odot$ 为正值时(春分→秋分),越北昼越长,越南昼越短(图2.44);当太阳的赤纬 $\delta_\odot$ 为负值时(秋分→春分),越南昼越长,越北昼越短。

春秋二分,全球昼夜平分,无纬度变化(因为此时 $\delta_\odot=0\rightarrow\cos t=0$,有 $t=90°$,即 $2t=180°=12h$,故全球昼夜平分);冬夏二至,昼夜长短达到极值,

即夏至日,北半球昼最长,南半球昼最短;冬至日,南半球昼最长,北半球昼最短。

在赤道上,终年昼夜平分,无季节变化。这是因为赤道与晨分线均为大圆,无论它们的交角如何变化,始终都是相互平分的(从公式推亦然:因 $\varphi = 0° \rightarrow \cos t = 0$,有 $2t = 180° = 12^h$,故终年昼夜平分)。

无论何时,极昼极夜总是出现在 $\varphi = \pm (90° - |\delta_\odot|)$ 的纬线圈之内。从图 2.44 我们不难发现,这两个圈划分极昼极夜范围的纬线圈,恰好就是与晨昏线相切的两个纬线圈,一南一北,一个处在极昼,另一个必为极夜。

昼长的年较差(一年中某地最长的白天与最短的白天的差值),随着 $|\varphi|$ 的增大而增大,如表 2.6 所示。

表 2.6 昼长年较差的变化

纬度	0°	30°	50°	66.5°	90°
较差	0h	4h	8h	24h	半年

任意纬度的昼长年平均值均为 12h。

(4) 四季的划分。对于天文四季的划分,我国与西方略有不同。我国天文四季是以四立为季节的起点,以二分二至为季节的中点。因而,夏季是一年中白昼最长、正午太阳高度最大的季节;冬季是一年中白昼最短、正午太阳高度最小的季节;春秋二季的昼长与正午太阳高度均介乎于冬夏两季之间。我国四季的天文特征甚为显著。

西方天文四季的划分,更强调与气候四季的对应,以二分二至为季节的起点,四立为季节的中点。

3. 五带的划分

(1) 五带的含义、性质与意义。太阳回归运动是地球五带形成的最根本原因。本章所讨论的五带性质,纯属天文五带——是以太阳回归运动这一天文现象反映在地球上的回归线(太阳直射点南北移动的纬度极限)与极圈(极昼极夜现象的纬度极限)作为划分界限的,是整然划一的。天文五带的地学意义在于:它是所有自然地理要素纬度分带的基本因素。

(2) 五带的划分与特征。五带的划分参见图 2.46。在南北回归线之间,有直射阳光,此处为热带;在南、北极圈之内,有极昼极夜现象,分别为南、北寒带;在南、北半球的极圈与回归线之间,既无直射阳光又无极昼极夜现象,分别为南、北温带。

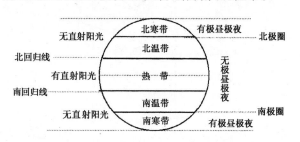

图 2.46 五带的划分

热带:占全球面积的 39.8%,此处正午太阳高度是五带中最大的,每年有两次极大值和两次极小值——极大值均为 90°,极小值介于 43°08′ 与 66°34′ 之间,平均年变幅小(赤道最小为 23°26′);昼长年较差不大于 2h50m。

南、北温带:占全球面积的 51.9%,此处既无直射阳光又无极昼极夜现象,正午太阳高度年变化呈单峰型,平均年变幅最大为 46°52′;昼长年较差最大值可达 24h。

南、北寒带:占全球面积的 8.3%,此处有极昼极夜现象,终年正午太阳高度很低,甚至出现负值。

三、时间与历法

(一) 时　　间

1. 时间概述

(1) 时间含义:时间是有时刻和时段两重含义的。时刻是指无限流逝时间中的某一瞬间,就像时间尺度上的刻度与标记——用以确定事件发生的先后,如:年号、月号、日号、时、分、秒等;而时段是指任意两时刻之间的间隔——用以衡量事件经历的长短,如:年数、月数、日数、时数、分数、秒数等。

(2) 量时原则:时间是通过物质的运动形式来计量表达的。但在选择不同的物质运动形式表达或计量时间的过程中,必须遵从的原则是:被时间计量所考察的物质运动具有周期性、稳定性和可测性。地球公转运动、月球公转运动和地球自转运动都符合量时原则的"三性",分别以它们的运动周期来计量时间,便产生了"年""月""日"的基本单位。

然而,就同一种周期性运动,选择不同的量时天体(参考点),其周期时值也不同,于是便产生了不同的时间计量系统。下面就分别讨论恒星时、真太阳时、平太阳时三种时间计量系统。

2. 恒星时

以春分点作为量时天体计量的时间,叫恒星时(s)。春分点连续两次上中天的时间间隔为恒星日。一个恒星日分成24个恒星小时,一个恒星小时等于60个恒星分,一个恒星分等于60个恒星秒。

恒星时以春分点上中天作零时起算,即恒星时等于春分点的时角,有

$$s = t_{\Upsilon}$$

由于春分点在天球上无标志,所以春分点的时角是通过测定恒星的时角得出的(图2.47)。设有任意恒星 M,其赤经为 α_M,在恒星时为 S 的瞬间,它的时角为 t_M,根据恒星时的定义,得

$$S = t_{\Upsilon} = \alpha_M + t_M$$

式中,α_M 可在天文年历中查得;t_M 可实测。当恒星 M 上中天时,$t_M = 0$,则有 $S = \alpha_M$。

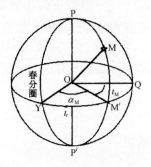

图 2.47 恒星时的测定

可见,任何瞬间的恒星时,在数值上等于该瞬间上中天的恒星的赤经。事实上,天文台就是用中星仪来测定恒星时的。

3. 真太阳时

在天文学上,以太阳的视圆面中心表示真太阳,以真太阳作为量时天体所计量的时间叫真太阳时($m_\odot$),简称视时。真太阳连续两次上中天的时间间隔为真太阳日。1个真太阳日分成24个真太阳小时,1个真太阳小时等于60个真太阳分,1个真太阳分等于60个真太阳秒。

真太阳时是以真太阳上中天为零时,这样,真太阳的时角($t_\odot$)就是真太阳时($m_\odot$),即 $m_\odot = t_\odot$。

但在日常生活中,习惯的起算点是子夜,于是1925年以后,就以真太阳下中天为零时,因此有

$$m_\odot = t_\odot \pm 12h$$

(当 $t_\odot < 12h$ 时取正号,$t_\odot > 12h$ 时取负号)

对真太阳时的测定,由于恒星时 $S = \alpha_\odot + t_\odot$,于是有 $t_\odot = S - \alpha_\odot$,代入上式,得

$$m_\odot = (S - \alpha_\odot) \pm 12h$$

式中,恒星时 S 可用中星仪测定;太阳的赤经 $\alpha_\odot$ 可在天文年历中查得。当 $(S - \alpha_\odot) > 12h$ 时取负号,$(S - \alpha_\odot) < 12h$ 时取正号。

由于黄赤交角的存在以及地球公转角速度不均匀,造成真太阳日不等长,故真太阳时尽管与人类活动密切相关,但不宜作为计量时间的单位。为此,就必须建立一个时间流逝均匀的平太阳时系统。

4. 平太阳时

为了消除真太阳日不等长的影响,人为地引入一个假想的平太阳。所谓平太阳是指以真太阳的平均角速度,在天赤道上自西向东运行的假想的参考点。以平太阳作为量时天体所计量的时间叫平太阳时(m),简称平时。平太阳连续两次上中天的时间间隔为平太阳日。1个平太阳日分成24个平太阳小时,1个平太阳小时等于60个平太阳分,1个平太阳分等于60个平太阳秒。我们日常生活中的钟表,就是以此为单位的。

1925年以后,平时是以平太阳下中天作零时起算。

平太阳是假设的无法直接测定,要求得平时,必须了解时差。时差是指真太阳时与平太阳时之差,用 η 表示:

$$\eta = m_\odot - m \quad \text{或} \quad m = m_\odot - \eta$$

因为 $m_\odot = (S - \alpha_\odot) \pm 12h$,代入上式,得

$$m = (S - \alpha_\odot) \pm 12h - \eta$$

式中,$\alpha_\odot$,η 可查天文年历取得;恒星时 S 可实测。

5. 地方时和区时

1)地方时与地方经度

(1)地方时的概念。以本地子午面作起算平面,根据任意量时天体所确定的时间,均称该地的地方时。如量时天体分别为春分点、真太阳、平太阳所测量的地方时分别为地方恒星时、地方视时、地方平时。

(2) 地方时与地方经度的关系。在同一计时系统内,任意两地同一瞬间测得的地方时之差,在数值上等于这两地的地方经度差。即

$$S_A - S_B = (\lambda_A - \lambda_B) \times 1 \text{ 恒星小时} /15°$$

$$m_{\odot A} - m_{\odot B} = (\lambda_A - \lambda_B) \times 1 \text{ 真太阳小时} /15°$$

$$m_A - m_B = (\lambda_A - \lambda_B) \times 1 \text{ 平太阳小时} /15°$$

2) 时区与区时

(1) 时区的含义与划分。时区是指使用同一种时间制度的区域。理论上全球共分 24 个时区,以东经 7.5°和西经 7.5°之间定为 0 时区,然后依次向东向西每 15°划分一个时区。分别为东 1 区、东 2 区、东 3 区、⋯、东 12 区和西 1 区、西 2 区、西 3 区、⋯、西 12 区。由于东 12 区和西 12 区各跨 7.5°合作一区,称为东西 12 区,并以 180°经线为中央经线。1884 年起国际规定 180°经线为国际日期变更线(起止线),简称日界线。因此东 12 区与西 12 区时数相同,但日期却相差一天。凡自东向西跨日界线,日期加一天,反之则减一天。为了避免某些国家领土被日界线分割,日界线有几处调整,成为一条不规则的折线。

(2) 区时的含义。理论上各时区均以本区中央经线的地方平时,作为区内共同使用的标准时,亦称该区区时。事实上,使用同一种时间制度的现实时区,总是受政区界线约束的,而现实时区使用的标准时由法律规定,称为法定时。如北京时间是东 8 区的标准时(120°E 的地方平时),是全国统一使用的法定时。

(3) 理论区时换算。设:A 地的区时为 T_A,时区序数为 N_A;B 地的区时为 T_B,时区序数为 N_B 则有 $T_A - T_B = (N_A - N_B)$ 时。使用公式时应注意:①时区序数东时区取正,西时区取负;②时间用 24 小时制式,并有明确的从属日期(否则会出现不符合实际的解);③使用此式进行区时换算与日界线无关。

6. 时间计量的发展

(1) 世界时(UT)。1928 年国际天文联合会决定将零时区的区时(本初子午线的地方平时)称为世界时。显然世界时是以“地球自转钟”所计量的地方平太阳时。长期以来英国政府一直向全球义务播报世界时(格林尼治时间),这对航空、航海、天文观测等领域带来了极大的方便。后因经费问题及石英钟、原子钟等高精度计时系统的广泛使用,英国政府终止了播报世界时的义务。

(2) 原子时(IAT)。科学家发现某些原子(如氢、铷、铯等)在恒温的条件下,其电子在不同能级轨道跃迁时所吸收或发射的电磁波的频率是极其稳定的(如铯原子的电磁振荡频率为 9 192 631 770 周/秒,大约 3 万年才误差 1 秒)。利用原子稳定的电磁振荡周期所计量的时间系统,称为原子时。原子钟是一个与“地球自转钟”毫无关联的守时系统。由于地球自转的不均匀性,势必导致两种不同计时系统产生时刻差,因此便产生了协调世界时。

(3) 协调世界时(UTC)。在上述矛盾中,“地球自转钟”是无法随意拨动的,可拨动的只有原子钟。为了不失原子钟的精确稳定,又能使之尽量与地球自转同步,科学家采用了协调世界时解决了上述矛盾。具体的办法是:规定 1958 年 1 月 1 日 0 时的瞬间原子时的起点与世界时重合;20 世纪 60 年代采用每年修正原子秒长的办法使协调世界时与世界时的时刻差值保持在 0.1 秒之内。这就意味着协调世界时没有固定的秒长,因此遭到物理学家和计量学家的坚决反对。于是 1972 年起改用新的协调办法:协调世界时采用精确稳定原子秒长,与原子时的差值为完整的秒数(秒以下的小数始终与原子时相同),协调世界时与世界时的差值始终保持在 ±0.9 秒之内。当超出这一限度时,协调世界时便自动跳秒(闰秒),以适应地球自转速度的变化。

(二) 历　　法

1. 历法概述

所谓的历法是指:根据日、月的运行规律安排年、月、日的法则。现今仍然使用的历法种类主要有:①太阴历:依据月相变化周期制定的历法,简称阴历,又叫回历。这种历法,历月的日序与月相对应,但历年的月序却与季节毫不相干。现在只有伊斯兰教国家和地区阴历仍然使用,故称回历。②太阳历:依据太阳回归周期编制的历法,简称阳历,或叫公历。这种历法,历年的月序与季节相对应,但历月的日序与月相却毫不相干,是国际通用历法。③阴阳历:是既依据月相周期,又协调太阳回归周期所制定的历法,又称农历、旧历或夏历,这是源远流长的由中国人独创的历法。无论什么历法,都必须遵循一个共同的编历原则,这就是:力求在尽可能短的协调周期(编历的循环周期)内,使历年、历月的平均日数,与日、月运动周期的精确日数相等

或尽量接近。

2. 阴历——以回历为例

（1）历月。回历是人类历史上最早出现的历法之一。回历历月的天文依据是，朔望月 29.5306 日，因其介于 29 与 30 之间，故小月取 29 日，大月取 30 日；回历编制的协调周期为 360 个朔望月（即 30 个太阴年），在协调周期内应安排的大月总数为 191 个（360×0.5306），小月总数为 169 个（360−191）；大小月的安排是，每年月序逢单大月，逢双小月；历月的平均值为（191×30＋169×29）/360＝29.53055 日，与朔望月周期十分接近。

（2）历年。回历年安排月数的天文依据是，回归年与朔望月的比值 12.3，取整后一个太阴年定为 12 个朔望月。因此，太阴年的精确日数＝12× 29.5306＝354.367 日。于是平年为 354 日，闰年为 355 日。在协调周期（30 个太阴年）中闰年数为 11 个（30×0.367），平年数为 19 个（30−11）。回历年的置闰：在 30 个太阴年的序号中，2，5，7，10，13，16，18，21，24，26，28 为闰年，而闰年的闰日安排在 12 月份的最后一天（变为大月 30 日）。这样平年为 6 个小月 6 个大月；闰年为 5 个小月 7 个大月，因此，在协调周期中的大小月总数分别为

$$大月总数＝11×7＋19×6＝191（个）$$

$$小月总数＝11×5＋19×6＝169（个）$$

太阴年的平均日数＝（11×355＋19×354）/30＝ 354.366 日；与太阴年的精确日数（354.367 日）只差千分之一日，颇为接近。

根据上述可知，回历历月的日序与月相吻合较好，但月份无季节意义。历年比回归年短约 11 天，约 17 年出现一次寒暑倒置，冬夏易位，无法以此安排农事活动。

3. 阳历——以公历（格里历）为例

（1）历年。阳历即为公历又叫格里历。公历年的天文依据是，回归年 365.2422 日，于是平年为 365 日，闰年为 366 日。公历的协调周期为 400 个回归年，其中应安排的闰年总数为 97 个（400×0.2422），平年数为 303 个（400−97）。历年的岁首定在冬至后的第 10 天。置闰规律为：①公元年号能被 4 整除的是闰年；②整百之年不能被 400 整除的不是闰年；

③闰年之闰日安排在 2 月的最后一天。这样，历年的平均日数为

$$历年的平均日数＝（97×366 日＋303×365 日）$$
$$/400＝365.2425（日）$$

历年的平均日数与回归年的精确日数（365.2422 日）只差万分之三日，甚为精确。

（2）历月。公历年安排月数的天文依据是，回归年与朔望月的比值 12.3，取整后一个公历年定为 12 个月。历月的平均日数＝365.2422/12＝ 30.4368 日；于是大月定为 31 日，小月定为 30 日。大小月的安排，理论上应为：闰年为 6 个大月，6 个小月（31×6＋30×6＝366 日）；平年为 5 个大月，7 个小月（31×5＋30×7＝365 日）。而事实上却是 7 个大月（月号为 1，3，5，7，8，10，12 均为大月），5 个小月（月号为 2，4，6，9，11 均为小月），其中 2 月平年只有 28 日，闰年为 29 日。导致公历大月安排不合理的现象，是有历史原因的。

根据上述可知，公历的月份有确切的季节意义，对安排农事活动有利；但公历岁首无天文意义，月份的日序与月相无关，大小月的安排欠合理。

4. 阴阳历——以夏历（农历）为例

（1）历月。夏历是世界上起源最早而又比较完善的历法之一，是由中国人独创并一直沿用至今的传统历法，是"华夏"之历。夏历历月的天文依据是，朔望月 29.5306 日，小月 29 日，大月 30 日。日月合朔之日必为初一，大小月的确定取决于连续两次合朔所跨的完整日数。因此，大小月的安排只能逐年逐月推算。

（2）24 气。24 气是我国古代劳动人民的伟大发明创举之一。24 气的天文含义是，黄道上的特定的 24 个等分点，又是真太阳在黄道上与气相交的时刻。24 气是贯穿在夏历中的阳历成分，有确切的季节意义和固定的公历日期（至多只有一日之差），是安排农时的依据。在 24 气中，黄经度数是奇数的为"节气"，是偶数的为"中气"（表 2.7）。任意两个相邻的节气（或中气）的时刻差叫"节月"，因太阳周年视运动角速度不均匀，1 月初（近日点附近）节月短，7 月初（远日点附近）节月长。节月的平均值＝ 365.2422 日/12＝30.4368 日。

表 2.7　24 气与节月之长

节气	太阳黄经	阳历日期	中气	太阳黄经	阳历日期	节月长（日）	朔望月长（日）
立春	315°	2 月 4(5)日	雨水(1月)	330°	2 月 19(18)日	29.591 11	29.599 00
惊蛰	345°	3 月 6(5)日	春分(2月)	0°	3 月 21(20)日	30.048 26	29.561 59
清明	15°	4 月 5(4)日	谷雨(3月)	30°	4 月 20(21)日	30.463 30	29.528 60
立夏	45°	5 月 5(6)日	小满(4月)	60°	5 月 21(22)日	30.967 37	29.489 83
芒种	75°	6 月 6(5)日	夏至(5月)	90°	6 月 21(22)日	31.333 36	29.462 52
小暑	105°	7 月 7(8)日	大暑(6月)	120°	7 月 23(24)日	31.454 07	29.453 67
立秋	135°	8 月 8(7)日	处暑(7月)	150°	8 月 23(24)日	31.293 11	29.465 49
白露	165°	9 月 8(7)日	秋分(8月)	180°	9 月 23(24)日	30.898 89	29.495 02
寒露	195°	10 月 8(9)日	霜降(9月)	210°	10 月 23(24)日	30.386 12	29.534 67
立冬	225°	11 月 7(8)日	小雪(10月)	240°	11 月 22(23)日	29.895 80	29.580 68
大雪	255°	12 月 7(8)日	冬至(11月)	270°	12 月 22(23)日	29.591 39	29.599 05
小寒	285°	1 月 6(5)日	大寒(12月)	300°	1 月 21(20)日	29.443 91	29.611 42

（3）历年。夏历年安排的天文依据是,回归年与朔望月的比值 12.368 2,因此闰年为 13 个月,平年为 12 个月。若以 19 个夏历年作为协调周期,则闰年数为 7 个(19×0.368 2)。于是很早就有了"十九年七闰法"。夏历的置闰法则是:①以中气定月序,即在夏历朔望月内所含中气的序数就是该月分(序)数。②因节月(30.4368 日)大于朔望月(29.5306 日),故会出现朔望月不含中气的现象。③以无中气(无序号)月定为闰月,并以上月序定其名。

根据上述可知,夏历历月的日序与月相真正一一对应,24 气有确切的季节意义。有利于安排农事活动,历年的月序与季节大致对应,不会出现寒暑倒置;但大小月的序号不固定,须逐年推算,历年长度不一,置闰复杂。

复习思考题

1. 地球自转是谁先发现的?有哪些物理证据?傅科摆偏转的方向和速度的规律是什么?

2. 地球自转的速度怎样随纬度和高度的变化而变化。

3. 天体的周日运动如何因纬度而不同?北纬 45°地方,天体周日运动的情形如何?

4. 绘图解释地球上水平运动物体偏转的原理。

5. 绘图说明第一赤道坐标系和第二赤道坐标系的圆圈系统及天体的赤纬、时角和赤经。

6. 决定地球上昼夜长短的因素有哪些?

7. 黄赤交角变为 45°,五带将发生怎样的变化?

8. 区时和时区有何不同?

9. 试述公历和夏历的置闰方法。

10. 简述回历、公历和夏历的优缺点。

第三节　地球的形状和结构

一、地球的形状和大小

通常,地球的形状不是指地球自然表面的真实形状,而是指大地水准面的形状。所谓大地水准面,就是全球静止海面,是假设占地表四分之三的海洋表面完全处于静止的平衡状态,并将其延伸通过陆地内部所得到的全球性的连续的封闭曲面,曲面上处处与铅垂线垂直。它是陆地上海拔的起算面。

1. 地球是一个正球体

人类对地球形状的认识,经历了漫长的岁月。我国古代就有"天圆似张盖,地方如棋局"的说法,认为天空是圆的,大地是平的。

然而,种种迹象表明,大地不是平面,而是曲面。例如登高可以望远;站得越高望得越远;月食时,地球投射到月球的影子是圆弧形的;在海岸观看远来的船只,先见桅杆,后见船体(图 2.48);在地面上越往北走,北极星的高度越大等现象,都说明大地是一个曲面。麦哲伦的环球航行,用事实证明了大地是一个封闭的曲面。

但是,曲面还不一定是球面,只有具备相同曲

图 2.48　在海岸看远来船只

率的曲面,才构成球面。近代进行的弧度测量结果表明,世界各地的地面曲率大致相同,每度都在111km 左右,从而得到地球是正球体的结论。地球的正球体形状,是在自引力的作用下形成的。

2. 地球是一个扁球体

地球是个扁球体,人们对此亦有一个认识过程。1672 年,法国一位天文学家里奇从巴黎(49°N)到南美洲的法属圭亚那(5°N)进行天文测量,发现他带去的一只在巴黎校正过的天文摆钟,每天要慢2 分 28 秒,于是不得不根据恒星的运动来校正他的摆钟,把摆长缩短 2.54mm 后,摆钟行走正常。二年后,里奇回到巴黎,却发现钟又走快了,加快的数值恰好就是当初在南美减慢的数值。他把钟摆恢复至原来的长度,钟又走准了。

钟摆在赤道附近变慢的原因,可据摆动周期公式获知:

$$T = 2\pi\sqrt{l/g}$$

式中,T 为摆动周期;l 为摆长;g 为重力加速度。里奇的天文摆钟,在摆长 l 不变的情况下,周期 T 的增大(摆动周期变慢),只能是 g 减小造成的。里奇认为,重力加速度 g 的减小,是惯性离心力作用的结果。

惯性离心力来源于地球自转。在赤道,自转的速度最高,惯性离心力最大;在两极,自转速度为零,没有惯性离心力的作用。计算表明,由于惯性离心力的影响,赤道上的重力应比两极减少 1/289。可是,赤道和两极地面重力的实际差异比这个数值大得多,赤道的重力比两极小 1/191。

牛顿对此作了圆满的解释。他指出,使地面重力自两极向赤道减少,是由两个原因造成的。在自转的地球上,每一质点的惯性离心力都是背离地轴的。将惯性离心力 F 分解为相互垂直的两个分力(图 2.49),与地心引力相反的,为垂直分力 f_1,与铅垂线垂直的,叫水平分力 f_2。f_1 以赤道为最大,向两极逐渐减少至 0。即惯性离心力的垂直分力,

对赤道重力抵消最多,对两极没有抵消,故赤道重力比两极减少 1/289。而水平分力 f_2 指向赤道,在 f_2 作用下,使地球成为赤道鼓起、两极扁平的扁球体(图 2.50),称为旋转椭球体。就是说,不同纬度地方的地球半径不等,赤道最大,两极最小,这又使赤道的重力比两极再减少 1/550。两项合计,赤道重力就比两极减小 1/191 了。

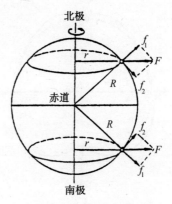

图 2.49　扁球体的形成

图 2.50　扁球体

扁球体的扁缩程度,用扁率表示。若以地球赤道半径为 a,极半径为 b,那么,地球的扁率 f 为

$$f = (a - b)/a$$

1976 年,在法国召开的国际天文学联合会,决定从 1984 年开始使用如下数据:赤道半径 $a = 6378.140$km;极半径 $b = 6356.755$km;扁率 $f = (a - b)/a = 1/298.251$。

3. 地球是一个不规则的扁球体

地球的大地水准面经过精确测量表明,地球形状不是几何上的旋转椭球体,它的形状是不规则的:纬线不是正圆,经线也不是真正的椭圆,地球的南北半球并不对称,它的几何中心也不在赤道平面上。对这样一个不规则的扁球体,可用一个理想的"模型"作为比较来说明(图 2.51),即把规则的椭球体作为参考椭球体,用各地的大地水准面对照参考

椭球体的偏离来反映地球的真实形状。其结果是：地球赤道是个椭圆，长轴与短轴最大相差430m；地球的北极凸出10m，南极凹陷30m；而南纬45°又有隆起，北纬45°又有凹陷。因此，很难用简单的几何形状来表示地球的形状，地球的形状很不规则，只能说它是个不规则的扁球体。

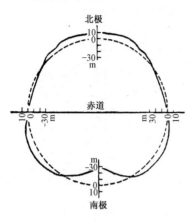

图2.51　大地水准面对参考椭
球体的偏离

造成大地水准面不规则形态的原因，是地球内部物质分布的不均。由于地球内部物质分异并没有最后完成，因而地球内部的圈层结构，并不是严格的同心均质球层，地球的质心并不位于地心。对于地壳来说，物质的分布不均就更加显著，这就势必影响到海面的形状。虽然大地水准面总是处处凸起的，不会有凹陷的地方，但是同地球椭球体表面比较，有的地方高起，有的地方低下，虽然差值不大，但在几何体上，它总是不规则的。

地球的自引力和惯性离心力，都是系统性因素，在它们的作用下，地球的形状必然是有规则的，分别如前述的正球体和扁球体。而地球内部物质分布不均，是非系统性因素，在它的作用下，地球形状就是不规则的。

在实际应用中，针对不同的情况和要求，可对地球形状做不同的处理。在制作地球仪，绘制小比例尺全球性地图时，可把地球当做正球体看待；测绘大比例尺地图时，可把地球看成是参考椭球体；在发射人造卫星和轨道计算时，就要考虑各地对参考椭球体的偏差。

4. 地球形状和大小的地理意义

在研究地球形状的地理意义时，可略去地球几何形状和真实形状之间的差异，而把它当做是一个正球体。

地球是一个不透明的球体，因接受同一光源（太阳）的照射，而形成半球性的白昼和黑夜（详见本章第二节）。

地球与太阳之间的距离很远，可以把照射到地球上的太阳光线视作平行光线。当平行光线照射到球形地表时，在同一时刻，不同地点将具有不同的太阳高度。黄赤交角的存在，决定了这种高度有规律地从地球直射点向两极减小，在自转的地球上，就造成热量分布的纬度差异，从而引起地表上一切与热量有直接或间接关系的现象和过程，均具有纬向地带性（详见第十章第三节）。

地球的巨大体积（约为1万亿km³，质量为$5.98×10^{21}$t），使它具有强大的地心引力吸引周围的气体，保持着一个具有一定质量和厚度的大气圈。有了大气圈，才能保住水圈，形成生物圈。

地球的大小，对于人类的经济活动也有影响。一方面，远距离和广大空间，曾经是人类活动的障碍，为了克服这种障碍，就必须运用最完美的技术成就；另一方面，地球的广阔面积，给人类提供了一个辽阔的活动场所。

二、地球的圈层结构

地球结构的一个重要特点，就是地球物质分布，形成同心圈层。

1. 地球圈层结构的形成

（1）地球圈层形成的条件。原始地球是一个接近均质的球体，那时各种物质混合在一起，没有明显的分异现象。地球的圈层分化，与地球的温度变化有密切的关系。在低温状态下，各种物质以固体状态存在，不可能在重力作用下自由升降；后来，放射性元素在蜕变中产生的热量，以及地球本身因体积收缩产生的热能，在地球内部积累起来，使地球内部温度逐渐增高，使物质具有可塑性，在重力作用下，物质便发生分异，轻的物质上升而成外层，重的物质下沉而成内层。于是形成地球圈层。

（2）地球内部圈层的形成。在地球内部，硅酸盐物质具有低密度、高熔点，而铁和镍具有高密度、低熔点。因此，当地内温度足够高时，铁和镍便熔化，而硅酸盐物质却仍保持固体状态。这样，地球上层的铁和镍的熔体就渗过硅酸盐物质，流向地内深处,形成地核;同时,地球内部的硅酸盐物质就浮到上部形成地幔。在组成地幔的物质中,也存在较轻、较重的差别,例如在岩石中,花岗岩最轻,玄武岩次之,橄榄岩最重。于是,较重的橄榄岩下沉而成地幔,较轻的花岗岩和玄武岩上浮而成地壳。从而在地球内部形成地壳、地幔和地核三层。

（3）地球外部圈层的形成。地球是在星云盘中形成的,星云盘由气物质、土物质和冰物质组成。其中以气物质为主要,所以原始地球有大量气体,但是由于重力小,它在太阳热力和辐射压作用下,漂向远方。当地球质量增大至拥有足够引力,可以通过吸积拥有气体时,地球便拥有气体包层,形成地球的原始大气。之后,在圈层分化过程中产生的气体,经过"脱气",跑到地球外部,这时地球重力已显著增长,气体不易脱离地球,使来自地球内部的气体,在地球大气中占优势,是为地球的第二代大气。当时的大气没有多少氧气,而以二氧化碳、一氧化碳、甲烷和氨为主要成分。绿色植物出现后,通过光合作用,放出游离氧,使第二代大气产生缓慢的氧化作用,致使一氧化碳变为二氧化碳,甲烷变成水汽和二氧化碳,氨变成水汽和氮;光合作用继续进行,氧气才从二氧化碳中逐渐分解出来,最后形成以氮和氧为主的现代大气。

地球内部岩石中的结晶水,随着地内温度的升高,地球内部产生愈来愈多的水汽,这些水汽通过火山活动跑到地球外部,出现在大气中,由于温度的降低和大气中存在大量的微尘,一部分水汽便凝结成云,在一定条件下形成降水,降落到地面,汇集在洼地中,形成原始的水圈。此后,由于水量增加和地壳变化,逐步形成由河流、湖泊、地下水、冰川和海洋水组成的水圈。

原始地壳、大气圈和水圈中,早就存在碳氢化合物,后来才出现原始生物,它们首先出现在海洋中,然后逐渐扩展到陆地和低层大气中,形成生物圈。

2. 地球的外部结构

地球的外部圈层,主要是大气圈、水圈和生物圈。这些圈层的具体内容,在有关章节中有详细的阐述,这里不再介绍。

3. 地球的内部结构

地球的内部结构可分为地壳、地幔和地核。目前人们对地球内部结构的认识只能靠间接的方法

来推测,主要采用地震波分析法。在地震学里把地球深处地震波传播速度发生急剧变化的地方,称为不连续面。根据地内不连续面,就可把地球内部分为三个圈层(图 2.52)。

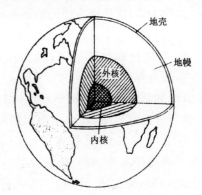

图 2.52 地球的内部结构

地壳:是指地表至第一个不连续面之间的圈层,它是奥地利地震学家莫霍洛维奇于 1909 年发现的。地壳的平均厚度约 24.4km,但厚度的变化很大,各地不同(详见第三章第一节)。

地幔:是指莫霍面至 2900km 深处的第二个不连续面之间的圈层。这个不连续面是美国地震学家古登堡于 1914 年发现的,故取名古登堡面。根据地幔物质组成的差异,又可分为上地幔和下地幔。莫霍面到 1000km 深处的范围为上地幔,主要物质是橄榄岩,所以上地幔又称为橄榄岩带。其中 70～350km 范围的岩石温度可能接近熔点,或者有局部物质呈熔融态,这一层次称为软流圈。由 1000～2900km 的范围,为下地幔,组成物质为镁、铁及金属氧化物,硫化物增多,所以下地幔又称为金属矿带。

地核:是指古登堡面以下直到地球中心的圈层。地核又分为两层:内地核和外地核。因为在约 5150km 深处存在一个不连续面,这个不连续面是丹麦地震学家莱曼女士在 1936 年发现的,叫作莱曼面,因此 2900～5150km 范围叫外地核,据推测可能是液态的。由 5150km 直到地心则为内地核,内核物质可能是固态的。组成地核的主要物质是铁、镍为主的金属。

三、地球的表面结构

1. 海陆分布

水圈的主要部分"海洋"和地壳露出水面的部分"陆地",构成地球表面的基本轮廓。也就是说,

海陆分布是地球表面结构的基本形态。

　　在 5.1 亿 km² 的地球表面面积中,海洋面积约为 3.611 亿 km²,约占 70.8%;陆地面积为 1.489 亿 km²,占 29.2%。海洋为陆地面积的 2.4 倍。海陆之别,且以海为主,这是地表结构的最大特点。

　　海洋不仅面积广大,而且相互连通,组成统一的世界大洋,而陆地却相互隔离,被海洋包围、分割,没有统一的世界大陆。

　　由于海洋和陆地的面积相差悬殊,因此,在任何地球大圆划分的两半球,其海洋面积都超过陆地面积。如在北半球海洋面积占 60.7%、陆地占 39.3%,南半球海洋占 80.9%、陆地占 19.1%;东半球海洋占 62.0%、陆地占 38.0%,西半球海洋占 80.0%、陆地占 20.0%。如果以北纬 38°、经度 0° 一点和南纬 38°、经度 180° 的一点为两极,把地球分为两个半球,那么,前一半球的陆地多于任何一个半球,是陆地最集中的半球,叫做陆半球;后一半球海洋面积多于任何一个半球,是以海洋为主的半球,称为水半球。这样,在水半球中,海洋占绝对的优势,占总面积的 89%,陆地仅占 11%;在陆半球中,海洋仍然多于陆地,海洋占 53%,陆地占 47%。

　　海陆按纬度的分布也是极不均匀的,北纬 40°~70° 范围陆地面积占该纬度范围总面积的一半以上,是全球陆地分布最集中的纬度带,而南纬 50°~60° 范围几乎全部为辽阔的海洋所占据。北半球的极地是一片海洋,而南半球的极地却是一块大陆。

　　海陆分布状况对自然地理环境有着重要的影响。它们常常是产生经向地带性的具体因素(详见第十章第三节)。

　　海洋不仅在面积上超过陆地,而且其深度远超过陆地的高度。海洋的平均深度达 3729m,而陆地的平均高度仅 875m,大部分(约 75%)海洋的深度超过 3000m,而大部分(约 71%)陆地的高度在 1000m 以下(图 2.53)。由图可见,地球表面的起伏,基本上在 +1000~-6000m 之间的范围内。

　　地球表面垂直起伏的变化与广大的地球表面积相比,是极其微小的。陆地上的最高山峰是珠穆朗玛峰,海拔为 8844.43m,海洋最深处在西太平洋的马里亚纳海沟,深度为 11034m,从最高峰到最深海渊,垂直距离为 19878m,也就是说,地球表面垂直高差最大值约 20km,与地球的赤道半径和极半径之差值(约 21km)相近。在 5.1 亿 km² 的地球表

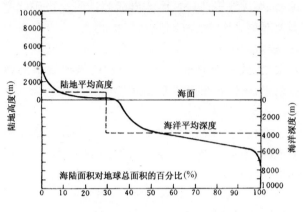

图 2.53　海陆起伏曲线

面上,垂直起伏最大不超过 20km,看起来是微不足道的。

　　地表起伏虽然不大,但是,陆地上海拔高度的变化却是产生垂直带的原因。

2. 世界大洋

　　地球上的海洋彼此沟通成为一个整体,称为世界大洋。依据地理位置和自然条件的差异,可把世界大洋划分为四大洋,即太平洋、大西洋、印度洋和北冰洋。

　　太平洋是世界第一大洋,面积达 1.81344 亿 km²,约占世界大洋总面积的一半,它北以白令海峡为界与北冰洋为邻,东以南美洲的合恩角向南沿西经 67° 经线至南极洲为界线与大西洋分隔;西以通过塔斯马尼亚的东经 147° 经线与印度洋分界。太平洋是世界上最深的大洋,平均深度达 3940m,特别是它的西部岛弧附近,排列着一系列世界上最深的海沟。

　　大西洋为世界第二大洋,面积约 9431.4 万 km²,北与北冰洋直接相通,大致以北极圈为界。它的东南以通过非洲南部厄加勒斯角的东经 20° 经线与印度洋分界。大西洋外形最大的特征是:东西狭窄,南北延伸,略呈"S"形。在大洋底的中部,有一和外形走向一致的巨大海岭,也称大洋中脊,它占据了大西洋宽度的 1/3,它是世界大洋中最典型的大洋中脊。

　　印度洋为世界第三大洋,面积为 7411.8 万 km²。它的北部被亚洲、非洲和澳大利亚大陆所包围呈封闭状,南部敞开,东与太平洋、西与大西洋贯通。

　　北冰洋是世界大洋中最小、最浅的大洋。面积仅为 1225.7 万 km²,平均深度为 1117m,它位于北

极圈内,被亚欧大陆和北美大陆所环抱。

世界大洋的边缘部分通常称为海。海的性质既受大洋影响,也受邻近大陆的影响。根据其位置特征,海又分为边缘海、地中海和内海。边缘海位于大陆边缘,中间或间隔着一些岛屿,如日本海、黄海等;地中海又叫陆间海,它位于大陆之间,有狭窄的海峡与大洋相通,如地中海、加勒比海等;内海是深入大陆内部的海,以狭窄的水道与大洋相通,如渤海、黑海等。

大洋底部形态有大陆架、大陆坡、海盆、海沟、海脊等(详见第六章第二节)。

3. 陆地

地球上的陆地,被海洋包围。按照面积大小,可分为大陆和岛屿:大块的陆地叫大陆,小块的陆地叫岛屿。最小的大陆是澳大利亚,最大的岛屿是格陵兰,世界上大陆与岛屿的划分,就是以它们为准的。

世界大陆共分为 6 块:亚欧大陆、非洲大陆、澳大利亚大陆、北美大陆、南美大陆和南极大陆。澳大利亚大陆和南极大陆四周为海洋包围,成为独立的大陆。而亚欧大陆和非洲大陆、南美大陆和北美大陆实际上是相连的。通常以苏伊士运河为亚欧大陆与非洲大陆的分界线,以巴拿马运河为北美大陆和南美大陆的分界线。

岛屿按成因可分为大陆岛和海洋岛两类。大陆岛原是大陆的一部分,经过地壳运动,一部分陆地下沉被海水淹没,形成与大陆脱离的岛屿。海洋岛与大陆没有直接联系,根据成因海洋岛可分为火山岛和珊瑚岛两类。习惯上,一个大陆及其周围的岛屿合在一起,称为大洲。亚欧大陆以乌拉尔山脉—乌拉尔河—里海—高加索山脉—博斯普鲁士海峡—达达尼尔海峡为界,分为亚、欧两大洲。因此,一般说地球上有 6 个大陆,7 个大洲。

陆地总面积为 1.489 亿 km^2。其中各大陆总面积为 1.391 亿 km^2,岛屿总面积为 0.098 亿 km^2。各大陆的面积和最大高度见表 2.8。

表 2.8

名　称	面积(万 km^2)	最大高度(m)
亚欧大陆	5070	8848
非洲大陆	2920	6010
北美大陆	2000	6187
南美大陆	1760	7035

续表

名　称	面积(万 km^2)	最大高度(m)
澳大利亚大陆	760	2234
南极大陆	1400	约 6000
所有岛屿	980	
合计	14890	

4. 地球表面结构的基本特征

(1)除南极大陆外,所有大陆都集结成对,如北美和南美、欧洲和非洲、亚洲和大洋洲大陆,每对组成大陆瓣,大陆瓣都向北极区汇合,组成大陆星(图2.54)。

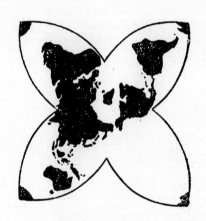

图 2.54 大陆星

(2)除南极大陆外,每个大陆都像底边朝北的三角形,即每个大陆都是北宽南尖的。

(3)某些大陆的东部边缘被一连串花彩状的岛屿所环绕,形成向东突出的岛弧。而在大陆西缘没有这种岛弧。

(4)南半球除南极大陆外,每个大陆的西部有凹曲,而在东部有突出。

(5)每对大陆之间被所谓"地壳断裂带"分开,断裂带有很深的海洋和众多岛屿。如加勒比海和墨西哥湾、地中海,以及亚洲和大洋洲之间的海洋和群岛。

(6)大陆表面中央部分比大陆边缘低,反之,海洋中的中央部分都是高于边缘的高地。因此,整个岩石圈由南北向的高地带和低地带交替组成。

(7)北极地区的海域(北冰洋)恰好与南极大陆的面积相抵消。

造成上述特征的原因,尚待进一步探索。

复习思考题

1.什么叫大地水准面? 如何理解地球会成为球形体?

2.地球为什么会成为扁球体? 又为什么是一个不规则的扁球体?

3.试述地球形状和大小的地理意义。

4.简述地球圈层结构的形成。

5.试述地球表面海陆分布大势及其对自然地理环境的影响。

6.试述地球表面结构的基本特征。

第三章　地　壳

地壳（及岩石圈）上部的沉积岩石圈是组成自然地理环境的四个基本地圈之一。地壳是地球内部圈层结构的最外层，它与大气圈、水圈、生物圈等地球外部圈层的联系最为紧密。地壳运动使地球内部物质和能量参与地壳外部形态的塑造，从而奠定自然地理环境的基本骨架。同时，具有刚性特点的地壳，可抑制岩浆不致大量无规则地涌出地表，对自然地理环境起着调节和保护作用，从而使人类获得一个较为安宁的自然环境。

第一节　地壳的组成物质

一、地壳的化学组成和结构

（一）地壳的化学组成

地壳中已发现 90 多种化学元素，以 O，Si，Al，Fe，Ca，Na，K，Mg，H，Ti，P，C，Mn 为主，其总量占地壳总重量的 99％ 以上。元素在地壳中的平均重量百分比称克拉克值，亦称元素丰度。由表 3.1 可以看出，地壳中含量最多的是氧，几乎为地壳总重量的 1/2，其次是硅，占 1/4 强，再次是铝，约占 1/13，仅这三者总和就占地壳重量的 82％ 以上。许多重要的有用金属元素在地壳中含量甚微，如铜只占 0.01％，占金 5×10^{-7}。因此，不同元素在地壳中的含量极不平均。此外，即使同一种元素在地壳不同区域，或相同区域的不同深度，其分布也存在某种或者是一定的甚至是很大的差异。

表 3.1　地壳中主要元素的平均含量（重量％）

元素	据克拉克和华盛顿(1924)	据费尔斯曼(1933～1939)	据维诺格拉多夫(1962)	据泰勒(1964)
O	49.52	49.13	47.00	46.40
Si	25.75	26.00	29.00	28.15
Al	7.51	7.45	8.05	8.23
Fe	4.70	4.20	4.65	4.63
Ca	3.29	3.25	2.96	4.15
Na	2.64	2.40	2.50	2.36

续表

元素	据克拉克和华盛顿(1924)	据费尔斯曼(1933～1939)	据维诺格拉多夫(1962)	据泰勒(1964)
K	2.40	2.35	2.50	2.09
Mg	1.94	2.25	1.87	2.33
H	0.88	1.00	—	—
Ti	0.58	0.61	0.45	0.57
P	0.12	0.12	0.093	0.105
C	0.087	0.35	0.023	0.02
Mn	0.08	0.10	0.10	0.095

转引自：中国科学院贵阳地球化学研究所《简明地球化学手册》编写组，1997。

（二）地壳结构与类型

根据地球物理资料，地壳厚度变化于 5～80km 范围之间，平均厚度为 24.4km。大体上可将其划分为大陆和大洋两种地壳类型。大陆型地壳平均厚度约 33km，一般变化于 35～50km，局部可达 80km。此种地壳类型在近海平原厚度较小，而逐渐延伸至内陆及其高山高原，厚度明显增大。大洋型地壳厚度小，平均约 7.3km，一般变化于 5～15km。其中，大西洋和印度洋部分厚度为 10～15km，而太平洋部分最小厚度仅 5km。此外，根据地壳厚度还可以进一步划分出介于这两者之间的所谓"过渡地壳"类型，即次大陆型过渡壳和次大洋型过渡壳，厚度分别变化于 25～35km 和 15～25km。

地壳可以分为上下两层(图 3.1)，两者界线是一个二级不连续面，即康拉德面，位于自地表而下大约 10km 的位置。上层地壳称硅铝层，化学成分以 O，Si，Al 为主，Na，K 也较多；下层地壳称硅镁层，仍以 O，Si，Al 为主，但相对上部减少，而 Mg，Fe，Ca 成分相应增多。硅铝层包括地球表面普遍分布的沉积岩层及其下伏的主要由岩浆岩和片麻岩组成的结晶基底。后两者化学成分与花岗岩类似，又称花岗岩层，其厚度在大陆上为 10～40km，以高山区域如喜马拉雅、天山、高加索、阿尔卑斯等山区最厚，但在大洋底部，特别在大面积的太平洋底缺失。因而认为花岗岩层是一不连续的圈层。硅镁层因其平均化学成分与玄武岩相似,故称玄武岩层。它在大陆平原区可厚达 30km,在缺失花岗岩层的深海盆地,仅 5～8km,其上直接为海洋沉积和海水覆盖。

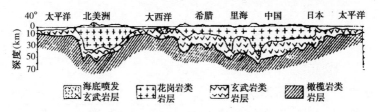

图 3.1　北纬 40°地壳剖面图(孙广忠,吕梦麟,1964)

大陆型与大洋型地壳的最大区别在于,大陆型地壳厚,玄武岩层之上有很厚的沉积盖层(有些地方缺失)及其下伏花岗岩层,形成双层结构;大洋型地壳厚度较小,玄武岩层之上只有很薄的或者根本没有花岗岩层,大部分是单层结构。地壳在垂直和水平方向物质分配的这种不均匀性,导致地壳经常进行物质的重新分配和调整,是引起地壳运动的因素之一。

二、矿　　物

矿物是岩石的基本单位,广泛分布于地壳中。在日常生活中,我们对矿物或多或少都有一定的感性认识。例如盐是白色透明的四方颗粒,有咸味;石墨是黑的,常呈鳞片状,有滑感,污手等。经过无数次考察、实验与研究,人们对矿物的概念逐渐形成了科学认识。

首先,矿物是地壳及其与水圈、生物圈和大气圈所进行的各种地质作用的自然产物,且成分和构造比较均一,是岩石和矿石的基本单位。

从这种概念出发,可知矿物是地壳各种元素的存在形式,可以是化合物也可以是单质,不过绝大多数都是化合物。

自然界绝大多数矿物呈固态出现,如各种金属矿物以及石英、长石等。但也有些矿物如石油、自然汞等呈液态产出,而天然气则呈现为气态。

矿物成分和构造比较均一,说明每一种矿物都具有其特有的化学、物理性质,这种性质的具体体现是矿物的成分和构造。前者指化学元素的种类和含量,后者则是元素的原子、离子或离子团的空间排列形式。自然界已发现的矿物达 3000 种之多,其中构成岩石的常见矿物仅三四十种。各种矿物的表面形态、物理和化学性质可作为鉴定矿物的依据。

(一)矿物的形态及物理性质

1. 矿物形态

矿物可以分为晶质矿物和非晶质矿物。凡组成矿物的质点按一定规则重复排列而成的一切固体,都称晶质矿物;反之,质点呈不规则排列的,称非晶质矿物。自然界绝大多数矿物是晶质体。在适宜的地质环境中,晶质矿物可以形成单个有规则的几何外形个体,如水晶。而在一般情况下,晶质矿物是由不规则的细小颗粒组成的粒状或块状体等。但两者内部结构一致,并无本质上的区别。极少数矿物属非晶质体,其特点是在任何条件下都不能表现为规则的几何外形,如天然沥青、蛋白石等。

矿物的晶形按形态基本上可以分为两大类型——单形和聚形。单形指矿物晶体由一种同形等大的晶面所组成,如食盐的六面体和常见的方解石棱面体,单形数目仅 47 种。聚形是由两种以上单体组成的晶体,如发育完好的石英具有六方柱和棱面体两种单形组成的聚形。聚形特点是在一个晶体上具有大小不等、形状不同的晶面,其种类成千上万。如果两个以上同种晶体有规律地连生在一起,称为双晶。最常见的双晶有:接触双晶,两个相同晶体以一个简单平面相接触;穿插双晶,两个相同的晶体按一定角度相互穿插;聚片双晶,两个以上的晶体,按一定规律彼此平行重复连生(图 3.2)。

相同条件下形成的同种晶体通常所具有的形态称结晶习性,大体分为以下三种类型:

(1)一向延伸型。晶体沿一个方向特别发育,如石棉、石膏等的柱状、纤维状、针状(图3.3)。

(2)二向延伸型。晶体沿两个方向特别发育,如云母、石墨、辉钼矿等的板状、片状、鳞片状(图3.4)。

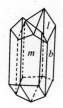 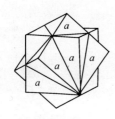 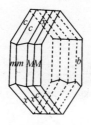

图 3.2 石膏燕尾接触双晶(左);萤石穿插双晶(中);
钠长石聚片双晶(右)

图 3.3 蛇纹石石棉 $Mg_6[Si_4O_{10}](OH)_8$
纤维状集合体,一向延伸

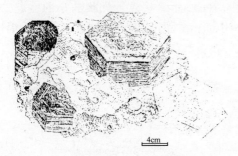

图 3.4 金云母 $KMg_3[AlSi_3O_{10}](OH)_2$
片状集合体,二向延伸

(3)三向延伸型。晶体沿三个方向特别发育,黄铁矿、石榴子石等的粒状,有的近似球状(图3.5)。

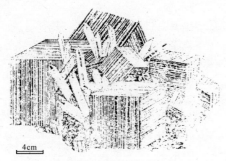

图 3.5 黄铁矿 FeS_2 晶体

自然界大多数矿物是以晶体或晶粒的集合体表现出来的,其特征具有鉴定意义,分为以下 10 种类型:

(1)粒状集合体。矿物以一定粒度的颗粒聚集而成。如橄榄岩,主要是由粒状橄榄石集合而成,花岗岩是由石英、长石和云母等晶粒组成的集合体。

(2)片状、鳞片状、纤维状、针状、放射状集合体。以云母、石墨、石棉、石膏等较为常见,如云母的片状集合体(图3.4),石棉、石膏的纤维状集合体(图3.3,图3.6)等。

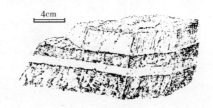

图 3.6 纤维石膏 $CaSO_4 \cdot 2H_2O$ 集合体

(3)致密块状体。由极细粒物质形成的集合体,通常其颗粒直径在 0.01mm 以下,表面致密均匀,肉眼不能分辨晶粒间彼此界限。自然界矿物大多呈这种形式出现,如软锰矿(图3.7)。

图 3.7 软锰矿 MnO_2 的致密块状体

(4)晶簇。岩石空隙或孔洞壁上发育的完整的结晶合成体,是一群完整晶体。常见的有石英晶簇(图3.8)、方解石晶簇等。

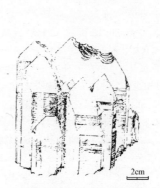 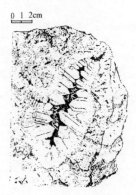

a.石英平行连生在一起的石英晶簇　b.在侵入岩原生脉洞中形成的石英晶簇

图 3.8 石英晶簇

(5)杏仁体和晶腺。充填岩石空洞的矿物集合体,从空洞壁向中心层层沉淀,最后充满。厚度小于 2cm 的称杏仁体,大于 2cm 的称晶腺。玛瑙常以此种情况产出(图3.9)。

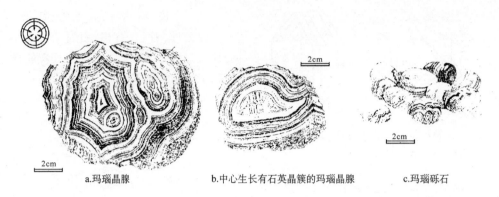

a.玛瑙晶腺　　　　　b.中心生长有石英晶簇的玛瑙晶腺　　　　　c.玛瑙砾石

图 3.9　玛瑙晶腺及玛瑙砾石

（6）结核和鲕状体。产生于多孔或疏松岩石中的圆球状、透镜状、团块状或姜状的矿物集合体，如黄铁矿、磷灰石结核，黄土中的石灰质（钙质）结核。结核一般直径大于 2mm，有的甚至大于 20cm；小于 2mm 如同鱼子者称鲕状体，如鲕状赤铁矿（图 3.10a）等。

（7）豆状、肾状、钟乳状和葡萄状体。大多为胶体矿物所具有，常常是胶体矿物蒸发失水于矿物表面围绕凝聚中心形成许多圆或豆状（图 3.10b）、肾状（图 3.10c）、葡萄状或钟乳状的小的突起。如石灰岩洞中的由 $CaCO_3$ 形成的钟乳石、石笋；褐铁矿、软锰矿、孔雀石（图 3.10d）等亦多具此形态。

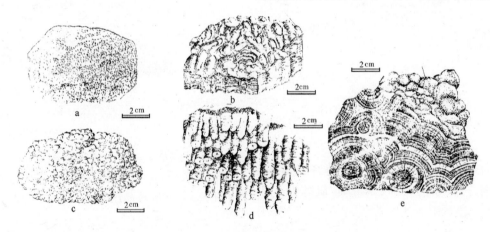

图 3.10　鲕状、豆状、钟乳状和葡萄状集合体

a. 赤铁矿的鲕状集合体 Fe_2O_3，在沉积条件下胶体围绕一核心沉淀凝聚，由鱼子状小鲕粒集合而成；b. 文石的豆状集合体 $CaCO_3$，在外生条件下胶体围绕一核心沉淀凝聚，由豆粒大小球体集合而成，球体具同心环状构造；c. 赤铁矿的肾状集合体，系生物化学作用下由 1cm 左右的肾状体集合而成，肾状体可层层剥离；d. 孔雀石钟乳同心环状集合体 $Cu_2[CO_3](OH)_2$，系含铜硫化矿床氧化带中的风化产物，外表为钟乳状，剖面上表现为放射针状集合体；e. 针铁矿的钟乳状集合体 $FeO(OH)$，氧化条件下氢氧化铁胶凝体重结晶形成，在其断面上针铁矿呈放射状分布

（8）被膜。不稳定矿物受到风化后形成在矿物表面的皮壳，由次生矿物组成，如氧化作用在某些矿物表面形成的翠绿色孔雀石及天蓝色蓝铜矿的被膜。有些矿物可因生物化学风化作用在其表面形成的翠绿色孔雀石及天蓝色蓝铜矿的被膜。有些矿物可因生物化学风化作用在其表面形成褐铁矿和赤铁矿。

（9）土状体。疏松粉末状的无光泽的矿物集合体。颗粒细，放大镜看不出其晶体。有风化形成的高岭石、风积黄土中的石英等。

（10）假化石。岩石中由氧化锰等溶液沿裂隙发育而成的酷似植物的矿物集合体。

2. 矿物的物理性质

主要包括矿物的光学性质和力学性质。前者是矿物对光线的吸收、反射和折射所表现出来的物理现象,包括颜色、条痕、透明度、光泽;后者指矿物在外力作用下所表现出来的各种物理性质,含硬度、解理、断口、延展性、脆性等。矿物还有其他物理性质,如比重、磁性等。

1) 颜色

矿物的颜色是矿物对可见光中不同波长光波选择性吸收和反射的物理性能的表征。分为自色、他色和假色。

(1)自色:矿物自身固有的颜色,由矿物成分中所含色素离子和内部构造决定。如低价铁(Fe^{2+})矿物呈黑色、绿色,高价铁(Fe^{3+})矿物呈红色、褐色,矿物中铜(Cu^{2+})的含量达到一定程度,则呈现为绿色、蓝色等。金刚石和石墨成分相同,内部构造不同,颜色亦不相同,前者无色透明,后者为黑色。

(2)他色:矿物中混入某些杂质表现出的颜色。如纯水晶(SiO_2)原本无色透明,但常见带有紫、黑、褐、红等多种颜色的水晶。其中的黑水晶就是因其形成时混入有机质所致,而蔷薇石英与混入钛和某些高价铁含量有关,呈微红色。

(3)假色:矿物内部裂纹、表面氧化膜等引起的光线干涉干扰作用的呈色现象。例如铜蓝、斑铜矿表面氧化后形成的紫蓝色被膜,方解石内部裂纹中产生的像彩虹一样的晕色,以及云母层层叠叠所产生的干涉颜色。

2) 条痕

条痕是矿物在无釉瓷板上摩擦所留下的痕迹的颜色,即不透明矿物粉末的颜色。例如磁铁矿和某些赤铁矿,直观上看两者都呈黑色,但它们的条痕却不同,前者黑色,后者樱桃红色。再如金、黄铁矿和黄铜矿均为黄色,前者条痕依然为黄色,后两者系绿黑色。条痕对鉴别不透明矿物比较有效,能够辨别自色,减弱他色,消除假色。

3) 透明度

矿物透光能力的大小称为透明度。透明度主要取决于矿物对光的吸收率。金属矿物吸收率高,一般不透明,如方铅矿等;非金属矿物吸收率低,一般表现为透明、半透明,如石英、长石等。矿物的透明程度实指将矿物磨成 0.03mm 的标准厚度时的透光能力而言,并以此分为透明、半透明和不透明三类。①透明:通过矿物碎片边缘能清晰地看到对方物体的轮廓,如水晶、冰洲石等。②半透明:只能模糊地看到对方物体的存在,如浅色闪锌矿、辰砂等。③不透明:根本看不到对方物体的存在,如黄铁矿、黄铜矿、磁铁矿等。

4) 光泽

矿物表面对光线的反射能力。据反射光亮程度可以分为:①金属光泽——反射最强,非常耀眼。大部分不透明的金属矿物如自然金、方铅矿、黄铁矿等均具有光亮耀眼的光泽。半金属光泽——反射稍差,暗淡有光,如赤铁矿、磁铁矿、辰砂、黑钨矿等。②非金属光泽——不具金属感的光泽。大多为非金属矿物所具有,包括金刚光泽和玻璃光泽两种类型。金刚光泽指光泽闪亮耀眼,金刚石、闪锌矿属之。玻璃光泽指反射较弱,如同普通玻璃表面的光泽,最常见的有方解石、水晶、萤石等。具有这种光泽的矿物几乎全部为非金属矿物,有大约70%的矿物属此种光泽。

此外,投射的光由于受到矿物颜色、表面平坦程度以及集合体形态等的影响,常常呈现一些特殊的光泽。如在石英的不平坦断面上的油脂光泽,闪锌矿断面上的松脂光泽;具纤维状集合体形态的石膏和石棉呈现出的丝绢光泽;白云母、滑石等片状矿物表面上的珍珠光泽,以及细粒分散集合体的高岭石的土状光泽,这种光泽最弱,又称无光泽。

矿物的光泽也表现出各个方面的差异性。如在云母的晶面上可以呈现出玻璃光泽,而在该矿物的其他面上则呈现出珍珠光泽。

由于矿物的光学性质是矿物对光线的吸收、反射和折射所表现出来的物理现象,因而,颜色、条痕、透明度和光泽彼此间相互关联,具有一定的内在关系,如表 3.2 所示。

表 3.2 颜色、条痕、透明度和光泽的相互关系

颜 色	无 色	浅 色	深 色	金属色
条 痕	无色或白色	无色或浅色	浅色或彩色	深色或金属色
透明度	透 明	半透明		不透明
光 泽	玻璃—金刚	半金属		金属

5) 硬度

矿物受到刻划、研磨等作用时所表现出来的机械强度,称硬度。矿物硬度大小主要取决于内部结构质点间连接力的强弱。连接力愈强,抵抗外力作用的强度就越大,硬度也就越高,反之硬度越低。德国莫氏(F. Mohs)选择了常见的 10 种矿物,将硬度由小到大排列,分为 10 级,这就是习称的莫氏硬度计(表 3.3)。应该指出,莫氏硬度计中标准矿物等级只表示其硬度的相对大小,且各级硬度之间的

差异亦是不均等的乃至很悬殊。例如,按力学测试,石英硬度是滑石的 3500 倍,而金刚石硬度为石墨的 400 万倍。

表 3.3　莫氏硬度计

硬度等级	代表矿物	硬度等级	代表矿物
1	滑　石	6	正长石
2	石　膏	7	石　英
3	方解石	8	黄　玉
4	萤　石	9	刚　玉
5	磷灰石	10	金刚石

确定矿物硬度可以采用已知矿物与未知矿物相互间刻划的简单办法。如果某未知矿物能够刻划方解石,但又能被萤石所刻划,该矿物的硬度显然是在 3～4 之间。其硬度可写成"3～4",或写成"3.5"。硬度大于 7 的矿物很少,一般在 2～6 之间。在野外鉴定矿物时,如找不到标准矿物,可利用一些代用品测试,如指甲(硬度 2～2.5),铜钥匙(约 3),小钢刀(约 5.5～6)。

通常,可以将矿物硬度略列划分为软(其硬度小于指甲)、中(硬度大于指甲而小于小刀)、硬(硬度大于小刀)和极硬(石英无法刻划)四类,但极硬矿物较少。刻试硬度时一定要刻划在矿物新鲜的光面上,若非如此,刻划在其风化面上或矿物裂隙和孔洞上,就达不到识别矿物的目的。

6) 解理与断口

矿物受力后沿着一定结晶方向断开,并产生光滑平面的性质称为解理,裂开的光滑平面称解理面。解理一般沿着晶体内部构造联系力最弱的方向发生。根据裂成光滑解理面的难易程度,可以分为:

(1) 极完全解理。矿物晶体极易裂成薄片,解理面光滑平整,如云母。其他如石墨、辉钼矿等也有极完全解理。

(2) 完全解理。晶体可裂成规则的解理块或薄板,解理面光滑,很难发生断口,如方解石、方铅矿、岩盐等。

(3) 中等解理。晶体裂成的碎块上既有解理又有断口,解理面常具小阶梯状,或某一方向有不太平滑的解理,如长石、角闪石等。

(4) 不完全解理。晶体破裂时很难发现平坦解

理面,常为不规则断口,如锡石、磷灰石等。

(5) 无解理。矿物碎块上都是断口,如黄铁矿、黄铜矿等。

矿物在受力后,并不是沿着一定结晶方向断开而是沿任意方向破裂,并呈各种凹凸不平的断面,这种断面称为断口。断口依其裂面形状来描述,有贝壳状断口,即断口具有弯曲的凹面和同心状构造,很像贝壳,如石英断口;有参差状断口,即断口面粗糙不平,如黄铁矿;还有锯齿状断口等。

解理完善程度与断口发育程度是互为消长的,解理极完全则无断口,反之断口发育,则无解理或者解理极不完全。

7) 比重

矿物在空气中的重量与 4℃时同体积水的重量之比,称为比重。各种矿物比重由小于 1(如石蜡)到大至 23(如铂族矿物)。比重大小主要取决于矿物化学成分和晶体构造。组成矿物的元素的原子量越大,晶体结构中质点的堆积就愈紧密,比重也就愈大。

按比重,矿物可分为四级:①轻矿物,比重<2.5,此种矿物有石墨(比重 2.23)、石盐(2.1～2.2);②中等比重矿物,2.5～4,例如黄玉(3.4～3.6);③重矿物,4～7,如黄铁矿(4.9～5.2);④极重矿物,>7,方铅矿和黑钨矿(6.7～7.5)属之。对极重矿物来说,比重是鉴定的重要标志。比重不仅对于鉴定矿物有重要意义,而且对于研究古代沉积环境、查明物质来源亦是重要的。

8) 磁性

为铁、镍、铬等高磁性矿物所具有,如磁铁矿(Fe_3O_4)。

此外,矿物的物理性质还包括其脆性、延展性、弹性、挠性、导电性、发光性和放射性等,但这只是鉴定矿物的次要方面,故不再赘述。

(二) 矿物的化学性质

1. 矿物的化学类型

矿物按其化学类型可分为单质和化合物两类。

(1) 单质。指由一种元素组成的矿物。此类矿物为数极少,有金(Au),石墨(C),金刚石(C),水银(Hg),硫黄(S),铜(Cu),银(Ag)等。

(2) 化合物。由两种以上元素以不同形式化

合而成,矿物的绝大部分是化合物。此外,还有一些是含水化合物,它是指含 H_2O 分子和 OH^-,H^+,H_3O^+ 离子的化合物,一般比重小,硬度低。有常见的蛋白石($SiO_2 \cdot nH_2O$),石膏($CaSO_4 \cdot 2H_2O$),高岭石($Al_4[Si_4O_{10}](OH)_8$),水云母((K,$H_3O)Al_2[AlSi_3O_{10}](OH)_2$)等。

2. 胶体矿物

矿物中除分布最广的可用肉眼或用显微镜观察的晶体矿物外,非晶质矿物(尤其是其中的胶体矿物)也占有相当数量。所谓胶体,是指直径为 1～10μm 的微粒在另一些气体、液体和固体中分散而成的混合体。此种类型的常见矿物有蛋白石($SiO_2 \cdot nH_2O$),褐铁矿($Fe_2O_3 \cdot nH_2O$),赤铁矿(Fe_2O_3)等。胶体矿物在形态上通常呈鲕状、葡萄状、肾状、结核状、钟乳状和皮壳状等(图 3.10)。

3. 矿物的类质同象和同质多象

1) 类质同象

化学成分不同但互相类似的两种(或两种以上)组分,可以在一结晶构造中以各种比例互相置换,但不破坏其结晶格架。例如镁橄榄石($Mg_2[SiO_4]$)中的 Mg^{2+} 就可以为 Fe^{2+} 全部替代而成为铁橄榄石($Fe_2[SiO_4]$),反之亦然。

为了表示这种化合物的化学式,将相互置换的两种离子用括弧括起来,中间加一逗点,并把含量较多的一种写在前面,如橄榄石化学式(Mg,$Fe)_2SiO_4$ 表示 Mg,Fe 两者可以相互置换,且前者含量多于后者。

如果两种组分必须在一定限度内进行离子置换,称为不完全类质同象。例如闪锌矿(ZnS)中的 Zn^{2+} 可以被 Fe^{2+} 所置换,但一般不能超过 20%。

如果两种组分可以任何比例进行离子置换形成一个连续的混合系列,称为完全类质同象。例如斜长石($Na[AlSi_3O_8]-Ca[Al_2Si_2O_8]$)是由钠长石($Na[AlSi_3O_8]$)和钙长石($Ca[Al_2Si_2O_8]$)所组成的类质同象混合物,两者之间可以任意比例组合,并据此将其分为 3 类 6 种(表 3.4)。

表 3.4　斜长石分类

斜长石分类		An组分含量(%)
酸性斜长石	钠长石	0～10
	奥长石(更长石)	10～30

续表

斜长石分类		An组分含量(%)
中性斜长石	中长石	30～50
	拉长石	50～70
基性斜长石	培长石	70～90
	钙长石	90～100

2) 同质多象

指同一化学成分的物质在不同的外界条件(特别是温度)下,可以结晶成两种或两种以上的不同构造的晶体,构成结晶形态和物理性质不同的矿物。

例如,在不同条件下形成的石墨和金刚石,二者成分相同(C),但晶体构造(图 3.11)、结晶形态和物理性质等悬殊(表 3.5)。

表 3.5　金刚石、石墨形态、物理性质对比

性质 ＼ 变体名称	金刚石	石墨
形　态	八面体　菱形十二面体	片状　鳞片状
颜　色	无色	黑　色
透明度	透明	不透明
光　泽	金刚光泽	金属光泽
硬　度	10	1

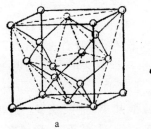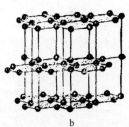

图 3.11　金刚石(a)与石墨(b)的晶体构造

(三)矿物分类和常见矿物

1. 矿物的分类

按晶体化学分类将矿物分为 5 个大类。

(1)第一大类:自然元素矿物。指由一种元素(单质)产出的矿物。地壳中已知自然元素矿物大约 90 种,占地壳总重量的 0.1%。可以分为金属元素,以铂族及铜、银、金等为主;非金属元素,碳、硫等;半金属元素,砷、铋等。

(2)第二大类:硫化物。共 200～300 多种,按种类仅次于硅酸盐类矿物，重量为地壳的0.25%。常富集成重要的有色金属矿床，是铜、铅、锌、锑等的重要来源，具有很大的经济价值。主要特点是具有金属光泽，颜色、条痕较深，硬度低、比重大、导热性能好。另一特点是，因硫化物往往与岩浆共生，所以在地表表生作用下极易氧化，除黄铁矿（硬度$6\sim6.5$）外，余皆硬度较低。此类矿物常见者有黄铁矿（FeS_2）、黄铜矿（$CuFeS_2$）、方铅矿（PbS）、闪锌矿（ZnS）、辉锑矿（Sb_2S_3）、辉钼矿（MoS_2）、辰砂（HgS）。

（3）第三大类：卤化物。种类少，约120种，仅占地壳重量的0.1%。大部分形成于地表条件下，构成盐类矿物，含色素离子少，色浅，硬度低，一般<3.5。常见矿物有石盐（$NaCl$）、钾盐（KCl）、萤石（CaF_2）等。

（4）第四大类：氧化物及氢氧化物类矿物。分布相当广泛，约$180\sim200$种之多，占地壳重量的17%。常见矿物有石英、刚玉Al_2O_3、磁铁矿、铝土矿$Al_2O_3\cdot nH_2O$等，是铝、铁、锰、锡、铀、铬、钛等矿石的重要来源，经济价值很大。

（5）第五大类：含氧盐矿物，是矿物中数量最大的一类，几乎占地壳已知矿物的2/3，可进一步分为硅酸盐、碳酸盐、硫酸盐等。①硅酸盐类：地壳主要由此类矿物组成，约800多种，占已知矿物的1/3左右，为地壳总重量的3/4，如将SiO_2重量计入，可达地壳总重量的87%以上。橄榄石、普通辉石、普通角闪石、云母、正长石、斜长石、高岭石、滑石、石榴子石、红柱石及蛇纹石和石棉属之。②碳酸盐类：大约$80\sim95$种，占地壳重量的1.7%。方解石、白云石、孔雀石属之。③硫酸盐类：种类较多，约260种，但重量仅为地壳的0.1%。重晶石、石膏属之。

其他含氧盐类有磷酸盐、硼酸盐、钨酸盐等，常见矿物有磷灰石、黑钨矿、白钨矿等。

2. 常见矿物

下面介绍的常见矿物，其中一部分是重要的造岩矿物，另一部分是重要的造矿矿物。

（1）石英，是主要造岩矿物之一。石英成分为SiO_2，在地壳中的含量仅次于长石，占地壳重量的12.60%。其晶体多为六方柱及菱面体的聚形（图3.12），柱面上有明显的横纹；在岩石空洞中常形成晶簇（图3.8）。花岗岩类岩石中呈无晶形颗粒状；石英脉中多呈致密块状。根据结晶程度，可大致将

石英分为两大类：①晶体，颜色不一，如果是无色透明的晶体称"水晶"，紫色的称"紫水晶"，黑色的称"墨晶"等。玻璃光泽，透明至半透明，硬度7，无解理，贝壳状断口，断口系脂肪光泽，性脆，比重$2.5\sim2.8$。②隐晶体，主要由SiO_2胶体溶液沉淀而成，具脂肪光泽或蜡状光泽，半透明，贝壳状断口。石英的化学性质稳定，硬度大，含石英的岩石风化后常形成石英砂粒，因而，它不仅广见于酸性岩浆岩、变质岩中，在沉积岩中的分布也十分广泛。石英在工业方面用途很多，结晶良好的晶体可用作光学仪器和压电材料；一些各种形态的石英亚种，可用作制造玻璃、搪瓷的原料及研磨材料、建筑材料等。

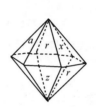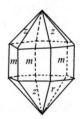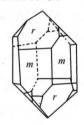

图 3.12　石英晶体

m：六方柱；r,z：菱面体

（2）磁铁矿，成分Fe_3O_4。晶体常呈八面体和菱形十二面体，通常呈粒或块状。颜色和条痕均为铁黑色。硬度6，比重5.2，具强磁性，半金属光泽。磁铁矿是很重要的炼铁原料。

（3）赤铁矿，成分Fe_2O_3。通常为块状、肾状、土状，钢灰色、铁黑色、红或褐红色。条痕樱红色，硬度5.5，比重$5\sim5.3$，半金属或土状光泽。是重要的炼铁原料。

（4）褐铁矿，成分$Fe_2O_3\cdot nH_2O$。常见者为土状、块状、结核状等，黄褐色。颜色和条痕均为黄褐色。硬度5.5，一般呈土状者硬度较低。比重$3.6\sim4$，半金属至土状光泽。是重要的炼铁原料。

（5）软锰矿，成分MnO_2。一般为烟灰状、土状、钟乳状等，黑色、钢灰色。条痕黑色，硬度$1\sim6$。容易污手。是炼锰的主要原料。

（6）黄铁矿，成分FeS_2。晶体呈立方体或五角十二面体，常呈块状，淡铜黄色。条痕绿黑色，硬度$6\sim6.5$，比重$4.9\sim5.2$，金属光泽。是制造硫酸和硫黄的主要原料。

（7）黄铜矿，成分$CuFeS_2$。常见者为致密块状或粒状，黄铜黄色。条痕黑绿色，硬度$3\sim4$，比重$4.1\sim4.3$，金属光泽。是炼铜的主要原料。

（8）方铅矿，成分PbS。晶体呈立方体，常呈粒

状或块状,铅灰色。条痕灰黑色,硬度 2～3,比重大,为 7.4～7.6,金属光泽,性脆,具立方体解理。是炼铅的主要原料。

(9)闪锌矿,成分 ZnS。常呈致密块状、粒状集合体,黄、褐、黑色。条痕棕黄至褐色,硬度 3～4,比重 3.9～4.1,树脂或金刚光泽,性脆,解理发育。是炼锌的主要原料。

(10)方解石,成分 $CaCO_3$。晶体呈菱面体,常呈晶粒状、块状,无色或乳白色。硬度 3,比重 2.6～2.8,玻璃光泽,性脆,具菱面体解理。方解石与盐酸作用时反应激烈,放出 CO_2 气体。无色透明无裂隙者叫冰洲石。是重要的光学原料。

(11)白云石,成分 $CaMg(CO_3)_2$。晶体呈菱面体,常呈致密块状。灰白色,有时带浅黄色。硬度 3.5～4,比重 2.8～2.9,玻璃光泽,菱面体解理,解理面大部分弯曲。与稀冷盐酸作用极缓慢,可与方解石区别。用做建设材料,冶金工业中用做熔剂。

(12)石膏,成分 $CaSO_4 \cdot 2H_2O$。晶体呈板状,集合体为纤维状、块状,无色或白色。硬度 2,比重 2.3～2.4,玻璃光泽,有解理,解理面上呈珍珠光泽。透明或半透明。在工业、建筑及医药上广泛应用。

(13)磷灰石,成分 $Ca_5[PO_4]_3(F, Cl)$。晶体呈柱状,常为致密块状或结核状,白色、黄褐色或绿色。硬度 5,比重 3.2,玻璃或油脂光泽。以硝酸溶解后加钼酸铵粉末,则呈黄色磷钼酸铵沉淀。磷灰石是重要的磷肥原料。

(14)萤石,成分 CaF_2。晶体呈立方体或八面体,常为粒状或块状,具有绿、紫、玫瑰等色,无色透明者少见。硬度 4,比重 3.2,玻璃光泽。解理四组完全。广泛应用于冶金工业、化工、珐琅等领域,无色透明者是重要的光学原料。

(15)正长石,成分 $K[AlSi_3O_8]$,是主要造岩矿物之一。正长石常具良好的厚板状或柱状晶体(图 3.13),经常形成卡氏穿插双晶和卡氏接触双晶(图 3.14)。在岩石中多呈晶形不完全的短柱状颗粒,在伟晶岩中可以形成巨大的晶体。肉红或浅黄、浅黄白色,玻璃光泽,解理面珍珠光泽,半透明。硬度 6,有两组解理,彼此直交,一组完全,一组中等。广布于酸性岩浆岩中,在地表生物化学作用下,正长石易被风化成高岭土等黏土矿物。可用作制造玻璃和陶瓷的原料。

(16)斜长石。是主要造岩矿物之一,为前已述

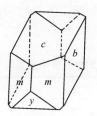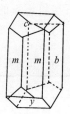

图 3.13　正长石晶体
m:斜方柱;b,c,x,y:平行双面

及的钠长石和钙长石之间类质同象系列矿物的总称(表 3.4)。柱状或板状晶体(图 3.15);聚片双晶普遍,晶面或解理面上可见细而平行的双晶纹(图 3.16),在岩石中多为柱状、板状、细粒状颗粒。白色、灰白色,有时染成其他颜色;玻璃光泽,半透明,硬度 6,比重 2.16～2.76。两组解理,一组完全,一组中等,相交角约为 $86°$。广泛分布于各种岩浆岩岩石中。可用作陶瓷原料。

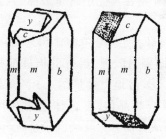

图 3.14　正长石的卡氏双晶

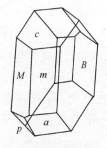

图 3.15　斜长石(钠长石)晶体(各符号皆为平行双面)

图 3.16　斜长石(钠长石)解理面上的双晶纹

正长石与斜长石的物理性质相似,其主要区别见表3.6。

表 3.6　正长石与斜长石肉眼鉴定时比

矿　物	正长石	斜长石
晶体形状	常呈粗短柱状,粒状,有时可见卡氏双晶	常呈板片状,板条状或长柱状
双晶纹	面上无双晶纹	解理面有平等细小的聚片双晶纹
颜色	肉红到白色	白到灰色
光泽	解理面常带珍珠光泽	玻璃光泽至珍珠光泽
硬度	6	6~6.5
产状	常产于酸性岩浆岩中,与石英、黑云母等共生	常产于基性、中性岩浆岩中,与辉石、角闪石等共生

长石族矿物在地壳中含量最高,约占地壳总重量的50%。

(17)云母。是主要造岩矿物之一,为云母族矿物的总称,即钾、镁、锂、铝等的铝硅酸盐。在地壳中分布较广泛,占地壳重量的3.8%。晶体常呈假六方片状或板状晶体,集合体通常为片状或鳞片状。颜色随成分而异。玻璃及珍珠光泽,透明或半透明。硬度2~3,具一组完全解理,比重2.7~3.1。根据其成分和颜色可再分为白云母、金云母和黑云母等。

白云母($KAl_2[AlSi_3O_{10}](OH)_2$):基本上不含铁,无色及浅灰、浅黄、浅绿等色(图3.17),呈细小鳞片状,具丝绢光泽的异种称绢云母。白云母化学性质稳定,不易被风化;具有高度的绝缘、耐热性能,为电器、电子等工业部门所不可缺少的绝缘材料。

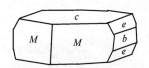

图 3.17　白云母晶体
M,e:斜方柱;b,c:平行双面

金云母($KMg_3[AlSi_3O_{10}](OH)_2$):系含镁云母。金黄褐色,解理面上常具半金属光泽。

黑云母($K(Mg,Fe)_3[AlSi_3O_{10}](OH)_2$):系含镁铁的云母(图3.18),酸性岩浆岩和变质岩的重要造岩矿物。黑褐、黑绿至黑色,在地表环境下极易被风化分解,失去Mg,Fe,颜色变为黄褐色,或者变为绿泥石等次生矿物。

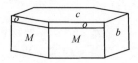

图 3.18　黑云母晶体
M:斜方柱;b,c:平行双面;o:斜方双锥

(18)高岭石,成分$Al_4(Si_4O_{10})(OH)_8$。致密块状、土状。土状集合体又叫高岭土。硬度1,比重2.6。鳞片和薄片无色。致密块状为白色、浅黄、浅褐色,土状光泽。可以制造陶瓷器皿、耐火材料及电瓷等。

(19)石榴子石,通常见的石榴子石有:钙铁石榴子石($[Ca_3Fe(SiO_4)]_3$),褐红色、黑色;钙铝石榴子石($[Ca_3Al_2(SiO_4)_3]$),浅黄、浅绿、黄褐色。石榴子石的晶体为菱形十二面体,四角三八面体,常为粒状或块状。硬度6.7~7.5,比重3.5~4.3。油脂光泽和玻璃光泽。红色石榴子石可琢磨成宝石。

(20)角闪石,主要造岩矿物之一,是角闪石族矿物的总称。一般多指普通角闪石(图3.19),系该族中最常见之一种。晶体呈长柱状,集合体呈放射状、粒状等。绿黑至黑色,条痕浅灰绿色,玻璃光泽。硬度5~6,比重3.1~3.3。柱面解理发育,两组解理夹角为124°。广布于岩浆岩及变质岩中,中酸性岩石中尤为常见。

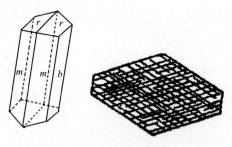

图 3.19　普通角闪石晶体
m,r:斜方柱;b:平行双面

(21)辉石,主要造岩矿物之一,是辉石族矿物的总称,即镁、铁、钙、钠等的硅酸盐或铝硅酸盐。晶体一般呈短柱状,黑色至绿黑色。玻璃光泽,硬度5~6,比重3.2~3.6。柱面解理发育,两组解理交角约87°。

辉石常见于超基性和基性岩浆岩和某些接触变质岩石中。辉石族中最常见的是普通辉石,晶体呈短柱状,其横剖面呈近等边的八边形(图3.20),黑绿至褐黑色。

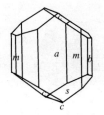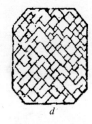

图 3.20 普通辉石晶体(c)及其横断面(d)

a, b:平行双面;m, s:斜方柱

（22）橄榄石,主要造岩矿物之一,是橄榄石族的总称。晶体为扁柱状（图 3.21）。岩石中呈分散颗粒或粒状集合体。橄榄绿色或褐黄色,玻璃光泽,透明至半透明。硬度 6.5～7。解理中等或不清楚,断口常为贝壳状,性脆。比重 3.3～3.5。橄榄石是基性和超基性岩中的重要造岩矿物,不与石英共生,在地表条件下极易被风化变为蛇纹石。橄榄石族中含铁低 而含镁高的亚种,是耐火材料的重要原料。色泽艳丽而未遭变质的晶体可用作装饰品。

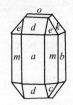

图 3.21 橄榄石晶体

m, d, k:斜方柱;a, b, o:平行双面;e:斜方双锥

三、岩 石

岩石是矿物的集合体,是在地质作用下形成的地壳物质。岩石的化学、矿物成分、结构、构造及产状都与地质作用有密切的因果关系。按成因,岩石可以分岩浆岩（火成岩）、沉积岩（水成岩）和变质岩三大类。它们在地壳中的分布情况各不相同:沉积岩分布在地壳的表层,呈厚薄不均的不连续分布;岩浆岩分布在地表与地下深处;变质岩则分布在地壳强烈变动区域或岩浆岩周围。就地表分布面积而言,沉积岩占陆地面积的 75%,岩浆岩和变质岩合占 25%。就重量而言,沉积岩仅占地壳重量的 5%,变质岩占 6%,岩浆岩占 89%。

（一）岩 浆 岩

1. 岩浆与岩浆岩的概念

岩浆是一种黏稠的熔浆,黏度与硅酸含量有密切的关系。硅酸含量少者称基性岩浆,黏性小、易流动,硅酸含量多者称酸性岩浆,黏性大,不易流动。根据近代火山口逸出的熔岩流测量结果,岩浆温度大约 800～1250℃,人们推测地表 3000km 以下的岩浆温度可达1500～2500℃。

因此岩浆是在地壳深处生成的、含挥发性成分的高温黏稠的硅酸盐熔浆流体,亦是各种岩浆岩及其矿床的母体。凡是岩浆岩及其矿产出露的地方,与之下伏相连的必然是地球深部的大片岩浆。

岩浆活动方式:一是其上升到一定位置,由于上覆岩层的外压力大于岩浆的内压力,使之停滞在地壳中冷凝,结晶,称岩浆的侵入作用。由此作用形成的岩石称侵入岩。其在地壳深处（地表以下 3～6km 处）和浅处（地表以下 0～3km 或近地表）形成的岩石分别称深成岩和浅成岩。二是岩浆冲破上覆岩层喷出地表,即喷出作用或火山活动（挥发成分大部逸失）,这种作用形成的岩石称喷出岩,又称火山岩。从活动形式上讲,岩浆岩又可以被认为是地下深处的岩浆侵入地壳、喷出地表冷凝而形成的岩石。

2. 岩浆岩化学成分和矿物成分

（1）化学成分。岩浆岩化学成分复杂,几乎包括地壳中所有的元素。含量差异明显,以 O,Si,Al,Fe,Ca,Na,K,Mg,Ti 等元素含量最多,占岩浆岩化学元素总量的 99% 以上。若以这些元素的氧化物来计,也同样占 99% 以上。其中 SiO_2 含量最高,占59.14%,其次是 Al_2O_3,含量为 15.34%,CaO,Na_2O,FeO,MgO,K_2O,Fe_2O_3,H_2O,TiO_2 含量依次降低,分别为 5.08%,3.84%,3.80%,3.49%,3.13%,3.08%,1.15%,1.05%。因而可以认为,岩浆岩实际上是一种硅酸盐岩石。依硅酸饱和程度,可将岩浆岩分为超基性、基性、中性和酸性四大类型,SiO_2 含量分别为 < 45%,45%～52%,52%～65%,> 65%。

（2）矿物成分。岩浆岩矿物主要是硅酸盐矿物,分布很不均匀,最多的是长石、石英、云母、角闪石、辉石、橄榄石,其总和占岩浆岩矿物平均总含量的 92%。这些被称为岩浆岩造岩矿物。因长石、石英、白云母等富含硅铝,色浅,称硅铝矿物或浅色矿物;角闪石、辉石、橄榄石、黑云母富含铁镁,色深,称铁镁矿物或暗色矿物。这两类矿物在岩石中的含量比,除了反映岩石化学组分变化外,还决定岩石颜色深浅和比重大小。

3. 岩浆岩结构和构造

岩浆岩的矿物结晶程度、颗粒大小、自形程度和矿物之间结合的形态等所反映出来的岩石构成上的特点称为结构,构造指矿物集合体及其之间的各种特征,包括矿物集合体的大小、形状、排列和空间分布等。结构和构造可以判别岩石形成条件和环境,而且是岩浆岩分类的一种重要依据。

1) 岩浆岩的结构

按岩浆岩矿物的结晶程度可以分为:全晶质结构,矿物全部结晶;非晶质(玻璃质)结构,矿物全未结晶,即全部为玻璃质;半晶质结构,矿物部分结晶,部分呈玻璃质(图 3.22)。

图 3.22　岩浆岩的结晶程度(显微镜下)
A,B,C 分别为全晶质、半晶质和非晶质结构

按组成矿物晶粒绝对大小可以分为:显晶质结构,用肉眼或放大镜即可看到矿物晶粒;隐晶质结构,肉眼或放大镜不能辨别矿物颗粒的致密结构。前者依晶粒大小可再分为:粗粒结构,晶粒直径大于 5mm;中粒结构,2～5mm;细粒结构,0.2～2mm。

按矿物颗粒的相对大小可以分为:等粒结构,矿物颗粒大小匀称略等;斑状结构(图 3.23a),矿物颗粒大小相差显著,是一些较大的晶体散布在较细的物质(主要为隐晶质和玻璃质)当中的一种结构,前者称斑晶,后者称基质;似斑状结构(图 3.23b),又称不等粒结构,是一些更粗大的斑晶分布在显晶粒状结构的基质当中的一种结构。

按矿物晶体形状发育程度可以分为:自形晶,矿物晶体自己应有的形状;半形晶,只发育应有晶

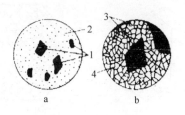

图 3.23　斑状结构(a)
和似斑状结构(b)
1. 斑晶;2. 隐晶质或玻璃质基质;
3. 斑晶;4. 显晶质基质

体的一部分;他形晶,因空间受到限制,晶体不能发育成自己的形状,而只是填充空隙,其形状依空隙形状而定(图 3.24)。

图 3.24　花岗岩中晶粒形状(显微镜下)
FM 暗色矿物,为自形晶;FEL 长石,为半形晶;
QU 石英,为他形晶

其他结构还有:伟晶结构,矿物晶粒特别粗大,直径 1cm 左右至数米;细晶结构,指石英和长石等所形成的一种他形的细粒等粒结构。

2) 岩浆岩构造

包括以下几种构造类型:

(1) 气孔构造——岩浆在压力减小和温度骤然降低条件下,随挥发性成分不断散失和熔岩迅速冷却凝固在岩石中所留下来的许多圆形、椭圆形或长管形等孔洞(图 3.25)。

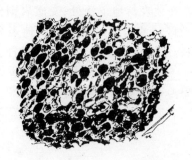

图 3.25　气孔构造(山西大同)
浮岩,气孔长轴定向排列,据此
推断为当时熔岩流动的方向

（2）杏仁构造——岩浆岩气孔被后来的物质充填所形成的一种形似杏仁状的构造（图3.26）。气孔构造和杏仁构造往往为喷出岩所具有，如黑曜岩、玄武岩等。

图3.26 杏仁构造（四川峨眉）

产于峨眉山玄武岩

（3）流纹构造——熔岩流动时由不同颜色条纹和拉长气孔等定向排列所形成的构造（图3.27），仅出现于喷出岩中，以流纹岩最为典型。

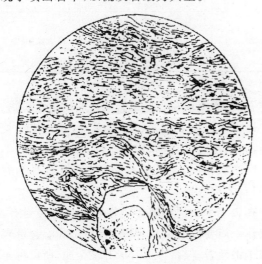

图3.27 流纹构造（镜下）

（4）流线构造——熔岩流动使长条状、柱状矿物呈定向排列所成的构造（图3.28）。

图3.28 流线（或带状）构造（河南）

（5）斑杂构造——岩浆岩矿物成分和结构呈不均匀状（图3.29），如暗色矿物聚集成团等。

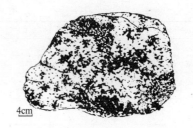

图3.29 斑杂构造（辽宁锦西）

（6）块状构造——岩石中矿物排列不显示方向性者称块状构造（图3.30），常为深成岩所具有。

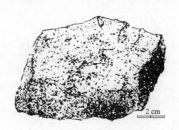

图3.30 块状构造

（四川康定）

4. 岩浆岩分类

表3.7是岩浆岩分类及鉴定的一个基本框架。为了说明这一问题，将各类岩浆岩中矿物成分变化示于图3.31中。

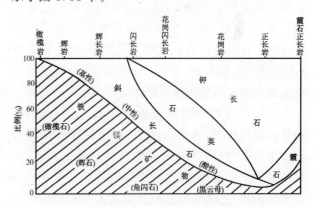

图3.31 各类岩浆岩中矿物成分变化图解

结合表3.7与图3.31可以得出下述观点：

从超基性岩到酸性岩，暗色矿物与浅色矿物含量分别呈逐减和渐增的趋势，因而岩石颜色逐渐变浅。超基性岩和基性岩为暗色岩，中性岩为中色岩，酸性岩为浅色岩。颜色反映了暗色矿物与浅色矿物含量的比例，可作为岩浆岩大类区分的参考。不仅如此，而且从超基性岩到酸性岩因矿物成分的变化，也导致岩石比重相应变小。

表 3.7 主要岩浆岩分类鉴定表

化学成分分类			超基性岩	基性岩	中性岩	酸性岩		半碱性岩	碱性岩
SiO_2 含量(%)			<45	<45~52	52~65	>65		55~65	50~56
颜色			黑—绿墨	黑灰—灰	灰—灰绿	淡灰—灰白	肉红—灰白	肉红—肉红	灰红—暗红
矿物成分	指示矿物石英		无	无—极少	少,<5%	较多,5%~20%	多,>20%	极少	无
	正长石		无	无	极少	次要,20%	主要 30%~40%	主要,40%	主要,60%
	斜长石		基性少,<15%	基性为主,>50%	中性为主,>50%	酸性为主,30%	酸性,<30%	极少	极少(副长石多,20%)
	主要暗色矿物及其含量比		橄榄石(主)辉石(次) >95%	辉石(主)橄榄石(次)角闪石 40%~50%	角闪石(主)黑云母(次)辉石 25%~40%	角闪石黑云母 10%~25%	黑云母(主)角闪石(次) 0%~10%	角闪石黑云母 10%~20%	碱性角闪石,碱性辉石
岩石产状	构造	结构	岩 石 类 型						
喷出岩	火山锥岩流岩被	气孔杏仁流纹块状	玻璃质	火 山 玻 璃 岩 (黑曜岩、珍珠岩、松脂岩、浮岩)					
			隐晶质斑状	金伯利岩	玄武岩	安山岩	英安岩	流纹岩 石英斑岩	粗面岩	响岩
侵入岩	浅成岩 岩脉岩墙岩盘岩床	气孔块状	伟晶细晶等	各 种 脉 岩 类 (伟晶岩、细晶岩、煌斑岩等)					
			细粒斑状	苦橄玢岩	辉绿岩辉绿玢岩	闪长玢岩	花岗闪长玢岩	花岗斑岩	正长斑岩	霞石正长斑岩
	深成岩 岩株岩基	块状	中、粗粒等粒似斑状	橄榄岩,辉岩	辉长岩	闪长岩	花岗闪长岩	花岗岩	正长岩	霞石正长岩

就暗色矿物的变化而言,橄榄石只在超基性岩、基性岩中出现,辉石是基性岩的主要矿物,角闪石是中性岩的主要矿物,黑云母是酸性岩的主要矿物。此外,辉石、角闪石和黑云母普遍分布于各类岩石中。在暗色矿物含量的主次排序上,从超基性岩到酸性岩,橄榄石、辉石、角闪石、黑云母逐渐有由主到次和先次后主的变化。

长石的种类和含量在各类岩石中很有规律。超基性岩里很少,或没有斜长石;基性岩基性斜长石是主要矿物;中性岩里中性斜长石是主要矿物,可出现少量钾长石;酸性岩里酸性斜长石和钾长石为主要矿物;半碱性岩里钾长石是主要矿物。长石的种类除根据矿物特征鉴定外还可参考其共生矿物,如基性斜长石常与辉石共生;中性斜长石常与角闪石共生;酸性斜长石则与黑云母、钾长石、石英共生。

岩石中石英的有无决定于 SiO_2 的含量。超基性岩、基性岩为硅酸不饱和的岩石,不含或极少含石英;中性岩为硅酸饱和岩石,不含或只含少量石英;酸性岩为硅酸过饱和的岩石,石英是其主要矿物。橄榄石含量在超基性岩和基性岩中分别处于主次的位置,而酸性岩石中是不含橄榄石的。因此,可

以将石英、橄榄石视为鉴定岩浆岩的指示性矿物。

以岩浆岩化学类型和产状来看,同一化学类型岩石,产状不同,结构和构造不同,岩石名称亦不相同。而产状相同、结构和构造相似,但岩石类型不同,岩石名称各异。

在表 3.7 中还列有半碱性和碱性两类岩石,在此仅作一简要说明。从半碱性岩的 SiO_2 含量来说应属于中性岩,但富含 K,Na 等碱金属,所以称半碱性岩。其在矿物含量上与中性岩不同之处主要在于正长石含量甚高而极少含斜长石,其次是暗色矿物含量下降。碱性岩系含 SiO_2 较低而碱质较多的岩浆岩的总称,碱金属元素 Na 多于 K,主要由碱性长石和副长石类矿物组成,没有石英,并含碱性暗色矿物。

如果以 SiO_2 与其他主要氧化物之间的关系来理解岩浆岩的岩石类型,则可由图 3.32 清楚地看到,各类岩浆岩的其他氧化物随 SiO_2 的含量变化而有规律地变化:SiO_2 含量增加,FeO 和 MgO 减少。反映在矿物成分上,从超基性岩到酸性岩,暗色矿物减少;CaO 在超基性岩中很少,在基性岩中大量增加,在酸性岩及碱性岩中又逐渐减少。Al_2O_3 和 CaO 变化情况相似,反映在矿物成分上为基性岩中

富钙、铝的斜长石大量出现，Na_2O 和 K_2O 的含量变化与所述各氧化物相反，它们随 SiO_2 含量的增加而增加。

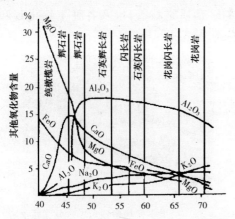

图 3.32　岩浆岩中 SiO_2 与其他
主要氧化物的关系

（二）沉　积　岩

地表或近地表先成岩石遭受风化剥蚀以及生物和火山作用的产物在原地或经外力搬运沉积后，又经成岩作用而成的岩石称为沉积岩。一些时代年轻的疏松的沉积，如广泛分布于地表的第四纪沉积，虽成岩作用较弱，亦被包括在广义的沉积岩范畴。沉积岩在产状上一般是成层的，在成因上是外生的，故富含有机质及生物化石。不过只有成层的产状并不一定都是沉积岩，某些喷出岩、变质岩也是成层的。但总的说来，成层产状和外动力成因，是沉积岩区别于岩浆岩和变质岩的最主要的特点。

1. 沉积岩的物质成分

1）化学成分

各种先成的岩石碎屑及溶解物质是沉积岩的主要物源，但最基本的于来源是地壳最先成的岩石——岩浆岩，故沉积岩的化学成分和岩浆岩基本相似（表3.8）。由于沉积岩形成的环境与岩浆岩完全不同，所以在化学成分上并不尽一致。两者间的主要差异是：

沉积岩中 $Fe_2O_3 > FeO$，$Al > Ca + Na + K$，$K > Na$，而岩浆岩恰恰相反；沉积岩中富含 H_2O 和 CO_2，而岩浆岩中则很少。其原因主要是沉积岩的氧化条件有利于 Fe_2O_3 和 Al 聚集，地表植被和岩石风化所形成的胶体矿物对 K 的吸附作用以及地表和大气中 H_2O 和 CO_2 的参与。

表 3.8　沉积岩和岩浆岩平均化学成分
对比表（按氧化物%）

氧化物	沉积岩（克拉克，1924）	沉积岩（舒科斯基，1952）	岩浆岩（克拉克，1924）	岩浆岩（黎彤、饶纪龙，1962）
SiO_2	57.95	59.17	59.14	60.76
TiO_2	0.57	0.77	1.05	1.00
Al_2O_2	13.39	14.47	15.34	14.82
Fe_2O_2	3.47	6.32	3.08	2.63
FeO	2.08	0.99	3.80	4.11
MnO	—	0.80	—	0.14
MgO	2.65	1.85	3.49	3.70
CaO	5.89	9.90	5.08	4.54
Na_3O	1.13	1.76	3.84	3.49
K_2O	2.86	2.07	3.13	2.98
P_2O_5	0.13	0.22	0.30	0.35
CO_2	5.38		0.10	0.43
H_2O	3.23		0.15	1.05
总计	98.73	99.02	99.50	100

转引自：中国科学院贵阳地球化学研究所简明地球化学手册编写组.1997.简明地球化学手册.北京：科学出版社。

2）矿物成分

沉积岩中矿物约有 160 余种，常见矿物仅 20 余种。其中，石英、长石、白云母、黏土矿物和碳酸盐矿物可占该类岩石矿物总量的 93% 以上。沉积岩与岩浆岩在矿物种类和含量上存在很大差别，以表3.9说明。

表 3.9　沉积岩与岩浆岩矿物成分比较

	岩浆岩（%）	沉积岩（%）
橄榄石	2.65	—
黑云母	3.86	—
角闪石	1.60	—
辉石	2.90	—
钙长石	19.80	
钠长石	25.60	4.55
正长石	14.85	11.02
磁铁矿	3.15	0.07
钛铁矿及含钛矿物	1.45	0.02
石英	20.45	34.80
白云母	3.85	15.11
黏土矿物（高岭土等）	—	14.51
铁质沉积矿物		4.00
白云石（一部分菱铁矿）		9.07
方解石		4.25
石膏与硬石膏		0.97
磷酸盐矿物		0.35
有机物质		0.73

该表之上部列出的岩浆岩中常见暗色矿物在沉积岩中含量甚微;表之中部所列的矿物在岩浆岩和沉积岩中均可见到,通常在沉积岩中大为减少,但石英和白云母含量明显高于岩浆岩;表之下部是一般在沉积岩里才有的矿物。这些差别的原因主要与沉积岩形成时的表生地球化学环境特别是生物化学风化和侵蚀、搬运与堆积作用有关。

2. 沉积岩的构造

沉积岩构造复杂多样,其中最突出的是层理和层面构造。

沉积物成分、颜色、结构构造和粒度等在岩石垂向上的变化所显示的成层特征称为层理构造。按形态及成因可以将层理进一步划分为水平的、倾斜的和交错的几种类型。一个岩层单位内水平和近水平相互平行的微细的成层物质称为水平层理(图 3.33)。这种构造主要形成于广阔的浅海、湖底等沉积环境比较稳定的条件下。一个岩层单位内与层面斜交的微细层称为斜层理。河流和风力作用均可形成这种层理。如河流搬运过程中水底沙垅的前移和风沙流导致的沙丘的移动(图 3.34)等。如果不同方向的斜层理相互交织则称为交错层理(图 3.35),其原因往往是由水或风的运动方向发生明显改变所致。沉积过程中由自然作用产生在沉积岩层面上的痕迹称为层面构造。例如由风力和流水(图 3.36)或风浪作用形成的波痕(图 3.37),大气降

图 3.33　延安侏罗系粗砂岩水平层理

图 3.34　阿拉善高原西北第四系风成砂斜层理

水形成的雨痕(图 3.38)和干燥气候形成的干燥裂隙(图 3.39)、石盐结晶等。除沉积岩构造显示的上述特征外,还有某些矿物质凝聚而成的各种结核,如铁质结核、钙质结核等,以及各种生物化石和生物活动遗迹(图 3.40)。

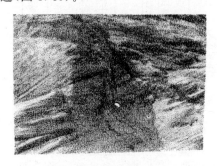

图 3.35　塔里木盆地第四系风成砂交错层理

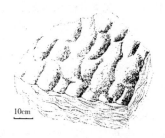

10cm

图 3.36　流水波痕(云南大姚)

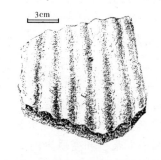

3cm

图 3.37　浪成波痕(重庆北碚三叠系)

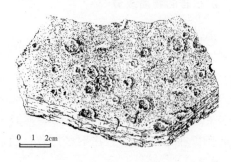

0　1　2cm

图 3.38　雨痕(四川广元三叠系)

3. 沉积岩的结构

按成因不同,沉积岩分为碎屑结构、泥质结构和化学岩结构及生物岩结构。根据结构类型,沉积岩分为碎屑岩、黏土岩和化学岩与生物化学岩。

图 3.39 干燥裂隙(四川峨眉)

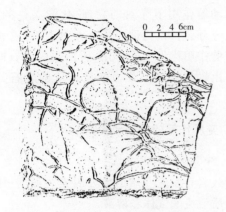

图 3.40 粉砂岩层面上的虫迹(四川峨眉)

碎屑结构:指主要粒级为 0.005~1000mm 的碎屑物质被胶结物胶结所形成的结构,具有这种结构的岩石称为碎屑岩。碎屑物质可以是砾石、砂或者粉砂;胶结物质主要是化学成因的物质,可以是铁质的、硅质的或者是钙质的等,此外还有泥质的。根据碎屑物质来源,可以将碎屑岩进一步分为沉积碎屑岩和火山碎屑岩。

沉积碎屑岩的分类主要依据粒级和粒度,前者指组成岩石的碎屑颗粒的大小,后者即岩石中各个粒级含量与粒级总含量的百分比。据此再分为砾岩、砂岩、粉砂岩等类型。

砾岩类:2mm 以上的岩石碎屑组成的岩石。根据碎屑的磨圆程度(图 3.41)分为角砾岩和砾岩,前者中的碎屑大多带有棱角(图 3.42),后者中的碎屑为圆至次圆(图 3.43)。

砂岩类:由 50% 以上 2~0.05mm 的碎屑组成的岩石。根据粒级大小可进一步分为粗砂岩、中砂岩和细砂岩,它们的粒级分别为 2~0.5mm,0.5~0.25mm 和 0.25~0.05mm。砂岩的矿物成分主要为石英、长石、白云母、重矿物和黏土矿物及各种岩石碎屑,以石英、长石和白云母含量为主。

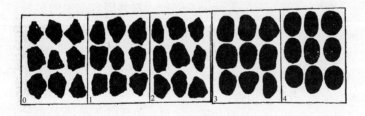

图 3.41 碎屑圆度分级
0. 棱角状;1. 次棱角状;2. 次圆状;3. 圆状;4. 极圆状

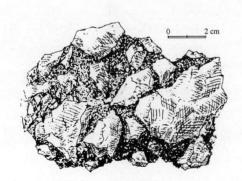

图 3.42 角砾岩(四川江油)

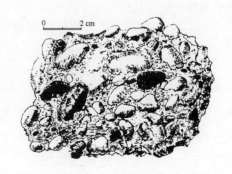

图 3.43 砾岩(重庆)

粉砂岩类:由 50% 以上 0.05~0.005mm 的碎屑组成的岩石,分为粉砂岩和黄土。粉砂岩是已被胶结的粉砂,质地致密,颜色各异,胶结物为泥质、钙质、硅质及铁质等,矿物成分以石英为主,其他成分比较复杂。黄土则是未充分胶结的粉砂,疏松多孔,颜色为灰黄—黄棕,主要是钙质和泥质胶结,矿物成分以石英和长石为主。从时代上讲，粉砂岩可以出现在古生代—新生代，而黄土仅出现在新生代的第四纪。

火山碎屑岩主要是火山喷发的碎屑物质在原地或经短距离搬运沉积而成，其所含的火山喷发物质至少在 50% 以上。在特征上，这类岩石是介于沉积碎屑岩与火山岩之间的一种过渡类型。若 50% 以上的火山碎屑大于 2mm，称火山角砾岩；若 50% 以上的火山碎屑小于 2mm，称火山凝灰岩；若 50% 以上的火山碎屑大于 100mm，则称火山集块岩。火山碎屑岩与火山岩的主要区别在于物质来源不同，前者是火山喷发时的固体物质，而后者则是火山喷发时的液体物质。

泥质结构：主要由小于 0.005mm 的碎屑、黏土矿物及胶体物质组成的细而均一的结构，是黏土岩或泥质岩的特征结构，亦是其区别于其他沉积岩的个性。其特点是断口光滑，有细腻感。根据黏土岩构造和固结程度等可将其进一步分为黏土、泥岩和页岩。

黏土的矿物成分复杂，主要由高岭石、石英、云母、氧化铁及其他矿物细粒组成，还可含有钙质、碳质、沥青质、石膏、盐类等成分。在构造上呈块状，系未固结的岩石，易吸收水分，具可塑性及黏结性。泥岩和页岩为致密的胶结了的黏土，无可塑性及黏性，能被小刀刻划。泥岩和页岩的区别在于，前者无层理，呈块状构造；后者有层理，具页理构造。

化学岩结构和生物岩结构：主要由先成岩石经化学分解而成的真溶液或胶体溶液的沉积作用，以及生物化学作用和生物遗体堆积所构成的结构，为化学岩和生物化学岩所具有。

化学岩和生物化学岩按其化学分异顺序可以分为如下几类：

铝土岩、铁质岩、锰质岩，主要由 Al，Fe，Mn 以胶体形式沉积而成。

硅藻土、燧石岩、磷块岩，系 Si，P 通过生物化学作用富集而成的岩石。

碳酸盐，主要为石灰岩、白云岩和泥灰岩。碳酸岩中如果含 50% 以上的方解石称为石灰岩类岩石，若含 50% 以上的白云石则称为白云岩类岩石。根据方解石、白云石在岩石中的含量、机械和泥质混入物含量，还可以将这两类岩石分为若干其他种。一旦石灰岩和白云岩类岩石中泥质混入量增加到 25%~50% 时，即可分别称为泥灰岩和泥质白云岩。

盐类岩，包括岩盐、钾岩、石膏、芒硝、苏打、硼砂等，即由 K，Na，Ca，Mg 等卤化物及硫酸盐组成的岩石。

可燃有机岩，包括煤、石油、油页岩及天然气等。

（三）变　质　岩

岩浆岩、沉积岩或者先成变质岩在地壳运动、岩浆活动等作用下导致的物理、化学条件的变化，并使之成分、结构、构造产生一系列改变，这种变化和改变的作用称为变质作用，所形成的岩石即是变质岩。由岩浆岩和沉积岩变质而成的岩石分别称正变质岩和负变质岩。

1. 变质作用的因素和类型

1）变质作用的因素

导致岩石发生变质的主要因素为温度、压力和化学性质活泼的气体和溶液。

温度系指热力高温而言。其来源一是主要由地球深部放射性元素的蜕变产生的地热；二是岩浆侵入对其围岩产生的热能；三是新构造运动产生的摩擦热，但对岩石变质影响较小。在高温影响下，岩石质点重新排列，晶粒变粗，发生重结晶作用。此外，高温，还促进原岩矿物成分间的化学反应，产生新的高温变质矿物。例如，在高温下，硅质石灰岩可以生成硅灰石，页岩高岭石和其他黏土矿物可以生成红柱石，其反应式如下：

$$CaCO_3 + SiO_2 \rightarrow CaSiO_3 + CO_2 \uparrow$$
　方解石　　　　　硅灰石
$$H_4Al_2Si_2O_9 \rightarrow Al_2SiO_5 + SiO_2 + 2H_2O$$
　高岭石　　　　红柱石　石英

压力有静压力和定向压力两种。静压力指岩石的荷重。愈往地壳深部，静压力愈大。其作用可以产生体积减小而比重增大的新矿物。如钙长石和橄榄石在高压下即可产生石榴子石。反应式为

$$CaAl_2Si_2O_8 + (Mg, Fe)_2SiO_4 \rightarrow Ca(Mg, Fe)_2Al_2[SiO_4]_3$$
　钙长石　　　　橄榄石　　　　　石榴子石

这三种矿物的比重分别为 2.76，3.3 和 3.5~4.3；其分子体积分别为 101.1，43.9 和 121。

定向压力是由构造运动或岩浆活动所致。定向压力不仅可以使岩石发生破碎和变形，还可以使其中的柱状或片状矿物垂直压力方向定向排列，形

成岩石中的片理构造。

化学性质活泼的气体和溶液是引起变质作用的化学因素。这是主要源于岩浆中分异出来的物质又渗入围岩中并在一定的温度压力作用下对围岩进行的变质作用。其结果导致岩石物质成分发生变化,产生新的变质矿物。其中包括特有矿物(如石榴子石),以及含有(HO)根的矿物(如滑石、绿泥石、绿帘石、云母等)。如:

$$3MgCO_3 + 4SiO_2 + H_2O \rightarrow Mg_3[Si_4O]_{10}(OH)_2 + 3CO_2$$

  菱镁矿　　　　热水　　　　滑石

上述三种因素在变质过程中是相互联系的,但在具体条件下,其中一种因素往往占据主导地位,而其他因素则处于从属位置。因此,在判定岩石的变质因素时,首先应明了主次关系。

归纳起来,岩石的变质作用可以概括为两点:岩石重结晶或产生新的变质矿物;一些矿物在一定压力下呈定向排列,产生片理构造。因此,变质岩是具有一定结构、构造的重结晶岩石。

2) 变质作用的类型

依变质形式可将变质作用分为以下5种类型:

(1) 气成水热变质作用:指岩石受到气体和热液影响所发生的变质作用。通常发生于岩浆岩内部或其接触带,变质作用范围一般比较小。这种作用产生的岩石有蛇纹岩、云英岩等。

(2) 接触变质作用:分为热接触变质作用和接触交代变质作用。前者主要是岩浆温度对围岩引起的重结晶现象,如石灰岩变为大理岩,砂岩变为石英岩等,但变质前后的化学成分一般没有多大变化。后者系围岩不仅受到岩浆温度,而且受到岩浆分异出来的热气热液的影响所导致的岩石变质。接触交代变质作用主要发生于中酸性侵入体与石灰岩的接触位置。形成的岩石常见者为硅卡岩(夕卡岩)。

(3) 动力变质作用:在构造运动产生的定向压力作用下,使岩石发生磨碎及压碎的变质作用,如糜棱岩。动力变质作用可以使岩石中矿物变形、重新结晶,导致矿物成分发生变化,产生新矿物。动力变质作用形成的岩石在空间上常与断裂构造相联系,变质岩矿物的定向及条纹状构造显著,呈带状分布。

(4) 区域变质作用:系指由构造和岩浆活动共同引起的,在温度、静压力、定向压力和具有化学活动性的气体溶液等各种变质作用综合影响下发生

在广大区域的变质作用。这种变质作用形成的岩石主要分布在古老的结晶地块和造山带中。区域变质作用形成的岩石种类很多,除上述的大理岩、石英岩可在这种变质作用下形成外,还有板岩、片岩、千枚岩、片麻岩、角闪岩等。

(5) 混合岩化作用:在区域变质作用的基础上,由于地壳深处热流上升形成的热液和局部岩石重熔后形成的岩浆,渗透、交代、贯入到变质岩中所形成的变质作用。这往往是区域变质作用进一步深化的结果,形成的岩石有条带状、眼球状、角砾状等混合岩石。

2. 变质岩的矿物成分、结构和构造

组成变质岩的矿物,一是变质岩、岩浆岩和沉积岩共有的矿物,如石英、长石、角闪石、普通辉石、磁铁矿及碳酸岩类矿物;二是变质矿物,如石榴子石、金云母、红柱石、阳起石、透闪石、石墨、蛇纹石、滑石、硅灰石等。此外,还有一些矿物虽非变质岩所特有,如果大量出现也可作为变质岩的特征,如绢云母、刚玉、绿帘石、绿泥石、钠长石、电气石等。

变质岩中最为常见的结构有:①等粒变晶结构。矿物晶粒大小大致相等,多呈他形,彼此镶嵌很紧,不具定向排列。大理岩、石英岩属之。②斑状变晶结构。一些较大的晶体分布在细粒的基质上,前者称为变斑晶。某些片麻岩和片岩常具此种结构。③鳞片状变晶结构。片状矿物平行排列所形成的结构,如各种片岩。④变余结构。变质作用不彻底致成的在变质岩的个别部位残留的原岩的结构。

变质岩的构造是鉴别各种变质岩的重要标志,主要有:①板状构造。具整齐而平直的裂开面,沿此面岩石容易裂开成厚度均匀的薄板。矿物颗粒很小,板面微具光泽,系板岩特有的构造(图3.44a)。②千枚状构造。细的鳞片状矿物呈定向排列,重结晶程度不高,肉眼不能分辨矿物颗粒,岩石裂面上见有强烈的丝绢光泽和小皱纹,为千枚岩特有构造(图3.44b)。③片状构造。在压力作用下,片状矿物(如云母、绿泥石、滑石等)沿着一定方向平行排列呈现的构造。其颗粒结晶一般不大。为片岩特有的构造(图3.44c)。④片麻状构造。片状矿物及粒状矿物相间排列所形成的深浅色泽相间的断续的条带状构造。矿物颗粒沿一定方向排列,但不能裂成薄片,矿物颗粒结晶较为粗大。为片麻岩特有构造(图3.44d)。⑤块状构造。岩石中矿物

成分和结构都很均匀,没有定向排列,不出现方向性构造。某些大理岩、石英岩等常具这种构造。

⑥眼球状构造。在颗粒较大的片麻岩中含有扁豆状矿物集合体的构造。

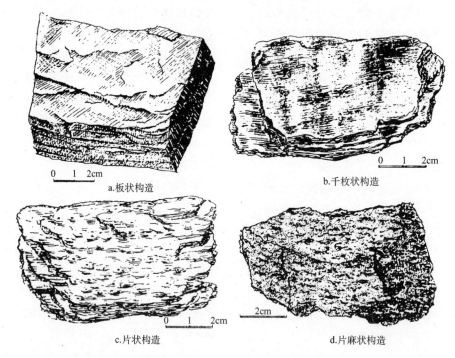

　　　　　　　a.板状构造　　　　　　　　　　　　　b.千枚状构造

　　　　　　　c.片状构造　　　　　　　　　　　　　d.片麻状构造

图 3.44　几种常见的变质岩及其构造

3. 常见变质岩

(1)板岩:具有板理构造的岩石,板理面微具光泽。矿物颗粒非常细小,肉眼难以辨别。

(2)千枚岩:主要为绢云母、石英、绿泥石等矿物,千枚状构造,片理面上呈现出丝绢光泽。其矿物颗粒细小,肉眼难以辨别。

(3)片岩:主要由石英、云母、绿泥石、滑石、石墨等矿物组成,不含或很少含有长石,矿物颗粒较片麻岩细,片状构造。根据矿物成分,可将片岩再分为云母片岩、绿泥石片岩、滑石片岩、石墨片岩、石英片岩等。云母片岩可视云母种类进一步命名,如黑云母片岩、白云母片岩、绢云母片岩等;石英片岩主要由 50% 以上的石英、长石以及其他片状矿物组成,按所含片状矿物的不同,有云母石英片岩、绿泥石石英片岩等。

(4)片麻岩:主要矿物是石英、长石,次要矿物是云母、角闪石、硅线石等,片麻状构造,有时可见眼球状构造。由岩浆岩变质而成者称正片麻岩,由沉积岩变质而成者称副片麻岩。

(5)石英岩:纯粹的石英岩只含石英,由砂岩变质而成,块状构造。坚硬,具油脂光泽和粒状断口。与砂岩的主要区别是石英岩的颗粒之间胶结非常紧密,不易分出彼此间的界线。一般为白色,若含有其他杂质,则为淡红、浅灰及褐色等。

(6)大理岩:由石灰岩变质而成。大部分由方解石和白云石组成,块状构造,通常为白色。

(7)角闪岩及角闪片岩:由辉长岩、闪长岩或沉积岩变质而成。主要由普通角闪石和少量长石、石英组成。结晶由粗粒到细粒。角闪片岩具片状构造,而角闪岩之此种构造不明显,常夹于片麻岩或片岩中间,多为浅绿黑色。

(8)硅卡岩:酸中性侵入体与石灰岩、白云岩等碳酸盐接触变质而形成的岩石。主要矿物成分有石榴子石、绿帘石、透辉石等,另含少量的硅灰石、镜铁矿等。块状构造,颜色多呈红褐、浅黄或黑绿色。

从以上对三大类岩石的介绍,我们不难理解,组成地壳的岩石实际上系地壳在其发展过程中内力与外力作用的产物,但由于形成岩石的成因不同,岩石的分布、产状、结构、构造、矿物成分等也不相同。现将这三大类岩石的常见岩石、矿物成分、结构和构造等列于表 3.10。

表 3.10 岩浆岩、沉积岩和变质岩常见岩石、矿物成分、结构和构造

项目	岩浆岩	沉积岩	变质岩
常见岩石	花岗岩、玄武岩、安山岩、流纹岩	页岩、砂岩、石灰岩	片麻岩、片岩、千枚岩、大理岩等
矿物成分	石英、长石、云母、角闪石、橄榄石、辉石等	除石英、长石等外，富含黏土矿物，如方解石、白云石及有机质等	除石英、长石、云母、角闪石、辉石外，常含变质矿物，如石榴子石、滑石、石墨、红柱石、硅灰石、透闪石、透辉石、硅线石、十字石等
结构	大部分为结晶的岩石：粒状、似斑状、斑状等，部分为隐晶质、玻璃质	碎屑结构（砾、砂、粉砂）、泥质结构、化学岩结构（微小的或明显的结晶粒状、鲕状、致密状、胶体状等）	重结晶岩石：粒状、鳞片状等各种变晶结构
构造	多为块状构造。喷出岩常具气孔、杏仁、流纹等构造	各种层理构造：水平层理、倾斜层理、交错层理等。常含生物化石	大部分具片理构造：片麻状、条带状、片状、千枚状、板状；部分为块状构造：大理岩、石英岩、硅卡岩等

四、矿 床

（一）矿床的一些基本概念

1. 矿床和矿体

矿床是在地质作用下形成的，在经济与技术条件下其质和量均可供开采利用的有用矿物的富集地段。矿床的概念中包括成矿作用和经济技术开发因素的变化，故矿床的范畴是随着科学技术的进步而不断扩大的。

矿体是矿床中具有一定形态、大小和产状的矿石聚集体。它是组成矿床的基本单位，开采的对象。一个矿床可以由一个或若干个矿体构成，也可由几十至几百个矿体组成。

2. 矿石与品位

矿石是指有用的含量达到开采利用标准的岩石，是岩石的特殊部分。矿石由矿石矿物和脉石两部分组成。前者是矿石中可以被利用的金属矿物或非金属矿物，后者指与矿石相伴生但不能被利用并将在选矿中被废弃的矿物。例如铜矿中的黄铜矿、辉铜矿、斑铜矿即为矿石矿物，而与之相伴生的石英、方解石则为脉石矿物，也包括脉石、矸石、夹石等。

矿石中有用组分的百分含量称为矿石品位，它是衡量矿石质量的主要标志。金属矿石一般用金属或金属氧化物重量百分比法表示，贵重金属常用 g/t，mg/t，g/m^3 表示。

矿石的应用价值和品位关系很大。按品位可将矿石分为富矿和贫矿两类，其标准因矿石的品种而异。如铁矿，品位在 50% 以上者为富矿，可直接入炉冶炼；品位在 30% 左右为贫矿。铜矿石品位在 1% 以上为富矿，品位在 $0.4\% \sim 0.5\%$ 为贫矿。

3. 母岩与围岩

母岩系矿体提供成矿特质来源的岩石。如与钨矿床有成因关系的燕山期花岗岩就是这个钨矿床的母岩。围岩是矿体周围的岩石。矿体与围岩的界线有的清楚，如脉状矿体；有的逐渐过渡，如浸染状矿体。凡未达到最低品位的部分即可视为围岩。

（二）成矿作用和矿石的成因分类

在不同地质条件下形成不同的矿床。根据地质条件，可将成矿作用分为内生、外生及变质成矿作用，所形成的矿床分别叫内生矿床、外生矿床和变质矿床。

1. 内生成矿作用和内生矿床

内生成矿作用是由内部动力地质作用引起的，在岩浆活动过程中，使成矿物质得到局部富集而形成矿床的作用。岩浆主要由两部分组成：一部分以硅酸盐熔浆为主体；一部分是挥发组分（主要是水蒸气和其他一些气态物质)。随着岩浆所受压力和温度的变化,两部分物质发生分离。岩浆不断冷却凝固,不断形成不同岩浆岩的过程中,也形成了各种相关的内生矿床。依据岩浆的发展顺序和冷凝成矿阶段,内生矿床分为岩浆矿床、伟晶岩矿床、气化热液矿床和火山矿床四种。

(1) 岩浆矿床:是岩浆冷凝过程中,由于深部岩浆分异作用使分散在岩浆中的有用组分聚集而形成的矿床。此类矿床的岩石矿物一般熔点高、密度大,且成分简单。绝大多数铬、镍、铂族元素及相当数量的钒、钛、稀土等矿物都产于超基性或基性岩浆矿床中。岩浆矿床又可分为早期岩浆矿床、晚期岩浆矿床和熔离矿床三种。早期岩浆矿床是有用物质在岩浆冷凝结晶过程中,比硅酸盐类早结晶或同时结晶所形成的矿床。属于此类矿床的有纯橄榄岩或辉岩中的铬铁矿和铂及铂族金属,角砾云母橄榄岩中的金刚石及某些碱性岩(霞石正长岩)中的稀土矿物(如独居石、锆英石、铯钶钙钛矿等)。晚期岩浆矿床是有用矿物在岩浆冷凝过程中,在硅酸盐类矿物结晶以后形成的矿床,是气体分异作用下的产物。如产于辉长岩的钛、磁铁矿床等。其规模比早期的大,故工业价值也较之为大。熔离矿床是由于熔离作用使有用物质呈液态从岩浆中分离凝结而形成的矿床。熔离作用又称液态分异作用,是由于物理或化学条件的变化使岩浆在液体情况下发生分异的作用,如产于辉长岩的铜、镍矿床。

(2) 伟晶岩矿床:是在伟晶岩形成过程中在挥发成分影响下,通过岩浆分异或气液交代作用,使有用组分富集而形成的矿床。挥发性组分从岩浆中分异并在岩浆内大量聚集,使岩浆中的金属和稀有金属元素富集;同时,挥发成分的存在大大降低了岩浆的黏度和结晶温度,使结晶作用和交代作用可以充分进行,从而形成晶体粗大富含稀有元素的伟晶岩矿床。伟晶岩中常见的矿产有:长石、石英(水晶)、云母、稀有及分散元素等。此外,在伟晶岩体内空洞和晶洞也较发育,往往有宝石和水晶长于其中,可供利用。

(3) 气化热液矿床:岩浆结晶以后气水热液所形成的矿床。其成矿作用基本上有两种方式,一种是气水溶液和围岩发生化学反应和物质交换,形成接触交代矿床;另一种是因物理化学条件的改变,转入岩石裂隙中的气水溶液发生沉淀而形成的矿床——热液矿床。接触交代矿床又称夕卡矿床,常见夕卡岩化、萤石化、云英岩化等多种围岩蚀变。所形成的矿产种类很多,以铁为最重要,其次是铜、铅、锌,再次是钨、锡、钼、铍、硼等。热液矿床依据其形成时温度可分为高温热液矿床、中温热液矿床和低温热液矿床,成矿温度分别为>300℃,300～200℃及<200℃。形成的矿产有:黑钨矿、锡石、磁铁矿、黄铅矿、方铅矿、石棉、辉锑矿、雄黄、雌黄等。

(4) 火山矿床:主要指火山岩浆矿床、火山气液矿床和火山沉积矿床,岩浆的喷发作用,把早期结晶的有用矿物和熔离状态的有用组分带至地表或抵近地表所形成的矿床,叫火山岩浆矿床,如含金刚石的岩筒矿床。火山喷发或喷发期后的气体和热液,在一定地质条件下两者相互作用或气液与围岩作用,促使有用组分富集和沉淀形成的矿床,叫火山汽液矿床。如斑岩铜矿床。火山沉积矿床,则是火山喷发过程中产生的有用组分溶解在水中,经过搬运和沉积而形成的,如海底火山硫化矿床。

2. 外生成矿作用和外生矿床

在外力作用下使有用组分聚集形成矿床的作用称为外生成矿作用,主要指风化作用、沉积作用及生物堆积作用。这三种作用分别形成风化矿床、沉积矿床及可燃性有机岩矿床,统称为外生矿床,包括铁、锰、铝等金属矿产及能源矿床等。

1) 风化矿床

地壳表层岩石在风化作用过程中,使某些稳定的有用组分在原地或原地附近富集起来而形成的矿床,含残坡积砂矿床、残余矿床和淋积矿床等。

(1) 残积、坡积砂矿床:岩石或其脉矿在风化过程中,一些比重小、颗粒细的碎屑被流水、风力等带走,而比重大、化学性质稳定的矿物颗粒残留原地,在风化碎屑中比重相对增加,矿物堆积在原地的矿床叫残积矿床。沿地表顺坡移动堆积于山坡的有用砂物质称坡积砂矿床。

(2) 残余矿床:主要在化学风化条件下,岩石的可溶性物质被淋失或淋滤带走,而难溶或不溶的有用物质残留原地及其附近地区,彼此相互作用所形成的矿床。通常在热带潮湿的平坦地区,含铁铝多的岩石风化后就可形成残余的铁矿、铝矿;含锰多的岩石风化后就会形成残余锰矿等。而在温带气候条件下,Si,Al不易被带走,形成残积黏土矿床、高岭土矿床等。

(3) 淋积矿床:风化过程中一部分溶于水的组

分逐渐下渗到潜水面以下,这时由于周围环境的改变,可溶物质就要重新从溶液中沉淀出来,它们或充填在下部围岩的空洞中,或者交代围岩而沉积下来,形成淋积矿床。淋积矿床矿种很多,如铀、镍、钒、硼酸盐、铁、锰、铜、石膏、磷等。

　　2）沉积矿床

　　沉积矿床是指在地表外力作用下主要通过沉积分异作用使有用组分富集而形成的矿床。主要分为机械沉积矿床、化学及生物化学沉积矿床。

　　（1）机械沉积矿床:是岩石风化形成的碎屑在搬运过程中按粒级和比重大小进行沉积分异,并使有用物质聚集形成的矿床。根据形成条件可进一步分为碎屑沉积矿床、冲积砂矿床、海滨砂矿床。

　　（2）化学及生物化学沉积矿床:包括蒸发盐沉积矿床、胶体化学沉积矿床和生物及生物化学沉积矿床三种。溶解于水的盐类物质,因蒸发作用于地表水体中沉淀结晶而成的矿床称为蒸发沉积矿床,如许多古代盐湖环境形成的盐类矿床。岩石风化所形成的胶体溶液除部分残留原地外,大部分在腐殖酸的作用下形成胶体结合物,又经长距离搬运到湖海中逐渐沉积聚集成矿者称胶体化学沉积矿床。如常见的铝土矿、鲕状赤铁矿等。生物遗体堆积或由生物作用直接或间接引起有用矿物聚集而形成的矿床称生物及生物化学沉积矿床,如生物磷块岩、硅藻土矿等。

　　3）可燃性有机岩矿床

　　指有机成因的、可燃的矿床。

3. 变质成矿作用和变质矿床

　　岩石或原有矿床在热力、动力特别是区域变质作用下受到改造,使某些成矿组分集中和重结晶而形成矿床的作用称为变质成矿作用,所形成的矿床称变质矿床。主要包括变成矿床、受变质矿床和混合岩化矿床三类。

　　（1）变成矿床:指岩石中含有某些有用矿物组分但未形成矿床,在变质作用过程中集中、重结晶所形成的矿床,如炭质页岩可变成为石墨矿床。

　　（2）受变质矿床:指原已形成的矿床经变质或改造后使原来的矿物成分、矿石结构、构造以及矿体的形态等均发生变化的矿床,如沉积铁矿床受变质后可成为具条带的石英磁铁矿。

　　（3）混合岩化矿床:指原岩在变质作用后期受区域混合岩化作用和部分深熔作用而形成的矿床。

这类矿床主要是改变矿源层中的成矿组分,蚀变现象也显著,热液作用十分活跃,如混合岩化稀土元素矿床。

　　变质矿床的矿种主要有铁、磷、菱镁矿、石墨及稀有元素、放射性元素等。

　　许多矿床是在长期复杂的过程中形成的,成矿作用可能是多期多阶段的,成矿类型也可能是多种多样的,很难用单一的成因进行解释,往往是多种成因的,包括改造矿床、叠加矿床和层控矿床。改造矿床指早期分散于地层或岩石中的元素或有用矿物组分,在后期的地质作用中活化、运移、富集而形成的矿床。形成改造矿床的重要媒介经常是下渗加热的热水溶液或来自岩浆的热液。叠加矿床是在先存矿床（主要指沉积矿床）的基础上叠加了后期热液带来的成矿物质,形成具有双重成因的矿床或者形成于两个时代两种成矿作用的矿床。层控矿床则是由沉积作用（包括火山沉积作用）初步形成的矿胚层或矿源层,经后期改造富集或再造叠加而形成受一定地层层位控制的矿床。

4. 几种重要矿床的工业类型

　　矿床的工业类型是根据其在工业上的经济意义和要求,结合矿床成因类型而划分的。下面就几种重要矿床的工业类型作一简单介绍。

　　（1）铁:我国铁矿资源丰富,储量居世界第三位,但贫矿多富矿少。铁矿床的工业类型主要有:① 变质铁矿床（含铁石英岩矿床）,产于太古界—下古元界变质岩系中,矿体由含铁石英岩组成,主要矿物为磁铁矿、赤铁矿,矿床规模巨大,"鞍山式"铁矿即属此类型。② 浅海相沉积型铁矿,此类矿床分布较广,占我国铁矿储量的11.5%,矿床产于滨浅海沉积岩系中,主要矿物为赤铁矿和菱铁矿,含铁量高,如泥盆纪"宁乡式"铁矿。③ 接触交代型铁矿床,此类矿床分布广,所占比重较大,富矿多,矿体主要与中酸性侵入岩体相关,主要矿物为磁铁矿和赤铁矿,"大冶式"夕卡岩型铁矿即为这种类型。④ 晚期岩浆铁矿床（钒钛磁铁矿矿床）,这是岩浆矿床的一种,分布于西南、西北、华北地区,多和基性或超基性岩相关,主要矿物为钒钛磁铁矿,如四川攀枝花铁矿。

　　（2）铜:是用途很广的金属之一。铜矿的主要工业类型有:① 接触交代型铜矿床,此类矿床以广东分布的矿石富而铜的储量大,发育于夕卡岩中,主要矿物为黄铜矿。② 斑岩型,品位较低但规模大,此外尚有金、银、钼等,可以综合利用,属火山-热液矿床,矿石矿物主要是黄铜矿和斑铜矿。③ 层状铜矿床,指沉积岩系中呈层状产出的浸染状铜矿床,矿床受一定的地层层位控制,矿石的品位可以很高,规模可以很大。

（3）铅锌:铅和锌在工业上应用很广。其工业类型有:① 接触交代型铅锌矿床,矿床多产于中酸性的小侵入体与碳酸盐类接触处的夕卡岩中,矿石矿物以方铅矿、闪锌矿为主,小中型矿床多,含锌量高,伴硫、铜等矿物。② 热液型铅锌矿床,成矿主要和区域性大断裂相关,主要矿物是方铅矿和闪锌矿,矿床规模多为中、小型,品位较富。③ 层控热液型,为中大型矿床。

（4）盐类矿床:包括许多易溶于水的盐类,主要有岩盐、钾盐、光卤石等。以岩盐、石膏、硬石膏矿分布较广。主要的工业类型有:① 第四系盐湖矿床,盐床规模较大,常含铯、铷、锂、硼等元素,工业价值大。我国盐湖达 1000 余个,其中第四盐湖矿床十分丰富,如青海柴达木盐湖。② 前第四系盐类矿床,指形成于第四纪以前的盐类矿床,矿床的基本特点和现代盐类矿床相似,在我国广泛分布,如湖北应城膏矿。

5. 燃料矿床

即上文提到的可燃性有机岩矿床。它是在过去地史时期的某一阶段,地球上极为发育的生物群死亡后,在适宜环境中堆积起来,经特定的物理、化学作用和成矿作用而形成的,又称"化石燃料",包括固态的煤和油页岩,液态的石油和气态的天然气。

1）煤

煤是一种固态的、可以燃烧或用作工艺原料的可燃有机岩,是古植物遗体堆积在一定环境下,经过一系列复杂的演化过程形成的。煤矿的有机组分由 C、H、O、N 等元素组成,主要由植物遗体转化而来,燃烧后便挥发逸失;无机组分燃烧后变成残渣,称为灰分。煤矿中的灰分一般在 30% 以下。

暖湿的石炭纪、二叠纪、三叠纪、侏罗纪、第三纪等地史时期系植物生长茂盛的时期,因此为最重要的成煤期。在这些时期,大量的植物遗体不断堆积,并遇空气隔绝的封闭环境,处于以下降为主的地壳运动背景,在湖盆中便能逐渐形成含煤地层。

由植物转变为煤的过程称为成煤作用。这一过程可分为连续的 3 个阶段:

（1）菌解阶段。当植物在水下被泥沙覆盖时便逐渐与氧隔绝,由嫌气细菌参与作用,使植物遗体中氢、氧成分逐渐减少,而碳以及腐殖酸等新生合成物逐渐增加,最终形成泥炭。亦称泥炭化阶段。

（2）煤化阶段,即褐煤阶段。泥炭被完整顶板覆盖而处于完全封闭状态,细菌作用停止。在一定的温度和压力条件下泥炭逐渐被压缩、脱水和胶结,碳的含量进一步增加,过渡为褐煤。此阶段也称煤矿的成岩阶段。

（3）变质阶段,即烟煤及无烟煤阶段。若褐煤在地壳中受高温高压作用,使煤的化学成分发生变化,便逐渐变为烟煤。褐煤中原有腐殖酸完全消失,并开始具光泽和黏结性。烟煤进一步变质可成为无烟煤。

煤是主要的能源,世界使用的能源大约 1/4 从煤而来。煤在中国能源结构中更占 70% 以上。

2）石油和天然气

石油和天然气是一种埋藏于地下的具有流动性的可燃性矿床,为重要的动力原料和工业原料。石油为多种碳氢化合物（烃）混合而成的油脂状液体。主要成分大致为:碳 80%～90%,氢 10%～14%,其他氧、硫、氮共约占 1%～2%。石油一般呈棕黑、深褐、棕黄等色,比重为 0.75～1.00,含热量约为煤的两倍。

天然气比石油轻,常位于石油的上部而构成气顶。我国四川、陕西、甘肃、宁夏等省区都有单独的天然气田。天然气是以甲烷为主的气态碳氢化合物的混合物。一般无色无味,可以燃烧,是重要能源。

石油、天然气的形成需具备三个条件:一是有大量的有机物质来源,一切有机物,特别是低等水生动植物,是重要的生油物质;二是要具备缺氧、还原的环境,如海湾、湖泊及三角洲地带;三是具备使有机物向石油转化的各种因素（如温度、压力等）。适宜的温度可使有机物热解而成烃类,而压力可使低分子烃变成高分子烃。

最早形成的初生石油呈分散液珠状态分布于生油层中,这些分散的油气在某些外力的作用下往隆起处发生迁移,转入储油层。油气迁移到储油层内,当遇到盖层与圈闭条件时则形成油气藏。同一隆起构造中的油气藏的总和就称为油田。

五、矿产资源

矿产资源是指赋存在地壳中的、具有开采经济价值或潜在经济价值的有用岩石、矿物和元素的聚集体。矿产资源包括能源矿产和非能源矿产，是人类社会的宝贵财富，人类文明和社会发展所不可缺少的物质基础。人类对矿产资源开发利用程度的高低，可以作为衡量人类社会发展水平的重要尺度。

1. 矿产资源的特点

（1）数量的有限性。由于矿产资源是地壳中的有用物质在地质作用下聚集而成的，其品位要达到可供工业开发利用的标准需要经历一个漫长而复杂的过程。所以，真正可供人们开发利用的矿产资源的数量是有限的，往往是不可再生的。尽管随着开采、冶炼技术的不断进步，可供利用的矿种的数量不断增加，但是对于任何一种具体的矿产资源而言，不管技术如何进步，总是有限的。

（2）分布的不均衡性。由于成矿所需地质条件严格而复杂，需要有适宜的地层、构造和地球化学条件，而各地的地壳物质和成矿作用都不尽一致，以致有很大差异，就必然造成矿产资源在分布上的不均衡性。所以，一个国家或地区不可能所有的矿产资源都很丰富。

（3）赋存状态的复杂性。因地壳构造和演变非常复杂，故造成矿体的埋藏深浅、规模大小、形态产状千变万化。矿产资源通常为多种组分共生或伴生。这种赋存状态的复杂性，使得矿产资源的勘探和开采工作带有很强的风险性。随着人类对矿产资源开发利用程度的不断提高，易开采矿越来越少，相应的采矿投资的风险还将继续增大。

2. 矿产资源的合理利用

资源与能源危机的出现，使人类不得不深刻反思问题的根源以寻求解决办法。要做到合理利用矿产资源，就必须处理好以下几个问题：

（1）建立合理的经济模式。资源、能源危机的出现，究其原因，是因为各国特别是发达国家长期以来所奉行的高开采、高生产、高消费、高排放的传统经济发展模式所造成的。它以地球资源无穷无尽可大量开采为前提，一味地追求经济利润，把物质享受作为社会进步的标准，把地球看做容量无限

的天然垃圾场。这种经济模式的弊病是显而易见的，要消除这场危机，人类必须抛弃传统的经济模式，控制对矿产资源的需求，加大对可再生资源的利用，建立经济、环境与社会协调发展的经济模式。

（2）提高矿产资源的利用率。要通过改革工艺和改善设备、加强循环利用、降低能耗，同时提高伴生、共生矿石的综合利用率来减少矿产的污染与浪费。

（3）积极寻找新的矿源。这包括开发低品位矿床和海洋矿床，降低开采品位，将使矿产的可采量猛增。而海洋的海水中、海底表面与深海底部都蕴藏着丰富的矿产资源，人类必须以此作为新的矿产来源，以满足自身的需要（如 Mn，P，Cu，Ni 等）。

（4）开发替代资源。目前正在使用的矿产资源将会由于资源量有限而不能满足需要；而某些更经济、更合理的资源被发现；一些与天然物质相似的，甚至性能更为优良的人造有用物质的出现，使得发展替代资源具有必要性和可能性。

总之，人类必须合理利用矿产资源以保护和加强人类自身生存和发展所必需的资源基础，从而达到人类社会永续发展的目标。

复习思考题

1. 地壳及其运动对自然地理环境有什么意义？

2. 地壳的组成和结构如何？什么是康拉德面？大洋型地壳与大陆型地壳主要有哪些不同？

3. 分析判别矿物的形态、理化性质和类型。

4. 分析判别各类岩石的成因、成分、结构、构造、类型、特征，以及在地壳中的分布。

5. 何谓矿床？如何分类？何谓矿石和矿石品位？如何区分富矿和贫矿？

6. 何谓内生成矿作用、外生成矿作用、变质成矿作用？各形成什么矿床和矿床类型？

7. 何谓燃料矿床？有哪些类型？如何生成？

8. 何谓矿产资源？有什么特点？人类应如何合理开发利用？

第二节　地壳运动与地质构造

一、地壳运动概述

地球内部动力作用所引起的地壳结构改变和地壳内部物质变位的机械运动，称为地壳运动，习

称构造运动。地壳运动对于古今自然地理及其环境变化均具有重要的影响。

构造运动主要按时间分为(古)构造运动(发生于第三纪末期以前);新构造运动(晚第三纪末和第四纪);现代构造运动(五六千年前至现代)。

(一)地壳运动基本形式

无论古、新构造运动或者现代构造运动,其表现的形式主要为水平运动和垂直运动。

地壳物质大致平行地球表面,沿着大地水准球面切线方向进行的运动称水平运动。常表现为地壳岩层的水平移动。岩层在水平方向受力(挤压力,张力),形成巨大而强烈的褶皱和断裂构造。因此,水平运动又称"造山运动"。昆仑山、祁连山、秦岭、喜马拉雅山等,以及世界上其他许多高大山脉都是由水平运动所形成的。

地壳物质沿地球半径方向进行的缓慢升降运动称垂直运动。常表现为大规模隆起和凹陷,引起地势高低的变化和海陆变迁,又称"造陆运动"。

日益增多的证据证明,水平和近水平运动是主导,而垂直运动是派生的。

(二)确定地壳运动的方法

确定地质历史时期地壳运动,主要依据地壳运动过程中所遗留下来的地质记录。包括地层剖面中岩相变化、岩层厚度,以及岩层的接触关系等。据此并采用历史比较等方法加以分析,便能恢复地史时期地壳运动和重塑地壳运动发展阶段。

1. 沉积岩相分析方法

沉积岩相总体上可分为陆相、海相和海陆过渡相。还可再进一步划分,如陆相有河流相、湖相、冰川相、沙漠相;海相有滨海相、浅海相、次深海相、深海相等。

岩相变化可从横向和纵向两个方面进行观察。横向——如从近海过渡到浅海相,沉积物可依次是砾岩、砂岩、黏土岩和石灰岩等,不仅沉积物颗粒发生了变化,而且所含生物化石也不相同,反映出同一时期不同地区的自然条件、沉积环境的差异。而岩层垂向上相的变化则标志同一地区不同时期的自然环境变化,有重大改变者往往是地壳运动的结果。如由陆相变为海相,标志地壳经历了由上升变为下降的过程,反之,则地壳经历了由下降转为上升的过程。在地质过程中形成的海侵与海退层位常用来说明海陆相沉积变迁及其与地壳运动的关系。

海侵层位指海水向大陆方向侵入形成的地层及其位置。其特点是沉积物颗粒自下而上由粗变细(图3.45a)。海退层位则相反(图3.45b)。两者分别形成"海进超覆"和"海退退覆"现象。

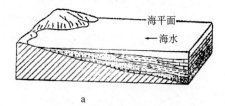
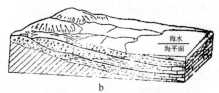

图3.45　地层海进超覆和海退退覆相变关系示意图(刘本培等,1986)

海进超覆和海退退覆现象分别发生于地壳下降和上升的背景下。一套海侵层位和一套海退层位在垂直剖面上构成颗粒由粗变细又由细变粗的有规律的变化,表明该区地壳曾经历一次下降和上升的完整过程,称为一个完整的沉积旋回。通常,海侵层位厚度较大,保存较好,海退层位厚度较小,不易保存,甚至缺失,出现沉积间断。如图3.46a所示,地层剖面中保存有4套海侵层位,缺失海退层位。这表明,4个时期的缓慢下降运动曾被4个时期的迅速上升运动所替代,其间的剥蚀面的存在,反映了部分海底曾上升到海面以上并遭受到侵蚀作用。图3.46b剖面上的几个沉积旋回,海侵海退层位都较好,经历了2.5个旋回的缓慢的海水进退交替变化,但海底始终未能上升到海面以上。应该指出,地壳升降导致的海进超覆和海退退覆现象,特别是海陆之间的界面变化是一个非常复杂的过程。每一个旋回中可以包括若干次一级旋回或更次一级旋回。除此之外,海水的进退又常常受到气候变化的影响。因而,以此分析地壳运动时需要综合加以考虑。

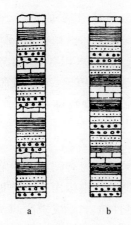

图 3.46　沉积旋回剖面示意

2. 厚度分析方法

进行沉积岩相厚度分析,在很大程度上可获得地壳升降幅度的定量结论。例如,浅海深度通常 200m 左右,最深不足 400m。但许多地区地层剖面往往超过这一深度。如燕山地区蓟县、兴隆一带震旦亚界的浅海相沉积了近 10000m。可见,沉积厚度不取决于海水深度,而主要在于地壳下降幅度。假如海底稳定,则沉积物厚度不会超过海水深度;假如海底不断上升,则沉积厚度必然小于海水深度。因此,只有海底处于缓慢下降的阶段且沉积速度和幅度与海底下降速度和幅度相适应,才可能始终保持浅海沉积环境,使其沉积厚度大于浅海深度。

一定时间内形成的岩层总厚度乃是升降幅度的代数和,一定程度上代表了该区下降的总幅度。如果在广大地区确定各个地点同一时代的岩层厚度,则可了解当时的地壳运动及古地理概况。

3. 岩层接触关系分析方法

地壳下沉引起沉积、上升导致剥蚀所遗留在岩层中的各种接触关系,是分析和阐明地壳运动的证据。包括:

1) 整合接触

地壳处于相对稳定下降的条件下,岩层沉积连续,且上新下老,这种接触关系叫整合接触。特点是,岩层互相平行,时代连续,岩性和古生物特征呈递变状态。这说明,在一定时间内,沉积地区的地壳运动方向没有显著改变,古地理环境也没有突出变化。

2) 不整合接触

地壳运动使沉积中断,形成时代不连续的岩层,这种关系称不整合接触。两套岩层中间的不连续面为"不整合面"。根据不整合面上下岩层的性质可以再分为平行不整合和角度不整合。

(1)平行不整合:又称为"假整合"。特点是不整合面上下两套岩层的产状彼此平行(图 3.47),但时代不是连续的,其间曾发生过沉积间断,故两套岩层的岩性和其中的化石群也显著不同。不整合面上往往保存古侵蚀面的痕迹。平行不整合形成过程是,地壳下降,接受沉积;地壳隆起,遭受剥蚀;地壳再度下降,接受沉积。说明一段时间内的沉积区有过显著的升降运动,古地理曾发生过显著变化。

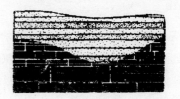

图 3.47　平行不整合示意图

(2)角度不整合:又称为斜交不整合。不整合面上下两套岩层成角度相交,上覆岩层覆盖于倾斜岩层或者褶皱岩层之上(图 3.48)。岩层时代不连续,岩性和古生物特征突变,不整合面上往往保存有古侵蚀面。角度不整合的形成过程是,地壳下降,接受沉积;岩层褶皱隆起并遭受长期剥蚀;地壳再次下降,接受新的沉积。

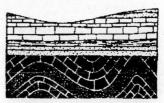

图 3.48　角度不整合示意图

无论平行不整合还是角度不整合,都常具有一些共同之处:有明显的侵蚀面,该面之上常含上覆岩层的底砾岩或者是古老的风化壳;不整合面上下两套岩层之间有明显的岩层缺失,说明沉积作用曾经发生过间断;不整合面上下两套岩层的岩性和古生物等有显著不同。可以认为,不整合面的时间代表了地壳运动的时代。

确定地壳运动还有其他一些方法,主要用于新构造运动和现代构造运动时期。例如,根据因新构造运动形成的高阶地与低阶地面之间的垂直距离,可知地壳上升的幅度;又例如,珊瑚是生长于温暖浅海(深度一般小于 70m)的动物,但有些珊瑚化石存在于海底数百米之下的地层中,由此可反映出地壳的下沉幅度。最近 50 年来的地壳运动幅度还可借助仪器观测查明,如根据测量,喜马拉雅山目前以平均每年 24mm 的速度上升。类似所述的实例很多,不再赘述。

(三)火山和地震

火山和地震都是地球内部能量的强烈释放形式,对自然地理环境和人类生活均具重大的影响。

1. 火山

火山活动是一种壮观而又令人生畏的自然现象,它对人类具有双重影响,既是地质灾害,又具有一定矿产资源。火山可以分为:活火山,现在还处于周期性活动阶段的火山;休眠火山,有历史记载以来曾经有过活动,但长期以来处于静止状态;死火山,史前曾经有过喷发活动,但历史时期以来不再活动。火山活动可以在大陆,亦可在海洋洋底进行。随着地壳演化作用的进行,地壳不断加厚,火山活动逐渐减弱。

火山构造含火山通道、火山锥和火山口。火山通道指岩浆喷发通过地壳所形成的管道。火山锥由火山喷发物在火山口堆积而成,一般上部较陡,呈 30°～40°倾角,下部较缓。火山口位于火山顶部,火山口内若被物质充填,可以形成火山原,有时可成为村落之地,火山口内若积水成湖即称火山湖。火山口可以很大很深。例如日本阿苏山火山口南北长 23km,东西宽 16km;位于长白山主峰白头山顶上的天池是有名的火山湖,周长 11.3km,湖深 313m。

火山喷发物分气体、液体和固体三种类型。

(1)气体喷发物:水汽占 60%～90%,其他成分是 H_2S, SO_2, CO_2, HF, HCl, $NaCl$, NH_4Cl 等。从这些气体中可以升华出硫黄、钠盐、钾盐等有用物质。

(2)液体喷出物:分熔岩流、熔岩被和熔岩锥。熔岩流是长条状的熔岩,长度可达数十公里,一般是基性熔岩。熔岩被是长方形或方形的基性熔岩,其面积可达上万平方公里,如印度德干高原著名的玄武岩熔岩被,面积达 6 万 km^2,厚达 1800m,主要由黏性较大的酸性熔岩喷发形成。

(3)固体喷发物:又称火山碎屑,其物质为熔岩碎块和围岩碎块。按颗粒大小可再分为:火山灰,粒径<0.01mm,很轻,其中的更细小颗粒可以升到高空,甚至进入平流层;火山渣,从砂粒级到 50mm 大小,且具尖锐棱角;火山弹,所含颗粒直径 50～100mm,重至数吨,呈纺锤、梨及扭曲等形状,是熔岩高速喷向高空发生旋转迅速冷凝而成。

喷出的火山碎屑堆积下来经压缩胶结形成火山碎屑岩。

火山喷发类型分为裂隙式和中心式两种类型。①裂隙式:通过地壳裂缝溢出或漫流出来的熔岩的形成形式。多为基性熔岩,形成岩被,少见固体喷发物。②中心式:岩浆沿管形通道喷出地表的表现形式。可再分为:宁静式,以基性熔性(玄武岩)喷发为主,熔岩温度较高、气体较少、不爆炸;暴烈式,以中酸性熔岩喷发为主,气体较多,爆炸力强,可形成大量火山碎屑特别是火山灰;斯特龙博利式,属于宁静式与暴烈式之间的一种类型,以中基性熔岩喷发为主。斯特龙博利式得名于意大利西西里岛斯特龙博利火山。

目前全世界有 2000 余座死火山,500 余座活火山。它们在地球上呈有规律的带状分布。大致分为:① 环太平洋火山带:从南美西岸的安第斯山脉起,经科迪勒拉山脉,阿拉斯加、阿留申群岛,再经堪察加半岛、日本、我国台湾、新加坡、印尼、新西兰岛,直到南极洲。环太平洋火山带活火山占世界活火山总数的一半以上,为 62%,故有“火环”之称。② 地中海火山带:横亘于欧亚大陆南部,西起伊比利亚半岛,东至喜马拉雅山以东与太平洋岸的火山带相汇合。③ 大西洋海底隆起带:北起格陵兰岛,经冰岛、亚速尔群岛,至圣赫勒拿岛。④ 东非火山带:沿着东非大断裂带分布。此外,在太平洋广大地区,还有许多星罗棋布的火山岛。

2. 地震

1)地震的概念

由自然原因所引起的地壳震动叫地震。地震是一种经常发生的自然现象,是地壳运动的一种特殊形式。

地震的发源地叫震源;震源在地面上的垂直投影叫震中;从震源至震中的距离叫震源深度;震中到观测点的距离叫震中距(图 3.49)。

地震的能量是以波的形式输送出来的。强烈地震发生所引起的种种地面破坏现象,都是由地震的强烈冲击波所造成的。地震波是一种弹性波,包括体波和面波,其中体波又分为纵波(P)和横波

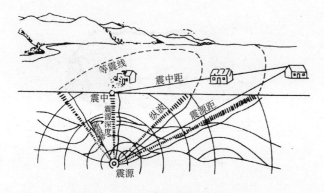

图 3.49　震源、震中和等震线示意图

（S）。纵波在固体、液体中都能传播,传播速度最快,能量散失也快;横波只能在固体中传播,速度较慢,能量的散失也慢,故影响范围比纵波大。面波传播速度最慢、频率较低,引起的震动最强烈,破坏作用最大。

地震的震级是表示震源释放能量大小的级别,通常采用里克特(C. F. Richter)所提出的标准,即以里氏震级来划分。地震烈度是指地震对地面及建筑物的破坏程度。它和震级既有联系,又有区别。一次地震只有一个震级,但同一次地震会因震中距不同而有不同的烈度。一般说来,距震中越近,烈度越大;反之越小。

2) 地震的分类

按地震成因可以分为构造地震、火山地震、塌陷地震和诱发地震四种。地壳深部的构造变动,主要由断裂变动引起的地震称为构造地震,常发生于地壳上活动性较大的地区,一般说来是近代的褶皱和断裂活动地带。其特点是活动频繁,延续时间长,影响范围广,破坏性强。地壳上 90% 的地震皆属此种类型。由火山活动触发的地震称火山地震,其震源常局限于火山活动地带,影响范围一般不大,深度多不超过 10km。这类地震约占总数的 70%。塌陷地震起因于岩层崩塌陷落,主要发生在喀斯特(岩溶)发育地区或者地势陡峭的山区,数量很少,危害不大。此外,由于人类活动,诸如水库蓄水、地下核爆炸等因素也能触发地震,这类地震统称为诱发地震。

按震源深度又可分为:浅源地震(深度为 0～70km 的地震);中源地震(深度 70～300km)和深源地震(深度 ＞300km)。浅源地震数量最多,约占地震总数的 72.5%;中源地震次之,约占 23.5%;深源地震很少,约占 4%。

按地震发生的地表结构形态可分为海洋地震和大陆地震两大类,前者约占地震总数的 85%,后者为 15%。

3) 地震的分布

从世界范围看,地震活动带的分布与火山活动带大体一致,主要处于各大板块构造边缘,可以分为四大地震带:① 环太平洋地震带——沿太平洋板块边界上的海沟-岛弧分布,全世界 80% 的浅源地震、90% 的中源地震和几乎全部的深源地震发生在该地震带。所释放的地震能量约占全部能量的 80%,其面积占世界地震带总面积的一半。② 地中海-喜马拉雅地震带——沿亚欧板块与非洲板块和印度洋板块的接合带分布,地震数量约占全世界地震总数的 15%,其中绝大多数为浅源地震,有少量的中源和深源地震。③ 洋脊的大陆裂谷地震带——分布在各大洋的洋中脊部位,包括大西洋中脊、印度洋海岭及东太平洋中隆地震带。地震数量不多,震级较小,很少超过 6 级地震。④ 大陆断裂谷地震带——分布于一些区域性断裂带或地堑构造带,主要有东非大断裂带、红海地堑、亚丁湾及死海、贝加尔湖、太平洋夏威夷群岛等。此带主要为浅源地震。

4) 抗震防灾及地震预报

地震尤其大陆地震是人类所受到的最严重的自然灾害之一。我国是世界上地震活动强度较高、地震灾害较严重的国家。据 20 世纪以来有仪器记录资料的统计,我国占全球大陆地震的 33%,不仅频次高,而且强度极大。地震的发生,不仅强烈地造成地面的隆陷和建筑物的毁坏,而且还经常引起一系列的次生灾害。如水灾、瘟疫、火灾、山崩及泥石流等,给人们的生命财产带来重大损失。因此,抗震防灾是一项非常重要的任务。这不但要求加强防震减灾知识的普及教育,而且应在烈度较大的危险区加固建筑和修建防震设施。城市的布局除应考虑提高其综合抗震防灾能力外,还要做好地震预报工作。我国有关部门从国情出发,结合国内外经验教训,提出了"预防为主,综合防御"的防震减灾方针。主要包括 4 个环节,即地震监测预报、震灾预防、地震应急、地震救灾与重建,其中每个环节的实施都必须依靠科技进步。

（四）地壳运动的构造阶段划分

地球表面上分布着许多大型褶皱山系,它们是地壳经历强烈下降沉积再经过上升褶皱而形成的,其形成过程伴随了一系列沉积和岩浆活动以及各种变质作用等重大地质事件。如果这些褶皱带在某一时期处于活跃状态，即可称为"地槽"；反之，如果地槽经回返上升后变为相对稳定的地区，构造变动、岩浆活动及变质作用等都很微弱，这些地区称为"地台"。这只是对地槽和地台的简单解释，本章第四节将对此进行较详说明。对大量地质资料的研究结果表明，世界地体构造分布图中大规模褶皱带的形成是与地壳运动的一定阶段紧密相关的，这就是构造阶段。地球自形成以来所经历的构造运动（见本章第四节地质年代表）为：阜平运动，其时代大致相当于太古代；五台、吕梁和晋宁运动，相当于元古代；加里东构造运动，早古生代；海西构造运动，晚古生代；印支及燕山运动，中生代；喜马拉雅运动，新生代。不同阶段的构造运动对于不同时期地壳基本骨架的构筑是至关重要的，同时对于不同时期的古自然地理、内外生矿床的形成也具有深刻意义。特别是新生代喜马拉雅运动，不仅对现代自然地理环境的起源和塑造曾经扮演了重大角色，而且对于未来世界自然地理发展亦将产生深远影响。

二、岩层的成层构造

岩层是具有层状结构、由两个平行或近于平行的界面所限制的岩性近似的岩石。岩层的上下界面统称层面。岩层包括了沉积岩、层状火山岩以及由这两者轻度变质而形成的变质岩，通常由若干层所组成。由于岩层的形成环境和形成方式不同，一些层的厚度沿其伸展的方向比较稳定，而另一些层的厚度变化较大。层的厚度向某一方向变薄并消失的现象称为尖灭。在短距离内，中间厚边部薄而消失的层称为透镜体。同一岩性的岩层中夹有其他岩性的薄层称为夹层。两种或者两种以上不同岩性的岩层在垂直方向上多次重复交互且厚度相近者称为互层。

（一）岩层的产状要素

岩层的产状要素即岩层的产出状态，指岩层在空间的方位，是以岩层面在三维空间的伸延方向及其与水平面的交角关系来确定的。岩层产状用岩层的走向、倾向和倾角三个要素来表示（图3.50）。

（1）走向：岩层层面与水平面的交线为走向线，走向线两端的指向即为走向。走向表示岩层的水

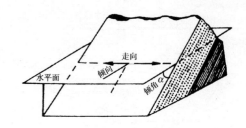

图 3.50　岩层产状要素

平延伸方向，用方位角表示。走向有两个方向，彼此相差180°。

（2）倾向：在岩层层面上，垂直于岩层走向线向下所引的直线为倾斜线，在水平面上投影所指的方向即岩层倾向。倾向表示岩层层面的倾斜方向。倾向只有一个方向，与走向的交角恒为90°。

（3）倾角：岩层层面倾斜线与其在水平面上投影线之间的夹角。倾角表示岩层层面的倾斜程度。

（二）不同产状的岩层

岩层形成以后受到构造运动的影响，有的位置发生升降变化，但仍保持其原始状态；有的不仅改变其原始位置，而且改变了原始产状，出现岩层的倾斜、直立和倒转。根据层面的倾斜程度，岩层产状类型主要可分为水平岩层、倾斜岩层、直立岩层、倒转岩层。

（1）水平岩层：层面水平或基本水平（倾角为0～5°）的岩层称为水平岩层（图3.51）。典型的水平岩层没有走向和倾向，倾角为0°。

图 3.51　水平岩层
（内蒙古萨拉乌苏河流域）

（2）倾斜岩层：层面与水平面有一定交角（5°～85°）的岩层称为倾斜岩层（图3.52）。其岩层产状的三个要素都很明显，是自然界中最常见的岩层产状类型。倾斜岩层的形成系原始产状近水平面的

岩层受到地壳的差异升降运动或水平运动或者是岩浆活动的影响,使岩层的产状发生变动造成的。倾斜岩层中,在一定范围内出现的向同一方向倾斜,其倾斜程度大致相等的一系列岩层,称为单斜岩层。单斜岩层有时是褶皱或断层构造的一部分。

图 3.52 倾斜岩层(四川广元)

(3)直立岩层:岩层层面与水平面直交或近于直交,交角为 85°～90°,即直立起来的岩层(图 3.53),常形成于构造运动强烈的挤压作用下。

图 3.53 直立岩层(甘肃当金山西侧)

(4)倒转岩层:岩层翻转,老岩层在上而新岩层在下(图 3.54),主要是在强烈的挤压作用下岩层褶皱倒转形成的。

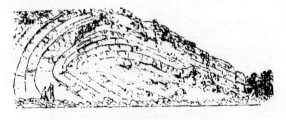

图 3.54 倒转岩层(北京坨里)

三、褶 皱 构 造

岩层的弯曲现象称为褶皱,即岩层在构造运动作用下,改变了原始产况,形成倾斜的及各种弯曲的形态。褶皱是岩层塑性变形的结果,亦是地质构造基本形态之一。其规模小到手标本,大到数百数千公里。褶皱一般泛指一系列的弯曲岩层,而其中之一的弯曲为褶曲,但这两个术语常无严格区别。

(一)褶皱的几何要素

一般褶曲具有以下要素(图 3.55):

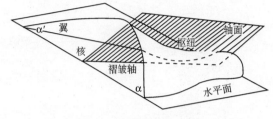

图 3.55 褶皱要素示意图

(1)核部:指褶曲的中心部位,不论两翼向上弯曲或向下弯曲,其中心部位都属核部,核部又称为轴部。

(2)翼部:位于核部的两侧。一个褶曲有两个翼部。两翼岩层与水平面的夹角叫翼角。翼角大,其弯曲程度也大,反之弯曲平缓。

(3)轴面:平分褶曲两翼的假设对称面。轴面的产状有直立的、倾斜的与水平的。其形态可表现为直立的、水平的或弯曲的。可以分为直立轴面、水平轴面及倾斜轴面等。

(4)枢纽:褶曲岩层的同一层面与轴面相交的连线。枢纽可呈水平、倾斜或起伏(倾伏)状,表示褶曲有倾向延伸的变化。

(5)轴(轴迹):轴面与水平面的交线。轴永远是水平的,可以是水平的直线或水平的曲线。轴向代表褶曲延伸方向,轴的长度反映褶曲的规模。

(6)转折端:褶曲两翼汇合的部分,即从褶曲的一翼转到另一翼的过渡部分,可以为一点也可以为一段曲线。其形态变化反映褶曲的强度。

(二)常见褶曲类型

褶曲的基本类型是背斜褶曲(图 3.56a)与向斜褶曲(图 3.56b)。背斜一般是向下凸曲,核心部为老岩层,向外部岩层时代越来越新。向斜一般是向下凹曲,核心部为新岩层,向外部岩层时代越来越老。故辨认褶曲类型,不能单靠褶曲形态,而尤为重要的是对比构成褶曲岩层的新老关系。若所形成的背斜或向斜与地形起伏基本一致,可分别称为背斜山和向斜谷;若地形上背斜部位侵蚀成谷,向斜部位发育成山,则可分别称为背斜谷和向斜山。这种地形与构造　　　不吻合的现象称为地形倒置(图3.57)。

a.背斜

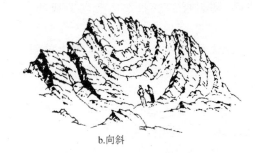

b.向斜

图 3.56　背斜和向斜

图 3.57　背斜谷和向斜山地形(广东阳春)

1. 按轴面及两翼产状而分的褶皱类型

(1) 对称褶曲:轴面直立或近直立,两翼倾向相反,对称,翼角大致相等(图3.58a)。

(2) 倾斜(不对称)褶曲:轴面倾斜,两翼倾向相反,翼角不等(图3.58b)。

(3) 倒转褶曲:轴面倾斜,轴倾角变小,两翼向同一方向倾斜,其中一翼岩层形成倒转(老岩层在上,新岩层在下),两翼相等或不等(图3.58c)。

(4) 平卧褶曲:也叫横卧褶曲,轴面水平或近于水平,两翼岩层也近似水平。一翼层位正常,另一翼发生倒转(图3.58d)。

(5) 翻卷褶曲:指轴面向下弯曲的平卧褶曲(图3.58e)。

2. 按平面形态分类的褶皱类型

(1) 短轴褶曲:褶曲的平面呈长圆形,其长、宽之比约为 3/1~10/1(图3.59a)。

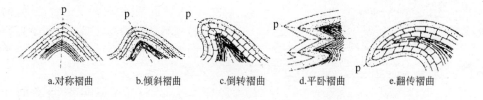

a.对称褶曲　　　b.倾斜褶曲　　　c.倒转褶曲

d.平卧褶曲

e.翻传褶曲

图 3.58　根据轴面及两翼产状划分的褶皱形态
p 代表轴面

a.短轴褶曲　　　　b.线状或梳状褶曲　　　　c.穹窿构造　　　　d.构造盆地

图 3.59　根据平面形态划分的褶皱形态

（2）线状（梳状）褶曲：褶曲的平面呈长条状。长、宽之比一般大于 10（图 3.59b）。

（3）浑圆形褶曲（穹窿构造、构造盆地）：褶曲平面形态呈椭圆形或圆形，其长、宽之比小于 3。若核部为老岩层，周围翼部为较新岩层，岩层自中心向四周倾斜的浑圆形构造，称为穹窿构造（图 3.59c）。若核部为新岩层，翼部为较老岩层，岩层自四周向中心倾斜的浑圆形构造，称构造盆地（图 3.59d）。

在构造复杂的地区，常可见到一个大褶皱的两翼又含次一级的褶皱，此称为复式褶皱。若一个巨大的背斜两翼被次一级的褶皱复杂化，则称复背斜（图 3.60a）。反之称复向斜（图 3.60b）。

在平行的褶皱群中，各褶皱轴相平列，但背斜和向斜发育程度不等，如果背斜紧密，向斜开阔平缓，为隔挡式褶皱（图 3.61a）；反之，为隔槽式褶皱（图 3.61b）。

a.复背斜　　　　　　　　　b.复向斜

图 3.60　复式褶皱

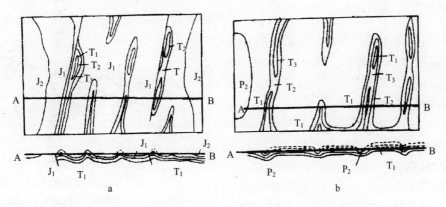

a　　　　　　　　　　b

图 3.61　隔挡式褶皱（a）和隔槽式褶皱（b）平面图

四、断裂构造

断裂构造是地壳中普遍发育的基本构造形迹之一，分为断层和节理两种类型。

（一）断　　层

岩块沿断裂面发生明显位移的断裂构造称为断层。

1.断层的几何要素（图 3.62）

（1）断层面：是被断地层相对滑动的滑动面。断层面在空间的位置取决于其走向、倾向和倾角。较大断层的断层面往往成组出现，形成断层破碎带。

（2）断层线：断层面和地面的交线，即断层面在地面的出露线。

（3）断盘：是断层两侧的被断岩层。在断层面倾斜的情况下，位于断层面以上的岩层叫上盘，以下的叫作下盘。若断层面直立，则采用方位命名，如断层的东盘、西盘等。还可以根据断层两盘相对位移的关系，把相对向上移动的岩层称为上升盘，反之则称下降盘。

（4）断层带：断层两盘之间的地带。在此带内，可以包含一系列平行的小断层，或为两盘滑动时形成的摩擦碎屑所充填，还可以包含已被断层作用变形但尚未破裂的部分。

（5）断层位移：断层两侧相当点之间滑动的距离，叫真位移；断层两侧相当层之间的错动距离，叫视位移。后者不能代表断层的真正滑动的距离，但可以有效确定断层。

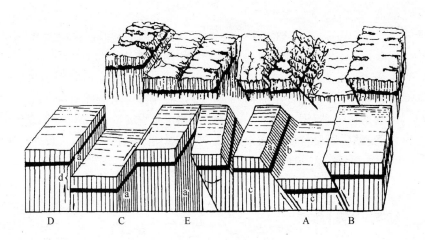

图 3.62　断层要素和断层主要类型示意

断层要素：a. 断层面；b. 断层线；c. 断盘；d. 断距。断层类型
A. 正断层；B. 逆断层；C. 平推断层；D. 垂直断层；E. 枢纽断层

2. 常见的断层类型（图 3.62）

断层种类很多，形态和规模各异。按断层两盘相对位移的性质，可将断层分为：

（1）正断层——上盘相对下降、下盘相对上升的断层。其两侧的相当层相互分离。

（2）逆断层——上盘相对上升、下盘相对下降的断层，主要是受水平挤压力作用形成的。依据其断层面倾角的大小，分为冲断层（断层面倾角大于45°），逆掩断层（断层面倾角小于45°）。逆掩断层中倾角小于30°者称为推覆构造。大规模的逆掩断层或推覆构造表现为老岩推覆于新岩层上，在外界侵蚀的情况下，形成飞来峰和构造窗（图3.63）。

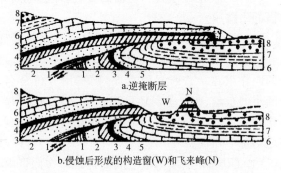

a.逆掩断层

b.侵蚀后形成的构造窗(W)和飞来峰(N)

图 3.63　构造窗和飞来峰剖面示意图

1～8：岩层由老到新

（3）平推断层——断层两盘沿断层面走向作水平相对位移，断层面陡直，又称平推断层。此类断层形成于较强烈的水平挤压作用下。

（4）枢纽断层——那些具有旋转性质的断层运动，断层上盘似乎绕一个轴旋转。

按断层走向与褶皱轴线（或区域构造线）之间的关系，可将断层（图3.64）分为三类。

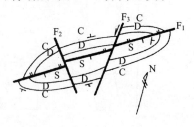

图 3.64　断层走向与褶曲轴的关系

F₁. 纵断层；F₂. 横断层；F₃. 斜断层；

S. 志留系；D. 泥盆系；C. 石炭系

（1）纵断层——断层走向与褶皱轴或区域构造线方向基本平行的断层。

（2）横断层——断层走向与褶皱轴或区域构造线大致垂直的断层。

（3）斜交断层——断层走向与褶皱轴斜交。

若按断层走向与其两盘岩层产状的关系，可将断层（图3.65）分为：走向断层，断层走向与岩层走向一致；倾向断层，断层走向与岩层走向垂直；斜断层，断层走向与岩层走向斜交。

自然界中，断层往往是成群成束地有规律地组合在一起，形成特殊的组合类型。两个或两个以上的倾向相同而又相互平行的正断层，其断层依次下降，可形成阶梯状断层；反之，两条以上倾向相同而又相互平行的逆断层，其上盘依次下降，形如叠瓦，形成叠瓦状断层；两条大致平行的断层，其中间岩块为共同的下降盘，两侧为上升盘形成地堑（图

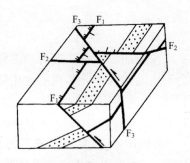

图 3.65 断层走向与岩层产状的关系
F₁. 走向断层；F₂. 倾向断层；F₃. 斜交断层

3.66a)。反之，以中间岩盘为共同的上升盘，两侧为下降盘，则形成地垒(图 3.66b)。

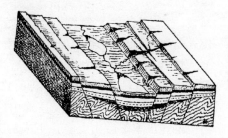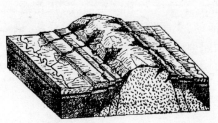

a.地堑   b.地垒

图 3.66 地堑和地垒

构造节理：指构造运动作用下形成的节理，常成组成束成群有规律地出现。这种子节理往往和其他构造(如褶皱、断层等)有一定的组合关系和成因关系。依据节理力学性质所表露的形态特点，通常分为张节理(图 3.67a)和剪节理(图 3.67b)两类，前者是由拓张形变造成的破裂，后者是由剪切形变所造成的破裂，常成群出现，两组交叉者称为"X 节理"，或称"共轭节理"(图 3.67c)。

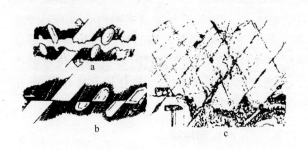

图 3.67 张节理、剪节理及 X 节理

a. 张节理、节理绕过矿物、砾石，节理面凹凸不平；b. 剪节理，节理切开岩脉、矿物和砾石，箭头指向剪切应力方向；c. X 节理

节理的发生和发展并不是孤立的，其分布与褶皱、断层等有着密切的成因联系，往往是在同一构

(二) 节 理

节理是一种断裂构造，是沿着断裂面没有或没有明显发生位移者。这一点与断层显著不同。按照节理的成因分类，分为非构造节理和构造节理。

非构造节理：指岩石在外力地质作用下，如风化、山崩、地滑、岩溶塌陷、冰川活动以及人工作用下产生的节理。这类节理分布于地表较浅的岩石中，其几何规律性较差，无矿化现象。非构造节理不包括岩石在成岩过程中形成的节理，如侵入岩体的原生节理和玄武岩中柱状节理。

造作用下形成的。

复习思考题

1. 何谓构造运动？水平运动与垂直运动有什么不同？如何确定地壳运动？

2. 对比分析海侵层位与海退层位的特点和沉积旋回的剖面特征。

3. 何谓地震？地震烈度和震级有何联系和区别？世界主要地震活动带分布在哪些区域？

4. 分析地壳运动及其所形成的各种地质构造类型。

第三节　地壳运动学说

地壳运动学说(又称大地构造学说)是地质科学的重要理论。其内容主要是研究地质构造的分布规律，地壳运动发生的时间、运动方式和规模，以及地壳运动的起因和动力来源。直到现在还没有一个学说能全面完整地解释各种问题，因而可以说各家提出的多还是一些假说。有关地壳运动及其成因的假说很多，有收缩说、膨胀说、均衡说、对流说、波动说、大陆漂移说等。现把三个重要的地壳运动学说简介于下。

一、地槽-地台学说

地槽-地台学说即传统的大地构造学说，是在19世纪中期以来研究大陆型地壳构造的基础上逐渐建立起来的。其基本观点认为：地壳运动主要受垂直运动所控制，水平运动是次要的，地壳运动的动力来源是地球内部物质的重力分异作用，物质受热变轻向上流动造成地表上升隆起，物质冷却变重下沉则造成地表下降凹陷。地球上的海陆变迁和地质构造，主要就是由地壳这样的升降运动所造成。因此，可根据各个地区的升降运动、沉积建造、构造变动、岩浆活动、变质作用等方面进行分析，确定地壳在各个不同发展阶段的性质，而把地壳划分为地槽、地台和过渡区等构造单元。

（一）地　　槽

1. 地槽的概念

地槽是地壳中强烈活动的地带，多呈狭长带状。在这里，升降运动的速度和幅度很大，因而在地槽凹陷里堆积了巨厚的沉积物，构造变动和岩浆活动激烈频繁，变质作用显著，是地壳上相对活动的构造单元。

槽台说认为，现今世界上几乎所有的大山脉，原来都是由地槽褶皱升起的。因此根据对巨大的褶皱山脉的研究，认为地槽的发展经历了两大发展阶段。

2. 地槽的发展过程

第一阶段：强烈下降为主的阶段。总下降速度和幅度都很大，但内部还是有差异的，有的地方下降幅度大些，称为地向斜，是地槽中最活动的部分；有的地方下降得慢些，相对地隆起，称为地背斜。因此，地槽内部实质是由一系列平行排列的凹陷和隆起所组成。由于地槽下降幅度大，从邻区搬来的大量碎屑物迅速堆积，形成巨厚的沉积层（厚达10000~20000m）。随着地槽不断下降，海侵逐渐扩大，沉积物由颗粒较粗的碎屑岩渐变为颗粒较细的碎屑岩到石灰岩。在地槽强烈下降过程中，可导致地壳产生断裂，造成岩浆通道，出现由基性到中性的海底火山喷发。

第二阶段：强烈上升为主的阶段，也称回返阶段。当地槽下降达到极限时，就开始上升，而且上升也是不平衡发展的。一般从最活动部分（即地向斜）开始，由于地向斜的上升形成了次生隆起，叫做"中央隆起"，在中央隆起的两侧相对发生凹陷，称"边缘凹陷"，两个相邻的中央隆起形成，其中间形成的凹陷叫"山间凹陷"。伴随地槽的上升而发生海退，陆地渐增。沉积物由碳酸盐类沉积变成具有明显韵律层理的碎屑沉积。由于在沉积过程中，地槽时升时降，岩性和岩相反复变化，故常出现砂岩—页岩—泥灰岩等交替的沉积韵律，这套岩层称之为复理石建造。在地槽强烈回返上升时，原来下降时沉积的巨厚岩层受到挤压，发生强烈的褶皱和断裂，岩浆也随之大规模侵入，形成以酸性为主的侵入岩，岩层也遭受强烈的区域变质。

最后，地槽的各个部分都先后褶皱隆起，海水完全退出，地槽变成错综复杂的山脉（又称褶皱带）。当地槽全部回返形成高耸山区时，在各个凹陷中迅速堆积了由山上剥蚀下来的大小碎屑物，形成很厚的分选差的粗碎屑岩，这套岩层称为磨拉石建造。从地槽下降经回返、褶皱隆起成为褶皱带，这样一个完整的过程，称为一个构造旋回。地槽区经历了一个旋回发展后，就由相对活动转为相对稳定的地区。有些地槽区经一次构造旋回发展就转变为稳定的地台区，而有些地槽区要经过多次构造旋回才转变成地台，这称为多旋回发展（图3.68）。

（二）地　　台

1. 地台的概念

地台是地槽经回返上升后转化而成的相对稳定的地区，或者说是褶皱带经准平原化以后转变而成。所以，地台是地壳上相对稳定的构造单元，活动性比较轻微，只以大面积的缓慢的升降运动为主，构造变动、岩浆活动和变质作用都比较微弱，形状多成较平坦的巨大地块。

2. 地台的内部结构

由于地台还是有升降运动，因此上升的部分成为陆地，而下降的部分可发生海侵形成地台浅海，或者形成内陆盆地而接受沉积。由地台下降沉积形成的岩层称之为沉积盖层。因此，地台的结构可以分为两个基本构造层（称为双层结构），下构造层

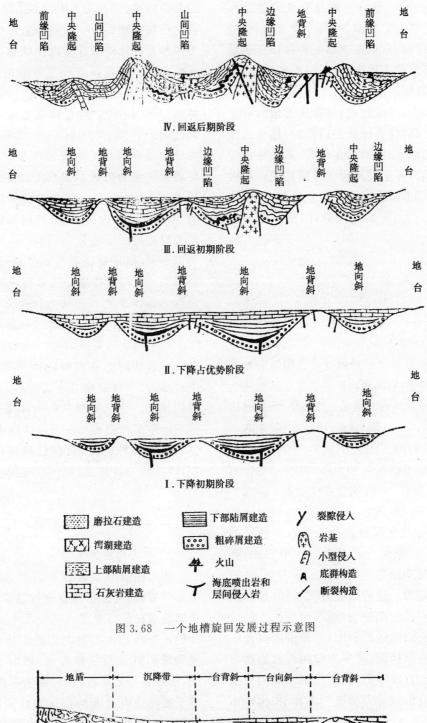

图 3.68 一个地槽旋回发展过程示意图

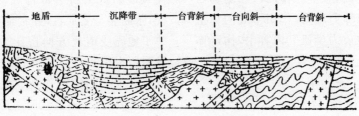

图 3.69 地台结构示意图

为褶皱基底，上构造层为沉积盖层，中间为一个不整合面分隔开（图 3.69）。褶皱基底是地台形成前的地槽阶段形成的，岩层时代较老，褶皱复杂，变质强烈，主要由结晶变质岩组成。沉积盖层是在褶皱带形成后，经长期剥蚀准平原化之后再下降接受沉积而成的新岩层（即地台阶段的沉积）。由于这时已转变成较稳定的地台，故沉积的岩层层次清楚，岩性、岩相变化小，分布面积广泛，但总厚度较小

（一般几十至几公里）。地台一般具有此双层结构特征，但也有些长期上升的部分，由于没有沉积，就不一定有此双层结构，只见褶皱基底直接裸露于地表，地台的这些部分称为地盾，如我国的胶辽地盾，北美的加拿大地盾等。

根据地台基底的形成时期，可分成古地台和年轻地台。基底形成时代在寒武纪以前的，称为古地台，如我国的华北地台、俄罗斯地台等；基底形成于寒武纪以来的地台，称年轻地台。但寒武纪以后由地槽回返形成的地台，多还存在山岳状态，少用年轻地台这个名字，而用褶皱带来称呼，故一般所说的地台是指古地台。

二、地质力学学说

（一）概　　述

地质力学是运用力学原理研究地壳构造和地壳运动规律的一门科学，它由我国地质学家李四光先生（1889～1971 年）根据国内外地质工作成果，特别是研究了我国地质构造特点之后，逐渐总结创立起来的。

地质力学认为：由于地壳不断地运动变化，地壳内部必然有地应力的存在和作用，当地应力作用超过了岩石的强度后，岩石就会产生变形，造成了褶皱、断层、节理等一系列的构造现象，地质力学称之为构造形迹。对现在保留在地壳岩石中的这些构造形迹的研究，特别是分析其力学作用方式，就可推断地质历史时期地壳运动的方式和方向，进而探索地壳运动的起源。这种研究，不是简单地对构造形迹进行几何形态的描述和分析，而是把它们分成不同的力学结构面来进行研究，若是由压应力作用形成的称为压性结构面，张应力作用形成的称为张性结构面，扭应力（或称剪应力）作用形成的称扭性结构面。在所有的地质力学研究内容中，构造体系是核心。

（二）构　造　体　系

1. 构造体系的概念

地质力学认为，地壳上构造形迹的出现，都不是孤立存在的，每项构造形迹都有与其相伴生的一群构造形迹，它们之间互有联系并有一定的分布规律。例如，某一走向的褶皱带，常有与其走向一致

的压性断裂，并有与其走向垂直的张性断裂和与其斜交的扭性断裂等一系列构造形迹相伴生，它们在形成和发展过程中有其内在联系，这种内在联系叫成生联系。这些具有成生联系的构造形迹群有规律地组合成一个总体，这个统一的总体就称为构造体系。概括地说，"构造体系是由许多不同形态、不同性质、不同级别、不同序次，但具有成生联系的各项结构要素组成的构造带以及它们之间所夹的岩块或地块组合而成的总体"（李四光）。这就是说，组成构造体系的可以是各种各样的构造形迹，如褶皱、断裂、片理、火成岩体、岩层和地块等，而且这些构造形迹的力学性质、规模大小、生成的先后次序可以不同，但只要是具有成生联系的，都可以把它们归为一个构造体系。这里所说的成生联系，指的是这个总体是由一定动力作用方式的构造运动而产生，如来自某一方向的水平挤压或拉张运动等。

一个构造体系可以由一次构造运动造成，也可以由方式相同的几次构造运动造成。构造体系有大有小，大者可纵横几千公里，并相应地在地形上得到反映。一个复杂的构造体系可由较小一级的构造体系组合而成。由于构造应力场的不同，构造体系便有各种类型，目前已确定的可概括为三大类，即纬向构造体系、经向构造体系和扭动构造体系（图 3.70）。

2. 构造体系的主要类型

1）纬向构造体系

纬向构造体系由若干东西走向的巨型复杂构造带组成，故又称东西复杂构造带。巨型的东西复杂构造带往往出现在一定纬度上，在地形上常表现为横亘东西的大山脉。它的主体由东西向的复式褶皱带和挤压断裂带构成，同时有扭断裂与其斜交，张断裂与之垂直，并常伴生东西向的岩浆带，反映了地壳受南北方向挤压力作用造成的结果。其发展历史很长，经历多次的构造运动，对各种矿产分布有重要的控制作用。我国巨型的东西复杂构造带主要有三条，自北而南是：

（1）阴山—天山构造带。主体大致位于北纬 $40°30'\sim42°30'$ 之间，局部宽窄不一，走向略有改变。中间部分构成阴山山脉，往西经大青山与天山山脉相连，再向西经中亚费尔干纳、土耳其北部至东欧巴尔干山脉及西班牙的比利牛斯山脉，往东至朝鲜北部及日本北部。这个构造带在元古宙时已经存

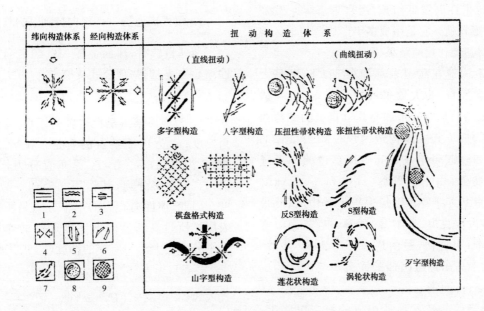

图 3.70　构造体系的类型

1. 压性结构面；2. 张性结构面；3. 扭性结构面及其相对扭动方向；4. 外力方向；5. 直线扭动外力矩；
6. 曲线扭动外力矩；7. 含扭性的结构面的扭转方向；8. 旋涡或砥柱；9. 相对稳定的地块

在，自古生代以来经受过多次强烈构造运动，最近一次发生在侏罗纪以后。

(2) 秦岭—昆仑构造带。主体位于北纬32°30′～34°30′。此带中间形成一条横亘我国中部的秦岭山脉，无论从地史发展或自然地理景观上，都把我国分成南方和北方两个不同部分。自秦岭往西在青海境内与昆仑山相连，再向西进入阿富汗北部山脉，一直延至非洲北部的阿特拉斯山，进入大西洋至美国洛杉矶附近。秦岭往东组成了伏牛山、大别山构造带，再向东进入太平洋形成了摩利大断层。这个构造带自古生代以来经反复多次强烈的构造运动，至侏罗纪后才形成现在的基本面貌。

(3) 南岭构造带。主体大致位于北纬 24°～25°30′之间。它西起云南，向东延伸经过桂北、湘南、粤北、赣南、闽西，渡海达台湾。自我国向西可至印度北部、阿拉伯湾北部，再西经北非至美洲大安的列斯群岛。

此外，在地球上还存在若干纬向构造带。由此看出，地球表面的纬向构造带是全球性的，且有一个明显的特征，就是大约每隔8～9纬度出现一个带。

2) 经向构造体系

主体由一些南北走向的构造带组成，故又称南北构造带。它的规模不等，性质也不尽相同，可以是压性的，也可以是张性的。压性南北构造带是地壳遭受东西向挤压作用而产生，主要由走向南北的挤压褶皱带和压性断裂组成，伴生有张性和扭性断裂及火成岩带。张性的南北构造带是地壳受东西向的拉张作用而产生，主要表现为南北走向的断裂谷，如东非大裂谷、大西洋海岭裂谷、西欧的莱茵河谷等。在我国出露的南北构造带主要是压性的，最显著的是川滇南北构造带，分布在川西、滇中，地理上称为横断山脉地区。此外，欧亚大陆交界的乌拉尔山，美洲西部的科迪勒拉山系、安第斯山系等都是规模巨大的经向压性构造带。

3) 扭动构造体系

上面讲到的纬向构造体系和经向构造体系是全球性的，它反映了地壳遭受经向或纬向的挤压或拉张作用，这是地壳运动的两个基本方向。但是，由于地壳组成的不均匀性，使沿着纬向或经向的作用力发生变化，导致局部地区的地壳发生扭动，形成各种各样的扭动构造体系，它反映了区域地壳运动的特点。扭动构造体系从形成方式看，大致可分成直线扭动和曲线扭动两种形式。直线扭动的有多字形构造、山字形构造和人字形构造等；曲线扭动的有帚状构造、莲花状构造、歹字形构造、S形构造、反 S 形构造、涡轮状构造等。

我国发育最良好的是新华夏系构造，属多字型构造的一种形式。多字形构造是由一些走向大致平行的斜列展布的挤压构造带（包括褶皱、压性断裂等）以及与其垂直的张性断裂带组成,组合形态像个"多"字,故称多字形构造。它是组成多字形构造的地区曾受过直线相对扭动作用的结果(图3.70)。

新华夏系构造在我国东部和东亚大陆濒临太平洋地区非常发育,为大致平行的北北东向(一般为 NE18°~25°)挤压构造带和与其近直交的北西西向张性断裂构成。其主体构造为规模相当雄伟的一级沉降带和隆起带组成。其中最东边的一条隆起带是东亚岛弧,由千岛群岛、日本列岛、琉球群岛、台湾岛、菲律宾群岛和巴拉望等山脉构成;此带之西,是由鄂霍次克海、日本海、黄海、东海、南海等构成的沉降带;再往西,是由锡霍特岭、张广才岭、长白山、胶东半岛山地至闽西的武夷山等山脉构成的第二隆起带;再西则是由东北平原、华北平原、江汉平原、北部湾等构造盆地所组成的第二沉降带;更西边则由大兴安岭、太行山、雪峰山等诸山脉组成的第三隆起带;最西边则由呼伦贝尔-巴音和硕、鄂尔多斯、四川盆地等构成的第三沉降带。新华夏系一级构造与前述的东西向构造带相复合,组成了我国东部地区的构造骨架。

新华夏系构造主要形成于中生代末期到新近纪末期,局部地区现在还有活动。它反映了亚洲大陆东部与太平洋地壳发生了相对的南北向扭动的结果,太平洋底相对向北移,大陆相对向南移,因而造成了一系列北北东向的隆起带和凹陷带及与其垂直的张裂带所组合成的多字型构造。

(三)地壳运动的起因和动力来源

从以上构造体系介绍可以看出,地壳运动的方式和方向是有规律的,即经向的水平运动或纬向的水平运动。经向的水平运动导致地壳上层物质从高纬度向低纬度推移或受到南北向的挤压力作用,形成了纬向构造体系。纬向的水平运动则导致地壳上层物质由东往西推移或受到东西向的作用力作用,形成了经向构造体系。若相邻陆块的物质不均匀或陆块之间发生相对的剪切扭动,就会产生各式各样的直线或曲线扭动构造。那么是什么力量使地壳发生水平运动呢?地质力学认为,地球自转速度变化所产生的惯性离心力和纬向惯性力,是推动地壳运动的主要动力来源,是引起地壳运动的原因。前者能造成地壳沿经向的水平运动,后者能造成地壳沿纬向的水平运动。

1. 惯性离心力——经向(南北向)作用力的来源

地球自转时,球面上任一点必定会产生一个惯性离心力 F,据物理公式:

$$F = r\omega^2 m \qquad (3.1)$$

式中,r 为地面某点至自转轴的距离;ω 为地球自转角速度;m 为地面某点的质量。在第二章图 2.50 中,F 为惯性离心力,f_1 是垂直分力,为重力所抵消;f_2 为水平分力,其作用与经向一致,指向低纬度。因此,惯性离心力的水平分力是积极推动地壳表层物质自高纬度向低纬度运动的作用力。这个水平分力的大小与所在的纬度(φ)正弦成正比,即

$$f_2 = F\sin\varphi$$

代入式(3.1)及 $r = R\cos\varphi$,得

$$f_2 = m\omega^2 R\cos\varphi\sin\varphi \qquad (3.2)$$

据式(3.2)可知,在中纬度(约 $\varphi = 45°$)f_2 最大。所以,地球上出现最强烈的纬向构造带是在中纬度地区,即相当于我国阴山构造带和秦岭构造带的位置。

2. 纬向惯性力——纬向(东西向)作用力的来源

地球绕轴自西向东旋转,当自转速度变快时,地表上每一点都会产生切向加速度,因而在地表每一质点都会受到平行纬线方向的惯性力作用,其方向与加速度方向相反,即地球转速加快时,纬向力从东指向西,转速减慢时,从西指向东。

所以,当地球自转速度加快时,地球外壳一些粘着不牢的部分跟不上地球整体加速的要求,就会在纬向惯性力作用下发生从东往西的滑动,从而产生经向构造体系。最明显的例子是美洲大陆相对欧、非大陆,在惯性力作用下向西滑动,从而在它们之间产生了大西洋和大西洋海岭张裂带。美洲大陆向西滑动过程中,其西缘遇着太平洋底阻挡,受到挤压而形成了南北向的科迪勒拉—安第斯山系。

引起地球自转速度变化的原因很多,主要是其内部因素,即地球内部物质的运移规律。地球是个旋转体,它必须符合角动量守恒原理。这个原理是:旋转体的自转角速度和转动惯量的乘积恒为一常数,即 $\omega I = C$。当地球物质在重力作用下向地球内部集中时,地球的转动惯量(I)减少,地球的自转角速度(ω)就会加快;当转速加快到一定程度,就发生大规模的地壳运动。在加大的离心力水平分力作用下,地壳表层就会沿着经向自高纬度地区向低纬度地区推挤;在转速加快的同时,由于角加速度

的产生,就会产生平行纬线方向的惯性力,使地壳某些粘着不牢的部分发生相对的纬向运动。强烈的地壳运动发生后,由于地壳岩层的相互错动摩擦的影响,以及地壳深部乃至上地幔较重的物质伴随断裂向上侵入和喷出地表,导致了地球转动惯量加大,加上潮汐影响,在这几个因素作用下,就对地球自转起到自动刹车似的作用,使地球的自转速度又逐渐缓慢下来。随之,因重力作用,密度较大的物质又逐渐向地球内部渗透聚集,使地球质量又趋于集中,便又进入了新的转速加快的过程,准备着新的地壳运动的到来。地壳就是如此不断地运动和发展着。

三、板块构造学说

板块构造学说是20世纪60年代末兴起的,它是在大陆漂移、海底扩张学说基础上,综合大洋和大陆的地质研究资料发展而来的,所以又称全球构造理论,是目前最盛行的大地构造学说。

(一)大陆漂移说的由来和发展

1912年德国学者魏格纳提出了大陆漂移说,他认为:在大约3亿年前的石炭纪后期,地球上所有的大陆曾经联结在一起,构成一个统一的大陆(称为泛大陆),围绕它的是一片广阔的海洋(称为泛大洋),后来由于受地球自转离心力和潮汐力的作用,从中生代开始,泛大陆逐渐破裂、分离,由硅铝层组成的较轻的陆壳浮在较重的硅镁层洋壳之上漂移(就像冰山漂浮在水面上一样),直至形成现代的海陆分布轮廓。大西洋、印度洋、北冰洋是在大陆漂移过程中形成的,太平洋则是泛大洋的残余。

大陆漂移说主要是根据大西洋两岸大陆轮廓、地层、地质构造、古生物、古气候等方面的相似性和连续性而提出的。如南美洲和非洲两大陆相对应的海岸线惊人地相似,完全可拼合在一起;非洲南部的开普山脉可与南美的布宜诺斯艾利斯山脉连接;北美与西北欧的加里东褶皱带和海西褶皱带完全可沿走向相接;从古气候、古生物群的分布看,南美、非洲、印度、澳大利亚在古生代时都很相似,而中生代以后则有显著不同。这些都说明大陆曾联结一起,以后才逐渐分离。这个学说与当时盛行的海陆固定论的观点相抵触,受到占统治地位的固定

论者的激烈反对,加上漂移说对驱动力的解释,尤其对陆壳可以漂浮在洋壳之上等理解有不足之处,结果到20世纪30年代末,大陆漂移说被冷落了。直到20世纪50年代,由于古地磁及海洋地质等方面的研究,提供了许多新的论据,才使一度沉寂的大陆漂移说重新复活和得到发展。

古地磁是研究地质历史时期形成的在岩石中保存下来的剩余磁性。岩浆在冷却成岩或深海沉积物在沉积时,都会按当时的地磁场方向被磁化,即在岩石中保留有它形成时的地磁场方向。据此,用精密仪器测定岩石中剩余磁性的方向和强度,便可知道在岩石形成时的地磁南、北极的地理坐标位置。测定的结果发现:①在一个大陆中不同地质时代的磁极位置并不相同,其连线呈一条平滑曲线,称古地磁极游移轨迹;②在不同大陆同一时代的岩石中测出的地磁极位置也有显著差异,即每个大陆都有一条磁极游移轨迹,而最终都交汇于现今的磁极位置(图3.71)。事实上,地球的磁极与转动极是大致吻合的,每个时代都只有一个磁南北极,所测得的这种地磁极不一致的现象,只能说明地球磁极不是有很多个或位置有很大的变动,而是各大陆曾发生过大幅度漂移的结果。

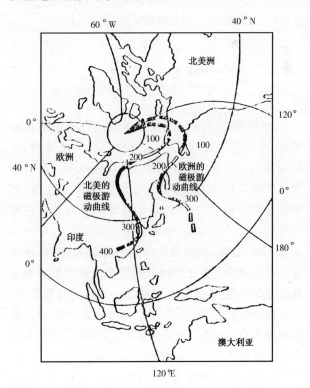

图3.71　欧洲和北美洲的古地磁极游动曲线

古地磁极的移动轨迹对于古大陆的复原提供

了极为重要的证据。1965年布拉德等人按照大陆架外缘500英寻(约915m)等深线为标准,应用电子计算机技术成功地完成了大西洋两侧大陆的拼接。以后又有人把南极洲、大洋洲和印度有效地拼接在一起,复原了2亿年前的联合古陆图像(图3.72)。从复原图看,2亿年前的联合古陆有两列大陆峙立南北,像倒卧的"V"字,中间为被两大陆夹持的开口向东的古地中海,联合古陆是在2亿年前才逐渐分离、漂移至现代的海陆面貌。

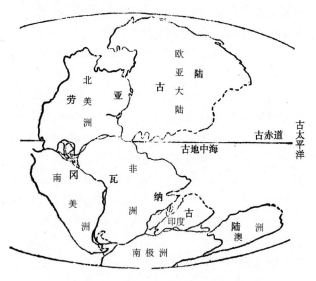

图 3.72　2亿年前的联合古陆复原图

(二) 海底扩张说的提出

20世纪50年代以来,对洋底进行了大规模的考察,考察结果发现,每个大洋底都有一条洋脊(又称海岭),洋脊轴部有中央裂谷,其热流值很高。洋脊几乎由基性火成岩组成,洋底的沉积物很薄,其厚度在洋脊最小,向两侧逐渐增加。深海钻探还发现洋底年龄十分年轻,组成洋壳最老的岩石年龄不超过1.95亿年,比大陆上的岩石年轻很多,且从洋脊轴部向两侧,岩石年龄由新到老逐渐增加。海底地磁测定发现,海底的地磁场方向变化是有规律的,其正向和反向的磁条带都是沿着洋脊对称排列(地磁南北极方向与现在一致的称正向,相反的称反向),洋脊上磁条带年代最新,离洋脊越远年代越老。

综合上述考察的新资料,在20世纪60年代初,

美国学者赫斯和迪次提出了海底扩张学说。该学说认为:洋底一方面在不断生长扩张,另一方面却不断在消亡。洋底生长的地方在洋脊,洋脊中间的裂谷是海洋地壳的分裂带,地幔物质呈熔浆沿裂谷向上涌出,然后冷凝成新洋壳,并把原来的洋底向两侧对称推移。由于熔浆不断地涌出和冷却,结果使洋壳不断地沿洋中脊生长,并向两侧不断推移扩张(据计算,其扩张速率大约每年数厘米),因而造成了洋中脊的岩石年龄最新,向两侧越来越老,以及地磁异常条带沿洋脊两侧对称相间排列的现象(图3.73)[①]。

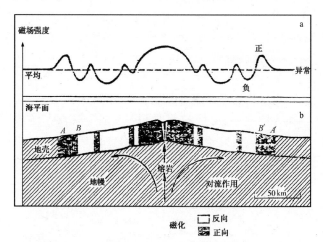

图 3.73　海底扩张和"磁带记录器"示意图

a. 地磁异常曲线;b. 海底扩张,熔岩不断上升和磁化,并不断把磁化熔岩推向两边,形成平行于大洋中脊的对称性磁异常条带,AA′BB′过去曾是重合在一起的洋脊,现在因海底扩张而被分开

当海洋地壳与大陆地壳相遇时,由于海洋地壳密度大,就俯冲到大陆壳之下,进入地幔逐渐熔化消失,并在海洋壳体俯冲之处形成了深海沟。因而洋底是从洋中脊不断生长扩张,又在海沟处不断俯冲消亡,大约2亿年左右,洋底就可更新一次。故洋底没有比中生代更老的岩石,不管是新生的大洋还是古老的大洋(如太平洋),它们的洋壳是相当年轻的,沉积层也很薄。

(三) 板块构造学说的确立

1. 概述

在海底扩张说提出并取得稳固地位后,在1968

---

① 据维恩(F. J. Vine)和马修斯(D. H. Matthews),转引自(宋春青,1996)。

年,一批学者又进一步提出了岩石圈板块构造学说的观点(简称板块构造),它是大陆漂移和海底扩张学说的引申和发展,把海底扩张说原理扩大应用到大陆,形成对整个岩石圈的运动、演化规律的认识,在更广泛的领域阐明地球活动和演化的许多重大问题。

板块学说认为:地球的岩石圈不是整块,而是被一些构造活动带(如洋脊、海沟、转换断层等)分割成若干块体,每个块体就像板子那样驮在地幔软流圈上漂移运动,由于板块的相互运动而产生的一系列构造现象,称之为板块构造。伊萨克斯等于1968年绘制了大洋壳的生长和消亡块状图解,如图3.74所示。板块内部是比较稳定的,各板块之间的接触处则是活动的,因而板块构造的主要表现是在其边界上,板块的边界是最活动的地带,且不同的边界,有不同性质的相对运动形式。已知板块的边界有三类四型。

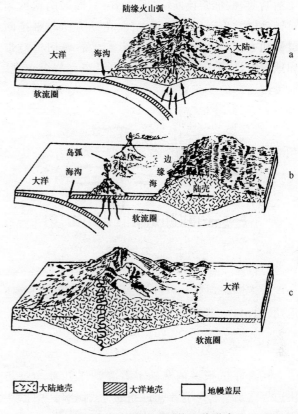

图3.75 汇聚型边界的三种形式
(Edward,Fredcrick,1976)
a. 山弧-海沟系;b. 岛弧-海沟系;c. 山弧-地缝合线

图3.74 大洋壳的生长和消亡块状图解
(据伊萨克斯等,1968)

2. 板块边界的基本类型

(1)离散型边界:又称增生边界或拉张边界,是岩石圈张裂和洋壳生长的部位。在大洋中为洋中脊,如大西洋海岭中脊、太平洋中隆等;在大陆上为裂谷带,如东非大裂谷等。两侧板块在此受到拉张作用而相背分离运动,随着板块的分离拉开,地幔物质沿着裂谷上涌,造成大规模的岩浆侵入和喷出或形成新洋底。此种板块边界是岩石圈重要的张裂带、岩浆带和地震带。

(2)汇聚型边界:又称挤压型边界或消减带。两侧板块相向运动,在此汇聚造成相互间对冲、挤压、聚合,构造活动极为复杂强烈,按板块汇聚性质,又可分为俯冲型和碰撞型边界(图3.75)。

俯冲型边界,相当于海沟,相邻板块相互叠置。当大洋板块与大陆板块汇聚时,由于大洋板块密度大、位置低,俯冲向下形成深海沟,如环太平洋有许多深海沟,为太平洋板块与亚洲板块及美洲板块的边界

线。大陆板块由于密度小、位置高,仰冲向上,并被挤压抬升成高峻的山脉,如美洲西岸的科迪勒拉-安第斯山系(又称山弧-海沟系),亚洲东部的东亚岛弧(又称岛弧-海沟系)。当大洋板块与大洋板块汇聚时,由于相互发生俯冲或仰冲,也会造成狭长海沟(又称洋内弧沟系)。俯冲型板块边界为强烈的挤压构造活动带、造山带、强烈的地震带、火山带和变质带。

碰撞型边界,又称山弧-地缝合线系,为大洋闭合后两个大陆块体聚合碰撞、互相挤压,使岩层推覆叠置,形成规模巨大的山脉和高原。它处在两个板块缝合之处,故称地缝合线。现代碰撞边界主要见于欧亚板块南缘,如雅鲁藏布江地缝合线,是印度板块与亚洲板块碰撞焊接的界线。此类板块边界为世界上强烈的挤压构造活动带、造山带、地震带和变质带。

(3)平错型边界:又称剪切型边界,相当于转换断层,两侧板块相互剪切错动,而不发生褶皱、增生和消亡。转换断层是海洋探测时发现的大洋海岭被一系列垂直海岭走向的横断层所切断,但这些横断层不是一般的平移断层,而是由于断层产生后,为以后的海底扩张所引起的相互运动而转换了性

质的断层,故称转换断层(图 3.76)。断层两侧的相对错动仅发生于中脊轴部之间,错动方向与平推断层错动方向相反。转换断层为重要的剪切构造带和地震带,一般分布在大洋中,也可在大陆上出现,如美国西部的圣安德列斯断层就是一条转换断层。

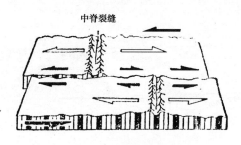

图 3.76　转换断层

岩石圈板块就是这样沿着它的边界边生长、边运动、边消亡,不停地在运动着。

3. 板块的划分

在海底扩张说的基础上并弄清了几种类型板块边界之后,一些学者就进行板块划分,其中以法国学者勒皮顺的划分最为大家接受。勒皮顺于 1968 年将全球岩石圈划分为六大板块,即太平洋板块、欧亚板块、印度洋板块(包括澳大利亚)、非洲板块、美洲板块和南极洲板块。这些板块既包括陆地,也包括海洋。太平洋板块虽然几乎全是水域,但也包括北美圣安德列斯断层以西的陆地及加利福尼亚半岛。所以板块的划分不受陆地和海洋限制,只根据板块边界而划分。除此以外,还有其他的划分方案,如把美洲板块划分为北美板块和南美板块,把印度洋板块划分为印度板块和澳洲板块。还可在大板块中划分出小板块,如菲律宾板块、阿拉伯板块、加勒比板块等。

4. 板块的驱动力

是什么动力驱使板块运动? 迄今仍在探索之中。目前一般认为,驱动力来源可能是地幔对流。地幔物质对流是地球内部能量——热力和重力联合作用的结果。地幔内部某些部位因放射性物质的蜕变而变热、变轻,向上运动形成上升流,到达岩石圈时向两侧扩散转为平流,平流过程中因热传导而逐渐变冷,冷而重的物质形成下降流而逐渐沉入地幔深处,在深处重新加热后再度上升,如此往复循环构成对流。海底扩张和板块运动就是地幔对流在地球表面的反映,地幔上升流导致板块的分裂,地幔熔浆随裂口涌出,使板块增生扩张,而平流则拖动两侧板块移动扩展,下降流则拖动板块俯冲和消亡(图 3.77)。

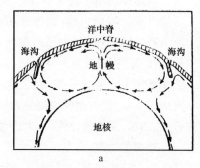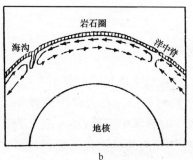

图 3.77　扩及整个地幔的对流(a)和限于软流圈的对流(b)

也有人提出重力驱动板块运动的推-拉模式,认为岩浆在洋中脊贯入,推动岩石圈向两侧沿洋中脊两翼的斜坡滑动,而板块前缘因冷却加重而俯冲下沉引起拉力,在拉力和推力的驱动下,板块不断沉入软流圈中,然后熔化再向洋中脊升起,这样构成一个对流单元。

另外还有提出地幔柱模式。地幔柱是从核幔边界升起的柱状热流体,直径可达几百公里,当热柱垂直上升到岩石圈之下的软流层时,垂直运动转化为平向运动,沿不同方向放射状扩散,带动其上的岩石圈做分离运动,随着热柱平流温度的降低,又以柱状回流返回地幔,如此拖动板块运动。

5. 大洋盆地的发展演化阶段

按照板块构造理论,不仅在大洋中有洋壳分裂和增生地带,而且在大陆陆壳也有分裂和地幔物质上涌的增生地带,这些地带在大陆上形成裂谷,如果裂谷进一步发展扩大,就会形成狭长的海峡,最后逐渐增长扩大形成大洋。形成大洋之后，由于洋壳向两侧大陆板块的俯冲作用，又会逐渐收缩关闭。加拿大学者威尔逊把大洋盆地的演化归纳为 6 个发展阶段（表 3.11）。

表 3.11　大洋盆地的发展及演化阶段

阶段（期）	实例	主导运动	特征形态	沉积物	火成岩	变质作用
胚胎期（Ⅰ）	东非裂谷	抬升	断块隆起（裂谷）	很少	拉斑玄武岩溢流，碱性玄武岩中心	甚轻
幼年期（Ⅱ）	红海 亚丁湾	扩张	狭窄海洋	陆棚沉积 蒸发岩	拉斑玄武岩洋底，碱性玄武岩岛屿	甚轻
壮年期（Ⅲ）	大西洋	扩张	有洋中脊的洋盆	陆架沉积物 （冒地槽型沉积）	拉斑玄武岩洋底，碱性玄武岩岛屿	轻
衰老期（Ⅳ）	太平洋	挤压 收缩	有环绕大洋边缘的岛弧、海沟	岛弧沉积物 （优地槽型沉积）	安山岩，大陆边缘为 安山岩及花岗闪长岩	局部规模大
终结期 （Ⅴ）	地中海	挤压、收缩 与抬升	年轻山脉、 残留海	蒸发岩、红层 碎屑岩、岩楔	安山岩，大陆边缘为安山岩 及花岗闪长岩	局部规模大
遗痕期 （Ⅵ）	喜马拉雅山 （地缝合线）	挤压与抬升	年轻山脉	红层及碎屑岩	很少	大规模

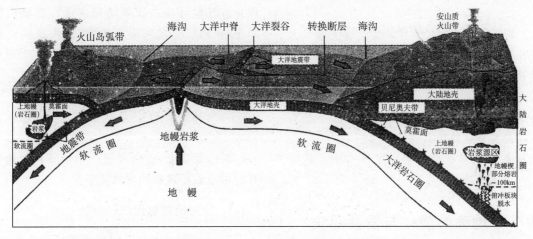

图 3.78　板块运动示意图

据 *Physical Geology*，2002，有改编，转摘自杨坤光，2009

6. 板块运动与地质作用（图 3.78）

（1）地震活动：地震是不同板块在边界处相互作用所引起，故全球地震带的分布与板块边界非常一致，全球地震能量的 95% 都是在板块边界释放的，板块内部地震活动非常少。但在板块不同的边界类型其地震强度和大小有所不同，现列表说明（表 3.12）。

（2）岩浆活动：洋中脊是全球最大的火山活动带，每年喷出的火山物质约有 4km³，大大超过全球所有其他地区喷出的物质。主要是基性和超基性岩类。俯冲带的岩浆活动主要在火山岛弧内，以火山猛烈喷发为特征，岩性以中酸性岩类、特别是安山岩类为主，形成著名的安山岩带。环太平洋是全球主要的俯冲带，全世界大多数火山活动发生在这里。在大陆裂谷，一般具有广泛的玄武岩岩浆喷发活动。

表 3.12　各类板块边界的地震活动特点

边界类型	应力状态	震源深度	地震带宽度	地震次数	最大震级
洋中脊轴部	拉张	浅	窄	少	<7 级
转换断层	剪切	浅	较窄	稍多	8.4 级
板块碰 撞边界	挤压	浅、中	极宽	较多	8.7 级
板块俯 冲边界	挤压、局 部拉张	浅、中、深	宽	很多	8.9 级

（3）蛇绿岩套：蛇绿岩套是镁铁岩石集合体，它形成于洋中脊等扩张环境，在海洋关闭及大陆碰撞过程

中,向上逆冲在岛弧火山沉积物之上,或推覆到大陆板块之上。因此,它是代表古洋壳碎块的存在,标志着洋盆的消亡,是鉴定古俯冲带、地缝合线的重要依据。

(4)混杂堆积:是俯冲带上特有的堆积物,由外来岩块、原地岩块和基底三部分组成,构成不同时代、不同成因的岩石相混杂的现象。其组成的混杂岩体大小不一,形状各异,分布与俯冲带平行。

(5)双变质带:在俯冲带中,沿俯冲板块一侧,由于俯冲压力和重力作用形成高压,产生了高压低温变质带,以蓝闪石片岩为主,称蓝片岩带。在仰冲板块一侧,由于受俯冲板块熔化后热流上升的高温影响,形成高温低压变质带,以红柱石片岩为主,两者合称双变质带。

复习思考题

1.何谓地槽和地台?试分析其形成发展过程和演化特征。

2.什么是构造体系?有哪些类型?试用地质力学观点解释地壳运动的规律和成因。

3.简述大陆漂移说、海底扩张说、板块构造学说的主要内容及其立论依据。

4.全球可划分成几大岩石圈板块?试分析板块的分界线及其表现特征。

5.试述全球地形格局的形成以及大洋盆地的发展演化与板块运动的关系。

第四节 地壳的演化与发展简史

自从地球形成以来,已有 46 亿年的历史。在这漫长的时间里,地球曾经历了许多重大和复杂的变化。研究人类社会的历史,有文物可考、文字可查,而地球本身也有特殊"文物"和"文字"来记载历史,这就是留存在地壳中的地层、古生物化石和各种各样的构造变动遗迹。因此,根据地层、化石和构造变动遗迹,应用辩证唯物主义与历史唯物主义的观点和方法进行研究,就可正确地恢复地壳的地质发展历史。

一、地 质 年 代

(一)古生物和化石

划分地质年代和恢复地史的工作,很重要的依据是化石。化石是保存在地层中的古代生物遗体或活动的遗迹。但并不是所有古代生物都能保存

成化石的,多数遗体被腐烂、破碎、溶蚀或被其他生物所吞食。要保存为化石,必须具备一定的条件,这些条件是:① 必须有不易分解的生物硬体,如骨骼、鳞片、贝壳、木质纤维等。② 生物死亡后要迅速被掩埋,遗体被掩埋得越快,和空气隔绝越快,就越利于保存成化石。③ 埋藏后的生物遗体还要经过长时间的炭化作用,或与 $CaCO_3$、SiO_2 等物质进行交换、充填等作用,才能变成化石。

有些古生物由于在地质历史中生存时间很长,对划分地层年代没有什么意义,只有那些生存时间短、演化快、分布地区广、个体数目多的生物种类形成的化石才有重大意义。这样的化石称为标准化石,如只生存在早古生代的三叶虫,奥陶纪、志留纪的笔石等。

生物与其生活环境密切相关,一定的环境,如陆地或海洋,分别繁殖着不同的生物。故分析古生物化石的结构和特征,可以推断其当时生活的古地理与古气候环境。如珊瑚只生活在温暖广阔的浅海里,在地层中发现珊瑚化石,就可说明此地区当时是个温暖广阔的浅海。凡能指示古地理环境的化石,称为指相化石。

(二)地层系统和地质年代

要恢复地史,首先要解决地质年代。地质年代有绝对地质年代和相对地质年代。

1. 绝对地质年代

通过对岩石放射性同位素含量的测定,并据其蜕变规律而计算出该岩石的年龄。例如铀铅法,就是利用 ^{238}U 不断蜕变为 ^{206}Pb($1g^{238}U$ 一年可蜕变出 $7.4 \times 10^{-9}g^{206}Pb$),分析岩石中含铀矿物的铀、铅比例,就可计算出此岩石的绝对年龄。此外,还有铀钍法、钾氩法、铷锶法、碳同位素等方法。

2. 相对地质年代

相对地质年代是指地层的生成顺序和相对的新老关系。它只表示地质历史的相对顺序和发展阶段,不表示各个时代单位的长短。确立相对地质年代的主要依据是:

(1)地层的形成顺序。据沉积岩生成原理,出露在剖面下面的岩层早生成,上面的岩层晚生成,这称为地层层序律。利用这种上新下老的关系,就可确定岩层的年代顺序。

(2)古生物化石。依照生物的演化规律,生物

表 3.13　地质年代及生物进化阶段表

地质年代				距今年龄(百万年)	构造运动	生物进化阶段	
宙	代	纪	世			动物	植物
显生宙 PH	新生代 Cz	第四纪 Q	全新世 Qh		喜马拉雅运动	人类时代：现代人、智人、猿人、古猿	被子植物时代：现代植物发展和繁盛
			更新世 Qp	2.6			
		新近纪 N	上新世 N₂			哺乳类时代：灵长类出现，哺乳动物发展和繁盛	被子植物发展和繁盛
			中新世 N₁	23.3			
		古近纪 E	渐新世 E₃				
			始新世 E₂				
			古新世 E₁	65			
	中生代 Mz	白垩纪 K	晚白垩世 K₂		燕山运动	爬行类时代：原始鸟类和哺乳类出现，以恐龙为代表的爬行动物大发展和繁盛	裸子植物时代：被子植物出现
			早白垩世 K₁	137			
		侏罗纪 J	晚侏罗世 J₃				裸子植物发展和繁盛
			中侏罗世 J₂				
			早侏罗世 J₁	205			
		三叠纪 T	晚三叠世 T₃		印支运动		
			中三叠世 T₂				
			早三叠世 T₁	250			
	古生代 Pz	二叠纪 P	晚二叠世 P₃		海西运动	两栖类时代：原始爬行类出现，两栖类及陆生无脊椎动物发展和繁盛	孢子植物时代：裸子植物出现，蕨类等孢子植物大发展和繁盛大规模森林出现
			中二叠世 P₂				
			早二叠世 P₁	295			
		石炭纪 C	晚石炭世 C₂				
			早石炭世 C₁	354			
		泥盆纪 D	晚泥盆世 D₃			鱼类时代：两栖类出现，鱼类繁盛	裸蕨植物繁盛
			中泥盆世 D₂				
			早泥盆世 D₁	410			
		志留纪 S	顶志留世 S₄		加里东运动	海生无脊椎动物时代：原始鱼类和脊椎动物出现	陆生植物(裸蕨)出现
			晚志留世 S₃				
			中志留世 S₂				
			早志留世 S₁	438		以三叶虫、笔石、腕足类等为代表的海生无脊椎动物大发展和繁盛	海生藻类时代
		奥陶纪 O	晚奥陶世 O₃				
			中奥陶世 O₂				
			早奥陶世 O₁	490			
		寒武纪 Є	晚寒武世 Є₃				
			中寒武世 Є₂				
			早寒武世 Є₁	543		带壳动物爆发	藻类空前繁盛
元古宙 PT	新元古代 Pt₃	震旦纪 Z	晚震旦世 Z₂		吕梁运动	无壳裸露动物出现和发展	
			早震旦世 Z₁	680			
		南华纪 Nh		800			
		青白口纪 Qb		1000		多细胞动物出现	高级藻类出现(褐藻、红藻等)
	中元古代 Pt₂	蓟县纪 Jx		1400	五台运动		
		长城纪 Ch		1800			
	古元古代 Pt₁	滹沱纪 Ht		2300		真核生物(绿藻)出现	
太古宙 AP	新太古代 Ar₃			2500			
	中太古代 Ar₂			2800		原核生物(原始菌藻类)出现	
	古太古代 Ar₁			3200			
	始太古代 Ar₀			3600 / 4600		无生命	

（地质年代据中国地层委员会，2005）

界总是从简单到复杂、从低级至高级不断进化,是不可逆的。地质时代越早的生物,越简单、低级;时代越晚的生物,越高级、复杂。这样,我们就可以根据岩层中所含化石或化石群的种类来确定其相对的新老关系,进而确定其相对的地质年代(特别是标准化石,划分地层时代的意义最大),这就是化石层序律。利用这个原理还可以进行地层对比,当不同地区的地层中含有相同的化石时,不论其相距多远,都属于同一时代。如莱氏三叶虫只出现在早寒武世,因此不论哪里,凡含莱氏三叶虫化石的地层必属早寒武世。

(3) 地壳构造运动的分析。区域性的巨大的地壳运动,常引起沉积环境、岩性及生物界的重大变化,据此可作为地史不同阶段划分的重要依据。如在早古生代末,欧洲发生一次强烈的地壳运动(称加里东运动),形成加里东褶皱带,除欧洲外,全球各地都受到这一地壳运动的不同程度的影响,所以加里东运动就成为早古生代与晚古生代划分的标志。

(三) 地质年代表

根据上述原则,结合岩性特征,就可对地层进行划分和对比,建立一个地区性甚至是全球性的地层层序系统,每一个地层代表着它形成时的相应地质年代。综合世界各地区域性的地层研究和对比资料,现在已建立了一个国际通用的年代地层系统和相应的地质年代表。年代地层系统中,地层单位包括宇、界、系、统、阶、带 6 个等级,与其相对应的地质年代单位为宙、代、纪、世、期、时。现代的地质年代表不仅按时代的早晚顺序进行地质年代编年,而且加上世界各地不同时代岩层放射性同位素年龄测定的数据,其分年分阶段更为精确(表 3.13)。

二、地球上生物的演化与发展

(一) 生命起源与过程

1. 生命起源的孕育条件

原始大气圈和水圈的形成(详见第二章第三节),是生命起源的孕育条件。

原始的大气圈和水圈的主要成分为碳、氢、氧、氮、硫等,并含其他多种化学元素,这些化学元素正是细胞的主要组分,为地球上生命的出现提供了物质条件。当大气圈分解出氢和游离氧,并形成臭氧层之后,就为生命的出现形成了条件。

2. 生命起源与演化过程

生命起源于无机界,其过程可概括为如下的简单模式:从无机物→简单有机物(氨基酸等碳氢化合物)→蛋白质、核酸等复杂有机物→原始生命→最原始的生物。

无机物如何变成有机物。据研究认为,在原始的大气圈和水圈中,碳、氢、氧、氮等元素,在高温作用下,形成了碳氢化合物,这些原始的碳氢化合物在紫外线辐射、闪电、陨石冲击、宇宙射线,以及来自地球内部的火山喷发、地下热流等能量作用下,与水气、氢、二氧化碳、甲烷等化合,形成了简单的有机物质氨基酸。当有机物质汇聚到原始海洋中,经过长期的积累与物理化学作用,氨基酸与核苷酸分别合成了原始的蛋白质与核酸分子。蛋白质和核酸是生命现象的物质基础。当蛋白质和核酸等在原始海洋中不断积累与浓缩、相互吸附,聚集成一种多分子体系,并形成了原始界膜,成为与海水分离的独立体系,再经过不断的演化,逐渐具备了新陈代谢和繁殖特征时,就形成了原始的生命。在自然界,由无机物转化为原始的生命,是一个长期的物理化学变化过程。

原始生命出现后,又经过长期的生物化学作用与复杂的演变,使其内部结构复杂化,逐渐进化成具有细胞形态的生命体,能进行光合作用和摄取无机物质作为营养。之后,又逐渐演化为群体单细胞的原始生物,并具有运动、营养和生殖功能。到太古宙晚期,在海洋里已出现了一些原始单细胞细菌和藻类生物。已知最古老的化石发现于南非 32 亿年前的地层中,就是由这些原始菌藻类组成。元古宙开始,海生藻类植物发展,并在海洋中开始出现最原始动物,地球上生物结束了演化的萌芽状态(图 3.79)。

(二) 生物的演化与发展历史

1. 植物界的演化与发展

元古宙海生藻类空前繁盛,故被称为藻类植物时代。古元古代主要是低等微体真核单细胞藻类,到了中、新元古代大量出现了各种藻类和叠层石。叠层石是藻类、细菌和碳酸钙沉积的集合体。

图 3.79 原始生命起源示意图

进入早古生代(寒武纪、奥陶纪、志留纪),海生藻类植物在海洋中继续发展。晚古生代(泥盆纪、石炭纪、二叠纪)时,由于陆地扩展,出现了大面积的低湿平原、湖泊和洼地,且气候湿润,为植物从水生到陆生发展提供了条件。到了志留纪末泥盆纪初,海生植物开始扩展上了陆地,当时是一些以孢子繁殖的孢子植物,故晚古生代又称孢子植物时代。开始是以半水半陆的茎叶不分的裸蕨为主(图3.80)。到了石炭二叠纪时,植物进一步由水边向陆地延伸,大量的孢子植物得以繁殖发展,如鳞木、芦木(图3.81)、封印木、大羽羊齿(图3.82)等都极为繁盛,并已发展成为高大乔木和木本大树,形成万木参天、森林密布的地理环境,故晚古生代的石炭、二叠纪是地史上最重要的成煤时代。

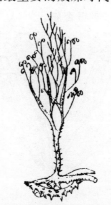

图 3.80 裸蕨(中泥盆世)

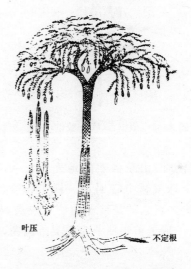

叶压 　　　　　　　　 不定根

图 3.81 鳞木(中泥盆世-二叠纪)

图 3.82 大羽羊齿(晚二叠世)

中生代时期,许多地方气候变干燥,喜湿润的孢子植物由于不适应这种干燥、冷热多变的环境而逐渐衰退,而更能适应各种环境的裸子植物迅速发展,因此中生代又称裸子植物时代。裸子植物以种子繁殖,但种子裸露没有果实包裹,苏铁、银杏和松柏类是其代表(图3.83、图3.84)。苏铁现仅存铁树等几种,银杏类只剩银杏属。

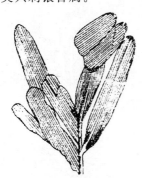

图 3.83　苏铁杉(晚三叠世—早白垩世)

图 3.84　似银杏(晚三叠世—第三纪)

新生代时,由于强烈的地壳运动和年轻山地的形成,全球气候分带明显。裸子植物已退居次要地位,代之而起的是被子植物大发展,故称被子植物时代。被子植物种子为果实所包裹,其繁殖和生长更能适应陆地上不同的气候和多变的地形。如杨、柳、桦及各种果树等。此外,裸子植物的松柏类依然繁茂,显花植物及草本植物也得到大发展。到第四纪时,植物的种类和分布已和现代非常相近了。

2. 动物界的演化与发展

(1)新元古代晚期,从古老的原生生物中已发展出低等的无脊椎动物,如海绵和腔肠动物,在震旦纪地层中曾发现有海绵骨针。

(2)早古生代——海生无脊椎动物繁盛时代。早古生代时期,由于出现较稳定而广阔的陆棚浅海,海洋中有丰富的养料,故进入寒武纪以后,海生无脊椎动物空前繁殖,且大多建立了坚硬的外壳,因而保存下来了丰富的化石。在众多的无脊椎动物中,以三叶虫、腕足类、笔石、珊瑚、头足类最为繁盛。三叶虫是栖息于浅海底的节肢动物,身体由许多小节组成,可横分为头、身、尾三部分,又可纵分成中轴和左、右肋叶三部分,故得名。以寒武纪最盛,到古生代末就基本灭绝。腕足类是具有两瓣一大一小硬壳的浅海底栖动物,整个古生代都很繁盛。笔石是已灭绝的小型群体海生浮游动物,外形像羽毛笔而得名,只繁殖于奥陶纪和志留纪。珊瑚是生活于温暖清澈浅海的腔肠动物,可分泌石灰质形成各种形状的骨座,并常组成珊瑚礁。此外,尚有头足类的直角石和珠角石等。总之,早古生代的海洋,是各种无脊椎动物生息和竞逐的场所(图3.85)。

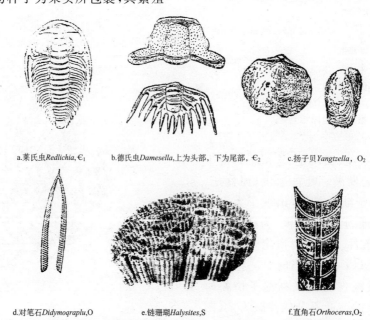

a.莱氏虫 *Redlichia*,ϵ_1　　b.德氏虫 *Damesella*,上为头部,下为尾部,ϵ_2　　c.扬子贝 *Yangtzella*,O_2

d.对笔石 *Didymoqraplu*,O　　e.链珊瑚 *Halysites*,S　　f.直角石 *Orthoceras*,O_2

图 3.85　早古生代化石举例

（3）晚古生代——脊椎动物的兴起及其由水生到陆生的发展。动物界在晚古生代时期有两大飞跃的发展，一是由无脊椎动物发展到脊椎动物，出现了原始的鱼类；另一就是动物由水中开始向陆上发展，即由鱼类逐步演变到能在陆上生活的两栖类。由于地球上陆地面积不断扩大，海洋缩小，促进了动物界的巨大变革。有些无脊椎动物由于本身机能不能适应外界环境的剧烈变化，终于衰退和灭绝，如三叶虫、笔石及繁盛于石炭、二叠纪的鏇类等。有些动物只在原来类型上发展，如腕足类、珊瑚等。而有些动物，则经过复杂的演变，从无脊椎动物分化出来演变成脊椎动物，这就是始于志留纪末而盛于泥盆纪的鱼类（图 3.86），故泥盆纪又称鱼类时代。在演化过程中，有一种叫总鳍鱼的鱼，由于具有坚硬的鳍，还有原始的鳃肺，遇到干涸季节时，可在空气中呼吸，还可用鳍勉强在陆地上移动，这样逐渐使鳍演变成能支撑身体在陆地上爬行的四肢，身体内部构造也随之而变化，逐渐进化成两栖类，当时的两栖类有较坚固头板，称为坚头类（图 3.87）。石炭、二叠纪时，地面上河湖沼泽密布，气候湿润，植物茂盛，昆虫繁多，因而两栖类得以空前繁盛，故石炭、二叠纪又称两栖类时代。到晚古代生末期，坚头类一支又进化到原始的爬行类。

图 3.86　沟鳞鱼复原图（有颚鱼类）

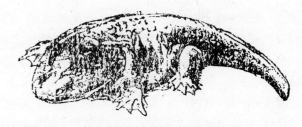

图 3.87　一种坚头类复原图

（4）中生代——爬行动物的时代。作为中生代动物界发展的标志，是爬行动物的高度繁盛，因此中生代又称爬行动物时代，其中最重要的一类是恐龙（图 3.88）。恐龙在中生代时极为昌盛，种类繁多，遍布世界各地。它有许多种属：有头小体大（重达几十吨），长颈长尾（长可达 30m），以植物为食的雷龙；有头大颈短，牙齿锋利，能以后肢行走，凶悍残暴，以肉食为生的霸王龙；有背具两列骨板如剑的剑龙；还有嘴如鸭嘴的鸭嘴龙，等等。此外，还有

图 3.88　恐龙

a. 雷龙；b. 霸王龙；c. 剑龙；d. 鱼龙

能在空中飞翔的飞龙和翼手龙,能在水中生活的鱼龙和蛇颈龙。我国已发现丰富的恐龙化石,如在云南 T_3 地层中的"禄丰龙",四川 J_3 地层中的马门溪龙(身长 22m,高 3.5m,重达 30~40t),山东 K_2 地层中的鸭嘴龙,并在西藏希夏邦马峰 T 地层中发现世界最大的鱼龙,等等。

恐龙虽称霸中生代,遍布于当时的陆、海、空领域,但到了中生代末就灭绝了。对恐龙的灭绝,人们提出种种假说。有的认为恐龙是变温(或称冷血)动物,不能控制身体的体温,到中生代末,强烈的地壳运动造成地形、气候、植物等条件的变化,影响了恐龙的生存而灭绝;有的认为与中生代末小行星或彗星撞击地球,造成地球的大灾难而使恐龙灭绝;还有认为来自宇宙射线的突然增加,地球磁场变化的影响,等等。至今,对恐龙灭绝原因还在探讨中。

新陈代谢是宇宙间普遍的和永恒的规律。动物界演化的又一个决定性阶段是从变温(冷血)动物演变为恒温(温血)动物,到中生代中、晚期出现了鸟类和哺乳类。在 J_3 地层中发现了始祖鸟化石,这种鸟既长着羽毛、足有四趾、拇趾与其他指对生的鸟类特征,可嘴里又有牙齿、两翼有爪、还有一条长尾巴的爬行类特征,这证明鸟类是由爬行类一支演化而来的(图3.89)。我国还找到爬行动物和哺乳动物的过渡类型,如云南 T_3 地层中发现的卞氏兽,其牙齿已分化,类似于哺乳类的牙齿。

图 3.89　中生代生物及化石举例
a.飞龙;b. 始祖鸟 *Archeopteryz*

中生代的无脊椎动物无论海生还是陆生的,都十分繁盛。海生的以头足类菊石的大发展为特征。菊石是一种扁平的盘状螺形体,壳表面有纹线称缝合线,至白垩纪末就灭绝了。淡水无脊椎动物的重要类别有双壳类、腹足类、介形类和昆虫等。

(5)新生代——哺乳动物的时代。中生代空前繁盛的爬行动物,因不能适应外界条件的剧烈变化

而衰亡,大部分绝灭,只有龟、鳄、蜥蜴、蛇等延续下来,代之而起的是哺乳动物的大发展。哺乳动物有固定的体温,身体有隔热的毛皮和脂肪层,有蒸发汗水的腺体,因而可使体温不随环境气候而变化,并且逐渐由卵生发展至胎生,比其他生物具有更优越的进化条件。古近纪始新世出现了最早的马(始祖马),渐新世出现了最早的象(始祖象),新近纪时原始的猪、鹿、牛、羊、犬、熊及猫科等哺乳动物均已出现。至第四纪时,逐渐形成了现代哺乳动物群类(图3.90)。新生代的无脊椎动物继续演化,门类众多,以有孔虫、珊瑚、昆虫及软体动物的瓣鳃类(如牡蛎、蛤等)、腹足类(如蜗牛、螺等)最为繁盛。

人类的出现和发展,是生物演化史上一件划时代的大事。人是从灵长类中的猿类进化而来的。渐新世时出现了最早的猿类,广泛生活在欧亚和非洲大陆的热带森林中,在发展中产生几个分支,其中有一支高度发展的古猿,具有能在树上生活和地面生活的双重适应性,后来由于气候变冷,森林减少,他们被迫下地,逐渐适应了地面生活而演变成类人猿,至新近纪上新世时出现了最早的人类。人类的发展大致可分为四个阶段。

(1)早期猿人(古猿)阶段(上新世—早更新世):能用两足直立行走,本能地使用天然工具。化石代表为非洲的南方古猿和我国的腊玛古猿。

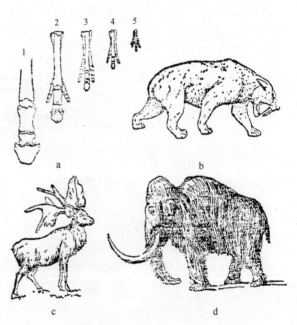

图 3.90　新生代动物举例
a. 马趾的演化:1. 真马;2. 三趾马;3. 中新马;4. 渐新马;
5. 始新马;b. 剑齿虎;c. 肿骨鹿;Q_2—Q_3;
d. 猛犸象,Q_2—Q_3

（2）晚期猿人（猿人）阶段（中更新世）：四肢已接近人形状，能制造原始石器和骨器，开始用火。化石代表有北京猿人、陕西蓝田猿人及爪哇猿人等（图3.91）。

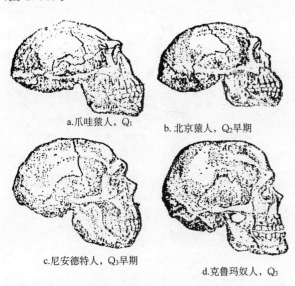

a.爪哇猿人，Q_1

b. 北京猿人，Q_2早期

c.尼安德特人，Q_3早期

d.克鲁玛奴人，Q_3

图 3.91　人类头骨化石

（3）早期智人（古人）阶段（晚更新世）：能制造较精巧的石器、骨器，会用兽皮蔽体，脑量增大和脑结构较复杂。化石代表有广东马坝人、山西丁村人及欧洲的尼安德特人等。

（4）晚期智人（新人）阶段（晚更新世晚期）：能制造复杂的石器，已会用兽皮缝制衣服，用骨、贝壳等造装饰品，开始熟食，脑量和脑结构与现代人差不多。化石代表有北京周口店山顶洞人、四川资阳人、克鲁玛奴人等。新人进一步发展到全新世成为现代真人类。

三、地壳构造轮廓与古地理
面貌的演变历史

1. 前古生代

前古生代是指自地壳形成至古生代开始的一段地质时期，延续约40亿年时间，大致可以25亿年前为界划分为太古宙和元古宙两个阶段。

太古宙时，地壳处于早期阶段，地壳薄弱，为脆弱的玄武岩圈，地壳运动极频繁，壳下的高热物质经常向地表喷出和侵溢，因而火山活动也极为强烈。当时全球几乎都是浅海洋，只有分散孤立的岛屿式小陆块，后经过多次的强烈构造运动，至太古

宙末,形成了最初的较稳定的陆块（称之为陆核），现今每个大陆都有一个或数个这样的陆核。

元古宙时，由于陆核的出现和扩大，地壳稳定性得到加强。到早元古代末，地球上发生一次较广泛而强烈的地壳运动（我国称吕梁运动），一些洋壳褶皱隆起，并伴有岩浆喷溢和岩层的变质作用，使陆核加大，形成一些较大而稳定的古陆。以后又围绕这些古陆不断焊接增长，至新元古代时，全球形成了五个巨型的稳定古陆，即北半球的北美古陆、欧洲古陆、西伯利亚古陆、中国古陆和南半球的冈瓦纳联合古陆（包括现在的南极洲、澳大利亚、印度、非洲、南美洲）。围绕这些古陆周围为海槽活动带（图3.92）。也有学者认为，前古生代时期地球上大陆曾经历过多次的分合，至元古宙末曾出现一个联合古陆（泛大陆），到寒武纪以后才开始分裂成五块大陆。元古宙末，全球气候变冷，冰成岩发育，形成地史上可纪录的第一个冰期。

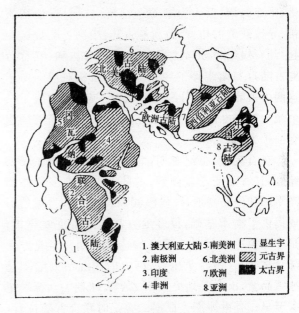

1.澳大利亚大陆　5.南美洲　□ 显生宇
2.南极洲　6.北美洲　▨ 元古界
3.印度　7.欧洲　■ 太古界
4.非洲　8.亚洲

图 3.92　元古代晚期出现的巨型稳定古陆

2. 早古生代

包括寒武纪、奥陶纪、志留纪，距今约5.4亿年至4.1亿年，延续约1.3亿年。

从早寒武世开始，世界各地开始了广泛的海侵，至奥陶纪时海侵规模最大，全球除北半球的东欧地台及南半球的冈瓦纳古陆外，其余地区几乎为海水所淹没，形成了广阔浅海及碳酸盐沉积。奥陶纪以后，各地广泛发生海退，尤其至晚志留世末，由于各板块之间的移动靠拢碰撞，发生了一次世界性

的强烈的构造运动(称加里东运动),使部分海槽挤压褶皱上升成山脉,如加里东海槽、蒙古海槽、我国的祁连海槽和华南海槽等,从而使全球陆地面积扩大。西北欧和北美东北部加里东褶皱带的形成,使北美古陆与欧洲古陆相连,导致了古大西洋的关闭。

3. 晚古生代

包括泥盆纪、石炭纪和二叠纪,距今约 4.1 亿年至 2.5 亿年,延续约 1.6 亿年。

进入晚古生代时,全球存在四个巨型稳定的古陆:欧美古陆、西伯利亚古陆、中国古陆和冈瓦纳古陆。从泥盆纪晚期开始,这些古陆的内陆或边缘,又遭受不同程度的海侵,形成一些陆表或陆缘浅海。晚古生代后期,全球范围内发生强烈的地壳运动(称海西运动),使海槽两侧的大陆板块发生对接碰撞,许多海槽先后关闭,阿帕拉契亚海槽、海西海槽、中亚海槽、蒙古海槽等全部褶皱隆起形成褶皱带,导致欧美古陆、西伯利亚古陆、中国古陆焊接一起,到石炭纪时,形成一个巨大的北方古陆(又称劳亚古陆),与南半球的冈瓦纳古陆遥相对应。由于这两大古陆西部十分靠近并联结一起,故构成了一个统一的联合古陆(泛大陆),从而使全球陆地面积空前扩大(图 3.93)。

在石炭、二叠纪时期,北方大陆由于处在较低纬度,且海陆变迁较频繁,古陆上形成许多近海沼泽平原和内陆盆地,气候湿暖,林木茂盛,为煤的形成提供了物质基础,很多地方都形成了重要煤田,是全球第一个且最为重要的造煤时期。当北方大陆森林密布、沼泽丛生时,南方的冈瓦纳大陆却是冰雪晶莹,出现了地史上第二次大冰期——石炭纪末至早二叠世冰期。根据二叠纪时联合古陆位置,这些冰盖中心是位于冈瓦纳古陆的高纬度及南极圈地区(现在为南美东南部、非洲南部、印度南部、澳大利亚西部、南极洲)(图 3.93)。

4. 中生代

包括三叠纪、侏罗纪和白垩纪,距今约 2.5 亿年～6500 万年,延续约 1.8 亿年。中生代的地壳运动,主要有发生在三叠纪中、晚期的印支运动和发生在侏罗、白垩纪的太平洋运动(又称旧阿尔卑斯运动,我国称燕山运动)。中生代地壳演化的总趋势是:联合古陆的分裂解体,大西洋的形成和扩展,

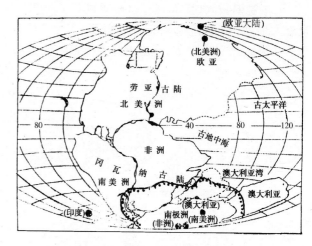

图 3.93　按照现代活动论推断的二叠纪海陆分布图
(Dietz,Holden,1970)
实心圆点为拼合后各大陆的古地磁极,
为石炭纪、二叠纪冰盖界线

古地中海收缩关闭,太平洋逐渐缩小及环太平洋褶皱带的形成。

晚古生代后期形成的联合古陆,经历了约 1 亿年时间后,于 2 亿年前(即三叠纪末)开始发生分裂。首先是北美与欧亚大陆分离,出现了原始的北大西洋;南美与非洲分裂,形成原始的南大西洋;印度和非洲漂离南极洲,形成了原始的印度洋。(图3.94)。到侏罗纪、白垩纪时,南北大西洋进一步扩展,印度漂离非洲。澳大利亚漂离南极洲向东北方向移动。故到白垩纪末期,冈瓦纳古陆已彻底解体成五大块(南美、非洲、印度、澳大利亚和南极洲)(图3.95)。

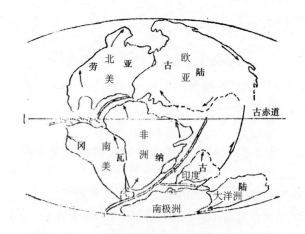

图 3.94　早侏罗世古大陆位置及新海洋的形成
(Dietz, Holden,1970)

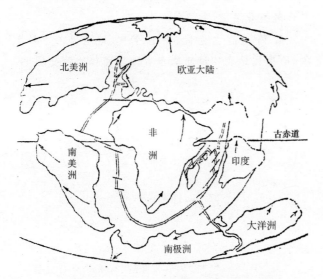

图 3.95　晚白垩世古大陆位置及新海洋的分布

(Dietz, Holden, 1970)

位于北方古陆和南方古陆之间的古地中海,由于印度和非洲板块向北漂移而逐渐缩小。到白垩纪末,两板块北漂至欧亚板块南部,并与欧亚板块发生挤压碰撞,致使该地区的地层受挤压褶皱上升,形成阿尔卑斯、高加索及中亚等山脉。大西洋的产生和不断扩展,使太平洋不断缩小。由于太平洋板块与向西漂的美洲板块俯冲碰撞,使其接触地带,即环太平洋东岸海槽产生强烈挤压上升,并有强烈的火山活动,形成了一系列褶皱山脉,如内华达山脉、安第斯山脉等。在太平洋西岸海槽,则由于太平洋板块向亚洲板块俯冲而形成亚洲东部的一系列断褶隆起带和断陷盆地,伴有大规模的岩浆侵入和喷发,并形成了环太平洋多金属成矿带。

中生代的晚三叠世及侏罗纪时期,气候温暖潮湿,植物茂盛,为成煤提供了物质基础,故 T₃—J 是地史上又一次重要成煤时期。

5. 新生代

新生代是地史最近阶段,从 6500 万年前至现代,包括古近纪、新近纪和第四纪,第四纪只进行了 200 万～300 万年。新生代的构造运动称喜马拉雅运动(或称新阿尔卑斯运动),其中新近纪末至第四纪的构造运动属于新构造运动。新生代地壳演化的总特点是:地中海-喜马拉雅海槽最后封闭,形成强烈而高耸的褶皱带和残余的地中海;大西洋和印度洋继续扩张;环太平洋海槽不断褶皱隆起,洋区日益缩小;各大陆相对漂移或靠拢,逐渐形成东半球大陆和西半球大陆以及现代的全球海陆分布面貌。

古近纪初,现今的喜马拉雅及环地中海周围地带仍有海侵,沉积了海相地层。始新世末,随着印度板块不断向亚洲板块俯冲碰撞,喜马拉雅地区受到强烈挤压上升,形成了现今世界上最高峻的山系,并且由于两大板块的推撞,地壳岩层互相叠置,形成了世界上地壳厚度最大和海拔最高的青藏高原。在地中海周围地区,由于非洲板块向欧洲南部靠拢碰撞,形成了分列地中海南北两侧的高峻山脉,如南欧的比利牛斯山、阿尔卑斯山、喀尔巴阡山,北非的阿特拉斯山。现在的地中海、黑海、里海均是海槽封闭后的残留水域。

在太平洋东岸,由于太平洋板块与西漂的美洲板块继续俯冲碰撞,使美洲西部已经形成的褶皱带进一步受挤压,在北美大陆西缘形成了海岸山脉,在南美西部安第斯山区,最后全部隆起成高耸山系,同时伴随有大规模的中性或基性的岩浆喷发。在太平洋西岸,太平洋板块继续向亚洲板块俯冲挤压,使环太平洋西部海槽及亚洲大陆外缘普遍褶皱隆起,伴有强烈的火山喷发,形成了环列东亚大陆边缘的火山岛弧,包括千岛群岛、日本列岛、琉球群岛、台湾岛、菲律宾群岛及加里曼丹群岛等。由于环太平洋海槽是板块的俯冲地带,故地壳运动非常活跃,是现今世界上火山活动和地震活动极为强烈的地区。

新生代期间,美洲大陆和欧、非大陆继续分裂,大西洋不断扩张加宽,并延入北极地区,形成了现今的大西洋面貌。澳大利亚大陆进一步漂离南极洲,形成现今的印度洋。欧非大陆内部的一些地方,由于受大陆东西分裂影响,形成了一些基本南北走向的巨大张裂带,如东非大裂谷、西欧莱茵河谷等。

地壳经历了前古生代、古生代、中生代至新生代漫长而复杂的演变发展,至第四纪时形成了现代的地壳构造格局和自然地理面貌,出现了七大洲、四大洋的海陆分布轮廓。

复习思考题

1. 熟记地质年代表的宙(宇)代(界)纪(系)名称和划分的大致时间,并记住其相应的构造运动及生物进化的主要阶段。

2. 什么是化石?形成化石需要具备哪些条件?

化石对划分地层和地质年代的意义是什么？

3. 简述地史时期动、植物界的演化过程，并对比古生代、中生代、新生代动、植物界的演化特征及其代表性化石。

4. 简述前古生代、早古生代、晚古生代、中生代、新生代地壳构造轮廓与古地理面貌的演变历史。

第四章　气　候

气候是长期的大气过程和大气现象的综合,是最活跃的自然地理要素之一。大气、水体(海洋)、陆地、冰雪、生物共同组成气候系统。大气是气候系统最易变的成分,蕴含着来自太阳的热能。大气的物理过程首先支配着地表的热量平衡,同时支配着海陆间的水分循环,影响陆地水文网的分布,从而影响了生物分布及其动态。风化壳和土壤覆盖层的形成受到大气过程各种作用的影响。大气过程还是各种地貌的外营力。

第一节　大气的一般特性

一、概　述

自然界的气态物质的集合体称为气体。气体的密度通常比同样化学成分的液体和固体小得多,它具有连续性、流动性、可压缩性及黏性,容易膨胀,能充满任何容器。围绕着地球的厚层气体,称大气。它形成了一个连续的圈层,称大气圈。

大气圈中存在着各种物理过程,如辐射过程、增温冷却过程、蒸发凝结过程等。这些过程形成各种风、云、雨、雪、雾、露、霜、冰等千变万化的物理现象,称气象。某地区短时间内大气过程和现象的综合,称天气。地球大气的这些物理过程和物理现象,不仅与人类活动息息相关,而且与自然地理环境的其他圈层相互影响,相互制约,形成某地区特有的天气现象和过程的综合,称气候。气候是在太阳辐射、下垫面性质、大气环流和人类活动长期相互作用下形成的,是自然地理环境的主要要素之一,其形成及变化与大气本身的组成、结构及性质紧密相连。

二、大气的组成和结构

(一)大气的组成

低层大气由多种气体混合组成,此外还包含着少量的水汽和杂质。

1. 干洁空气

大气中不包含水汽和杂质的整个混合气体,称干洁空气。它的主要成分是氮、氧、氩,三者占全部干洁空气容积量的 99.96%、质量的 99.95%;此外,还有少量的二氧化碳、臭氧和氢、氖、氦、氙、氪等稀有气体,含量不到空气容积的 0.1%(表 4.1),是次要成分。由于大气存在着垂直运动、水平运动、湍流运动和分子扩散,使不同高度、不同地区的空气得以交换和混合,因而从地面到 90km 处,干洁空气主要成分的比例基本上保持不变。故可以把它当成分子量为 28.97 的"单一成分"气体来处理。其密度在标准状况下为 $1.293 \times 10^{-3} \mathrm{g/cm^3}$。干洁空气中以氮、氧、二氧化碳、臭氧最为重要。

表 4.1　干洁空气的成分(25km 高度以下)

气体	容积(%)	相对分子质量	气体	容积(%)	相对分子质量
氮 N_2	78.09	28.016	氖 Ne	1.8×10^{-3}	20.183
氧 O_2	20.95	32.000	氦 He	5.24×10^{-4}	4.003
氩 Ar	0.93	39.944	氪 Kr	1.1×10^{-4}	83.700
二氧化碳 CO_2	0.03	44.010	氢 H_2	5.0×10^{-5}	2.016
臭氧 O_3	1.0×10^{-6}	48.000	氙 Xe	8.7×10^{-6}	131.300

(1)氮。氮来自地球形成过程中的火山喷发。氮具有化学惰性,在水中的溶解度很低,因此,大部分保留在大气中。大气中的氮能冲淡氧,使氧不致太浓,氧化作用不致过于激烈。氮是生命体的基

础。闪电能把大气中氮和氧结合成一氧化氮,然后被雨水冲洗进入土壤。氮还可以作为化肥原料和直接为豆科植物的根瘤菌吸收,固定到土壤中,成为植物所需的氮化合物。小部分进入地壳的硝酸盐中。

(2)氧。氧来自水的离解和光化学反应,以及植物的呼吸。大气中的氧为自然界一切生命体所必需,这是因为动、植物都要进行呼吸作用,在氧化作用中得到热能以维持生命的缘故。此外,氧还是燃烧的必要条件以及决定腐败、分解等各种化学过程及生物化学过程的因素。

(3)二氧化碳。二氧化碳来源于燃烧、氧化、大陆生物圈的作用、海洋的作用以及矿泉和火山喷发等,集中分布于大气底部20km的一薄层。浓度为0.02%到0.04%之间,其含量不定,随时间、空间而变化,一般是底层多高层少,冬季多夏季少,夜间多白天少,阴天多晴天少,城市多乡村少。近年由于工业化,大量燃烧矿物燃料,大气中二氧化碳含量与年俱增。二氧化碳是植物光合作用不可缺少的原料,同时也是红外辐射的吸收剂,能透过太阳短波辐射而强烈吸收和放射长波辐射,对地面起保温作用,形成温室效应。当其含量达到0.2%~0.5%时,则对生物体有害。

(4)臭氧。大气中的臭氧主要是在太阳紫外线辐射作用下,氧分子分解为氧原子后再和另外的氧分子结合而成。低层大气有机物的氧化和雷雨、闪电作用也能形成臭氧。大气中的臭氧含量很少,而且不固定,随高度变化。近地面很少,在距地面5~10km处含量开始渐增,20~30km处浓度最大,形成明显的臭氧层。臭氧层能吸收太阳紫外辐射的99%,使臭氧层增暖,影响大气层中温度的垂直分布,保护地球上的生物使之免遭过多紫外线的伤害,而成为地面生物的保护层。少量紫外线可以起到杀菌治病的作用。

2. 水汽

水汽与干洁空气混合在一起,成为实际大气的重要成分之一。大气中的水汽来自江、河、湖、海及潮湿物体表面、动植物表面蒸发(蒸腾),并借助空气的垂直运动向上输送。大气中的水汽含量很少,而且不固定,随时间、空间及气象条件而变化。按容积含量来说,变化范围在0%~4%之间,随纬度、高度以及海陆分布的不同而异。随高度增高而减少,50%集中在2km以下,90%集中在5km以下;纬度愈高,水汽含量愈少,寒冷干燥的陆面上,其含量几乎为零,高温的热带海面上空可达4%。大气中的水汽在自然界常温下具有三相变化,产生云、雾、雨、雪、霜、雹等一系列大气现象,影响天气变化;大量水汽凝结物以云雾形式悬浮空中,影响视程;水汽及其凝结物能吸收和放射长波辐射,反射太阳辐射,使地面和大气保持一定的温度;潜热作用能转换和输送热量,影响各地的天气和气候。

3. 杂质

大气中悬浮着各种固体杂质和液体微粒(小水滴或小水晶),称气溶胶粒子。

大气中的固体杂质来源于地面扬尘、烟灰、粉尘、有机尘、海水飞溅进入大气的盐粒、火山喷发的灰烬、流星燃烧陨石碎屑以及来自太空的宇宙尘埃等。含量不定,随时间、空间和天气条件而变化。通常是集中于大气底层,但底层大气中的固体杂质含量也不定,每立方厘米数百粒到数十万粒,随高度增高而减少,陆上多于海域,城市多于乡村,冬季多于夏季。由空气的垂直运动和水平运动输送。

大气中固体杂质可促进水汽凝结和升华,能吸收部分太阳辐射和阻挡地面辐射,影响地面和空气温度;能散射、反射、折射太阳光辐射,产生各种大气光学现象;与液体微粒聚集一起,形成气溶胶,污染空气,减低大气透明度,影响视程。

4. 大气污染

由于人类活动的影响,使局部甚至全球范围的大气成分发生了对生物体有害的变化,称大气污染。这些混入大气的有害气体和烟尘,称为大气污染物。目前大气污染物已被人们注意到的不下100种。主要污染物有粉尘,烟尘,SO_2,NO_x,CO,CO_2,H_2S,HC等。其污染源主要是工厂烟囱排出的废气、汽车尾气、家庭炉灶和人们在生活中排出的各种废气,以及农药、化肥施用等。在城市,特别是大城市,其污染物含量远远超过天然空气中的含量。

(二)大气的结构

大气层不均匀,尤其在垂直方向上,其分子组成、化学和物理性质、温度和运动状况、荷电等分布不均匀,所以根据大气在垂直方向上的温度、成分、密度、电离等物理性质和运动状况,可以把大气分为五层(图 4.1)。

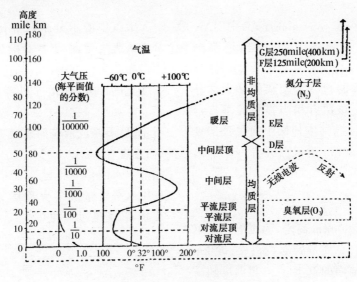

图 4.1 大气垂直分层

1. 对流层

对流层是大气圈的最底层,自地面到 8～18km。本层厚度最薄,不及大气层厚度的 1/10,并随纬度、季节而变化,在高纬地区平均 8～9km,中纬地区平均 10～12km,低纬地区平均 17～18km,夏季大于冬季。对流层的质量最大,水汽最多,集中了大气质量的 3/4 和几乎全部的水汽和固体杂质,是天气变化最主要、最复杂的一层,对人类活动和地球生物影响最大,与自然地理环境关系最密切。

对流层有三个最主要的特点:

(1) 气温随高度的升高而降低。因为对流层大气主要依靠地面长波辐射增热,一般情况下,愈近地面空气受热愈多,气温就愈高,离地面愈远,气温就愈低。在不同地区,不同季节,不同高度,气温随高度的降低值是不同的。平均每上升 100m,气温下降约 0.65℃。

(2) 具有剧烈的对流运动。因受地面加热不均匀的影响,产生对流运动,使高低层空气之间得以交换和混合,地面的热量、水汽、杂质等向上输送,促进云、雨的生成。

(3) 气象要素水平分布不均匀。因地表性质差异明显,而对流层受地表影响大,因此,温度、湿度等水平分布不均匀,从而经常发生大规模的水平运动,冷暖气流交换频繁。

在对流层内,按气流和天气现象的分布特点,又可分为下层、中层、上层。地面至 1.5km 为下层,又称摩擦层或行星边界层。受地面摩擦和热力作用,对流、乱流运动强烈,风随高度而增大,气温日变化显著,多低云、雾、霾现象;1.5km 以上,6km 以下为中层,气流受地面摩擦影响很小,称自由大气层。云和降水大多发生在此层。6km 以上至对流层顶,为上层。上层气温常年在 0℃ 以下,水汽含量较少,云由冰晶和过冷却水滴组成,风速较大。在中纬度和热带地区,这里常出现风速大于 30m/s 的强风带,即急流。

在对流层和平流层之间,有一个厚度为数百米至 2km 的过渡层,称对流层顶,其气温随高度递减慢,或出现等温甚至逆温。对流层顶对流运动微弱,对垂直气流有阻挡作用,水汽、尘埃等多集聚其下,使那里的能见度变弱。对流层顶的高度随纬度、季节和气团性质而异。对流层顶的温度随纬度变化与地面相反,赤道地区上空约 −83℃,极地地区约为 −53℃。

2. 平流层

自对流层顶向上至 50～55km 高度为平流层。平流层下部气温随高度不变或略微上升,故又称同温层;25～36km 以上,气温很快升高,为逆温层。到平流层顶可升至 −3～−17℃ 左右。这是因为它受地面影响减少和臭氧吸收太阳紫外辐射所致。这里大气稳定,空气的垂直运动微弱,气流以水平运动为主,故称平流层。水汽、尘埃含量也很少,无普通云、雨现象，天气晴朗，能见度好，适宜飞行。

3. 中间层

自平流层顶向上至80～85km高度，为中间层。这里气温随高度升高而迅速下降，至顶可降到−113～−83℃。这是因为没有臭氧吸收太阳紫外辐射，同时氮、氧能吸收的短波太阳辐射又大部分被上层的大气所吸收。该层有相当强烈的垂直运动，故又称上部对流层。高纬度地区中间层顶部夏季夜间会出现夜光云，80km附近白天有一个电离层（D层）。

4. 暖层

自中间层顶向上至800km高空，为暖层。这里空气密度很小，只含大气总质量的0.5%；在300km的高空，空气密度只及地面的10^{-11}。这里温度随高度增加而迅速上升。据人造卫星探测，在300km的高空，温度已达1000℃以上。这是因为所有波长小于0.175 μm的太阳紫外辐射都被该层气体所吸收，故称暖层或热层。气体处于高度电离状态，故又称电离层。它能反射无线电波。这里还有极光现象出现。

5. 外层

800km以上，是大气的最外层。这里空气极其稀薄，质点之间距离很大，气温很高，而且随高度而升高。距离地球表面很远，质点运动速度很快，不断向星际空间散逸，故又称散逸层。它是大气圈与星际空间的过渡带，即大气上界。

大气密度随高度增加而减小，但无论哪个高度也不等于零，所以大气与星际空间无绝对的界限，但可以分析出一个相对的上界。此界以下大气密度不同于星际空间的气态物质。相对上界的确定因着眼点不同而异。着眼于某种物理现象的出现来估计，如极光出现在极稀薄的空气中，根据观测1200km还有极光出现，说明那里还有稀薄的空气，故把1200km定为大气上界；着眼于大气密度接近星际空间的气体密度来估计，根据卫星探测资料，2000～3000km高度的空气密度接近星际空间气体密度的标准（中性气体质点密度为1个/cm^3，电子浓度为100～1000个/cm^3），故把2000～3000km定为大气上界。地球大气与星际空间气体的混合发生在此高度。

三、大气水分及其相变

大气中的水分来自下垫面的蒸发和蒸腾。水分进入大气后，由于本身的分子扩散和气流的传递而散布于大气之中，因此它是大气组成成分中最富于变化的部分，在地球可能出现的温度范围内，经常发生相变。它以气态形式存在于空气中时，肉眼看不见；凝结成液态时就能被看见，如云、雾、雨、露等；温度在0℃以下时，冻结成固态，如冰晶、雪、雹、霜等。水的相变伴随有能量变化和转换过程。大气中水分含量的多少及其变化是决定自然地理环境物质、能量过程的基本因素。

（一）空气湿度

1. 空气湿度的表示方法

大气中水分含量的多少，称为湿度，即大气的干湿程度。空气湿度的表示方法主要有：

（1）水汽压。气态的水分子很小，肉眼看不见，但具有压力。大气中水汽部分的分压力，称水汽压，用e表示，单位是hPa（百帕）。大气中水汽含量越多，水汽压越大。

（2）绝对湿度。单位体积湿空气所含有的水汽质量，称为绝对湿度，也称水汽密度，用a表示，单位是g/m^3或g/cm^3。空气中水汽含量越多，绝对湿度就越大。在实际工作中，水汽含量不容易直接测量，通常以e代替a。因为在气温16℃时，两者的数值很接近。

（3）饱和水汽压。空气含水汽的能力随温度升高而增大，在一定温度条件下，单位体积空气能容纳的水汽量有一定的限度，超过了容纳能力水汽就会凝结析出。因此，把一定体积的空气在一定温度条件下所能容纳的最大水汽量所具有的压力，称该温度时的饱和水汽压，用E表示，其单位与水汽压相同。饱和水汽压随温度升高而增大，反之，温度越低，饱和水汽压越小。

（4）相对湿度。空气中实际水汽压与同温度下的饱和水汽压之比的百分数，称为相对湿度，用f表示，即

$$f = e/E \times 100\%$$

相对湿度大小直接反映空气距离饱和的程度。水汽压不变时，气温升高饱和水汽压增大，相对湿度减小。

（5）饱和差。在一定温度下,饱和水汽压与空气中实际水汽压之差,称为饱和差,用 d 表示。$d = E - e$,单位与水汽压相同。饱和差越大,说明空气中水汽含量越少。

（6）露点。空气中水汽含量不变,气压保持一定时,气温下降到使空气达到饱和时的温度,称为露点温度,简称露点,用 t_d 表示。空气经常处于未饱和状态,所以露点经常低于气温。在饱和空气中,$t - t_d = 0$;在未饱和空气中,$t - t_d > 0$,$t - t_d$ 差值越大,说明相对湿度越小;反之相对湿度越大。气温降到露点,是水汽凝结的必要条件。

2. 空气湿度的时间变化

湿度的变化影响云、雨的生成和消散,是造成各地天气气候差异的重要因素之一。近地面空气湿度表现出日变化和年变化规律,以水汽压和相对湿度的变化最为明显。大陆上湍流混合较强的夏季,水汽压在一日内有两个最高值和两个最低值。最高值出现在9～10时和21～22时,最低值出现在清晨温度最低时和午后湍流最强时(图4.2实线)。最高值的出现是因为蒸发增加水汽的作用大于湍流扩散对水汽的减少作用所致;海洋上、沿海地区和陆地上湍流不强的秋冬季节,水汽压变化与温度的日变化一致,最高值出现在午后温度最高、蒸发最强的时刻,最低值出现在温度最低、蒸发最弱的清晨(图4.2虚线)。

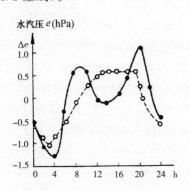

图 4.2 水汽压的日变化

水汽压的年变化与温度的年变化相似,最高值出现在温度最高、蒸发最强的7～8月份,最低值出现在温度低、蒸发最弱的1～2月份。

相对湿度的日变化主要决定于气温。气温高时,相对湿度小;气温低时,相对湿度大。因为气温增高时,饱和水汽压增大比水汽压增大快得多;气温降低时相反。因此,相对湿度最高值基本上出现

在清晨温度最低时,最低值出现在午后温度最高时(图4.3)。

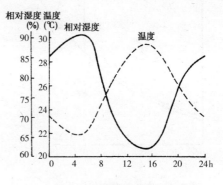

图 4.3 相对湿度的日变化

相对湿度的年变化一般是冬季最大,夏季最小。但季风气候区,由于夏季盛行风来自海洋,冬季盛行风来自内陆,故相对湿度反而夏季大、冬季小。

湿度的这种日、年变化规律,有时会因天气变化等因素而遭破坏,其中起主要作用的是湿度平流。由于各地空气中水汽含量不一样,当空气从湿区流到干区时,称为湿平流,会引起所经地区湿度增加;当空气从干区流到湿区时,称为干平流,会引起所经地区湿度减小。

（二）水 相 变 化

自然状态下,大气中的水分有三种存在状态,即气态(水汽)、液态(水滴)和固态(冰晶),通常称为水的三相。水汽的结构还未确定,其密度由温度和压力而定,约相当于同样温度和压力条件下干空气的62.2%,其相对分子质量为18.02;水的结构复杂,密度为0.9987g/cm³;冰是固体立方体,密度比水小,为0.917g/cm³。水相变化是指水的三态之间互相转换,水的三种相态分别存在于不同的温度和压强条件下:水只存在于0℃以上的区域,冰只存在于0℃以下的区域,水汽虽然可存在于0℃以上及以下的区域,但其压强却限制在一定值域下(图4.4)。

1. 水相变化过程

1）水相变化及潜热交换过程

从分子运动论看,在水和水汽共存的系统中,水分子从水表面跑出,变成水汽分子,这种由水变成水汽的过程,称蒸发;水汽分子落回水面,变成水分子,这种由水汽变成水的过程,称凝结。同样道

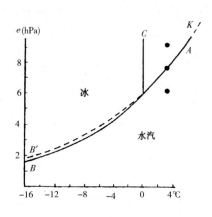

图 4.4　纯水平面水的位相平衡

理,由水变成冰,称冻结;从冰变成水,称融解。由水汽直接变成冰称凝华;由冰直接变成水汽称升华。

水的相变过程伴随有能量转化和交换,这种能量称为潜热能。由固态变成液态或由液态变成气态时需要吸收潜热,相反过程则释放潜热。1g 水变成同温度下的水汽需要消耗的热量,称为蒸发潜热。在常温范围内,水的蒸发潜热为 $L = 2497J$。表示蒸发 1g 水需要消耗 2497J 的热量。因此水面因蒸发消耗热量而冷却降温。凝结时所释放的热量,称凝结潜热。凝结潜热与蒸发潜热数值相等。同理,1g 水冻结成冰,释放 334.7J 热量,在融解过程中,吸收数量相等的热量,称融解潜热。升华也消耗热量,称升华潜热。它等于融解潜热和蒸发潜热之和。凝华时释放相同数值的热量。

这种由水的相变导致的热量吸收和释放过程,称潜热交换过程。它在天气变化和地气系统的热量交换中起着重要作用,也是重要的自然地理过程。

2) 蒸发量及其影响因素

由蒸发而消耗的水量称蒸发量。蒸发量以水层厚度(mm)表示。蒸发 1mm 深的水,相当于 $1m^2$ 面积上蒸发 1000g 的水量。单位时间从单位面积上蒸发出来的水分质量,称蒸发速率,其单位为 $g/(cm^2 \cdot s)$。下垫面足够湿润,水分供应充足的情况下的蒸发量,称最大可能蒸发量(或蒸发力)。自然条件下的蒸发主要是指下垫面上的水面和土壤表面的蒸发,蒸发量的大小和蒸发的快慢,不仅受气象因子的控制,而且还受地理环境的制约。蒸发面的温度越高,蒸发越快,因为此时蒸发面的饱和水汽压大,饱和差也较大;空气湿度愈小,则饱和差愈大,蒸发愈快。相反,空气湿度愈大,饱和差愈小,蒸发越慢。风速愈大,蒸发愈快。因风可将水

汽不断扩散带走,代之以较干的空气,使蒸发继续进行。无风时,蒸发面上水汽单靠分子扩散向外传递,蒸发非常缓慢。气压高时,空气分子密度大,水汽分子扩散受到阻碍,且碰撞落回水面的水分子增多,蒸发较慢。气压低时,蒸发快。

此外,蒸发强弱还与蒸发面的性质和形状有关。在同样温度条件下,冰面蒸发比水面慢,海水比淡水蒸发慢,浊水比清水蒸发慢;曲率大的水滴比曲率小的水滴蒸发快;地面土粒越细,土壤越无结构,土色越暗,地下水位越高,蒸发速度越快;在高地,地面起伏不平或向阳斜坡蒸发较快,地面如有植被覆盖,则除地面蒸发外,还有植物的蒸腾作用,地面总蒸发可能加大。

3) 水汽凝结的条件

空气中的水汽凝结必须具备两个条件:一是空气要达到饱和或过饱和状态,二是要有凝结核。使空气达到饱和或过饱和的途径,一种是增加空气的水汽含量,即增大水汽压,使其达到或超过饱和水汽压而引起凝结。这种过程自然界通常只有通过暖水面蒸发作用产生。另一种是降低气温,使饱和水汽压减小,从而使空气达到或超过饱和状态而发生凝结。因为大气中饱和水汽压随温度的变化比实有水汽压的变化迅速得多,因此水汽凝结主要由空气冷却产生。空气冷却的方式主要包括:①空气做上升运动时,因绝热膨胀而冷却,上升到一定高度时,达到饱和,水汽即发生凝结,这是大气中水汽凝结的主要方式。大气中很多凝结现象(如云、雨的形成)都是绝热冷却的产物。②在晴朗无风或微风的夜晚,地面因有效辐射而冷却降温,称辐射冷却。近地空气当气温降到露点或露点以下时,水汽就会发生凝结。③平流冷却。当较暖的空气流经较冷的地面时,由于不断地把热量传给冷的地面而造成了空气本身的冷却。空气与地面之间温差越大,暖空气降温愈多,愈容易产生凝结。对雾、露、霜等的形成,辐射冷却和平流冷却是主要的。对云、雨的生成,则以绝热冷却为主。

实验证明,绝对纯净的空气,即使相对湿度达到 300%～400%,也不会产生凝结,此时,若投入少量吸湿性微粒就立即发生凝结。这种作为水汽凝结核心的微粒,称为凝结核。它的作用,一是使水滴体积增大,曲率减小,从而难以被蒸发消失而继续增大;二是吸附水汽分子,使之附着其上,形成溶液水滴,其饱和水汽压较小,易发生凝结,使水滴快

速增长。

大气中的凝结核一般是丰富的,但随地区而有很大的差异。凝结核主要来自地面,随高度增加而减少,一般是陆上多海上少,城市多乡村少,工业区最多。重庆是我国重要工业城市,凝结核丰富,据近年观测,相对湿度在 70% 时,即可生成雾,素有雾都之称。

2. 自然界中水汽凝结现象

自然界中水汽凝结现象可以发生在大气中,也可以发生在地面或地面物体上。发生在大气中的水汽凝结现象主要有云和雾;发生在地面或地面物体上的水汽凝结现象主要有露和霜。

1) 地面的主要凝结现象(露和霜)

近地面空气中的水汽,因地面或地面物体辐射冷却,使其温度低于贴地空气的露点时,水汽将凝结在地面或近地面物体上。此时,若露点温度高于 0℃,凝结物是水滴,称为露;若露点温度低于 0℃,则凝结物是疏松结构的白色冰晶,称为霜。

形成露和霜的条件,一是贴地层空气湿度要大;二是有利于辐射冷却的天气条件,如晴朗无风或微风的夜晚;三是地面或地物不利于传导热量,而易于发生凝结,如疏松的土壤表面、植物的叶面。由于露的大量凝结,深层的水汽向表层移动,土壤、植物不断失水,干旱会加剧。霜是指白色疏松的固态水汽凝结物。霜冻是指温度下降到足以引起农作物受害或死亡的低温。有霜一般会发生霜冻,因

为多数作物的临界生长点是 0℃ 以上;但有霜冻未必有霜,因为有的作物气温未到 0℃ 即开始枯萎或死亡,如某些热带作物。当贴地层气温虽然低于 0℃,但空气未饱和,没有白色晶体凝结出现,此叫黑霜;霜冻同时有霜叫白霜或盐霜。我们防御的是霜冻而不是霜。

2) 空中的主要凝结现象(云和雾)

由大量小水滴小冰晶或两者混合构成的可见集合体,高悬于空中的称为云;飘浮于近地面,使水平能见度小于 1km 的称为雾;1～10km 的称为轻雾(或霭)。

(1)云。云是气块上升过程绝热冷却降温,使水汽达到饱和或过饱和发生凝结而形成。自然界的上升绝热过程有热力对流、动力抬升(系统性抬升,强迫上升)、波状运动等。这些上升运动的形式及规模各不相同,所形成的云状、云高、云厚也不一样。一般地说,由于对流运动而形成的云,主要是积状云;由于系统性上升运动形成的云,主要是层状云;由于波状运动而形成的云,主要是波状云;地形的作用比较复杂,既有积状云,也有层状云和波状云,通称地形云。

自然界的云千姿百态,变幻无穷,但仍可找出其规律对云进行分类。按云体的温度可分为冷云和暖云;按云的相态可分为水成云、冰成云和混合云。在气象的实际观测工作中,一般采用国际分类法,它是根据云的形成高度并结合云的形态特征、结构、成因将云分成 3 族 10 属 29 种(表 4.2)。

表 4.2　云的分类

云族	云属	符号	高度(m)	特征
低云	积云	Cu	云底 500～1500	由水滴组成,常产生大量降水,云底平坦,垂直向上发展,产生阵性降水
	积雨云	Cb	云底 100～2000	
	层积云	Sc	1000～2000	
	层云	St	一般<2000	
	雨层云	Ns	一般<2000	
中云	高层云	As	2000～5000	由水滴与冰晶组成,加厚可发生降水或转变为雨层云
	高积云	Ac	3000～6000	
高云	卷云	Ci	7000～8000	由微小冰晶组成,一般不产生降水
	卷层云	Cs	6000～8000	
	卷积云	Cc	6000～8000	

(2)雾。从本质上说,雾与云没有区别,都是由水汽凝结(凝华)而成的细小水滴或冰晶组成的可见集合体。形成条件差不多,都是要有充沛的水

汽、有利的冷却条件和有凝结核。但对形成云来说,降温是主要的,而且以绝热降温为主;而对形成雾来说,降温与增湿同样重要,而且大气层结要稳

定,便于水汽积存于近地气层,又要风力微和、乱流适中,使冷却作用扩展到较厚的气层和支持悬浮的水滴,不至于使上层热量下传妨碍下层空气冷却。

根据空气冷却过程的方式不同,可将雾分为辐射雾、平流雾、蒸发雾、锋面雾、上坡雾等。其中最常见的是辐射雾和平流雾。

辐射雾是由于地面辐射冷却,使近地层空气变冷,水汽凝结形成。一般多出现于秋冬季节无云的夜间。因为晴空,有效辐射大,有利于地面辐射冷却,微风,气层稳定。故有"十雾九晴"的谚语。低凹的盆地、谷地、山坡,冷空气沿坡面下沉形成辐射雾,日出后地面增温,乱流加强,雾从下而上逐渐减弱消散或抬升为低云。

平流雾是由于暖湿空气流到冷的下垫面上,冷却降温,水汽发生凝结形成。形成平流雾的有利条件是:空气湿度大,空气与流经下垫面之间的温度差异大,有适宜的风速,气层稳定。因此,平流雾常在以下几种情况下形成:冬季热带暖湿气团向高纬寒冷地区移行时;春夏季大陆暖气团移行到较冷的海面上时;秋、冬季海洋暖湿气团移行到较冷的陆地时;海洋上暖湿空气移行到冷海面;冷暖洋流交汇时,因冷暖温差大,风力适中(2~7m/s),能形成一定强度的乱流,又能不断输送暖湿空气,便容易生成平流雾。

一般地说,平流雾比辐射雾范围广,厚度大,持续时间长,日变化不如辐射雾明显。多出现于沿海地区、海面、冷暖流交汇处。

3)降水

从云层中生成降落到地面的液态或固态水汽凝结物,称降水。常见的有雨、雪、冰雹、霰等。也有把近地气层、地面和地物上的水汽凝结物,如雾、露、霜、雾凇等称为水平降水,前者称为垂直降水。我国地面气象观测规范规定,降水量仅指垂直降水。降水的多少用降水量表示。降水量是指降落到地面上的雨和融化后的雪、雹等未经蒸发、渗透、流失而集聚在水平面上的水层厚度,单位为 mm。单位时间内的降水量称降水强度,单位为 mm/h 或 mm/d。降水和热量一样,是地球表面一切生命过程的基础,是塑造自然地理环境和影响人类活动的重要因素。森林、草原、荒漠的差别,主要是因水分条件不同而造成的。水分条件指的是降水量与实际蒸发量之差。降水量大于蒸发量,气候就湿润;反之则干燥。

(1)降水的形成。水汽是形成降水的"原料",所以首先大气要有充足的水汽,和水汽源源不断地输入云体,而且还要有上升运动,造成空气绝热降温,使云得以维持和发展,并托住水滴,使其在空中充分长大,成为能落到地面而不被蒸发掉的大水滴。这是降水形成的宏观条件。

降水从云中来,但有云不一定有降水,因为云滴体积太小,无法克服空气的阻力和上升气流的顶托,而在短时间内落到地面。所以形成降水关键在于使云滴迅速增长到能克服空气阻力和上升气流的顶托,并在降落过程中不被蒸发掉。因此,降水形成的微观物理过程就是云滴增大成为雨滴的过程。有两种方式,一是凝结(凝华)增长,另一种是碰并增长。

凝结(凝华)增长,是依靠水汽分子凝结(凝华)在云滴(冰晶)表面上,使云滴(冰晶)增长的过程。云中发生凝结的条件是云内维持一定的过饱和状态,即云内空气的水汽压大于云滴的饱和水汽压。途径是使云体不断上升,绝热冷却,温度下降,饱和水汽压减小,从而使实际水汽压大于云滴饱和水汽压;或云外不断有水汽输入云中,使实际水汽压增大,大于云滴的饱和水汽压。这样空气中的水汽就可以源源不断地凝结到云滴上,使云滴增长。但这种过程不能持续,因为当空气中的水汽凝结到云滴上时,水汽从空气中析出,云滴周围便不能维持过饱和状态,于是凝结停止。因此,要使凝结继续,还必须具备第二个条件,即云滴之间存在饱和水汽压的差异,使部分云滴处于过饱和状态,部分处于未饱和状态,才发生水汽的扩散和转移。这就要求云内高温、低温云滴共存,大云滴、小云滴共存,冰晶、过冷却水滴共存。高温云滴蒸发凝结到低温云滴上,小云滴蒸发凝结到大云滴上,过冷却水滴蒸发凝结到冰晶上(图 4.5)。其中以冰晶、过冷却水滴共存作用最显著。因为在相同的温度条件下,冰水之间饱和水汽压差异最大,最有利于云滴的形成。这种由冰晶和过冷却水混合组成的云称冷云或冰水混合云。其云体高度在 0℃ 等温线之上。这种冰水共存,水汽转移,使云滴增大的过程,称冰晶效应,也称贝吉龙效应。对暖云(云体在 0℃ 等温线以下的水云)降水,则大小水滴共存最重要。

不管哪种条件所引起的凝结增长过程,都会随着云滴半径的增大而增长量减小。因为半径大的水滴与半径小的水滴相比,在半径增加同一增量

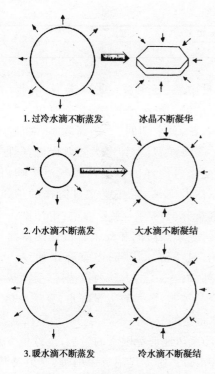

1.过冷水滴不断蒸发 冰晶不断凝华

2.小水滴不断蒸发 大水滴不断凝结

3.暖水滴不断蒸发 冷水滴不断凝结

图 4.5 云滴因凝结凝华增长

时,大水滴所需凝结的水量比小水滴多得多,而大水滴增大比小水滴慢得多,所以随着云滴的增大,其增长速度迅速下降。据计算,形成一个半径大于100μm的小雨滴需要几个小时。所以单靠凝结不能有效地形成降水。

两个或两个以上的水滴相碰合并而增大的过程,称碰并增长。在地球的重力场中,大小水滴运动速度不同而产生的碰并现象,称重力碰并。下降时,大水滴追上小水滴;上升时,小水滴追上大水滴,都会发生碰并(图4.6)。此外,还有尾流俘获、荷电性质不同和乱流运动引起碰并等。云滴增大后,截面积变大,下降更快,碰并更多小水滴,而迅

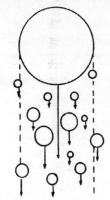

图 4.6 大云滴下降途
中碰并小云滴

速增大。

在云滴增长过程中,上述两种过程共同作用,初期以凝结(凝华)增长为主,到一定程度之后,以碰并增长为主,尤其在低纬度地区,暖云降水,碰并增长更为重要。

(2)人工影响降水。根据自然界降水形成的原理,人为补充某些形成降水的必要条件,促进云滴迅速凝结或碰并增大形成雨滴,降落到地面,称人工降水。人工降水从改变宏观条件来说,目前还难以做到,但可以通过影响降水的微观物理过程,促进凝结和碰并增长。所用的方法因云的性质不同而异。

冷云催化:冷云是由冰晶或过冷却水滴组成,或二者混合组成的云,这种云形成降水主要通过冰水转移,使云滴凝结增大。因此,要求有足够的冰晶,以便产生冰晶效应,使冰晶增长,所以用人工增加冰晶的方法(人造冰晶)。一是加入干冰(固体二氧化碳),使云中空气急剧冷却,形成低温区,自生冰晶,并使饱和水汽压下降,实际水汽压超过饱和水汽压,保证冰晶迅速增长;二是投入人工冰核,如碘化银、氯化汞等,造成冰水共存,使水汽可在其表面上直接凝华成冰晶。

暖云催化:暖云是水成云。暖云形成降水主要取决于云中有无大小水滴共存的环境和升降运动的碰并过程。因此,对暖云人工降水,主要是提供大水滴,目前主要是向云中播入氯化钠、氯化钾等吸湿性物质,吸收水汽,使云内形成溶液云滴,因溶液的饱和水汽压小于纯水的饱和水汽压,它就可以通过凝结增长过程,长大成大水滴,大小水滴进一步碰并增大而形成降水。因此,人工降水关键是区别不同性质的云,确定用药品种、数量和施药部位、时间等。此外,超声波、次声波、炮轰等振动方法,使云滴在自己的平衡点附近振动,由于大小水滴惯性不同,产生不同的位移而发生碰并增长。

(3)降水的种类。降水的类型可按不同方法进行划分。若按降水的物态,可分为雨、雪、霰、雹等;按降水的性质,可分为连续性降水、阵性降水和毛毛雨;按降水的强度,可分为小雨—特大暴雨(表4.3),小雪—大雪。这里主要介绍降水的成因分类,按降水形成原因可分为对流雨、锋面雨、气旋雨、台风雨、地形雨。

表4.3　降水按强度分类标准

类别	小雨	中雨	大雨	暴雨	大暴雨	特大暴雨
强度(mm/d)	01~9.9	10~24.9	25~49.9	50~99.9	100~199.9	≥200

对流雨:近地面气层强烈受热,引起近地空气急剧上升,绝热冷却水汽凝结,形成积雨云所产生的降水,称对流雨。常伴有雷电现象,又称热雷雨。在赤道地区,全年以对流雨为主。我国则在夏季常见。

气旋雨:气旋中心气压低,空气辐合上升绝热冷却凝结成雨,称气旋雨。气旋的规模较大,因此产生降水的范围较广,降水时间也较长。

锋面雨:冷暖气团相接触,暖湿气流沿锋面抬升冷却,到凝结高度便产生云雨,称锋面雨。其特点类似于气旋雨,降水范围广,持续时间长。温带地区,锋面雨占有重要地位。

台风雨:台风中心气压很低,气流螺旋式强烈上升,产生高耸的云墙和阵风阵雨,狂风暴雨,称台风雨。我国东南沿海地区,常遭台风侵袭,带来丰沛的台风降水。

地形雨:暖湿气流在移行过程中,遇到较高的山地,被迫在迎风坡抬升,绝热冷却而形成的降水,称地形雨。在山的迎风坡常形成多雨中心,而山的背风坡降水较少,为雨影区。世界上许多降水量最多的地方都与地形有关,如印度的乞拉朋齐,年平均降水量为12665mm,绝对最高年降水26461mm(1860年8月至1861年7月)。

(4)降水量的变化。降水量是气候的重要因子,反映某地的干湿状况和水分条件。降水量的多少决定于空气中水汽含量的多少和有无促使空气上升、水汽凝结的条件。因此,各地降水量有时间变化和空间变化。

降水量的时间变化有年内变化和年际变化。赤道附近地区,降水全年分配比较均匀,但在春分、秋分月份相对较多。北半球温带大陆西岸,降水全年分布均匀;大陆东岸降水集中夏季;地中海区域,降水集中在冬季;而同纬度的大陆东岸集中在夏季。我国东部,降水集中在夏季,而且,南方雨季长,北方雨季短。雨季愈短,夏雨愈集中。如广州夏季降水量占全年降水总量的43.3%,冬季占5.8%,北京夏季占72.7%,冬季只占1.9%。降水的季节分配对水资源的有效利用有重大影响。

降水量的年际变化,用降水距平和变率表示(详见本章第七节)。

降水量年内变化全球可分四种类型:赤道型、海洋型、夏雨型、冬雨型。①赤道型:南北纬10°以内的赤道地区,春、秋分前后,太阳直射,对流旺盛,降水较多,冬、夏至期间,太阳高度小,对流减弱,降水较少。②海洋型:中纬度大陆西岸海洋性气候地区,常年受来自海洋的暖湿西风气流影响,低纬度的大陆东岸及海岛,常年受来自海洋的信风影响,年内降水量分配均匀。③夏雨型:中纬度大陆和季风气候区,夏季热对流和受来自低纬暖湿海洋的夏季风影响,夏季降水丰沛,冬季降水稀少。④冬雨型:南北纬30°~40°的大陆西岸地区,受西风和副热带高压交替控制,冬季有大量降水,夏季炎热干旱。

降水量空间分布也不均匀。受地理纬度、海陆位置、大气环流和地形等因素的影响,全球可大致划分为四个降水带。①赤道附近多雨带:赤道及其两侧,海面辽阔,太阳终年接近直射,蒸发强,高温高湿,气压低,对流旺盛,是全球降水量最多的地带,年降水量约2000~3000mm。②副热带少雨带:从赤道向南北两侧,气压渐升,至南北纬15°~35°,为副热带高压带,受气流下沉和信风影响,云雨难生成,降水量最少,年平均降水量500mm以下。此带的大陆西岸和中部,受干热信风影响,降水更少,不足200mm,形成大面积沙漠;但此带的大陆东南部,受季风影响,年降水量在1500mm左右。而在此带迎风山坡的印度乞拉朋齐,是著名的多雨中心。③中纬度多雨带:西风带控制的中纬度地区,大陆西岸终年受到来自海洋的暖湿西风气流的影响,锋面气旋活动频繁,降水量较多,大陆东岸受季风影响,降水量也较多,一般年降水量在500~1000mm。但西岸比东岸降水更丰富。如智利的西海岸年降水量可达3000~5000mm。在大陆内部,西风气流和季风影响达不到的地区,形成大面积的沙漠。④高纬度少雨带:本带因纬度高,气温低,空气中水汽含量少,不能形成大量降水,一般年降水量不超过300mm。

复习思考题

1. 何谓气象、天气、气候?试述气候在自然地理环境中的地位和作用。

2. 低层大气由哪些成分混合组成?试分析其分布特点和气象气候意义。

3. 大气如何分层?分哪几层?各层有什么特

点？大气上界如何确定？

4.空气湿度有哪几种表示方法？它们有什么区别和联系？

5.水汽压的日变化、年变化与相对湿度的日变化、年变化有什么不同？为什么？

6.何谓饱和水汽压？影响饱和水汽压的因素有哪些？当云中冰水共存、冷暖云滴共存、大小水滴共存时，哪些云滴会蒸发？哪些会凝结？为什么？

7.影响蒸发的因素有哪些？空气中水汽发生凝结要具备什么条件？

8.什么是露和霜？云和雾有何异同？云形成的基本条件是什么？云为什么会千变万化？

9.何谓降水？降水是怎样形成的？为什么有云不一定降水？人工降水的基本原理是什么？

10.降水如何分类？全球降水量的空间分布大致可分为哪几带？各带产生的原因是什么？

第二节 气候形成的辐射和热力因素

一、气候形成的辐射因素

气候的冷暖变化，是大气热力状况的表现。实质上是空气中热量收支和多少的反映。空气中热量多少和变化，又是太阳辐射、地面辐射、大气辐射及其热量交换、转化的结果。是重要的自然地理过程。

（一）太阳辐射

太阳以电磁波的形式向外传递能量，称太阳辐射。太阳辐射所传递的能量，称太阳辐射能。太阳辐射能按波长的分布称太阳辐射光谱(图4.7)。太阳辐射的波长范围很广，但其能量的绝大部分集中在$0.15\sim4.0\mu m$之间，其中$0.4\sim0.76\mu m$为可见光区，其能量占50%，$0.76\mu m$以上为红外区，其能量占43%，紫外区小于$0.4\mu m$，占7%。可见光谱区又分红、橙、黄、绿、青、蓝、紫七色光。太阳表面的温度约为6000 K，按维恩位移定律，其最大放射能力所对应的波长为$0.457\mu m$，相当于可见光谱的青光部分。地面和大气的温度($250\sim300$ K)比太阳低得多，其辐射的波长主要为$3\sim120\mu m$。故称太阳辐射为短波辐射，地面辐射和大气辐射为长波辐射。

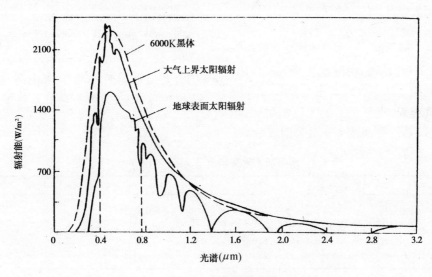

图4.7 太阳辐射光谱

1. 大气上界的太阳辐射

太阳辐射是地面大气最主要的能量来源。到达大气上界的太阳辐射取决于太阳高度、日地距离和可照时数。根据太阳常数（详见第二章第一节）可计算任何时段到达地球的太阳辐射量。

1) 太阳高度的影响

大气上界水平面上的太阳辐射，随太阳高度而变化。太阳高度大时，等量的太阳辐射散布面积小(图4.8)，单位面积获得的辐射能越多，太阳辐射强度越大；相反，太阳辐射强度越小。即太阳辐射强度与太阳高度的正弦成正比，这就是朗伯定律。其表达式为

$$I = I_0 \times \sin h_\odot$$

式中，I 为大气上界水平面上的太阳辐射；I_0 为太阳常数；$h_\odot$ 为太阳高度。当 $h_\odot = 0°$（日出、日没）时，$\sin h_\odot = 0$，$I = 0$，水平面上的太阳辐射为零；当 $h_\odot = 90°$ 时，$\sin h_\odot = 1$，$I = I_0$，表示太阳高度 $90°$ 时，太阳辐射强度最大，等于太阳常数。

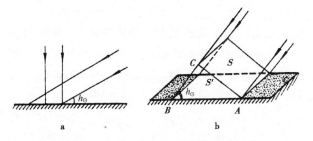

图 4.8　太阳高度与辐射强度的关系

由于地球是球体，以及在公转轨道上位置的改变，使地球同一时刻不同纬度，和同一纬度不同时刻的太阳高度不同。太阳高度的时空变化，必然影响到地球获得太阳能量的时空分布不同，从而产生各地不同的天气和气候。

2）日地距离的影响

如果考虑到日地距离变化的影响，则某一时刻水平面上的太阳辐射强度为

$$I = \frac{1}{b^2} I_0 \times \sin h_\odot$$

式中，b 为某时刻的日地距离，说明水平面上的太阳辐射强度 I 与日地距离的平方成反比。

根据上式计算得到，水平面上的太阳辐射强度近日点比远日点多 7%。如果不考虑其他因素的影

响，则北半球冬季应比南半球冬季暖 $4℃$，而夏季相反。所以南、北半球，冬夏季的温差不同。南半球夏季（1月）近日，获得太阳辐射多于北半球夏季（7月）；南半球冬季（7月）远日，获得太阳辐射少于北半球冬季（1月）。因而南半球冬夏的温差大于北半球。

3）可照时数的影响

太阳照射时间愈长，地球得到的太阳辐射能量愈多。地球上可照时间的长短（即昼长）随纬度和季节而有变化（详见第二章第二节）。

大气上界太阳辐射日总量与可照时数成正比。夏季，昼长夜短，可照时间长，太阳辐射到达量大；冬季，昼短夜长，可照时间短，太阳辐射到达量少。

4）天文辐射及分布特点

在以上各因子的共同影响下，大气上界不同纬度、不同季节获得的太阳辐射量不同。这种由地球的天文位置（φ, δ, b）所决定的大气上界太阳辐射到达量，称为天文辐射。其分布特点如下：

（1）太阳辐射量的大小因纬度、时间而变化（表4.4）——春秋分时，赤道最多；夏至时，$90°N$ 最多；冬至时，$90°S$ 最多。最小一般出现在极点（北极夏至南极冬至除外）。赤道附近，一年中太阳辐射日总量有两个最大值，分别出现在春分日和秋分日，有两个最小值，出现在冬至日和夏至日。纬度 $15°$ 以上，太阳辐射日总量由两个高点逐渐合并为一个，出现在夏至日；两个最低点逐渐合并为一个，出现在冬至日（图4.9）。

表 4.4　水平面上天文辐射日总量（$\times 10^3 \, W/m^2$）

纬　度	90°N	70°	50°	30°	0°	30°	50°	70°	90°S
3 月 21 日	0	220.5	413.8	557.5	644.1	557.5	413.8	220.5	0
6 月 22 日	774.6	727.8	711.8	710.3	568.0	314.0	118.6	0	0
9 月 23 日	0	217.7	408.9	550.6	636.4	550.6	408.9	217.7	0
12 月 22 日	0	0	126.3	334.9	606.4	748.7	759.9	777.3	826.9

（2）全年和冬半年获得太阳辐射量最多的是赤道，随纬度增高而减小，至极点达到最小；冬半年递减比夏半年快，到极点为 0；夏半年太阳辐射量最大值在 $20°\sim 25°$ 的纬度带（表4.5），所以热赤道北移。

表 4.5　北半球水平面上天文辐射的分布（$\times 10^3 \, W/m^2$）

纬度（N）	0°	10°	20°	30°	40°	50°	60°	70°	80°	90°
夏半年	112.0	118.6	121.8	122.1	118.6	112.3	104.0	96.6	93.8	92.8
冬半年	112.0	102.6	90.0	75.4	58.6	41.2	23.4	9.4	2.1	0
全　年	224.0	221.2	211.8	197.5	177.2	153.5	127.3	106.0	95.9	92.8

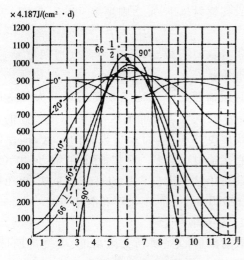

图 4.9 不同纬度天文辐射年变化

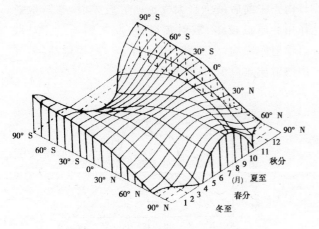

图 4.10 全球天文辐射分布模式

（3）太阳辐射年较差随纬度增高而增大：赤道地区和两极附近太阳辐射量的水平梯度都比较小，而中纬度水平梯度较大。

（4）极圈内有极昼极夜现象：极夜期间，太阳辐射为零（图 4.10）；极昼期间，极圈内太阳辐射大于赤道，北半球夏至日，极地的太阳辐射量比赤道大 0.365 倍（表 4.4）。

天文辐射决定了世界气候分布的基本轮廓。这种由天文辐射所决定的气候，称天文气候。

2. 太阳辐射在大气中的减弱过程

太阳辐射穿过大气层后才到达地面。大气对太阳辐射有吸收、散射和反射作用，使到达地面的辐射通量密度减小，而且光谱组成也发生了变化。

1）大气对太阳辐射的吸收

大气中能吸收太阳辐射的物质主要有臭氧、氧、水汽、二氧化碳、云、雨滴及气溶胶粒子等，它们对太阳辐射的吸收具有选择性。

氧主要吸收小于 $0.26\mu m$ 的紫外辐射，使 100km 以上的高层大气增温，故出现暖层。臭氧在 $0.22\sim0.32\mu m$ 的紫外区，有强的吸收带，所以地面观测不到小于 $0.32\mu m$ 的紫外辐射，对地球生物起保护作用。臭氧的吸收，使臭氧层增温，故平流层气温逆增。水汽是大气中最重要的吸收体，主要吸收带在 $0.93\sim2.95\mu m$ 之间的红外区，而此波段的太阳辐射能较小，因此水汽吸收的太阳辐射能并不多，约占 4%～15%。水汽吸收主要影响对流层大气。二氧化碳主要吸收 $4.3\mu m$ 的远红外区，而这一区域能量很弱，所以二氧化碳吸收作用不大。水汽和二氧化碳的吸收，使对流层增温。尘埃、水滴吸收也甚微。由此可见，透过大气的太阳辐射，被大气吸收之后，辐射能减弱，但主要吸收带位于太阳辐射光谱两端能量较小区域，故大气对太阳辐射的吸收并不多，约占到达大气上界太阳辐射总量的 20% 左右。所以太阳辐射不是对流层大气的直接热源。大气吸收使到达地面的太阳辐射光光谱变得不规则。

2）大气对太阳辐射的散射

太阳辐射通过大气时，遇到大气中的空气分子、尘埃、水滴等质点，这些质点内部的电子在电磁波的作用下，发生振动，因而向四面八方发射同样波长的电磁波，称为散射。在散射过程中，能量并不损失，只是一部分辐射改变了方向，变成了逆辐射而溢出大气层，从而使到达地面的辐射量减少。

散射能力决定于散射质点的大小与入射光波长的对比关系。散射质点直径小于入射光波长的，如空气分子，这种质点按分子散射的规律进行散射，散射能力与散射光波长的四次方成反比，这种散射，称分子散射，散射光具有选择性，选短波散射；散射质点直径大于入射光波长的，如云滴、尘埃等，此时，分子散射规律不起作用，散射能力与入射光波长无关，散射光无选择性，各种波长的光都能同样地散射，这种散射称为漫射或粗粒散射。

大气散射的波长范围集中于辐射最强的可见光区，所以散射是太阳辐射减弱的重要原因。太阳辐射通过大气层散射减弱 6%～8% 的能量，大气对短波光线的散射作用较大，而对长波光线的散射作用很小，所以散射使到达地面的太阳辐射光谱成分改变，青、蓝光辐射能量比例减少，红橙光辐射能量比例增加。雨后晴天，大气中的尘埃、水滴等粗粒质点减少,大气较干洁,以分子散射为主,对青蓝光散射能力最强,所以天空呈蔚蓝色。大气中水汽、尘埃较多时,各种波长的光都被散射,天空呈灰白色。晨昏时,太阳光斜射穿过大气层,低层大气水滴、灰尘等大质点多,红、橙光散射多,出现"霞光"。由于散射光的作用,室内无直射阳光也觉明亮。

3) 大气对太阳辐射的反射

大气中的云层和颗粒较大的尘埃、水滴等气溶胶粒子,能将太阳辐射的一部分反射回宇宙空间,其中,云的反射作用最为显著。低云反射率为65%,中云50%,高云25%,稀薄的云层反射10%~20%,厚的云层可反射90%以上,云的平均反射率为50%~55%。所以,阴天时地面得到的太阳辐射能很少。

上述三种方式中,反射作用最主要,散射次之,吸收损失最小,到达地面的只约为大气上界太阳辐射的一半。

3. 到达地面的太阳辐射

到达地面的太阳辐射包括两部分:一部分是以平行光线形式直接投射到地面上的,称太阳直接辐射(S)。另一部分是经过大气散射之后,从天空投射到地面的,称散射辐射(D)。两者之和称总辐射($S+D$)。总辐射被地面反射的部分称反射辐射($S+D$)·r,r为地面反射率。阴天时,散射辐射即为总辐射。

1) 直接辐射

水平面上的直接辐射强弱按朗伯定律和质量削减规律而变化,即受太阳高度和大气透明度的影响。太阳高度的大小,决定于一天中的时刻、季节和纬度,故直接辐射量有日变化、年变化和纬度变化。图 4.11 是晴天直接辐射的日变化,与太阳高度变化一致。大气中云滴、灰尘、烟雾越多,大气透明度越小,直接辐射被削减越多;太阳高度越小,太阳辐射穿过的大气层越厚,被大气削弱越多,到达地

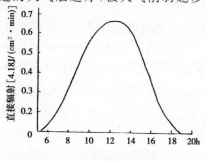

图 4.11　直接辐射日变化

面的直接辐射越小,反之则越多。用公式表示为

$$S = I_0 P^m$$

即贝尔(Beer)削减定律,P 为大气透明度系数,m 为大气质量。

直接辐射的年变化主要受云量及大气透明度的影响。在气候干燥的地区,即使纬度较高的地方直接辐射也并不少,而云量较多的地区,即使纬度较低直接辐射也不多。例如,呼和浩特市(40°49′N)直接辐射年总量达 367 万 kJ/cm²。重庆(29°34′N)只有 165 万 kJ/cm²,不及呼和浩特市的一半。

2) 散射辐射

散射辐射的强弱和太阳高度、大气透明度、云天状况、海拔高度等因素有关。太阳高度大时,入射的辐射量多,散射辐射也相应增强(图 4.12),一日内正午前后最强。大气透明度较差时,参与散射作用的质点较多,散射辐射强,反之则弱。云对散射辐射的影响,由云状、云量而定。海拔愈高,大气中散射质点愈少,散射辐射就愈小。

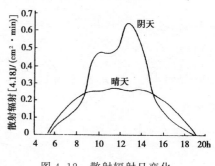

图 4.12　散射辐射日变化

3) 总辐射

影响直接辐射和散射辐射的因素,也是影响总辐射的因素。由于太阳高度和昼长随时间、季节、纬度而变化,因此总辐射也有明显的日变化、年变化和随纬度的变化。一般,一天中,早晚总辐射小,中午大;一年中,总辐射是夏季大,冬季小;纬度愈低,总辐射愈大;反之,总辐射愈小。但云可使这种变化规律受到破坏(表 4.6)。

我国总辐射年总量最高的地区在西藏,为212.3~252.1W/m²,因其海拔高度大。新疆、青海和黄河流域次之,为159.2~212.3W/m²,因其干旱,云少。长江流域和大部分华南地区,因云、雨较多,年总辐射量反而少,为 119.4~159.2W/m²。

表 4.6 北半球年总辐射（W/m²）随纬度的分布

纬度（N）	64°	50°	40°	30°	20°	0°
可能总辐射①	139.3	169.9	196.4	216.3	228.2	248.1
有效总辐射②	54.4	71.7	98.2	120.8	132.7	108.8

①考虑了受大气减弱之后到达地面的太阳辐射；②考虑了受大气和云的减弱之后到达地面的太阳辐射。

表 4.7 不同性质地面的反射率（%）

下垫面	反射率（%）	下垫面	反射率（%）
耕地	14	绿草地	20～26
沙地（湿）	10	干草地	30
沙地（干）	20	热带雨林	15
黏土	20	混交林	18
深色土	10～15	新雪	84～95
浅色土	22～32	陈雪	46～60

4）地面对太阳辐射的反射

到达地面的总辐射只有一部分被地面吸收，另一部分被地面反射，地面反射的这部分太阳总辐射，称地面反射辐射。地面对入射太阳辐射反射的能力，用地面反射率 r 来表示。r 的大小取决于地面的性质（水面、陆面）和状态（颜色深浅、粗滑、干湿）（表 4.7）。陆地表面的反射率约为 10%～30%，随太阳高度的减小而增大，其中深色土比浅色土小，粗糙土比平滑土小，潮湿土比干燥土小，雪面反射率最大，平均约 60%，洁白的新雪反射率可达 90%～95%。水面反射率随水的平静程度和太阳高度而变，太阳高度愈小，其反射率愈大。对于波浪起伏的水面，其平均反射率为 10%，比陆地稍小。

在同样的太阳辐射条件下，由于反射率不同，地面所获得的太阳辐射有很大差异，这就是地面温度分布不均匀的原因。下垫面的反射率可以通过人为措施来改变，从而影响地面辐射能的收入，以改变气候，解决生产上的问题。

由空气质点的逆散射、反射、云的反射，以及地面反射所组成的整个地球反射率，称地球行星反射率，据计算，全球平均约为 31%。

（二）地面辐射和大气辐射

地面和大气在吸收太阳辐射的同时，又按其本身温度昼夜不断地向外放射辐射。地面温度约 300 K，对流层大气的平均温度约 250 K。在此温度下，它们的辐射能主要集中在 3～120 μm 的红外光波长范围内，与太阳辐射相比属长波辐射。

1. 地面辐射

地面以电磁波的方式向大气传递能量，称地面辐射。地面辐射的大小主要取决于地面温度，随地面温度升高而增大，其辐射波长在 3～80 μm 之间，属于红外热辐射，最大辐射能量的波长为 9.6 μm。白天，地面吸收的太阳辐射多于放射的辐射，因而地面在增温。夜间没有太阳辐射，地面因辐射而降温。

地面辐射绝大部分被大气中的云、雾、水汽和二氧化碳等吸收，只有波长为 8.4～12 μm 的部分，可穿过大气层进入宇宙空间，故称此波段为"大气窗"。

2. 大气辐射

大气对太阳短波辐射的直接吸收很少，主要吸收地面辐射而保持一定的温度。大气也按其本身温度，以电磁波的方式昼夜不停地向四面八方发射长波辐射，称大气辐射。大气辐射的大小，取决于大气温度、湿度和云天状况。气温愈高，水汽和液态水的含量愈多，大气辐射能力愈强。大气的平均温度比地面低，其辐射波长为 7～120 μm，最大辐射能对应的波长为 15 μm，与地面辐射一样也属红外热辐射。

3. 大气的保温效应

大气中的水汽和二氧化碳等，可以透过太阳辐射，并强烈地吸收地面辐射，使绝大部分地面辐射的能量保存在大气层中，并通过大气辐射向上传递。大气辐射向下指向地面的部分，方向与地面辐射相反，称大气逆辐射。大气逆辐射也几乎全部为地面所吸收，这就使得地面因辐射所损耗的能量得到一定的补偿，因而大气对地面有保温作用。可见，大气对太阳短波辐射吸收很少，能让大量太阳短波辐射通过大气层到达地面，但大气能强烈吸收地面长波辐射而增热，并以长波逆辐射的形式返回给地面一部分，使地面不致因辐射失热过多，大气的这种对地面的保温作用，称大气保温效应或称温室效应。据计算,如果没有大气,地面平均温度将由 15℃ 降到 -23℃,较现在要低 38℃。也就是说,由于大气的存在,使地面平均温度提高了 38℃。

(三) 地面有效辐射和辐射平衡

1. 地面有效辐射

地面辐射与地面吸收的大气逆辐射之差,称地面有效辐射,其表达式为

$$F_0 = E_g - \delta E_A$$

式中,F_0 为地面有效辐射;E_g 为地面辐射;E_A 为大气逆辐射;δ 为地面的相对吸收率。

由于大气温度通常低于地面温度,因而地面辐射比大气逆辐射强,F_0 为正值,表示通过地面和大气之间的长波辐射交换,地面是净失热量。

地面有效辐射的大小主要决定于地面温度、空气温度、湿度以及云天状况。一般地,在其他条件相同时,地面温度愈高,地面辐射愈强,地面有效辐射也愈大;气温愈低,空气湿度愈小,云量愈少时,大气逆辐射愈弱,有效辐射愈强、地面损失热量愈多。云对有效辐射有很大的影响,在多云的夜晚,地面有效辐射少,损失热量少,地面降温少,清晨的最低温度不会太低。在无云的夜晚正好相反,地面降温大,清晨最低温度就愈低。因此农业生产上常用人工熏烟方法,制造烟幕,减少地面有效辐射,预防霜冻。

2. 地面净辐射

在一定时期内,地面吸收太阳总辐射与地面有效辐射之差值,称地面辐射差额,又称地面净辐射或地面辐射平衡,其表达式为

$$R_g = (S + D)(1 - r) - F_0$$

式中,R_g 为地面净辐射;其他变量同前。地面净辐射为正,表示净得热量,地面增温;反之,地面降温。

地面净辐射的大小和时空变化,由短波辐射收入和长波辐射支出两部分决定,因而也有日变化和年变化。白天,净辐射随太阳高度的增大而增加,地面净得热量;夜间净辐射为负值,地面净失热量。年变化随纬度而异,纬度愈低,净辐射保持正值的时间愈长,甚至全年为正,净得热量也愈多;纬度愈高,净辐射保持正值的时间愈短,净得热量也愈少。

3. 地气系统净辐射

把地面和对流层大气视为一个统一体,称地气系统。其在一定时间内辐射能收入与支出的差,称地气系统净辐射,其表达式为

$$R_s = (S + D)(1 - r) + q_a - F_\infty$$

式中,R_s 为地气系统净辐射;q_a 为大气吸收的太阳辐射;F_∞ 为地气系统长波射出辐射。

地气系统净辐射随纬度而变化,低纬 R_s 为正,有热量剩余。随纬度增高,R_s 由正转负,热量由盈余转亏损,高纬 R_s 为负。年平均值符号转换发生在纬度 35° 附近(图 4.13)。净辐射的这种分布,引起高低纬地区之间气温的差异,产生气压梯度力,从而推动大气环流和洋流,使得高低纬之间进行热量和水分的水平输送,影响各地气温和降水。

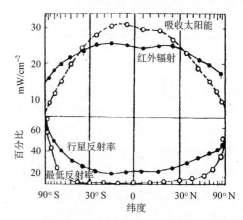

图 4.13　各纬度的辐射收支分布

(四) 地面热量平衡

1. 地面热量平衡及其方程式

地面净辐射只表示地面以辐射形式获得或损失能量。净辐射为正值时,表示有能量盈余,一方面地面温度升高,另一方面盈余的热量以湍流显热或蒸发潜热的形式向空气输送,以调节空气温度并供给空气水分,使地面和大气在垂直方向进行显热和潜热交换;通过大气环流和洋流进行水平方向的显热和潜热输送;还有同地表(或海面)以下的土层(或水层)间进行热量交换,改变土壤(或海水)温度的分布。当地面净辐射为负时,地面温度降低,所亏损的热量通过湍流显热或水汽凝结潜热从空气中获得,使空气降温,或由土壤(或海水)下层向上输送。这种地面净辐射与其转换成其他形式的热量收入与支出的守恒,称地面热量平衡,其表达式为

$$R_g + LE + P + A = 0$$

式中,LE 为地面与大气间的潜热交换(L 为蒸发潜

热,E 为蒸发量或凝结量);P 为地面与大气间的显热交换;A 为地面与下层间的热量传输与平流输送之和,对年平均而言,$A=0$。在此方程式中,"＋"表示地面得到热量,"－"表示失去热量。不同地区,方程式各项的量值不同,干燥沙漠地区,LE 趋于 0,R_g 几乎全部通过湍流显热交换传给大气;潮湿地区,LE 较大,R_g 主要消耗于蒸发,乱流显热交换弱,大气增温不明显。

地面热量平衡决定着活动层以及贴地气层的增温和冷却,影响着蒸发和凝结的水相变化过程,是气候形成的重要因素。

2. 地球能量平衡模式

从某一时段或某一地区来看,地表各种能量交换的结果可能是不平衡的,会出现盈亏,温度会有升降,但从全球长期平均看,地球能量收支是平衡的,如图 4.14 所示:地球大气上界一年中获得太阳辐射能为 342.8W/m²(作为 100 个单位),同时又有相同数量的能量,以短波或长波形式通过大气上界返回宇宙空间,地气系统的热能收支是平衡的。地面、大气各作为一个整体而言,也都各自保持了能量平衡。

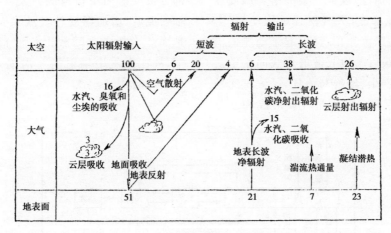

图 4.14 地球能量平衡模式

二、气候形成的热力因素

(一)气候系统的能量种类

1. 温度与热量

温度是表示热量的一个指标,但温度不等于热量,不能取代。热量是能的一种形式,是由于温度差异而转移的能量,热量传递是能量转移的一种方式。地球的热量主要由太阳能转换而来,其存在由物体的温度表示,但热量的多少,一般不仅与温度变化有关,而且还与压力、密度等状态参数变化有关。

气象学上把表示空气冷热程度的物理量称为空气温度,简称气温。国际上标准的气温度量单位是摄氏度(℃),公众天气预报所说的气温指植有草被的观测场中百叶箱内离地面 1.5m 高处温度表量得的。

空气的冷热程度,实质上是空气内能大小的表现。大气的内能主要是指热能,因为气体分子内部的微观作用力很小,分子之间相互作用的能量主要由分子热运动所决定。所以,除热能外,其他的内能可忽略不计。内能与温度成正比,当空气获得热量时,内能增加,气温升高。反之,空气失去热量时,内能减少,气温随之降低。因此,空气内能的变化是引起气温变化的根本原因。

大气的热能主要来自地球表面,地球接受太阳辐射能的同时,本身又放射热辐射,影响地面和大气的温度。全球长期平均而言,热量是保持平衡的,但在不同纬度、不同高度、不同性质的地表、不同的天气条件,各地区的热量收支不同。地球热量分布是不均匀的,要通过大气的水平运动、垂直运动以及水相变化来进行输送和调节。

2. 大气中的基本能量

大气中的能量有位能、动能、内能、湍能、潜热能和显热能等。对静止大气而言,主要是内能和位能。大气的内能主要由分子热运动决定,因此可以用热力学方程描述:

$$dQ = C_v dT + AP dv$$

或

$$dQ = C_p dT - ART dp / P$$

式中,A 为热功当量;R 为比气体常数;C_v 为定容比热,其值为 711.7J/(kg·K);C_p 为定压比热,其值为 1004.8J/(kg·K);P 含义同前。可见,对于空气,当温度变化相同但过程不同时,所需热量并不相同,等压过程所需热量比等容过程要多。空气温度的变化,不仅与热量交换有关,也与其本身压强或体积变化有关。

太阳辐射主要是使下垫面加热增温,然后通过潜热、显热交换和长波辐射把热量传递给大气,使大气的内能和位能增加,形成大气中的平均温度场和气压场。产生气压梯度,大气便开始流动,产生动能。由于下垫面的摩擦作用,又引起了动能的消耗,而转变为内能。最后又以长波的形式向宇宙散发能量,所以能量的产生、转换与消耗,是大气运动产生与维持的主要原因。故也是气候形成和变化的重要方面。

一定的大气能量状态,有一定的温、压、湿等气候要素,各种天气和气候特征,是由大气中各种不同能量状态所组成。在天气和气候学中常用等高线表征位能,气流线、等风速线表征动能,等温线表征内能,等比湿线表征潜热能,而温、压、湿等要素之间也有一定的关系。

3. 大气中各种能量转换过程

太阳辐射能是大气中各种能量的主要来源,它在通过大气到达地面的过程中被吸收一部分,另一部分被反射回宇宙空间。大气和地面吸收了太阳辐射能后,增加温度转变成大气内能,同时大气和地面又不断向空间放出长波辐射而降温,减少内能,故在大气中辐射能与内能之间是可逆变化的(图4.15)。

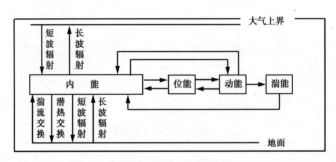

图 4.15　大气系统能量转换过程示意图

地面吸收了太阳辐射能,通过长波辐射、湍流交换及蒸发凝结的潜热交换等过程,与大气进行热量交换,使大气中的内能和潜热能发生变化。从而使空气发生膨胀和收缩,引起位能的变化,由于空气的可压缩性,这种变化也是可逆的。

由于内能和位能的变化,使水平方向增加了不均匀性,从而产生浮力和气压梯度力,导致大气发生垂直运动和水平运动,形成环流和辐合、辐散过程,使内能和位能转变为动能,或动能转变为内能和位能。此外,摩擦力的作用也消耗动能,并使动能转变成内能。因为大气运动尺度很大,空气的黏滞性很小,所以大气运动的动力不稳定。除一般气流运动外,并伴随涡旋的发生,这样大气中通过湍流作用和地面摩擦力影响,使能转变为湍能。但这种转换是不可逆的,若没有位能转变为动能的补充,全部动能会渐渐转变为湍能,而使有规则的大气运动停止。这种过程通常称为基本运动能量的耗散。

4. 大气动能的消耗与补偿

大气运动由于湍流作用和摩擦力的影响,动能要转变为湍能,继而变为热能而耗散。如果没有动能的补充,大气就将在几天之内停止运动。但实际上大气是在不停地运动着,而且整个大气的动能并不出现显著的变化。这意味着消耗了的动能是不断得到补充的,这种补充主要是由位能和内能转变而来,而乱流热通量是补充大气动能消耗的主要因素之一。

大气动能的消耗,仅为地球吸收太阳辐射能的1/200。计算表明,在大气运动中虽然动能消耗得很快,但由于太阳辐射能及湍流热交换量对大气位能和内能的补偿,动能的损耗仅为大气获得能量的很少一部分。大气中的位能和内能转化为动能,足以维持大气的运动。

（二）海陆表面的增热和冷却

地球表面情况差异很大，有陆地有水体，有高山有深谷，有高原有平原，有森林有草地，有沙漠有绿洲，它们的热力性质不同，对大气的增热和冷却的影响也不一样。其中水体和陆地的差异影响最大。

1. 水陆热力性质的差异

水陆热力性质的差异主要表现在以下五方面：

（1）吸收太阳辐射的能力不同。陆地对太阳辐射的平均反射率为 $15\%\sim30\%$，而水面的平均反射率为 $10\%\sim20\%$，故在同样条件下，水面吸收的太阳辐射能比陆地多 $10\%\sim20\%$。即水体吸收太阳辐射的能力比陆地强。

（2）透射太阳辐射不同。水体对太阳辐射基本上是透明的，除红色光和红外线之外，可见光和紫外光都可透射到水体深层，使太阳辐射分散到较厚的水层中。而组成陆地的岩石、土壤，对太阳辐射的各个波段都不是透明的，太阳辐射热集中在陆地的表面上。

（3）传递能量的方式不同。陆地是固体，不流动，热能主要靠分子传导，一般岩石和土壤导热率都较小。水体能流动，有平流、对流、湍流、波浪、洋流，经常有上下和水平流动，有利于表面与下层水体间的热量传输和水平交换。因而陆地表层同下层间的热量传输远较水体困难，热量集中在表面薄层。

（4）比热（热容量）不同。岩石和土壤的比热小于水，纯水的比热为 $4.1868\mathrm{J/(g\cdot K)}$，而一般常见岩石的比热大约是 $0.8374\mathrm{J/(g\cdot K)}$，因此，使水升温 1℃ 的热量可使同质量的岩石或干土升温 5℃。常见岩石（例如花岗石）的密度约为 $2.5\mathrm{g/cm^3}$，其容积热容量为 $2.0934\mathrm{J/(cm^3\cdot K)}$，因此，使水温升高 1℃ 的热可使同体积的岩石或干土升温 2℃。

（5）水分蒸发耗热状况不同。水体水分供应充足，蒸发耗热量大，失热多，使表面温度不易升高，而水体上的空气因水分蒸发而具有较多的水汽，以致有较大的吸收长波辐射的能力，使空气增温，又以逆辐射形式还于水面，使水面及附近大气不易强烈降温，水体上空，云量较多，使热量又不致急剧散失，故大水体及附近地区温度变化和缓。陆地水分不足，尤

其是干燥地区，只有小部分热量用于蒸发，大部分热量用于增高陆面及近地气层的温度。

2. 海陆表面的增温和冷却

地球表面积海洋占 70.9%，陆地只占 29.1%，因此，海陆表面的增热和冷却在气候形成中具有重要的意义。由于水陆热力性质的差异，陆地获得热量时，因热量集中在表面薄层，导致温度急升；相反，陆地失热时，难以得到地表下层热量的补偿和大气的调节，致使温度急降。故大陆受热快，冷却也快，气温升降剧烈，变化幅度大。同理，海洋受热慢，气温升降缓和，变化幅度小。所以冬季，大陆温度低于同纬度的海面，最冷月出现在 1 月，而海洋出现在 2 月。夏季，大陆温度高于同纬度的海面，最热月出现在 7 月，而海洋出现在 8 月，年最高、最低气温出现的时间，海洋比大陆滞后 $1\sim2$ 个月。这些热力状况的差异，明显地影响着与低层大气间的热量交换过程和近地面层气温的变化特性。

（三）空气的增热和冷却

空气增热时，分子运动加剧，内能增加，温度升高；空气冷却时，分子运动速度减慢，内能减少，温度下降。因此，空气内能的变化是引起气温变化的根本原因。

空气内能变化有两种情况：一是由于空气块与外界有热量交换，引起气温的升或降，称非绝热变化；二是空气块与外界没有热量交换，只是由于外界压力的变化，引起气温的降低或升高，称为绝热变化。

1. 大气中的非绝热过程

空气与外界互相交换热量，引起气温变化，其方式有：

（1）传导。传导是依靠分子的热运动，将热量从一个分子传递给另一个分子。空气与地面之间，气团之间，空气层之间，当有温度差异时，就会有热传导作用。但由于地面和大气都是热的不良导体，故传导作用只有在空气分子密度大和气温梯度大的贴地气层表现较为明显。

（2）辐射。辐射以长波方式进行，是地面与空气间热量交换的重要方式，比传导作用大 4000 倍。由于地面平均温度高于大气，辐射交换将使大气净

增热量。

（3）对流与乱流。由于地表性质差异，受热不均等所引起的空气大规模有规则的升降运动，称对流。小规模不规则的涡旋运动称乱流，又称湍流。通过对流，上下层空气混合，热量在垂直方向上得到交换，使低层热量较快传到高层，是高低层间热量交换的重要方式。湍流使相邻气团之间发生混合，从而交换热量。对流和乱流使空气在垂直方向和水平方向经常进行热量交换，使空气中热量分布趋于均匀，这是近地层大气热量交换的重要方式。

（4）水相变化。蒸发时，水变成水汽，吸收热量。地面蒸发的水汽被带到高空后，温度下降，水汽凝结，释放潜热，被空气吸收，即把地面的热量输送到空气中，进行潜热转移。地面蒸发的水分远比凝结的水分多，因而通过水分相变，地面失去热量，大气获得热量。因大气中的水汽主要集中在 5km 以下，故此作用主要发生在对流层下半部。水相变化对热带地区热量交换具有重要作用。

大气的增热和冷却，是以上几种热量交换形式共同作用的结果。只是在某种情况下，以某种方式或几种方式为主。一般来说，地面和空气之间的热量交换，以辐射为主，气层之间则以对流、乱流为主，传导作用仅限于近地气层，当发生大量水相变化时，潜热交换则是不可忽视的。

2. 大气中的绝热过程

气块与外界无热量交换的情况下，由于外界压力变化，气块胀缩做功，引起内部能量转换所产生的温度变化，称气温的绝热变化。这种气块在升降运动中与周围空气没有热量交换的状态变化过程，称绝热过程。

1）干绝热过程

干空气或未饱和的湿空气块，进行垂直运动时，与外界没有热量交换，只因体积膨胀（或收缩）做功引起内能增减和温度变化过程，称为干绝热过程。在干绝热过程中，气块对外做功所消耗的能量，等于气块内能减少量，也就等于温度的变化量。这个规律可表示为

$$\frac{T}{T_0} = \left(\frac{P}{P_0}\right)^{0.286}$$

此式称为干绝热方程，又称泊松（poisson）方程。式中 T_0，P_0 为干绝热过程初态的温度和气压，T，P 为其终态的温度和气压。利用此方程可求得干空气在上升到任何高度处的温度值。此式表明，干空气在绝热上升过程中，温度随气压的降低而呈指数规律递减。

气块绝热上升单位距离时的温度降低值，称绝热垂直减温率，简称绝热直减率。干空气或未饱和的湿空气，绝热上升单位距离时的温度降低值，称干绝热直减率，用 r_d 表示，据计算，$r_d = 0.985℃/100m \approx 1℃/100m$。

2）湿绝热过程

饱和湿空气做垂直运动时的绝热变化过程，称湿绝热过程。饱和湿空气绝热上升单位距离时的温度降低值，称湿绝热直减率，用 r_m 表示。由于气块已经饱和，在绝热上升过程中，随着温度的降低，水汽发生凝结，便会有潜热释放，使气块增温，补偿了一部分因气块上升膨胀做功消耗的内能。因此，湿绝热直减率显然要小于 $1℃/100m$，即 $r_m < r_d$。同理，饱和湿空气绝热下降时，由于气块中的水滴蒸发或冰晶升华要消耗内能，故每下降 100m 的增温也小于 1℃。可见 r_m 是一个变量，随气温升高和气压降低而减小。

由于饱和湿空气的水汽含量随温度和气压而有不同，气温高时，空气达到饱和时的水汽含量大，气温低时，空气达到饱和时的水汽含量小。因此高温时的 r_m 比低温时的 r_m 小。气压低时，空气密度小，气压高时，空气密度大，但其水汽密度相同。因此，当饱和湿空气块绝热上升时，因温度降低产生的凝结潜热相同，但对密度大的饱和气块来说，释放的潜热所起的补偿增温作用要小一些。对密度小的饱和气块来说，潜热所引起的补偿增温作用更强烈。所以气压高的饱和空气块的 r_m 大，气压低的饱和空气块 r_m 小。

3. 大气静力稳定度

大气中温度的垂直分布，称大气温度层结。每上升单位距离气温的降低值，称气温直减率，也称气温铅直梯度，用 r 表示，单位为 ℃/100m。r 因时、因地、因高度而异，对流层大气平均 r 为 0.65℃/100m。

大气温度层结，有使在其中作垂直运动的气块返回或远离起始位置的趋势和程度，称大气层结稳定度，简称大气稳定度。因为气块运动是相对于静止大气而言，故又称大气静力稳定度。有三种情况：稳定、不稳定和中性。① 大气温度层结有使在

其中作垂直运动的气块返回起始位置的,称大气稳定。② 大气温度层结有使在其中作垂直运动的气块远离起始位置的,称大气不稳定。③ 大气温度层结有使在其中作垂直运动的气块随移而安的,称大气为中性。

当 $r>r_d$ 时,大气层结无论对干绝热过程或湿绝热过程都是不稳定的,故称绝对不稳定;当 $r<r_m$ 时,大气层结无论对干绝热过程或湿绝热过程都是稳定的,故称绝对稳定;当 $r_m<r<r_d$ 时,大气层结对湿绝热过程来说是不稳定的,对干绝热过程来说是稳定的,故称条件性不稳定。

绝对不稳定的大气,r 很大,此状况多发生在炎热的夏季白天,热雷雨多因此而产生。绝对稳定的大气,r 很小,$r=0$ 甚至 $r<0$,出现逆温,垂直运动受到抑制,容易产生大气污染。条件性不稳定,是自然界中常见的现象。

(四) 大气温度的时空变化

1. 大气温度的时间变化

大气温度的时间变化,主要是由地球的自转和公转引起的气温周期性变化,以及由大气运动引起的非周期性变化。

1) 气温的日变化

白天气温高,夜晚气温低,日最高气温出现在午后 14～15 时,日最低气温出现在日出前后。这种以一日为周期的变化,称气温的日变化。气温日变化过程线,是一条正弦曲线(图 4.16)。最高气温和最低气温出现的时间称相时。日最高气温与日最低气温的差值,称气温的日较差或称日振幅。气温日较差随纬度、季节、地表性质、形态、高度和天气状况而异。一般来说,随纬度增高气温日较差减小,如低纬度地区,日较差平均为 12℃,中纬地区平

均 6～9℃,高纬地区 2～4℃。夏季日较差大,冬季日较差小;大陆气温日较差大于海洋,凹陷的谷地、洼地气温日较差大于凸出的山峰;晴天气温日较差大于阴天。气温日较差随高度的增加而减小,而且极值出现的时间也随高度而落后。此外,沙土、深色土和干松土壤上的气温日较差分别比黏土、浅色土和潮湿土壤上的气温日较差大。雪地上的气温日较差也较非雪地大,裸露地面较植被覆盖地面的气温日较差大。

2) 气温的年变化

夏季气温高,冬季气温低,年最高气温出现在夏至后的 7 月或 8 月,年最低气温出现在冬至后的 1 月或 2 月。这种以一年为周期的气温变化,称气温的年变化。一年中最热月的平均气温与最冷月的平均气温之差值,称气温的年较差。气温年较差的大小随纬度、地表性质、形态、海拔高度而异。一般地说,随纬度增高,气温年较差增大:赤道地区,一年之中,太阳高度变化小,热量收支相差不大,气温年较差仅 1～3℃,随着纬度增高,冬夏热量收支差异增大,气温年较差也随之增大。中纬度地区,气温年较差 20～30℃,高纬度地区则达 30℃ 以上。同一纬度,海洋上的年较差较陆地小,沿海地区比内陆小,植被覆盖地区比裸露地区小,凸出的山峰比凹陷的谷地小,云雨多的地区年较差小。年较差还随海拔高度的增加而减小。

根据气温年较差的大小和最高最低温出现的月份,可将气温年变化划分为四种类型(图 4.17)。

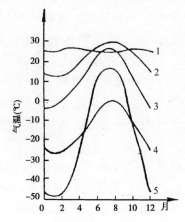

图 4.17 不同纬度的气温年变化
1. 雅加达,6°11′S;2. 广州,23°08′N;
3. 北京,39°57′N;4. 德兰乌兰贝尔格,
80°N;5. 维尔霍扬斯克,67°39′N

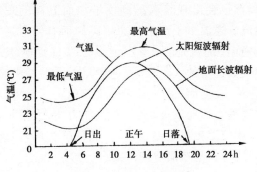

图 4.16 上海 7 月的气温日变化

（1）赤道型。一年中有两个最高值，分别出现在春、秋分前后，两个最低值，分别出现在冬、夏至前后。年较差很小。

（2）热带型。一年中有一个最高值，一个最低值，分别出现在夏至和冬至以后。年较差不大，但大于赤道型。

（3）温带型。一年中有一个最高值，一个最低值，分别出现在夏至和冬至以后1～2个月（大陆落后1个月，海洋落后2个月），且随纬度增高而增大。

（4）极地型。冬长而冷，夏短而凉，年较差一般很大，极圈附近达到最大。极地最低温度出现在冬季末，最高温度出现在8月初。

气温还会由于大规模的气流交替而发生变化。这种变化的时间和幅度视气流的冷暖性质和运动状况而不同，没有一定的周期，称非周期性变化。实际上，一个地方的气温变化，是周期性变化和非周期性变化共同作用的结果。

气温的年变化反映了气候上的冷暖，对人类活动和生物生长有很大的影响，因此，气温是划分气候季节的重要指标。目前我国多以候（5日为一候）平均温度作为分季的标准，10℃以下为冬季，22℃以上为夏季，10～22℃为春、秋季。

2. 大气温度的空间分布

1）气温的水平分布

大气温度在水平方向和垂直方向的分布都是不均匀的。纬度决定天文辐射到达量；大气成分决定辐射削减和气温的垂直分布；海陆分布决定热量平衡各分量的大小和变化。全球平均辐射平衡自赤道向极地递减，所以气温也向极地递减，极赤温差计算值为83℃，实测为48℃。气温的水平分布可用等温线表示。等温线是指同一水平面上气温相等的各点的连线。等温线间距和排列不同，反映出不同的水平气温分布特点。等温线稀疏表示各地气温相差不大；等温线密集，表示各地气温差异悬殊。单位距离内气温的变化值称气温水平梯度。等温线平直，表示影响气温的因素少；等温线弯曲，表示影响气温分布的因素较多。等温线沿东西向平行排列，表示气温主要受纬度影响；等温线与海岸平行，表示气温主要受距海远近影响。

气温的水平分布，主要受纬度、海陆分布、地形起伏、大气环流、洋流等因素的影响，全球气温水平分布有如下特点：

（1）气温随纬度增高而递减。北半球1月（冬季）等温线比7月（夏季）密集，说明北半球冬季南北温度差大于夏季，南半球相反。

（2）冬季北半球等温线在大陆凸向赤道，海洋凸向极地。反映同一纬度上，陆地冷于海洋，夏季时相反。南半球因陆地面积小，海洋面积大，因此，等温线相对比较平直。遇到陆地的地方也发生类似北半球的弯曲情况。

（3）最高温度不是出现在赤道上，冬季在5°～10°N处，夏季在20°N左右。这一带冬夏月平均温度均高于24℃，称热赤道。

（4）大陆中纬度西岸气温比同纬度的东岸高。太平洋和大西洋北部，冬季大陆沿岸，等温线急剧向北极凸出，反映了黑潮暖流、阿留申暖流、墨西哥湾流的巨大增暖作用。使1月份0℃等温线，在大西洋北部伸展到北纬70°的北极圈附近。夏季北半球等温线沿非洲和北美西岸向南凸出，反映了加那利寒流和加利福尼亚寒流的影响，南半球也有类似的特点。

（5）北半球冷中心出现在冬季、高纬度大陆东部、西伯利亚和格陵兰岛。维尔霍扬斯克的绝对最低气温是−69.8℃，奥依米亚康测得−73℃。南半球无论冬夏最低气温都出现在南极，测得−90℃（南纬72°东方科学站）。暖中心出现在北半球夏季低纬大陆内部热带沙漠地区。索马里测得63℃的最高纪录。

我国绝对最低气温−52.3℃，出现在黑龙江省的漠河；−60℃出现在珠穆朗玛峰；绝对最高气温49.6℃，出现在新疆吐鲁番。

2）对流层中气温的垂直分布

前已述及，气温随高度增加而降低是对流层的主要特征，但减温率因地面性质、高度、季节、昼夜以及天气状况的不同而异。整个对流层平均，高度每上升100m，气温下降0.65℃，但受特殊原因的影响，局部也会出现气温随高度增加而升高的现象，称逆温。逆温由于产生的原因不同而有辐射逆温、平流逆温、乱流逆温、下沉逆温以及锋面逆温等。出现气温逆增的大气层，称逆温层。逆温层中暖而轻的空气在上面，使气层变得比较稳定。它可以阻碍空气垂直运动发展，大气扩散能力弱，大量水汽、烟、尘埃等聚集在逆温层下，使能见度变坏，污染物质不易扩散，易造成空气污染。

三、全球气温带

人们根据气温水平分布的特点，以等温线为标准，把全球划分为七个气温带。

（1）热带。年平均气温 20℃ 等温线之间的地带。

（2）南北温带。年平均气温 20℃ 等温线与最热月 10℃ 等温线之间的地带，南北半球各有一个。

（3）南北寒带。最热月 10℃ 等温线与最热月 0℃ 等温之间的地带，南北半球各有一个。

（4）南北永冻带。最热月 0℃ 等温线以内的地带，南北半球各有一个。

以等温线为标准划分的气候带，比天文气候带更符合实际情况，如年平均气温 20℃ 等温线与椰树分布极限相符合，最热月 10℃ 等温线与针叶林分布界限吻合等。

复习思考题

1. 何谓太阳辐射、地面辐射、大气辐射、地面有效辐射和大气保温效应？

2. 到达大气上界的太阳辐射和到达地面的太阳辐射各受哪些因素影响？两者有何关系？

3. 太阳辐射通过大气时受到哪些削弱作用？总辐射随纬度分布有什么规律？为什么？

4. 何谓地面热量平衡？地面热量平衡方程式各项收支情况在气候形成中起什么作用？

5. 试分析气温日变化的特点及其原因。

6. 等温线是什么？其疏密、弯曲、走向各表示气温变化的什么特征和受什么因素影响？

7. 分析世界 1、7 月等温线图，说明全球气温分布的特点和影响因素。

8. 气温随高度分布有何特点？何谓逆温？逆温现象如何形成？逆温层有何作用？

9. 水陆热力性质有什么不同？其对气候产生什么影响？

10. 空气与外界交换热量的方式有哪几种？最重要的是哪一种？

11. 何谓气温的绝热变化？何谓干绝热过程和湿绝热过程？二者有什么不同？

12. 何谓气温的周期性变化和非周期性变化？其变化特点如何？为何会产生这种变化？

13. 绘图说明以等温线为标准所划分的全球气温带。

第三节　气候形成的环流因素

一、气压和大气流动

（一）气压和影响大气水平运动的力

1. 气压和气压的变化

1）气压及其单位

大气由于地球引力作用而具有重量，对地面施加压力。静止大气中，任一高度单位面积上所承受的空气柱重量，叫大气压力，简称气压。

气压的测量单位国际上规定用"帕"，符号 Pa，1 "百帕"等于 1 毫巴。1 毫米汞柱高＝4/3 百帕（毫巴），1 百帕（毫巴）＝3/4 毫米汞柱高。当选定温度为 0℃、纬度为 45°的海平面时，气压为 1 013.25hPa（百帕）或 760mmHg（毫米汞柱），称为一个标准大气压。

2）气压随高度的变化

大气压力总是随海拔高度升高而降低的，因为空气密度和空气柱厚度都随高度升高而减小，所以空气柱重量减小，气压也就降低。

气压随高度增加而降低的快慢程度不同。低层大气，因其密度比高层大，所以气压随高度增加而降低比高层快，每改变单位气压，高度差小。高层大气，因其密度小，气压随高度降低慢，每改变单位气压，高度差大。同理，冷空气密度较大，气压随高度增加而降低值大，每改变单位气压高度差小；暖空气密度较小，气压随高度增加而降低值小，每改变单位气压高度差大。可见，气压随高度的变化与气温和气压条件有关。在气压相同的条件下，气柱温度愈高，密度愈小，气压随高度递减缓慢，单位气压高度差愈大，气压垂直梯度小；反之，气柱温度愈低，气压随高度递减快，单位气压高度差愈小，气压垂直梯度大。在相同气温下，气压值愈大的地方，空气密度愈大，气压随高度递减快，单位气压高度差小；反之，单位气压高度差大（表 4.8）。

表 4.8　不同气温、气压条件下单位气压高度差（m/hPa）

气温（℃） 气压（hPa）	−40	−20	0	20	40
1000	6.7	7.4	8.0	8.6	9.3
500	13.4	14.7	16.0	17.3	18.6
100	67.2	73.6	80.0	86.4	92.8

3）气压随时间的变化

任一点的气压，随时间不断地变化。某地气压的变化，实质上是该地上空空气柱重量的增加或减少的反映。这种变化有周期性变化和非周期性变化。气压的周期性变化有日变化和年变化。地面气压的日变化有单峰、双峰和三峰等形式。其中以双峰型最为普遍，其特点是一天中有一个最高值和一个次高值，分别出现在9～10时，21～22时；一个最低值和一个次低值，分别出现在15～16时，3～4时。气压日振幅随纬度、季节、地形等不同而有差异。热带地区，气压日变化最明显，日振幅3～5 hPa；温带地区，1～3 hPa，高纬地区不到1 hPa。气压年变化受纬度、季节、海陆和海拔等地理因素的影响，有大陆型和海洋型。大陆上冬冷夏热，气压最高值出现在冬季，最低值出现在夏季，年振幅较大，并由低纬向高纬逐渐增大；海洋上冬暖夏凉，气压最高值出现在夏季，最低值出现在冬季，年振幅小于同纬度的陆地；高山区气压年变化具有海洋型特征，但成因不同，它们是空气受热或冷却，气柱膨胀上升或收缩下沉引起高山气柱质量变化所致。气压的非周期性变化，是指气压变化没有固定周期，由气压系统移动和演变所造成的。

2. 气压场和气压系统

1）等压线和等压面

气压的分布形式通常是用等压线与等压面来表示。某一水平面上气压相等各点的连线，称为等压线。根据等压线的排列形状和疏密程度，就可以看出水平面上的气压分布状况。所谓海平面气压图，就是将各气象台站同一时刻测得的本站气压，订正到海平面气压值，然后填在图上，再把气压值相等的点用平滑的曲线连接起来，得海平面等压线图，表示海平面的气压分布。若绘制的是某一高度的等压线，则得某高空的气压水平分布图（等高面图）。

空间气压场用等压面表示。空间气压相等各点所组成的面，称等压面。等压面是一个起伏不平

的曲面。因气压随高度增加而降低，故高值等压面在下，低值等压面在上。对某一水平面来说，气压高的地方等压面向上凸，气压低的地方等压面向下凹。因此在此等压面上绘制等高线，表示气压的高低分布（图4.18）。

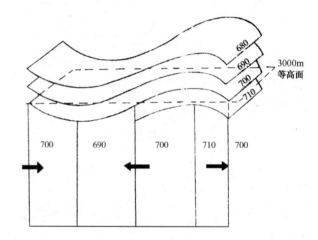

图 4.18　等压面的起伏与等高面上的气压分布的关系

2）气压系统的基本类型

气压的空间分布称为气压场。在同一水平面上，气压的分布是不均匀的，有的地方气压高，有的地方气压低，气压场呈现出各种不同的气压形式（图 4.19）。其基本类型有：

（1）低气压。简称低压，其等压线闭合，中心气压比周围低，向外逐渐增高，空间等压面向下凹陷，形如盆地。空气向中心辐合，气流上升。

（2）高气压。简称高压，其等压线闭合，中心气压比周围高，向外逐渐降低，空间等压面向上凸出，形如山峰。空气自中心向四周辐散，气流下沉。

（3）低压槽。由低压向外延伸出来的狭长区域，或一组未闭合的等压线向气压较高一方突出的部分，称低压槽，简称槽。在槽内各等压线弯曲最大处的连线，称为槽线。槽线上的气压值比两侧都低。在北半球，槽的尖端多指向南方；尖端指向北方的，称为倒槽；向东或向西的，称为横槽。槽附近空间等压面形如山谷，空气向槽内辐合上升。

（4）高压脊。由高压向外延伸出来的狭长区

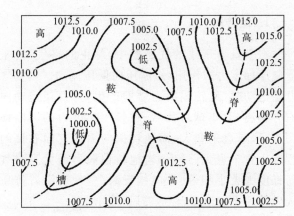

图 4.19 气压系统的基本类型

域,或一组未闭合的等压线向气压较低一方突出的部分,称为高压脊,简称脊。在脊中等压线弯曲最大处的连线,叫脊线。脊线上的气压值比两侧都高。脊线附近的空间等压面形如山脊,空气向外辐散。

(5)鞍形气压区。两个高压与两个低压相对应的中间区域,叫鞍形气压区,简称鞍。其附近空间等压面形状似马鞍。

上述低气压、高气压、低压槽、高压脊等,统称为气压系统。

3. 影响大气水平运动的力

大气的水平运动是在力的作用下产生的。这些力有由于气压分布不均匀而产生的水平气压梯度力;有空气运动时,地球自转而产生的地转偏向力;有空气做曲线运动时产生的惯性离心力;还有空气层之间,空气与地面之间相对运动产生的摩擦力。

(1)气压梯度力。气压在空间分布不均匀,存在气压梯度,空气便受到沿气压梯度方向的作用力,在气压梯度存在时,作用于单位质量空气上的力,称为气压梯度力。气压梯度力可分为垂直气压梯度力和水平气压梯度力两部分。垂直气压梯度力有重力与它平衡。而水平气压梯度力使空气从高压区流向低压区,只要水平方向上存在气压差异,就有气压梯度力作用于空气,使空气由高压向低压流动。所以说气压梯度力是大气水平运动的原动力。单位质量空气所受的水平气压梯度力,其表达式为

$$G = -\frac{1}{\rho}\frac{\Delta p}{\Delta n}$$

式中,G 为水平气压梯度力,简称气压梯度力;ρ 为空气密度;Δp 为两条等压线间的气压差;Δn 为两条等压线间垂直距离,$\Delta p/\Delta n$ 为水平气压梯度;负号表示方向由高压指向低压。

由此可见,G 的大小与 $\Delta p/\Delta n$ 成正比,与 ρ 成反比。当 ρ 一定时,等压线愈密集,G 愈大(图 4.20),风速也愈大。$\Delta p/\Delta n$ 一定时,ρ 愈小,则 G 愈大。

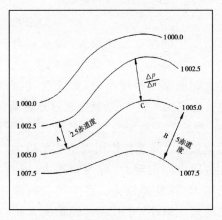

图 4.20 等压线疏密与气压梯度的关系

(2)地转偏向力。本书第二章已详细阐述了地转偏向力。地转偏向力是使运动空气发生偏转的力,它总是与空气运动方向垂直。在北半球,它指向运动方向的右方,使空气运动向原来方向的右侧偏转;在南半球它指向运动方向的左方,使空气运动向原来方向的左侧偏转。地转偏向力的大小,与空气运动速度和地理纬度的正弦成正比。在风速相同时,地转偏向力随纬度而增大,在两极达到最大,在赤道为零。所以赤道地区,气流总是沿气压梯度力方向流动,致使气压分布比较均匀。地转偏向力只改变空气运动的方向,而不能改变空气运动的速度。只要空气运动,就会受到地转偏向力的作用(赤道例外)。

(3)惯性离心力。离心力是指空气做曲线运动时,受到一个离开曲率中心而沿曲率半径向外的作用力(图 4.21)。这是空气为了保持惯性方向运动而产生的,因而也叫惯性离心力。离心力的方向与空气运动方向相垂直。对于单位质量空气来说,其大小可用下式表示:

$$C = \frac{V^2}{r}$$

式中,C 为离心力;V 为空气运动速度;r 为曲率半径。离心力与地转偏向力一样,只改变空气运动方向,而不能改变空气运动的速度。在多数情况下,

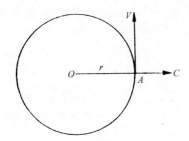

图 4.21　惯性离心力

空气运动路径的曲率半径很大,故离心力很小,比地转偏向力小得多。但在低纬度地区或空气运动速度很大而曲率半径很小时(如龙卷风、台风),离心力也可达到很大的数值,甚至超过地转偏向力。

(4)摩擦力。地面与空气之间,以及不同运动状况的空气层之间互相作用而产生的阻力,称为摩擦力。气层之间的阻力,称内摩擦力;地面对空气运动的阻力,称外摩擦力。在摩擦力的作用下,空气运动的速度减小,并引起地转偏向力相应减小。陆地表面对于空气运动的摩擦力总是大于海洋表面的摩擦力,所以江河湖海区域的风力总是大于同一地区的陆地区域。摩擦力随高度升高而减少,因而离开地面愈远,风速愈大。

上述四种力,对于空气运动的影响不同。气压梯度力是使空气产生运动的直接动力,其他三种力,只存在于运动着的空气中,使空气运动方向或速度发生改变。如讨论赤道附近的空气运动时,可不考虑地转偏向力的影响;如空气作近似直线运动时,可不考虑惯性离心力;在讨论自由大气中的空气运动时,可不考虑摩擦力的作用。

(二)气流的形成和性质

空气的水平运动,称为风。空气的垂直运动,称为上升气流或下沉气流。风是矢量,既有风向,又有风速。风向是指风的来向,以 16 个方位或 360° 方位角表示。风的来向表明了风的性质,对天气有直接影响。例如,中国东南沿海有"西风晴,东风雨,北风冷,南风暖"的说法。风速常以 m/s 表示,也可用 km/h 表示。根据风速的大小,可将风力划分为 13 级(0～12 级)。这是英国人蒲福于 1805 年拟定的、国际上常用的蒲氏风力等级。1946 年后,风力等级又作了扩充,增加到 18 级(0～17 级)。

1. 地转风

在平直等压线的气压场中,静止的空气,由于受气压梯度力的作用,由高压向低压流动。当空气开始运动时,地转偏向力立即产生,并迫使运动向右方偏离(北半球);往后,在气压梯度力的不断作用下,风速愈来愈大,而地转偏向力使它向右偏的程度也愈来愈大;最后,当地转偏向力增大到与气压梯度力大小相等、方向相反时,空气就沿着等压线做等速直线运动,称地转风(图 4.22)。

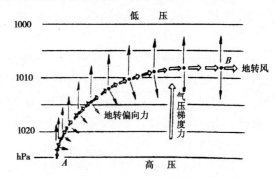

图 4.22　北半球地转风形成的示意图

当地转风出现时,地转偏向力必然与气压梯度力平衡,即

$$G = A$$

因为

$$G = -\frac{1}{\rho}\frac{\Delta p}{\Delta n}$$

而

$$A = 2V\omega \sin\varphi$$

如果以 V_g 表示地转风风速,并将 G 和 A 的表达式代入,得

$$V_g = -\frac{1}{2\omega\rho \sin\varphi}\frac{\Delta p}{\Delta n}$$

由此可得,地转风风速与气压梯度成正比,与空气密度及纬度的正弦成反比。地转风方向与水平气压梯度力的方向垂直,即平行于等压线。在北半球,背风而立,高压在右,低压在左;南半球相反,此称白贝罗风压定律。

2. 梯度风

自由大气中,当空气做曲线运动时,水平气压梯度力、地转偏向力和惯性离心力三种力达到平衡时的空气水平运动,称为梯度风。

由于做曲线运动的气压系统有高压(反气旋)和低压(气旋)之分,在高压和低压系统中,力的平衡状态不同,其梯度风也不尽相同。以北半球圆形等压线为例(图 4.23),在低压中,气压梯度力 G 指向低压中心,地转偏向力 A 和惯性离心力 C 都指向外,而且两者之和等于气压梯度力。因为地转偏向力和惯性离心力都是与风向垂直的,所以在低压中,梯度风的风向 V_t 是沿等压线按逆时针方向运动。南半球的情况相反。在高压中,气压梯度力 G 和惯性离心力 C 都自中心指向外,当三力达到平衡时,地转偏向力 A 必定由外沿指向中心,而且大小等于气压梯度力 G 和惯性离心力 C 之和。所以高压中的梯度风风向 V_{at} 是沿着等压线,绕高压中心作顺时针方向运动;南半球相反。

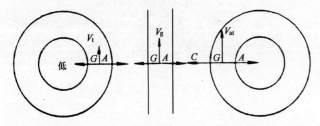

图 4.23 高压、低压中的梯度风与地转风比较

因此,梯度风的风向仍然遵守白贝罗风压定律,即在北半球,背风而立,高压在右,低压在左,在南半球则相反。

梯度风的风速,不仅受气压梯度力和纬度的影响,而且还受气流路径的曲率半径的影响。因此,即使气压梯度力和纬度相同的情况下,梯度风风速和地转风风速也是不等的。

3. 风随高度的变化

自由大气中风随高度的变化同气温的水平分布密切相关。气温水平梯度的存在,引起了气压梯度力随高度发生变化,导致风随高度发生相应的变化。如图 4.24 所示,设在自由大气中,Z_1 高度上各处气压相等,等压面 P_1 与等高面 Z_1 重合,此时在 Z_1 高度上没有水平气压梯度,也没有风。由于 Z_1 高度上 A 点比 B 点暖,那么,A 点上空单位气压高度差比 B 点上空大,暖区一侧等压面抬起,冷区一侧等压面降低。等压面 P_2,P_3 将不是水平的,而是倾斜的。此时,Z_2 水平面上的气压值不相等,暖区的气压高于冷区,出现了由暖区指向冷区的气压梯度力 G,从而产生了平行于等温线的风。下层没有风,上层有了风,说明风随高度发生了变化。这种由于水平温度梯度的存在而引起的上下层风的向

量差,称为热成风。

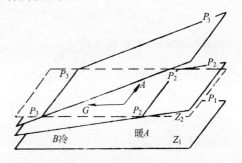

图 4.24 热成风的形成

热成风的大小与气层平均水平温度梯度及气层的厚度成正比。气层水平温度梯度愈大时,等压面愈倾斜,由暖区指向冷区的气压梯度力愈大,热成风也愈强。反之水平温度梯度愈小,热成风也愈小。如果水平温度梯度一定,气层愈厚,上层等压面愈陡,热成风也愈大;反之,气层愈薄,热成风愈小。热成风的方向平行等温线,在北半球,背热成风而立,高温在右,低温在左,南半球相反。

气层的水平温度场与下层气压场的配置形式各种各样,因而风随高度的变化也有多种不同的情况。但在自由大气中,随着高度的增高,不论风向怎么变化,总是愈来愈趋向于热成风方向。所以北半球中纬度地区对流层上部盛行西风,对流层顶部出现西风急流区的事实,就可由热成风原理得到解释。

4. 摩擦层中空气的水平运动

在摩擦层中,空气的水平运动因受摩擦力的作用,不仅风速减小,而且破坏了力的平衡关系,使地转风斜穿等压线从高压吹向低压;梯度风斜穿等压线,低压向中心辐合,高压自中心向外辐散。由于地面摩擦作用随高度减小,则风速随高度增大,风向随高度增高不断向右偏转(北半球),到摩擦层顶部,风速接近地转风(或梯度风),风向与等压线平行。

二、大气环流和风系

大气环流是指地球上各种规模和形式的空气运动综合情况。大气环流的原动力是太阳辐射能,大气环流把热量和水分从一个地区输送到另一个地区,从而使高低纬度之间、海陆之间的热量和水分得到交换,调整了全球性的热量、水分的分布,是各地天气、气候形成和变化的重要因素。

（一）全球气压分布和风带

1. 行星气压带和三圈环流模式

地球表面,赤道附近,终年太阳辐射强,气温高,空气受热上升,到高空向外流散,导致气柱质量减小,在低空形成低压,称赤道低压带。两极地区,终年太阳辐射弱,气温低,空气冷却收缩下沉,积聚在低空,导致气柱质量增多,形成高压,称极地高压带。由于地球自转,从赤道上空向极区方向流动的气流,在地转偏向力的作用下,方向发生偏转,到纬度20°～30°附近,气流完全偏转成纬向西风,阻挡来自赤道上空的气流继续向高纬流动,加上气流移行过程中温度降低,纬圈缩小,发生空气质量辐合和下沉,形成高压带,称副热带高压带。在副热带高压带和极地高压带之间,是一个相对的低气压区,称副极地低压带。这样便形成了全球性的7个纬向气压带(图4.25)。

由于气压带的存在,产生气压梯度力,高压带的空气便向低压带流动。在北半球,副热带高压带的空气,向南北两边流动。其中,向南的一支,在地转偏向力的作用下,成为东北风,称东北信风(南半球为东南信风)。到达赤道地区,补充那里上升流出的气流,构成赤道与20°～30°之间的低纬环流圈,也称哈得莱环流圈(图4.25a)。向北的一支,在地转偏向力的作用下,成为偏西风,称盛行西风。而从极地高压带向南流的气流,在地转偏向力的作用下,成为偏东风,称极地东风。它们在副极地低压带相遇,形成锋面,称极锋。锋面上南来的暖空气沿着北来的干冷空气缓慢爬升,在高空又分为南北两支,向南的一支在副热带地区下沉,构成中纬度环流圈(图4.25b),又称费雷尔环流圈。向北的一支在极地下沉,补偿极地地面高压流出的空气质量,构成高纬度环流圈,又称极地环流圈(图4.25c)。

2. 海平面气压分布

地球表面,海陆相间分布,由于海陆热力性质差异,纬向气压带发生断裂,形成若干个闭合的高压和低压中心。冬季(1月),北半球大陆是冷源,有利于高压的形成。如亚欧大陆的西伯利亚高压和北美大陆的北美高压;海洋相对是热源,有利于低压的形成。如北太平洋的阿留申低压,北大西洋的

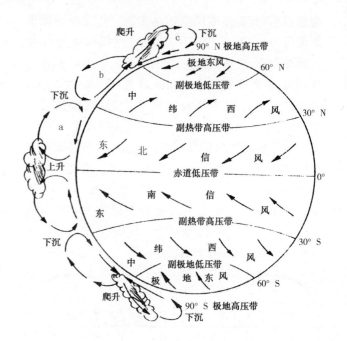

图4.25　行星气压带和三圈环流模式

冰岛低压。夏季(7月)相反,北半球大陆是热源,形成低压。如亚欧大陆的印度低压,又称亚洲低压,和北美大陆上的北美低压。副热带高压带在海洋上出现两个明显的高压中心,即夏威夷高压和亚速尔高压。

南半球季节与北半球相反,冬、夏季气压性质也发生与北半球相反的变化。而且因南半球陆地面积小,纬向气压带比北半球明显,尤其在40°S以南,无论冬夏,等压线基本上呈纬向带状分布。

上述冬夏季海平面气压图上出现的大型高、低压系统,称大气活动中心。其中北半球海洋上的太平洋高压(夏威夷高压)和大西洋高压(亚速尔高压)、阿留申低压、冰岛低压,常年存在,只是强度、范围随季节有变化,称为常年活动中心。而陆地上的印度低压、北美低压、西伯利亚高压、北美高压等,只是季节性存在,称为季节性活动中心。活动中心的位置和强弱,反映了广大地区大气环流运行特点,其活动和变化对附近甚至全球的大气环流,对高低纬度间与海陆间的水分、热量交换,对天气、气候的形成和演变起着重要作用。

3. 高空大气环流的基本特征

1) 平均纬向气流

大气运动状态千变万化,其最基本的特征是盛行以极地为中心的纬向气流,也就是东、西风带。平均而言,对流层中上层,由于经向温度梯度指向

高纬,除赤道地区有东风外,各纬度几乎是一致的西风(图 4.26)。近地面层,高纬地区冬夏都是一个浅薄的东风带,称极地东风带,其厚度和强度都是冬季大于夏季。中纬度地区,从地面向上都是西风,称盛行西风带。低纬度地区,自地面到高空是深厚的东风层,称信风带。从冬到夏,东风带北移,范围扩展,强度增大;从夏到冬,东风带南移,范围缩小,强度减弱。

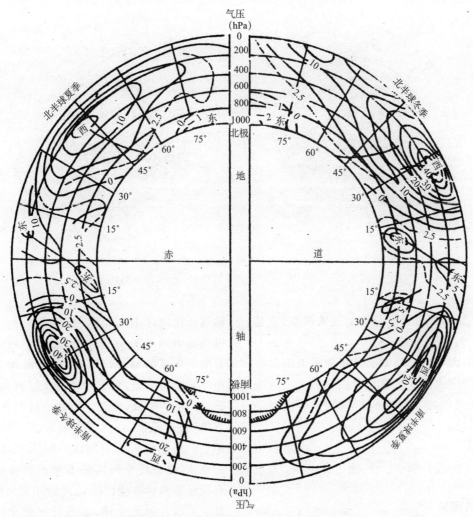

图 4.26 沿纬圈平均纬向风速(m/s)经向剖面图(+:西风;-:东风)

2) 高空急流和锋区

无论低纬存在的东风环流,还是中高纬存在的西风环流,风速都不是均匀分布的,在某些区域出现风速 30m/s 以上的狭窄强风带,称为急流。急流环绕地球自西向东弯弯曲曲延伸几千公里,急流中心风速可达 50～80m/s,强急流中心风速达 100～150m/s。

在对流层上层,已经发现的急流有:温带急流,也称极锋急流,位于南、北半球中高纬度地区的上空,是与极锋相联系的西风急流;副热带急流,又称南支急流,位于 200hPa 高空副热带高压的北缘,同副热带锋区相联系;热带东风急流,位于150～100hPa副热带高压的南缘,其位置变动于赤道至南北纬 20°。

在中高纬地区,对流层中上层等压面上,常有弯弯曲曲地环绕地球、宽度为数百公里水平温度梯度很大(等温线密集)的带状区域,称高空锋区,也称行星锋区。北半球行星锋区主要有两支:北支是冰洋气团和极地气团之间的过渡带,称为极锋区;南支是极地变性气团和热带气团之间的过渡带,称为副热带锋区。急流区大多与水平温度梯度很大的锋区相对应。

3) 高空平均水平环流

由于地球表面海陆分布以及地面摩擦和大地

形作用,高空纬向环流受到扰动,形成槽、脊、高压、低压环流。1月份,北半球对流层中层 500hPa 等压面上,西风带中存在着三个平均槽(图 4.27),即位于亚洲东岸 140°E 附近的东亚大槽,北美东岸 70°～80°W 附近的北美大槽,和乌拉尔山西部的欧洲浅

槽。在三槽之间并列着三个脊,脊的强度比槽弱得多。7月份,西风带显著北移,槽位置也发生变动,东亚大槽东移入海,欧洲浅槽变为脊,欧洲西岸、贝加尔湖地区,各出现一个浅槽。

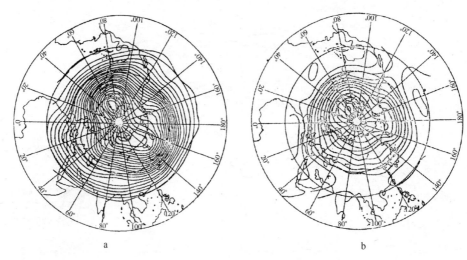

图 4.27　北半球 1 月(a)和 7 月(b)500hPa 等压面图

对流层上层的环流形势与中层大体相似,只是西风范围更扩大,风速更增强。

由上所述,大气环流基本上是纬向环流中包含着经圈环流,纬向主流上又叠加着涡旋运动。这些不同运动形式之间相互联系、相互制约,形成一个整体的环流系统。

(二) 季风环流

1. 季风的定义

以一年为周期,大范围地区的盛行风随季节而有显著改变的现象,称为季风。季风不仅仅是指风向上有明显的季节转换,1月与7月盛行风向变化至少120°,而且两种季风各有不同源地,气团属性有本质差异,冬季由大陆吹向海洋,属性干冷,夏季由海洋吹向大陆,属性暖湿。因而伴随着风向的转换,天气和气候也发生相应的变化。

2. 季风的形成

季风的形成与多种因素有关,但主要是由于海陆间的热力差异以及这种差异的季节性变化引起,行星风系的季节性移动和大地形的影响起加强作用。

大陆冬冷夏热,海洋冬暖夏凉。冬季,大陆上

的气压比海洋上高,气压梯度由陆地指向海洋,所以气流由陆地流向海洋,形成冬季风。夏季,海洋上的气压比陆地高,气压梯度由海洋指向陆地,风由海洋吹向陆地,形成夏季风。这种由海陆热力差异而产生的季风,大都发生在大陆与大洋相接的地方,特别是温带、副热带大陆东部。例如亚洲的东部是世界最显著的季风区。在两个行星风系相接的地方,也会发生风向随季节而改变的现象,但只有在赤道和热带地区季风现象才最为明显。例如,夏季太阳直射北半球,赤道低压带北移,南半球的东南信风受低压带的吸引而跨过赤道,转变成为北半球的西南季风;冬季,太阳直射南半球,赤道低压带南移,北半球的东北信风越过赤道后,转变成为南半球的西北季风。由于它多见于赤道和热带地区,所以又称为赤道季风或热带季风。受这种季风影响的地区,一年中有明显的干季和湿季,以亚洲南部为典型。

3. 季风区的分布

世界季风区域分布很广,大致在 30°W～170°E,20°S～35°N 的范围。其中,东亚和南亚的季风最显著。而东亚是世界上最著名的季风区,季风范围广,强度大。因为这里位于世界最大的欧亚大陆东部,面临世界最大的太平洋,海陆的气温与气压对

比和季节变化比其他任何地区都显著,加上青藏高原大地形的影响,冬季加强偏北季风,夏季加强偏南季风,所以季风现象最突出。而且冬季季风强于夏季季风。南亚季风以印度半岛表现最为明显,因此又称印度季风。它主要由行星风带的季节性移动引起,但也含有海陆热力差异和青藏高原的大地形作用。它夏季季风强于冬季季风,因为冬季,它远离大陆冷高压,东北季风长途跋涉,并受青藏高原的阻挡,而且半岛面积小,海陆间的气压梯度小,所以冬季季风不强。而夏季,半岛气温特高,气压特低,与南半球高压之间形成较大的气压梯度,加上青藏高原的热源作用,使南亚季风不但强度大而且深厚。

季风对天气气候有重要影响。冬季季风盛行时,气候寒冷、干燥和少雨;夏季季风盛行时,气候炎热、湿润、多雨。夏季季风的强弱和迟早,是造成季风地区旱涝灾害的重要原因。

（三）局　地　环　流

行星风系和季风环流都是在大范围气压场控制下的大气环流,在小范围的局部地区,还有空气受热不均匀而产生的环流,称为局地环流,也称地方性风系。它包括海陆风、山谷风和焚风等。

1. 海陆风

沿海地区,由于海陆热力性质的不同,风向发生有规律的变化。白天,陆地增温比海洋快,陆地上的气温比海洋高,因而形成局地环流(图 4.28),下层风由海洋吹向陆地,称海风;夜间,陆地降温快,地面冷却,而海面降温慢,海面气温高于陆地,于是产生了与白天相反的热力环流,下层风自陆地吹向海洋,称为陆风。这种以一天为周期而转换风向的风系,称海陆风。

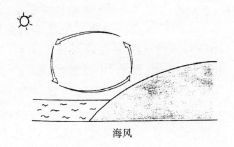

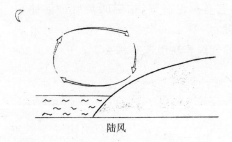

海风　　　　　　　　　　陆风

图 4.28　海陆风环流

2. 山谷风

在山区,白天日出后,山坡受热,其上的空气增温快,而同一高度的山谷上空的空气因距地面较远,增温较慢,于是暖空气沿山坡上升,风由山谷吹

向山坡,称谷风。夜间,山坡辐射冷却,气温迅速降低,而同一高度的山谷上空的空气冷却较慢,于是山坡上的冷空气沿山坡下滑,形成与白天相反的热力环流,下层风由山坡吹向山谷,称山风。这种以一日为周期而转换风向的风,称山谷风(图 4.29)。

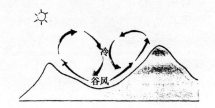
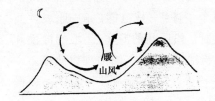

图 4.29　山谷风环流

在山区,山谷风是较为普遍的现象,只要大范围气压场的气压梯度比较弱,就可以观测到。如乌鲁木齐市南倚天山、北临准噶尔盆地,山谷风交替的情况便很明显。

3. 焚风

焚风是一种翻越高山,沿背风坡向下吹的干热风。当空气翻越高山时,在迎风坡被迫抬升,空气冷却,起初按干绝热直减率(1℃/100m)降温。空气湿度达到饱和时,按湿绝热直减率(0.5～0.6℃/100m)降温,水汽凝结,产生降水,降落在迎风坡上。空气越过山顶后,沿背风坡下降,此时,空气中的水汽含量大为减少,下降空气按干绝热直减率增温。以至背风坡气温比山前迎风坡同高度上的气温高得多,湿度显著减小,从而形成相对干而热的风,称焚风(图 4.30)。

图 4.30　焚风形成示意图

焚风无论隆冬还是酷暑,白昼还是夜间,均可在山区出现。它有利也有弊,初春的焚风可促使积雪消融,有利灌溉;夏末的焚风可促使粮食与水果早熟,但强大的焚风容易引起森林火灾。

三、气团与锋

(一)气　团

气团是指在水平方向上物理属性比较均匀的大块空气,其水平范围可以从几百公里到几千公里,垂直范围几公里到十几公里,同一气团内部的水平温度梯度一般小于 1～2℃/100km。

1. 气团的形成与变性

气团发生的区域,称为气团源地。气团形成的源地必须具备两个条件:一是范围广阔、地表性质比较均匀的下垫面。如辽阔的海洋、无垠的沙漠和冰雪覆盖的大面积地区,都是气团的理想源地。二是利于空气停滞和缓行的环流条件。如移动缓慢的高压系统,在其控制下,使大范围的空气能在较长时间内停留或缓慢移动,并通过辐射、对流、湍流、蒸发和凝结等作用,获得与下垫面相同的比较均匀的物理属性。

气团形成以后,当环流条件发生变化时,就要离开源地向其他地区移动。气团在移动过程中,与途经的下垫面不断地进行着热量和水分的交换,气团的物理性质及其天气特点也随之改变,这种气团原有物理属性的改变过程,称为气团变性。如较冷地表使气团变冷,较暖地表又使气团变暖;从大陆移入海洋的气团变湿,从海洋移到陆地的气团会逐渐变干。

气团总是随着大气的运动而不停地移动着,发生停滞或缓行的状况只是暂时的、相对的。因而气团的变性是经常的、绝对的。而气团的形成只是不断变性过程中的一个相对稳定阶段。日常所见到的气团,大多是已经离开源地而有不同程度变性的气团。

2. 气团的分类和特征

为了分析气团的特性、分布、移动规律,常常对气团进行分类。分类的方法大多采用地理分类法和热力分类法。

(1) 地理分类法:根据气团源地的地理分布和下垫面的性质进行分类。按源地的纬度位置,把北(南)半球的气团分为四个基本类型,即冰洋(北极和南极)气团、极地(中纬度)气团、热带气团和赤道气团。再根据源地的海陆位置,把每一基本类型又分为海洋气团和大陆气团。赤道气团源地主要是海洋,不再区分海、陆型。这样,每个半球共有 7 种气团(表 4.9)。这种分类法的优点是能够直接从气团源地了解气团的主要特征。

(2) 热力分类法:以气团温度与其所经过的下垫面温度的对比作为分类的基础。凡是气团温度高于流经下垫面温度的,称暖气团;相反,气团温度低于流经下垫面温度的,称冷气团。实际上,冷暖气团是相对而言的,并没有绝对的温度数量界限。暖气团一般含有丰富的水汽,容易生成云雨。当暖气团移动,与冷的下垫面接触时,气团本身从低层开始逐渐变冷,空气对流不易发展,故暖气团常具有稳定天气的特点。冷气团一般形成干冷天气。当冷气团流经暖的下垫面时,低层空气变暖,对流容易发展。在夏季,当冷气团的水汽含量较多时,常形成各种积状云,引起降水天气。

在单一气团影响下,天气较稳定少变。当原有气团被新移来的气团代替时,天气就要发生变化。同时,冷暖气团在不同纬度所产生的天气也不完全一样。

表 4.9　气团的地理分类

名称	符号	主要天气特征	主要分布地区
冰洋（北极、南极）大陆气团	Ac	气温低，水汽少，气层非常稳定，冬季入侵大陆时会带来暴风雪天气	南极大陆，65°N 以北冰雪覆盖的极地地区
冰洋（北极、南极）海洋气团	Am	性质与 Ac 相近，夏季从海洋获得热量和水汽	北极圈内海洋上，南极大陆周围海洋
极地（中纬度或温带）大陆气团	Pc	低温，干燥，天气晴朗，气团低层有逆温层，气层稳定，冬季多霜、雾	北半球中纬度大陆上的西伯利亚、蒙古、加拿大、阿拉斯加一带
极地（中纬度或温带）海洋气团	Pm	夏季同 Pc 相近，冬季比 Pc 气温高，湿度大，可能出现云和降水	主要在南半球中纬度海洋上，以及北太平洋、北大西洋中纬度洋面上
热带大陆气团	Tc	高温，干燥，晴朗少云，低层不稳定	北非、西南非、澳大利亚和南美一部分的副热带沙漠区
热带海洋气团	Tm	低层温暖，潮湿且不稳定，中层常有逆温层	副热带高压控制的海洋上
赤道气团	E	湿热不稳定，天气闷热，多雷暴	在南北纬 10°之间的范围内

（二）锋

锋是冷暖气团间的过渡带。锋区冷、暖空气异常活跃，常常形成广阔的云系和降水区，有时还出现大风、降温和雷暴等剧烈天气现象。锋是重要的天气系统之一。

1. 锋的概念及其分类

两种性质不同的气团相遇时，在它们之间形成一个狭窄的过渡带，称为锋。锋是三度空间的天气系统，水平范围与气团相当，长的可达数千公里，短的也有几百公里，锋区宽度近地面只有几十公里，空中可达200～400km。同气团相比显得很窄，因而常把锋看成是一个几何面，称为锋面。锋面与地面的交线，称为锋线。锋面和锋线统称为锋。

锋在空间呈倾斜状态（图 4.31）。由于冷空气密度大，暖空气密度小，所以冷气团在锋面下，暖气团在锋面上。

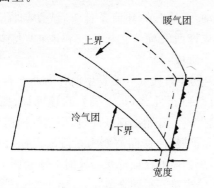

图 4.31　锋面示意图

根据锋面两侧冷暖气团移动方向和结构状况可将锋分为：冷锋、暖锋、静止锋、锢囚锋四类。冷峰，是冷气团的前锋，锋后冷气团势力强，推动锋面向暖气团一侧移动。冷锋又因移动速度快慢不同，而分为一型（慢速）冷锋和二型（快速）冷锋。暖锋，是暖气团的前锋，锋后暖气团势力强，推动锋面向冷气团一侧移动。准静止锋，是冷暖气团势均力敌，或受地形阻滞，使锋面很少移动或来回摆动。锢囚锋，是两条移动的锋相遇合并所形成的锋。当冷锋追上暖锋，或两条冷锋相遇，并逐渐合并起来，使地面完全被冷气团所占据，原来的暖气团被迫抬离地面，锢囚到高空。

2. 锋面天气

锋面天气指锋附近的云、降水、风等气象要素的分布情况。不同类型的锋有不同的天气状况。它是由锋的性质、锋面倾斜的坡度大小、锋附近的空气垂直运动和气团水汽含量的多少、气团稳定性等因素来决定的。

（1）冷锋天气。①一型冷锋移动较慢，锋面坡度较小（1/100），锋上云系从锋线往后排列为：雨层云、高层云、卷层云、卷云。降水区主要出现在锋后，多稳定性降水。如果锋前暖空气不稳定，附近可出现积雨云和雷阵雨天气。冷锋过境，气温下降，气压升高。②二型冷锋移速快，锋面坡度较大（1/40～1/80）。由于冷气团移动速度很快，迫使暖气团抬升较强烈，锋前产生旺盛的对流过程，积雨云得到较充分的发展，出现雷阵雨天气。但云雨区很窄，一般只有几公里。这种冷锋过境时，往往狂风暴雨,雷电交加,但时间短暂,锋线一过天气转晴。如果锋前的暖气团较干燥,锋面过境往往无降水,常出现大风或沙暴天气,这在中国北方的冬春季是常见的。

(2) 暖锋天气。暖锋锋面坡度较小,暖气团沿着锋面缓慢滑升,空气逐渐绝热冷却,在锋面上形成一系列的层状云系。其排列与一型冷锋相反,为卷云、卷层云、高层云、雨层云。降水主要发生在锋前的雨层云区内,为连续性降水,雨区范围较宽,约300～400km。暖锋过境后,暖气团取代了原来的冷气团,气温升高,气压降低,雨过天晴。

(3) 静止锋天气。静止锋坡度比暖锋更小(1/250左右),沿锋面上滑的暖空气可以伸展到距离锋线很远的地方,所以云系和降水区比暖锋更为宽广,降水强度小,持续时间长,常出现阴雨连绵的天气。冬春季节,我国岭南一带出现的阴雨天气,常是静止锋引起的。

四、大型空气涡旋

大气中存在着各种各样、大大小小的空气涡旋,它们有的逆时针方向旋转,有的顺时针方向旋转。大型空气涡旋的活动和变化,对各纬度之间的热量交换、水汽输送与广大地区的天气气候形成和变化产生重大的影响。

(一)温带气旋和反气旋

1. 气旋和反气旋概述

大气中占据三度空间的大尺度水平空气涡旋,中心气压比周围低的,称为气旋;中心气压比周围高的,称为反气旋。从气压场来说,分别称之为低气压和高气压。

气旋、反气旋范围大小,以地面最外一条闭合等压线为界。气旋直径通常为1000km,大者可达2000～3000km,小者只有200km左右。反气旋比气旋大得多,大者占据最大的大陆或海洋,如冬季亚洲大陆的蒙古反气旋。小者直径只有数百公里。

气旋、反气旋的强度,用地面最大风速来度量,最大风速越大,表示气旋、反气旋越强。在强的气旋中,中心附近地面最大风速30m/s,强的热带气旋可超过60m/s;在强的反气旋中,其边缘地面最大风速可达20～30m/s。风速与水平气压梯度相适应,水平气压梯度越大,风速也越大,反之亦然。而水平气压梯度的大小又与气旋、反气旋的中心气压值有关。因此,中心气压值越低,气旋越强,反气旋越弱;中心气压值越高,反气旋越强,气旋越弱。地面气旋的中心气压值一般为970～1010hPa,最低935hPa,热带气旋最低达887hPa。地面反气旋中心气压值一般为1020～1030hPa。最大达1093hPa(出现在1975年12月12日,蒙古)。

气旋、反气旋的强度变化规律为:气旋中心气压值随时间降低,或低压区内气压梯度随时间增大,称气旋加深或发展;气旋中心气压值随时间升高,或低压区内气压梯度随时间减小,称气旋减弱或填塞。反气旋中心气压值随时间升高,称反气旋加强或发展;反气旋中心气压值随时间降低,称反气旋减弱或消失。

北半球气旋,空气作逆时针方向旋转。由于摩擦作用,近地面层有气流辐合。反气旋,空气作顺时针方向旋转,气流辐散。南半球相反。

气旋,气流自外围向中心辐合,空气被迫上升,绝热降温,容易凝云致雨。所以每当气旋过境时,云量就会增多,常常出现阴雨天气。反气旋,气流自中心向外辐散,空气下沉,绝热增温,水汽不易凝结,因而天气晴朗。

2. 锋面气旋(温带气旋)

生成和活动在温带地区的气旋,称为温带气旋。其中最常见的是带有锋面的温带气旋,亦称锋面气旋。它是温带地区产生大范围云、雨天气的主要系统。

1) 锋面气旋的形成

关于锋面气旋的形成,挪威学者提出的锋面波动学说认为,准静止锋或缓慢移动的冷锋,锋面上产生波动,在适宜的环流条件下,波动加深,逐步发展而形成锋面气旋。它从生成到消亡,大体可分为以下四个阶段:

(1) 初生阶段。气旋发生前在地面上有一锋面。锋面北面冷(指北半球,下同),吹偏北风;锋面南面暖,吹偏南风。开始出现波动时,冷空气向南侵袭,暖空气向北扩展,使锋面演变为东段呈暖锋,西段呈冷锋,并出现相应的锋面降水。这时在地面图上出现低压中心,绘出第一根闭合等压线(图4.32a)。

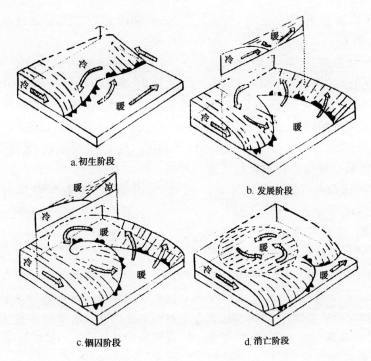

图 4.32　锋面气旋的形成

（2）发展阶段（成熟阶段）。锋面波动振幅加大,冷、暖锋进一步发展,锋面降水进一步增强,雨区扩大。地面图上闭合等压线增多,气旋不断加深,暖区逐渐变窄(图 4.32b)。

（3）锢囚阶段。锋面气旋进一步发展,由于冷锋移动较快,暖区逐渐缩小,气旋式环流更加明显,地面闭合等压线增多。当冷锋赶上暖锋后,合并成锢囚锋,中心气压更低,暖空气逐渐被抬升至高空,降水强度和范围增大(图 4.32c)。

（4）消亡阶段。经过气旋的锢囚阶段后,冷空气从两边包围暖空气,迫使暖空气上升,这时地面呈冷性涡旋。由于地面的摩擦和辐合作用,气旋从地面开始填塞、消亡(图 4.32d)。

锋面气旋从发生到消亡,整个过程经历的时间一般为两天左右,短的仅 1 天,长的达 4～5 天。但不一定每个气旋都经历上述过程,有的气旋没有得到充分发展就消亡了;有的气旋已趋于消亡阶段,但因其后部有新的冷空气侵入或气旋从冷的大陆移入暖的洋面上时,又重新发展起来。例如,我国江淮流域出现的气旋,大多以气旋波的形式出现,移到海上再发展。

2）锋面气旋的天气

锋面气旋的天气主要是大风和降水,但分布比较复杂,它是由流场、气团属性和锋的结构特征所决定的。锋面气旋有强烈的上升气流,有利于云和降水形成。一个发展成熟的锋面气旋的天气模式是:气旋前方是宽阔的暖锋云系和相伴随的连续性降水天气,气旋后方是比较狭窄的冷锋云系和降水天气,气旋中部是暖气团天气。

3. 反气旋

反气旋有不同的分类。按热力结构可分为冷性反气旋和暖性反气旋;按形成原因和主要活动的区域,可分为副热带反气旋、温带反气旋。活动在高纬度大陆近地层的反气旋,多属冷性反气旋,即温带反气旋。活动于副热带区域的反气旋,则属暖性反气旋。

1）冷性反气旋

冷性反气旋,也称冷高压。它发生于中、高纬度地区,如北半球格陵兰、加拿大、西伯利亚和蒙古等地。冬半年活动频繁,势力强大,影响范围广泛,往往给活动地区造成降温、大风和降水,是中高纬度地区冬季最突出的天气系统。

亚洲大陆北部地区,冬半年气温很低,因而成为冷性反气旋发展最强大、活动最频繁的地区。冷性反气旋是从冷锋后部一个弱的地面高压脊上发展起来的,在其发展增强时期,静止少动。冷性反气旋内部空气比较干冷,空气下沉,云雨不易形成,在它的控制下较多出现晴冷少云的天气,易发生霜冻。当高空形势改变时,受高空气流引导而向东向南移动,又称移动性反气旋。北半球的冷性反气旋东部边缘,因偏北气流南下出现冷锋,气温较低,风速大,云层较厚,有时还有降水。反气旋的西部,气流自南向北输送,气温相对较高,经常出现暖锋性质天气。

2) 寒潮

冬半年,冷性反气旋活动频繁。就东亚地区来说,大约每 3～5 天就有一次冷高压活动。强烈的冷高压南移时,造成大规模的冷空气入侵,引起大范围地区剧烈的降温、霜冻、大风等严重的灾害性天气,这种北方冷空气像潮水一样奔流过来,引起所经之地气温在 24 小时内猛降 10℃ 以上,同时过程最低气温在 5℃ 以下,称为寒潮,达不到上述标准的,则称为冷空气或强冷空气。寒潮会给农、渔、交通、建筑、花卉甚至人们的健康带来危害,所以寒潮到来之前,气象台要发布寒潮警报,提醒人们作好预防。

(二) 热 带 气 旋

1. 热带气旋的定义和等级分类

生成于热带或副热带洋面上、具有有组织的对流和确定的气旋性环流的非锋面性涡旋,统称热带气旋。对热带气旋强度的分类各国并不一样。1989 年 1 月 1 日起,我国采用国际统一的分类标准,即将热带气旋划分为热带低压、热带风暴、强热带风暴和台风四个等级。2006 年 6 月 15 日起,我国实施中国气象局修订后的《热带气旋等级》新标准,新标准是在原有热带气旋等级基础上增加了强台风和超强台风两个等级。

热带气旋范围内的风速以近中心处为最大。热带气旋强度等级划分的原则是以其底层(近地面或近海面)中心附近最大平均风速或最低海平面气压为标准,划分为热带低压、热带风暴、强热带风暴、台风、强台风和超强台风六个等级。其分级标准为:

热带气旋底层中心附近最大平均风速:

达到 10.8～17.1m/s(风力 6～7 级)为热带低压;达到 17.2～24.4m/s(风力 8～9 级)为热带风暴;达到 24.5～32.6m/s(风力 10～11 级)为强热带风暴;达到 32.7～41.4m/s(风力 12～13 级)为台风;达到 41.5～50.9m/s(风力 14～15 级)为强台

风;达到或大于 51.0m/s(风力 16 级或以上)为超强台风。

这六种类型热带气旋在发展过程中往往会互相转化。台风只是其中的一级或几级,但一般使用上也习惯把各级热带风暴统称为台风。

2006 年 8 月 10 日登陆浙江省苍南县马站镇的"桑美",强度达到 17 级,是我国历史上首个超强台风。2013 年 11 月 10 日登陆菲律宾中部莱特岛的第 30 号台风"海燕",登陆时中心附近最大风力 75m/s,或许是史上最强台风,称为"风王"。

2. 热带气旋的编号和命名

对热带气旋的习惯称谓颇具地方色彩,例如中国和东南亚地区称为热带风暴,大西洋、加勒比海、墨西哥湾以及东太平洋等地区称为飓风,澳大利亚称为热带气旋,墨西哥称可尔多那左风,海地称泰诺风,菲律宾称碧瑶风等。

一个热带气旋的生命,通常要持续一周以上,而且在大洋上可能同时出现几个热带气旋,为了识别和追踪风力强大的热带风暴和台风,需对其进行编号和命名。我国从 1959 年开始,对出现在 150°E 以西,赤道以北的西北太平洋(包括南海)的台风和热带风暴,按每年出现的先后顺序进行编号。例如 9901 热带风暴、9903 台风、9908 强热带风暴,分别表示 1999 年出现在 150°E 以西的第 1 号热带风暴、第 3 号台风、第 8 号强热带风暴。

由于不同的国家和地区对热带风暴强度以上的热带气旋编号和命名不同,为促进国际合作和交流,1998 年 12 月,在菲律宾首都马尼拉召开的国际台风委员会第 31 届会议决定,从 2000 年 1 月 1 日起执行由台风委员会成员(柬埔寨、中国、朝鲜、中国香港、中国澳门、日本、老挝、马来西亚、密克罗尼西亚、菲律宾、韩国、泰国、美国和越南等 14 个成员)各提供 10 个名称组成西北太平洋和南海热带气旋命名表(表 4.10)。该表共有 140 个名称,分 5 列,按顺序循环使用。

根据规定,一个热气旋在其达到热带风暴级别时就有机会获得命名,而且在整个生命过程中无论加强或减弱,始终保持名字不变。这些名字大都出自提供国和地区家喻户晓的传奇故事或名花异木、虫鱼鸟兽等。中国提供的名字是:龙王、玉兔、风神、杜鹃、海马、悟空、海燕、海神、电母和海棠。如果一个台风造成了极大的破坏变得十分

知名,为了防止混淆,世界气象组织就会考虑将这个名字载入史册,永不续用。自 2000 年 1 月 1 日

实行现行的命名规划以来,至少已有 23 个台风被除名或替换。

表 4.10 西北太平洋和南海热带气旋命名表①
(中国气象局 2007 年 7 月 16 日发布)

第1列		第2列		第3列		第4列		第5列		备 注
英文名	中文名	英文名	中文名	英文名	中文名	英文名	中文名	英文名	中文名	名字来源
Damrey	达维	Kong-rey	康妮	Nakri	娜基莉	Krovanh	科罗旺	Sarika	沙莉嘉	柬埔寨
Longwang	龙王	Yutu	玉兔	Fengshen	风神	Dujuan	杜鹃	Haima	海马	中国
Kirogi	鸿雁	Toraji	桃芝	Kalmacgi	海鸥	Maemi	鸣蝉	Mcari	米雪	朝鲜
Kai-tak	启德	Man-yi	万宜	Fung-wong	凤凰	Choi-wan	彩云	Ma-on	马鞍	中国香港
Tembin	天秤	Usagi	天兔	Kammuri	北冕	Koppu	巨爵	Tokage	蝎虎	日本
Bolaven	布拉万	Pabuk	帕布	Phanfone	巴蓬	Ketsana	凯萨娜	Nock-ten	洛坦	老挝
Chanchu	珍珠	Wutip	蝴蝶	Vongfong	黄蜂	Parma	芭玛	Muifa	梅花	中国澳门
Jelawat	杰拉华	Sepat	圣帕	Nuri	鹦鹉	Melor	茉莉	Merbok	苗柏	马来西亚
Ewiniar	艾云尼	Fitow	菲特	Sinlaku	森拉克	Ncpartak	尼伯特	Nanmadol	南玛都	密克罗尼西亚
Bilis	碧利斯	Danas	丹娜丝	Hagupit	黑格比	Lupit	卢碧	Talas	塔拉斯	菲律宾
Kaemi	格美	Nari	百合	Changmi	蔷薇	Sudal	苏特	Noru	奥鹿	韩国
Prapiroon	派比安	Vipa	韦帕	Megkhla	米克拉	Nida	妮妲	Kularh	玫瑰	泰国
Maria	玛莉亚	Francisco	范斯高	Higos	海高斯	Omais	奥麦斯	Roke	洛克	美国
Saomai	桑美	Lekima	利奇马	Bavi	巴威	Conson	康森	Sonca	桑卡	越南
Bopha	宝霞	Krosa	罗莎	Maysak	美沙克	Chanthu	灿都	Nesat	纳沙	柬埔寨
Wukong	悟空	Haiyan	海燕	Haishen	海神	Dianmu	电母	Haitang	海棠	中国
Sonamu	清松	Podul	杨柳	Pongsona	凤仙	Minduie	蒲公英	Nalgae	尼格	朝鲜
Shanshan	珊珊	Lingling	玲玲	Yanyan	欣欣	Tingting	婷婷	Banyan	榕树	中国香港
Yagi	摩羯	Kajilki	剑鱼	Kujira	鲸鱼	Kompasu	圆规	Washi	天鹰	日本
Xangsane	象神	Faxai	法西	Chan-hom	灿鸿	Nantheun	南川	Matsa	麦莎	老挝
Bebinca	贝碧嘉	Peipah	琵琶	Linfa	莲花	Malon	玛瑙	Sanvu	珊瑚	中国澳门
Rumbia	温比亚	Tapah	塔巴	Nangka	浪卡	Meranti	莫兰蒂	Mawar	玛娃	马来西亚
Soulik	苏力	Mitag	米娜	Seudelor	苏迪罗	Rananim	云娜	Guchol	古超	密克罗尼西亚
Cimaron	西马仑	Hagibis	海贝思	Molave	莫拉菲	Malakas	马勒卡	Talim	泰利	菲律宾
Chcbi	飞燕	Noguri	浣熊	Koni	天鹅	Megi	鲇鱼	Nabi	彩蝶	韩国
Durian	榴莲	Ramasoon	威马逊	Hanunan	翰文	Chaba	暹芭	Khanun	卡努	泰国
Utor	尤特	Matmo	麦德姆	Etau	艾涛	Kodo	库都	Vicente	韦森特	美国
Trami	潭美	Halong	夏浪	Vamco	环高	Songtla	桑达	Saola	苏拉	越南

中国气象局决定,从 2000 年 1 月 1 日起,除继续使用热带气旋的国内编号外,还将同时使用上述台风委员会对热带气旋的中文命名。例如,2000 年第 1 号台风叫"达维";第 3 号台风叫"鸿雁"等。即"编号＋台风＋名字",并在名字后面用括号标志其强度。例如 2013 年第 6 号台风"查特安",第 30 号台风"海燕"(超强台风)。

3. 热带气旋的形成和活动

气象学家对台风的形成提出了各种必要的条件,其中比较公认的基本条件有:①低空原先要有一个热带扰动,造成辐合流场,以提供发展热带气旋的初胚。②要有广阔高温的洋面(海水温度在27℃以上),以蒸发大量水汽到空中凝结,提供形成台风的巨大潜热能和造成大气层结不稳定。③要有一定的地转偏向力,以使扰动气流逐渐变为气旋性旋转的水平涡旋,并使气旋性环流加强。④基本气流的风速垂直切变要小,以使潜热积聚在同一铅直气柱中,而不被扩散出去,达到形成和维持暖心结构和加强对流运动。另外,对流层中相对湿度大

---

① 据 2013 年 5 月 23 日报道,象神、珍珠、碧利斯、桑美、榴莲已被除名,分别以丽比、比巴、马力斯、山神和山竹取代。

和高层为辐散流场也是热带气旋发生和发展的重要条件。因此,热带气旋生成和活动有一定的地区性和季节性。

热带气旋源地是指其初始扰动发生的地区。能发展成台风的热带扰动都发生在辽阔的热带、副热带海洋上。其中 65% 以上发生在纬度 10°～20° 之间,13% 在 20° 以上的向极一侧,22% 在 10° 以内的赤道一侧。而 5° 以内的赤道附近极少有台风发生。就全球来说,平均每年发生 80 个台风(包括热带风暴),北半球占 73%,南半球占 27%。

在北半球,一年四季都有台风(包括热带风暴)活动,最多出现在夏秋季节,尤以 8 月和 9 月最集中。在南半球,绝大多数台风发生在 1～3 月,尤以 1 月最多。

4. 台风的结构与天气

台风是最强的热带气旋,其结构和天气,可说是热带气旋结构和天气的典型。根据台风中的风、云、雨等在水平方向上的分布特征,可将台风分为大风区、暴雨区和台风眼区(图 4.33)。大风区:自台风边缘到最大风速之间的区域,风速在 8 级以下,向中心急增。暴雨区:从最大风速区到台风眼壁,有狂风、暴雨、强烈的对流等,台风中最恶劣天气均集中出现其间。台风眼:台风眼是由于外围的气流旋转太急,无法侵入而造成的,半径约 5～20km。台风眼内气流下沉,风速迅速减弱或静风,天气晴好。

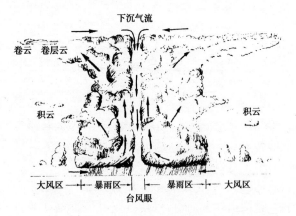

图 4.33　台风结构示意图

一次成熟的台风,在一天内的降雨量,大约相当于 200 亿 t 水。所以台风来临时,总是带来狂风暴雨的不稳定天气,往往造成大量的降水。1934 年 7 月 19 日,台湾的高雄遭台风暴雨袭击,12 小时降

水量达 1127mm。台风在海上能掀起巨大的波浪,最大浪高达 10.1m。1970 年 11 月 2 日,在孟加拉湾出现的一个台风,海水上涨把一个岛淹没,使 30 万人丧生,危害极为严重。

5. 热带气旋的移动和路径

热带气旋形成后要发生移动。移动的方向和速度取决于热带气旋的动力。动力分内力和外力两种。内力主要由地转偏向力差异引起的向北和向西的合力。外力是热带气旋外围环境流场对涡旋的作用力。在西太平洋地区的热带气旋移动,大致有三条路径。①西移路径(Ⅰ):热带气旋从菲律宾以东洋面一直向西移动,经南海在海南岛或越南登陆。②西北路径(Ⅱ):热带气旋向西北偏西方向移动,在台湾登陆,然后穿过台湾海峡,在浙闽一带登陆。③转向路径(Ⅲ):热带气旋从菲律宾以东海面向西北移动,到 25°N 附近,然后转向东北方向移去,路径呈抛物线形,对中国东部沿海地区及日本影响较大。

6. 热带风暴和台风的影响

北太平洋西部(包括南海)是世界著名的热带风暴和台风发源地,它发生的次数占全球的三分之一。原因是太平洋西北部赤道暖流在此经过,洋面海水温度高,上空水汽充足。洋面上多岛屿,对气流易产生扰动。加上热带辐合带全年在赤道以北。这些条件有利于热带风暴和台风的产生。热带风暴和台风在海上移动会掀起巨浪和风暴潮。登陆时,狂风挟带暴雨接踵而至,给人类社会的生命财产造成巨大损失。但它们也有为人类造福的一面,热带风暴和台风带来大量降水,给人类送来淡水资源,大大缓解水荒。一次直径不算太大的台风登陆时可带来 30 亿 t 降水。台风雨更是我国尤其华南地区夏季降水的主要来源,使水库蓄满雨水,缓和或解除旱情。在酷热的日子里,台风来临可以降温消暑。另外,台风还使世界各地冷热保持相对均衡。赤道地区气候炎热,台风可驱散一部分热量,使热带不会更热,寒带不会更冷,温带也不会从地球上消失。

(三) 副热带高压

在南北半球的副热带地区,经常维持着沿纬圈分布的不连续的高压带,称副热带高压(简称副

高）。副热带高压带由于受地表海陆分布的影响，常分裂成几个具有闭合中心的高压单体，它们主要位于海洋上，常年存在。夏季大陆高原上空出现的青藏高压和墨西哥高压，也属副热带高压。这些高压不是同时都很明显，而是有强有弱，有时合并，有时分裂。副高占据广大空间，稳定少动，是副热带地区最重要的大型天气系统。它的存在和活动，不仅对低、中纬度地区之间水汽、热量的输送和交换具有重要的作用，而且对中、高纬度地区环流的演变也有重大影响。尤其是西太平洋副热带高压的西部脊，常伸入我国大陆，对我国夏季的天气产生重大影响。

1) 副高的结构与天气

副热带高压结构比较复杂，在不同高度以及不同季节，不同地区有所不同。海洋上的副热带高压，强度随高度增大而减弱，位置随高度增大而西移。如西太平洋高压，在对流层下层比较清楚，往上逐渐向大陆方向倾斜，并且减弱。海洋副热带高压是一个动力性的暖高压，中下层盛行下沉运动，低层以辐散占优势，主要位于高压南部，而北部主要为辐合区，尤其集中在高压的西北侧。因此，在副高的不同部位，天气不尽相同。高压内部比较干燥，天气以晴朗、少云、微风、炎热为主。高压的西北部和北部边缘，因与西风带交界，受西风带锋面、气旋、低槽活动的影响，上升运动强烈，水汽也较丰富，多阴雨天气。高压南侧是东风气流，晴朗少云，低层湿度大、闷热，但当有热带气旋、东风波等热带天气系统影响时，也可能产生大范围暴雨，和中小尺度雷阵雨及大风天气。高压东部受北来冷气流的影响，形成逆温层，是少云、干燥、多雾天气，长期受其控制的地区，久旱无雨，甚至变成沙漠。

大陆上的副热带高压，如青藏高压，在低层不明显，在 500hPa 等压面以下是低压，只有在 500hPa 等压面上才出现，强度随高度的增加而增大，在 100hPa 图上，成为北半球上空最强大的活动中心。青藏高压，主要是热力性质的，它的形成与青藏高原夏季的加热作用有关。下层是上升运动，多对流活动，是我国夏季雷暴发生最多的地区。它的下沉支在南半球，形成一个巨大的季风经圈环流。

2) 西太平洋副高的活动及对我国天气的影响

西太平洋副高是对中国夏季天气影响最大的一个大型环流系统。它的位置、强度的变动对中国

的雨季、暴雨、旱涝和热带气旋路径等都有很大的影响。西太平洋副高的季节性活动具有明显的规律性。冬季位置最南，夏季最北，从冬到夏向北偏西移动，强度增强；自夏至冬向南偏东移动，强度减弱。在 6 月以前，副高脊线位于 20°N 以南地区，在其北侧与西风带中的温带大陆气团相遇而形成雨带，使华南地区进入雨季；6 月中旬，脊线出现第一次北跳，稳定在 20°～25°N 之间，华南雨季结束，长江流域和日本一带进入梅雨季节；7 月中旬，脊线第二次北跳，摆动在 25°～30°N 之间，这时黄河流域进入雨季，长江流域梅雨结束，进入盛夏伏旱期，天气酷热、少雨；7 月底到 8 月初，脊线第三次北跳，跃过 30°N 到达最北位置，这时华北、东北进入雨季；从 9 月上旬起副高脊线自北向南退缩，脊线第一次回跳到 25°N 附近，长江中下游出现秋高气爽天气，华西则开始了有名的秋雨；10 月初，脊线回跳到 20°N 以南，中国开始出现冬季天气形势。副高的这种季性移动，常是北进时持续时间较长，速度较缓慢，而南撤时却经历时间短，速度较快。

西太平洋副高的活动除了季节性变动外，还有较复杂的非季节性短期变动。在副高北进的季节里，可出现短暂的南退，南退中也有短期的北进，而且北进常常同西伸相结合，南退与东撤相结合。这种非季节性变动大多是受副高周围天气系统活动影响引起的。

西太平洋副高在个别年份的活动与一般规律不完全一致，当它的活动"异常"时，就将造成我国反常的天气。例如 1998 年，西太平洋副高第一次北跳偏早，6 月下旬，副高脊线明显北移到 24°～28°N，并向西伸，雨区移向长江上游和三峡区间，长江上游岷江、嘉陵江、乌江和金沙江先后降大到暴雨，6 月 28 日，三峡区间出现大暴雨，雨量超过 100mm 的降水面积达 2.18 万 km^2。7 月上旬副高本应继续北跳，但却突然南撤东移，7 月 16 日至 25 日，一条东西向的强降水带，笼罩整个长江干流及江南地区，使该区相继连降暴雨、大暴雨和特大暴雨，由于雨带在长江南北拉锯，上下游摆动，以致长江流域发生了自 1954 年以来又一次全流域大洪水。而 1978 年，副高脊线第一次北跳，紧接着又第二次北跳，形成了这一年的空梅，造成江淮流域干旱。

复习思考题

1.什么叫气压？气压随高度变化与什么因素有关？

2.大陆型、海洋型气压的年变化有什么不同?为什么?

3.气压系统有哪些基本类型?各类型的空气运动状况如何?

4.什么叫地转风、梯度风、热成风?各是怎样形成的?其风速、风向与什么因素有关?

5.什么叫大气环流?绘图说明三圈环流的形成过程和全球气压带和风带的分布。

6.试分析1、7月世界海平面气压分布的基本特征。

7.北半球高空平均纬向气流有哪些基本特征?并说明冬、夏季的槽、脊分布状况。

8.什么叫季风、海陆风、山谷风、焚风?它们各自是怎样形成的?为什么我国是世界上季风最发达的地区之一?

9.气团按地理分类可分哪几类?各类型的源地和天气特征如何?

10.锋如何分类?各类型的天气特征如何?

11.锋面气旋如何形成?其各阶段的天气特征如何?

12.什么是寒潮?冷高压活动对我国天气气候产生什么影响?

13.热带气旋如何分类和命名?台风形成必须具备什么条件?

14.台风的结构和天气如何?西太平洋台风移动主要有几种路径?

15.西太平洋副热带高压活动对我国天气气候产生什么影响?

第四节　气候形成的下垫面因素

一、海陆分布与气候

下垫面是大气的主要热源和水源,又是空气运动的边界面,它对气候形成的影响十分显著。就下垫面的差异性及其对气候形成的作用来说,海陆间的差异是最基本的。海陆间通过热力和动力作用影响大气,改变大气中的水、热状况,影响环流的性质、强弱,形成海陆间的气候差异。

(一)海洋的气候学特性

1. 海洋的热力状况

海面吸收太阳辐射,净辐射等值线大致沿纬圈分布,随纬度增高而递减,高值区位于 0°～10°S 的南太平洋和 20°N 的夏威夷、菲律宾附近海区,墨西哥至中美洲附近海区。低值区位于 5°～10°N 的近赤道带,其次是加利福尼亚和秘鲁附近。海面长波有效辐射水平变化不大,副热带海区较大,黑潮海区最大。海面感热交换量决定于海面与大气的温差和风速,一般数值较小,暖流海区为正值,冷流海区为负值。潜热交换取决于海面温度和水汽压铅直梯度。黑潮海区最大,副热带海区较大,冷流附近最小。海气总热量交换是暖流一带海区最大,冷流附近海区是热汇。总而言之,热源主要在太平洋西、北部,热汇主要在低纬度太平洋的东部。因此,海洋温度随纬度增高而降低,低纬西部海温高于东部,中、高纬东部海温高于西部。北半球各纬度平均海温高于南半球相应纬度。全球平均海温(17.4℃)高于气温(14.3℃),所以海洋是大气的热源。

海水温度表层(0～100m)垂直变化很小,斜温层(100～1500m)温度陡降,垂直变化很大,深水层(1500m 以下)海温垂直变化也很小。海洋增暖期,通过海水混合作用(分子混合、对流混合、湍流混合)把热量传入深层,海洋减温期,深层热量上传。所以海水温度变化小于同纬度的大气和大陆。

2. 海洋的动力状况

海陆的动力差异,引起沿岸气流的辐合辐散不同。因为陆地摩擦力大,在北半球,气流右侧为陆岸时,气流斜穿等压线指向低压,则沿岸气流辐合,海水下沉,大气层结不稳定,沿岸地区多雨,内陆辐散下沉少雨。同理,气流左侧为陆岸时,沿岸气流辐散,引起海水涌升,沿岸大气层结稳定,少雨,内陆多雨。因气旋、反气旋环流影响,也引起表面海水辐合辐散不同。气旋,表面海水辐散,深层海水涌升,海面降温;反气旋,表面海水辐合下沉。离岸风作用,表水随风离岸,深层海水涌升,海面降温。向岸风作用,表水向岸辐合,表面海水下沉。

3. 海洋在气候形成中的作用

1)海洋是大气热能的贮存库

根据估算,占地球表面积 70.8% 的海洋,吸收了进入地表的太阳辐射能的 80%,且将其中的 85% 左右存储在海洋表层,这部分能量再以长波有效辐射、潜热和感热交换的形式输送给大气,成为大气运动的直接能源。另一方面,海洋储水量占全球总储水量的96.5%,为大气提供了约86%的水汽来源。海洋热状况的变化将直接影响大气能量和水汽的时空分布和变化,从而影响气候。海温每升高1℃可增加对大气加热量418.68J/cm³。海洋每年向大气供给水汽47000km³,相当于向大气输送117×10²⁰J的热量。据估计,100m深的全球海洋降温1℃,其放出的热量能使对流层大气温度升高6℃。

为了维持地球大气系统的能量平衡,必须有从地面(海面)向大气的潜热或感热输送,以及低纬度向高纬度的输送。

2)海洋是大气温度的调节器

海水质量为大气的250~280倍,所以具有动力学惯性。海水热容量约为大气的3000倍,所以具有热力学惯性。海洋热量主要靠表层吸收太阳辐射,从上面加热,故海水温度层结较大气要稳定得多。海洋热交换有对流、湍流、涡动、涌升等,所以海洋具有热“惰性”,加热慢,冷却也慢,既是大气巨大的热量贮存库,又是大气温度的调节器。海洋对太阳辐射季节变化的响应比陆地落后约一个月。当快速变化的大气过程以风应力作用于海洋时,在惰性海洋的影响下,可以激发出一类海气系统的低频振荡,它与气候的年际变化有密切的关系。

3)海洋是大气二氧化碳的消纳所

由于人类活动大量消耗化石燃料,大气中二氧化碳迅速增加,通过湍流交换,大约有一半进入海洋。海洋中二氧化碳的输送和碳的生物地球化学循环,以及由于海洋的热惯性,海洋温度对二氧化碳含量增长的响应,所产生的增暖比陆地气温滞后约20年。所以海洋对缓解人类活动排放二氧化碳产生的温室效应有重要的作用。

4)海洋是热量输送和转换的主要通道

洋流在高低纬度间的热量传输上起重要的作用。热带海洋是全球的主要能源区,在30°N~30°S的热带,海洋面积占70%以上,地气系统净辐射为正,潜热释放也集中在此。上述20°N地带的海洋输送主要靠洋流完成。在30°~35°N,洋流传输的热量占总传输的47%。由于海水具有较大的热容量,它在调节南北气温上有很大的作用,尤其冬季更明显。其次,洋流对东西两岸的气温差异也有明显的影响(参见第五章第六节)。

(二)海陆分布与气候

1. 海陆分布与气温

前已述及,由于海陆热力性质不同,在同样的太阳辐射下,它们增温和冷却存在很大差异。海洋增温慢,降温也慢,具有冬暖夏凉的气候特征。冬季,海洋水温比气温高,海上风速较大,故蒸发强,提供大气的潜热多,相对于大陆而言,海洋是大气的热源,大陆是冷源。夏季,海洋获得净辐射虽然也较大,但海洋水温比气温低,风速又较冬季小,通过显热方式供给空气增温的热量很少,只有7.1J/d。而这时大陆的低纬度干旱区提供空气增温的显热最多,例如非洲、阿拉伯干旱区,显热通量达1102.4J/d,相当于同纬度海洋上的155倍。海水蒸发又比冬季小得多,提供给空气的潜热也远较冬季少,因此,相对大陆来说,夏季海洋是一个冷源,大陆是热源,使海陆气温分布随季节和纬度而变化。

就全球而言,由于北半球海洋面积相对地比南半球小,所以冬季平均气温北半球(8.1℃)比南半球(9.7℃)低,夏季平均气温北半球(22.4℃)比南半球(17.1℃)高;全年平均,高纬度因大陆影响,使冬季降温比夏季升温显著,故年平均气温较低,低纬度大陆影响,使夏季升温比冬季降温显著,使年平均气温较高。就北半球而言,冬季(1月),大陆温度低于海洋,夏季(7月),大陆温度高于海洋,转变月份分别在5月和10月(图4.34)。如1月从海面到对流层上层的气温,亚非大陆比太平洋低;7月相反,大陆气温比海洋高。

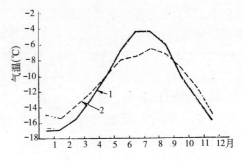

图4.34　30°N亚非大陆和太平洋
上空500hPa气温
1. 亚非大陆上空500hPa的气温;
2. 太平洋上空500hPa的气温

海陆温差因纬度和季节而异。冬季，大陆出现负距平，海洋为正距平。1月北半球中高纬海陆气温差别十分显著，在北大西洋上有最大的正距平（＋24℃），亚洲北部有最大的负距平（－24℃）。在同一个纬度带上气温相差48℃以上。7月，北半球副热带纬度气温差别最显著，北非撒哈拉沙漠有最大正距平（＋12℃）。太平洋东部北美加利福尼亚冷流附近，有最大的负距平（－8℃），在同一纬度带上，气温相差20℃。可见，冬季45°N以北海陆气温差比以南大，最大差值出现在50°N附近；夏季45°N以南海陆温差比以北大，最大差值出现在25°N附近。由于海陆温度时空分布不均匀，从而产生了气压梯度，形成周期性季风和海陆风，影响天气和气候。

2. 海陆分布与大气水分

1）对蒸发和空气湿度的影响

大气中的水分主要来自下垫面的蒸发，海洋水源充足，蒸发量远比同纬度的大陆多。例如，冬季太平洋上的蒸发量比我国东部大7倍，比北非、阿拉伯大26～27倍。水汽源源不断输入大气，所以距海愈近，空气含水汽量愈多，反之愈少。但因地面干湿状况、植被、河湖分布等的影响，大陆中心也具有一定的水汽，而且水汽含量多少还随温度和气流状况而异。盛夏6～9月，东亚、南亚在湿热的夏季风影响下湿度较大，而太平洋却为相对干区。

2）对云、雾的影响

沿海地区多云，中高纬度地区西风带，向海岸云量增大，向内陆云量减少，我国东南沿海、西南山地云量大，向西北内陆减少。

海上雾日多，以平流雾为主。因为海上空气潮湿，只要有适当的平流将暖湿空气吹到较冷的海面，下层空气变冷，极易达到饱和而凝结成平流雾。海雾全年皆有出现，以春夏相对较多，维持时间较长，尤其是冷洋流表面及其迎海风的沿岸地带，平流雾较多，维持时间较长。大陆内部雾少，以辐射雾为主，多见于秋冬季，夜间或清晨出现，日出后逐渐消散。沿海地区多平流辐射雾。

3）对降水的影响

海陆分布对降水的影响比较复杂。海洋上空气中水汽含量虽多，但不一定多雨；因为要形成降水还必须有足够的抬升条件，使湿空气上升冷却才能凝云致雨。一般而言，大陆上受海风影响的区域，水汽充沛，降水会比同纬度的内陆或背海风的区域多。年降水量有由沿海向内陆递减的趋势，但各地区不同季节降水差异悬殊。

低纬度大陆，太阳高度大时多雨，因为地面受热强烈，易造成热对流，多对流雨。中高纬度大陆东部夏季降水多，因夏季风从海洋吹向大陆，空气的绝对湿度和相对湿度都比较大。随纬度增高，降水愈集中夏季，例如广州夏季降水占全年的43.3％，北京占70.7％。中纬度大陆西岸，冬季多雨，因为暖湿的极地海洋气团进入冷的陆地，易凝结降水。冬季气旋活动频繁，气旋雨也多。最大降水量也是出现在冬季。春季和初夏少雨，因为此时，极地海洋气团相对较冷，向东伸入大陆内部时，海洋气团变性，空气愈来愈干燥，降水量逐渐减少。最大降水量也从冬移到夏，最小降水量从夏移到冬，到了大陆中心就形成干旱的沙漠气候。北半球大陆面积大，特别是欧亚大陆东西延伸范围很广，内陆地区难以受到海洋气团影响，所以出现大片干旱、半干旱气候区。而南半球由于大陆面积较小，内陆干旱区域也相应比北半球小。

3. 海洋性气候和大陆性气候

由于海陆热力性质的差异，使在海洋和陆地上进行的大气过程各不相同，因而形成各具特色的海洋性气候和大陆性气候。所谓海洋性气候是指海洋上、岛屿、沿岸地区形成的，具有明显的海洋影响特征的气候；反之，在离海较远的内陆、盆地、高原，深受大陆影响，具有明显的大陆影响特征者，称大陆性气候。区别海洋性气候与大陆性气候的指标很多，有温度指标，也有水分指标。温度指标一般用气温的年较差，日较差，年温相时，春、秋温对比和大陆度等表示。水分指标有年降水量及其季节分配，降水类型，降水变率及空气湿度等。

海洋性气候的主要特征是：气温年较差小，在1～3℃之间，冬无严寒，夏无酷暑。春季升温慢，秋季降温也慢，春温低于秋温。年温相时落后，一年中最冷月出现在2月，最热月出现在8月（南半球相反）。气温日较差也小。相对湿度较大，多云雾，降水丰沛且季节分配比较均匀，变率小，风也较陆上大，风的日变化小，这种气候以欧洲西北部最为典型。大陆性气候的特征与海洋性气候相反（表4.11），以欧亚大陆中部为最典型。

气候学上还常用大陆度指标来定量表征各地

气候的大陆性(海洋性)程度。气候大陆度是一个比较复杂的问题,它受气温较差、距平、纬度、湿度、降水、环流、洋流甚至气团出现频率、海陆面积、地形等因素影响。目前世界上有许多计算大陆度的经验公式,多数以气温年较差(消去纬度影响)为依据。如郑克尔计算气候大陆度公式:

表 4.11　海洋性气候与大陆性气候特征比较

项目 地区	年平均气温(℃)	年较差(℃)	年温相时(月份) 最冷月	年温相时(月份) 最热月	年降水量(mm)	降水季节分配(%) 春	降水季节分配(%) 夏	降水季节分配(%) 秋	降水季节分配(%) 冬
欧洲西部	10.6	7.9	2 (7.2℃)	8 (15.1℃)	1436	19.2	21.4	28	31.4
欧亚大陆中部	−0.7	38.9	1 (−20.7℃)	7 (18.0℃)	458	11.6	62	18.8	7.6

$$K = A/\sin\phi$$

式中,K 为大陆度;A 为气温年较差;ϕ 为当地纬度。因为气温年较差随纬度增高而增大,为消除纬度的影响乃取纬度的正弦除之。$K>50$ 为大陆性,K 值越大,大陆性越强;$K<50$ 为海洋性,K 值越小,海洋性越强。伊凡诺夫综合法计算气候大陆度的公式为

$$K = \frac{A_y + A_d + 0.25D_0}{0.36\phi + 14} \times 100\%$$

式中,A_y 为气温年较差;A_d 为气温日较差;D_0 为最干月月湿度饱和差;ϕ 为当地纬度;K 为大陆度,以百分数表示。$K>100\%$,为大陆性气候,K 值愈大,大陆性愈强;反之,$K<100\%$,则为海洋性气候,K 值愈小,海洋性愈强。伊凡诺夫根据该式计算结果,把大陆度分为 10 个等级(表 4.12)。

表 4.12　伊凡诺夫大陆度等级划分

等级	极端海洋性	强烈海洋性	中度海洋性	海洋性	微弱海洋性	微弱大陆性	中度大陆性	大陆性	强烈大陆性	极端大陆性
K 值(%)	<47	48～56	57～68	69～82	83～100	101～121	122～146	147～177	178～214	>214

由于影响气候大陆度的因素复杂,因此,用一个或几个气候要素的简单组合来表示复杂多变的大陆或海洋对气候影响的程度,往往带有片面性,所以迄今尚没有一个公认的完善的计算大陆度公式。

二、海气相互作用与气候

(一)概　　述

海气相互作用的物理过程包括:动量交换,由摩擦应力引起;热量交换,通过湍流、蒸发和长波辐射作用;物质交换,主要指水、二氧化碳、盐粒、气溶胶的交换。海洋与大气边界面上的这些热量、动量、物质的交换以及这些交换对大气、海洋各种物理特性的影响,称海气相互作用(图 4.35)。海洋对大气的作用主要在于供给大气热量和水汽。热能影响气温分布,驱动大气运动。水汽产生相变,生成云雨,形成各种各样的天气气候。海洋还可以调节大气二氧化碳含量,影响地球气候的变化。热带地区的海气相互作用表现最强烈,对大气环流和气候形成影响最大。

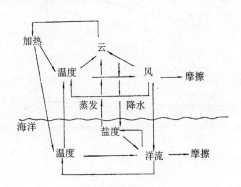

图 4.35　气候形成中海气相互作用框图

大气对海洋的作用主要在于风吹动海水流动,称风动洋流。海面风向影响洋流的分布,北半球低纬度洋面,海水围绕副热带高压作顺时针方向流动;高纬度洋面,海水绕副极地低压作逆时针方向流动,南半球相反。赤道附近洋面,信风推动海水

由东向西流动。因此,北半球低纬度大洋东边为冷洋流,如加利福尼亚冷流、加拿利冷流;西边为暖洋流,如墨西哥湾流、黑潮等。高纬度大洋东边为暖流,西边为冷流。南半球相反。海岸附近,风的向岸离岸会产生表层海水的辐合辐散,通过海气之间的物理过程,影响天气气候。

(二)海气相互作用的现象

1. 厄尔尼诺

"厄尔尼诺"一词来源于西班牙语"El Nino",原意为"圣婴"。最初用来表示在某些年份圣诞节前后,沿南美厄瓜多尔、秘鲁沿岸有一支微弱且向南移动的暖海流,使这一带海温异常偏高,发生海洋之灾的现象。后来气象科学把赤道东太平洋几千公里范围内出现的海面温度异常偏高的现象,称厄尔尼诺。海温异常偏低,则称拉尼娜现象,也称反厄尔尼诺现象。

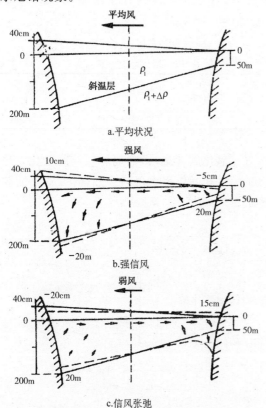

图 4.36　太平洋热结构对海面风场变化的响应

厄尔尼诺现象是大范围海气相互作用的结果。但其形成机制目前尚未完全清楚。早期研究认为,东南信风减弱是厄尔尼诺产生的基本条件。20 世纪 70 年代初,Wyktki 提出厄尔尼诺现象产生的基

本动力是信风持续增强,位能积聚的结果。如图 4.36 所示:正常年份,低纬度太平洋,常年吹信风,海水向西流动,导致赤道太平洋海面高度呈西高东低形势,西太平洋斜温层深度约 200m,东太平洋仅 50m(图 4.36a)。这种结构与西暖东冷的平均海温分布相适应,但是在东风异常加强的情况下,东风应力把表层暖水向西太平洋输送、堆积,那里的海平面就不断抬升,斜温层加深。而东太平洋表层海水离岸漂流,冷水上翻,气温高于水温,气层稳定,气候干旱少雨。海平面则降低,斜温层抬升(图 4.36b)。如果东风持续增强,这种西高东低的海平面坡度就不断加大,位能不断积累。一旦信风减弱(发生张弛)导致位能释放,原来在西太平洋堆积的海水向东回流,在赤道附近形成向东的暖水流,与赤道逆流的南支一起,沿南美西岸南下。东太平洋斜温层降低,海平面升高,海面增暖,出现厄尔尼诺现象(图 4.36c)。某些年份,这股暖水流强盛时,可南下达 15°S。

厄尔尼诺年,海温距平一般 1～4℃,深可达数百米,周期通常 2～7 年,活动范围在 5°N～10°S,180°～90°W 之间的赤道太平洋。正常年份,赤道东太平洋是冷水海域,因而空气层结稳定,气候干旱。厄尔尼诺出现时,低层大气变暖,产生对流及大量降水,赤道东太平洋及沿岸地区,由原来的干旱气候突然转变为多雨的气候,甚至出现洪涝灾害。近年来通过对全球气候异常的综合分析认为,厄尔尼诺现象影响范围不单是局部地区,而是遍及全球。影响的时间不只是夏季,而是全年甚至更长。对全球自然地理环境影响很大,它会引发不同地区洪涝、干旱、酷热、低温、热带气旋等灾害。例如,1997 年厄尔尼诺现象,美洲太平洋沿岸一些地区,降雨量比常年高出 200%,洪水为患。阿根廷、安第斯山出现特大暴风雪,一些地区积雪深度超过 4m。中美洲出现异常高温,严重干旱。亚洲临太平洋沿岸的国家,出现近百年最大的持续干旱。印度尼西亚加里曼丹发生 1000 多处森林大火。我国也受到厄尔尼诺影响,气候出现反常。副高偏弱,北热南凉,广东地区从 6 月 30 日至 7 月 12 日,连续 12 天降暴雨致大暴雨,长江中下游出现空梅,旱情频仍。而华北、东北却出现罕见的高温。

由于厄尔尼诺现象给全球带来巨大的灾难,因此这种现象已成为当今气象和海洋界研究的重要课题。

2. 南方涛动

南方涛动(southern oscillation)是指热带太平洋、印度洋之间大气质量的一种大尺度起伏振荡。主要是赤道东太平洋的气压异常现象。气压偏低，是海面气温偏高的结果，即厄尔尼诺现象。反之亦然。故二者密切相关，合称"厄尔尼诺/南方涛动"(ENSO)。在低纬北太平洋也有类似的现象，称北方涛动。其强度比南方涛动弱。总称低纬度涛动，周期3～7年一次。最显著的是印度尼西亚和东太平洋海区。涛动强弱用指数SOI表示：

$$SOI = P_T - P_D$$

式中，P_T代表赤道东太平洋海平面气压；P_D代表印度尼西亚海平面气压。当赤道东太平洋气压高，而印度尼西亚气压低时，称为高指数，即南方涛动强。此时赤道东太平洋海温低，副高偏强，降水少，而印度尼西亚海温高，东南季风强，降水多且集中。相反，则称为低指数，即南方涛动弱。此时东南季风减弱，赤道东太平洋及沿海冷水上涌减少，海面表层增温，副高偏弱，出现厄尔尼诺现象。低指数时期，从副热带到中纬度气压偏高，热带气压偏低，副热带高压北移。南方涛动的影响通过哈得莱环流，可由赤道太平洋延伸到中纬度地区。

3. 瓦克环流

由于赤道太平洋地区存在着大尺度东西向热力差异，正常年份西暖东冷，东太平洋赤道以南的冷水带，海面温度距平达 $-8℃$，海气相互作用，产生大气沿赤道方向的气压差，海平面的气压梯度是向西的，气流向西流动，一直到达温暖的西太平洋，并在那里从温暖海水中得到充沛的水汽供应，被加热变成一支湿热的大尺度上升气流，当它上升到对流层上层之后，由于水平气压梯度是向东的，因而折向东流去，最后在南美洲以西的洋面下沉，形成一个东西向的闭合热力环流圈。热源地区空气上升，流到热汇地区下沉，地面吹东风，高空吹西风，称瓦克环流(图4.37)。暖水年，瓦克环流弱，纬向环流东缩，下沉区东移，赤道干旱带东缩，中太平洋为上升区，整层吹东风，多雨。西太平洋出现瓦克反环流，是中太平洋上升，西太平洋下沉，地面吹西风，高空吹东风。此时，我国降水偏少。相反，冷水年，瓦克环流强，下沉区向西发展，东部干旱带向西伸展，中太平洋少雨干旱。

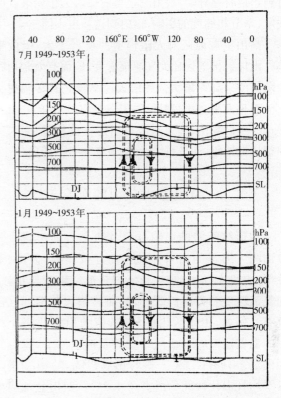

图4.37　7月和1月沿赤道上空位势高度
（动力米）廓线和瓦克环流图示

综上所述，厄尔尼诺、南方涛动、瓦克环流，都是低纬度海气相互作用的现象，它们之间的相互联系，互相制约，是一个有机整体。

三、地形与气候

陆地上地面起伏不平，影响气候的地形因素有海拔、山脉走向、长度、坡向、坡度、地表形态、组成物质等。它们对太阳辐射、空气温度、湿度和降水等都有影响。不同的地形地势，对气候的影响不同，高大的山脉和高原对气候的影响尤其明显。

（一）地形对辐射状况的影响

高山和高原，当海拔增高时，由于太阳辐射通过大气的路程缩短，空气变稀薄、干洁，水汽和悬浮物质相应减少，故对太阳辐射的吸收、散射减弱，短波辐射耗损较少，使到达地面的总辐射量增加，太阳辐射富于短波和紫外线。例如，1979年8月，我国秦岭太白山观测到3760m处的总辐射比400m处多24%。坡地由于太阳光入射角度不同，不同坡向的辐射到达量有差异,一般阳坡获得的辐射大于阴坡。受坡度、季节和纬度的影响,辐射到达量也不同。

高山积雪地区对太阳辐射的反射率大,吸收率小。山地射出辐射比大气逆辐射大,地面有效辐射往往随高度升高而增大。其增大速率较之直接辐射为大。而且太阳直接辐射仅限于白昼,有效辐射是日夜进行。所以高山、高原地区辐射能支出比低地大,净辐射比低地小,而且也因坡向、坡度和季节而异。

(二) 地形对气温的影响

地形对气温的影响可以从两个方面考虑。一方面高大绵亘的山系、高原,如青藏高原、天山、秦岭等,阻碍大气运动,对寒流和热浪有阻障作用,引起气流速度和方向的改变,从而影响大范围的气温分布。例如,由于天山的屏障,使天山南北每个纬距的温差达7.9℃,而同纬度的东部平原上,每个纬距的温差只有1.5℃。秦岭山脉阻隔,岭南安康,1月平均气温比岭北的西安高4.2℃。四川盆地周围高山环绕,冷空气难于进入,冬季盆地内十分温暖,1月平均气温比同纬度的东部平原高出3～4℃,川西、云南地区则更为温暖。因为来自西伯利亚的冷空气,到达青藏高原和云南高原的东坡时,强度和厚度大大减弱。

另一方面,山地本身由于辐射收支和热量平衡具有其独特的复杂性和多样性,因此对气温的影响也非常明显。首先,山地气温随海拔高度增加而下降。但递减率因季节、坡向、高度等不同而异。我国多数山区,夏季气温递减率大于冬季。平均1月份为0.4～0.5℃/100m,7月份为0.6℃/100m。但亦有部分地区因局部气候条件特殊而异。由于坡地方位不同,日照和辐射条件各异,导致土温和气温都有明显的差异。在我国多数山地都是南坡温度高于北坡。"南岭二支梅,南支向暖北支寒,一样春风有两般",便是南坡北坡温差悬殊的写照。

地形的凹凸和形态不同,对气温也有影响。凸起的地形,如山峰,气温日较差、年较差比凹陷地形(如盆地、谷地)小。因此,不同的地形地势,具有不同的气候特征,产生各种各样的局地气候类型。

(三) 地形对降水的影响

地形既能促进降水的形成,又能影响降水的分布,一山之隔,山前山后往往干湿悬殊,使局地气候产生显著差异。

1. 促进降水的形成

地形对降水形成有一定的促进作用。当暖湿不稳定气流在移行过程中,遇到山系的机械阻障时,引起气流抬升,加强对流,容易生成云雨。地形促进降水形成的主要机制是:①山脉对气流的机械阻障,强迫抬升,加强对流,促进凝云致雨。②山地阻挡气团和低值系统的移动,使之缓行或停滞,延长降水时间,增大降水强度。③当气流进入山谷时,由于喇叭口效应,引起气流辐合上升,促进对流发展形成云雨。④山区地形复杂,各部分受热不均匀,容易产生局部热力对流,促进对流雨或热雷雨的生成。⑤山地崎岖不平,因摩擦作用产生湍流上升,也会促进降水。

在上述因素的共同作用下,山地降水量比平原增多,但分布极不均匀。

2. 影响降水的分布

地形对降水分布的影响十分复杂,大致可从两方面考虑:一方面高大地形影响四周大范围降水分布,如青藏高原对亚洲降水分布影响范围广阔;另一方面,地形本身各部分降水分布差异悬殊。

(1) 高原内部降水量随海拔增高而递减。因为海拔增加,大气水分含量相对减少。所以在辽阔的高原内部,降水量一般较少,例如,青藏高原内部,年降水量仅70～80mm。

(2) 山地降水量随海拔增高而增多,但有一个最大降水量高度,超过此高度,山地降水不再随高度递增。最大降水高度因气候干湿而异。湿润气候区,最大降水高度低,降水量也大;干燥气候区,最大降水高度大,降水量少。例如,喜马拉雅山最大降水高度为1000～1500m,阿尔卑斯山为2000m,中亚地区为3000m。在同一气候条件下,不同山脉,或同一山脉不同坡向,不同季节最大降水高度也不同。

(3) 迎风坡多雨,为"雨坡",背风坡少雨,为"雨影"。例如,我国台湾山脉,东、北、南三面都迎海风,降水丰沛。年降水量都在2000mm以上,其中台北的火烧寮年降水量多达8408mm。青藏高原南坡迎西南季风,降水量也十分丰沛。恒河下游和布拉马普特拉河流域,年降水量普遍在3000mm以上。世界最多雨的印度乞拉朋齐,年降水量

12700mm,最大年降水量达 26461.2mm。

（4）山地多夜雨。山地多夜雨主要是指凹洼的河谷或盆地,以夜雨为主。因为夜间,地面辐射冷却,密度大的冷空气沿山坡下沉谷底,汇聚后被迫抬升,如果盆地中原来空气比较潮湿,则抬升到一定高度后即能成云并致雨。另外,河谷或盆地中,形成云之后,由于云顶的辐射冷却,下沉的冷气又增强了河谷内的上升气流,因而地形性的夜雨较多。如我国四川盆地著名的巴山夜雨。拉萨、日喀则、西昌等地,夜雨也较多。但凸出的地形仍以日雨为主,且多对流雨。

（四）青藏高原对气候的影响

青藏高原海拔高,面积大,矗立在 29°～40°N 间,南北跨约 10 个纬距,东西跨约 35 个经度。有相当大面积海拔在 5000m 以上,有一系列山峰超过 7000m,占据对流层的中下部。因此,高原的存在对周围气候有着巨大的影响。

1. 青藏高原的冷热源作用

青藏高原地面气温与同高度的自由大气相比,冬季高原气温偏低,夏季偏高。从 10 月至翌年 2 月,青藏高原是冷源,四周大气向高原地气系统输送热量,以 12 月、1 月份为最大,每天 600J/cm² 以上,春、夏季,青藏高原是个强大的热源,向四周大气输送热量,以 6 月、7 月为最大,每天为 850J/cm² 以上。全年平均,青藏高原地气系统是一个热源（表4.13）。冬季青藏高原的冷区偏于西部,夏季暖区范围很广,整个对流层温度都是高原比四周高,愈往高层,暖区范围愈大,到了 100hPa,温度分布出现高纬暖、低纬冷的现象。这种热状况加强了高原的垂直运动。冬季高原形成中层（600hPa）冷高压,冷空气下沉,加强了东亚的冬季风;夏季,高原形成地面（850hPa）热低压,空气上升,高空形成暖高压,称青藏高压。它占据亚洲大陆南部,又称南亚高压。它向西伸到非洲西北部,故又称亚非季风高压。高压的辐散气流在赤道附近下沉,然后随西南季风北上返回高原,形成一个经圈环流,方向与哈得莱环流相反,称高原季风经圈环流,对西南季风有加强作用,并吸引南半球越赤道气流,促进南北半球的热能、动能和水分交换。

表 4.13　青藏高原地气系统逐月向周围大气输送的热量[J/(cm² · d)]

月份	1	2	3	4	5	6	7	8	9	10	11	12	年
输送热量	−615.5	−368.4	184.2	498.2	757.8	866.7	850.0	644.8	422.9	−37.7	−410.3	−636.4	184.2

青藏高原本身,由于其海拔高,气温冬夏皆比同纬度的东部平原低,气温日较差比东部平原大,年较差因其海拔高而比同纬度的东部平原稍小。气温的季节变化急剧,春季升温快,秋季降温也快,春温高于秋温,具大陆性气候特征。高原的热状况一方面加强了高原的垂直运动,夏季形成季风经圈环流,春季由于气温水平梯度减小,加速南支西风崩溃,秋季延迟南支西风的建立。另一方面,如果冬季高原气温偏低,地面积雪多,则初夏高原热低压弱,南支西风槽撤退迟,副热带高压北跳迟,我国东部夏季风始现期迟,青藏高压弱。因此,青藏高原的冷热源作用对东亚大气环流影响显著。

2. 青藏高原的动力作用

由于青藏高原的特殊地形,对下部流场的机械屏障和分支作用十分显著。冬季从西伯利亚西部入侵我国的寒潮,一般都是通过准噶尔盆地经河西走廊、黄土高原从东部平原南下,导致我国热带、副热带地区的冬季气温,远比受青藏高原屏障的印度半岛北部为低。如中国东部的沅陵（28.5°N）,1 月平均气温为 4.5℃,而德里（28.6°N）为 14.3℃。夏季阻挡西南暖湿气流北上,使位于高原以北的我国新疆、青海气候干旱,而喜马拉雅山南坡的印度河流域湿润多雨。不过暖湿气流一般具有不稳定性层结,比冷空气容易翻过山地,故高原南部的雅鲁藏布江谷地,气候仍比较湿热。

高原对西风气流产生分支作用。冬季,西风气流受到青藏高原阻挡被迫分支,分别沿高原绕行,于是,在高原西北侧为暖平流,西南侧为冷平流,绕过高原后气流辐合,东北侧为冷平流,东南侧为暖平流。因此,在 700hPa 和 500hPa 月平均气温分布图上可见,高原北半部冬季各月西北侧暖于东北侧,高原南半部东南侧暖于西南侧。

南支西风槽的强弱和进退变化,决定于高原的热力和动力的综合作用。它对东亚和南亚夏季风的强弱、迟早、进退有直接的影响,从而影响大范围的天气和气候。

此外,高原对气流也有动力抬升作用,使对流发展,凝结释放潜热,使高原气温比同高度的周围大气更高,更利于高压发展。

四、冰雪覆盖与气候

(一)冰盖类型和分布

地球上约 68.7% 的淡水以冰雪形式存在。冰雪覆盖包括海冰、陆地冰原以及季节性积雪。多年冰雪覆盖占陆地面积约 11%,占海洋面积 7%。冰盖的形成是由于低温和固体降水。海冰是指海洋上飘浮的冰块,主要分布在北冰洋和环南极大陆海洋。海冰覆盖面积变化不定,小时与陆地冰盖面积差不多,大时为陆地冰的 2 倍,体积仅相当于陆地冰的 1/600。北半球海冰覆盖 2 月最大,8 月最小;南半球 9 月最大,2 月最小。陆地冰原包括大陆冰盖、永冻土和山岳冰川。以南极冰原面积最大,格陵兰冰原次之,山岳冰川最少,三者体积比为 90:9:1。南极冰原全部融化,则世界海平面将要抬高 65m。冰雪覆盖有明显的季节变化和年际变化。北半球 1 月冰雪覆盖面积最大,9 月初最小;南半球相反。冰原维持时间最长,但山岳冰川指示气候作用最大,因为雪线高低不但受气温制约,而且与降水、云、日照、干湿等有关。季节性积雪多时比所有海冰和陆地冰总覆盖面积大,但具有季节性变化。

(二)冰雪覆盖对气候的影响

1. 冰雪覆盖的辐射特性

冰雪表面对太阳辐射的透射率很小,反射率极大。大陆冰原、新雪或紧密而干洁的雪面,反射率达 86%~95%。海冰表面反射率约 40%~65%。而且冰雪表面长波辐射能力很强,接近黑体辐射。所以地面吸收少,有效辐射比同温度的其他下垫面大。

2. 冰雪覆盖的热力特性

冰雪面的导热率小,与大气之间热交换微弱。

当冰层厚达 50cm 时,热交换基本被切断。故冰雪表面常出现逆温,而且冰雪融化还要消耗热量使地面供给大气的热量减少,气温降低。所以冰雪有使大气致冷的作用。不仅使冰雪覆盖地区的气温降低,而且通过大气环流的作用,影响到其他地区。冰雪覆盖面积的变化,使全球平均气温亦发生相应的变化。

3. 冰雪覆盖的水分特性

冰面饱和水汽压比同温度的水面小,易饱和、难蒸发,故冰面供给空气的水分少。相反,冰雪表面常出现逆温现象,水汽压的铅直梯度很小,于是空气反而向冰雪表面输送热量和水分,水汽凝华冰面,使空气变干。所以冰雪有使大气致干作用,伴随热量向地面输送,又因空气中缺少水汽,大气逆辐射弱,地面长波辐射大量散逸至宇宙空间,加剧了地面降温。冰雪表面形成的气团干而冷。

冰雪覆盖面积的季节变化,使全球平均气温亦发生相应的变化。月平均气温与冰雪覆盖面积呈反相关。冰雪覆盖使气温降低,低温又使冰雪面积扩大、持久。

4. 冰雪覆盖与环流

由于冰雪的致冷作用,导致地面气压升高,冷高压强大、持续。高空形成冷涡。冰雪覆盖面积变化,则气压场发生相应的变化,环流改变,从而导致气温、降水异常。例如,冬季,北半球冰雪覆盖面积大时,西伯利亚冷高压强大且持续,其冷空气使鄂霍次克海气温偏低,冰冻持久。冷高压前锋在长江流域与暖湿气流汇合,产生梅雨。冬春,北半球冰雪面积大,则夏季高空 100hPa 极涡强大,并偏于东半球,有深槽伸向我国东北,造成东北地区夏季低温。冰雪覆盖面积小,则夏季高空 100hPa 极涡范围小,并偏于西半球,我国东北地区平均槽平浅,气温偏高。

南半球,南极冰雪增多,南极海冰面积大,则南极大陆反气旋加强,高空绕极低压向低纬扩展,整个行星风带向北推进,越赤道西南气流强,西太平洋热带辐合带位置偏北,副热带高压偏弱,偏东,西风槽偏西,东亚沿岸少雨。反之,则东亚沿岸多雨。可见,冰雪覆盖极端,则引起气候异常。

五、局地地面特性与气候

处于大气层之下的地面,包括土壤表面、水面、冰雪面、植被面等各种自然的暴露表面以及人工修造的道路、建筑物等下垫面。它们能不断地吸收太阳辐射,同时又与周围进行辐射和热量交换,从而引起温度的变化,调节空气层和下垫面表层的温度。由于下垫面性质不同,密度、结构、水分、色泽等不同,其热力特性如反射率、吸收率、净辐射、热容量、导热率、导温率等都不同,具有不同的热量平衡和水分平衡,从而调节近地层和下垫面表层的温度,影响近地层气候。根据地面热量平衡方程:

$$R_g + LE + P + A = 0$$

此式既是讨论大气候形成的一个基本公式,也是产生小气候差异的物理基础。式中地面净辐射 R_g 决定于总辐射的到达量 $(S+D)$,地面的反射率 (r) 和有效辐射 (F_0),即

$$R_g = (S+D)(1-r) - F_0$$

在同一纬度带,相同的天气条件下,到达地面的总辐射不仅因局部地形、方位、坡向而异,还因组成物质、湿润状况、地面粗糙度、色泽、植物郁闭度等表面性质的不同而具有不同的反射率,有效辐射也不同,因而净辐射各异,而且有明显的日变化。在近地气层中,由于地面的影响,以及湍流输送的结果,气象要素无论在时间还是空间上的变化都很大,形成各具特征的小气候。这在生产和生活实际中具有重要的意义。

地面特性不仅对土壤表面小气候产生影响,而且对森林、水体、城市等小气候也产生影响,小气候现象是下垫面与近地空气的热量、动量、水分、物质交换的结果。小气候特征主要决定于下垫面的性质、风及湍流强弱。因此,下垫面热量平衡是决定近地气层和土壤上层气候特征的基本因素,也是直接影响动植物生活、人类活动以及无机界状况的主要气候要素。现今任何改变局地气候的措施,都立足于改变下垫面的条件,以达到热量平衡各分量朝着有利于生产和生活的方向发展。例如,强冷空气侵袭时,可利用灌水办法,提高田间温度;炎热的夏天,街道洒水,可降低城市气温;绿化可以改善城市小气候;防护林带可改善农田小气候,等等。

复习思考题

1. 海洋在气候形成中起什么作用? 海陆分布对气候有哪些影响?

2. 何谓海洋性气候与大陆性气候? 二者各有什么特征? 如何区别?

3. 何谓厄尔尼诺、南方涛动? 它们对气候有什么影响?

4. 地形对气温和降水有哪些影响? 青藏高原对气候有哪些影响?

5. 冰雪覆盖和局地地面特性对气候有哪些影响?

第五节 气 候 类 型

一、气候分类方法

世界各地的气候错综复杂,各具特点,既具差异性,又具有相似性。遵循舍小异、存大同的原则,将全球气候按某种标准划分成若干类型,叫气候分类。气候分类的方法很多,概括起来可分实验分类法和成因分类法两大类。实验分类法是根据大量观测记录,以某些气候要素的长期统计平均值及其季节变化,并与自然界的植物分布、土壤水分平衡、水文情况及自然景观等相对照来划分气候类型。柯本、桑斯威特、沃耶伊柯夫和杜库恰耶夫等分别为这一分类法的代表。成因分类法是根据气候形成的辐射因子、环流因子和下垫面因子来划分气候类型。一般是先从辐射和环流来划分气候带,然后再就大陆东西岸位置、海陆影响、地形等因子与环流相结合来确定气候型。其代表主要有阿里索夫分类法、弗隆分类法、斯查勒分类法等。

(一)柯本气候分类法

柯本气候分类法是以气温和降水两个气候要素为基础,并参照自然植被的分布而确定的。他首先把全球气候分为 A,B,C,D,E 五个气候带,其中 A,C,D,E 为湿润气候,B 带为干旱气候,各带之中又划分为若干气候型,用小写英文字母表示,如表 4.14 所示。

表 4.14　柯本气候分类法［表中 r 示年降水量（cm），t 示年平均气温（℃）］

气候带	特征	气候型	特　征
A 热带	全年炎热，最冷月平均气温 ≥18℃	Af 热带雨林气候	全年多雨，最干月降水量≥6cm
		Aw 热带疏林草原气候	一年中有干季和湿季，最干月降水量小于 6cm，亦小于 $\left(10-\dfrac{r}{25}\right)$ cm
		Am 热带季风气候	受季风影响，一年中有一特别多雨的雨季，最干月降水量 <6cm，但大于 $\left(10-\dfrac{r}{25}\right)$ cm
B 干带	全年降水稀少，根据一年中降水的季节分配，分冬雨区、夏雨区和年雨区来确定干带的界限	Bs 草原气候	冬雨区*　　年雨区*　　夏雨区* $r<2t$　$r<2(t+7)$　$r<2(t+14)$
		Bw 沙漠气候	$r<t$　　$r<t+7$　　$r<t+14$
C 温暖带	最热月平均气温>10℃，最冷月平均气温在 0～18℃ 之间	Cs 夏干温暖气候（又称地中海气候）	气候温暖，夏半年最干月降水量<4cm，小于冬季最多雨月降水量的 1/3
		Cw 冬干温暖气候	气候温暖，冬半年最干月降水量小于夏季最多雨月降水量的 1/10
		Cf 常湿温暖气候	气候温暖，全年降水分配均匀，不足上述比例者
D 冷温带	最热月平均气温在 10℃ 以上，最冷月平均气温在 0℃ 以下	Df 常湿冷温气候	冬长、低温，全年降水分配均匀
		Dω 冬干冷温气候	冬长、低温，夏季最多月降水量至少 10 倍于冬季最干月降水量
E 极地地带	全年寒冷，最热月平均气温在 10℃ 以下	ET 苔原气候	最热月平均气温在 10℃ 以下，0℃ 以上，可生长些苔藓、地衣类植物
		EF 冰原气候	最热月平均气温在 0℃ 以下，终年冰雪不化

　*夏雨区指一年中占年降水总量≥70%的降水，集中在夏季 6 个月（北半球 4～9 月）中降落者；冬雨区指一年中占年降水量≥70%的降水，集中在冬季 6 个月（北半球 10 月至次年 3 月）中降落者；年雨区指降水全年分配均匀，不足上述比例者。

　　为了在气候型内更详细地区分气候，柯本又在气候型内根据温度、温度较差、湿度在该区域内的差异，在一个气候型内又分两个或几个不同的气候副型，这些气候副型既具有气候型内主要气候特征的普遍性，而各个气候副型之间又具有不同的特殊特征。为此柯本在气候型后又加第三个小写英文字母表示这种气候副型。在气候副型之后添加第四个小写英文字母表示气候分型。图 4.38 是假设的平坦、表面性质均匀的理想大陆上，柯本气候分类法中主要气候类型的分布图。

　　柯本气候分类法的优点是系统分明，各气候类型有明确的气温或雨量界限，易于分辨；用符号表示，简单明了，便于应用和借助计算机进行自动分类和检索；所用的气温和降水量指标是经过大量实测资料的统计分析，联系自然植被而制定的，与自然景观森林、草原、沙漠、苔原等对照比较符合。柯本气候分类法被世界各国广泛采用，迄今未衰。

　　柯本气候分类法的缺点主要表现在三个方面。首先是只注意气候要素值的分析和气候表面特征的描述，忽视了气候的发生、发展和形成过程。其次是干燥带的划分并不合理。A，C，D，E 四带是按

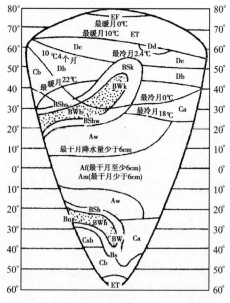

图 4.38　理想大陆上柯本气候分类模型

气温来分带的，大体上具有与纬线相平行的地带性，而干燥气候由于形成的原因各不相同，出现在不同的纬度带上，不具有纬度地带性，因而不宜列为气候带。同时，柯本用年平均降水量与年平均温

度的经验公式来计算干燥指标,也是十分牵强的。再次就是忽视高度的影响,只注意气温和降水量等数值的比较,忽视了由于高度因素造成的气温、降水变化与由于纬度因素造成的气温、降水变化的差异。

(二) 斯查勒气候分类法

斯查勒认为天气是气候的基础,而天气特征和

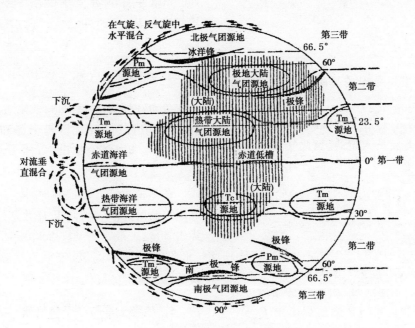

图 4.39 斯查勒气候分带简明图式

Pm. 极地海洋气团;Tm. 热带海洋气团;Tc. 热带大陆气团

变化又受气团、锋面、气旋和反气旋所支配。因此他首先根据气团源地、分布,锋的位置和它们的季节变化,对全球气候分为三大带(图 4.39),再按桑斯维特气候分类原则中计算可能蒸散量 E_p 和水分平衡的方法,用年总可能蒸散量 E_p、土壤缺水量 D、土壤储水量 S 和土壤多余水量 R 等项来确定气候带和气候型的界限,将全球气候分为 3 个气候带,13 个气候型和若干气候副型,高地气候则另列一类。

可能蒸散量 E_p 系指在水分供应充足的条件下,下垫面最大可能蒸散的水分。E_p 值主要取决于所在地的热量条件,因此 E_p 等值线分布基本上与纬线平行。根据世界13000多个测站的测算资料,对照图 4.45 确定以 E_p 值为 130cm 这条等值线作为低纬度与中纬度气候的分界线,以 E_p 为 52.5cm 这条等值线作为中纬度与高纬度气候的分界线。在三个气候带内,再以土壤年总缺水量(D)15cm 等值线作为干燥气候与湿润气候的分界线。有的地区一年中有的季节很潮湿,有的季节则非常干燥,则属于干湿季气候型。在湿润气候中,又因土壤多余水量 R 的不同分为三个副型。在干燥气候中也因土壤储水量 S 的多少再分三个副型。此外,还有高地气候一类。

斯查勒气候分类法的优点是重视气候形成的因素,把高地气候与低地气候区分开来,明确了气候的纬度地带性以及大陆东西岸和内陆的差异性。

同时,又和土壤水分收支平衡结合起来,界限清晰,干燥气候与湿润气候的划分明确细致,具有实用价值。斯查勒气候分类法比柯本气候分类法更简单明了,是目前比较好的一种世界气候分类法。

斯查勒气候分类法的缺点,主要是对季风气候没有足够的重视。在东亚、南亚和澳大利亚北部是世界季风气候最发达的区域,在应用动力方法进行世界气候分类时季风这个因子是不容忽视的。在斯查勒气候分类中把我国的副热带季风气候、温带季风气候与北美东部的副热带湿润气候、温带大陆性湿润气候等同起来。又把我国南方的热带季风气候与非洲、南美洲的热带干湿季气候等同起来,这都是不妥当的。

二、世界气候类型

周淑贞认为,世界气候分类应从发生学的观点

出发,综合考虑气候形成的诸因子,同时也应从生产实践观点出发,采取与人类生活和生产建设密切相关的要素来进行分类。气候带与气候型的名称应以气候条件本身来确定。按照上述原则,周淑贞以斯查勒气候分类法为基础,加以适当修改,主要是增加了季风气候类型,将全球气候分为3个气候带、16个气候型,另列高地气候一大类。

下面介绍按照周淑贞气候分类法划分的世界气候类型。

(一) 低纬度气候

低纬度的气候主要受赤道气团和热带气团所控制。影响气候的主要环流系统有赤道辐合带、瓦克环流、信风、赤道西风、热带气旋和副热带高压。全年地气系统的辐射差额是入超的,因此气温全年皆高,最冷月平均气温在15～18℃以上,全年水分可能蒸散量在130cm以上。本带可分为5个气候型,其中热带干旱与半干旱气候型又可划分为3个亚型。

1. 赤道多雨气候

分布于赤道及其南、北5°～10°以内,宽窄不一,主要分布在非洲扎伊尔河流域、南美亚马孙河流域和亚洲与大洋洲间的从苏门答腊岛到伊里安岛一带。这里全年正午太阳高度都很大,因此长夏无冬,各月平均气温在25～28℃,年平均气温在26℃左右。气温年较差一般小于3℃,日较差可达6～12℃。由于全年皆在赤道气团控制下,风力微弱,以辐合上升气流为主,多雷阵雨,因此全年多雨,无干季,年降水量在2000mm以上,最少月在60mm以上。但降水量的年际变化很大,这与赤道辐合带位置的变动有关。

2. 热带海洋性气候

分布在南北纬10°～25°信风带大陆东岸及热带海洋中的若干岛屿上。这里正当迎风海岸,全年盛行热带海洋气团,气候具有海洋性,最热月平均气温在28℃左右,最冷月平均气温在18～25℃之间,气温年较差、日较差皆小。由于东风(信风)带来湿热的海洋气团,所以除对流雨、热带气旋雨外,还多地形雨,降水量充沛。年降水量在1000mm以上,在北半球,一般以5～10月较集中,无明显干季。

3. 热带干湿季气候

大致分布在南北半球5°～25°之间。这里当正午太阳高度较小时,位于信风带下,受热带大陆气团控制,盛行下沉气流,是为干季。当正午太阳高度较大时,赤道辐合带移来,有潮湿的辐合上升气流,是为雨季。一年中至少有1～2个月为干季。湿季中蒸散量小于降水量。全年降水量在750～1600mm左右,降水变率很大。全年高温,最冷月平均气温在16～18℃以上,干季之末,雨季之前,气温最高,是为热季。

4. 热带季风气候

分布在纬度10°到回归线附近的亚洲大陆东南部,如我国台湾南部、雷州半岛和海南岛,中南半岛,印度半岛大部,菲律宾,澳大利亚北部沿海等地。这里热带季风发达,一年中风向的季节变化明显。在热带大陆气团控制时,降水稀少。而当赤道气团控制时,降水丰沛,又有大量的热带气旋雨,年降水量多,一般在1500～2000mm,集中在6～10月(北半球)。全年高温,年平均气温在20℃以上,年较差在3～10℃左右,春秋极短。

5. 热带干旱与半干旱气候

分布在副热带及信风带的大陆中心和大陆西岸。在南、北半球各约以回归线为中心向南北伸展,平均位置大致在纬度15°～25°间。因干旱程度和气候特征不同,可分为热带干旱气候(5a)、热带(西岸)多雾干旱气候(5b)和热带半干旱气候(5c)三个亚型。5a,5c是热带大陆气团的源地,气温年较差、日较差都大,有极端最高气温。5a终年受副热带高压下沉气流控制,因此降水量极少。5c位于5a的外缘,大半年时间受副热带高压控制而干燥少雨,在太阳高度大的季节,赤道低压槽移来,有对流雨,因此出现一短暂的雨季。5b位于热带大陆西岸,有冷洋流经过,终年受海洋副热带高压下沉气流影响,多雾而少雨,降水量极小,但气候较凉,气温年较差、日较差皆小。

(二) 中纬度气候

这里是热带气团和极地气团相互角逐的地带。影响气候的主要环流系统有极锋、盛行西风、温带气旋和反气旋、副热带高压和热带气旋等。该地带一年中辐射能收支差额的变化比较大,因此四季分明,最冷月的平均气温在15～18℃以下,有4～12个月平均气温在10℃以上。全年可能蒸散量在52.5～130cm之间。天气的非周期性变化和降水的季节变化都很显著。再加上北半球中纬度地带大陆面积较大,受海陆的热力对比和高耸庞大地形的影响,因此本带气候更加错综复杂。本带共分8个气候型。

1. 副热带干旱与半干旱气候

分布在热带干旱气候向高纬度的一侧,约在南北纬25°～35°的大陆西岸和内陆地区。它是在副热带高压下沉气流和信风带背岸风的作用下形成的。因干旱程度不同可分为干旱6a与半干旱6b两个亚型。

6a副热带干旱气候具有少云、少雨、日照强和夏季气温特高等特征。但凉季气温比5a型低,气温年较差较5a型大,达20℃以上。凉季有少量气旋雨,土壤蓄水量略大于5a型。6b副热带半干旱气候位于6a区外缘。夏季气温比6a型低,冬季降水量比6a型稍多。

2. 副热带季风气候

分布于副热带亚欧大陆东岸,约以30°N为中心,向南北各伸展5°左右。这里是热带海洋气团与极地大陆气团交绥角逐的地带,夏秋季节又受热带气旋活动的影响,因此夏热湿、冬温干,最热月平均气温在22℃以上,最冷月平均气温在0～15℃左右,气温年较差约在15～25℃左右。降水量在750～1000mm以上。夏雨较集中,无明显干季。四季分明,无霜期长。

3. 副热带湿润气候

分布于南北美洲、非洲和澳大利亚大陆副热带东岸,约为南北纬20°～35°。冬季受极地大陆气团影响,夏季受海洋高压西缘流来的潮湿海洋气团的控制。由于所处大陆面积小,未形成季风气候。冬夏温差比季风区小,降水的季节分配比季风区均匀。

4. 副热带夏干气候(地中海气候)

分布于副热带大陆西岸30°～40°之间的地带。这里受副热带高压季节移动的影响,在夏季正位于副高中心范围之内或在其东缘,气流是下沉的,因此干燥少雨,日照强烈。冬季副高移向较低纬度,这里受西风带控制,锋面、气旋活动频繁,带来大量降水。全年降水量在300～1000mm左右。冬季气温比较暖和,最冷月平均气温在4～10℃左右。因夏温不同,分为两个亚型。9a凉夏型,贴近冷洋流海岸,夏季凉爽多雾,少雨,最热月平均气温在22℃以下,最冷月平均气温在10℃以上。9b暖夏型,离海岸较远,夏季干热,最热月平均气温在22℃以上,冬季温和湿润,气温年较差稍大。

5. 温带海洋性气候

分布在温带大陆西岸约40°～60°的地带。这里终年盛行西风,受温带海洋气团控制,沿岸有暖洋流经过。冬暖夏凉,最冷月平均气温在0℃以上,最热月平均气温在22℃以下,气温年较差小,约在6～14℃左右。全年湿润有雨,冬季较多。年降水量750～1000mm左右,迎风山地可达2000mm以上。

6. 温带季风气候

分布在亚欧大陆东岸约35°～55°的地带。这里冬季盛行偏北风,寒冷干燥,最冷月平均气温在0℃以下,南北气温差别大。夏季盛行东南风,温暖湿润,最热月平均气温在20℃以上,南北温差小。气温年较差比较大,全年降水量集中于夏季,降水分布由南向北、由沿海向内陆减少。天气的非周期性变化显著,冬季寒潮爆发时,气温在24小时内可下降10余摄氏度甚至20余摄氏度。

7. 温带大陆性湿润气候

分布在亚欧大陆温带海洋性气候区的东侧,北美100°W以东的温带地区。冬季受极地大陆气团控制而寒冷,有少量气旋性降水。夏季受热带海洋气团的侵入,降水量较多,但不像季风区那样高度集中。这里季节鲜明,天气变化剧烈。

8. 温带干旱与半干旱气候

分布在35°～50°N的亚洲和北美洲大陆中心部分。由于距离海洋较远或受山地屏障,受不到海洋气团的影响,终年都在大陆气团的控制下,因此气候干燥,夏热冬寒,气温年较差很大。因干旱程度不同可分为温带干旱气候(13a)和温带半干旱气候(13b)两个亚型。

（三）高纬度气候

高纬度气候带盛行极地气团和冰洋气团。冰洋锋上有气旋活动。这里地气系统的辐射差额为负值，所以气温低，无真正的夏季。空气中水汽含量少，降水量小，但蒸发弱，年可能蒸散量小于52.5cm。本带可分为3个气候型。

1. 副极地大陆性气候

分布在50°N或55°N到65°N的地区。这里年可能蒸散量在35cm到52.5cm之间。冬季长，一年中至少有9个月为冬季。冬季黑夜时间长，正午太阳高度小，在欧亚大陆中部和偏东地区又为冷高压中心，风小、云少，地面辐射冷却剧烈，大陆性最强，冬温极低。夏季白昼时间长，7月平均气温在15℃以上，气温年较差特大。全年降水量甚少，集中于暖季降落，冬雪较少，但蒸发弱，融化慢，每年有5～7个月的积雪覆盖，积雪厚度在600～700mm，土壤冻结现象严重。由于暖季温度适中，又有一定降水量，适宜针叶林生长。

2. 极地苔原气候

分布在北美洲和欧亚大陆的北部边缘、格陵兰沿海的一部分和北冰洋中的若干岛屿中。在南半球则分布在马尔维纳斯群岛（福克兰群岛）、南设得兰群岛和南奥克尼群岛等地。年可能蒸散量小于35cm。全年皆冬，一年中只有1～4个月月平均气温在0～10℃。其纬度位置已接近或位于极圈以内，所以极昼、极夜现象已很明显。在极夜期间气温很低，但邻近海洋比副极地大陆性气候稍高。最冷月平均气温在-40℃～-20。最热月平均气温在1～5℃。在7,8月份，夜间气温仍可降到0℃以下。在冰洋锋上有一定降水，一般年降水量在200～300mm。在内陆地区尚不足200mm，大都为干雪，暖季为雨或湿雪。由于风速大，常形成雪雾，能见度不佳，地面积雪面积不大。自然植被只有苔藓、地衣及小灌木等，构成了苔原景观。

3. 极地冰原气候

分布在格陵兰、南极大陆和北冰洋的若干岛屿上。这里是冰洋气团和南极气团的源地，全年严寒，各月平均气温皆在0℃以下，具有全球的最低年平均气温。一年中有长时期的极昼、极夜现象。全年降水量小于250mm，皆为干雪，不会融化，长期累积形成很厚的冰原。长年大风，寒风夹雪，能见度恶劣。

（四）高山气候

在高山地带随着高度的增加，气候诸要素也随着发生变化，导致高山气候具有明显的垂直地带性。为了区分因高度影响和因纬度等因素影响的气候，也因为高山气候仅限于局部范围，所以高地气候单列为一大类而没有包括在低地分类系统内。

高山气候具有明显的垂直地带性，这种垂直地带性又因高山所在地的纬度和区域气候条件而有所不同，其特征如下：

（1）山地垂直气候带的分异因所在地的纬度和山地本身的高差而异。在低纬山地，山麓为赤道或热带气候，随着海拔的增加，地表热量和水分条件逐渐变化，垂直气候带依次发生。这种变化类似于低地随纬度的增加而发生的变化。如果山地的纬度较高，气候垂直带的分异就减少。如果山地的高差较小，气候垂直带的分异也就较小。

（2）山地垂直气候带具有所在地大气候类型的"烙印"。例如，赤道山地从山麓到山顶都具有全年季节变化不明显的特征。珠穆朗玛峰和长白山都具有季风气候特色。

（3）湿润气候区山地垂直气候的分异主要以热量条件为垂直差异的决定因素。而干旱、半干旱气候区，山地垂直气候的分异，与热量和湿润状况都有密切关系。这种地区的干燥度都是山麓大，随着海拔的增高，干燥度逐渐减小。

（4）同一山地还因坡向、坡度及地形起伏、凹凸、显隐等局地条件不同，气候的垂直变化各不相同。山坡暖带、山谷冷湖即为一例。山地气候确有"十里不同天"之变。

（5）山地的垂直气候带与随纬度而异的水平气候带在成因和特征上都有所不同。

三、局 地 气 候

气候，根据其区域差异性，可以分为大气候、地方气候和小气候三种。大气候决定于太阳辐射、大气环流、海陆分布、洋流、大地形和广大冰雪覆盖等,其气温的水平差异和垂直梯度都比较小。地方气候决定于范围比较小的气候形成因素,如大片森林、湖泊、中等地形、城市等,其气温和湿度的水平梯度和垂直梯度比相应的大气候梯度超过好多倍。小气候指的是近地面 1.5～2.0m 以下的贴地层和土壤上层的气候,其温度和湿度的垂直梯度更大。上述观点,主要是以萨鲍日尼科娃为代表的一些人的主张,但目前大多数人的意见是把由于下垫面结构不均一性所引起的局地气候特点称为小气候或局地气候,不另划分出地方气候一级。

(一) 森 林 气 候

森林覆盖地区的特殊局地气候称为森林气候。森林是一种特殊的下垫面,它除了能影响大气中二氧化碳的含量以外,还能够影响附近相当大范围地区的气候条件和形成独具特色的森林气候。

森林地区具有两层活动面,一层是林冠,一层是林下地表。林冠能大量吸收太阳入射辐射,用以促进光合作用和蒸腾作用,使其本身气温增高不多;林下地表在白天因林冠的阻挡,透入太阳辐射不多,气温不会急剧升高。夜晚因有林冠的保护,有效辐射不强,所以气温不易降低。因此林内气温日(年)较差比林外裸露地区小,气候的大陆度明显减弱。

森林树冠可以截留降水,林下的疏松腐殖质层及枯枝落叶层可以蓄水,减少降雨后的地表径流量,因此森林可称为"绿色蓄水库"。雨水缓缓渗透入土壤中使土壤湿度增大,可供蒸发的水分增多,再加上森林的蒸腾作用,导致森林中的绝对湿度和相对湿度都比林外裸地大。

森林可以增加降水量。当气流流经林冠时,因受到森林的阻障和摩擦,有强迫气流上升作用,并导致湍流加强,加上林区空气湿度大,凝结高度低,因此森林地区降水机会比空旷地多,雨量亦较大。按实测资料,森林区空气湿度可比无林区高 15%～25%,年降水量可增加 6%～10%。

森林有减低风速的作用,当风吹向森林时,在森林的迎风面,距森林 100m 左右的地方,风速就发生变化。在穿入森林内,风速很快降低,如果风中挟带泥沙的话,会使流沙下沉并逐渐固定。穿过森林后在森林的背风面在一定距离内风速仍有减小的效应。在干旱地区森林可以减小干旱风的袭击,

能防风固沙。在沿海大风地区,森林可以防御海风的侵袭,保护农田。

森林根系的分泌物能促使微生物生长,可以改善土壤结构。森林覆盖区气候湿润,水土保持良好,生态平衡良性循环,可称为"绿色海洋"。所以有计划地大规模营造森林是改善气候的有效措施之一。

(二) 农 田 气 候

农作物生长的高度,一般不超过 2m,其生长受人工的强烈影响。所以,农田小气候一方面具有其固有的(自然的)特征,属于低矮植被的气候;另一方面又是一种人工小气候。

农田辐射状况:白天由于太阳总辐射量在中午较大,辐射差额中午最大。农田中近地层辐射差额值较小,上部辐射差额值较大。而且辐射差额最大值的高度随着太阳高度的增大而下降。其主要原因可能是由于植被上部入射辐射削弱较小,而下部的反射受植株影响而出不去的缘故。在夜间,作物的辐射差额廓线都呈现递增的趋势,辐射差额值从植株上部向下逐渐增加。农田中不同高度上都有明显的辐射差额日变化,其变化趋势与裸地一样,只是其变化幅度从植被上部到下部迅速减小。

农田的温度状况:农作物的存在,改变了农田中的热状况与温度分布。在比较稠密的植被中,白昼由于作物减弱了太阳辐射使温度较裸地为低;夜间作物田中,土壤表面温度高于裸地。农田温度的垂直廓线也具有鲜明的特点:白天的最高温度和夜间的最低温度均不出现在地面上;最高温度出现在太阳辐射最强而湍流交换最好的高度;最低温度出现在长波散热较大,冷空气下沉聚集的高度上。

农田的蒸发和湿度:农田的总蒸发包括植物蒸腾和土壤蒸发两项。对于不是充分湿润的地区,农田的总蒸发量总是比休闲地的大。

农田中的湿度状况主要决定于总的蒸发量和空气温度。通常农田中由于总的蒸发增大,且湍流交换减弱,地面和植物表面蒸发的水汽不易散出,空气湿度总要比裸地大一些。农田与裸地空气湿度的差异发生在蒸发强烈且温度差异最大的日间。夜间,由于蒸发减弱,温度下降,农田内外的温差已不大,所以无论绝对湿度或相对湿度差别都比白天要小。作物间空气湿度的铅直分布一般为干型分

布。绝对湿度是随离地高度而减小,在日间递减率最大,夜间在一定高度以上递减率很小。

(三) 城 市 气 候

城市气候是在区域气候背景下,经过城市化后,在人类活动影响下而形成的一种特殊局地气候。因此,各地的城市气候既具有当地气候的基本特点,又由于城市下垫面性质的改变、空气组成的变化、人为热等的影响,表现出明显的与郊区不同的城市气候的特征。其主要表现在城市温度场、湿度场、风场、降水和能见度及雾等方面。

1. 城市热岛效应

大量观测事实证明,城市气温比其四周郊区为高,在气温的空间分布上,形成等温线呈闭合状态的高温区,称为城市热岛。这是城市气候最典型的特征之一。世界上大大小小的城市,无论其纬度位置、海陆位置、地形起伏有何不同,都能观测到热岛效应(图 4.40)。

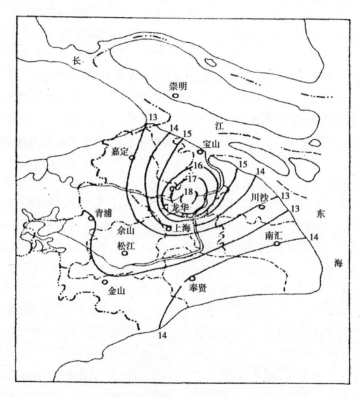

图 4.40　上海城市热岛图(1984 年 10 月 22 日 20 时)

城市热岛的形成有多种因素,其中城市特殊的下垫面、大量的人为热和温室气体的排放及天气条件是主要因素。

通常用城市内的最高温度地区的温度与郊区农村的同期温度之差 ΔT 来表示城市热岛强度。城市热岛强度与城市的规模、结构、天气有着十分密切的关系。此外有明显的日变化和年变化。通常城市的规模愈大、人口愈密集、人为热愈多,城市热岛强度愈大。在高压系统控制下,天气晴好,层结稳定,风力较弱和静风时,城市热岛强度较大。相反,在大风或层结极不稳定时热岛强度较小,甚至消失。在晴天稳定的天气条件下,城市热岛强度大多是夜晚至凌晨强,白昼午间弱。城市热岛强度的年变化也较显著。在我国通常是冬季大,夏季小。但在西欧有些国家的城市热岛强度最大值出现在夏季。

2. 城市干岛和湿岛效应

由于城市的下垫面性质和城市的热岛效应,城市的相对湿度比郊区小,有明显的干岛效应,这是城市气候中普遍的特征。城市对大气中水汽压的影响则比较复杂。城郊水汽压和相对湿度都有明显的日变化。据上海实测 $\Delta \overline{RH}_{u-r}$ 的绝对值虽有变化,但皆为负值。全天皆呈现出"城市干岛效应"。

$\Delta \bar{e}_{u-r}$ 的日变化则不同,如果按一天中 4 个观测时刻(02,08,14,20 时),分别计算其平均值,则发现在一年中多数月份夜间 02 时城区平均水汽压 $\bar{e}_u$ 却高于郊区的 $\bar{e}_r$,出现"城市湿岛"。在暖季 4 月至 11 月有明显的干岛与湿岛昼夜交替的现象,其中尤以 8 月份为最突出。"城市干岛"与"城市湿岛"昼夜交替出现的现象在欧美许多城市大都经常出现于暖季。

上述现象的形成,与下垫面因素及天气条件密切相关。白天在太阳照射下,对于下垫面通过蒸散过程而进入低层空气中的水汽量,城区小于郊区。特别是在盛夏季节,郊区农作物生长茂密,城、郊之间自然蒸散量的差值更大。城区由于下垫面粗糙度大,又有热岛效应,其机械湍流和热力湍流都比郊区强,通过湍流的垂直交换,城区低层水汽向上层空气的输送量又比郊区多,这两者都导致城区近地面的水汽压小于郊区,而形成"城市干岛"。到了夜晚,风速减小,空气层结稳定,郊区气温下降快,饱和水汽压减低,有大量水汽在地表凝结成露水,存留于低层空气中的水汽量小,水汽压迅速降低。城区因有热岛效应,其凝露量远比郊区小,夜间湍流弱,与上层空气间的水汽交换量小,城区近地面的水汽压乃高于郊区,出现"城市湿岛"。这种由于城、郊凝露量不同而形成的城市湿岛,称为"凝露湿岛",且大都在日落后若干小时内形成,在夜间维持。日出后因郊区气温升高,露水蒸发,很快郊区水汽压又高于城区,即转变为城市干岛。

3. 城市混浊岛效应

城市混浊岛效应主要表现在四个方面。首先,城市大气中的污染物质比郊区多,污染物质的平均浓度是郊区的几倍。其次,城市大气中因凝结核多,低空的热力湍流和机械湍流又比较强,因此其低云量和以低云量为标准的阴天日数(低云量≥8 的日数)远比郊区多。再次,城市大气中因污染物和低云量多,使日照时数减少,太阳直接辐射(S)大大削弱。而因散射粒子多,其太阳散射辐射(D)却比干洁空气中为强。在以 D/S 表示的大气混浊度(又称混浊度因子,turbidity actor)的地区分布上,城区明显大于郊区,呈现出明显的"混浊岛"。最后,城市混浊岛效应还表现在城区的能见度小于郊区。这是因为城市大气中颗粒状污染物多,它们对光线有散射和吸收作用,有减小能见度的效应。同时,由于城市的凝结核增多,使得城市的雾日增多。

4. 城市的风

城市下垫面粗糙度大,有减低平均风速的效应。就城市整体而言,其平均风速比同高度的开旷郊区风速小,风向也较乱。在城市内部风速、风向的局地差异很大。有些地方成为"风影区",风速很小,有些地方风速又较大,如在巷弄里,由于狭管效应,出现较大风速,即所谓"弄堂风"。

在大范围气压梯度小的晴稳天气形势下,特别是晴夜,由于城市热岛的存在,在城区形成一个弱低压中心,并出现上升气流。郊区近地面的空气从四面八方流入城市,风向热岛中心辐合。由热岛中心上升的空气在一定高度上又流向郊区,在郊区下沉,形成一个缓慢的热岛环流,又称城市风系。这种风系有利于污染物在城区集聚形成尘盖,并利于城区低云和局部对流雨的形成。我国上海、北京、广州等城市都曾观测到此类城市热岛环流的存在。

5. 城市雨岛效应

城市对降水的影响问题,国际上存在不少争论。但多数人认为城市有使城区及其下风方向降水增多的效应,1968 年城市气候学和建筑气候学讨论会及 1971~1975 年美国大城市气象观测,大量的事实和研究都证实了这一点。上海城市对降水的影响以汛期(5~9 月)暴雨比较明显。

城市影响降水的机制主要有:①城市热岛效应,空气层结较不稳定,有利于产生热力对流。②城市阻障效应,城市粗糙度大,不仅能增加机械湍流,而且对移动滞缓的降水系统可使其减慢,延长降水时间。③城市凝结核效应。上述因素的影响,会"诱导"暴雨最大强度的落点位于市区及其下风方向而形成雨岛。

复习思考题

1. 柯本气候分类和斯查勒气候分类的原则和依据是什么?分哪些气候带和气候型?各有何优缺点?

2. 阅读世界气候分类图,对比低、中、高纬度,大陆东西岸和中部的气候类型特征和分异规律,分析其形成原因。

3. 何谓小气候?森林、农田、城市小气候各有哪些基本特征?

4. 何谓城市热岛效应？它是怎样产生的？

第六节　气候变化

一、气候变化的史实

地球上各种自然现象都在不断变化之中，气候也不例外。据地质考古资料、历史文献记载和气候观测记录分析，地球上的气候一直不停地呈波浪式发展，冷暖干湿相互交替，变化的周期长短不一。现在为科学界所公认的有：①大冰期与大间冰期气候，时间尺度约为 100 万～1 亿年；②亚冰期与亚间冰期气候，时间尺度约为 10 万年；③副冰期与副间冰期气候，时间尺度约为 1 万年；④寒冷期（或小冰期）与温暖期（或小间冰期）气候，时间尺度约为 100～1000 年；⑤世纪及世纪内的气候变动，时间尺度约为1～100 年。

从时间尺度和研究方法来看，地球气候变化史可分为三个阶段，即地质时期、历史时期和近代。地质时期的气候变化，是指距今22 亿年至 1 万年前的气候变化。地质时期气候变化的幅度很大，它不但形成了各种时间尺度的冰河期和间冰期的相互交替，同时也相应地存在着生态系统、自然环境等的巨大变迁。所以地质时期的气候不仅是一种单纯的大气现象，而且是整个自然地理环境的综合反映，按当前的科学概念，地质时期的气候体现了大气、海洋、大陆、冰雪和生物圈等组成的气候系统的总体变化。

历史时期的气候变化是指大约 1 万年以来，特别是人类有文字记载以来的气候变化，是近代气候变化的背景。由于历史时期可供考证的文物古迹、文字记载和气象观测记录更加丰富，所以用历史记载所得出的长资料序列是弥补现代仪器观测资料年代太短的手段。

近代气候变化是指近二三百年以来的仪器观测时期。随着近代气象观测仪器的出现，可以普遍使用精确的气象观测记录来研究气候变化。由于近代气候变化对当前工农业生产和自然界都有明显的影响，所以是我们目前研究气候变化的重点。

（一）地质时期的气候变化

地球古气候史的时间划分，采用地质年代表

示。在漫长的古气候变迁过程中，反复经历过几次大冰期、大间冰期气候（图 4.41）。

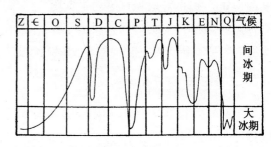

图 4.41　地质时代的气候变迁图

Z. 震旦纪；€寒武纪；O. 奥陶纪；S. 志留纪；D. 泥盆纪；
C. 石炭纪；P. 二叠纪；T. 三叠纪；J. 侏罗纪；K. 白垩纪；
E. 早第三纪；N. 晚第三纪；Q. 第四纪

1. 震旦纪大冰期气候

震旦纪大冰期发生在距今约 6 亿年前。根据古地质研究，在亚、欧、非、北美和澳大利亚的大部分地区中，都发现了冰碛层，说明这些地方曾经发生过具有世界规模的大冰川气候。在我国长江中下游广大地区都有震旦纪冰碛层，表示这里曾经历过寒冷的大冰期气候（近年来对长江中下游有无 Q 冰期出现问题，尚有争议）。而在目前黄河以北震旦纪地层中分布有石膏层和龟裂纹现象，说明那里当时曾是温暖而干燥的气候。

2. 寒武纪 — 石炭纪大间冰期气候

寒武纪 — 石炭纪大间冰期气候发生在距今约 3 亿～6 亿年前。包括寒武纪、奥陶纪、志留纪、泥盆纪和石炭纪五个地质时期，共经历 3.3 亿年。其基本特征是雪线升高，冰川后退，气候显著变暖。

寒武纪时气候趋向温暖，且干燥气候带分布明显，这种气候带经奥陶纪一直延续到志留纪；志留纪时气候进一步增暖，到泥盆纪前期才稍趋变冷，但自中期起又回暖，且一直持续到石炭纪。石炭纪的气候温暖而湿润，当时森林生长繁茂，这些森林最后形成大范围的煤层。在我国石炭纪时期，全国都处于热带气候条件下，到了石炭纪后期出现三个气候带，自北而南分布着湿润气候带、干燥带和热带。石炭纪后期气候变冷。

3. 石炭纪 — 二叠纪大冰期气候

石炭纪—二叠纪大冰期气候发生在距今约 3 亿～2 亿年，始于石炭纪末期，止于二叠纪中期。这次大冰期的影响范围主要在南半球,如南美、南非、澳大利亚和南极洲。在以上地区广泛分布有属于这次冰期的遗迹。在北半球(除印度外)到目前为止还没有找到属于这次冰期的可靠遗迹。这时我国仍具有温暖湿润气候带、干燥带和炎热潮湿气候带。

4. 三叠纪 — 第三纪大间冰期气候

发生在距今约 2 亿年到 200 万年前,包括整个中生代的三叠纪、侏罗纪、白垩纪,都是温暖的气候。三叠纪时气候炎热而干燥,当时我国西部和西北部普遍为干燥气候。从三叠纪到侏罗纪气候由热转为湿热,成为继石炭纪之后的又一个成煤时期。到侏罗纪后期气候又由湿热转为干热,白垩纪是干燥气候继续发展并达到顶峰时期。到了新生代的早第三纪,世界气候更普遍变暖。晚第三纪,东亚大陆东部气候趋于湿润。晚第三纪末期世界气温普遍下降,喜热植物逐渐南退。

5. 第四纪大冰期气候

第四纪大冰期气候约从距今 200 万年前开始直到现在。这是一次影响范围十分广大的世界规模的大冰期,在欧洲、美洲以及亚洲都有发现。对北半球第四纪大冰期的研究工作,最早是从欧洲阿尔卑斯山地区开始的。据目前大多数学者认为,这里的山岳冰川至少有五次下注,范围各有不同。由地质学家在阿尔卑斯山地区划分的第四纪五次亚冰期,便成为南、北半球其他地区划分第四纪各次亚冰期的参考和依据。

在第四纪时受冰川进退直接影响的地区形成亚冰期和亚间冰期。在亚冰期内,气候比现代显著偏冷,平均气温约比现代低 8~12℃。在亚间冰期内,气候比现代显著偏暖,北极约比现代高 10℃以上,低纬地区比现代高 5.5℃左右。覆盖在中纬度的冰盖消失,甚至极地冰盖整个消失。在第四纪时未受到冰川直接影响的中、低纬地区,则相应形成洪积期和间洪积期。与亚冰期相对应的洪积期,中、低纬地区雨量充沛,内陆湖泊的水位升高,水域范围扩大。与亚间冰期相对应的间洪积期,中、低纬地区雨量减少,湖泊水位降低,水域范围缩小。由此可见,第四纪时气候具有显著的冷暖变化和干湿交替,而且这些变化都具有全球性意义。

第四纪时我国也发生过多次亚冰期和亚间冰期气候的交替演变。李四光等对我国第四纪各次亚冰期和亚间冰期的演变过程进行了划分,认为可划分鄱阳、大姑、庐山和大理四次亚冰期及其相应的亚间冰期,它们基本上与欧洲阿尔卑斯山的群智、明德、里斯和武木四次亚冰期及亚间冰期相对应。

在每个亚冰期中,气候也有波动。例如在武木亚冰期中就至少有 5 次副冰期,而其间为副间冰期,它们的时间尺度为 1 万年到几万年。现在,距武木亚冰期的最后一次副冰期结束已有 1 万年,北半球各大陆的气候带分布和气候条件基本上形成现代气候的特点。

(二)历史时期的气候变化

自第四纪更新世晚期,约距今 1 万年左右的时期开始,全球进入冰后期。挪威的冰川学家曾作出冰后期的近 1 万年来挪威的雪线升降图(图 4.42)。从图上看来近 1 万年雪线升降幅度并不小,它表明这期间世界气候有两次大的波动:一是公元前 5000 年到公元前 1500 年的最适气候期,当时气温比现在高 3~4℃;一次是 15 世纪以来的寒冷气候,其中 1550~1850 年为冰后期以来最寒冷的阶段,称小冰河期,当时气温比现在低 1~2℃。中国近 5000 年来的气温变化(虚线)大体上与近 5000 年来挪威雪线的变化相似。

(三)近代气候变化

近百年来由于有大量的气温观测记录,区域和全球的气温序列不必再采用代用资料。由于各个学者所获得的观测资料和处理计算方法不尽相同,所得出的结论也不完全一致。但总的趋势是大同小异,那就是从 19 世纪末到 20 世纪 40 年代,世界气温曾出现明显的波动上升现象。这种增暖现象到 40 年代达到顶点。此后,世界气候有变冷现象。进入 60 年代以后,高纬地区气候变冷的趋势更加显著。进入 70 年代以后,世界气候又趋变暖,到 1980 年以后,世界气温增暖的形势更为突出。

威尔森(H. Wilson)和汉森(J. Hansen)等应用全球大量气象站观测资料,将 1880~1993 年逐年气温对 1951~1980 年的平均气温求距平值。计算结果为全球年平均气温从 1880~1940 年这 60 年中增加 0.5℃,1940~1965 年降低了 0.2℃,然后从

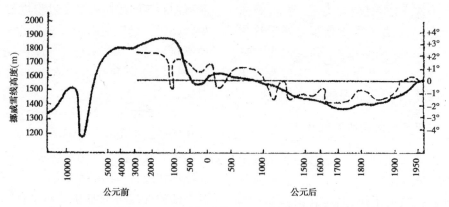

图 4.42　1 万年来挪威雪线高度(实线)和近 5000 年来中国气温(虚线)变迁图
(竺可桢,1979)

1965～1993 年又增高了 0.5℃。北半球的气温变化与全球形势大致相似,升降幅度略有不同。1880～1940 年年平均气温增高 0.7℃,此后 30 年降温 0.2℃,从 1970 年至 1993 年又增高 0.6℃。

20 世纪以来我国气温的变化与北半球气温变化趋势基本上亦是大同小异,即前期增暖,20 世纪 40 年代中期以后变冷,70 年代中期以来又见回升,所不同的只是在增暖过程中,30 年代初曾有短期降温,40 年代中期以后的降温则比北半球激烈,至 50 年代后期达到低点,60 年代初曾有短暂回升,但很快又再次下降,而且夏季比冬季明显,70 年代中期后又开始回升,但 80 年代的增暖远不如北半球强烈,在 80 年代,南、北半球和全球都是 20 世纪年平均气温最高的 10 年,而我国 1980～1984 年的平均气温尚低于 60 年代的水平。从 19 世纪末到 20 世纪 40 年代,我国年平均气温升高 0.5～1.0℃,40 年代以后由增暖到变冷,全国平均降温幅度在 0.4～0.8℃之间,70 年代中期以后逐渐转为增暖趋势。

综上所述,全球地质时期气候变化的时间尺度在 22 亿年到 1 万年以上,以冰期和间冰期的出现为特征,气温变化幅度在 10℃ 以上。冰期来临时,不仅整个气候系统发生变化,甚至导致地理环境的改变。历史时期的气候变化是近 1 万年来,主要是近 5000 年来的气候变化,变化的幅度最大不超过 2～3℃,大都是在地理环境不变的情况发生。近代的气候变化主要是指近百年或 20 世纪以来的气候变化,气温振幅为 0.5～1.0℃。

二、气候变化的原因

气候的形成和变化受多种因素的影响和制约,

图 4.43 表示各因素之间的主要关系。图中 C,D 是气候系统的两个主要组成部分,A,B 则是两个外界因素。由图中可以看出:太阳辐射和宇宙—地球物理因子都是通过大气和下垫面来影响气候变化的。人类活动既能影响大气和下垫面从而使气候发生变化,又能直接影响气候。在大气和下垫面间,人类活动和大气及下垫面间,又相互影响、相互制约,这样形成重叠的内部和外部反馈关系,从而使同一来源的太阳辐射影响不断地来回传递,组合分化发展。在这种长期的影响传递过程中,太阳辐射又出现许多新变动,它们对大气的影响与原有的变动所产生的影响叠加起来,交错结合,以各种形式表现出来,使地球气候的变化非常复杂。

(一)太阳辐射的变化

太阳辐射是气候形成的最主要因素。气候的变化与到达地表的太阳辐射能的变化关系至为密切,引起太阳辐射能变化的条件是多方面的。

1. 太阳活动的变化

太阳活动使得太阳输出的辐射能发生变化,其中以太阳黑子活动与气象要素之间关系最密切。观测证明太阳黑子峰值时太阳常数减少,变化可在 1%～2% 左右,使地面气温下降。

太阳黑子活动主要有 11 年、22 年和 80～90 年三种周期。太阳黑子的这些活动周期与地球上的冷暖变化和大气环流变化有着较好的统计关系。所以人们试图根据太阳活动的变化来探索气候变化的原因,但尚未取得令人满意的结果。

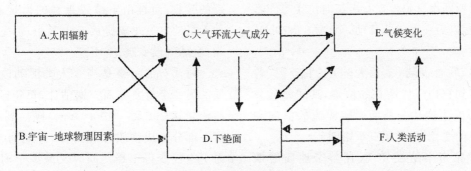

图 4.43 气候变化的因子

2. 地球轨道要素的变化

地球在公转轨道上接受太阳辐射能,在假定太阳辐射源强度不变的情况下,到达地球的太阳辐射量的变化主要是由于地球公转轨道天文参数的长期变化,即地球轨道偏心率、地轴倾斜度的变化以及岁差现象引起的。地球轨道偏心率变动在 0.00~0.06 之间,周期约为 96000 年;地轴倾斜度变化在 22.1°~24.24° 之间,周期约为 40000 年;春分点沿黄道向西缓慢移动,大约每 21000 年春分点绕地球轨道一周。这三个轨道要素的不同周期的变化,不但各自影响地球接受太阳辐射量的变化,而且是同时对气候产生影响的。米兰柯维奇曾综合这三者的作用计算出 65°N 纬度上夏季太阳辐射量在 60 万年内的变化,并用相对纬度来表示。据此解释了第四纪各次亚冰期和亚间冰期的发生及其相互交替变化。

3. 火山活动引起大气透明度的变化

到达地面的太阳辐射强度受大气透明度的影响。火山活动对大气透明度的影响最大,强火山爆发喷出的火山尘和硫酸气溶胶能喷入平流层,由于不会受雨水冲刷跌落,它们能强烈地反射和散射太阳辐射,从而削弱到达地面的直接辐射,使地面温度降低。火山活动的这种"阳伞效应"是影响地球上各种空间尺度范围气候变化的重要因素。20 世纪以来,火山强烈喷发后,太阳直接辐射的减弱有实测记录可稽。火山爆发呈周期性的变化,历史上寒冷时期往往同火山爆发次数多、强度大的活跃时期有关。有学者认为,火山活动的加强可能是小冰期以至最近一次大冰期出现的重要原因。过去 200 万年间几乎每次冰期的建立和急剧变冷都和大规模火山爆发有关。

(二) 大气环流的变化

大气环流形势的变化是导致气候变化和产生异常气候的重要因素。例如近几十年来出现的旱涝异常就与大气环流形势的变化有密切关系。在 20 世纪 50 年代和 60 年代,北半球大气环流的主要变化,就是北冰洋极地高压的扩大和加强。它导致北大西洋地面偏北风加强,促使极地海冰南移和气候带向南推进。这一过程在大气活动中心的多年变化中也反映出来。从冬季环流形势来看,大西洋上冰岛低压的位置在一段时间内一直是向西南移动的;太平洋上的阿留申低压也同样向西南移动。与此同时,中纬度的纬向环流减弱,经向环流加强,气压带向低纬方向移动。

从 1961~1970 年,这 10 年是经向环流发展最明显的时期,也是我国气温最低的 10 年。在转冷最剧烈的 1963 年,冰岛地区竟被冷高压所控制,原来的冰岛低压移到了大西洋中部,亚速尔高压也相应南移,这就使得北欧极冷,撒哈拉沙漠向南扩展。在这一副热带高压中心控制下,盛行下沉气流,因而造成这一区域的持续干旱。而在地中海区域正当冷暖气团交绥的地带,静止锋在此滞留,致使这里暴雨成灾。

(三) 下垫面地理条件的变化

在整个地质时期中,下垫面地理环境发生过巨大的变化,如地极移动、大陆漂移、海陆分布、造山运动等,这些对气候变化产生了深刻的影响。地极移动会相应影响赤道以及各地理纬度发生变化,从而导致气候发生变化。据计算,北极自古生代泥盆纪以来一直在向北移动(从泥盆纪的 30°N 移到现在 90°N,中间经过几次反复),南极则向南移动,说明地质时期两极位置变动很大,表现在各地理纬度的变化上。如斯匹次卑尔根在石炭纪时位于 24°N,属于热带气候,以后一直向北移动,至今位于 79°N,属于极地气候。

大陆漂移,联合古陆(或泛大陆)发生分裂,各大陆终于漂移到它们现代所在的位置,其间海陆分布形势也不断发生变化。从而影响洋流的流向和各地冷暖干湿的变化(详见第三章第四节)。

据地质学家考察结果发现,在整个地质时期中,气候史上最大的冰川活动时期都发生在地史上最重要的造山运动之后。例如,第四纪大冰期发生在从第三纪开始的新阿尔卑斯造山运动(亚洲称喜马拉雅运动)之后,石炭纪—二叠纪大冰期发生在晚古生代的海西造山运动之后,震旦纪大冰期发生在太古代、元古代的劳伦造山运动之后。尤其是青藏高原的隆起,使我国西北地区新疆、内蒙古一带,由第三纪造山运动前的湿润海洋性气候变成今天干旱的大陆性气候。

(四)人类活动对气候的影响

人类活动对气候的影响是通过对下垫面及大气(成分和能量)的影响而实现的。下垫面和大气之间存在着能量和物质的交换,对大气中的长期过程(气候)具有决定性意义。人类社会的发展必然同时改变下垫面的性质。人类生活和生产活动排放至大气中的温室气体和各种污染物质改变了大气的化学组成,从而使下垫面和大气及它们之间的辐射、热量、动量及物质的交换过程发生变化。

1. 改变下垫面对气候的影响

人类活动改变下垫面的自然性质是多方面的,目前突出的主要是森林植被的破坏,海洋石油污染,地表水分状况的改变,建造大型水库等方面。

植被是地表状况的重要特征。每种植被有其本身的反射率、粗糙度、土壤持水能力等,从而形成地气之间固有的辐射、热量和水分的平衡关系。一旦植被发生变化,气候状况也会相应产生变化。植被对气候的影响最显著的是森林,热带森林能确保吸收地球上空 42% 的碳。近百年来全球人口爆炸式增长和追求生活水平的提高,生产扩大、耕地牧场增多、森林锐减、沙化面积扩大。据联合国环境规划署估计:世界森林每年以 1800 万～2000 万 hm^2 的速度递减,致使不但减少了对大气中二氧化碳的吸收,而且由于被毁森林的燃烧和腐烂,更增加大量的二氧化碳排放至大气中,温室气体含量增加,全球气候变暖、变干。

海洋石油污染是当今人类活动改变下垫面性质的另一个重要方面。据估计,每年倾注到海洋的石油量达 200 万～1000 万 t。倾注到海中的废油,有一部分形成油膜浮在海面,抑制海水的蒸发,使海上空气变得干燥。同时又减少了海面潜热的转移,导致海水温度的日变化、年变化加大,使海洋失去调节气温的作用,产生"海洋沙漠化效应"。

采用人工灌溉和排干沼泽地区而改变水分状况是人类影响气候的另一种途径。在干旱与半干旱气候区或干旱季节进行大规模灌溉,可以改变当地小气候条件。主要效应是:降低气温日较差;增加湿度和降水量。排干沼泽地区对气候条件的影响,通常与灌溉的气候效应相反:由于降低了土壤湿度,减少了蒸发,从而提高了土壤温度。

建立大型水库可使库区周围气候发生显著的改变。水库的大量蒸发使得水库沿岸暖季的温度明显低于远离水库的地区。冷季则可以提高温度,减少霜冻。

2.改变大气成分对气候的影响

大气的化学组成是控制地表温度和大气温度结构的重要因子。大气的化学组成和成分浓度的变化将直接引起地表温度和大气温度结构的变化,并将通过动力过程进一步引起其他气候因子的变化。

人类活动对大气成分的影响主要表现在增加大气中二氧化碳、甲烷、氧化亚氮、氯氟烃、气溶胶、水汽等成分。这些气体性质比较稳定,在大气中寿命多数为 10～100 年,使其在大气中的含量与年俱增。大量观测事实表明,人类正以前所未有的速度消耗资源,大量燃烧化石燃料和大量砍伐森林,造成大气中温室气体浓度急剧增大,大气化学组成已经出现了全球尺度的变化,而且在可预见的将来仍会继续变化。大气化学组成的这种变化,主要表现为温室效应,引起全球尺度的气候变暖。从 19 世纪末至今,全球地面气温平均上升了 0.3～0.6℃,北半球上升了 0.5～0.6℃,预测到 2100 年全球气温将继续上升 1.5～3.5℃。

甲烷主要是由水稻田、反刍动物、沼泽地和生物体的燃烧而排放入大气。一氧化二氮向大气排放量与农田面积增加和施放氮肥有关。大气中温室气体的增加会造成全球气候变暖,但它们的温室效应差别很大。如果把它们对辐射的强迫作用都用二氧化碳的影响来表示,那么每种人为的温室气体对气候变暖的贡献为:二氧化碳占55%,甲烷占15%,氯氟烃化合物约占25%(1980~1990年),因此,人类活动使大气中二氧化碳浓度增加对气候的影响是最重要的。

氯氟烃化合物广泛用于制冷、清洗、发泡、喷雾等工业领域,它具有热稳定性和化学稳定性,是大气层内破坏臭氧的物质,其从无到相当量级的全球平均浓度(1990年 CFC_{11} 280×10^{-12} mol/L、CFC_{12} 484×10^{-12} mol/L),使高层大气臭氧总量减少,臭氧层变薄。南极上空臭氧层空洞口越来越大,美国宇航局2006年9月25日的测量结果显示,巨洞面积2740万 km^2,达到2000年以来的最大值。这种影响逐渐显著已引起人们的广泛关注。

复习思考题

1. 地质时期气候变化经历过哪些大冰期和大间冰期?各大冰期、大间冰期的气候特征是什么?第四纪大冰期何时开始?其气候特征是什么?

2. 近代气候变化有什么特点?

3. 影响气候变化的因子主要有哪些?

4. 人类活动如何影响气候变化?全球气候变暖会产生什么样的自然地理环境效应?

第七节 气候资源

气候资源是指能为人类合理利用的气候条件,如光能、热量、水分、风等。随着人类对气候条件认识的深入,愈来愈多的气候条件可以发掘出其可资利用的一面。目前利用最多的是农业气候资源。农业气候资源是指一个地区的气候条件对农业生产所提供的自然物质和能源,及其对农业生产发展的潜在能力。其具有如下特点:①无限的循环性和单位时段的有限性;②波动性和相对稳定性;③区域差异性和相似性;④相互依存性和可改造性。

一、光能资源

太阳辐射是地表面最主要的能量源泉,是气候形成的主要因子之一,也是气候资源特别是农业气候资源的重要组成要素。这里着重论述日照和太阳辐射资源。

(一)日照时数及日照百分率

气象学上常用日照时数和日照百分率表示光照资源的多少。日照时数是指每天从日出到日没之间太阳直接照射到地面上的实际日照时数,以小时为单位(h)。日照百分率是指实际日照时数占可照时数的百分比(%),实质上表明天空的晴朗程度。可照时数即日长,系指从日出到日没之间的小时数,它与纬度、季节有关,可以从当年天文年历中查得。日照时数的长短除受纬度季节影响外,还受云雾、阴雨等天气条件和地面遮蔽状况所制约。

日照时数在很大程度上反映了一地光量的多少和强弱,可反映出光量对植物生长发育和光合作用的利弊程度。也是影响建筑采光的重要因素。在没有太阳辐射观测的广大地区,一般使用日照资料计算太阳辐射强度。通常对日照资料的统计是:统计年、季、月、旬日照时数和日照百分率;各界限温度范围内的日照时数占全年日照时数的百分比;作物生育期间日照时数及其占全年百分比等。

(二)太阳辐射资源

1. 太阳能

太阳内部不断进行高温核聚变反应,释放着功率约为 3.8×10^{26} MW 的巨大辐射能,其中有1/20亿到达地球大气高层;经过大气层时,约30%被反射,23%被吸收,仅有不到一半(约 8×10^{16} MW)的能量到达地球表面。即使如此,只要能够利用其万分之几,便可满足当今人类的全部需要。

太阳能一般以太阳总辐射来表示。太阳总辐射值可以根据仪器观测来确定,但有限的日射观测站不能提供广大地区太阳辐射的实测资料,而且资料年代短。因此,在没有日射观测的地方,一般采用间接办法计算总辐射。在计算总辐射时,必须考虑到影响总辐射的多方面的因素。影响太阳总辐射的因素大致可以分为以下五类:①天文因素类,包括太阳常数、日地距离、太阳赤纬、时角。②地理因素类,包括测站纬度、经度、海拔高度。③几何因素类,包括太阳高度、太阳方位、接收器平面对地平面的倾斜度及倾斜面的方位角。④物理因素类,包括纯大气的消光、大气中的含水量、大气中的臭氧含量。⑤气象因素类,包括日照百分率、天空云量、地面反射率。在日射台站观测到的太阳总辐射值往往是这些影响因子的综合结果。

计算太阳总辐射的经验公式很多,归纳起来可以分为四大类。第一类是以日照百分率建立的经验公式。第二类是以云量建立的经验公式。第三类是以日照时数建立的经验公式。第四类是以综合因子建立的经验公式。其中以第一类经验公式应用最为普遍,效果也较好,如左大康等(1963)根据我国26个日射站,自1957年7月到1960年年底的实测资料,在确定 Q_0 的基础上,建立经验公式。

$$Q = Q_0(0.248 + 0.752S_1)$$

式中, Q_0 为晴天太阳总辐射的纬度平均值; S_1 为日照百分率。根据上式计算了136个地点的年、月总辐射值,编制了我国年、月总辐射分布图。

太阳能是最重要的可再生清洁能源。太阳能在地球的演化、生物的繁衍和人类发展中起了无比重要的作用。地球上的各种能源无不与之密切相关。但是,由于其能量密度低,还要受昼夜、季节、天气、地点等因素的影响,使之对其利用受到很大限制。目前太阳能电池、太阳能热水器、太阳能发电等的应用越来越广泛。尤其对空间太阳能发电方式的研究,其基本构想是在地球的外层空间或月球上建立太阳能卫星发电基地,然后通过微波将电能传输到地面的接收装置,再把微波能束转变成电能供人类使用。这一方案的优点是在大气层外充分利用太阳能,消除了在地面上太阳能密度小而变化大的缺点,无需庞大的储能装置,既减少占地,又节约大量设备投资。可以预计,随着光电转化材料和运载等方面技术的进步,太阳能空间发电的成本将大大降低。太阳能利用存在着广阔的前景。

2. 光合有效辐射

植物在光合作用中只能吸收利用 $0.38 \sim 0.71\mu m$ 波长的可见光线,称之为光合有效辐射或生理辐射。根据国内外一些已发表的观测资料,光合有效辐射约占太阳总辐射的 $50\% \pm 3\%$。

光合有效辐射是评价农业气候资源的一个重要方面。但迄今并无系统的观测资料,只有一些短期的观测资料,一般可采用间接计算法确定。由于散射辐射中光合有效辐射比例较大,直接辐射中光合有效辐射较小,所以常分别进行计算。莫尔达乌

建立了计算光合有效辐射的经验公式:

$$Q_p = 0.43S + 0.57D$$

式中, Q_p 为光合有效辐射; S 为直接辐射; D 为散射辐射。

3. 光能利用率

单位土地面积上作物累积的化学潜能($\sum B$),与同期、同面积上的太阳总辐射($\sum Q$)或光合有效辐射($\sum Q_p$)之比,称太阳能利用率或光能利用率:

$$f(\%) = \frac{\sum B}{\sum Q}; \qquad f'(\%) = \frac{\sum B}{\sum Q_p}$$

式中, $f(\%)$ 为总辐射的光能利用率; $f'(\%)$ 为光合有效辐射利用率。

在求取 $\sum B$ 时,用燃烧 1g 干物质释放的能量 K 乘以一定时期内单位土地面积上光合作用产物 G (kg/hm^2)。不同作物的 K 值是不同的,一般取 17790J/g。

二、热 量 资 源

热量资源是农业气候资源的主要表征,一般用温度表示。当温度高于植物生长发育的最低温度,并满足生长发育对温度的要求时,植物便可迅速生长、发育,形成产量。而温度过高或过低时,不仅影响植物生长发育和产量,而且往往会造成危害。因此,生长季内的累积温度多少、夏季温度高低以及冬季寒冷程度,往往成为决定植物种类、作物布局、品种类型、种植制度以及产量高低的基本前提。

(一)农业界限温度

农业界限温度是指示农作物生长发育及田间作业的农业指标温度。稳定通过 0℃,5℃,10℃,15℃和20℃等界限温度的初终日期、持续期和积温是常用的具有普遍农业意义的热量指标系统,对农业生产起指导作用。在农业气候资源调查和区划中,可作为分析热量资源的基本依据。大于 0℃期间的持续期代表一个地方广义的可能生长期或生长季。0℃以下的持续日数称为寒冷期;5℃以上持续日期可作为衡量喜凉作物生长期长短的指标;10℃以上持续期作为喜温作物生长期或作物活跃生长期;10℃以上积温可评价热量资源对喜温作物

的满足程度；15℃以上持续期称为喜温作物活跃生长期，也是茶叶采摘期及喜温作物安全生长期；20℃是喜温作物光合作用最适温度的下限。

以上几个农业界限温度，0℃和10℃应用比较普遍，农业意义更为明确。在双季稻区20℃仍是有重要意义的指标，关系到寒露风危害等问题；15℃是某些喜温经济作物需要考虑的重要指标温度。

农业界限温度稳定通过日期确定之后，即可计算其初、终日期，积温及保证率。在确定农业界限温度稳定通过日期时，一般可选择五日滑动平均法、直方图法、偏差法等确定。

（二）积 温

活动积温是指高于某个农业界限温度持续期内逐日平均气温的总和，常简称为积温。任何作物通过某个发育阶段或整个生育期，都需要一定的累积温度（积温）才能完成。因此，积温是一个重要的热量指标。

一般需统计各农业界限温度如0℃，5℃，10℃，15℃，20℃以上的活动积温。也常用作物开始生长的温度即生长起点温度（生物学下限温度）来计算活动积温。有效积温是指高于生物学下限温度的日平均气温，减去下限温度的差值的总和。

积温能表示温度强度及持续时间的久暂，因此可以表示温度的累积效应。温度较高，植物体内生物化学反应加快，当其他条件适宜时，在适温范围内作物生育速度与温度的高低及其持续时间有一定的依存关系。

在积温分析中，除需计算多年平均值外，还需计算积温的保证率。因为多年平均值只表示一地的常年情况，出现的机会只有50%，要按此指导农业生产是不可能的，还必须了解历年的保证情况，即保证率。一般取80%保证率积温为生产实践中使用的指标。

积温作为农业气候资源分析中的重要热量指标，是否具有等效性一直是有争议的。各级积温之间虽有较好的相关性，但其线性关系不同积温就不等效。例如，我国西藏高原东南端的察隅与位于燕山脚下的遵化，其0℃积温虽相同，但持续天数察隅多达365天，遵化仅253天；10℃的积温遵化比察隅多245℃，察隅可生长常绿树，而有时由于夏温不高，种植水稻还嫌热量不足，而遵化种植一季水稻

热量有余，但冬季寒冷植物停止生长。可见，在不同自然地理区，积温相同但并不一定等效，其物理意义和农业作用均不相同。

（三）无 霜 期

霜冻的出现在很大程度上限制着热量资源的利用，无霜期长短是农作物布局及品种选择的主要依据之一。通常以地面最低温度降到0℃作为霜冻指标。把地面最低温度出现≤0℃的初、终日定为初、终霜冻日，无霜冻期即从终霜冻日的第二天到初霜冻日的前一天的持续日数。在农业生产实践中，常用80%保证率作为确定无霜冻期的指标，以保证农业稳产。

（四）极端温度条件分析

最热月、最冷月平均和极端气温状况，反映各地温度可能出现的范围和冷热程度，对工农业生产和社会经济活动有重要意义。最热月温度影响夏季空气调节和一些喜温作物的种植界线。作物生育和产量形成，除要求一定的热量累积外，在生殖器官形成期要求一定的热量强度。如水稻、玉米要求最热月气温在20℃以上才能种植，但极端最高温度和持续高温则会引起中暑和对作物的危害。因此，要统计极端最高气温及其出现频率。最冷月气温不但影响采暖通风，而且也是农作物和其他木本经济作物有无低温危害、能否安全越冬以及发展某种作物有无可能性所必须考虑的因素。所以要统计分析最冷月的平均温度、极端最低温度及其平均值。

三、水 分 资 源

水分资源是一种重要的气候资源。在光热资源满足的情况下，水分是决定农业发展和产量水平的主要因素。水分的来源较广，主要有大气降水、地表水和地下水等，其中大气降水是最主要的水分来源。表征水分资源的物理量很多，这里主要介绍降水量和蒸发力及干燥度。

（一）降水量、降水变率及保证率

1. 降水量

由于降水和光、热资源要素不同，不是一个连

续发生的气象要素,因此,降水量的分析一般需统计年、季、月、旬多年平均降水量,以反映其时间上的分配特征。月、季、年降水量是各该时期内降水的总和,平均月、季、年降水量乃是相应的降水量总和的多年平均值。

年降水量是评价一个地区水分资源的基本依据,但是年降水量变幅很大,需计算多年降水平均值,一般要 30 年以上的资料,平均降水量才较准确。还需了解其变化规律和趋势。

季、月、旬降水量多年平均值及占年降水量平均值的百分比等的分析,有利于了解降水的季节分配,降水的峰期,本地降水的特点等。

一日最大降水量和最大连续降水日数、无降水日数,是降水极值分析的重要内容。它反映了降水变化和降水的集中趋势,有利于了解旱涝出现的可能性,和在生产实践中注意防洪抗涝、防旱抗旱等措施。

2. 降水变率

由于降水的时空分布受季风进退早迟和强度的影响而极不稳定,一般采用降水变率来反映降水量的变化范围和大小。降水变率分绝对变率和相对变率。将历年距平值的绝对值相加,再除以记录的年数,就得出平均距平值,亦称绝对变率。将平均距平值除以多年平均值所得的百分率,称相对变率。降水变率不但指出了降水量的变化范围,而且也指明了平均降水量这一指标代表性的好坏,特别是相对变率更便于比较。降水变率小,说明年际间降水变动小,降水量比较稳定。反之降水变率大,则年际间降水变动大,往往引起旱涝灾害。在作物生长季节,降水变率大于 25%,对作物就有不同程度的影响;降水变率 ≥40%,就可能出现旱涝灾害。

3. 降水量保证率

多年平均降水量只能表示常年平均情况,出现机会只有 50%。而生产实践中必须了解水分供应的保证程度。降水量保证率是指降水量在一定数值以上(或以下)所发生机会的总和,即累积频率。它表示超过某一界限降水量出现的可靠程度,可以用来评价水分资源的保障程度。通常计算 80% 保证率的年降水量和各降水量值的保证率。

(二)蒸发力和干燥度

1. 蒸发力

彭曼(H. L. Penman)首先提出蒸发力的概念,他认为:"在土壤永不缺乏蒸发所需的水分,植物活跃生长,完全郁闭,且在高度均一的短草表面条件下,土面蒸发与植物蒸腾之和为蒸发力。"此后,蒸发力的定义不断为许学者所补充,目前较为流行的是:指一个地区在自然条件下且土壤水分供应充分得到满足时的潜在蒸发能力。亦称蒸发势。它是表示某地区综合气候特征的一种指标。

由于自然表面的蒸发(E_T)测量不多,自由水面蒸发 E_0 的观测记录较多,且它们的比值 E_T/E_0 比较稳定,两者有良好的关系,因此可由 E_0 来计算 E_T。

确定蒸发力的方法很多,常用的有经验公式法、空气动力学和能量平衡法等。

2. 干燥度

一个地区的降水量仅表示水分的收入,要全面反映该地区的干湿状况,还必须考虑水分的支出。因此,在农业气候资源分析时,常用湿润度、干燥度或水热系数等表示一个地方的干湿程度和水分供应状况,作为评价农业气候资源的一个基本指标。表征一个地区的湿润(或干燥)程度的指数很多,通常用降水量与蒸发量的大小进行比较,而且各种指数之间的主要差别是如何表示蒸发量。

所谓干燥度是指一定时期内农田水分消耗量与水分供应量之比,故亦称干燥指数。张宝坤等在 1959 年和 1979 年出版的《中国气候区划图》中采用的干燥度公式为

$$K = \frac{E}{r} = \frac{0.16 \sum t}{r}$$

式中,K 为干燥度;$0.16 \sum t$ 表示可能蒸发量 E;$\sum t$ 为日平均温度 $\geq 10℃$ 稳定期的积温;r 为同一时期的降水量。K 小于 1.0,湿润,相当于森林带,农业生产需要排水;K 等于 1.0～1.49,半湿润,相当于森林草原带,农业生产上有时水分不足;K 等于 1.5～3.99,半干旱,相当于草甸、草地、干草原和荒漠草原,农业生产需要灌溉;K 大于或等于 4.0,干旱,相当于荒漠,没有灌溉,便没有农业。

四、气候生产潜力

所谓作物气候生产潜力,是指在一定时期内一定土地面积上,假设作物品种、土壤性状、耕作技术都适宜,在当地自然环境条件作用下,作物可能获得的单位面积最高产量,亦称气候肥力。它与光、热、水等农业气候条件的好坏和变化以及相互配合状况,植物种类等因素有关。光、热资源丰富,水分供应充足,相互配合协调,农业气象灾害较少,气候生产潜力大,反之则小。

自 1960 年后,作物生产潜力的估算问题,无论从国外或国内都进行了许多的研究。竺可桢教授于 1964 年首次讨论了我国的光能生产潜力,随后邓根方等讨论了我国的光温生产潜力,再后于沪宁等讨论了我国的气候生产潜力。相应的计算公式如下:

(1) 光能生产潜力。指当温度(T)、水分(W)、土壤肥力(S)和农业技术措施(M)等参量处在最适宜的条件下,只由辐射(Q)所确定的作物产量。这是在当地气候条件下作物产量的上限。表达为

$$Y_1 = f(Q)$$

(2) 光温生产潜力。指当水分、土壤肥力和农业技术措施等参量处在最适宜的条件下,由辐射和温度所确定的作物产量。光温生产潜力经过人为努力是可以实现的。可表达为

$$Y_2 = f(Q)f(T)$$

(3) 气候生产潜力。指当土壤肥力和农业技术措施等参量处在最适宜的条件下,由辐射、温度和水分等气候因素所确定的作物产量。可表达为

$$Y_3 = f(Q)f(T)f(W)$$

五、风 能 资 源

空气的水平运动叫作风。空气流动所产生的动能,比人类迄今为止所能控制的能量要大得多,开发潜力很大,是一种宝贵的气候能源。微风可以传播花粉,是农业生产不可缺少的自然因子。风向影响城市规划布局,进而影响人们的生产生活,是环境舒适不可缺少的因素。风能是高度清洁的可再生绿色能源。根据研究报告,2002 年,全世界风能发电总量达到总发电量的 12%,装机总量达到 12 亿 kW。据中国气象科学院估算,我国 10m 高度层实际可开发风能储量达 2.53 亿 kW。同时风能在向电能转化过程中基本不消耗化石能源,因而不对环境造成危害。自 1995 年以来,世界风能发电以 487% 的速率增长。

复习思考题

1. 气候资源主要有哪些类型?目前利用状况如何?其利用前景如何?

2. 太阳能利用有何优缺点?为什么说其有着广阔的利用前景?

3. 什么是光合有效辐射?它在农业生产上有什么意义?

4. 什么是积温?活动积温与有效积温有什么不同?

第五章　水　文

自然地理环境中，水的各种现象的发生、发展及其相互关系和规律性，称为水文。水文是最活跃的自然地理要素之一。水体所起的一种重要的环境作用，在于其潜热特性。巨大的水体（如海洋）贮藏着大量的热能。水与大气相互联系，决定着自然地理环境中水热的配置。地球重力赋予水一定的功能，使之起着某种对地表形态的塑造作用。水还滋养着整个地球的生物界，没有水就没有生命。因此，各种水文过程实质上成为自然地理环境内部相互联系的纽带。

所谓水体，是指以一定形态存在于自然地理环境中的水的总称。如大气中的水；地表上的河流、冰川、湖泊、沼泽和海洋中的水；地下的地下水；生物有机体中的水等。本章着重阐述地表水和地下水。

第一节　地球上的水分循环和水量平衡

一、水　分　循　环

（一）水分循环及其成因

地表水、地下水和生物有机体内的水，不断蒸发和蒸腾，化为水汽，上升至空中，冷却凝结成水滴或冰晶，在一定的条件下，以降水的形式落到地球表面。降落于地表的水又重新产生蒸发、凝结、降水和径流等变化。水的这种不断地蒸发、输送、凝结、降落的往复运动过程称为水分循环。

水分循环的产生有其内因和外因。内因是水的"三态"变化，也就是在常温的条件下，水的气态、液态、固态可以相互转化。这使水分循环过程的转移、交换成为可能。其外因是太阳辐射和地心引力。太阳辐射的热力作用为水的"三态"转化提供了条件；太阳辐射分布的不均匀性和海陆的热力性质的差异，造成空气的流动，为水汽的移动创造了条件。地心引力（重力）则促使水从高处向低处流

动。从而实现了水分循环。

整个水分循环过程包括了蒸发、降水、径流3个阶段和水分蒸发、水汽输送、凝结降水、水分下渗、径流5个环节。

水分循环通过3个阶段5个环节，使天空与地面、地表与地下、海洋与陆地之间的水相互交换，使水圈内的水形成一个统一的整体。

（二）水分循环类型

地球上的水分循环，根据其路径和规模的不同，可分为大循环和小循环（图5.1）。

1. 大循环

从海洋表面蒸发的水汽，被气流带到大陆上空，在适当的条件下，以降水的形式降落到地面后，其中一部分蒸发到空中，另一部分经过地表和地下径流又回到海洋，这种海陆之间的水分交换过程，称为大循环，也称海陆间循环。它是由许多小循环组成的复杂的水分循环过程。

2. 小循环

小循环是指水仅在局部地区（海洋或陆地）内完成的循环过程。小循环可分为海洋小循环和陆地小循环。

海洋小循环就是从海洋表面蒸发的水汽，在空中凝结，以降水形式降落回海洋上的循环过程。

陆地小循环，就是从陆地上蒸发的水汽，在空中凝结，以降水形式降落回陆地上的循环过程。

（三）水分循环的地理意义

水分循环对于全球性水分和热量的再分配起着重大的作用，这种作用与大气循环相互联系而发生，从而影响了一地气候的主要方面——降水与气温。水分循环具有物质"传输带"的作用，而且又是岩石圈表层机械搬运作用以及自然地理环境中无

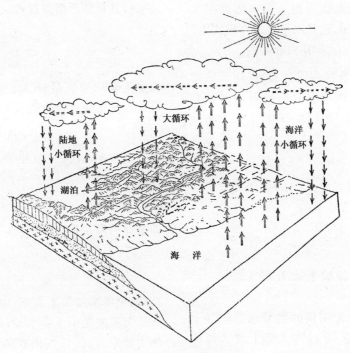

图 5.1　水分循环示意图

机成分和有机成分化学元素迁移的强大动力。在水分循环过程中伴随产生了各种常态地貌和河流、地下水、湖泊等。水分循环也是生物有机体维持生命活动和整个生物圈构成复杂的水胶体系统的基本条件，起着有机界和无机界联系的纽带作用。总之，水分循环有如自然地理环境的"血液循环"，它沟通了各基本圈层的物质交换，促使各种联系的发生。水分循环过程同时起着水文过程、气候过程、地形过程、土壤过程、生物过程以及地球化学过程等作用。

二、水量平衡

根据"物质不灭定律"，所谓水量平衡，是指任一区域（如一个流域）在任一时段（如一年）内，其收入水量等于支出水量和区域内蓄水变量之和，即

$$w_入 = w_出 \pm \Delta u$$

式中，$w_入$ 为收入水量；$w_出$ 为支出水量；Δu 为蓄水变量。在多水期 Δu 为正值，表示蓄水量增加；在少水期 Δu 为负值，表示蓄水量减少；在多年情况下 Δu 为零，表示多年蓄水量平均值是保持不变的，此时的平均水量为 $w_入 = w_出$。

水量平衡方程式是水分循环的数学表达式，根据不同的区域可建立不同的水量平衡方程。

（一）通用水量平衡方程

现以陆地上任一地区为研究对象，取其三度空间的闭合柱体，其上界为地表，下界为无水分交换的深度。这样，对任意一个闭合柱体，任一时间内的水量平衡方程式为

$$P + E_1 + R_1 + R_2 + u_1 = E_2 + R_1' + R_2' + q + u_2$$

式中，P 为时段内降水量；$E_1，E_2$ 分别为时段内水汽凝结量和蒸发量；$R_1，R_1'$ 分别为时段内地表流入与流出水量；$R_2，R_2'$ 分别为时段内从地下流入与流出的水量；q 为时段内工农业及生活净用水量；$u_1，u_2$ 分别为时段始末蓄水量。

若令 $E = E_2 - E_1$ 为时段内净蒸发量，$\Delta u = u_2 - u_1$ 为时段内蓄水变量，则上式可改写为

$$(P + R_1 + R_2) - (E + R_1' + R_2' + q) = \Delta u$$

$$(5.1)$$

此式即为通用水量平衡方程式。

（二）流域水量平衡方程

若将通用公式应用于一个流域内，则称流域水量平衡方程。流域有非闭合流域和闭合流域之分。

若所研究的水量平衡区为非闭合流域（即流域

的地下分水线与地表分水线不相重合),则通用水量平衡方程式中的 $R_1=0$,则其水量平衡方程式为

$$(P+R_2)-(E+R_1'+R_2'+q)=\Delta u \quad (5.2)$$

若所研究的水量平衡区为闭合流域(即流域的地下分水线与地表分水线相重合),则通用水量平衡方程式中的 $R_1=0$,$R_2=0$,并令 $R_1'+R_2'+q=R$,其水量平衡方程式为

$$P-(E+R)=\Delta u \quad (5.3)$$

在多年的情况下,蓄水变量(Δu)趋于零。于是多年闭合流域的水平衡方程式为

$$\bar{P}=\bar{E}+\bar{R} \quad (5.4)$$

(三) 全球水量平衡方程

地球上多年水量并无明显的增减现象。对于海洋上,多年平均降水量($\bar{P}_洋$)和大陆上流入海洋的多年平均径流量($\bar{R}$)之和应等于多年平均蒸发量($\bar{E}_洋$),其水量平衡方程式为

$$\bar{P}_洋+\bar{R}=\bar{E}_洋 \quad (5.5)$$

在大陆上,多年平均降水量($\bar{P}_陆$)与流出大陆的多年平均径流量($\bar{R}$)之差等于多年平均蒸发量($\bar{E}_陆$),其水量平衡方程式为

$$\bar{P}_陆-\bar{R}=\bar{E}_陆 \quad (5.6)$$

将式(5.5)与式(5.6)相加,即得全球水量平衡方程式

$$\bar{P}_洋+\bar{P}_陆=\bar{E}_洋+\bar{E}_陆 \quad (5.7)$$

即全球的降水量($\bar{P}_全$)与蒸发量($\bar{E}_全$)相等

$$\bar{P}_全=\bar{E}_全 \quad (5.8)$$

从全球水量平衡中可以看出,它具有如下几个特点:全球水量是平衡的;海洋蒸发量大于降水量,而陆上蒸发量小于降水量;海洋是大气水和陆地水的主要来源;海洋气团在陆地降水中起主要作用。地球上的水量平衡各要素值,见表5.1。

表 5.1　地球上的水量平衡

区　　域		水量平衡要素					
		蒸发量		降水量		径流量	
		(km³)	(mm)	(km³)	(mm)	(km³)	(mm)
海洋		505000	1400	458000	1270	47000	130
陆地	内流区	9000	300	9000	300		
	外流区	63000	529	110000	924	47000	395
全球		577000	1130	577000	1130		

(四) 研究水量平衡的重要性

(1) 通过水量平衡研究,可以对研究地区的自然地理特征做出评价。若将式(5.4)两边均除以 $\bar{P}$,则

$$\frac{\bar{P}}{\bar{P}}=\frac{\bar{E}}{\bar{P}}+\frac{\bar{R}}{\bar{P}}=1 \quad (5.9)$$

式中,$\bar{E}/\bar{P}$ 为多年平均蒸发系数;$\bar{R}/\bar{P}$ 为多年平均径流系数;两者之和等于1。这两个系数在不同的自然地理区内是不同的,它们综合地反映了一个地区的干湿程度。干旱区蒸发系数大,径流系数小;湿润区则蒸发系数小,径流系数大。

(2) 水量平衡分析是水资源研究的基础。通过水量平衡研究,可了解各地区的水资源总量,为水资源的开发利用提供依据。

(3) 水量平衡法是现代水文学研究的基本理论之一。水量平衡分析,是揭示自然界水文过程基本规律的主要方法,亦能校核水文计算成果。

(4) 水量平衡法是揭示人与环境间相互影响的方法之一。通过水量平衡的研究,可以定量地揭示水循环过程对人类社会的深刻影响,以及人类活动对水循环过程的消极影响和积极控制的效果。例如,全球的温室效应,使冰川加剧消融,冰川蓄水量减少;陆地上许多内陆湖泊蒸发旺盛,水位下降,蓄水量减少;地下水也因蒸发和开采而使蓄水量减少。这三方面减少的水量最后汇入海洋,促使海平面上升。而修水库又可减少入海水量。

复习思考题

1.试述水文在自然地理环境中的地位和作用。

2.何谓水分循环？其产生的原因是什么？

3.什么是大循环和小循环？水分循环有什么地理意义？

4.何谓水量平衡？其通用方程式如何？研究水量平衡有什么重要性？

第二节　河　流

一、河流、水系和流域

（一）河　流

陆地表面经常或间歇有水流动的泄水凹槽，称为河流。即为流动的水与凹槽的总称。它主要是由于水流侵蚀作用的结果。

河流是水分循环的一个重要组成部分，是地球上重要的水体之一。它是塑造地表形态的动力，对气候和植被等都有重要的影响。自古以来，河流与人类的关系很密切，它是重要的自然资源，在灌溉、航运、发电、水产和城市供水等方面发挥着巨大的作用。但河流也会给人类带来洪涝灾害。因此，要开发利用河流，变水害为水利，就必须深入研究河流。

较大的河流可分河源、上游、中游、下游、河口等五个部分。河源是河流的发源地。河口是河水的出口处。上游、中游、下游是从河源到河口之间的三个河段，它们有着不同的水文地貌特征。这些特征是从上向下逐渐变化的。上游的特点是：河谷呈"V"字形，河床多为基岩或砾石；比降大；流速大；下切力强；流量小；水位变幅大。中游的特点是：河谷呈"∪"字形，河床多为粗砂；比降较缓；下切力不大而侧蚀显著；流量较大；水位变幅较小。下游的特点是：河谷宽广，呈"⌣"形，河床多为细砂或淤泥；比降很小；流速也很小；水流无侵蚀力，淤积显著；流量大；水位变幅较小。

河流纵断面，是指沿河流轴线的河底高程或水面高程的变化。故河流纵断面可分为河底纵断面和水面纵断面两种。河流纵断面可以用比降（i）来表示，即

$$i=\frac{H_上-H_下}{L} \tag{5.10}$$

式中，$H_上$、$H_下$分别为河段上下游河槽（或水面）上两点的高程；$H_上-H_下$则为河段的落差；L为河段的长度。

河槽横断面，是指河槽某处垂直于主流方向河底线与水面线所包围的平面。过水断面，是指某一时刻水面线与河底线包围的面积。大断面，是指最大洪水时的水面线与河底线包围的面积。

由于科氏力、惯性离心力和流速分布不均等影响，河流横断面的水面并不是完全水平的。河流横断面的形态是多种多样的。常用的断面形态要素有：过水断面面积W，湿周P（即过水断面上被水浸湿的河槽部分），水面宽度B，平均深度$\bar{H}$（$\bar{H}=\frac{W}{B}$），水力半径R（$R=\frac{W}{P}$），糙度n（指河槽上的泥沙、岩石、植物等对水流阻碍作用的程度，常用糙率系数n表示，可从表5.2查出）等，这些要素与河流的过水能力有密切的关系。

表5.2　河槽糙率系数

河槽类型及情况	糙率系数n值		
	最小值	正常值	最大值
第一类:小河(洪水时最大水面宽约30m)			
（一）平原河流			
（1）清洁、顺直,无沙滩、无潭坑	0.025	0.030	0.033
（2）清洁、弯曲,有草石、淤滩、潭坑	0.035	0.045	0.050
（3）弯曲、多石、水浅、河底变化多、有回流	0.045	0.050	0.060
（二）山区河流(河槽无草树、河岸较陡)			
（1）河底是砾石、卵石,有少量孤石	0.030	0.040	0.050
（2）河底是卵石和大孤石	0.060	0.080	0.100

续表

河槽类型及情况	糙率系数 n 值		
	最小值	正常值	最大值
第二类:大河(汛期水面宽度大于30m)n 值同上述各种小河。但岸坡为土壤时,因河岸阻力较小,n 值可略减少,当岸坡为岩石或树木时,岸坡阻力大,n 值略增			
第三类:洪水时滩地漫流			
（一）草地(无树木)	0.030	0.035	0.040
（二）庄稼地			
（1）未成熟的作物	0.020	0.030	0.040
（2）成熟密植的作物	0.030	0.040	0.050

据清华大学,《水库工程》,转引自邓绶林等(1985)。

（二）水　　系

一条河流的干支流构成了脉络相通的水道系统,这个水道系统便称为水系或河系。水系特征主要包括河长、河网密度和河流的弯曲系数。河长是从河口到河源沿河道的轴线所量得的长度。河网密度是指流域内干支流的总长度和流域面积之比,即单位面积内河道的长度,可用下式表示:

$$D = \frac{\Sigma L}{F} \qquad (5.11)$$

式中,D 为河网密度(km/km^2);ΣL 为河流总长度(km);F 为流域面积(km^2)。

河网密度表示一个地区河网的疏密程度。河网的疏密能综合反映一个地区的自然地理条件,它常随气候、地质、地貌等条件不同而变化。一般地说,在降水量大,地形坡度陡,土壤不易透水的地区,河网密度较大;相反则较小。例如我国东南沿海地区比西北地区河网密度大。

河流的弯曲系数,是指某河段的实际长度与该河段直线距离之比值,可用下式表示:

$$K = \frac{L}{l} \qquad (5.12)$$

式中,K 为弯曲系数;L 为河段实际长度(km);l 为河段的直线长度(km)。

河流的弯曲系数 K 值越大,河段越弯曲,对航运和排洪就越不利。根据干支流分布的形状,可进行水系分类,主要可分为以下五类:

（1）扇状水系。干支流呈扇状分布,即来自不同方向的各支流较集中地汇入干流,流域成扇形或圆形。我国的海河水系就属此类。

（2）羽状水系。支流从左右两岸相间汇入干流,形呈羽状,如滦河水系。

（3）平行状水系。几条支流平行排列,如淮河左岸的洪河、颍河、西淝河、涡河、浍河等。

（4）树枝状水系。干支流的分布呈树枝状。大多数河流属此种类型,如珠江的主流西江水系。

（5）格状水系。干支流分布呈格子状,即支流多呈90°角汇入干流。这是由于河流沿着互相垂直的两组构造线发育而成,如闽江水系。

一般较大的水系,难以用一种类型概括,大多是由两种或两种以上的水系类型所组成。水系类型不同,对水情变化的影响不同。例如,扇状水系,由于支流几乎同时汇入干流,当整个水系普降大雨时,就易造成干流特大洪水。海河历史上多水灾的原因之一即在于此。而羽状水系因支流洪水是先后汇入干流的,因此各支流汇入的水量分先后排出,故不易形成水灾。滦河少水灾的原因之一,即其为羽状水系。

（三）流　　域

划分相邻水系(或河流)的山岭或河间高地,称为分水岭。分水岭最高点的连线,称为分水线或分水界。如秦岭是黄河和长江的分水岭,而秦岭的山脊线便为黄河和长江的分水线。分水线可分为地表分水线和地下分水线。地表分水线主要受地形影响,而地下分水线主要受地质构造和岩性控制。分水线不是一成不变的。河流的向源侵蚀、切割,下游的泛滥、改道等都能引起分水线的移动,不过这种移动过程一般进行得很缓慢。

分水线所包围的区域,称为流域。由于分水线有地表分水线和地下分水线,故流域也是指汇集地表水和地下水的区域。

流域可分闭合流域和非闭合流域。地表分水线与地下分水线重合的流域,称为闭合流域。相反,称为非闭合流域。

流域面积、流域形状、流域高度、流域的坡度、流域的倾斜方向、干流流向等是流域的重要特征。这些特征对河川径流的影响是明显的。例如,流域面积大,河水量也大,洪水历时长,且涨落缓慢;流域形状圆形较狭长形的洪水集中,且洪峰流量大;流域高度越高,河水量越多;流域向南倾斜的比向北的流域降雪易于消融;在中高纬度地区,冬季有结冰的大河流,若在北半球,其流向自南往北流的,则易产生凌汛。

二、河流的水情要素

水情要素是反映河流水文情势及其变化的因子。它主要包括水位、流速、流量、泥沙、水化学、水温和冰情等。通过这些因素反映河流在地理环境中的作用,及其与自然地理环境各组成要素之间的相互关系,也是研究水文规律的基础。

(一) 水 位

河流水位是指河流某处的水面高程。其零点称为基面。基面可分绝对基面和相对基面。绝对基面是以某一河口的平均海平面为零点。如珠江基面、吴淞基面(长江口)、黄海基面等,我国规定统一采用青岛基面。相对基面(也称测站基面),是以观测点最枯水位以下0.5~1m处作为零点的基面。相对基面可减少记录和计算工作量,但它与其他水文站的水文资料不具有可比性,故进行全河水文资料整编和水文预报时,必须换算为全河统一的基面。

影响河流水位的因素很多,如水量、河道冲淤、风、潮汐、结冰、植物、支流的汇入、人工建筑物、地壳升降等。而其中最主要的因素是水量的增减。水量增加,河流水位上涨;水量减少,河水位下降。

河流水位随气候的季节变化和年际变化而变化。例如由雨水补给的河流,其水位随降雨的变化而变化。由冰雪融水补给的河流,其水位随气温的变化而变化,气温高,冰雪融水量多,则河流水位高;气温低,冰雪融水量少,则河流水位下降。

为了帮助分析研究水位变化规律、断面以上流域内自然地理各因素(特别是气候因素)对该流域水文过程的影响,以及提供各方面的参考使用,常将水位观测资料进行整理,主要有水位过程线、水位历时曲线、相应水位关系曲线。

水位过程线:即水位随时间变化的曲线。其绘制方法,是以纵坐标为水位,横坐标为时间,将水位变化按时间顺序排列起来所点绘的曲线,便为水位过程线。它的主要作用是:可分析水位的变化规律,能直接看出特征水位(如最高水位和最低水位)的高度和出现的日期;可研究各补给源的特征;可用来分析洪水波在河道中沿河传播的情形,以及做洪水的短期预报;水位过程线也能反映流域内自然地理因素对该流域水文过程的综合影响。

水位历时曲线:即大于和等于某一数值的水位与其在研究时段中出现的累积天数(历时)所点绘而成的曲线(图5.2)。其绘制方法,是先将一年内之日平均水位按从大到小次序排列,并对水位变化幅度分为若干相等组距(如以0.5m为一组),再将每一组距水位出现的日数依次累加为累积天数(即历时),然后以水位为纵坐标,以累积天数为横坐标点绘的曲线,则得日平均水位历时曲线。水位历时曲线的作用:主要是可从图上看出一年内超过某一水位高度出现的总天数,这对航运、灌溉、防汛都有重要的意义。

相应水位关系曲线:即在同一涨落水期间,上下游站位相相同的水位。相应水位关系曲线的绘制方法是:以纵轴为上游站的水位,以横轴为下游站的水位,把上下游站相应的水位点绘在坐标纸上,过点群中心连成的圆滑曲线便成(图5.3)。其作用在于:可用其做短期水文预报;校验上下游水位观测成果;用已知站水位插补缺测站水位记录;推求邻近断面未设站的水位变化。

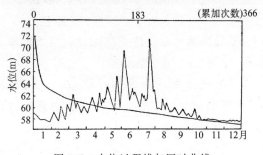

图5.2 水位过程线与历时曲线

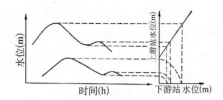

图 5.3　上下游站水位过程线
与相应水位曲线

（二）流　　速

河流流速，是指河流中水质点在单位时间内移动的距离。单位是 m/s。可用下式表示：

$$v = \frac{L}{t} \tag{5.13}$$

式中，v 为流速（m/s）；L 为距离（m）；t 为时间（s）。

流速的脉动现象：在紊流的水流中，水质点运动的速度和方向不断地变化，而且围绕某一平均值上下跳动的现象。脉动流速的数值以在水流动力轴附近为最小，而以在糙度较大的河底和岸边为最大。流速脉动能使泥沙悬浮在水中，故它对泥沙运动具有重要意义。流速脉动在较长时段中，脉动的时间平均值为零，即 $\bar{v} = \frac{\sum v_i'}{t} = 0$，故给测流提供了条件。据研究，每点测流时间至少应大于 120s，才能避免脉动的影响，测得较准确的数值。

河道中的流速分布：由于河床的地势倾斜和粗糙程度，以及断面水力条件的不同，天然河道中的流速分布十分复杂。一般地说，河流纵断面流速分布为：上游河段流速最大，中游河段流速较小，下游河段流速最小。河流过水断面的流速从水面向河底递减，从两岸向最大水深方向增大。在垂线上绝对最大流速出现在水面向下水深的 1/10～3/10 处；平均流速出现于水深的 6/10 处；在水面，由于空气的摩擦阻力，流速较小；在河底，流速趋于零（图 5.4）。垂线流速分布往往受冰冻、风、河槽糙率、河底地形、水面比降、水深等影响。

天然河道中平均流速的计算：在有实测资料时，可根据实测资料求得。在没有实测资料时，可用水力学公式——谢才公式计算，即

$$v = c\sqrt{Ri} \tag{5.14}$$

式中，v 为平均流速；c 为谢才系数，它与糙率等因素有关，其数值可用经验公式求得，我国多采用满

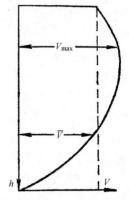

图 5.4　流速在垂直线上的分布

宁公式，$c = \frac{1}{n} R^{\frac{1}{6}}$（$n$ 为糙率系数）；R 为水力半径；i 为水面比降。

谢才公式是根据水流做匀速运动的理论推导而得的。

（三）流　　量

流量是指单位时间内通过某过水断面的水的体积。常用 Q 表示，单位是 m³/s，即

$$Q = wv \tag{5.15}$$

式中，Q 为流量（m³/s）；w 为过水断面积（m²）；v 为流速（m/s）。

流量是河流的最重要特征。为了便于进行水文分析，常把测得的流量资料绘成曲线图。常用的有流量过程线和水位-流量关系曲线。

流量过程线：是流量随时间变化过程的曲线。其绘制方法，是以纵坐标为流量，以横坐标为时间，按时间顺序点绘而成的曲线，便是流量过程线（图 5.5）。流量过程线的主要作用是：可反映测站以上流域的径流变化规律；分析流量过程线，相当于对一个流域特征的综合分析研究；根据流量过程线计算某一时段的径流总量和平均流量。

水位-流量关系曲线：是指水位随流量变化的曲线。水位变化是流量变化的外部反映，因此水位与流量具有密切的关系，$Q = f(H)$，这就可用一条曲线来表示。其绘制方法是，以纵坐标为水位，横坐标为流量，将相应的水位和流量点绘在坐标纸上，连接通过点群中心的曲线，便是水位-流量关系曲线（图 5.6）。水位-流量关系曲线最主要的作用，是用水位资料来推求流量，使测流工作大为简便。

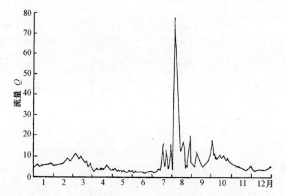

图 5.5 滹沱河南庄站 1975 年流量过程线

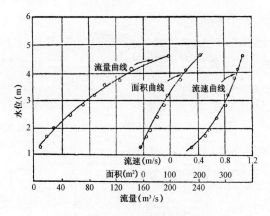

图 5.6 水位-流量关系曲线

（四）河 流 泥 沙

河流泥沙是指组成河床和随水流运动的矿物、岩石固体颗粒。随水流运动的泥沙也称固体径流。河流泥沙对河流的水情及河流的变迁有着重大的影响。

河流泥沙在水流中的运动是受河水流速和泥沙自重的综合作用的结果。河流泥沙运动的形式可分滚动、滑动、跳跃和悬浮。前三者运动形式的泥沙，称为推移质；悬浮运动的泥沙，称为悬移质。推移质的颗粒较大，比较重，故沿河床面运动，表现为波浪式的缓慢移动；悬移质的颗粒较小，比较轻，故能悬浮于水中，与水流同一速度运行。

悬移质在天然河道中，其断面分布规律是悬移质含沙量和粒径都表现为从河底向水面减少；在断面水平方向上变化不大（当然也有例外的）。在时间变化上，含沙量汛期多于枯水期，但汛期以枯季后的第一次大洪水时期含沙量为最多。

河水中泥沙含量的多少，常用含沙量表示。含沙量是指每立方米水中所含泥沙的重量。单位是 kg/m^3。

河水中挟带泥沙的数量，可用输沙率和输沙量表示。单位时间内通过一定的过水断面的泥沙总量，称为输沙率。单位是 t/s 或 kg/s。一定时段内通过一定过水断面的泥沙总量，称为输沙量。单位是 t 或万 t。

河流泥沙主要是水流从流域坡面上冲蚀而来。每年从流域地表冲蚀的泥沙量通常用侵蚀模数表示。侵蚀模数是指每平方公里流域面积上，每年被侵蚀并汇入河流的泥沙重量。单位是 $t/(km^2 \cdot a)$。

（五）河 水 化 学

河水化学主要是河水的化学组成、性质、时空分布变化，以及它们同环境之间的相互关系。

天然河水的化学成分主要由 HCO_3^-，SO_4^{2-}，Cl^-，CO_3^{2-}，Ca^{2+}，Na^+，Mg^{2+}，K^+ 等离子组成。但在不同河流中，这些离子的比例并不相同。河水中除上述离子外，还有生物有机质、溶解气体和一些微量元素等。

天然河水的矿化度普遍较低。所谓矿化度，是指 1L 河水中所含离子、分子和各种化合物的总量，单位为 g/L。矿化度是反映河水化学特征的重要指标。一般河水矿化度小于 1g/L，平均只有 0.15～0.35g/L。在各种补给水源中，地下水的矿化度比较高，而且变化大；冰雪融水的矿化度最低，由雨水直接形成的地表径流矿化度也很小。

河水化学组成的时间变化明显。河水补给来源随季节变化明显，因而水化学组成也随季节变化。以雨水或冰雪融水补给为主的河流，在汛期河流水量增大，矿化度明显降低；在枯水期，河流水量减少，以地下水补给为主，故此时河水矿化度增大。夏季水生植物繁茂，使 NO_3^-，NO_2^-，NH_4^+ 含量减少；冬季随着水温降低，溶解氧增多，但由于水生植物减少，NO_3^-，NO_2^-，NH_4^+ 的含量可达全年最大值。

河水化学组成的空间分布有差异性。大的江河，流域范围广，流程长，流经的区域条件复杂，并有不同区域的支流汇入，各河段水化学特征的不均一性就很明显。一般离河源越远，河水的矿化度越大，同时钠和氯的比重也增大，重碳酸盐所占比重减小。

（六）河水温度与冰情

河水温度是河水热状况的综合标志。当水温达到0℃以下的过冷却状态时，就会出现冰情。

河水温度和冰情的变化，主要受到太阳辐射、气温等地带性因素的控制，因而水温和冰情的分布基本上体现了地带性规律。例如，我国在秦岭—淮河一线以南的河水，冬季不结冰；以北的河水冬季则结冰。河水温度还受补给来源的影响，高山冰雪融水补给的河流水温低；雨水补给的河流水温较高；地下水补给的河流水温度变幅小。一般，河水温度的地区分布与气温大体一致，或略高1~2℃。

由于河水流动是紊流，故一般情况下，水温较均匀。但特别大而平静的河流，河水很难彻底混合，垂线上水温的分布具有成层性。一般在清晨，表面水温低，愈向河底水温愈高，成逆温现象。在14时左右，表面水温度高，愈向河底水温愈低，成正温现象，河水温度的日变幅较小。

河流水温的年变化主要受季节影响，春季河水由于热量收入大于支出而温度升高，最高温多出现在盛夏；秋冬季，河水由于热量收入小于支出而温度降低，最低温多出现在冬季气温最低的时候。不过河水温的年变幅远较气温小。不同的地理位置，水温的年变幅不同，季节变化明显的中纬度地区，水温的年变幅大于高纬和低纬度地区。

河流冰情的发展可分为结冰、封冻、解冻三个阶段。由于陆面的温度变化快，故结冰和融冰都是先从岸边开始，然后逐渐向河中央扩展。河中冰块随水流向下游流动，称为流冰或行凌。

在河流解冻时，如果河流由低纬度流向高纬度，上游解冻早，下游解冻晚，向下游移动的冰块就可能由于下游河道多湾或狭窄而壅积起来，形成冰坝。冰坝上游，水位抬高，这种现象称为"凌汛"。

三、河流的补给

河流的补给又称为河流的水源。河流补给的类型及其变化，决定着河流水情要素的变化和河流的特性。

根据降水形式及其向河流运动的路径的不同，河流补给可分为雨水补给、融水补给、湖泊和沼泽水补给、地下水补给等类型。

（一）雨　水　补　给

雨水补给是河流最主要的补给类型。大气降落的雨水直接落入河槽的水量是十分有限的，它主要是通过在流域内形成的地表径流来补给河流的。因此，雨水补给与降雨特性和下垫面性质密切相关。

雨水补给的特点，主要决定于降雨量和降雨特性。降雨量的大小决定了补给水量的大小，降雨量大，补给量也大；否则，相反。由于降雨具有不连续性和集中性，雨水补给也具有不连续性和集中性，流量过程线呈陡涨急落的锯齿状，与降雨过程大体一致（图5.7）。由于降雨具有年内、年际变化大的特点，使雨水补给的年内、年际变化大。降雨强度的大小也决定了补给量的大小，降雨强度大，历时短，损耗量少，补给流量的水量较多。雨水补给的河流，由于雨水对地表的冲刷作用，所以河流的含沙量也大。

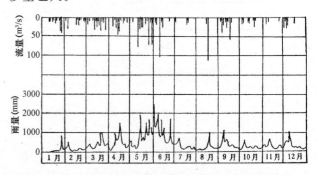

图5.7　闽江流域建溪叶坊站1953年雨量、
流量综合过程线

（二）融　水　补　给

融水补给包括季节性积雪融水和永久积雪或冰川融水的补给。融水补给特点主要决定于冰雪量和气温的变化。冰雪量决定了补给量，冰雪量大，补给量大。由于气温变化具有连续性和变化缓和，使融水补给也具有连续性和较缓和，流量过程线与气温变化过程线一致，流量过程线较平缓和圆滑（图5.8）。由于气温的年际变化小，融水补给的年际变化也较小。由于气温具有日周期变化和年周期变化，故使融水补给量也具有明显的日周期变化和年周期变化。如日周期变化，白天气温高，融水多，补给量大；夜晚气温低，融水少，补给量小。又由于融水对地表冲刷作用小，河流含沙量也较小。

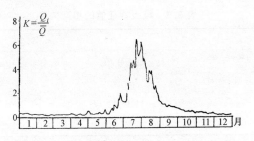

图 5.8 新疆玛纳斯河红山嘴站 1956 年
相对流量过程线

（三）湖泊、沼泽水补给

湖泊可位于河流的源头（如我国长白山的天池），也可位于河流的中下游地区。湖泊水对河流的补给，主要是由于湖泊面积广阔，深度较大，它接纳了大气降水和地表水，并能暂时储存起来，然后再缓慢流出补给河流，对河流水量起着调节作用，大大降低了河流的洪峰流量，使河流水量年内变化趋于均匀（图 5.9）。

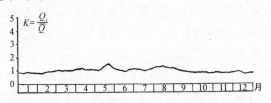

图 5.9 新疆孔雀河他什店站相对流量过程线

沼泽水补给，对河流水量也能起一定的调节作用。沼泽水深不像湖泊那么深，但由于沼泽中水的运动多属于渗流运动，故补给河流的过程较缓慢，起着调节作用，使河流的流量过程线较平缓。

（四）地下水补给

地下水是河流经常而又比较稳定的补给源。我国冬季降雨稀少时，河流几乎全靠地下水补给。地下水补给的特点，总的说来，是稳定而变化小（图5.10）。地下水可分浅层地下水和深层地下水。浅层地下水是埋藏于地表冲积物中的地下水。由于其埋藏浅，上面又没有稳定隔水层覆盖，因此，它受当地气候条件影响较大，补给水量有明显的季节变化而较不稳定。但它与河水有特殊的河岸调节关系。当河水涨水时，河水位高于地下水位，这时河水补给地下水，把部分河水暂时储存在地下；当河水位下降并低于地下水位时，则地下水补给河水。

深层地下水，由于埋藏较深，受当地气候条件影响较小，其补给水量只有年际变化，季节变化不明显（图 5.10），故深层地下水是河流最稳定的补给来源。

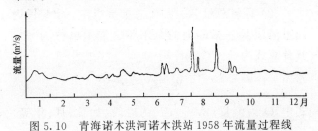

图 5.10 青海诺木洪河诺木洪站 1958 年流量过程线

除了河流的天然补给以外，还有人工补给。人工补给主要是通过跨流域引水、抽取地下水、人工融冰化雪、人工降雨等方式来扩大河流水源。

河流的补给，除少数以外，实际上不是单一的补给形式，起码都同时具有两种以上的补给水源，只是以哪种为主罢了。例如，我国的河流，其补给类型主要是雨水补给，其他类型的补给所占的比重较小。

四、河 川 径 流

径流是指大气降水到达陆地上，除掉蒸发而余存在地表上或地下，从高处向低处流动的水流。径流可分地表径流和地下径流。而从地表和地下汇入河川后，向流域出口断面汇集的水流称为河川径流。由不同形式的降水（固态和液态）形成的径流，可分为降雨径流和冰雪融水径流。

河川径流是水循环的基本环节，又是水量平衡的基本要素，它是自然地理环境中最活跃的因素，是陆地上重要的水文现象，其变化规律集中反映了一个地区的自然地理特征。河川径流是可供人类长期开发利用的水资源。河川径流的运动变化，又直接影响着防洪、灌溉、航运、发电、城市供水等事业，以及人们的生命财产的安全。因此，河川径流是河流水文地理研究的重要内容。

（一）径流特征值

为了便于对河川径流的分析研究和对不同河川径流进行比较，就必须使用具有一定物理意义的，又能反映径流变化尺度的径流特征值。它是说明径流特征的数值。最常用的径流特征值有：

（1）流量 Q。前已述及，流量是指单位时间内通过某一横断面的水量，常用单位为 m^3/s。其计算式详见前述水情部分。

（2）径流总量 W。径流总量是指在一定时段内通过河流某一横断面的总水量。常用单位为 m^3。其计算式为

$$W = QT \qquad (5.16)$$

式中，Q 为流量（m^3/s）；T 为时段（如日、月、年等）长（s）。

（3）径流深度 R。径流深度是指单位流域面积上的径流总量，亦即把径流总量平铺在整个流域面积上所得到的水层深度，常用单位为毫米（mm）。其计算式为

$$R = \frac{W}{F} \times \frac{1}{1000} \qquad (5.17)$$

式中，W 为径流总量（m^3）；F 为流域面积（km^2）；$\frac{1}{1000}$ 为单位换算系数。

（4）径流模数 m。径流模数是指单位流域面积上产生的流量。常用单位为 $dm^3/(s \cdot km^2)$，其计算式为

$$m = \frac{Q}{F} \times 1000 \qquad (5.18)$$

式中，Q 为流量（m^3/s）；F 为流域面积（km^2）；1000 为单位换算系数（即 $1m^3$ 水为 $1000dm^3$）。

（5）模比系数 K。模比系数又称径流变率，是指某一时段径流值（m_i，Q_i 或 R_i 等），与同期的多年平均径流值（m_0，Q_0 或 R_0 等）之比。其计算式为

$$K_i = \frac{m_i}{m_0} = \frac{Q_i}{Q_0} = \frac{R_i}{R_0} \qquad (5.19)$$

式中，m，Q，R 含义同上。

（6）径流系数 α。径流系数是指任一时段的径流深度（或径流总量）与该时段的降水量（或降水总量）之比值。其计算式为

$$\alpha = \frac{R}{P} \qquad (5.20)$$

式中，R 为径流深度（mm）；P 为降水量（mm）。

上述这些径流特征值之间都存在着一定的关系，并且可互相转换（表5.3）。

表 5.3　径流特征值的相互关系

项　目	Q	W	m	R
Q	—	W/T	$mF/10^3$	$10^3 RF/T$
W	QT	—	$mFT/10^3$	$10^3 RF$
m	$10^3 Q/F$	$10^3 W/TF$	—	$10^6 R/T$
R	$QT/10^3 F$	$W/10^3 F$	$mT/10^6$	—

（二）河川径流的形成与变化

1. 河川径流的形成

径流形成过程是一个极为错综复杂的物理过程。降雨径流的形成过程总的说来，是降雨经植物截留、填洼和下渗等损失后，剩余的雨水（即净雨水）在流域上形成地表和地下径流，再经过河槽汇聚，形成出口断面的流量过程。故降雨径流形成过程大致可分为如下三个阶段。

1）流域蓄渗阶段

降水落到流域后，除一小部分（一般不超过5%）降落在河槽水面上的降水直接形成径流外，大部分降水并不立即产生径流，而消耗于植物截留、下渗、填洼与蒸发。这对于径流形成来说，是降水水量的损失过程。当降水量满足于这些损失量之后，才能产生地表径流。在降水开始之后，地表径流产生之前，这个降水损失过程称为流域蓄渗阶段。

植物截留：降水被植物茎叶拦截的现象，叫植物截留。植物截留随降水开始而开始，结束而结束。植物截留的水量，最终消耗于蒸发，故对于径流形成来说，是一种损失。植物截留量与降水量、降水历时成正相关：当降水量相同时，降水历时越长，截留量越大。此外，植物截留量与植被类型和郁闭程度有关。

下渗：水分渗入土壤和地下的运动过程，叫下渗。下渗发生在降水期间及雨停后一段时间，只要地面有积水，便有下渗。下渗过程大致可分三个阶段：在降水初期，下渗水受分子引力作用为主，形成润湿水，进而形成薄膜水，这就是渗润阶段。在这一阶段，由于分子引力和重力共同作用，使下渗率具有较大的数值，称为初渗（f_0）。随着土壤含水率增大，分子引力逐渐由毛细管力和重力作用所取代，水在岩土孔隙中作不稳定流动，这就是渗漏阶段。在这一阶段，下渗率随之减少。当岩土孔隙被水充满达到饱和状态时，水分主要受重力作用呈稳

定流动,这就是渗透(渗流)阶段。这时,下渗率趋于一个稳定的数值,称为稳渗(f_c)。下渗的水量,一部分消耗于此后的土壤蒸发,一部分补给地下水。这对于一次暴雨径流的形成来说,是一个损失,且是主要的损失。

填洼:当降水满足了植物截留、下渗之后,还必须填满地表上的洼地,才能产生径流。这种水在地面凹洼处停蓄的过程,叫填洼。填洼的水量消耗于蒸发和下渗,这也是一个损失。

在一次降水过程中,流域上各处的蓄渗量和蓄渗过程的发展是不均匀的,因此,地面产流的时间有先有后,先满足蓄渗量的地方就先产流。

在流域蓄渗过程中,水的运行均受制于垂向运行机制,水的垂向运行过程构成了降水在流域空间上的再分配,形成了地面径流、壤中径流和地下径流三种不同径流成分的产流过程。当降水满足植物截留、下渗、填洼和蒸发之后,开始产生地面径流;当地表土壤层中的水达到饱和后,在一定的条件下,部分水沿土壤侧向流动,形成壤中径流,也称表层流;下渗水流达到地下水面后,以地下水的形式向河槽汇集,形成地下径流。

2)坡地汇流阶段

降水产流后,便在重力作用下,沿着坡地流动,叫坡地汇流,也称坡地漫流。坡地汇流过程中,一方面接受降水的补给,增大地面径流;另一方面在运行中不断地消耗于下渗和蒸发,使地面径流减少。地面径流的产流过程与坡地汇流过程是相互交织在一起的,产流是汇流发生的必要条件,汇流是产流的继续和发展。

坡地汇流的形式,根据流态可分为片流、沟流和壤中流。

片流:就是积水铺满地表,水在地表呈薄片状流动,并没有明显的沟槽。它的流速和水深均较小。故属层流运动(即水流流速小,水质点呈平行而互不混杂的流动)。

沟流:就是水并不铺满地表,而是在坡面上形成无数细小的时分时合的沟溪,由沟注入河网。它的水深较大,流速较快,故属紊流运动(即水流流速大,水质点互相混杂,互相碰撞,内部紊乱的水流运动)。

壤中流(又称表层流):是地表土壤中水的流动,因地表较疏松,吸水较快,水就在地表土壤中缓慢流动,这种流动已接近于渗流。

坡地汇流三种形式中,以细小沟流为主,但不遵循固定的路线。它与河槽汇流相比,路程和历时都短得多。但流域上的净雨量有85%~95%是通过坡地汇流而进入河网的,故它在流域汇流中,占有重要的地位,尤其是小流域。据实验资料分析,流域面积在$1km^2$以下时,坡地汇流时间占全流域汇流时间的70%以上;若流域面积在$20km^2$以下时,坡地汇流时间占全流域汇流时间的32%以上。

坡地汇流过程中,沿程不断接收来水,又有下渗和蒸发,以及地形的影响,故是不稳定流。

在径流形成中,坡地汇流过程起着对各种径流成分(地表径流、壤中径流、地下径流)在时程上和量上的第一次再分配作用。降雨停止后,坡地汇流仍将持续一定时间。

3)河网汇流阶段

坡地汇流的雨水到达河网后,沿着河网向下游干流出口断面汇集的过程,称为河网汇流阶段。此阶段自坡地汇流注入河网开始,直到将坡地汇入的最后雨水输送到出口断面为止。故此阶段表现为出口断面的流量过程,是径流形成过程的最终环节。

坡地汇流注入河网后,河网水量增加,水位上涨,流量增大,成为流量过程线的涨洪段。此时,由于河网水位上升速度大于其两岸地下水位的上升速度,当河水位高于地下水位,河水向两岸松散沉积物中渗透,补给地下水;在落洪阶段,河水低于两岸地下水位,则地下水补给河水,这就称为河岸调节作用。同时,在涨洪阶段,出口断面以上坡地汇入河网的总水量必然大于出口断面的流量,由于河槽就像一个狭长形的水库,从流域坡地上大量汇入的水,就会暂时停蓄在河槽中,使河水位升高。当坡地汇流停止后,河水位渐退,河槽蓄水慢慢流出。这种河槽"库容"对径流产生了调节作用,称为河槽调蓄作用。河槽调蓄作用与河流形状、河网密度及河槽纵比降有关。河流长而宽、深度大、河网密度大、河槽蓄水量多,调节作用显著;河槽纵比降大、泄流快,调蓄作用较小。上述河岸调节作用和河槽调蓄作用,统称为河网调蓄作用。河网调蓄作用起着对径流在时程上的又一次再分配,使降雨径流历时延长,出口断面流量过程线比降雨过程线平缓得多。

由于河槽两侧坡地汇入的水量不均,横断面、河底纵坡各处不一,以及干支流的干扰,使水力条件变化极为复杂,其水流运动表现为一种洪水波的演进,属不稳定流。

在径流形成中通常把从降雨开始,到地表径流和壤中径流产生的过程,称为产流过程;而把坡地汇流和河网汇流过程,统称为流域汇流过程。径流形成过程实质上是水在流域内的再分配与运行过程。产流过程中水以垂向运行为主,它构成雨水在流域空间上的再分配过程,是构成不同产流机制(如超渗产流、蓄满产流等)和形成不同径流成分(地表径流、壤中径流、地下径流)的基本过程。汇流过程中水以侧向水平运行为主,水平运行机制是构成雨水在时程上再分配的过程,是构成流域汇流过程的基本机制,形成出口断面的流量过程。

2. 影响河川径流的因素

径流的形成是各种自然地理因素综合作用的结果。影响径流的因素主要有气候、下垫面和人为因素。

1) 气候因素

气候是影响河川径流的最基本和重要因素,气候因素中的降水和蒸发直接影响径流的大小和变化。概括地说,降水多、蒸发少,则径流多,反之则少。在降水总量相同的情况下,降水的季节分配、强度、历时、雨区分布都会影响径流的大小和变化。夏季多雨,冬季少雨,则径流夏多冬少。强度大、历时短、雨区广的暴雨,下渗少,往往形成洪水,若降雨中心自上游向下游移动,常常造成较大洪水;反之则小。而气温、湿度、风等气候因素是通过降水和蒸发影响径流的。如气温高,蒸发量就大,径流则少;而在积雪区,气温越高,融雪量越多,补给河流的径流量就越大。

2) 下垫面因素

流域的下垫面因素具有对降水再分配的功能。下垫面因素包括地貌、土壤、地质、植被、湖沼等。

地貌对径流的影响也是很大的。流域内地貌形态、地势、坡度、坡向不同,径流大小和变化都不同。例如,陡峻的山地,漫流和汇流时间短,下渗少,径流变化大,大雨期易发山洪,而雨后不久,径流又迅速减少。平原的径流变化却很小。又如,在气候湿润的山区随着地势的升高,气温越低,降水越多,而蒸发越少,则径流会增加。在山地迎风坡则因降水多而径流明显增多。

土壤和地质对径流的影响,主要决定于土壤的结构、岩石的性质和地质构造对下渗和地下径流的

影响。例如,团粒结构的土壤,透水性强,可使85%的年降水量渗入地下;又因它的持水性好,蓄存的水不易蒸发,对河川径流变化有调节作用。而非结构的土壤,孔隙小,毛管作用大,蒸发强烈,会使径流量变小。又如,透水性强的岩层厚,地质构造又有利于地下径流源源不断地补给河流,就有利于减缓河川径流的变化。

植被特别是森林,对径流有一定影响,主要表现在对下渗、蒸发的影响。植被对降雨截留越多,蒸发就越多。植被可增加地面粗糙度,改良土壤结构,提高持水性能,利于下渗,可调节河川径流的变化。植被还可降低地面增温率,减弱接近地面的风速,减少土壤水分蒸发。据观测,森林中土壤蒸发比裸露地土壤蒸发量小20%~30%。可见植被是河川径流良好的调节器。

湖沼主要通过蒸发和调节流域水量来影响径流。湖沼面积越大,流域蒸发量就会越大,尤其在干旱地区更为明显。同时,湖泊、沼泽都有一定的蓄水能力,可以在洪水季节和多水年份储蓄一定水量,而在枯水季节和少水年份放出,从而减缓径流变化。

3) 人为因素

人类活动影响径流是多方面的。例如,植树造林、修筑梯田,可以增加下渗水,调节径流变化;修水库虽然增加蒸发量,但可有计划地控制径流量,蓄洪补枯,均匀径流的年内分配;而不合理的进行枯水期灌溉,以及围湖、伐林扩大农田等,都会加剧河川径流的变化,甚至引起灾害。

综上所述,河川径流的形成和变化过程,是自然地理各因素,以及人类改造自然活动综合作用的结果。因此,必须全面地分析流域自然地理特征,以及人类活动对径流的影响,才能得到符合客观规律的正确认识。

3. 河川径流的变化

河川径流的影响因素众多,各年的径流量都不一样。径流是多变的,其变化具有必然性和偶然性。必然性现象反映了必然规律。例如,大气运行的结果,必然会引起降水而产生径流,以及水文情势以年为周期的循环性和明显的季节性等。偶然性现象反映的是偶然性规律。例如,一次暴雨后,必然会产生径流,但径流的形成,受着许多气象和自然地理因素的影响,致使我们无法用其固有的规

律推知其实际出现的数量,以及其在时间和空间上的确切分布。

1)年正常径流量

天然河流的水量经常在变化,各年的径流量有大有小,实测多年径流量的平均值,称为多年平均径流量。如果实测资料的年数增加到无限大时,多年平均径流量将趋于一个稳定的数值,此称为年正常径流量。年正常径流量是年径流量总体的平均值。由于河川年径流量的总体是无穷的,难以取得的,因此可用多年平均径流量来代表。年正常径流量是一个稳定的数值,但其稳定性不能理解为不变性。它随着自然地理条件的改变而改变,不过在新的条件下,又趋于新的稳定。它说明河流的水资源的多少,是一个地区径流量的代表值,是河流开发的依据,也是比较不同河流的重要特征值。年正常径流量具有地带性,所以,也能画出年正常径流量等值线图,这是进行流域地理综合分析的重要特征值。

2)河川径流的年际变化

由于影响径流的重要因素气候具有年际变化,因此,河川径流量和径流过程也有年际变化,再加上其他自然地理因素的综合作用的结果,使河川径流的年际变化十分复杂。研究和掌握河川径流的年际变化规律,对于一个地区自然地理条件的综合分析评价,以及为水利工程的规划设计都是很重要的资料。

由于河川径流是流域自然地理因素综合作用的产物,因此,每条河流的年径流量变化都各有自己的特点,这些特点主要反映在径流年变化的幅度上。反映年径流量变化幅度主要是年径流量的变差系数 C_v 值和绝对比率。

(1)年径流量的变差系数 C_v 值:其计算公式为

$$C_v = \sqrt{\frac{\Sigma(K_i-1)^2}{n-1}} \quad (5.21)$$

式中,K_i 为第 i 年的年径流变率(即 $K_i = \dfrac{R_i}{\bar{R}}$);$n$ 为观测资料数列的年数。

例如,甲系列:220 210 200 190 180

乙系列:2020 2010 2000 1990 1980

则 $C_{v甲} = \sqrt{\dfrac{1000}{200^2 \times (5-1)}} = 0.079$

$C_{v乙} = 0.0079$

因此,$C_{v甲} > C_{v乙}$。

从 C_v 值的物理意义可知,它能反映总体的相对离散程度(即不均匀性)。年径流量 C_v 值大,则年径流量的年际变化剧烈,易发生洪旱灾害,水工建筑物费用大;相反,C_v 值小,则年径流量的年际变化小,水工建筑物费用就小。

影响径流年际变化的主要因素是气候,其次是下垫面因素和人类活动。气候因素具有地带性规律,即随地理位置而逐渐变化。此外,有些下垫面因素(例如流域高程、流域坡度等)在平面上也具有渐变的规律。这就决定了年径流变差系数 C_v 具有一定的地理分布规律,在一定区域范围内可以绘制 C_v 等值线图。

C_v 值的变化与自然地理因素有着密切的关系,归纳起来有如下四方面:①降水量少的地区,其 C_v 值大于降水量多的地区。因为降水量大的地区,水汽输送量大而稳定,降水量的年际变化较小。同时,降水量丰富的地区地表供水充分,蒸发比较稳定,故使年径流 C_v 值小;降水量少的地区,降水量集中而不稳定,蒸发量年际变化较大,致使年径流 C_v 值大。②以雨水补给为主的河流,其 C_v 值大于以地下水补给为主的河流,也大于以冰雪融水补给为主的河流。因为冰雪融水量主要取决于气温,气温年际变化较降雨年际变化小,故冰雪融水的 C_v 值很小。例如我国天山、昆仑山、祁连山一带河流的 C_v 值只有 0.1~0.2。以地下水补给为主的河流,因其补给量较稳定,故其 C_v 值也较小。例如,无定河上游,虽降水少,但地下水补给量大,故 C_v 值较小,在 0.4 以下,甚至只有 0.2~0.3。③平原和盆地的 C_v 值大于相邻的高山和高原地区。因为高原和山地抬升气流,多形成地形雨,使降水量比平原和盆地多而稳定。例如我国的长白山和大、小兴安岭一带 C_v 值为 0.3~0.4,而松辽平原和三江平原可达 0.6~0.8 以上。又如云贵高原 C_v 值在 0.3 以下,而四川盆地在 0.4 左右。④流域面积小的河流,其 C_v 值大于流域面积大的河流。因大河集水面积大,而且流经不同的自然区域,各支流径流变化情况不一,丰枯年可以相互调节,加之大河河床切割很深,得到的地下水补给量多而稳定,所以大河的 C_v 值较小。

(2)年径流量的绝对比率:多年最大年平均径流量与多年最小年平均径流量的比值,称为年径流量的绝对比率。年径流量变差系数 C_v 值大的河流,年径流量的绝对比率也较大,反之亦小。例如:

长江汉口站的 C_v 值为 0.13,绝对比率为 2.2;松花江哈尔滨站的 C_v 值为 0.41,绝对比率为 6.9。

若年径流量大于正常年径流量,称为丰水年;若年径流量小于正常年径流量,则称为枯水年。从大量实测资料发现:丰水年和枯水年往往连续出现,称为丰水年组和枯水年组。而且丰水年组和枯水年组循环交替。在广东大约每 10 年内 1 个周期。我国南北方河流丰水年和枯水年多呈现相反的趋势,即有"南旱北涝"或"南涝北旱"的说法。

3）河川径流的年内分配

由于河川径流补给条件的变化主要取决于气候,而气候变化具有季节性,故径流也随之有季节变化。在我国,冬季是河川径流量最为枯竭的季节,一般其径流量不及全年的 5%;春季是河川径流普遍增多的时期,一般占年径流量的 20%~30%;夏季是河川径流最丰富的季节,一般可达年径流量的 40%~50%;秋季是河川径流普遍减退的季节,一般为年径流量的 20%~30%。可见径流的季节变化主要服从于降雨和气温的年内变化规律。在我国季风区,雨量集中在夏季,径流亦如此;在西北内陆地区的河流主要靠冰雪融水补给,夏季气温高,所以径流也集中在夏季。

（三）洪水和枯水

1. 洪水

洪水是指大量的降水在短时间内汇入河槽,形成的特大径流。洪水又称为汛。洪水往往由于河槽容纳不下而漫溢成灾,故有"洪水猛兽"之说。据联合国统计,在全世界自然灾害损失中,洪涝灾害约占 45%,旱灾和地震各占 15%。因此,洪涝灾害是最大的灾害。

洪水是由于暴雨和冰雪融水在一定流域特性、河槽特性和人类活动等因素的影响下形成的。暴雨洪水是我国大多数河流的主要洪水类型。

洪峰流量 Q_m、洪水总量 W 和洪水过程线,称为洪水三要素(图 5.11)。洪水三要素是水利工程设计的重要依据。通常所说的某水库是按百年一遇洪水设计,就是指该水库所能够抗御重现期为百年的洪水,"百年一遇"即为该水库的设计标准。设计标准是根据水工建筑物的规模和重要性而定的,设计标准越高,抗御洪水的能力就越强,就越安全,但是造价也越高。

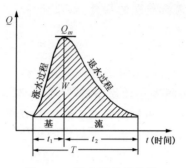

图 5.11　洪水要素示意图

在天然河道中,洪水的流量和水位随时间而呈波状起伏的变化,称为洪水波。

洪水波波面上各点的比降 i 是不同的,它与稳定流时的水面比降 i_0(与河底比降基本相近)之差,称为附加比降 i_Δ,即 $i_\Delta = i - i_0$。当稳定流时,$i_\Delta = 0$,涨洪时 $i_\Delta > 0$,退洪时 $i_\Delta < 0$。在附加比降 i_Δ 的作用下,洪水波在传播过程中不断发生变形。在无支流的菱形河道中,洪水波变形主要为展开和扭曲(图 5.12)。

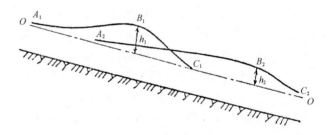

图 5.12　洪水波运动变形图

洪水波的展开:洪水波在传播过程中,由于波前($B_1 C_1$ 段)的附加比降大于波后($A_1 B_1$ 段)的附加比降,使波前的运动速度($v_{前}$)大于波后的运动速度($V_{后}$),从而使波长不断加大($A_2 C_2 > A_1 C_1$),而波高不断减少($h_2 < h_1$)的变形过程,称为洪水波的展开。

洪水波的扭曲:洪水波在传播过程中,由于波峰点(B)的水深最大,使波峰点(B)的运动速度(V_B)大于波前的运动速度($V_{前}$),从而使波前变短($B_2 C_2 < B_1 C_1$)、变陡($i_{B_2 C_2} > i_{B_1 C_1}$),而波后变长($A_2 B_2 > A_1 B_1$)、变缓($i_{A_2 B_2} < i_{A_1 B_1}$)的变形过程,称为洪水波的扭曲。

洪水波的展开和扭曲一定是同时发生的,其共同原因是由于水面存在着附加比降 i_Δ。洪水波变形的结果,使波前水量不断向波后转移,使洪水波越往下游传播,变得越平坦(图 5.12)。

由于河槽断面宽窄各处不一,且有区间来水,所以洪水波推移变形现象就更为复杂。

2. 枯水

枯水就是特别小的径流。枯水径流发生在以地下径流补给为主的时期,故此时期称为枯水期。当月平均水量占全年水量的比例小于 5% 时,则属于枯水期。我国河流的枯水期一般是 5 个月左右。在我国,主要靠雨水补给的南方河流,每年冬季降雨量很少,冬季均为枯水期;以雨雪混合补给的北方河流,除雨少的冬季为枯水期外,每年春末夏初,积雪融水由河网泄出后,在夏季雨季来临前,还会再经历一次枯水期。各河流的枯水径流具体的历时,决定于河流流域的气候条件和补给方式。

枯水对国民经济有很大的影响。枯水期河道水浅,影响航行;水位低影响发电;流量小,影响农业灌溉、工业和城市供水。因此,枯水径流的研究有着重要的意义。

五、河流的分类

河流的水文情势与其所处流域的自然地理条件有密切的关系。由于各地自然地理环境条件不同,每一条河流都具有特殊的个性。但因自然地理环境也有相似性,故各河流之间又有相似性之处。为了便于水文地理研究和河流水资源的开发利用,对河流进行归纳分类。

世界河流分类方法较多,这里介绍河流的气候分类。俄罗斯著名气候学家 A.H.沃耶伊科夫认为,河流是气候的产物。当其他自然条件相同时,一个区域内降水量越多,流域内总蒸发量越少,则径流量越大。因此,依据河流的补给和洪水进行分类,将世界河流分成四类九型。

1. 融水补给的河流

(1) 平原和 1000m 以上山地融雪水补给的河流。

(2) 山中冰雪融水补给的河流。

(3) 春季或夏初雪水补给为主,常年有多量雨水补给的河流。

2. 雨水补给的河流

(1) 雨水补给,夏季有洪水的河流。

(2) 冬季雨水补给为主,全年分配较均匀的河流。

(3) 冬季雨水补给丰足,夏季降水很少的河流。

(4) 由于气候干燥而不成河流。

3. 融雪及雨水补给都不足的河流

干涸河流。

4. 冰川补给的河流

冰川补给的河流为南极洲和格陵兰岛所特有。

一些小流域气候变化较均匀,河流补给类型较易划分。但对于大流域来说,自然条件较复杂,故其补给很少属于单一类型,只能分段或分支流划分其河流类型。

六、河流的利用和改造

对于人类的生活和生产活动,河水是利用率最高的重要水源。河川径流不仅是极好的水资源,而且还蕴藏着丰富的水能资源。人们依靠河流作为日常生活用水、工业用水、农业灌溉用水的主要水源,把河流作为发展航运,进行水产养殖的场所,利用水能资源为动力发电等。

由于自然地理条件的地区差异,特别是气候的年内、年际变化,使水资源在时间上、地区上都不平衡,而且时常受到水旱灾等自然灾害的威胁。为了满足人类社会和经济发展的需要,人们改造江河,调节径流,克服水旱自然灾害的能力越来越高。措施有流域水土保持,疏通河道(挖泥除礁、截弯取直等),跨流域调水,筑防洪、滞洪工程(两岸加防洪堤,中、下游修分洪区,挖灌溉引水渠道、引洪淤灌),兴建水库等。其中主要措施包括:

(1) 兴建水库。兴建水库是对河流利用和改造的一项重要措施。水库不仅有调节河川径流、减轻洪涝灾害的作用,还可以作为农田灌溉、工业和生活用水以及发电的水源,水库还可以改善航行条件,发展渔业生产,调节气候,有些水库还可作为旅游胜地。通常把具有防洪、灌溉、发电、养鱼等综合效益的水利工程,称为水利枢纽。

(2) 跨流域调水。调水是解决水量地区分布不平衡,进行水量再分配的一项重要的水利措施,是充分利用河水资源的重要水利工程。例如我国计划中的引长江水到华北地区的"南水北调"就是一项具有综合效益的宏伟工程。

（3）流域水土保持。流域水土保持,植树造林,对改善小气候,调节径流,固沙保土,保持生态平衡有着积极的作用。实践证明,河流洪水与流域植被有密切的关系,水与土是相互联系的,治水先治土,只有保土,才能保水。因此,唯有流域水土保持,才是治理河流的根本措施。

七、河流与自然地理环境的相互关系

河流是所在流域内自然地理要素综合作用的产物。其中起主导作用的是气候条件。气候一方面控制着河流的地理分布,如湿润地区河网密布,径流充沛;干旱地区河网稀疏,径流贫乏。另一方面制约着水源的补给形式及其比例,水位、流量及其变化,河水结冰及结冰期长短等河流水文特征。如降水量的多少决定着径流补给来源的丰缺;蒸发量的大小,反映径流损耗的多少;降水的时空分布、降水强度、降水的中心位置及其移动方向,影响着径流过程和洪峰流量;而气温、相对湿度、气压和风等,因对降水和蒸发有影响,而间接影响径流。可以说,河流是气候的一面镜子。气候之外的自然地理要素,也对河流发生影响,如地貌条件控制着河床、河谷和水系发育;海拔、坡度、切割程度直接影响径流的汇聚;土壤、地表物质组成决定径流的下渗状况;植被则通过对降水的截留影响径流等。

河流形成于自然地理环境之中,与此同时河流对自然地理环境也有显著影响。河流是水分循环不可缺少的路径,内陆河把水分从高山输送到内陆盆地或湖泊,实现水分的小循环;外流河把大量水分由陆地带入海洋,弥补海水的蒸发损耗,实现水分大循环,同时热量和矿物质也随水一起输送;南北向的河流把温度较高（低）的河水送往高（低）纬地区,对流域的气候起调节作用;河流的侵蚀、搬运、堆积作用,使固体物质随水迁移,地表高处不断夷平,低处不断被填高。可以说,河流是山地景观的创造者,冲积平原的奠基者,内陆湖泊和海洋中盐类的积累者。荒漠地区的绿洲,其形成绝大多数与河流有关,流入干旱地区的河流,不仅给那里带来水分,而且使河岸林木和灌溉农业得以发展,形成生机勃勃的绿洲景观,与没有河流流经的荒漠景观,形成十分明显的对照。

复习思考题

1.分别阐述河流、水系、流域的基本概念和分类特征。

2.河流的水情要素主要包括哪些? 各受哪些因素影响? 如何表述?

3.河流各种补给各有什么特点?

4.什么是径流? 有哪些主要径流特征值? 请列出它们的计算式。

5.降雨径流的形成过程可分哪几个阶段?

6.分析影响河川径流的因素和所引起的河川径流的变化。

7.什么是年径流量? 有哪些数值可反映年径流量变化的幅度?

8.试述 C_v 值的变化与自然地理因素的关系。

9.什么是洪水和枯水? 什么是附加比降、洪水波、洪水波的展开和洪水波的扭曲?

10.河流对自然地理环境有哪些显著的影响?

第三节　　湖泊和沼泽

一、湖　　泊

（一）湖泊概述

湖泊是指终年蓄积了水,又不直接与海洋相连的天然洼地。它是湖盆和湖水的总称。因此,湖泊不仅有湖盆,并且要有长期蓄水,才能形成湖泊。

湖水是地球上陆地水的组成部分。世界上各大陆都有很多湖泊。地球上湖泊的总面积有 270 万 km^2,占全部大陆面积的 1.8%。世界上湖泊最集中的地区有芬兰、瑞典,以及加拿大和美国北部。

湖泊具有调节河川径流和气候的作用。湖泊也是人类宝贵的自然资源之一,是人类生活和生产的重要水源,人们可利用湖水发展灌溉、发电、城市工矿的供水、水上运输、养殖业、旅游业,有的还能提供大量化工原料（如盐、碱、芒硝、石膏等以及多种稀有元素）。

湖泊有其形成、发展与消亡的过程。

湖泊是在内、外力相互作用下形成的。以内力作用为主形成的湖泊主要有构造湖、火口湖和阻塞湖等;以外力作用为主形成的湖泊主要有河成湖、风成湖、冰成湖、海成湖以及溶蚀湖等。

　　湖泊一旦形成,由于自然环境的变迁,人类活动的影响,湖盆形态、湖水性质、湖中生物等均在不断地发生变化。其中湖泊形态的改变,往往会导致其他方面的变化。湖泊由深变浅、由大变小,湖岸由弯曲变为平直,湖底由凹凸变为平坦。干燥区的湖泊由于盐分不断积累,淡水湖转化为咸水湖。盐度较小的湖泊其生物大致与淡水湖相同,盐度大的湖泊,淡水生物很难生存。当水量继续蒸发减少,咸水湖可以变干,转化为盐沼,至此湖泊全部消亡。

（二）湖泊的分类

　　湖泊的分类方法很多,主要有:按湖盆成因分类,按湖水补排情况分类,按湖水矿化度分类,按湖水营养物质分类等。

1. 按湖盆的成因分类

　　构造湖:由于地壳的构造运动(断裂、断层、地堑等)所产生的凹陷形成。其特点是:湖岸平直、狭长、陡峻、深度大。例如,贝加尔湖、坦噶尼喀湖、洱海等。

　　火口湖:火山喷发停止后,火山口成为积水的湖盆。其特点是外形近圆形或马蹄形,深度较大。如白头山上的天池、雷州半岛的湖光湖。

　　堰塞湖:有熔岩堰塞湖与山崩堰塞湖之分。熔岩堰塞湖为火山爆发熔岩流阻塞河道形成,如镜泊湖、五大连池等;山崩堰塞湖为地震、山崩引起河道阻塞所致,这种湖泊往往维持时间不长,又被冲而恢复原河道。例如岷江上的大小海子(1932年地震山崩形成的)。此外,水库是一种人工堰塞湖,它由人工在河道上建坝蓄水而成。

　　河成湖:由于河流改道、截弯取直、淤积等,使原河道变成了湖盆。其外形特点多是弯月形或牛轭形,故又称牛轭湖,水深一般较浅。例如,我国江汉平原上的一些湖泊。

　　风成湖:由于风蚀洼地积水而成,多分布在干旱或半旱地区。湖水较浅,面积大小、形状不一,矿化度较高。例如,我国内蒙古的湖泊。

　　冰成湖:由古代冰川或现代冰川的刨蚀或堆积作用形成的湖泊,即冰蚀湖与冰碛湖。其特点是大小、形状不一,常密集成群分布。例如芬兰、瑞典、北美洲及我国西藏的湖泊。

　　海成湖:在浅海、海湾及河口三角洲地区,由于沿岸流的沉积,使沙嘴、沙洲不断发展延伸,最后封闭海湾部分地区形成湖泊。

　　溶蚀湖:由于地表水和地下水溶蚀了可溶性岩层所致。形状多呈圆形或椭圆形,水深较浅。例如,贵州的草海。

2. 按湖水进出情况分类

　　可分吞吐湖和闭口湖。前者既有河水注入,又能流出,例如,洞庭湖、鄱阳湖等;后者只有入湖河流,没有出湖水流,例如,青海湖、里海等。

3. 按湖水与海洋沟通情况分类

　　可分为外流湖与内陆湖。外流湖是湖水能通过出流河汇入大海者。例如,太湖、洪泽湖等;内陆湖则与海隔绝,湖水不能外流入海。例如,罗布泊(现已干涸)等。

4. 按湖水矿化度分类

　　按湖水矿化度的大小,可分淡水湖,矿化度小于 1g/L;微咸湖,矿化度在 1~24g/L;咸水湖,矿化度在 24~35g/L;盐水湖,矿化度大于 35g/L。外流湖大多为淡水湖,内陆湖则多为咸水湖、盐水湖。

5. 按湖水营养物质分类

　　按湖水所含溶解性营养物质的不同,可分为贫营养湖、中营养湖、富营养湖。

（三）湖水温度和化学成分

1. 湖水温度

　　湖水的热量来源于太阳辐射能、空气的乱流热交换、水汽凝结潜热和地壳传导热量等,其中以太阳辐射能为主。太阳辐射能被湖水吸收后转化为热能,提高湖水温度。据观测得知,湖水表层 1m 深可吸收 80% 左右的辐射能,且大部分能量被靠近水面 20cm 的水层所吸收,只有 1% 的能量能达 10m 深度。由此可见,大部分太阳辐射能用于提高表层水温,而湖泊深处的热量交换,主要是靠涡动和对流混合作用。

　　一般水深大于 10m 的湖泊,通常不受上层水温的影响而保持一定的低温(4~8℃);水深小于 10m 的浅湖,全湖水温都能受到太阳能的直接影响而使水温发生变化。在湖水受热的同时,湖面通过长波辐射和水的蒸发、水与空气的乱流热交换,将热量传向大气,不断地散失热量。

由于湖水增温和冷却作用,湖水温度沿垂线的分布有三种情况(图 5.13)。

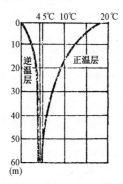

图 5.13　湖中水温分布

(1) 正温层。全湖水温不低于 4℃,这时上层水温较高,密度小;下层温度低而密度较大。水温的这种分布称为正温层。这种湖泊也称为暖湖。

在正温层的垂直分布中,往往由于上下层之间水温由高急剧下降到下层较低温度,便形成一突变层,称为温跃层。

(2) 逆温层。全湖水温低于 4℃,其中上层温度较低,而下层水温较高,但不高于 4℃(4℃时水的密度最大)。水温的这种分布称为逆温层。这种湖泊也称为冷湖。

(3) 同温层。当全湖水温上下一致时,称为同温层。

热带的湖泊为正温层分布;寒带的湖泊为逆温层分布;温带的湖泊则随季节不同而不同,冬季为逆温层,夏季为正温层,春、秋季则出现同温层。例如,我国青海湖,春秋两季,湖水上下层温度接近一致;夏季有较显著的正温层,表层平均水温为 15.9℃,底层平均水温为 8.5℃;冬季则温度关系逆转,表层平均水温为 1.6℃,底层平均水温为 3.3℃。

湖泊水温具有日变化和年变化的特点。水温的日变以表层最明显,随深度的增加日变幅逐渐减小,最高水温出现在每天的 14～18 时,最低水温出现在 5～8 时。水温日变幅在阴天和晴天之间的差别也较大。

湖面水温的年变化,除结冰期外,水温变化与当地气温年变化相似,但最高、最低水温出现的时间要迟半个月到一个月左右。湖水温度年较差比气温年较差小,且大湖较小湖小。我国湖面水温年变幅最大是太湖,最大值可达 38℃。高山高原区湖泊水温年变幅最小。

2. 湖水的化学成分

湖泊的形态和大小、吞吐状况及所处的地理环境,造成了湖水化学成分及其动态的特殊性。湖水的化学成分和含盐量与海水、河水、地下水有明显的差异,表现出如下特点:

(1) 湖水的矿化度差异大。湖水通常含有 HCO_3^-,CO_3^{2-},SO_4^{2-},Cl^-,Ca^{2+},Na^+,K^+,Mg^{2+} 等主要离子和一些生物原生质、有机质和溶解气体等。但不同地区,矿化度差异大。在湿润地区,年降水量大于年蒸发量,湖泊多为吞吐湖,水流交替条件好,湖水矿化度低,为淡水湖。在干旱地区,湖面年蒸发量远大于年降水量,内陆湖泊的入湖径流量全部耗于蒸发,导致湖水中盐分积累,矿化度增大,形成咸水湖或盐湖。不同地区湖泊的离子含量与比例常有很大差别,甚至同一湖泊不同湖区也有所不同。例如中亚哈萨克斯坦境内的巴尔喀什湖就有东咸西淡之别。湖水与海水在化学成分上的差异,主要体现在湖水主要离子之间,无一定的比例关系。

(2) 湖中生物作用强烈。营养元素(N,P)在湖水、生物体、底质中循环,各地的淡水湖泊都有不同程度的富营养化的趋势。

(3) 湖水交替缓慢,深水湖有分层性。随着水深的增加,溶解氧的含量降低,CO_2 的含量增加。在湖水停滞区域,会形成局部还原环境,以致湖水中游离氧消失,出现 H_2S,CH_4 类气体。

(四) 湖水运动与水量平衡

1. 湖水运动

湖水总是处在不断地运动状态之中,运动形式主要是具有周期性升降波动和非周期性的水平流动。前者如波浪、定振波;后者如湖流、混合、增减水等。而这两种运动形式往往是相互影响、相互结合同时发生的。湖水运动是湖泊最重要的水文现象之一,它影响着湖盆形态的演变、湖水的物理性质、化学成分和水生生物的分布与变化。

1) 湖水的混合

湖水混合是湖中的水团或水分子在水层之间相互交换的现象。湖水混合过程中,湖水的热量、动量、质量及溶解质等,从平均值较大的水域向较小的水域转移,使湖水表层吸收的辐射能及其他理化特性传到深处,并使湖底的营养盐类传到表层。湖水混合的结果,使湖水的理化性状在垂直及水平方向上均趋于均匀,从而有利于水生生物的生长。

湖水混合的方式有涡动混合和对流混合。涡动混合是由风力和水力坡度力作用产生的,而对流混合是由湖水密度差异引起的。湖水混合的速度不仅决定于引起混合的因素,而且也决定于各水层的阻力。各水层间密度差越大,阻力也就越大,这种阻力叫湖水的垂直稳定度。当湖水密度随水深而增大时,就形成比较稳定的系统;反之则形成不稳定的系统。

2) 湖流

湖流是指湖水沿一定方向的前进运动。湖流按其形成原因可分风成湖流、梯度流、惯性流和混合流等。

风成湖流:主要是由风的作用下引起的,同风海流的成因相似。

梯度流(重力流):是由于水面倾斜产生的重力水平分力而引起的湖水流动。若这种梯度流是由于湖泊与河流相通而引起的,也称为吞吐流。

惯性流:是由于产生湖流的外力停止作用后,水在惯性力作用下仍沿一定方向而流动,这种惯性流也称余流。

混合流:是由两种以上的湖流混合而成的。

湖流也可分为水平环流和垂直环流。水平环流又可分为气旋型湖流(图 5.14)和反气旋型湖流(图 5.15)。水平环流多在较稳定的风力作用下形成的。湖水的垂直环流常发生在湖水温变化时期。由于湖岸附近的水温比湖心水温升降快,从而沿岸和湖心形成密度差,在密度的压强梯度力作用下,形成沿岸与湖心之间的垂直环流系统(图 5.16)。当然,在风力作用下,向风岸湖水堆积,而背风岸产生减水,从而向风岸呈下降流并沿湖底流回背风岸,再上升补充,由此形成了全湖的湖水垂直环流(图 5.17)。

3) 湖泊增减水

由于强风或气压骤变引起的漂流,使湖泊向风岸水量聚积,水位上升,称为增水;而背风岸水量减少,水位下降,称为减水。湖泊增减水造成水位变化的水位变幅大小取决于风力的强弱、湖盆的形态、湖水的深度(反比关系)等。通常这种水位变幅,浅水湖远大于深水湖。例如,平均水深为

图 5.14 太湖 1.5m 深湖流分布

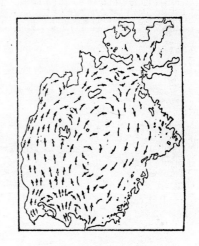

图 5.15 咸海湖流示意图

图 5.16 湖水垂直环流

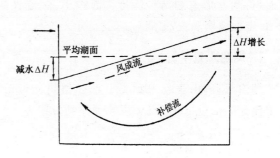

图 5.17 风成垂直环流图示

10.2m 的洱海,一般测到的增减水水位变幅仅 80~90mm,这与该湖的风速较小有关。而平均水深仅

1.9m 的太湖,在强风作用下增减水水位变幅一般为 0.2～0.3m,如遇台风,变幅增大。例如,1956 年 8 月 1 日全湖水位不变情况下,向风岸新塘和背风岸胥口水面一升一降,相差可达 2.45m。

4)定振波

湖中水位发生有节奏的垂直升降变化,叫做定振波(也称驻波或波漾)。它是在风力、气压突变、不均匀暴雨、地震等作用下,引起两个方向相反,波长、周期相同的波浪叠加的结果而形成。

湖中发生定振波时,总有一个或几个点水位没有升降变化,这些点称为节或振节。定振波有单节、双节和多节。而升降幅度最大的断面称为波腹。

定振波的特点:波峰没有水平移动,波峰和波谷在一定湖区内具有周期性的升降运动;水质点运动不同于前进波,在腹点处的质点,只有垂直方向运动,在节点处的质点,仅有水平方向的运动,在波面上的其余各点既有水平分速,也有垂直分速,其质点的运动轨迹为抛物线形;定振波波及整个水层,湖中全部水体摆动(图 5.18)。

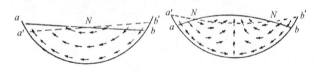

图 5.18　定振波示意图

定振波的周期(T)可按下式计算:

$$T = \frac{2L}{n\sqrt{gH}} \qquad (5.22)$$

式中,n 为节数;g 为重力加速度;H 为水深;L 为水域长度。

湖泊定振波的水位变幅、周期长短,取决于湖水面积、湖盆形态和湖水深度。面积小、深度大的湖泊,定振波摆动快,周期短;反之,周期长。

2. 湖泊水量平衡

湖泊水量,由于收入和支出不尽相同,因而湖泊中储存的水量也在变化。其水量平衡方程为

$$P + E_1 + R_表 + R_地 = E_2 + R'_表 + R'_地 + q \pm \Delta u$$
$$(5.23)$$

式中,P 为降水量;E_1 为湖面水汽凝结量;$R_表$ 和 $R_地$ 为地表和地下入流量;$R'_表$ 和 $R'_地$ 为地表和地下出流量;E_2 为湖面蒸发量;q 为工农业与城市引用水量;Δu 为时段始末湖水量的变化值。以上各项

均按计算时段计算。单位为 m³。

若为内陆湖泊,湖水的收入量仅用于蒸发(E)。若多年期间地下水的收入与支出量可认为没有变化,则内陆湖泊水量平衡方程为

$$P + R = E \qquad (5.24)$$

式中,P 为湖面降水量;R 为入湖地表径流量。

二、沼　　泽

(一)沼　泽　概　述

沼泽是地表过度湿润,其上长有湿生植物,并有泥炭堆积的地段。所谓泥炭,就是植物残体在水中缺氧的条件下,弱分解或几乎没有分解,逐年积累而形成的物质。

若把沼泽看作不稳定的土地和不可航行的水,虽则不科学,却很中肯。这正着重指出了土地和水相互渗透的性质,表明沼泽是介于陆地和水体间的自然体。沼泽中经常含有大量的水,占 89%～94%,甚至更多,而泥炭只占 5%～10%。沼泽是良好的蓄水体。

(二)沼泽的形成与类型

1. 沼泽的形成

沼泽一般是在温湿和冷湿气候、平坦和低洼的地形条件下形成和发展。沼泽的形成可分为水体沼泽化和陆地沼泽化。

1)水体沼泽化

水体沼泽化过程包括湖泊沼泽化和河流沼泽化。

湖泊沼泽化中,浅湖沼泽化和深湖沼泽化过程有所不同。浅湖沼泽化过程,是由水生植物或湿生植物的不断生长与死亡,沉入湖底的植物残体的堆积,变成泥炭,再加上泥沙的淤积,使湖面逐渐缩小,水深变浅,水生植物和湿生植物也不断地从湖岸向湖心发展,最后整个湖泊就变成了沼泽。

深湖沼泽化过程是由于水中生长长根茎的漂浮植物,其根茎交织在一起,形成"浮毯",浮毯可与湖岸相连。由风或水流带入湖中的植物种子便在浮毯上生长起来。以后由于植物的不断生长与死亡,植物残体便累积在浮毯层上形成泥炭。当浮毯层发展到一定厚度时,浮毯层下部的植物残体在重

力作用下,渐渐沉入湖底形成下部泥炭层。随着时间的推移,由于上、下部泥炭层的扩大加厚,和湖底的填高,净水层逐渐减小,最后两者相连,湖泊就全部转化为沼泽。

河流沼泽化过程,常发生在水浅、流速小的河段,其形成过程同浅湖沼泽化相似。

2)陆地沼泽化

陆地沼泽化又可分为森林沼泽化和草甸沼泽化过程。

森林沼泽化过程,往往是由于森林的自然演替、采伐和火烧之后而形成的。在寒带和寒温带茂密的针叶林区,由于森林阻挡了阳光和风,枯枝落叶层覆盖了地面,减少了地面蒸发,枯枝落叶层又拦蓄了部分地面径流,如遇土壤底层为不易透水的岩石或沉积层,就会使土壤过湿,引起森林退化,使适合这种环境的草类、藓类植物生长,从而森林逐渐演变成沼泽。此外,森林采伐和火烧,可使土壤表层变紧,减少了水分蒸腾,使土壤表层过湿,为沼泽植物生长发育创造了条件,因而在采伐和火烧迹地上容易引起沼泽化。

草甸沼泽化过程,常发生在地势低平、排水不畅的地方。疏丛草逐渐被密丛草所代替,植物残体在水不易流通的环境里,因分解不充分而转化为泥炭,草甸植被逐渐为沼泽植被所代替,草甸转化为沼泽。

2. 沼泽的类型

沼泽形成后,同其他自然现象一样,不断地发展变化着。依沼泽发育阶段的不同,可分为低位沼泽、中位沼泽和高位沼泽。

(1)低位沼泽。低位沼泽也称富营养型沼泽,它是沼泽发育的初级阶段。其主要特征是:沼泽表面呈浅碟形;泥炭层不太厚;由于地表水和地下水补给丰富,水文状况尚未发生显著变化;沼泽植物以嗜养分植物为主(如莎草、芦苇等)。

(2)中位沼泽。中位沼泽也叫过渡型沼泽或中营养型沼泽,是沼泽发育的过渡阶段。其主要特征是:由于泥炭层的日益增厚,沼泽表层变得平坦;水分运动状况发生了改变;沼泽植物以中养分植物为主。

(3)高位沼泽。高位沼泽也称贫营养型沼泽,是沼泽发育的高级阶段。其特点是:由于泥炭的不断累积,泥炭层较厚;沼泽表面中部凸起;沼泽中水

文状况发生了显著的变化;沼泽植物以需养分少的为主(如水藓、羊胡子草等)。

必须注意的是:这里的低位沼泽、中位沼泽、高位沼泽,不是以其所处地形高低命名,而是以其外部形态等特征命名的。

(三)沼泽的水文特征

沼泽水体具有不同于其他地表水和地下水的独特的水文特征。

(1)沼泽水的存在形式:是以重力水、毛管水、薄膜水等形式存在于泥炭和草根层中。

(2)沼泽水量平衡:蒸发量大、径流量小是沼泽水量平衡的突出特点。沼泽地区地表径流量很少,大部分水量为沼泽吸收,消耗于蒸发。据研究,沼泽水量支出部分,径流量约占25%,而蒸发量却占75%。所以沼泽地区径流模数是很小的。在多年变化中,蒸发量变化小,径流量变化相对较大。沼泽蒸发量的大小与沼泽类型、气候条件及沼泽蓄水的多少有关。一般地说,潜育沼泽、低位沼泽蒸发量较大,沼泽蓄水多时,蒸发量与辐射平衡值呈正相关。在夏季,当沼泽前期蓄水量基本耗尽时,沼泽蒸发量与降水量也呈正相关。

(3)沼泽水的运动:沼泽径流可分为沼泽地表径流和泥炭层径流。在沼泽发育的初级阶段,沼泽地表径流一般呈微弱流动状态。低位沼泽区受沼泽表面微地形的影响,一部分在湿洼地中呈明流流动,另一部分水通过草丘成渗透流,且流线网成向心状;在高位沼泽区,由于沼泽体中部表面凸起,因而形成辐射状流线网。

泥炭层径流是一种渗透流,呈层流状态,可用达西定律(见"地下水"一节)描述。

(4)沼泽的温度、冻结和解冻:表面有积水或表层水饱和的沼泽,其表面温度及日变幅都小于一般地面,地表无积水而近于干燥的泥炭沼泽和干涸的潜育沼泽则接近于一般地面。沼泽温度日变化波及的垂直深度一般均很小。高纬地区的沼泽有冻结现象,当潜水位到达沼泽表面时,冻结过程开始较晚,冻结慢、深度小;当表层有机物质近于干燥时,冷却快、冻结早,但下层冻结很迟缓,冻结深度也小。同理,春天解冻迟、化透时间晚。例如,三江平原,7月间正值盛夏,沼泽表面温度可高于20℃,但有的沼泽表面以下仍有冻层存在。

（5）沼泽水质特征：沼泽水富含有机质和悬浮物，生物化学作用强烈。水体混浊、呈黄褐色。因有机酸和铁锰含量较高，沼泽水面常出现红色。沼泽水矿化度较低，除干旱区的盐沼和海滨沼泽外，一般不超过 500mg/L；水的硬度很低；pH3.5～7.5 呈酸性和中性反应，以弱酸性反应居多；腐殖质的含量从每升几毫克至上百毫克不等。

（四）沼泽的利用改造

沼泽的利用改造是多方面的，根据沼泽分布地区的自然条件、沼泽发育的不同阶段加以具体分析，研究其改造和合理利用的途径。

（1）利用沼泽地开垦成农田。主要通过挖沟渠、加沙土和火灼沼泽地的方式，把沼泽地中的水排出疏干，改良土壤结构和提高地温，增加肥效，便能把沼泽直接开垦成农田（但为了保护生态环境，对于沼泽大量垦荒的举措，学术界提出了不同的看法）。

（2）综合利用沼泽中的泥炭。泥炭可作贵重的化工原料，目前可以从泥炭中提取 80 多种工业产品，如泥炭焦油、沥青、石蜡、草酸等。还可作燃料、肥料、畜舍的垫底物；医疗上用作防腐剂，也是制药的原料；泥炭中含有大量纤维素、木质素和胶质，经过热、压加工可做成多种建筑材料，如草炭纤维板、草炭波形瓦、草炭保温套管等，这些建筑材料具有质轻、坚固、防潮、绝缘等优点。

（3）利用沼泽植物。沼泽植物也是一项巨大的自然资源。如芦苇是造纸工业的原料，因此扩大苇田，增加芦苇的收获量，以代替木材造纸具有现实意义。

复习思考题

1. 什么是湖泊？如何分类？湖水温度沿垂直线的分布可分哪三种情况？

2. 什么是定振波？请写出其周期计算式。

3. 什么是沼泽？沼泽在不同发育阶段各有什么特征？沼泽有什么独特的水文特征？

第四节　地　下　水

一、地下水概述

地下水，就是埋藏在地面以下，土壤、岩石空隙中的各种状态的水。地下水包括气体状态、固体状态、液体状态等形态。而液体状态的地下水又可分为润湿状态、薄膜状态、毛细管状态和自由重力状态等。各种状态的地下水是彼此互相联系的，并在一定条件下可以互相转化。

地下水是河流补给来源之一，积极参与水循环，是人类一项宝贵的自然资源，可直接作为都市给水、灌溉用水、工矿业用水的水源；在某些地区，深层地下水含有较高的矿物质成分，如食盐、芒硝、钾盐、碘、溴等，可以提炼作为化学工业的原料；有些矿泉具有医疗上的作用；地下热水又可利用来发电；地下水对农作物生长也有很大影响，如地下水水位过高易产生盐渍化，不利于农作物生长；地下水还往往能导致局部的动力地质地貌现象，如山崩、滑塌、陷穴、溶洞等，对厂房建筑、水利、交通建设等都有极大的影响，若过量的开采和不合理利用地下水，则会造成地面沉降，地下水源遭受污染等。

（一）地下水的蓄水构造与岩石的水理性质

1. 地下水的蓄水构造

地下水的蓄水构造，是指由透水岩层与隔水层相互结合而构成的能够富集和贮存地下水的地质构造体。一个蓄水构造体需具备以下 3 个基本条件：第一，要有透水的岩层或岩体所构成的蓄水空间；第二，有相对的隔水岩层或岩体构成的隔水边界；第三，具有透水边界，补给水源和排泄出路。

不同的蓄水构造，对含水层的埋藏及地下水的补给水量、水质均有很大的影响。尤其在坚硬岩层分布区，首先要查明蓄水构造，才能找到比较理想的地下水源。这类蓄水构造主要有：单斜蓄水构造、背斜蓄水构造、向斜蓄水构造、断裂型蓄水构造、喀斯特（岩溶）型蓄水构造等。也有根据沉积物的成因类型、空间分布及水源条件，区分为山前冲洪积型蓄水构造、河床冲积型蓄水构造、湖盆沉积型蓄水构造等。

2. 岩石的水理性质

岩石与水的储容、运移等有关的性质，称为岩石的水理性质。它主要包括容水性、持水性、给水性和透水性等。

（1）容水性：指在常压下岩土空隙能够容纳一定水量的性能。衡量和表示岩石容水性的大小，常用容水度（w_n）来表示。容水度是在自然条件下（常温、常压）单位体积的空隙岩石中所能容纳水分的最大含量。也即是岩土容纳水的最大体积（v_n）与岩土总体积（v）之比：$w_n=v_n/v\times100\%$。容水度数值的大小取决于岩土空隙的多少和连通程度。在充满水的条件下，容水度在数值上与孔隙度、裂隙率或岩溶率相等。但对于具有膨胀性的黏土来说，充水后体积扩大，容水度可以大于孔隙度。

（2）持水性：指在岩土引力超过了重力作用情况下，能保持一定水量的性能。它是在附着力和毛细管力超过了重力作用的结果。这种水是非重力水，也就是吸着水、薄膜水和毛管水。持水性在数量上用持水度（w_r）表示。持水度是岩土在重力水排出后所保持的水体积（v_r）与岩土总体积（v）之比。即：$w_r=v_r/v\times100\%$。持水度的大小取决于岩土颗粒的大小和裂隙面接近的程度。可以说，持水度与岩土颗粒大小成反比，而与裂隙面接近程度成正比。

（3）给水性：指在重力作用下，饱水岩土能够自由流出一定水量的性能。它是在重力作用超过了附着力和毛细管力作用的结果，流出的水就是重力水。当岩土孔隙完全被水充满时，称为饱水岩土。岩土给水性能的大小，可用给水度（u）来衡量。给水度是从饱水岩土中流出的水体积（v_g）同岩土体积（v）之比。即：$u=v_g/v\times100\%$。给水性的大小的决定因素与持水性相同，但它们的数值是互为相反的，即给水性与岩土颗粒大小成正比，而与裂隙面接近程度成反比。

（4）透水性：指在一定条件下，岩土本身能使水透过的性能。透水性主要取决于孔隙的大小和连通性，其次是孔隙的多少。例如，黏土的孔隙度很大，但孔隙直径很小，使水难通过。透水性的好坏只是相对而言。透水性的好坏，决定着水的运动速度。一般透水性好，给水性也好。但给水性的研究，是为解决动储量问题的，而透水性的研究则是解决静储量的。

（二）地下水的来源

地下水的来源有三方面：

（1）渗透水。大气降水和地表水下渗土壤岩石的孔隙中而成为地下水，这是最主要的一个方面。

（2）凝结水。大气中的水汽，在空中水汽压大于地下水气压时，水汽流入地下，在土壤、岩石的孔隙中直接凝结而成地下水。这种水在沙漠地区可较为明显地看出，有的地方凝结量竟然可达到当地的地下水水量的20％。

（3）岩浆逸出水。岩浆中分离出来的气体化合而成地下水。当然，这种水的水量是很少的。

（三）地下水流系统

地下水虽然埋藏于地下，难以用肉眼观察，但它像地表上河流、湖泊一样，存在集水区域，在同一集水区域内的地下水流，构成相对独立的地下水流系统。

1. 地下水流系统的基本特征

在一定的水文地质条件下，汇集于某一排泄区的全部水流，自成一个相对独立的地下水流系统。处于同一水流系统的地下水，往往具有相同的补给来源，相互之间存在密切的水力联系，形成相对统一的整体，而属于不同地下水流系统的地下水，则指向不同的排泄区，相互之间没有或只有极微弱的水力联系。地下水流系统与地表水系相比，具有如下的特征：

（1）空间上的立体性。地表上的江河水系基本上呈平面状态展布；而地下水流系统往往自地表面起可直达地下几百上千米深处，形成空间立体分布，并自上到下呈现多层次的结构。这是地下水流系统与地表水系的明显区别之一。

（2）流线组合的复杂性和不稳定性。地表上的江河水系，一般均由一条主流和若干等级的支流组合而成有规律的河网系统；而地下水流系统则是由众多的流线组合而成的复杂的动态系统，在系统内部不仅难以区别主流和支流，而且具有多变性和不稳定性。这种不稳定性，可以表现为受气候和补给条件的影响呈现周期性变化；亦可因为开采和人为排泄，促使地下水流系统发生剧烈变化，甚至在不同水流系统之间造成地下水劫夺现象。

（3）流动方向上的下降与上升的并存性。在重力作用下，地表江河水流总是自高处流向低处；然而地下水流方向在补给区表现为下降，在排泄区则往往表现为上升，有的甚至形成喷泉。

此外，地下水流系统涉及的区域范围一般比较小，不可能像地表江河那样组合成面积广大（达几十万乃至上百万平方公里)的大流域系统。据托思的研究,在一块面积不大的地区,由于受局部复合地形的控制,可形成多级地下水流系统,不同等级的水流系统,它们的补给区和排泄区在地面上交替分布。

2. 地下水垂向层次结构的基本模式

如前所述,地下水流系统在空间上的立体性,是地下水与地表水之间存在的主要差异之一。而地下水垂向的层次结构,则是地下水空间立体性的具体表征。图 5.19 为典型水文地质条件下,地下水垂向层次结构的基本模式。自地表面起至地下某一深度出现不透水基岩为止,可区分为包气带和饱和水带两大部分。其中包气带(是指地面以下,地下水面以上不饱和的土壤含水带。这里土壤颗粒、水和空气三者并存,由于降雨和蒸发的影响,其含水量经常在变化)又可进一步区分为土壤水带、中间过渡带及毛细管水带等三个亚带。饱和水带则可区分为潜水带和承压水带两个亚带。从贮水形式来看,与包气带相对应的是存在结合水(包括吸湿水和薄膜水)和毛管水;与饱和水带相对应的是重力水(包括潜水和承压水)。

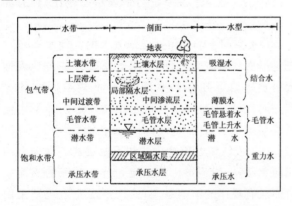

图 5.19　地下水垂向结构基本模式示意图

以上是地下水层次结构的基本模式,在具体的水文地质条件下,各地区地下水的实际层次结构不尽一致。有的层次可能充分发展,有的则不发育。如在严重干旱的沙漠地区,包气带很厚,饱和水带深埋在地下,甚至不存在;反之,在多雨的湿润地区,尤其是在地下水排泄不畅的低洼易涝地带,包气带往往很薄,甚至地下潜水面出露地表,所以地下水层次结构亦不明显。至于像承压水带的存在,要求有特定的贮水构造和承压条件。而这种条件并非处处都具备,所以承压水的分布受到很大的限制。但上述地下水层次结构在地区上的差异性,并不否定地下水垂向层次结构的总体规律性。这一层次结构对于人们认识和把握地下水性质具有重要意义,并成为按埋藏条件进行地下水分类的基本依据。

二、地下水的理化性质

自然界中的水,无论是大气水、地表水或地下水,都不是化学纯水。就地下水来说,由于它参与自然界水的总循环,所以它具有相当复杂的化学成分,并呈现不同的物理性质。特别是地下水长期在岩石和土壤的空隙中埋藏和运动,必然要与周围介质(岩石、土壤)相互作用,不断地溶解介质中的可溶盐类、气体等成分。同时,随着地下水在岩石和土壤空隙中的运移,其化学成分随时随地都在发生变化。因此,地下水是一种很好的天然溶剂,又是一种复杂的天然溶液。分析研究这种复杂溶液的物理性质和化学成分,对于阐明地下水的形成条件、变化规律、合理利用和防治地下水危害以及指导水文地球化学找矿,充实矿床成因理论等方面,都有着十分重要的意义。

(一) 地下水的物理性质

地下水的物理性质包括温度、颜色、透明度、气味、味道、密度、导电性和放射性等。这里主要介绍前五个方面。

1. 温度

地下水温度随深度而异。近地表的地下水,其温度受气温的影响,具有周期性的变化:一般在日常温层以上,水温具有明显的昼夜变化。在年常温层以上,水温具有季节性变化;在年常温层,地下水温的变化很小,一般不超过 0.1℃;而在年常温层以下,地下水温度则随深度增加而逐渐升高而成为增温层,其变化规律决定于一个地区的地热增温级。地热增温级是指在常温层以下,温度每升高 1℃所需增加的深度,单位为,m/℃。各处地热增温级不同,一般为 33m/℃。

地下水温地区分布差异大。在新火山地区,地下水温可达 100℃以上。例如在堪察加半岛、冰岛、日本等地一些喷泉都有这种情况。在寒带、极地以及高山地区,地下水的温度很低,有的可低至-5℃。在温带和亚热带地区的平原中,浅层地下水的年平均温度常接近所在地区的年平均气温,或稍高 1~2℃。

地下水在一定的地质条件下,因受地球内部热能的影响而形成地下热水。它通过一定的通道,例如,沿断裂破碎带、钻孔等上涌,致使地热增温级大大提高,这种地区叫做地热异常区。具有良好地质构造及水文地质条件的地热异常区,有可能形成富集大量地下热水或天然蒸汽的地热田。

2. 颜色

地下水一般是无色的,但由于它的化学成分的含量不同,以及悬浮杂质的存在,而常常呈现出各种颜色。如含有三氧化二铁(Fe_2O_3)的水,多呈褐红色;含腐殖质的水,呈暗黄褐色。

3. 透明度

常见的地下水多是透明的,但其中如含有一些固体和胶体悬浮物时,则地下水的透明度有所改变。为了测定透明度,可将水样倒入一高 60cm 带有放水嘴和刻度的玻璃管中,把管底放在 1 号铅字(专用铅字)的上面,打开放水嘴放水,一直到能清楚地看见管底的铅字为止,读出管底到水面的高度,即为其透明度。根据这种观测方法可以把水的透明度划为四级。①透明:60cm 的水深可以清楚地看见 3mm 粗的黑线。②微混浊:30cm 以上的水深,仍可清楚地看见这种粗黑线。③混浊:30cm 以内的水深才可清楚地看见这种粗黑线。④极混浊:水深很小也不能清楚地看见这种粗黑线。

4. 气味

一般地下水是无味的,当其中含有某种气体成分和有机物质时,产生一定的气味。如地下水含有硫化氢(H_2S)气体时,有臭鸡蛋味;有机物质使地下水有鱼腥味。

5. 味道

地下水的味道取决于其化学成分及溶解的气体。如含有大量的氯化钠(NaCl)的水有咸味;钠、镁的硫酸盐使水具有苦味;当溶解有较多的二氧化碳时,常有爽口的味道;含有适量重碳酸钙($Ca(HCO_3)_2$)和重碳酸镁($Mg(HCO_3)_2$),味道很可口,一般称为甜水。

(二)地下水的化学性质

以下着重介绍地下水的化学成分、矿化度和硬度。

1. 地下水的主要化学成分

由于地下水与岩石发生了相互的物理和化学作用,因此使地下水中溶有各种不同的离子、化合物分子以及不同的气体。地下水中最主要的离子有 Cl^-,SO_4^{2-},HCO_3^-,CO_3^{2-} 以及 H^+,Na^+,K^+,Ca^{2+},Mg^{2+} 等。除此之外,也含有一些化合物,如铁、铝氧化物(Fe_2O_3,Al_2O_3)等。地下水中常含有某些气体和放射性元素,但是含量甚微。地下水的气体成分,主要有氧、氮、二氧化碳和硫化氢等。

根据地下水化学成分可以寻找有用矿产,特别是放射性矿产。近年来在这方面已经取得了很大的发展,成为地球化学找矿工作的一个组成部分。如江西大盐矿的发现,水文地球化学探矿法在其中起了很大作用。

2. 矿化度

一升水中所含各种离子、分子及化合物(不包括游离状态的气体)的总量,就叫总矿化度,简称矿化度。以 g/L 表示。它说明水中所含盐量的多少,故它是地下水化学成分的重要标志。由于矿化度不同,水质也有不同。若矿化度大,是属于矿化水,矿化度很小是淡水。

矿化度的测定,通常是把水加热到 105~110℃,使水全部蒸发干,剩下的残余物的重量即为水的总矿化度(即每升水中含干涸残余物的克数)。由于部分物质在烘干时蒸发掉,也可能有悬浮杂质渗入,所以用烘干法求得的矿化度是近似值。

按照矿化度的大小,可以将地下水分为以下 5 类:淡水为<1g/L;弱矿化水(微咸水)为 1~3g/L;中等矿化水(咸水)为 3~10g/L;强矿化水(盐水)为 10~50g/L;卤水为>50g/L。在通常条件下,低矿化度的水(淡水)常常以重碳酸根离子(HCO_3^-)为主要成分;中等矿化度的水以硫酸根离子(SO_4^{2-})为主要成分;而高矿化度的水,则以氯离子(Cl^-)为主要成分。

3. 水的硬度

含有多量的 Ca^{2+} 和 Mg^{2+} 的水称为硬水。这是因为水中含有的钙、镁盐类,在加热时易形成坚硬的沉淀物质。而通常把水中 Ca^{2+} 和 Mg^{2+} 的含量称为硬度。它们的含量愈高,硬度愈大。

硬度可分为暂时硬度和永久硬度。由于加热煮沸后水中失去一部分 Ca^{2+} 与 Mg^{2+} ,这部分 Ca^{2+} 与 Mg^{2+} 的数量称为暂时硬度。当加热煮沸后,仍然溶在水中的 Ca^{2+} 与 Mg^{2+} ,造成硬性的硬度,叫永久硬度。

硬度的单位通常采用"德国度"。德国度一度相当于 1 升水中含氧化钙 10mg,或氧化镁 7.2mg。用毫克当量换算,则将毫克当量(mEg)乘以 2.8,得到的数字就是德国度。

硬水在生活用水上会浪费肥皂,烧开水的水壶里容易生水垢;在工业用水上,不宜使用硬水。因为硬水所含的钙、镁盐类,在加热的过程中发生分解和复分解反应,而生成沉淀物质,这些沉淀物质能在锅炉壁、水管中生成坚硬而黏附的水垢(也叫锅垢);锅垢是热的不良导体,因此,当锅壁出现了较厚的锅垢时,就会增加燃料的消耗量(1mm 厚的锅垢能增加热消耗量 1.5%~2%)。不仅如此,锅垢在形成时厚薄不均,致使锅炉膨胀不均以致爆炸。同时随着锅垢的加厚,火面与水面的温度差也随着变大,最后超过了锅壁金属的耐热能力亦能引起锅炉爆炸。若用硬水作内燃机等的冷却用水时,在冷却系统的内壁等也会形成锅垢,这样不仅降低系统的冷却效率,还降低了输水量甚至将其堵塞。故在工业用水中,水的硬度最好不要大丁 5°,不得已时亦不得大于 20°。

根据水的总硬度,可将地下水分为五级(表5.4)。

表 5.4　水的硬度表

级别	Ca^{2+} ,Mg^{2+} 毫克当量数	德国度
极软水	<1.5	<4.2°
软　水	1.5~3.0	4.2°~8.4°
弱硬水	3.0~6.0	8.4°~16.8°
硬　水	6.0~9.0	16.8°~25.2°
极硬水	>9.0	>25.2°

三、地下水的运动

地下水在岩土空隙中以不同形式存在,并以不同形式运动着。这里着重介绍饱水带重力水的运动形式和规律。

(一)饱水带重力水运动的形式

水在完全饱和岩土中的运动,服从于水力学定律。

重力水在岩土空隙中的运动,称为渗透或渗流。其运动形式,常随水流速度不同而分为层流运动和紊流运动。

(1) 层流运动。水在岩土空隙中流动时,水质点有秩序地、互不混杂地流动,称为层流运动。

(2) 紊流运动。水在岩土空隙中流动时,水质点无秩序地、互相混杂的流动,称为紊流运动。

地下水在绝大多数自然条件下,流速较小,故多属层流运动。一般认为地下水的平均渗透速度小于 1000m/d 时,可视为层流运动。只有在大裂隙、大溶洞中或水位高差极大的情况下,地下水的渗透才出现紊流运动。

(二)地下水运动的基本规律

饱水带中水的运动形式既然有不同,则其运动规律也不同。所以,也可分直线渗透定律和非直线渗透定律两种基本规律。

1. 直线渗透定律——达西(Darcy)定律

达西定律是说明层流运动的基本规律,是1852~1855年期间,法国水力学家达西在实验室中用砂土做了大量渗透实验之后而得到的渗透基本定律。其实验简单过程如下:在圆柱状的金属筒中装满砂土(图 5.20),利用溢水设备控制水流进入和流出处的水头保持不变。当水通过砂土渗透过程中,其水头损失可在两个测压管中测得,而流量则在出口处测量。

实验结果得到如下关系:在单位时间内透过沙样的水量 Q ,与通过的断面积 A 和水头损失(H_1 $-H_2=\Delta H$)成正比,而与渗透长度 L 成反比,可表示为

$$Q=KA\frac{H_1-H_2}{L}=KA\frac{\Delta H}{L}=KAI \quad (5.25)$$

$$Q=vA \qquad v=\frac{Q}{A}=KI \qquad (5.26)$$

式中,v 为渗透流速;K 为渗透系数;I 为水头梯度

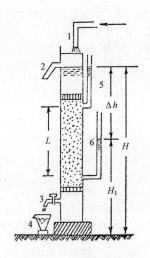

图 5.20　达西渗透仪
1. 进水管；2. 出水管；3. 阀门（开
关）；4. 量水杯；5，6. 测压管

或水力坡度、水头坡度。

由此可知，渗透流量 Q 或渗透流速 v 与水力坡
度的一次方成正比，这就是著名的达西定律。由于
两者成直线关系，所以也叫做直线渗透定律。

直线渗透定律是在细砂中进行实验而确定的。
但是实践证明，地下水在其他类型透水岩土中运
动，当流速不大时，也均适用。同时，也适用于一切
流向。

2. 非直线渗透定律

非直线渗透定律是说明紊流运动的基本规律。
当地下水流速较大时（$v > 1000 \text{m/d}$），则服从于紊流
运动规律。即：渗透流量或渗透流速与水力坡度的
二分之一次方成正比，其表示式如下：

$$Q = KAI^{\frac{1}{2}} \tag{5.27}$$
$$v = KI^{\frac{1}{2}} \tag{5.28}$$

有时地下水运动状态介于层流与紊流之间，称
为混合流运动。此时，则可用下式表示：

$$Q = KAI^{\frac{1}{m}} \text{或} v = KI^{\frac{1}{m}} \tag{5.29}$$

式中，m 值的变化范围为 $1 \sim 2$，当 $m = 1$ 时，为达西
定律；当 $m = 2$ 时，为非直线渗透定律。

四、地下水的类型

根据埋藏条件，地下水可划分为上层滞水、潜
水和承压水三种类型。

（一）上 层 滞 水

上层滞水是存在于包气带中局部隔水层上的
重力水（图 5.21）。它是大气降水或地表水在下渗
途中，遇到局部不透水层的阻挡后，在其上聚积而
成的地下水。

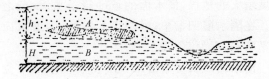

图 5.21　上层滞水与潜水分布示意图

由于上层滞水是包气带内的局部饱水带，其埋
藏条件决定了上层滞水具有如下特征：分布范围不
广，水量小；补给区与分布区一致；补给源为大气降
水或地表水；以蒸发、下渗或向隔水层边缘流散的
方式进行排泄；动态变化不稳定，具有季节性，只能
作暂时性和小型供水水源；易受污染，故作饮用水
时应注意防止污染。

上层滞水的动态变化主要决定于气候，同时也
与隔水层的分布范围、厚度、透水性及埋藏深度等
有关。在降水量较大，降水季节较长，蒸发量较小，
其下渗水量较大，则上层滞水存在的时间也较长。
反之，降水量小、降水季节较短、蒸发量较大，则上
层滞水存在的时间就较短。当隔水层分布范围不
大、厚度小、隔水性不强和埋藏较浅时，则上层滞水
因不断向四周流散、下渗以及蒸发的结果，其存在
的时间则较短；当隔水层的分布范围和厚度较大，
埋藏较深，隔水性良好的条件下，则上层滞水存在
的时间较长。

（二）潜 　水

埋藏在地表以下第一个稳定隔水层之上，具有
自由表面的重力水称为潜水。潜水的自由表面称
为潜水面。潜水面的绝对标高称为潜水位。潜水
面至地面的距离称为潜水埋藏深度。由潜水面向
下至隔水层顶面间充满重力水的部分，称为含水
层。自潜水面向下到隔水层顶面的距离，称为含水
层的厚度。

潜水的埋藏条件，决定了潜水具有以下特征：
潜水面不承受静水压力；分布区与补给区一致；动

态变化较不稳定,有明显的季节变化;潜水的补给条件较好,水量丰富;潜水的水质随气候有季节变化,且易受污染。

潜水面的形状通常是具有一定倾斜的曲面。总的说来,潜水面的形状与地形大体一致,但比地形起伏要平缓得多。岩土的透水性增强,潜水面坡度趋于平缓;反之,变陡。隔水底板凹陷使含水层厚度增大的地段,潜水面的坡度趋于平缓;反之变陡。在隔水层凹盆中,潜水不外溢时,则潜水面呈水平状态,称为潜水湖。

潜水面形状可用潜水剖面图和潜水等水位线图表示。

潜水剖面图(图 5.22)是在地质剖面图上,将已知各点的潜水位连接起来而成,它可以反映出潜水面形状与地形、隔水底板及含水层岩性的关系等。

潜水等水位线图就是潜水面各点水位高程的等值线图(图 5.23)。一般绘制在地形图上。它的绘制以潜水面上各点的水位标高为依据,然后分别将其中水位标高相同的各点相连而成。由于水位随时间不同而变,故应选用同一日期的资料,并应在图上注明测定该水位的日期。在同一地区,如有不同时期的潜水等水位线图,通过互相对比,便可以从中了解潜水面的变化情况。

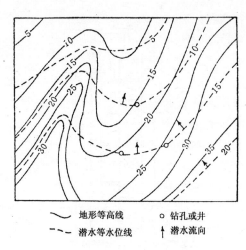

图 5.23　潜水等水位线图

根据潜水等水位线图,可解决下列问题:

(1)确定潜水的流向。潜水是沿着潜水面坡度最大的方向流动的。因此,垂直于潜水等水位线从高水位指向低水位的方向,就是潜水的流向。

(2)确定潜水的水力坡度。确定了潜水流向之后,在流向方向上,任取两点的水位高差,除以该两点间的实际距离,即得潜水的水力坡度。

(3)确定潜水埋藏深度。将地形等高线和潜水等水位线绘于同一张图上时,则等水位线与地形等高线相交之点,两者高程之差,即为该点的潜水埋藏深度;若不在相交点的,可采用内插法求得。

(4)确定潜水与地表水的相互关系。在邻近地表水(河流)的地段编制潜水等水位线图,并测定地表水的水位标高,便可以确定潜水与地表水的相互补给关系。

(5)确定引水工程。为了最大限度地使潜水流入水井和排水沟,则当等水位线凹凸不平、稀密不均时,取水井应布置在地下水汇流处。如图 5.24 所示。当等水位线由密变稀时,井应布置在由密变稀的交界处,并与等水位线平行。截水沟应与等水位

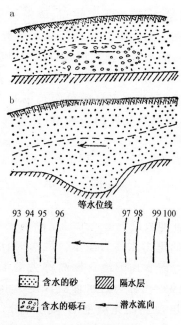

图 5.22　潜水面的状况
a.岩石透水性发生变化时;
b.含水层厚度发生变化时

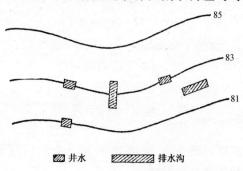

图 5.24　井水与排水沟布设示意图

线平行布置。

（三）承 压 水

承压水是充满于两个稳定隔水层之间含水层中具有压力的地下水。而在两个稳定隔水层之间的含水层没有被水完全充满，具有自由水面的地下水，称无压层间水。若承压水在地形条件适宜时，其天然露头或经钻孔，揭露了含水层时，产生自流现象的地下水，称为自流水。上下隔水层分别称为隔水层顶板和底板。两隔水层间的垂直距离称为承压水含水层厚度。当钻孔打穿隔水层顶板时，在静水压力的作用下，水位上升到一定高度不再上升时，这个最终的稳定水位，叫该点的承压水位。自隔水层顶板底面到承压水位之间的铅垂距离称为承压水头，也称压力水头。承压水含水层在盆地边缘出露于地表的位置较高，可直接受大气降水或地表水补给的范围称为补给区。承压水含水层在承压盆地边缘，地势较低的地段或含水层被切割，这地段便成为承压水的排泄区。在补给区与排泄区之间，承压含水层之上被隔水层覆盖，并且含水层被水充满的这个地段，称为承压区。

由承压水的埋藏条件，决定了它具有如下特征：承压水具有一定的压力水头；补给区与承压区不一致；动态变化较稳定，没有明显的季节变化；补给条件较差，若大规模开发后，水的补充和恢复较缓慢；水质随埋深变化大，有垂直分带规律，但不易受污染。

承压水的垂直分带规律一般为：侵蚀基准面影响深度范围内，主要为低矿化度的重碳酸盐型水；在较深处，为中矿化度的硫酸盐型水；更深处，为高矿化度的氯化物型水。由于产生垂直变化规律的原因很复杂，主要与岩性、成分、高温、高压及交换等因素有关，故不是所有地区都按同一规律变化。

承压水的形成主要受地质构造的控制，不同的地质构造又决定了承压水的埋藏类型不同。最适宜于承压水形成的地质构造大体上可以分为向斜构造和单斜构造。故承压水的形成可分为两类：

（1）承压盆地。适宜于形成承压水的盆地构造或向斜构造，在水文地质学中称为承压盆地（图5.25）。

（2）承压斜地。适宜于形成承压水的单斜构造，在水文地质学中称为承压斜地。它可分为两种

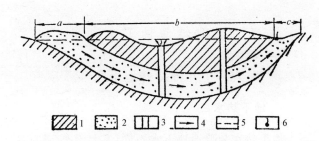

图 5.25　自流盆地示意图
1. 隔水层；2. 含水层；3. 不自喷的钻孔；
4. 地下水流向；5. 测压水位；6. 泉水

情况。即断块构造和含水层发生相变所形成的承压斜地。如单斜含水层被断层错断，而断层又导水时，含水层出露于地表的一侧成为补给区；另一侧沿断层带形成带状排泄区，在适宜的地形条件下，沿断裂带以一系列上升泉的形式出露于地表，因此，承压区位于补给区和排泄区之间（图5.26）。若断层不导水时，则排泄区与补给区是相邻的，承压区则在另一侧。

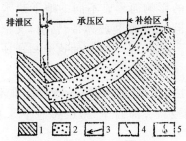

图 5.26　断块构造形成的承压斜地
1. 隔水层；2. 透水层；3. 地下水流向；
4. 导水断层；5. 泉水

含水层岩性发生由粗粒到细粒的相变，甚至尖灭，迫使承压水回流，在含水层出露地表的较低地段形成上升泉泄出。此时补给区与排泄区是相邻的，承压区位于一侧（图5.27）。

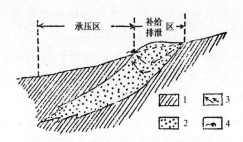

图 5.27　岩性变化形成的自流斜地
1. 隔水层；2. 透水层；3. 地下水流向；4. 泉水

五、几种特殊地下水和泉

（一）几种特殊地下水

1. 地下热水

地下热水与普通地下水不同，它具有较高的温度，有温泉之称。它还含有特殊的化学成分和气体成分。地下热水既是水资源，又是宝贵的矿产资源和热能资源，可用于工业、农业、化工、发电、医疗保健等方面。

我国地下热水资源极为丰富，全国目前已发现的地下热水露头达 2000 多处。仅广东、福建和台湾三省就有 500 多处，大多在 50～60℃。其中广东也出现 103℃ 的温泉，台湾南部屏东温泉高达 140℃。

地下热水的来源有两种：一种是由于岩浆活动形成的；另一种是大气降水渗入地下过程，因受地球内热能的影响而形成不同的地下热水。它通过一定的通道（如沿断裂破碎带、钻引）又把地下热能带到地表。因此，地下热水的热源与地球热源有着直接关系。

地下热水的温度下限，各国的标准不一，但大多数采用 20℃，即高于 20℃ 的地下水称为地下热水。

2. 矿水

矿水是指具有医疗意义的地下水。矿水可以是热的，也可以是冷的。它有的含有特殊的化学成分，有的含有大量某些气体成分，有的具有较高的温度。矿水中以富含气体的矿水用处最大，成分也最复杂，如碳酸水、硫化氢水和放射性水。

碳酸水：含有大量的游离态 CO_2。CO_2 的含量自每升数百毫克到几克。典型的碳酸水常是冷的。因高温不利于 CO_2 在水中的溶解。

硫化氢水：水中硫化氢是脱硫酸作用的产物。进行这种作用要求有有机物存在的封闭环境，因此，硫化氢水多存在于含油地层分布地区。

放射性水：是医疗范围最广、效果最好的矿水。目前应用于医疗上的放射性水主要是氡水。地下水的放射性是从岩石中所含的放射性矿物取得的。酸性岩浆岩，特别是花岗岩，含放射性元素最多，因此，放射性水多与花岗岩及其风化产物有关。

3. 肥水

肥水就是含有硝态氮和其他可溶盐的地下水。一般认为，硝态氮含量在 15mg/L 以上的地下水，用于灌溉有增产的效果。因此，把含有硝态氮 15mg/L 作为肥水的下限。

肥水的成因目前有两种情况：一种是有机质经硝化细菌的作用形成可溶性硝酸盐，随大气降水或地表水下渗地下水中长期积累而成。另一种是海相地层中原生水，封闭良好，由于富含有机质，经长期地质时期变化而成。

肥水的分布与地貌、岩层的透水性有着密切的关系。地势较陡、岩石透水性强、地下径流强烈的地区，如山区、黄土高阶地、洪积扇中上部，没有或很少发现肥水。地势平缓、岩层的透水性弱、地下径流微弱的地方，如山间盆地、河流的低阶地、冲积扇的前缘、古河道等一些低洼地区，肥水分布比较普遍。

（二）泉　和　井

1. 泉

地下水的天然露头，称为泉。泉是地下水的一种重要排泄方式。泉的分类方法很多，主要有根据泉水出露性质分类和根据泉水补给来源分类。

（1）根据泉水出露性质，可分为上升泉和下降泉。上升泉，受承压水补给，地下水在静水压力作用下，由下而上涌出地表。下降泉，受无压水补给（主要是潜水或上层滞水），地下水在重力作用下，自上而下自由流出地表。

（2）根据泉水补给来源，可分为上层滞水泉、潜水泉和承压水泉。

上层滞水泉：受上层滞水补给。泉的涌水量、化学成分及水温变化很大，有时这种泉完全消失。

潜水泉：受潜水补给。水量比较稳定，但潜水量、水温和化学成分仍有明显的季节变化。依其出露条件又可分为三类：①侵蚀泉，是由于河流切割含水层，潜水出露地表而形成的泉。②接触泉，是地形被切割至含水层下面的隔水层时，潜水在含水层与隔水层接触处流出地表而形成的泉。③溢泉，是岩土透水性变弱，或隔水层顶板隆起时，潜水流动受阻碍溢出地表形成的泉（图 5.28）。

承压水泉：受承压水补给，其特点是水的动态最稳定。承压水泉又可分为承压盆地泉和承压斜地泉。承压水泉可以沿断层上升,也可以沿较深的构造裂隙出露(图5.29)。

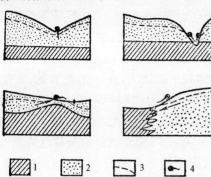

图5.28 潜水泉的形成条件示意图
1. 隔水层;2. 含水层;3. 地下水水位;4. 泉水

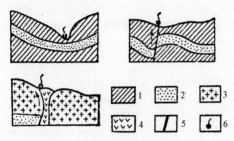

图5.29 自流泉的形成条件示意图
1. 隔水层;2. 含水层;3. 基岩;4. 岩脉;
5. 导水断裂;6. 泉水

2. 井

地下水的人工露头称之为井。井是人类利用地下水最普通的形式。根据其作用可分为集水井、排水井、试验井和观测井等。根据地下水埋藏条件和取水建筑物类型可分为管井、大口径井、坎儿井等。根据井水涌流情况可分为自流井、半自流井和非自流井等。一般潜水补给的井为大口径井、非自流井,这类井需有提水设备;在新疆山前沙漠地带,则开挖成坎儿井,这类井则利用一定地形坡度,不需提水设备,把水引出地表。而承压水补给的井为管井、自流井,这类井不需提水设备就能自流出地表;而半自流井虽是承压水补给,但地形不适宜承压水上升流出地表,故这类井还需提水设备,才能把水引出地表。

井的开挖最好在具有从上覆透水层直接获得稳定水源的含水层上面进行。如果在承压水带的上隔水层凿开,即可获得水量可观的自流井。如前所述,承压盆地的构造最有利于承压水的形成,因此,在承压盆地内打井,易于取得自流井。

复习思考题

1. 什么是地下水? 地下水的蓄水构造和岩石的水理性质如何?

2. 地下水流系统有哪些基本特征? 其温度的空间分布有什么规律性?

3. 地下水按矿化度的大小可分哪几类?

4. 什么是地下水的层流运动、紊流运动、直线渗透定律和非直线渗透定律?

5. 地下水按埋藏条件可分为哪三种类型? 试比较它们的特征。

6. 潜水等水位线图如何绘制? 它有什么作用?

7. 承压水矿化度的垂直分带规律一般是怎样的?

第五节 冰 川

冰川是陆地上由终年积雪积累演化而成,是具可塑性、能缓慢自行流动的天然冰体。现代冰川覆盖的总面积达1622.75万 km²,占陆地总面积约10.9%,总储量为2406.4万 km³,约占地表淡水资源总量的68.69%,其中约99%分布在两极地区,是地球上重要的水体之一。

一、终年积雪和雪线

高纬和高山地区,气候寒冷,年平均气温常在0℃以下,因此,降落的固体降水(雪)不能在一年内全部融化,而是长年积累,这种地区称为终年积雪区(或万年积雪区)。

终年积雪区的下部界限,称为雪线(也称平衡线)。雪线不是几何学上的"线",而是一个带。在这个带内,年平均固体降水量恰好等于年融化量和蒸发量。雪线以上年平均降水量超过年融化量和蒸发量,固体降水才能不断积累,形成终年积雪;雪线以下,正好相反,不能形成终年积雪。

雪线控制着冰川的发育和分布,只有山地海拔超过该地雪线的高度,才会有固体降水的积累,才能成为终年积雪和形成冰川。

雪线的高度受气温的支配,但降水量和地形也有影响。

首先,雪线的高度与气温成正比,温度越高雪线也越高,温度低雪线也低。一般气温由赤道向两极降低。所以雪线的高度也从赤道向两极减低。如赤道非洲雪线为 5700～6000m，阿尔卑斯山为 2400～3200m，挪威在 1540m 左右，北极圈内则雪线已低达海平面附近。

其次，雪线的高度与降水量成反比，降水量越多，雪线越低；降水量越小，雪线越高。根据纬度因素，赤道附近雪线应是最高，事实上，雪线位置最高的地方，不在赤道附近，而在副热带高压带（图 5.30）。这是因为副热带高压带降水量比赤道附近少造成的。

再次，雪线高度也受地形影响。其影响有两个方面：一是坡度影响，陡坡上固体降水不易积存，雪线较高；缓坡或平坦地区降雪容易积聚，雪线较低。二是坡向影响，在北半球，雪线在南坡比北坡高，西坡较东坡高，这是因为南坡和西坡日照较强，冰雪耗损较大，因而雪线较高。不过，有些高大的山地，对气流产生阻挡，从而影响降水的变化，也影响了雪线的高度，如喜马拉雅山南坡是向风坡，降水量丰沛，雪线在 4000m 高度，而北坡却高达 5800m 以上。

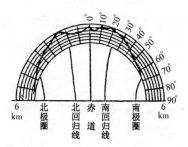

图 5.30　雪线的高度变化

二、冰川的形成

冰川是由积雪转化而成的。初降的雪花为羽毛状、片状和多角状的结晶体，密度仅 0.085g/mL；雪花落地后，先变成粒雪，再经过成冰作用，变为密度达 0.9g/mL 的冰川冰。由粒雪转变为冰川冰有两种方式：

（1）冷型成冰作用。在低温干燥的环境，积雪不断增厚的情况下，下部雪层受到上部雪层的重压，进行塑性变形，排出空气，从而增大了密度，使粒雪紧密起来，形成重结晶的冰川冰。在冷型成冰过程中，粒雪成冰只靠重力形成重结晶，因而所成的冰川冰密度小、气泡多，成冰过程时间长。如南极大陆冰川中央，埋深 2000 余米，成冰需时近千年。

这种依赖压力的成冰过程称冷型成冰（或压力成冰）作用。

（2）暖型成冰作用。覆盖地面的粒雪层，在太阳照射下，气温较高接近 0℃ 时，冰雪消融活跃，部分水分子由于升华作用，附着在另外冰粒上，部分融水下渗附着于粒雪表面，经过冻结再次结晶。这样，冰粒体积不断增大，在一个季节里，雪花即可转变成粒雪冰。粒雪冰积累增厚，下部受到压缩，排出粒间空气，冰粒融合结晶在一起，形成少空隙、密度达 0.90～0.96、完全透明的天蓝色的冰川冰。这种依赖太阳辐射热力条件的成冰过程称暖型成冰作用。

一般来说，冬季或极地、高纬地区主要是冷型成冰过程；春、夏季或中低纬度地区主要是暖型成冰过程。

冰川冰形成后，在冰体压力和重力作用下开始运动，形成冰川。

三、冰川的运动

通常现代冰川包括积雪区和消融区两部分。积雪区即冰川的上游部分，是冰雪积累和冰川冰的形成地区，其降雪量大于消融量；消融区即冰川的下游部分，在冬季有雪和粒雪冰的堆积，夏季消融，露出冰川表面，消融量大于积雪量。

冰川的运动取决于整个冰川的补给和消融的对比。冰川的年补给量大于年消融量时，冰川厚度增加，流速增大，冰川呈前进状态；相反，当冰川年补给量小于年消融量时，冰川厚度变薄，流速减慢，呈衰退状态；如果年补给量等于消融量时，则出现暂时的稳定平衡状态。冰川的前进、衰退和暂时的稳定都是在运动过程中进行的。

冰川运动的速度比河流缓慢得多，一般来说，冰川的流速只有河流的几万分之一，是不能用肉眼觉察到的。此外，冰川运动的速度因受冰川部位、厚度和地形坡度影响而不同。冰川的底部和两侧因与冰床摩擦，流速较慢；冰川的中部和上部因阻力小，流速较快；冰川在雪线的部分，因厚度大，冰体温度较高，可塑性增强，故运动速度快于其他部分；在坡度影响下，冰川在陡坡流速大于缓坡。

冰川的运动具有显著侵蚀地面的作用和巨大的搬运、堆积能力。

四、冰川的类型

现代冰川由于发育条件和演化阶段的不同,因而规模相差很大,类型多种多样。根据冰川的形态、规模和发育条件,现代冰川可分为两个基本类型:山岳冰川和大陆冰川。

(一)山 岳 冰 川

山岳冰川又称山地冰川。它发育在中、低纬度的高山地区。其特点是:冰川面积小,厚度薄,受下伏地形限制,形状与冰床起伏相适应。根据它的形态、发育阶段和地貌条件,又可进一步分为:

(1)悬冰川,是山岳冰川中数量最多的一种。因短小的冰舌悬挂在山坡上,故称悬冰川;常因下端崩落而产生冰崩。冰体厚度薄,规模小,面积一般不超过 1km²。

(2)冰斗冰川,是中等规模的山岳冰川,因其源地为漏斗状聚冰盆而得名。冰斗的规模,面积大的可达 10km² 以上,小的不足 1km²。冰斗口朝向山坡下方,冰体从冰斗口溢出,形成短小的冰舌。

(3)山谷冰川,是山岳冰川中规模最大的一种,有长大冰舌伸向山谷底部,循谷流动,像冰冻了的河流一样,这种冰川称为山谷冰川。厚度可达数百米,长度数公里至数十公里以上。有明显的积雪区和消融区,与之对应的是有粒雪盆和长大的冰舌。山谷冰川在流动过程中,沿途可有分支冰川汇入,因而山谷冰川又可分为单式山谷冰川、复式山谷冰川和树枝状山谷冰川等。一条较大山谷冰川或多条山谷冰川流至山麓地带,扩展或汇合成一片宽广的冰原,叫山麓冰川。

(二)大 陆 冰 川

是发育在南极大陆和格陵兰岛的冰川。大陆冰川的面积最广,达 1528.24 万 km²,约为现代冰川覆盖面积的 97%。其厚度达数千米,如南极大陆冰川最厚处达 4267m。大陆冰川表面呈凸起的盾状,中间厚边缘薄。中央是积雪区,边缘为消融区,冰川在自身巨大厚度所产生的压力作用下,运动方向自中央向四周辐射。大陆冰川不受下伏地形的控制,它常淹没规模宏大的山脉,只有极少数山峰在冰面上出露,形成冰原岛山。当冰川末端巨大冰块注入海洋,被带到未冻结的海域时,就成为冰山。

目前,地球上的冰川处于其演化过程的退化阶段。冰川规模不断缩小,大陆冰川向山岳冰川演化,下伏地形对冰川的控制增加,使原来相互结合的冰川系统,开始分离为山谷冰川、冰斗冰川和悬冰川。

五、冰川对自然地理环境的影响

冰川对自然地理环境的影响是显著的、多方面的。

冰川是构成两极地区和中低纬高山地区自然地理环境的一个要素,它形成独特的冰川地理景观。也就是说,陆地总面积的近 11% 是由冰川景观构成的。

现代冰川的总储水量,仅次于海洋。如果这些冰川全部融化,海平面将升高 60 余米,约占陆地面积 1% 的地方会被淹没。可见,冰川在保持地球生态平衡方面所起的作用是重要的。

冰川发源于雪线以上,雪线高度是山地水热组合的综合反映,它是垂直带谱中的一条重要界线,对垂直地带的结构有重要影响。

目前,全世界冰川每年消融补给河流的总水量达 3000km³,几乎等于全世界河槽储水量的 1.42 倍。表明冰川的积累和消融,积极参与了地球的水分循环。冰川从积累区向消融区运动的结果,使长期处于固态的水转化为液态水。在低温而湿润的年份,冰川融水受到抑制;而高温干旱的年份,消融就加强,从而对河川径流起到调节作用。

冰川是气候和地貌的产物,但冰川本身反过来对气候和地貌产生强烈影响。如在同一高度,冰川表面的气温通常比非冰川表面的要低 2℃ 左右,而湿度却高得多;气温低、湿度大,水汽就容易饱和,有利于降水的形成,因而有冰川覆盖的山区降水量要高于无冰川覆盖的山区。大陆冰川对气候影响的范围要广得多,如南极大陆冰川本身是一巨大"冷源",在那里可形成稳定的反气旋,使南半球保持强劲和稳定的极地东风带。作为特殊的下垫面,如果大陆冰川范围进一步扩展或缩小,将会增强或减弱地球的反射率,进而影响气团性质和环流特征,引起气候的变化。冰川对地貌的影响,详见第六章第六节。

冰川推进时,将毁灭它所覆盖地区的植被,迫使动物迁移,埋没土壤,使土壤形成过程中断,自然地带相应向低纬度和低海拔地区移动。冰川退缩时,植物和动物分布区重新分配,土壤形成过程在新的基础上发展,自然地带相应向高纬度和高海拔地区移动。

复习思考题

1. 什么是冰川?冰川是怎样形成的?如何运动?

2. 什么是雪线?影响雪线高度有哪些因素?如何影响?

3. 山岳冰川和大陆冰川各有什么特点?冰川对自然地理环境有哪些影响?

第六节 海 洋

一、海水的理化性质

(一)海水的化学性质

海洋是地球水圈的主体,是全球水循环的主要起点和归宿,也是各大陆外流区的岩石风化产物最终的聚集场所。海水的历史可追溯到地壳形成的初期,在漫长的岁月里,由于地壳的变动和广泛的生物活动,改变着海水的某些化学成分。

1. 海水的化学组成

海水是一种成分复杂的混合溶液。它所包含的物质可分为三类:①溶解物质,包括各种盐类、有机化合物和溶解气体。②气泡。③固体物质,包括有机固体、无机固体和胶体颗粒。海洋总体积中,有96%～97%是水,3%～4%是溶解于水中的各种化学元素和其他物质。

目前海水中已发现80余种化学元素,但其含量差别很大。主要化学元素是氯、钠、镁、硫、钙、钾、溴、碳、锶、硼、硅、氟等12种(表5.5),含量约占全部海水化学元素总量的99.8%～99.9%,因此,被称为海水的大量元素。其他元素在海洋中含量极少,都在1mg/L以下,称为海水的微量元素。海水化学元素最大特点之一,是上述12种主要离子浓度之间的比例几乎不变,因此称为海水组成的恒定性。它对计算海水盐度具有重要意义。溶解在海水中的元素绝大部分是以离子形式存在的。海水中主要的盐类含量差别很大(表5.6)。由表5.6可知,氯化物含量最高,占88.6%,其次是硫酸盐,占10.8%。

表 5.5 海水中所含常量元素表

元素名称	元素浓度(g/t)	元素总量(t)
氯(Cl)	19000	26×10^{15}
钠(Na)	10000	14×10^{15}
镁(Mg)	1290	1.8×10^{15}
硫(S)	855	1.19×10^{15}
钙(Ca)	400	0.55×10^{15}
钾(K)	380	0.5×10^{15}
溴(Br)	67	0.095×10^{15}
碳(C)	28	0.035×10^{15}
锶(Sr)	8	11000×10^9
硼(B)	4.6	6400×10^9
硅(Si)	3	4100×10^9
氟(F)	1.3	1780×10^9

表 5.6 海水中主要的盐分含量

盐类组成成分	每公斤海水中的克数(g)	百分比(%)
氯化钠	27.2	77.7
氯化镁	3.8	10.9
硫酸镁	1.7	4.9
硫酸钙	1.2	3.4
硫酸钾	0.9	2.5
碳酸钙	0.1	0.3
溴化镁及其他	0.1	0.3
总 计	35.0	100.0

表 5.7 海水与河水所含盐类的比较(%)

盐类成分	河 水	海 水
氯化物	5.20	88.64
硫酸盐	9.90	10.80
碳酸盐	60.10	0.34
氮、磷、硅的化合物及有机物质	24.80	0.22
合 计	100.00	100.00

海水中盐分的来源,主要来自两个方面:①河流从大陆带来。河流不断地将其所溶解的盐类输送到海洋里,其成分虽与海水不同(表5.7)(海水中

以氯化物为最多,河水则以碳酸盐类占优势),但是,因为碳酸盐的溶解度小,流到海洋里以后很容易沉淀。另一方面,海洋生物大量地吸收碳酸盐构成骨骼、甲壳等,当这些生物死后,它们的外壳、骨骼等就沉积在海底,这么一来,使海水中的碳酸盐大为减少。硫酸盐的收支近于平衡,而氯化物消耗最少。由于长年累月生物作用的结果,就使海水中的盐分与河水大不相同。②海水中的氯和钠由岩浆活动中分离得来。这从海洋古地理研究和从古代岩盐的沉积,以及最古老的海洋生物遗体都可证实古海水也是咸的。总之,这两种来源是相辅相成的。

2. 海水的盐度

海水盐度是 1000g 海水中所含溶解的盐类物质的总量,叫盐度(绝对盐度)。单位为‰或 10^{-3}。在实际工作中,此量不易直接量测,而常用"实用盐度"。实用盐度略小于绝对盐度。近百年来,由于测定盐度的原理和方法不断变革,实用盐度的定义已屡见变更。

20 世纪 50 年代以来,海洋化学家致力于电导率测盐度研究。因为海水是多种成分的电解质溶液,故海水的电导率取决于盐度、温度和压力。在温度、压力不变情况下,电导率的差异反映着盐度的变化。根据这个原理,可以由测定海水的电导率来推算盐度。即在温度为 15℃、压强为一个标准大气压下的海水样品的电导率,与质量比为 0.0324356 的标准氯化钾(KCl)溶液的电导率的比值(K_{15})来定义。实用盐度用下式确定:

$$S \times 10^{-3} = a_0 + a_1 K_{15}^{\frac{1}{2}} + a_2 K_{15}$$
$$+ a_3 K_{15}^{\frac{3}{2}} + a_4 K_{15}^2 + a_5 K_{15}^{\frac{5}{2}} \quad (5.30)$$

式中,$a_0 = 0.0080$;$a_1 = -0.1692$;$a_2 = 25.3851$;$a_3 = 14.0941$;$a_4 = -7.0261$;$a_5 = 2.7081$;$\Sigma a_i = 35.0000$;$0.002 \leqslant S \leqslant 0.042$。可见,当 $K_{15} = 1$ 时,海水的实用盐度恰好等于 0.035,这是世界大洋的平均盐度值。这种方法仍离不开海水组成的恒定性这一特点。

若测定温度不在 15℃,则应进行订正。现已有实用盐度与电导比查算表及温度订正表供实际应用。

世界大洋盐度的空间分布和时间变化,主要取决于影响海水盐度的各自然环境因素和各种过程(降水、蒸发等)。这些因素在不同自然地理区所起的作用是不同的。在低纬区,降水、蒸发、洋流和海水的涡动、对流混合起主要作用。降水大于蒸发,使海水冲淡、盐度降低;蒸发大于降水,则盐度升高。盐度较高的洋流流经一海区时,可使盐度增加;反之,可使盐度降低。在高纬区,除受上述因素影响外,结冰和融冰也能影响盐度。在大陆沿岸海区,因河流的淡水注入可使盐度降低。例如,我国长江口附近,在夏季因流量增加,使海水冲淡,盐度值可降低到 0.0115 左右。

世界大洋绝大部分海域表面盐度变化在 0.033~0.037。海洋表面盐度分布的规律为:①从亚热带海区向高低纬递减,形成马鞍形。②盐度等值线大体与纬线平行,但寒暖流交汇处等值线密集,盐度水平梯度增大。③大洋中的盐度比近岸海区的盐度高。④世界最高盐度(>0.04)在红海,最低盐度在波罗的海(0.003~0.01)。

大洋表层盐度随时间变化的幅度很小,一般日变幅不超过 0.00005,年变幅不超过 0.002。只有大河河口附近,或有大量海冰融化的海域,盐度的年变幅才比较大。

3. 海水中的气体

溶解于海水的气体,以氧和二氧化碳较为重要。海水中的氧主要来自大气与海生植物的光合作用。海水中的二氧化碳主要也来自大气与海洋生物的呼吸作用及生物残体的分解。因此,海水中的氧和二氧化碳的含量与大气中的含量和海水生物的多少密切相关。

当海生植物茂盛,光合作用强烈时,水中的溶解氧含量多,二氧化碳少;当生物残体多、植物光合作用弱时,水中二氧化碳多,而氧含量少。当水温增高时,海水中的氧含量减少;当水温降低时,海水中的氧含量增多。

海水中二氧化碳的溶解度是有限的,但海生植物能消耗相当多的二氧化碳,而且在微碱性环境中,海水中二氧化碳还可与钙离子结合生成碳酸钙沉淀。这样,大气中的二氧化碳就可以不断地溶于海水中,故在海洋上或海岸边,空气总是十分清新的,海洋是自然界二氧化碳的巨大调节器。

（二）海水的物理性质

海水的物理性质主要包括温度、密度、水色、透明度、海冰等。

1. 海水温度

海水主要是靠吸收太阳光能的辐射热来增高温度的。因此，海水温度因时、因地而异。但因水的热容量大，可以透光，又有波浪及流动调节温度，故海陆之间温度的变化和分布有明显的差异。海面水温的变化比陆地温度的变化要小得多，不论日较差或年较差都很小。据观察，海洋表面平均日较差一般不超过1℃，年较差则为1～17℃。陆地上气温的平均较差却大得多，日较差最大可达50℃，年较差最大可达70～80℃。

海水温度由低纬向高纬减低的趋势要较陆地缓慢得多。据观察，海洋表面最低温度是−2℃，最高温度是36℃，温度的绝对较差只有38℃。而在陆地上，温度绝对较差可达100℃以上。

世界大洋表面的年均温为17.4℃，其中太平洋最高达19.1℃，印度洋为17.0℃，大西洋为16.9℃。

世界大洋表面水温分布具有如下规律：

（1）水温从低纬向高纬递减，等温线大体呈带状分布。

（2）北半球水温（平均为19.2℃）较南半球水温（平均为16℃）高。

（3）水温等温线从低纬向高纬疏密相间，低、高纬等温线较疏，纬度40°～50°地带等温线较密。

（4）大洋东西两侧，水温分布有明显差异，在低纬区，水温西高东低；在高纬区，水温则东高西低；在纬度40°～50°地带，等温线西密东疏。

（5）夏季大洋表面水温普遍高于冬季，可是水温水平梯度冬季大于夏季。

世界大洋水温的垂直分布规律是：从海面向海底呈不均匀递减的趋势；在南北纬40°之间，海水可分为表层暖水对流层和深层冷水平流层（图5.31）。

2. 海水密度

海水密度是指单位体积内所含海水的质量，其单位为g/cm³。但是习惯上使用的密度是指海水的比重，即指在一个大气压力条件下，海水的密度与

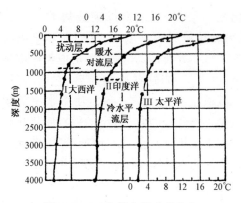

图5.31　三大洋水温垂直分布

水温3.98℃时蒸馏水密度之比。因此在数值上密度和比重是相等的。海水的密度状况，是决定海流运动的最重要因子之一。海水的密度，是盐度、水温和压力的函数。因此，海水密度可用$\rho_{s,t,p}$来表示。在现场温度、盐度和压力条件下所测定的海水密度，称为现场密度或当场密度。当大气压等于零时的密度，称为条件密度，用$\rho_{s,t,0}$表示。因为海水的密度一般都大于1，例如，1.01600，1.02814等，并精确到小数5位，为书写的方便，可将密度数值减去1再乘以1000，并用$\sigma_{s,t,p}$表示，即

$$\sigma_{s,t,p} = (\rho_{s,t,p} - 1) \times 1000 \qquad (5.31)$$

例如，$\rho_{s,t,p}$为1.02545时，$\sigma_{s,t,p}$为25.45。

海水的密度与温度、盐度和压力的关系比较复杂。凡是影响海水温度和盐度变化的地理因素，都影响密度变化。虽然各大洋不同季节的密度在数值上有所变化，但其分布规律大体是相同的，即大洋表面密度随纬度的增高而增大，等密度线大致与纬线平行。赤道地区由于温度很高，降水多，盐度较低，因而表面海水的密度很小，约1.02300。亚热带海区盐度虽然很高，但那里的温度也很高，所以密度仍然不大，一般在1.02400左右。极地海区由于温度很低，降水少，所以密度最大。在三大洋的南极海区，密度均很大，可达1.02700以上。

在垂直方向上，海水的结构总是稳定的，密度向下递增。在南北纬20°之间100m左右水层内，密度最小，并且在50m以内垂直梯度极小，几乎没有变化；50～100m深度上，密度垂直梯度最大，出现密度的突变层（跃层）。它对声波有折射作用，潜艇在其下面航行或停留，不易被上部侦测发现，故有液体海底之称。约从1500m开始，密度垂直梯度很小；在深层大于3000m，密度几乎不随深度而变化。

3. 水色

所谓水色,是指自海面及海水中发出于海面外的光的颜色。它并不是太阳光线透入海水中的光的颜色,也不是日常所说的海水的颜色。它取决于海水的光学性质和光线的强弱,以及海水中悬浮质和浮游生物的颜色,也与天空状况和海底的底质有关。由于水体对光有选择吸收和散射的作用,即太阳光线中的红、橙、黄等长光波易被水吸收而增温,而蓝、绿、青等短光波散射得最强,故海水多呈蓝、绿色。

水色常用水色计测定。水色计由 21 种颜色组成,由深蓝到黄绿直到褐色,并以号码 1~21 代表水色。号码越小,水色越高;号码越大,水色越低。

4. 海水的透明度

海水的透明度,是指海水的能见度。也是指海水清澈的程度。它表示水体透光的能力,但不是光线所能达到的绝对深度。它决定于光线强度和水中的悬浮物和浮游生物的多少。光线强,透明度大,反之则小。水色越高,透明度越大;水色越低,透明度越小。

透明度的测定:用一个直径 30cm 的白色圆盘,垂直放到海水中,直到肉眼隐约可见圆盘为止,这时的深度,则为透明度。世界以大西洋中部的马尾藻海透明度最大,达 66.5m。我国南海为 20~30m,黄海为 1~2m。

5. 海冰

淡水的冰点为 0℃,最大密度的温度是 4℃;而海水的冰点和最大密度的温度都随盐度的增大而降低,但冰点降低较和缓。当海水的盐度大于0.024695 时,最大密度的温度低于冰点温度;而盐度小于 0.024695 时,最大密度的温度高于冰点温度;只有盐度在 0.024695 时,海水的最大密度的温度才与冰点温度相同,为-1.332℃(图 5.32)。

海水结冰较淡水困难。因大洋表面盐度一般均大于 0.024695,故冰点更低;当海面水温达到冰点时,因密度增大形成对流,使下层温度较高的海水上升,故较难结冰;当整层海水达到冰点,海水结冰时,又要不断的析出盐分,使未结冰的海水盐度增大,密度也增大,从而加强了对流和降低了冰点,阻碍海冰的进一步增长。

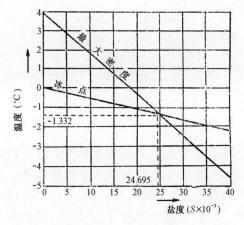

图 5.32 冰点温度、最大密度温度与盐度关系

二、海水的运动

海水运动的形式主要是波浪、潮汐和洋流。

(一)波 浪

波浪就是海水质点在它的平衡位置附近产生一种周期性的振动运动和能量的传播。

波浪运动只是波形的向前传播,水质点并没有随波前进,这就是波浪运动的实质。这是由于水质点同时受到动力和复原力这两个互相垂直的力共同作用的结果。

动力,如风力、潮汐、地震或局部大气压力的变动等,使水质点产生水平位移。

复原力(物理学称为弹性力),如重力、水压力和表面张力等,使水质点恢复原位。

因此,水质点在动力的作用下产生水平位移的同时,受复原力的作用有恢复原位的趋势而产生垂直运动,这样水质点便沿着上述两个力的合力方向运动的结果,便在它的平衡位置附近产生了一种周期性的圆周运动。而运动着的水质点又将它所获得的能量依次相传,于是连续的"能流"就随波前进。故波浪只是形状的前进,水质点并没有随波前进。

1. 波浪要素

波浪的大小和形状是用波浪要素来说明的。波浪的基本要素有:波峰、波顶、波谷、波底、波高、波长、周期、波速、波向线和波峰线等(图 5.33)。

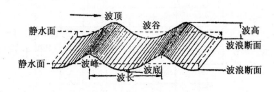

图 5.33　波浪要素示意图

波峰是静水面以上的波浪部分。波顶是波峰的最高点。波谷是静水面以下的波浪部分。波底是波谷的最低点。波高 h，是波顶与波底之间的垂直距离。波长 λ，是相邻波顶（或波底）间的水平距离。周期 τ，是相邻波顶（或波底）经空间同一点所需要的时间。波速 c，是波形移动的速度，即 $c=\dfrac{\lambda}{\tau}$。波峰线，是指垂直波浪传播方向上各波顶的连线。波向线，是指波动传播的方向。

2. 波浪分类

波浪的种类很多，这里介绍几种主要的分类方法：

1) 按成因分类

风浪和涌浪：在风力的直接作用下形成的波浪，称为风浪；当风停止，或当波浪离开风区时，这时的波浪便称为涌浪。两者的性质、波形、波高与波长、波速等都不同。风浪的性质属于强制波，其波形的轮廓和余摆线差别大，波峰尖陡，波谷平广，海面凹凸不平，此起彼伏；其波高较高，波长较短；波速较慢，最大仅达 40～50km/h。而涌浪的性质是属于自由波，其波形的轮廓和余摆线较接近，波峰圆滑，海面较规则，波浪呈一排排的样子，其波高较矮，波长较长（可达 500～600m，甚至 800m 以上），波速较快，每小时能达 100 余公里，故可以比风速大，可利用它来预报台风或风暴。

内波：发生在海水的内部，由两种密度不同的海水做相对运动而引起的波动现象。

潮波：海水在引潮力作用下产生的波浪。

海啸：海啸是由地震和风暴激起的巨浪，因而可分为地震海啸和风暴海啸两种。

地震海啸是由海底地震、火山爆发、海底地壳运动等造成的巨浪，地震海啸的强度与震源的深度、距离及海岸地形有关，通常 6.5 级以上地震，震源深度不足 4km，才会发生海啸。产生灾难性的海啸，震级要在 7～8 级以上。地震海啸具长波性质，水深愈深，传播速度愈快，逾近海岸，波高愈大，可

达十余米至数十米。世界上容易遭受地震海啸袭击的国家和地区有日本、印度尼西亚、加勒比海地区、地中海地区和墨西哥等。2004 年 12 月 26 日印度尼西亚苏门答腊岛附近海域发生里氏 9 级强烈地震，造成历史上罕见的"印度洋海啸"。海啸引发的海浪，行走数千公里，蹂躏了亚洲的印度尼西亚、泰国、斯里兰卡、缅甸、孟加拉、马尔代夫，以及东非的索马里、肯尼亚、坦桑尼亚。地震形成的巨浪翻滚，冲至岸上，不少村镇被彻底冲毁，夷为平地，许多船只被粉碎，造成惨重的人员伤亡和财产损失，据联合国 2005 年 10 月统计，死亡人数达 223492 人，经济损失巨大，难以估量。2011 年 3 月 11 日，日本当地时间 14 时 46 分发生在宫城县以东的里氏 9.0 级地震，震中位于 38.1°N，142.6°E。地震本身规模大且震源浅，震源所在海域海岸地形特殊，放大了海啸能量，引发了巨大海啸，海啸高 10m，最高达 23m。海啸几乎袭击了日本列岛太平洋沿岸的所有地区。令日本损失大量房屋、农田、公共基础设施。到 3 月 20 日，日本官方确认海啸已造成 8133 人死亡，失踪 12272 人。经济损失达 1850 亿～3000 亿美元。根据地震位置、震源和可能受震目标之间的大洋深度，地震海啸是不难预报的。1883 年在巽他海峡因喀拉喀托火山爆发，产生一次极强海啸，波高达 40m，波长达 524km。海啸吞没了巽他海峡两岸 1000 余座村庄，毁坏了很多建筑物。

风暴海啸是由台风、强低气压，强寒潮或地方性风暴所形成的巨浪。当这些天气来临时，风吼海涌，海面异常上升，使沿岸附近大量增水，造成灾害。1953 年 1 月 31 日～2 月 1 日，由北大西洋风暴引起的海啸，使英国南部、荷兰、比利时广大地区，最大增水达 3m，在数小时内变成汪洋大海。1970 年 11 月 12 日，孟加拉湾一次台风引起巨浪，波高达 20m，使海水猛涨，淹没一个岛屿，夷平了许多村庄，使 30 余万人丧生，100 万人无家可归，溺死牲畜 50 万头。

2) 按水深分类

按水深相对波长大小可分为深水波和浅水波。

深水波：是水深相对波长很大的波。这种波动主要集中在海面以下一个较薄的水层内，又称为表面波或短波。

浅水波：是水深相对波长很小的波，又称为长波。

3) **按波形的传播性质分类**

前进波：波形不断地向前传播的波浪，称前进

波或进行波。

驻波:波形不向前传播,只是波峰和波谷在固定点不断地升降交替着的波浪,称驻波。

3. 余摆线波(正弦波)

早在1802年捷克学者格尔斯特纳(Gerstner)就提出了波浪的余摆线理论。

海洋中的波浪按所及水深和水质点运动规律,可分为深水波与浅水波。其临界水深为 $H=\dfrac{\lambda}{2}$(即水深为 $\dfrac{1}{2}$ 波长),故余摆线理论又可分深水波和浅水波两种。

1)深水波的余摆线理论

深水波余摆线理论是从以下几个假定条件出发的:①海是无限深广的;②海水是由许多水质点组成的,它们之间没有内摩擦力存在;③参加波动的一切水质点均作圆周轨迹运动,并且当水质点作圆周轨迹运动时,在水平方向上,它们的半径相等,在垂直方向上,则自水面以下逐渐减少,在波动前位于同一直线上的一切水质点,在波动时角速度均相等。

这样波浪发生时,水质点在其平衡位置附近运动,水质点未前进,只是波形向前传递,如此所形成的波形曲线是余摆线(图5.34)。

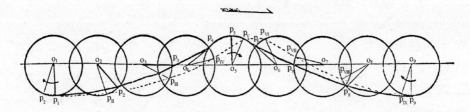

图 5.34　深水波中水质点运动和波形的传播

根据深水波的余摆线理论,可得出深水波的特性:若以角度 φ 来表示水质点在圆周上的位置,则在水平方向上是随着波浪推进距离的增加,位相角 φ 角逐渐变小;在垂直方向上,位相角 φ 角则大小相等。水质点的运动半径在水平方向上则相等;在垂直方向上,则随水深的增加而按指数规律递减,即

$$r_z = r_0 e^{-\frac{2\pi z}{\lambda}} \tag{5.32}$$

式中,r_z 为 z 水深处水质点的运动半径;r_0 为表面水质点运动半径;e 为自然对数的底数;π 为圆周率;λ 为波长;z 为水深。

而周期 τ 和波长 λ 不变,当水深 z 等于波长 λ 时,波浪几乎静止,故波浪的影响深度为一个波长那么深。深水波的波速 c、波长 λ、周期 τ 之间的关系为

$$\lambda = \frac{g\tau^2}{2\pi} = \frac{2\pi c^2}{g} \tag{5.33}$$

$$c = \sqrt{\frac{g\lambda}{2\pi}} = \frac{g\tau}{2\pi} \tag{5.34}$$

$$\tau = \frac{2\pi c}{g} = \sqrt{\frac{2\pi\lambda}{g}} \tag{5.35}$$

式中,g 为重力加速度。

2)浅水波的椭圆余摆线理论

当水深小于 $\dfrac{1}{2}$ 波长时,其波浪便为浅水波。当波浪进入浅水区以后,因受海底摩擦阻力的影响,波浪能量除了继续损耗外,又引起波浪能量的重新分布,波形即发生变化。其特点是:波速减小,波长变短,波高略增。波高的增加是波能集中较浅的水深中所致,因此,波的外形就趋于尖突。这时水质点的运动轨迹也由圆形变为椭圆形,这样的波形即成为椭圆余摆线形(图5.35)。

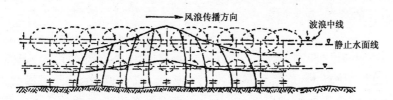

图 5.35　浅水波水质点的运动与波形的传播

根据浅水波的椭圆余摆线理论,可得出浅水波的特性:浅水波中,水质点运动的椭圆轨迹的大小,在水平方向上都相同;在垂直方向上,则自水面以下趋于偏小,但焦点距保持不变,在水底半短轴为零,水质点在两焦点之间作直线的往复运动。非常浅水波(水深小于等于 $\frac{\lambda}{25}$)水质点的运动,只在两焦点之间作往复直线运动。非常浅水波的波速取决于水深而与波长无关,即 $c=\sqrt{gH}$。

4. 近岸浪及其作用

当波浪传入浅水区或近岸后,由于波顶运动速度大于波底,当波峰部分越过波谷部分时,将导致波浪的倒卷和破碎。这种破浪现象若发生在离岸较远的地区,如海中的暗礁或沙洲上,称为破浪;若发生在海岸附近,称为拍岸浪(图5.36)。

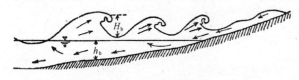

图5.36　拍岸浪示意图
H_b:波高;h_b:水深

波浪可以绕过障阻进入被岛屿、海岬或防波堤等遮蔽的水域,这种现象叫波浪绕射。由于越过障阻物后,波向被隐蔽的水域扩散,所以波高将变低。

当波浪传播方向不垂直于海岸时,由于波峰线两端受海底摩阻力影响大小不一,因而使波向发生转折,波峰线总是平行于海岸线,称为波浪的折射。

波浪从风那里获得了能量,在其运动过程中又不断地消耗能量,推动着波浪的产生、发展和消亡。波浪以其巨大的能量,不但侵蚀着海岸,而且引起泥沙的运动和造成沉积作用。

(二)潮汐和潮流

1. 潮汐及其类型

潮汐是海水位周期性涨落的现象。一般一个太阴日有两次涨落,白天的称潮,晚上的称汐,合称潮汐。

在潮汐现象中,水位上升叫涨潮,水位下降叫落潮。涨潮至最高水位,称为高潮;落潮至最低水位,称为低潮。当潮汐达到高潮或低潮时,海面在一段时间内既不上升,也不下降,把这种状态分别称为平潮和停潮。平潮的中间时刻,叫高潮时;停潮的中间时刻,称为低潮时。由月球上中天时刻到其后第一次高潮时的时间称为高潮间隙;把至低潮时的时间称为低潮间隙;把高潮间隙和低潮间隙统称为月潮间隙。相邻二次高潮时或低潮时的时间间隔,称为潮期(潮周期)。相邻高潮与低潮的水位差,叫潮差。

潮汐类型可分为半日潮、全日潮和混合潮三类(图5.37)。

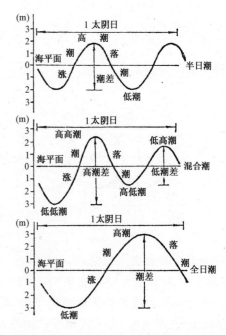

图5.37　潮汐类型

半日潮:在一个太阴日内,两涨两落彼此大致相同的潮汐。

全日潮:在一个太阴日内,只有一次涨落的潮汐。

混合潮:可分为不规则的半日潮和不规则的全日潮。

不规则的半日潮,一般在一个太阴日中,也有两次高低潮,但潮差和潮期不等。不规则的全日潮,则是在半个月中出现全日潮的天数不超过7天,其余天数为不规则的半日潮。

2. 潮汐的成因

引起海洋潮汐的内因是海洋为一种具有自由表面、富于流动性的广大水体;而外因是天体的引潮力。即是说,在天体引潮力的作用下,具有自由表面而富于流动性的广大水体——海洋中便产生相对运动形成了潮汐现象。

天体的引力与地球绕地月公共质心旋转时所产生的惯性离心力组成的合力,叫做引潮力。它是引起潮汐的原动力。

根据牛顿的万有引力定律:宇宙间任何两个物体之间的引力,和它们的质量的乘积成正比,而和它们之间距离的平方成反比(即:$F = G \dfrac{m_1 m_2}{R^2}$)。这样,任何天体都与地球有引力关系。然而在各种天体的引力作用中,以月球的引力为最大,其次是太阳的引力。由于它们对地球的引力的原因,都是完全相同的,故我们就以月球为例来加以说明。

从万有引力定律可知:地面上各处所受天体(月球)引力的大小和方向都不同,但都指向月球中心。

地球与月球之间的地月引力系统,其共同重心,称为公共质量重心,简称为公共质心。地月公共质心与月心和地心三点永远在一直线上,故地月公共质心可在地心与月心的连线上找到。经推求,地月公共质心位于地月中心连线上离地心的距离为 $0.73r$(地球半径)处。

就地月系统来说,存在着两种运动,即地月系统绕其公共质心的运动和地球的自转运动。

地球自转运动时,地球表面上任一水质点都受到地心引力和地球自转产生的惯性离心力的作用。但对于地球上每一点来说,其大小和作用方向都是不变的,所以通常都被包括在重力概念之中,它们的作用只决定着地球的理论状态,而对潮汐现象没有影响。故在引潮力分析中,可假定地球是不自转的。

地月系统绕其公共质心的运动时,地球表面任一点都受月球的引力和地月系统绕公共质心运动所产生的惯性离心力的作用。这两者的合力便为引潮力。

由于地球是一个刚体,所以当地心在绕地月系统的公共质心进行旋转运动时,地球上其他各点并不是都绕地月公共质心旋转的,而是以相等的半径(EK)、相同的速度作平行的移动。即整个地球体是在平动着,并不是做同心圆的转动。

由此,地面上任一点 P 和地心 E 均取一个单位质量。海洋上各水质点,不论位于何处,其惯性离心力的方向相同,都与月球对地心的引力方向相反而平行;其大小各处都相等,都等于月球对地心的引力(图5.38)。这是地球平动的结果。

引潮力在不同时间、不同地点都不相同。在地球上处于月球直射点的位置,吸引力大于惯性离心力,所涨的潮称为顺潮;在地球上处于月球对趾点的位置(下中天),则离心力大于引力,亦同时涨潮,称为对潮。在距直射点 90° 处,则出现低潮(图5.39)。地球自转一周,地面上任意一点与月球的关系都经过不同的位置,所以对同一地点来说,有时涨潮,有时落潮。

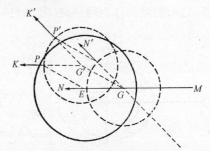

图 5.38　地月系统运动所产生的惯性离心力

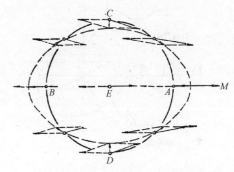

图 5.39　月球对地球各部分的引潮力

经计算的结果,引潮力的大小与天体的质量成正比,而与天体至地心距离的三次方成反比,即 $F = \dfrac{2Gmr}{R^3}$。由此,可计算出月球引潮力为太阳引潮力的 2.17 倍。所以地球表面的潮汐现象,以月球为主,月球的直射点和它的对趾点,大体就是潮峰的位置。月球中天的时间,大体就是高潮的时刻,而潮汐变化的周期,是月球周日运动的周期,即太阴日。

地球表面各点,一般说来,所受引潮力的大小和方向都不同,但对于同一天体来说,上、下中天有近似的对称性。由于日、月、地球具有周期性的运动,故潮汐现象也具有周期性变化。

3. 潮汐的变化

1)天文因素影响下的潮汐变化

(1)潮汐的日变:可分为半日周期潮和日周期

潮。①半日周期潮。当月球赤纬为零时,即月球在赤道上空,海面任一点都为半日潮(图5.40)。潮汐高度从赤道向两极递减,并以赤道为对称,故称为赤道潮(或分点潮)。②日周期潮。当月球赤纬不为零时,不同纬度的潮型不同:在赤道为半日潮;在赤道至中纬地区为混合潮;在高纬地区为全日潮。当月球赤纬增大到回归线附近时,潮汐周日不等现象最显著,这时的潮汐称为回归潮(图5.41)。

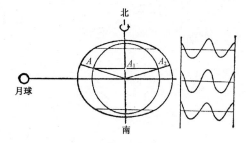

图5.40　半日周期潮

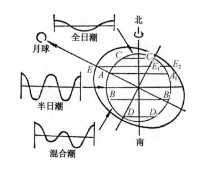

图5.41　日潮不等和日周期潮

(2)潮汐的月变:可分为半月周期潮和月周期潮。①半月周期潮。它是由月、日、地三者所处位置不同而产生的。当朔、望日时,月、日、地三个天体中心大致位于同一直线上,由于月球和太阳的引潮力叠加,故它们所合成的引潮力在一个月内是最大的,所涨的潮为大潮;而当月相处于上、下弦时,月、日、地三者的位置形成直角,月、日的引潮力相互抵消一部分,故这时合成的引潮力在一个月内为最小,所涨的潮为小潮(图5.42)。大潮和小潮变化周期都为半个月,故称半月周期潮。②月周期潮。它是由于月球绕地球旋转而产生的。当月球运行到近地点时,所涨的近地潮大,而当月球运行到远地点时,所涨的远地潮小。近地潮较远地潮约大40%。月球绕地球转一圈为一个月,故一个月内有一大潮和一小潮,故称月周期潮。

(3)潮汐的年变和多年变:可分为年周期潮和多年周期潮。①年周期潮。地球绕太阳转时,当地

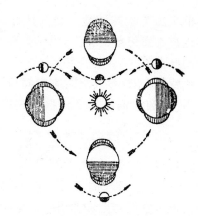

图5.42　大潮与小潮

球运行到近日点时所涨的近日潮为大潮;而当地球运行到远日点时所涨的远日潮为小潮。近日潮比远日潮大10%。地球绕太阳转一周为一年,故形成年周期潮。②多年周期潮。月球的轨道长轴方向上不断变化,其近地点的变化周期为8.85年,故潮汐有8.85年长周期变化。又由于黄道与白道交点的移动周期为18.61年,故潮汐也有18.61年的周期变化。

2)地形对潮汐的影响

以上只考虑天文因素对潮汐的影响,实际上潮汐还要受当地自然地理条件的影响。各地海水对天体引潮力的反应,视海区形态而定。

物体失去外力作用后还能自行振动,这振动称为自由振动。其振动周期称为自然周期。潮汐是一种受迫振动,当受迫振动周期与海水本身的自然振动周期相接近时,便会产生共振,反应就强烈,振动就特大,否则相反。而海水振动的自然周期与海区形态和深度有密切关系,故各海区对天体的引潮力反应也不同。例如,在雷州半岛西侧的北部湾为全日潮,而东侧的湛江港则为半日潮。又例如钱塘江口,由于呈喇叭形,故常出现涌潮。其特点是潮波来势迅猛,潮端陡立,水花飞溅,潮流上涌,声闻数十里,如万马奔腾,排山倒海,异常壮观。这一奇特景观也叫怒潮。

4. 潮流

潮流是指海水在天体引潮力作用下所形成的周期性水平流动。随着涨潮而产生的潮流,称为涨潮流;随着落潮而产生的潮流,称为落潮流。

潮流的运动形式,可分为回转流和往复流。

(1)回转流。在外海和开阔海区,潮流受地转偏向力作用而成回转流(也叫八卦流)。回转流的

方向在北半球为顺时针方向,在南半球则为逆时针方向。旋转的次数取决于潮汐类型,半日周期潮在一个太阴日内回转两次;全日潮则回转一次。其流速从最大到最小,再到相反方向的最大,再到最小,不断往复旋转流动(图5.43)。

(2)往复流。在海峡、河口、窄湾内,受地形影响,潮流便成了往复流。其流速从零到最大,再到零,再到相反方向的最大,再到零,这样不断循环(图5.44)。其往复的次数也取决于潮汐类型。当半日潮时,一个太阴日内,水流往复两次;当全日潮时,一个太阴日内,水流则往复只有一次。往复流的最大流速较回转流大,每小时可达18～22km,而回转流一般每小时只达4～5km。

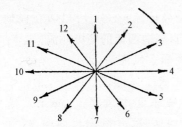

图5.43　半日周期的回转流

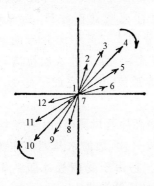

图5.44　半日周期的往复流

实际海洋上的水流,既不是纯粹的潮流,也不是纯粹的海流,而是两者合成的结果。

（三）洋　　流

洋流是海水沿着一定方向的大规模流动,也称海流。

1. 洋流的分类

1）按水温分类
按水温可分为暖流和寒流。

暖流:若洋流带来的海水温度比到达海区的水温高,这样的洋流叫暖流。如,由低纬流向高纬的洋流属于暖流。在洋流图中,一般用红色箭头表示。

寒流:与暖流相反,若洋流所带来的海水温度比到达海区的水温低,就叫寒流。如,由高纬流向低纬的洋流属于寒流。一般在洋流图中用蓝色箭头表示。

2）按成因分类
按成因可分为风海流、密度流和补偿流三类。

风海流:是海水在风的摩擦力(切应力)作用下形成的水平运动,也称漂流或吹流。风力作用于海面时,可产生对海面的正压力和摩擦力,故风作用于海面时,可同时产生波浪运动和使海水向前运动的洋流(图5.45)。

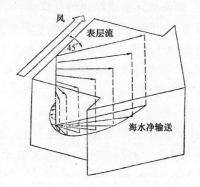

图5.45　风引起的海水运动

深水风海流和浅水风海流的特性不同。

厄克曼(Ekman)曾对风海流做过深入的研究。他假定:当海区无限深广;没有发生增减水现象,并且海水密度可认为是一个常量;作用在海面上的风场是均匀的,时间是足够长的。在这些假定条件下,他得出深水风海流的特性:风海流的表层流向与风向成45°夹角,在南半球偏向风向的左边,在北半球偏向风向的右边;流向随水深增加而与风向的夹角越大,一直到与表层流方向相反为止。这时的深度,称为摩擦深度。摩擦深度(D)可用经验公式计算,即:$D = \dfrac{7.6w}{\sqrt{\sin\varphi}}$。式中$w$为风速(m/s),$\varphi$为地理纬度。风海流的表层流速最大,表层流速($v_0$)可用经验公式计算,即:$v_0 = \dfrac{0.0127w}{\sqrt{\sin\varphi}}$。式中符号的物理意义同上。流速随水深增加而按指数规律递减,即:$v_z = v_0 e^{-\frac{\pi}{D}z}$。式中$z$为水深,e为自然对数的底数,$\pi$为圆周率,$D$为摩擦深度,$v_0$为表层流速。当

$D=z$ 时，则 $v_z=v_0e^{-\pi}=0.043v_0=4.3\%v_0$，可见在摩擦深度处的流速很小，当超过摩擦深度时，风海流即可认为不存在。风海流水体输送方向与风向的夹角为 $90°$，北半球偏风向的右侧，南半球则偏风向的左侧。

浅水风海流的特性，是表层风海流的流向与风向间的偏角随海水深度（H）与摩擦深度（D）的比值（H/D）的减小而减小。当 $H=0.1D$ 时，风海流与风向一致；当 $H=0.25D$ 时，风海流流向与风向成 $21.5°$ 角；当 $H=\frac{1}{2}D$ 时，其夹角增大到 $45°$；当 $H>\frac{1}{2}D$ 时，风海流表层流向与风向的偏角几乎不变（为 $45°$）。

此外，风海流还造成岸边的升降流。

密度流：密度流是由于海水密度差异而引起的海流。这是由于海水密度分布不均，使海区形成了压力梯度，在压力梯度力作用下，海水产生了流动。故密度流也称梯度流。

补偿流：是由于某一种原因使海水从一个海区流出，而使另一部分海水流入进行补充，海水的这种流动叫补偿流。补偿流可以是水平流动，也可以是垂直流动（上升流和下降流）。

综上所述，产生洋流的主要原因是风力和密度差异。实际海洋中的洋流总是由几种原因综合作用的结果。

2. 世界大洋表层环流系统

大气与海洋之间处于相互作用、相互影响、相互制约之中，大气在海洋上获得能量而产生运动，大气运动又驱动着海水，这样多次的动量、能量和物质交换，就控制着大气环流和大洋环流。海面上的气压场和大气环流决定着大洋表层环流系统。

根据世界大洋表层洋流分布，可得出世界大洋表层环流结构的特点：以南北回归线高压带为中心形成反气旋型大洋环流；以北半球中高纬海上低压区为中心，形成气旋型大洋环流；南半球中高纬海区没有气旋型大洋环流，而被西风漂流所代替；在南极大陆周围形成绕极环流（自东向西流）；北印度洋海区，由于季风的影响，洋流具有明显的季节变化，冬季呈反时针方向流动，夏季呈顺时针方向流动。

反气旋型大洋环流：在信风（东北信风和东南信风）作用下，海水从东向西流动，形成赤道流（北赤道流和南赤道流）。遇大陆后分为两支：一支向低纬流的在赤道附近则从西向东流形成逆赤道流。另一支向高纬流去，到纬度 $40°\sim50°$ 遇西风，在西风作用下，海水从西向东流，形成西风漂流。遇陆地后分两支。其中一支向低纬流去，接上赤道流，这便完成了反气旋型大洋环流。反气旋型大洋环流在北半球呈顺针方向流，在南半球则呈逆时针方向流。

气旋型大洋环流：分布在北纬 $45°\sim70°$。在西风漂流遇陆后分两支，向高纬流去的，到高纬区，由于极地东风的作用，海水又沿西海岸向低纬流，到北纬 $40°\sim50°$ 进入西风带，转为西风漂流，这样便完成了气旋型大洋环流。

南极绕极环流：在南极海区，在极地东风的作用下，形成自东向西流的绕极环流。

北印度洋季风漂流：北印度洋海区在冬、夏季风作用下形成季风漂流。冬季，北印度洋盛行东北季风，形成东北季风漂流，海水从孟加拉湾出发，沿海岸向西流，并顺海岸向南流，在赤道附近折而向东流。遇陆地分两支：向北流的一支流入孟加拉湾，便形成逆时针方向流动的冬季环流。夏季，北印度洋盛吹西南季风，南赤道流向西流去，遇陆地，分两支。其中向北流的，在西南风作用下，沿海岸流，一直流进孟加拉湾，再顺海岸向南流接上南赤道流，这便完成了夏季环流，呈顺时针方向流动。

南半球中高纬西风漂流：由于南半球中高纬海区三大洋连成一片，故海水从西向东流，形成环球的西风漂流。它由于受南极冰盖的影响，水温较低，形成寒流性质的洋流。

3. 洋流的作用

洋流对高低纬度之间热能的输送和交换，对全球的热量平衡，有重大影响。据统计，从低纬地区输送到高纬地区的热量，约有一半是由洋流完成的。

一般来说，暖流流经的地区，气温增高，降水机会多；寒流流经的地区，气温降低，降水的机会极少。如大西洋东岸受湾流影响，使高纬地区的西北欧气候终年温和多雨，冬季最冷月均温比同纬度高 $16\sim20℃$，呈现森林景观；而同纬度的北美洲东海岸，由于受拉布拉多寒流影响，一年冰冻期达 9 个月，出现冻原景观。在寒流和暖流相遇的地区,由于温度不同的空气混合冷却,常常是多雾地区;在寒暖流分歧的大陆西岸,出现地中海式的气候。

海洋中的浮游生物随着洋流漂流,暖流和寒流相遇,有机物质十分丰富。因为寒暖流交汇,把热带和寒带的浮游生物混合在一起,使海水中有机营养物质大量增加,吸引着大批鱼群向这里集中寻饵,形成大渔场。

陆地上排放到海洋中的污染物质,可以被洋流扩散到别的海域,虽使污染范围扩大,但也能加快污染物净化的速度。

三、海洋资源和海洋环境保护

(一)海 洋 资 源

海洋资源指来源、形成和存在方式均直接与海水或海洋有关的资源。据属性,海洋资源可分为海洋化学资源、海洋矿产资源、海洋动力资源和海洋生物资源四类。

(1)海洋化学资源,是指海水中所含的大量化学物质。其中有80多种化学元素,各种元素的储量也相当可观。这些元素可提取的有70多种。海水中各种化学物质的数量十分丰富。如:黄金在海水中含量虽然非常小,但总量也有500万t以上;铀有45亿t以上;镁1800万t以上。据计算,在2.5km³的海水中,可以生产32种产品(除淡水外),总产值在30亿美元以上。从经济效益看,海水价格低廉,取之不尽。目前,对海水化学资源的利用,局限于部分元素,已达工业规模生产的有淡水、食盐、镁和溴等。

(2)海洋矿产资源,又称海底矿产资源。包括海滨、浅海、深海、大洋盆地和洋中脊底部的各类矿产资源。按矿床成因和储存状况分为:①砂矿,主要来源于陆地上岩矿碎屑,经外力作用搬运和分选,在海滨最宜地段沉积富集而成,如砂金、砂铂、金刚石、金红石和独居石等。②海底自生矿产,由化学、生物和热液作用等在海洋内生成的自然矿物,可直接形成或经富集后形成,如磷灰石、海绿石、重晶石、海底锰结核及海底多金属热液矿(以铜、锌为主)。③海底固结岩中的矿产,大多属于陆上矿床向海下的延伸,如海底油气资源、硫矿及煤等。在海洋矿产资源中,以海底油气资源、海底锰结核及海滨复合型砂矿的经济意义最大。

(3)海洋动力资源。海水运动可以产生巨大的动力资源。如波动能量每秒为27亿kW,海洋中每年波能总量达236520亿kW;表层与深层间的温差总能量为100亿kW,它的热能发电达600亿kW;潮汐能量每年达3500亿kW;潮流能量当流速为2m/s时,1m²的水面每年可产生电力2万kW·h。

(4)海洋生物资源,又称海洋水产资源,指海洋中蕴藏的经济动物和植物的群体数量,是有生命、能自行增殖和不断更新的海洋资源。海洋生物资源按种类可分为:①海洋鱼类资源,占世界海洋渔获量的88%,其中以上层鱼类为多,约占海洋渔获量的70%,主要有鳀科、鲱科、鲭科、鲹科和金枪鱼科等;底层鱼以鳕产量最大,次为鲆、鲽类等。②海洋软体动物资源,占世界海洋渔获量的7%,包括头足类如枪乌鱼、乌贼、章鱼,双壳类如牡蛎、扇贝、贻贝及各种蛤类等。③海洋甲壳类动物资源,约占世界海洋渔获量的5%,以对虾类和其他泳虾类为主,并有蟹类、南极磷虾等。④海洋哺乳类动物,包括鲸目如各类鲸及海豚,海牛目如儒艮、海牛,鳍脚目如海豹、海象、海狮及食肉目如海獭等。⑤海洋植物,以各种海藻为主,主要有硅藻、红藻、蓝藻、褐藻、甲藻和绿藻等11门,其中近百种可食用,还可以从中提取藻胶等多种化合物。

(二)海洋环境保护

海洋是人类生活和生产不可缺少的物质和能量的源泉。随着科学技术的不断发展,人类利用开发海洋的规模愈来愈大,对海洋的依赖程度愈来愈高。同时人类对海洋的影响也日益增大,把生活与生产中产生的废弃物排入海洋。这些废弃物主要有工业废物如矿渣、废油、汞、废纸浆、废热等,农业废物如有机汞化合物、有机磷化合物、化肥、家禽粪便等,生活废物如垃圾、食品废渣、洗涤剂、杀虫剂等,军事废物如放射性废物、裂变衍生物、有机物等。

虽然海洋具有很强的自净能力和较大容量,但如果废弃物超过自净力和容量时,就会造成海洋污染。特别是在人类活动频繁的近海海域及河口、港湾,海洋污染更严重。海洋污染危害鱼类、海鸟和其他海洋生物,使海洋生态失去平衡;恶化水质;恶化海滨环境;危及人类健康;妨碍海事活动。

因此,海洋环境保护愈来愈引起人们的重视。

为了可持续发展的需要,人们在采取合理开发利用海洋资源、限制污染物排入海洋的数量等措施的同时,还必须加强对环境污染所引起的海洋环境质量变化规律及其保护方法的研究,以及依据有关法律法规,保护海洋生态环境。

复习思考题

1. 分析海水的化学组成和特点、海水中主要的盐类及来源。为何河水与海水盐分不同?

2. 什么是盐度? 分析影响世界大洋盐度变化的因素及盐度分布的规律。

3. 世界大洋表面水温分布及水温的垂直分布各有什么规律?

4. 什么是海水密度、条件密度、水色、透明度? 影响水色和透明度的主要因素是什么?

5. 海水结冰为什么比淡水结冰难?

6. 什么是波浪? 如何分类? 分析比较各类波浪的特点和成因。

7. 什么是潮汐和潮流? 如何分类? 分析潮汐的成因和变化规律,以及潮流的运动形式。

8. 什么是洋流? 如何分类? 各有什么特性?

9. 世界大洋表层环流结构有什么特点? 洋流有哪些主要作用?

10. 海洋资源主要有哪些类型? 为何要保护海洋环境?

第七节　水　资　源

水资源是人类社会赖以生存、发展的最为宝贵的自然资源,它既是生活资料,又是生产资料,也是巨大的廉价能源。它已成为有重大经济价值的商品,受到政治、法律与社会的保护。

在广义上,水资源是指水圈中水量的总体。但是海洋水因其含有较高的盐分,所以通常说的水资源是指能为人类直接利用的陆地上的淡水资源。

一、水资源的特性

水资源是一项随时随地在循环、交换运动的动态资源。它与土地资源、矿藏资源不同,有其独特的性质。只有充分认识它的特性,才能更有效地利用水资源。

1. 循环性和有限性

水能以气态、液态、固态等三种不同的形态存在,并在一定的条件下,水的三态又能互相转化,形成了自然界中的水分循环。因此,水是可更新的资源,地表水和地下水被开发利用后,可以得到大气降水的补给。这样,水分循环使得水资源不同于石油、煤炭等矿产资源,而具有蕴藏量的无限性。然而每年的补给量是有限的,为了保护自然环境和维持生态平衡,一般不宜动用地表、地下储存的静态水量,故多年平均利用量不能超过多年平均补给量。

2. 时空分布不均匀性

在对陆地上各种水体的叙述中,可以看到,水是具有明显地区差异和时间分配不均的资源。这给水资源的开发利用带来了许多困难。为了满足各地区、各部门的用水要求,必须修建蓄水、引水、提水、调水工程,对天然水资源进行时空再分配。由于兴建各种水利工程要受自然、技术、经济条件的限制,因此只能控制利用水资源的一部分。由于排盐、排沙、排污以及生态平衡的需要,应保持一定的入海水量。故欲将一个流域的产水量用尽耗光,既不可能,也不应该。如美国加利福尼亚州,规定有25%的年径流量必须入海。

3. 用途广泛性和不可代替性

水资源既是生活资料又是生产资料,在国计民生中的用途相当广泛,各行各业都需要水。同时,水是一切生物的命脉,它在维持生命和组成环境所需方面是不可代替的。然而,随着人口的增长,人民生活水平的提高,以及工农业生产的发展,用水量不断增加是必然趋势。故水资源问题已成为当今世界普遍重视的社会性问题。

4. 经济上的两重性

由于降水和径流的地区分布和时程分配不均匀,往往会出现洪、涝、旱、碱等自然灾害。水资源开发利用不当,也会引起人为灾害。如垮坝事故、次生盐碱化、水质污染、环境恶化等。因此,水既能供开发利用造福人类,又能引起灾害,直接毁坏人民生命财产。这就决定了水资源在经济上的两重性,既能增加收入,又能导致损失。因此应进行水资源的综合开发和合理利用,以达到兴利除害的双重目的。

二、水资源的评价、利用和管理

在水资源的评价中,不仅包括可用水资源的估算,而且还要考虑到社会经济和环境方面的问题,预测未来水资源的供需平衡。这是制定水资源综合开发与合理利用长远规划的依据,是减少水的浪费,提高水资源利用率的重要措施。

在水资源开发利用和管理中,强调综合性。在规划时要考虑到包括环境问题在内的多目标,水资源的地区分布和跨流域调水,地面水和地下水的联合运用,水库群的联合运用等等。

水资源保护的目的是最大限度地利用水源,增辟水源,节约用水,加强管理,提高用水效率。研究内容:农业用水主要靠工程措施,如灌溉系统的护砌、平整土地和科学地拟定供水程序,采用节水技术如喷灌、滴灌等。

工业用水,主要是重复利用和改善设备,节约用水,这部分潜力较大。

展望水资源的未来,通过水资源的深入研究,将能广泛地运用较合理的方法,更经济、更有效地解决水资源的问题,从而使人类社会、经济得以持续发展,生态环境得到保护。

复习思考题

1. 什么是水资源? 水资源有哪些特性?

2. 水资源评价主要包括哪些方面? 水资源保护的目的是什么?

第六章　地　　貌

地貌是岩石圈表面的起伏形态,也是自然地理要素中的一个组成部分。在自然地理环境的演变过程中,地貌一方面直接或间接地作用于其他要素,使它们发生不同的反应和变化。例如高山地貌造就了严寒的气候、固体水冰川发育、石质土的形成和苔原植被的出现。另一方面地貌又是其他要素进行能量交换和转化的主要场所,成为各要素赖以生存的基础。而且地貌本身在其他要素作用下,也发生着深刻的变化。如高原或高山,在地壳相对稳定的情况下,经过长期的外力作用后,最终变成了准平原。

由此可见,地貌与自然地理各要素之间是互相作用,而又互相促进的,从而使整个地理环境发生不断的变化。

第一节　地貌的形成因素

地貌是在营力、构造、岩石和时间等因素共同作用下形成的,分述如下。

一、营　力　因　素

营力是地貌形成的动力,它又分为内营力(内力)和外营力(外力)两种。内营力是由地球内部放射能和重力能所引起,它使地壳发生垂直运动、水平运动、褶皱运动、裂断运动、岩浆活动、地震活动以及重力作用等。内营力力量十分巨大,对地貌的影响也最为深刻,世界上的巨型和大型地貌主要是由它所造成的,但它的作用过程除火山和地震之外都非常缓慢。

外营力主要是由地外太阳能所引起,它造成岩石的风化作用、流水作用、风力作用、冰川作用、海洋作用、生物作用等。这些作用都表现得十分明显和迅速,产生的地貌则以中小型为多,而且都叠加在巨、大型地貌之上。由于外力明显地受气候带(区)影响,所以地貌也就具有地带性,如湿润热带地貌,它是以化学风化作用、流水作用、喀斯特作用及热带海岸生物作用等为显著。

内、外营力在造貌过程中是同时出现的,并且互相影响,只不过在不同时期作用强度不同而已,这就是营力的主导性。例如在地壳稳定时期,以外营力为主导,结果使高地夷平,低地填高。如果在地壳强烈活动时,则以内营力为主导,此时地貌高差增大,海底可能上升成为陆地,而陆地下沉也可能变成海洋。

此外,在地貌形成过程中,人类作用是不可忽视的,随着科学的发展,这种作用将显得越来越为重要。例如劈山开路,建造机场,围海造陆,开凿运河,修筑堤坝等。为了经济建设和军事需要,建造新地貌,改造原地貌已非困难之事。还须特别提及的是一种来自宇宙的外力,如小行星撞击地球,不但使地表产生陨石坑地貌,而且还对地球环境和生物造成重大影响。

按造貌的营力不同,可把地貌分为构造地貌(即内力地貌)和外力地貌两大类。后者又可细分为重力地貌、流水地貌、喀斯特地貌、风成地貌、冰川地貌和海岸地貌等。本章系统地按此两大类地貌进行论述。

二、岩　石　因　素

岩石是形成地貌的物质基础,不同的岩石,其矿物成分、结构和构造等物理性与化学性质都不同,而且都会影响到岩石的软、硬和抗蚀程度,从而进一步影响到地貌形态。如坚硬结晶质的花岗岩,重结晶的石英岩,矿物硬度高的石英砂岩等,抗蚀力都很强,多造成高山峻岭;软弱的岩石如页岩、泥岩、泥灰岩等,抗蚀力差,只能形成低矮的丘陵和平原。此外,可溶性强的碳酸盐类岩石(如石灰岩)、硫酸盐类岩石(如石膏岩)、卤盐类岩石(如盐岩)等则造成特殊的喀斯特地貌。由于岩性不同而造成的地貌,又称为岩石地貌。

三、地质构造因素

地质构造是反映地壳运动和岩石构造的地质

体。它的规模有大小之分,性质上有活动与稳定之别。不同的构造对地貌发育影响甚大。例如板块构造的边界,是活动的构造带,地貌上多出现庞大的褶皱山系(汇聚型)或大裂谷(分离型)。而板块的内部,构造较稳定,地貌上多为平原、台地或低山丘陵。又如岩层紧密褶皱的地区,地貌上多成为高山深谷,而岩层平缓的地区,多成构造台地或丘陵。由不同构造所成的地貌,又称为构造地貌。

四、时 间 因 素

地貌是时间的产物,它随时间变化而不同,即"随时而变"。如原来的高原或高山,在地壳相对稳定时期,随着时间的推移,会侵蚀成低山或丘陵。因此地貌有早期、中期和晚期之分。一般由外力作用为主所形成的中小型地貌,所需时间较短,如一条沟谷只需数年或数十年即可生成;但由内力形成的大型地貌,大多数需要很长的时间,少则百万年,多则超过千万年,如喜马拉雅山的生成,至少也有3000余万年的历史了。目前所见的地貌,主要形成于新生代。

由上可见,地貌是营力、岩石、构造和时间的综合产物。由于这些因素在世界各地分布不同,所以就造成了千姿百态的地貌形态。

复习思考题

1. 试述地貌在自然地理环境中的地位和作用。
2. 举例说明地貌的形成因素。

第二节 构 造 地 貌

构造地貌是以内力作用为主导而成的地貌。

按其规模从大到小,可分为三级:第一级为全球构造地貌;第二级为大地构造地貌;第三级为地质构造地貌。三者的关系是以第一级为基础,第二和第三级分别叠加上去,最后组成了地貌的总体。

一、全 球 构 造 地 貌

大陆和大洋是全球两种最巨型的地貌,大陆是高出海平面的正地貌,大洋是低于海平面的负地貌,它们不仅形态不同,而且地质构造上也有本质的差别。

(一)大陆的特征

大陆是高山海平面的陆地地貌,由陆壳组成,以上升为主,但也有局部的沉降和断陷,所以其内部起伏很大,最高的喜马拉雅山主峰海拔8844.43m(2005年),而最低的死海盆地为−395m(1980年),二者高差达到9239m。

按高度分配,高度在500～8000m以上的山地面积最大,占大陆面积的47.82%;高度在200～500m的丘陵次之,占26.8%;高度在0～200m的平原再次,占24.85%;高度小于0m的面积很小,仅占0.53%(表6.1)。

就世界各大陆而言,南极洲地形最高,平均海拔2200m,欧洲及大洋洲地形最低,仅340m(表6.2)。

从结构上看,大陆型地壳厚度大,平均为33km,但随地形的升高而增厚。如上海(平原,31km)<成都(高平原,47km)<拉萨(高原,71km)。陆壳结构上分两层:上层为沉积岩层,厚度较小;下层为花岗岩层,密度为2.7g/cm³,厚度也较大,尤其在山区更厚。

表6.1 大陆和大洋面积统计表

	高 度	面积(万 km²)	占全球面积(%)	占大陆面积(%)	占大洋面积(%)
大陆	500～8000m 以上山地	7120	13.96	47.82	
	200～500m 丘陵	3990	7.82	26.80	
	0～200m 平原	3700	7.26	24.85	
	0～−300m 洼地	80	0.16	0.53	
	小 计	14890	29.2	100	
大洋	−200～0m 大陆架	2745	5.4		7.6
	−3000～−200m 大陆坡	5476	10.7		15.2
	＞−6000～−3000m 洋底	27885	54.7		77.2
	小 计	36106	70.8		100

表 6.2　世界各大洲平均海拔高度

洲　名	高度(m)	洲　名	高度(m)
亚　洲	960	北美洲	720
欧　洲	340	南美洲	590
非　洲	750	南极洲	2200
大洋洲	340		

（二）大洋的特征

大洋是指海平面之下的水底地貌。从构造观点看，大洋的构造可分为两部分：水深由 0 ～ －2500m（或－3000m）处为陆壳与洋壳之间的过渡带，又称为大陆边缘，此处陆壳厚度逐渐减小。水深－3000m 以下属洋壳构造，地貌上称为洋底。整个大洋，从大陆边缘至洋底可连成一条下凹形的起伏曲线，它基本上反映了大洋的总体轮廓。大洋以沉降为主，但也有大规模的水平移动和强烈的火山地震活动，所以洋底的起伏也是很大的，如以最深的海沟（马里亚纳海沟－11034m）至最高的海底山

脉（夏威夷群岛的冒纳罗亚火山海拔 4170m）相比，高差达 15000 多米，比陆地的高差还大得多。平均深度为 3800m。

在世界各大洋之中以太平洋最深，北冰洋最浅（表 6.3）。

表 6.3　世界各大洋的面积及深度

大洋名称	面积 （万 km²）	平均深度 （m）	最大深度 （m）
太平洋	18134.4	3940	11034
大西洋	9431.4	3575	9218
印度洋	7411.8	3840	9704
北冰洋	1225.7	1117	5450
合　计	36203.3	3729	11034

据 A. R. David，1997。

从结构上看，大洋型地壳厚度明显减小，平均只有 7.3km。而且只有单一的玄武岩层，其密度为 2.9g/cm³。该层具有连续分布的特点，即从洋底延伸至陆壳下部，以至把整个地球包围起来。大部分洋底之上缺失花岗岩层，但往往堆积了薄层的碎屑物（表 6.4）。

表 6.4　大陆型与大洋型地壳厚度比较表

地壳分层	大陆型地壳(km)					大洋型地壳(km)			
	大陆	大陆架	大陆坡	岛屿	岛弧	海沟	边缘海	洋盆	洋中脊
沉积岩层	0～15	0.5	1.5～4.8	1.4～2	5.5	0.5～1.2	0.5～3	0～2	0.2
花岗岩层	15～20	12～15	5～6	4～9	6				
火山岩层					1～2.2	1.2～2.3	1.2～2.1		
玄武岩层(辉长岩)	15～25	15～20	9～15	4～12	9～16	2.1～12	3～6	4.5～5.1	4.7
地壳厚度	30～40	31～35	12～27	12～31	16～36	5.5～8	6.2～9	6～7	5

由上可见，大陆型地壳厚而轻；大洋型地壳薄而重，并且缺少花岗岩层。这些特点对于大陆或大洋地貌的生成具有重大意义。

（三）大陆与大洋的成因

关于大陆与大洋形成的学说很多，其中以海底扩张-板块运动说最为重要。该学说应用海底扩张及板块运动理论，解释了大陆及大洋的生成及其演变过程。该学说认为：大洋生成的前期出现板块分裂，产生大陆裂谷，如东非裂谷。以后随着裂谷的扩大，形成了狭长的海洋，如红海。再后，海底不断扩张，海洋扩大成为广阔的大洋，如大西洋、太平洋。在海底扩张和板块运动过程中，大陆也可能下沉，成为海洋，

如现代各大洋中存在的海底高原，即为板块分裂移动过程中沉没的陆块。如果两板块互相靠拢时，海洋则逐渐收缩，如欧亚板块与非洲板块之间的古地中海西部，缩小至现代的地中海。最后，当两板块发生碰撞时，海洋则消失，变为新大陆，如欧亚板块与印度洋板块之间的古地中海东部，变为现代的喜马拉雅山大陆。由此可见，海底扩张与板块运动是大陆与大洋生成、发展或消亡的主要力量。

二、大地构造地貌

（一）大陆的大地构造地貌

大陆内部不同的大地构造单元，有着不同的发

展历史和地貌形态,如板块边界是构造活动区,其主要地貌是新生代褶皱山带或大陆裂谷。又如当板块内部由构造稳定区变为活动区时,产生的主要地貌是断块山和大高原。再如当板块内部为构造稳定区时,产生的主要地貌是大平原和大盆地,主要地貌介绍如下。

1. 新生代褶皱山带

现代世界上最大的褶皱山带,是由欧亚板块与非洲板块、印度洋板块碰撞所成。它西起比利牛斯山及阿特拉斯山,向东经阿尔卑斯山、喀尔巴阡山、巴尔干半岛和小亚细亚半岛山地、伊朗高原南北山地至喜马拉雅山。这些山地有以下特征:

(1) 是现代世界上规模最大、地势最高的山地。欧亚东西走向褶皱山带及环太平洋褶皱山带共长 4.7 万多公里,而且高山最为集中,如喜马拉雅山的珠穆朗玛峰(8844m)、阿尔卑斯山的勃朗峰(4810m)、阿拉斯加的洛根(中)峰(6054m)、安第斯山的汉科乌马山(7010m)等。

(2) 山体构造复杂,褶皱和断裂都十分强烈。山体褶皱多为倒转褶皱、平卧褶皱和大型的逆掩断层推覆体(图 6.1)。

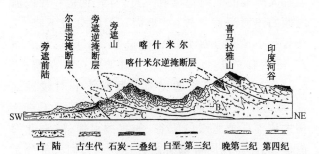

图 6.1　喜马拉雅山构造图(据曾昭璇转引自《印度地质》)
A,B,C 为推覆构造体

(3) 山地新构造运动活跃,上升速度快。如喜马拉雅山的上升速度达 3~7mm/a,火山喷发和地震活动频繁而剧烈。

2. 大陆裂谷

大陆裂谷分布在板块的分离型边界的张裂带上。由于板块的相背运动,在拉张作用下形成。大陆裂谷是陆地上最大的断陷谷地,如东非大裂谷、贝加尔裂谷、莱茵裂谷及加利福尼亚裂谷等。裂谷宽数十至数百公里,长可达数千公里。世界上各大裂谷之中,以东非裂谷最大,它南起赞比西河支流

的希雷河口,北至马拉维湖后分成东西两支,西支经坦噶尼喀湖、基伍湖、阿明湖至蒙博托湖。东支经纳特龙湖、图尔卡纳湖、沙拉湖、亚丁湾及红海,共长 7300 多公里。裂谷宽度最大为 300 多公里,深 1000~2000m,两侧为高原及断块山地。

裂谷不论在构造和沉积上都有其独特之处,如:

(1) 裂谷区地壳运动强烈,断裂升降或水平活动均十分明显。如东非裂谷的加利列湖区,沉降速度达 60~100mm/a,亚丁湾为 2.7mm/a。在埃塞俄比亚段的水平扩张速度为 10mm/a,红海为 1~2mm/a。裂谷内或附近有火山活动,地震活动频繁,震源深度为 30km,与裂谷区地壳厚度相当。

(2) 裂谷构造复杂,沉积层厚度大而且夹有火山熔岩。裂谷构造一般呈复式地堑或次级的地堑地垒系。上覆堆积层的厚度超过 1500m,其中常夹着大量火山熔岩,表示沉积过程中时有火山喷发。

(3) 裂谷区地热值高,达到 $2.0\mu cal/cm^2$($1\mu cal$ $=4.1868\times 10^{-6}$ J),比全球热平均值 $1.5\mu cal/cm^2$ 要大,这与高温的地幔物质上涌有关。

大陆裂谷的成因,按板块说认为,它是地幔物质上涌及地壳拉张的产物,也是板块的生长线。当地幔对流上升时,在高温高压作用下,地壳拱起、变薄张裂而成为谷地,同时也产生火山及地震。如果地幔上升流出现在洋底时,则成为大洋中脊,又称洋底裂谷。裂谷随着板块运动而不断扩大,如贝加尔裂谷,最初出现于南贝加尔盆地,以后逐渐向东北和西南延伸。

3. 断块山与断陷谷

在板块内部,由于新构造运动强烈,岩层断裂上升而成的山地,称为断块山。如我国的太行山、吕梁山、恒山、贺兰山、庐山、泰山、秦岭、天山、阿尔泰山及北美洲的阿巴拉契亚山、欧亚洲间的乌拉尔山等。

断块山地规模大,它的发育一般经过两个阶段:即早期的板块碰撞而产生的强烈褶皱,以及晚期板块内部的断裂上升。如天山在加里东期及海西期地壳运动作用后已褶皱隆起,后来经中生代及古近纪剥蚀夷平。至新近纪再断裂上升及伴有褶皱。其特点是:

(1) 山体高大多呈地垒状,山间多断陷盆地或断陷谷。如天山高 4000~7439m,分南、北、中三带,山带之间有吐鲁番、哈密、艾比湖、尤尔都斯及焉耆

等断陷盆地,中间还有伊犁河断陷谷。又如秦岭的北坡有大断层崖,北接渭河大断陷谷。

(2)山体裂断升降活动强烈。如天山山体强烈上升,但山前却强烈下沉。根据断陷盆地堆积层的厚度7000～8000m(时代为古近纪～第四纪)计算,天山的升降幅度可达11000～15000m之巨。

(3)山坡被急陡的断层崖包围,地形高差很大。

(4)断陷谷的横剖面呈地堑形或断陷簸箕形,结构复杂,堆积层很厚。如汾河谷地堆积层厚为2200～3800m(时代为新近纪～第四纪),渭河谷地的堆积层厚8200～8700m(时代为古近纪～第四纪)。

4. 高原与台地

高原一般位于板块内部,海拔高度一般在500m以上。它的生成与陆地大面积强烈上升有关,如非洲高原、巴西高原、青藏高原、蒙古高原等。它们大多数是古生代或更早的古陆,经过长期侵蚀后,逐渐夷平成为起伏和缓、相对高度不大的地面,至新生代地壳运动时,强烈上升而成。上升幅度小于海拔500m时,则为台地。

5. 平原

平原的高度在我国一般小于200m(少数达600m)。平原的构造成因有两类:第一是堆积平原,主要分布于构造缓慢下沉区,由碎屑物堆积而成,堆积层厚度大,地面平坦。可根据堆积层的厚度变化、堆积物特征、化石及沉积相的变化等,重建平原的演变史,并可从中了解地壳的变动过程和海陆变迁。这种平原的基底构造有断陷式和凹陷式的两种,前者如华北平原,后者如江汉平原及松嫩平原。第二是侵蚀平原,它分布在地壳长期稳定地区或轻微上升区,由高地夷平而成,地面起伏不大,上有残丘分布,没有堆积层或很薄,如我国的徐州、蚌埠一带平原等。

6. 盆地

它是由正(高起)负(低陷)两种地形相邻组合而成的地貌,其四周为高山或高原,中央为平原或低山丘陵。它是地壳升降差异运动所造成。如塔里木盆地是个长期(时代为古生代～古近纪)稳定的古陆块,自新近纪以后,由于南侧的青藏高原和北侧的天山强烈隆起而使它相对下陷,成为盆地。又如四川盆地,自震旦纪以来即为大型凹陷区,中

生代堆积了厚达数千米的红层。燕山运动后期,中、东部褶皱成为丘陵低山,西部仍然沉陷。

(二)大洋的大地构造地貌

大洋的大地构造地貌,可分为两大单元,即大陆边缘和大洋底。

1. 大陆边缘

它是大陆至洋底的过渡地带,地貌上由陆向洋分成三个部分,即大陆架、大陆坡和大陆裾。

1) 大陆架

大陆架是大陆向海延伸的浅海部分,又称陆棚。构造上基本属陆壳性质。地形平坦,平均坡度只有0.1°左右。其范围由海岸线向外,至坡度明显增大的转折处为止。平均水深为130m,但一般人以200m等深线作为大陆架的界线。平均宽度只有70km,在稳定的大陆边缘,宽度较大,可达数百至千公里以上,如我国东海大陆架宽度为700km,北冰洋的大陆架宽1600km。但构造活动的大陆边缘,宽度就很窄,有的几乎没有,如美洲西海岸和日本、菲律宾的东海岸等。因为这里是洋壳向陆壳的俯冲地带。

大陆架的地貌特点有三点:首先它是一片向海缓倾的浅海海底平原(平坦面),但它分级下降,又称为水下阶地。如我国的大陆架,由水深20m至150m内有5级,世界上其他大陆架也有5～8级(表6.5),它们可能是第四纪海面间歇上升时侵蚀而成,或海岸缓慢下降时形成。其次,大陆架上有许多大致垂直于海岸的溺谷,如我国沿海、欧洲北海南部、北冰洋四周等都有溺谷存在。它们大部分是全新世海侵时被淹没的河谷,也有少数是高纬度的冰川谷。再次,在大陆架的外缘往往分布着高起的堤脊,称为陆架边缘堤。其成因是由于岩层的褶皱、断层隆起,珊瑚礁发育或火山存在等。

大陆架上覆盖有薄层的陆相和海相堆积物,其中陆相堆积物来源于全新世海侵之前的陆地环境。因为全新世之前的冰期时代,海面最低低于今日海面约130m,此时该地带乃为滨海陆地,有河流堆积、冰川堆积(高纬)、海岸风沙堆积、潟湖沼泽堆积等。因此会夹有陆相生物化石,如乳齿象、猛玛象、披毛犀、原始牛、淡水泥炭等。到了全新世海侵时又有海相堆积层,内含海相化石,如介形虫、有孔虫、藻类、牡蛎、文蛤及珊瑚礁等。

表 6.5　世界大陆架上海底平坦面深度

平坦面深度(m) 平坦面分级 \ 地区	中国东海大陆架	中国南海大陆架	日本大陆架	加利福尼亚岸外大陆架	大西洋大陆架(平均值)
1	0～20	15～20	0～20	10	18
2	20～50	30～45	20～30	26	36
3	50～75	50～70	40～60	53	50～54
4	75～130	80～95	80～100	82	72～80
5	130～150	110～120	120～140	96	99～122
6					140

　　大陆架的生成有多种学说,如大陆延伸说、挠折说和构造断裂说等。

　　2) 大陆坡

　　它是连接大陆架与大洋底的海底大斜坡,平均坡度为 4°17′,下界水深在2500m左右。这个深度是陆壳向洋壳转变的起点。大陆坡的平均宽度为20～40km。在稳定大陆边缘的大陆坡坡度小及宽度较大,如太西洋的大陆坡坡度为3°05″,宽度为20～100km。活动大陆边缘的大陆坡坡度大而宽度小。大陆坡占大洋面积约 12%。

　　大陆坡的地貌特征有两点:

　　(1) 斜坡地貌形态种类多。如由断层作用而成的阶梯型斜坡;由地堑地垒系组成的断块型斜坡;由堆积物组成的堆积型斜坡;由堆积物受压弯曲的挠折型斜坡(图 6.2);以及由生物堆积而成的珊瑚礁型斜坡等。

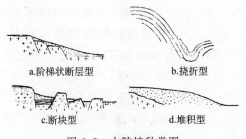

图 6.2　大陆坡种类图
(据里昂节夫,1955)

　　(2) 存在海底峡谷。它是一种深切在大陆坡上的大型海底谷地,谷轴与大陆坡垂直,主要分布在狭窄而坡陡的大陆坡岸段。如北美的东西海岸,非洲西岸,我国的南海海岸等。峡谷的下切深度由数百米至上千米,横剖面呈"V"形,谷坡坡度达40°以上。它的下端终止于洋底,成为陆源物质从大陆架向洋底或海沟输送的通道。海底峡谷的成因,多数人认为是浊流侵蚀的结果。浊流是一种高密度的浊水流,具有很大的冲击力,当谷底坡度为 3°,流速为 3m/s 时,它就能把 30t 的巨砾搬走。当海底发生滑坡、地震和海啸时,都可能出现浊流,形成强大的冲击力和侵蚀出海底峡谷(图 6.3)。

图 6.3　海底峡谷切入大陆坡图

　　3) 大陆裙

　　位于大陆坡与洋底之间的一种大型坡麓堆积,又称深海扇形地。水深在2000～5000m 处。它的上部覆盖在大陆坡的坡麓上,下部覆盖在洋底的边缘,宽度约 600～1000km,堆积物厚度一般为数公里,最大可达 10km。大陆裙在大西洋两侧最发育,印度洋次之,太平洋最差。此外,它在各大河口外和海底峡谷出口处也发育得很好,因为这里的物质来源丰富,如亚马孙河、刚果河、密西西比河、恒河等河口外的大陆裙。

2. 大洋底

　　大洋底位于大陆坡及大陆裙以下的大洋深处,深度为 2500～6000m 以下,属洋壳构造。内有大洋中脊、海底山脉、海盆和海沟等大型地貌。

　　(1) 大洋中脊。它是分离型板块的边界线,是板块构造最活跃的地区之一。它是由地幔物质涌出洋底,并冷凝而成的新生洋底。地貌上呈最巨型的海底山脉,纵贯世界各大洋,专称为大洋中脊。它北起于北冰洋洋脊(从西伯利亚勒拿河口以北穿过南森海盆),然后向南接大西洋洋脊,绕过非洲以南,接印度洋洋脊,再绕过澳大利亚以南,接太平洋中隆(脊),总长 8 万多公里。高度高出两侧洋底1～3km,局部露出海面,如冰岛、亚速尔群岛、圣波尔岛和复活节岛等。宽度 1～1.5km。洋脊的地形比较复杂,横剖面的中央为一深约 2km、宽数十至百余公里的裂谷,两旁为相对高起的尖锐的岭脊(图6.4),它们平行于轴向延伸。洋脊的纵向地形是不连续的,被一系列的转换断层所切断及平错开来,错幅达到数十至数百公里,所以实际上的洋脊是由无数段平行岭谷的断块拼接起来的。

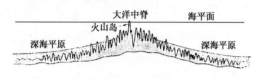

图 6.4　垂直于大洋中脊的洋底地形示意剖面
(据金性春,1982)
注意大洋中脊顶部地形十分崎岖,向两翼下沉,
并随着沉积层的加厚,地形也逐渐展平

(2) 海底山脉(海山)。它是穿插于洋底上的山脉,由火山链组成,规模远不如大洋中脊那样庞大。这种火山只发生在洋底某一个位置上,但火山的岩浆源同样来自上地幔软流圈,它以柱状地幔流的形式上涌,并穿破洋壳喷出。按威尔逊(Wilson,1965)观点认为,在岩石圈下有一个提供岩浆的固定源地,称为地幔热点(图6.5),当移动的洋壳经过热点时产生火山,以后火山随着板块移动离开了热点,成为死火山,新来的洋壳再经热点时,又再形成新的火山。就这样沿着洋壳移动的路线上出现一连串的火山链,即海底山脉。如北太平洋的天皇海岭,夏威夷海岭;中太平洋的莱恩群岛-土阿莫土群岛;西太平洋的马绍尔-吉尔伯特-图瓦卢群岛,加罗林群岛;大西洋的鲸鱼海岭,里乌-格兰德海台等。有的海底火山高出海面,如夏威夷群岛。也有的在海面附近受浪蚀削平后沉入海底,成为平顶山。在西太平洋水深1300m的平顶山上曾经发现玄武岩圆砾及珊瑚礁,证明它是在浅水环境下形成的,后来又缓慢地沉入海底。

(3) 海盆。位于大洋中脊(或海山)与大陆坡之间的大洋底部,即新生洋壳(包括洋中脊)向海沟缓慢移动过程中逐渐下沉而成的大地貌,内有深海平原和深海丘陵。深海平原水深一般为 4000～

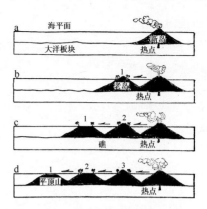

图 6.5　火山海岭与海底平顶山的生成

6000m,地表平坦,坡度极小,由 1/1000～1/10000,平原上堆积着厚约 200～1000m 的深海堆积物,其中有浊流物(黏土及沙)、深海软泥(组分中生物含量超过 50％的,称之。如抱球虫软泥、放射虫软泥、翼足类软泥、矽藻软泥)、深海黏土(包括含铁,锰成分的褐色黏土及红色黏土)及深海火山碎屑物(火山灰)等。含铁、锰矿物丰富的深海黏土,结核后可作海底矿床开采。深海平原的基底是起伏的,只因覆盖了厚层堆积物后才变得平坦,如果洋底缺乏或只有很薄的堆积时,则被深海丘陵所代替,这些丘陵分布很广,如在太平洋占了洋底的 80％。深海丘陵是由小型的玄武岩盾状火山组成,圆或椭圆形,直径1～5km。

(4) 海底高原(海台)。它散布在洋底上的高地,顶部比较平坦,局部露出海面成为岛屿,如南太平洋的新西兰海台;东印度洋的塞舌尔-马斯克林海台,马达加斯加海台;南印度洋的克尔格林海台;北大西洋的罗卡尔海台,南大西洋的福克兰海台等。海底高原的成因有两种学说,活动论认为它是大陆分裂、漂移过程中沉入海底,虽然它被洋壳隔开,但地壳结构上具有明显的陆壳性质。例如其厚度比洋壳大(>30km),而且出现陆壳所特有的"花岗岩层"。如位于巴西里约热内卢东南方 1000 多公里的"里约大海隆",可能是在 2 亿年前,冈瓦纳古陆分裂西移并沉没的陆块。固定论认为它是沉没的大陆,再经大洋化作用改造而成。

(5) 海沟。海沟是地球表面最深的巨型槽形洼地,深度一般由 5000～8000m,最深的马里亚纳海沟为 11034m,长度多为 400～3700km,最长的为秘鲁—智利海沟,长度为 5900km。海沟宽度一般为30～100km,横剖面呈不对称的"V"形,靠大洋一侧坡缓,约 3°～8°,靠大陆一侧坡陡,超过 10°。纵向呈弧形,突面指向大洋。

海沟是洋壳板块向陆壳板块俯冲的地带,也是洋壳的消亡带。当洋壳板块以 45°角向大陆方向俯冲时,大洋一侧因下沉而产生了海沟,大陆一侧则翘起形成岛弧或山脉(如安第斯山)(图 6.6)。这里也是地球上地壳运动最强烈的地带之一。因为洋壳板块俯冲过程中与上覆板块摩擦,一方面造成岩石的断裂和产生强烈的地震活动,形成一个连续的地震带,深度可达 700km,宽度 50~75km,此带称为贝尼奥夫带。带的外侧近海沟处为浅源地震区;带的内侧,即远离海沟的大陆深处为深源地震区。另一方面,当洋壳板块俯冲到 100~200km 深度时,因上下板块接触摩擦而部分熔融,形成炽热的岩浆,并沿岛弧或海岸山脉的断裂带喷出,成为火山。由上可见,海沟和岛(山)弧、火山往往成为成因相关的地貌组合带,又称为岛弧-海沟系。形态上的共同特点是呈弧形。

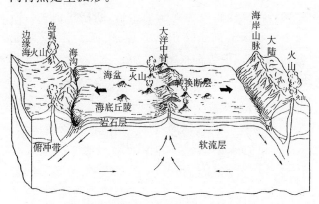

图 6.6 地幔物质对流与大洋中脊、海盆、
海沟及岛弧的生成

(据 R. W. Christopherson,1997)

岛弧-海沟系在太平洋分布最广,如西太平洋的阿留申岛弧、千岛岛弧、日本岛弧、伊豆-小笠原岛弧、马里亚纳岛弧、琉球岛弧、雅浦-帛琉岛弧、班达岛弧;东印度洋的安达曼-尼科巴岛弧;中大西洋的小安德列斯岛弧等。

三、地质(岩层)构造地貌

在岩层构造影响下所成的地貌,称为地质构造地貌。原始的沉积岩构造一般是水平的,但经过地壳变动后,水平构造就会变成倾斜、褶曲和断裂等构造。此外,还有侵入岩及喷出岩构造等,它们对地貌形态都产生明显的影响。

(一)水平构造地貌

水平构造的岩层,受新构造运动抬升后,构造形态不变或只作轻微的倾斜变动,所成的高原或台地,分别称为构造高原和构造台地(图 6.7)。它们的顶部地形平坦或缓倾,与原来的岩层层面相当。组成顶面的岩层,多是坚硬岩层,因此它不易侵蚀。如美国的科罗拉多高原是一个由古生界砂页岩及石灰岩组成的构造高原。我国浙江省文成县的南田台地,是一个由白垩系红色砂砾岩组成的构造台地。

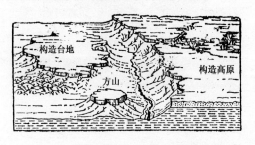

图 6.7 构造高原、台地和方山

当构造高原或台地经流水长期侵蚀后,往往被切割成面积较小的方山。其特点是顶平坡陡麓缓,远望如城堡和山寨,如粤北仁化县的丹霞山,是典型的方山地貌,它由白垩系红色砂砾岩组成,专称为“丹霞地貌”。又如湖南张家界天子山的黄狮寨、顶天楼等方山,它们由上泥盆统石英砂岩组成。

(二)褶曲构造地貌

原有的褶曲构造未经破坏或轻微破坏时,构造形态与地貌形态基本上是一致的,这时称为顺地貌,如背斜(构造)为山(地貌),向斜(构造)为谷(地貌)。但目前世界上所见到的大多数褶曲地貌是经过严重破坏的次生褶曲地貌,其形态与原来的构造形态相反,即背斜为谷,向斜为山(图 6.8),故称为逆地貌,又称为地貌倒置。逆地貌的生成关键在于背斜轴部的纵向张裂隙(包括断层和节理)发达所致,它加快了外力的下切速度。因此在背斜层上所产生的背斜谷下蚀得比向斜谷更低。而在向斜层,岩层因受压力作用而变得更加紧密,破裂较少,侵蚀作用较慢,所以地貌上反而高出背斜谷,成为山岭,从而形成背斜为谷、向斜为山的逆地貌。特别是在紧密褶曲的背斜上,更易受到破坏和逆地貌的形成。

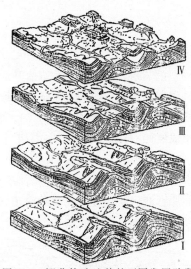

图 6.8　褶曲构造地貌的不同发展阶段
Ⅰ,Ⅱ. 顺地貌;Ⅲ,Ⅳ. 逆地貌

（三）单斜构造地貌

向一个方向倾斜的岩层,称为单斜构造,它可能出现在:①被破坏的背斜的一个翼上;②受破坏的穹隆构造的四周;③受破坏的构造盆地的外围;④受掀斜的岩层或因断层作用而使岩层向一侧倾斜等。由单斜构造所成的地貌有单面山和猪背山(图 6.9)。

图 6.9　单面山(Ⅰ)和猪背山(Ⅱ,Ⅲ)

单面山的两坡不对称,顺岩层倾向的一坡坡长而缓,称为后坡,山坡面受岩层面的缓倾角(小于25°)控制,坡上发育出顺向河。反岩层倾向的一坡,由侵蚀、掀斜或断层等作用所成,坡短而陡,称为前坡或单斜崖,其上发育出逆向河。单面山的山形只有在单斜崖一侧看去才像,故得名。单面山的例子很多,如我国庐山的五老峰,法国巴黎盆地外侧的单面山等。

猪背山是由大倾角的单斜岩层组成,山体两坡坡度较大,一般在 40°以上。由岩层面控制的后坡与侵蚀所成的前坡坡度大致相同。

（四）穹隆构造地貌

穹隆构造的褶曲轴不明显,岩层由中央向四周

倾斜。这种构造主要发生在花岗岩侵入区,使上覆的沉积岩层穹起而成,其核心为花岗岩。穹隆构造早期未受破坏时,地貌上为典型的穹隆山,水系呈放射状。穹隆构造发育的晚期,由于构造顶部张裂隙发育而被侵蚀掉,使其下埋藏的花岗岩露出发育出花岗岩山地、猪背山或单面山。围绕这两种山地的四周发育出环形水系。

（五）断层构造地貌

1. 断层崖

断层发生后,由出露的断层面所成的陡崖,称为断层崖。断层崖走向挺直,可横过不同时代的地层和地形,崖下往往出现温泉、谷地或洼地。崖的高度及坡度分别取决于垂直断距的大小和断层面的倾角。

在河流横切断层崖的初期,下切不深,崖面呈梯形面。中期下切加强,梯形面变为三角面(图6.10),再演变则成为浑圆的山嘴,断层崖消失。断层崖在我国云南点苍山的东麓、山西太谷、秦岭北坡、庐山南北坡等都很明显。

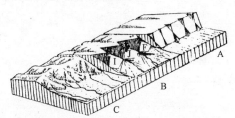

图 6.10　断层崖的切割破坏示意图
A. 梯形面的断层崖;B. 三角面的断层崖(I,J,F);
C. 断层崖经强烈侵蚀破坏后所成的山嘴

2. 断层谷

在断层带上,岩石破碎,容易受到风化和侵蚀,由此生成的谷地,称为断层谷。由于断层是一种线性构造,因此断层谷形呈直线延伸。又因断层上、下盘的移动,所以造成断层谷的两坡不对称:上升盘谷坡高陡,下降盘一坡低平。另外两坡地层也不对称。如果由两组走向不同的断层所成的谷地交汇时,谷地走向也会出现"肘状"急弯,或呈"之"字形转折等。

（六）火山与熔岩构造地貌

1. 火山构造地貌

火山是地下深处的岩浆喷出地面后堆积而成

的山体。按形态成因分为两大类：

（1）锥状火山。呈截顶锥形，山顶一般有较大火山口，山坡坡度较大，约 30°～40°。火山组成物质大多数是中性（安山岩）或酸性（英安岩、流纹岩、石英斑岩等）熔岩及火山碎屑物。火山形态与熔岩成分有关。因为中、酸性熔岩中 SiO_2 的含量较多（52%～60%），故熔岩的黏性大，流动慢，冷凝快。喷发时十分猛烈，先有大量的气体、火山灰、火山渣、火山弹等喷出，然后溢出熔岩。由于熔岩较快的在火口附近凝固，加上火山碎屑物在火山口附近堆积较多，故形成坡度大的锥状。如意大利的维苏威火山，它是一个典型的锥状火山；我国长白山上的白头山亦属之。

但也有少数锥状火山是由基性熔岩（玄武岩）与火山碎屑物互层堆积而成的。不过它的高度不大，仅数十米。

（2）盾状火山。该类火山坡度较小，约 5°～10°，如盾形，故名。火山喷发物主要是基性熔岩如玄武岩，火山碎屑物较少，喷发时比较宁静。由于熔岩的 SiO_2 的含量较少（小于 52%），故熔岩黏性小，加上温度较高（>1200℃），不易凝固，故流动性强，扩散得快而远，故形成的火山基座大、坡度和高度也较小的盾状火山。如我国东北的五大连池、山西大同、海南岛北部和广东雷州半岛的火山。因为喷发时代较新（第四纪），所以熔岩的流痕、火山渣、火山弹等都很明显。

按火山的岩石结构又分为三种（图 6.11）：一是由熔岩组成的熔岩锥；二是由熔岩和火山碎屑岩互层组成的混合锥；三是由层状火山碎屑岩组成的碎屑锥。火山地表经流水侵蚀后，会发育出放射状的沟谷，称为火山濑。火山口积水后成为火口湖，如长白山顶的天池，雷州半岛的湖光岩。如果火山喷发后，火山口发生断陷，则形成火口盆地。如雷州半岛的田洋盆地，断陷后的堆积层厚 386m。

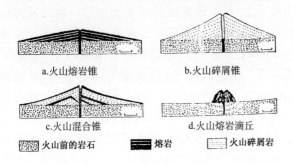

图 6.11 火山锥的类型（据 M.P.毕令斯）

2. 熔岩构造地貌

大规模的玄武岩喷发，可填平低地，形成厚度大的玄武岩高原及台地。前者如印度的德干高原，美国的哥伦比亚高原；后者如我国的琼、雷台地。台地被切割后往往成为顶平坡陡的玄武岩方山，如东北的敦化、密山；长江下游江宁、句容县赤山、六合县灵岩山及澎湖列岛（玄武岩）上的方山等。此外，台地内常见有熔岩隧道分布，如夏威夷岛的 Kazumura 洞长 12km，我国琼北的儒玉村隧道长 2km 等。它的生成与熔岩流凝固时表里速度不一致有关。当表层熔岩凝固后，里层仍然继续流动，如果熔岩来源一旦断绝，里层熔岩流出后，剩余的空间便成为隧道。

如果熔岩流入河谷，并堵塞了河道时，就会形成堰塞湖。如东北牡丹江上的镜泊湖，长约 40km，面积约 96km²，深度一般为 10～20m，最深达 60m。

复习思考题

1. 板块构造学说是怎样解释大陆与大洋成因的？

2. 大型的褶皱山与断块山在地貌上有何不同？

3. 大陆架和大洋底在地壳结构、地貌和沉积物方面有何不同？

4. 如何区别大陆架与大陆坡？它们是怎样生成的？

5. 试用板块构造学说解释大洋中脊、海沟、岛弧及其火山地貌的生成。

6. 举例说明岩层构造对地貌生成的影响。

7. 大陆裂谷与断陷谷有何区别。

8. 作剖面简图说明褶曲构造地貌由顺地貌演变为逆地貌的过程。

第三节 流 水 地 貌

陆地上的流水有三种形式：片状流水、沟谷流水和河流流水。前两者是暂时性的流水，即有雨时才有水。后者是常年性流水，即使无雨也有地下水补充。由于流水形式不同，产生的地貌也有很大的差别。

一、流 水 作 用

流水能对地表物质进行侵蚀、搬运和堆积，其

能量主要来自水的动能,其大小取决于流量和流速,公式是:

$$E = \frac{1}{2}MV^2$$

式中:E 为动能;M 为流量(m^3/s);V 为流速(m/s)。由公式表明,动能大小除受流量影响外,更重要的是受流速的影响,即与流速的二次方成正比。

(一) 侵 蚀 作 用

流水破坏地表物质,使它脱离原位的作用,称为侵蚀作用。侵蚀作用的方式有两种:一是化学溶蚀,它是水对可溶性岩石的溶解;二是机械侵蚀,它是流水以其动能产生推力和上举力,使物质脱离地面,进入水中。上举力是由水的压力差所引起的,当流水通过河床砾石时,它顶部的流速快,压力相对较小,底部的流速慢,压力相对较大。由于压力差的影响而产生了上举力,如果该力大于砾石重力时,就可以把砾石起动,带入水中。

流水机械侵蚀方式有两类:

1) 片状(面状)侵蚀

降雨或冰雪融水在分水岭或倾斜的坡地面上产生的薄层流水对地面的侵蚀,其作用结果是使地面高度均匀地降低。

2) 线状侵蚀

降雨或冰雪融水在固定的沟谷或河谷中,对沟床或河床进行侵蚀。这种流水流路稳定,水量集中,故侵蚀动力较强,水流不但直接冲刷槽床,而且还挟带着沙砾磨蚀槽床,使它迅速扩大和下切。其侵蚀形式又有以下三种:

(1) 垂直侵蚀(下蚀、下切):是指流水对河(沟)谷底部进行的侵蚀,结果是使谷地加深。但下蚀深度并不是无止境的,当下蚀达到某一水面时,下蚀作用便会停止,因为流速到此为零,河(沟)床的深度也就到此为止,这一水面称为侵蚀基准面。换句话说,控制河流(或沟谷)下蚀作用的水面即为侵蚀基准面。侵蚀基准面有暂时侵蚀基准面和最终侵蚀基准面两种。前者是指河流中、上游的湖面、河中岩槛所造成的水面,以及主河流(对支流而言)水面等。但这些基准面最终都将随着河流的溯源侵蚀而消失,所以是暂时性的、局部的。后者是指海面,它是控制整条河流下蚀的最终基准面。不过河口地区的河床深度往往在海面以下,这是因为河流

入海时,仍具有较大的惯性力将床底冲刷之故。如果海面下降,那么整条河流,从河口至河源都将会重新下蚀。

(2) 溯源侵蚀:指流水向河(沟)谷源头进行的侵蚀。其结果是使谷地伸长。溯源侵蚀是与流水下蚀过程同步进行的,如图 6.12 所示,其结果是使河(沟)谷伸长。设原始地面为 A,1,2,3 点,降雨时 A1 段水量最大,侵蚀力也最强,下蚀出 AB1 的河床曲线,在该曲线的上段因坡度增大和流速增加而使侵蚀作用加强,于是产生 AC2 和 AD3 曲线,这样侵蚀作用就不断溯源进行。每个后移点都是坡度由小变大的转折点(裂点),水流到此都会发生跌水(瀑布)。如果海面下降或地壳上升而使河床坡度变大时,河流也将会重新下蚀和溯源侵蚀。

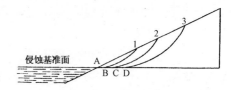

图 6.12　溯源侵蚀示意图(据林承坤等修改)
1,2,3 表示河流溯源侵蚀的各个阶段

(3) 侧向侵蚀(侧蚀):指流水对河(沟)谷两坡的侵蚀。结果是使谷坡后退,谷地扩宽。这种侧蚀在弯曲的河(沟)床凹岸特别明显,因为这里的水流离心力作用最强。在顺直的河床中,由于水流受地球自转偏向力的作用,所以在北半球河流的右岸,在南半球河流的左岸,侧蚀作用也较强。

(二) 搬 运 作 用

流水将侵蚀下来的物质向下游搬移的过程,称为搬运作用。搬运方式有四种:即推移、跃移、悬移和溶解质搬运。

(1) 推移。一般颗粒粗大而较重的砂砾,在水力推动下,沿着床底滑动或滚动前移。搬运能力的大小,是以砂砾的重量与流速的 6 次方成正比来计算,即 $M = C \cdot V^6$. M 为砾石的重量,V 为流速,C 为系数。由公式可见,当流速增加一倍时,被推移物的颗粒重量将增加 64 倍。所以在山区河谷中见到的巨砾,就是山洪暴发时搬运能力急增的证明。

(2) 跃移。颗粒中等大小的砂砾,是在床底与水流之间跳跃式前进的,这种方式称为跃移。跳跃开始时,水流上举力大于颗粒重力,颗粒跃起。当

它升入水中后,砂砾表面完全与水接触,此时砂砾顶、底面的流速相差不大,压力差减小,上举力也因而减弱,重力作用相对增加,颗粒则又沉降到床底。以后,水流的压力差又是增大,颗粒再一次跃入水中。

(3)悬移。颗粒细小的泥沙,是以悬浮方式移动的,称为悬移。处于紊流状态的水流,当其水质点的向上分速大于泥沙沉速时,泥沙则长时间被抬升,进入水中成为悬浮状态,并被搬运。

以上的三种搬动方式会随着水力的增减而发生转化。

(4)溶解质搬运。可溶性的矿物或岩石被水溶解后,成为溶解质被水带走,称为溶解质搬运。它是肉眼观察不到的搬运方式。

(三)堆 积 作 用

当流水的流量减小,或流速减慢,或含沙量增加时,搬运能力都将会受到削弱,造成泥沙的堆积。搬运能力的减弱是逐渐进行的,所以泥沙大、小的堆积也是有次序地进行。首先堆积的是粗重颗粒,继而是中等颗粒,最后是细小颗粒。对于一条河流来说,动力由上游往下游逐渐减小,所以堆积物的分布基本规律是上游颗粒最大,中游次之,下游最小。

流水的侵蚀、搬运和堆积等三种作用总是同时进行的,只不过在不同的地点、时间和水力条件下,作用的性质和强度不同而已。一般在河流的上游以侵蚀为主,中游以搬运为主,下游以堆积为主。

二、片 流 地 貌

(一)片流(即面流、散流、坡面流水)作用

片流是指雨水或冰雪融水在坡地上产生的薄层流水。在多数情况下,它是由无数的微小股流组成的网状流水,其流路极不稳定,时分时合,很不固定,故又称为散流。

片流的作用范围很广,在一个山(丘)上,不仅山顶分水岭,而且整个山坡(除了沟谷)都属于它的作用范围。虽然它的作用能力较小,但因其作用范围广阔,所以对地貌的影响仍然很大,局部地区还造成严重的水土流失。片流的作用是使山(丘)高度下降。

片流作用的强弱受气候、地形、岩性和植被等因素影响。

(1)气候因素。降雨量和降雨强度是片流作用的重要因素,雨量多而降雨强度大的地区,片流作用也大。其中尤以降雨强度影响最为重要,它不仅在短期内带来丰富的地表径流量,而且还以强劲的雨滴对地面进行高速(7~9m/s)的冲击,溅蚀土粒,扰动土壤,使它向坡下蠕动。暴雨对地面侵蚀量的关系可用下式表示:

$$W = AI^{0.75} \cdot L^{0.5} \cdot M^{1.5}$$

式中,W 为当次暴雨的侵蚀量(t/km²);A 为变数;I 为地面坡度;L 为坡长;M 为降雨强度(mm/min)。由上式可见,降雨强度对坡地侵蚀起着首位作用。

(2)地形因素。坡度和坡长分别影响流速和流量,它们两者都是侵蚀力的主要因素。就坡度而言,从理论上讲,坡度越大则流速越大,侵蚀力也越强。但实际研究表明,坡度在 40°~50° 时侵蚀量最大,超过该坡度时,侵蚀量反而减小。原因是坡度越大,实际受雨面积减少,从而减少了流量,侵蚀力也受到影响,如图 6.13 所示:在坡度不同,但长度相等的地面 $Oa_4, Oa_3, Oa_2, \cdots$ 投影在同一水平面上 Ob 时,受雨面积是不等的,如坡度大的地面 Oa_4,其受雨面积为 Ob_4,比坡度小的地面 Oa_1 的受雨面积 Ob_1 为少。由此可见,坡度越大,流量反而减少,侵蚀力也就相应减弱。坡长对流量的影响,也并非理论上所说的那样,两者成正相关关系。因为坡长增大时,水中挟带的泥沙越来越多,大量水能消耗在搬运泥沙上,侵蚀力也就相对减弱。

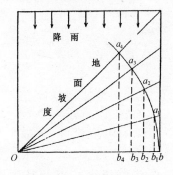

图 6.13 降雨强度不变和坡长相等时,不同坡度
与实际受雨面积 $Ob_4, Ob_3, Ob_2, Ob_1, Ob$ 的关系
(据 F. G. Reuner 修改)

(3)岩性因素。组成地面的岩石软硬以及残积、堆积物的致密程度,都会影响到地面的抗蚀能

力。如在页岩、泥岩分布区、黄土堆积区及花岗岩风化壳(残积层)分布区,由于岩性软弱或土质疏松而抗蚀力差,片蚀作用都十分强烈。

(4)植被因素。它是影响片流作用的最重要因素。植被对地面具有保护作用,如树冠、树干、凋落物和草类等都可拦截雨水,避免雨滴对地面的直接打击。其中树冠就可截留降雨量的 15%～80%。凋落物既能储存水分,又可阻滞片流的进行,它分解后还改良了土壤性质,增加了土壤透水性,减少了片流的发生。此外植物的根茎能固结土层,拦阻片流。所以在植被覆盖度大的地区,片流作用十分微弱。

(5)人为因素。片流作用受人为影响也很重要。如广东 20 世纪 50 年代初期的水土流失面积为 4000km²,但至 1983 年增至 11265km²,增幅 1.8 倍,其中片蚀面积占总流失面积的 67%,其主要原因是人为长期对森林草地的破坏,加上耕作方式不合理,以及开矿、取石、修路和工程建筑后水土保持不当等所引起。

(二)片流地貌

(1)侵蚀坡面。当地面缺乏植被保护时,降雨后,除部分雨水被土层吸收达到饱和外,其余形成片流,对山顶和山坡进行层层剥蚀,山坡因此而后退,山顶高度也日渐降低,但这种侵蚀是十分缓慢的。被侵蚀的坡面成为光坡或出现细沟。

(2)浅凹地和深凹地。片流在局部弱质的坡地上侵蚀后,会产生一种纵长而宽浅的凹地,称为浅凹地。它两坡和缓,坡度小于 10°。降雨时,片流沿浅凹地两坡侵蚀,然后又汇聚于纵轴的底线上,向下游排出。由于浅凹地水流缓慢,且底部有薄层堆积,故不会产生冲沟,故又称为无床(沟床)谷地。浅凹地经过长期侵蚀,高度进一步降低,坡度亦逐渐增大,最后演变为深凹地。由于深凹地水土条件较好,故在我国南方多开辟为耕地或建作储水池塘。不论深、浅凹地都因出现在坡地上,所以都成为坡面后退的一种地貌。

(3)坡积裙。片流侵蚀作用主要在山坡的中上部,到了山麓地带,由于坡度转缓,流速减慢,加上流水挟沙量多,所以搬运能力大减,产生堆积,形成了坡积裙。因此坡积裙是披覆在坡麓上的层(面)状堆积地貌,堆积物上部薄,下部厚,纵剖面呈下凹形(图 6.14)。堆积层结构松散,颗粒较粗,以中细砾、砂、亚砂土和亚黏土为主。分选性和磨圆度较差,略具斜层理。因堆积层较厚,所以更适宜于开垦。但亦容易引起滑坡,应注意防护。

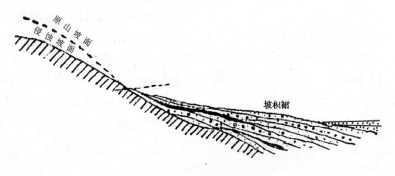

图 6.14　坡积裙纵剖面图

三、沟谷流水地貌

(一)沟谷流水特点及其生成

沟谷流水是一种暂时性的线状流水,它被约束在沟谷内,有着固定的流路。水文特点有:

(1)流量变化极大,水位暴涨暴落,降雨时水量很大,无雨时水量消失,故又称为暴流或洪流。

(2)流水纵比降大,流速也大,水流湍急,侵蚀力很强,破坏性很大。

(3)含沙量大,并且常常挟带着巨砾,造成下游堆积地貌。

沟谷流水的生成是由片流转变而成。在不平整的坡地上,只要有局部的凹陷,都会吸收两侧的来水,形成流心线,在流心线上水层增厚,流速加大和下蚀力增强的情况下,就会逐渐侵蚀出长形的沟谷和产生沟谷流水。

（二）沟谷流水地貌

沟谷流水在山坡和山麓地带作用时,由于不同的部位其作用方式和强度都不同,因而产生三种地貌:上游为集水盆、中游为沟谷、下游为扇形地(图6.15)。

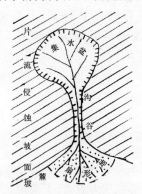

图 6.15　沟谷流水的
三种地貌

1) 沟谷

它是沟谷流水侵蚀所成的长形谷地,小的仅长10余米,大的可达数公里以上。它的形成是浅凹地或深凹地上的片流汇集后,沿土层裂隙下蚀而成。横剖面呈"V"形,两坡陡立,像小峡谷状,谷坡与地面交接处有着明的沟缘(交接角)。沟底纵剖面呈阶梯状崎岖起伏,其中还有许多小陡坎和小瓯穴。

沟谷的发育可分为四个时期:初期称为细沟,其宽、深小于 0.5m。中期称为切沟,深度增大至1~2m。后期称为冲沟,深数米至数十米不等,长度可大于数公里。它是沟谷发育最盛期的产物,破坏性很大,常常引起严重的水土流失。末期称为坳沟。此时冲沟的下切已达到沟口的暂时侵蚀基准面上,故下切力减弱,并且被侧蚀(崩塌为主)所代替。于是沟谷扩宽,沟底也被碎屑物填充淤高,横剖面成宽槽形,纵剖面也变得平整,向下游缓倾。这种坳沟可能继续扩大,演变为深凹地。

冲沟继续下蚀,直到潜水面以下,得到地下水的来源后,演变成为小河。所以,冲沟又是河流发育基础。

2) 集水盆

它是沟谷源头扩大后的小盆地,其生成与沟头集水量增大有关。因为沟头的来水除两坡外,还多了后壁。因此,该处水量较多,下蚀也较深,从而引起沟头三面的迅速侵蚀,扩大成为盆地状。在华南丘陵台地上发育的集水盆,有的规模很大,被称为崩岗(崩口),侵蚀力极强,成为灾害性地貌。

集水盆和沟谷的发育,都会使山坡迅速后退,直至消失。

3) 扇形地(洪积扇)

它是沟谷出口的扇形堆积体如扇形,故名。堆积物来自集水盆及沟谷两侧的侵蚀。它的形成与沟口水力减弱有关。当沟谷流水流出山(丘)转入平地时,流速骤减,同时流水在此分散,使单位流量减小,搬运能力因而大减,结果在出口处形成大量堆积。

在我国西北干旱和半干旱山区,物理风化强烈,碎屑物也多,所成的扇形地规模也很大,面积由数十至数百平方公里。扇顶与扇缘的高差可达百米以上,但地面坡度却很平缓,一般扇顶为 6°~8°,边缘为1°~2°。

人型扇形地堆积物的分布较有规律,由扇顶至边缘可分为三个沉积相带:

(1) 扇顶相。位于扇形地的上部,该带堆积物为巨大的砾石,其间空隙填充砂及黏土。砾石磨圆度差,略具厚薄不均的透镜状层理。

(2) 扇形相。位于扇形地的中部,以亚砂土及亚黏土为主,夹砾石及砂的透镜体。砾石向上游倾斜和叠瓦状排列,磨圆度较扇顶相稍好。

(3) 边缘相(滞水相)。位于扇形地的边缘,堆积物最细,以亚砂土及亚黏土为主,偶夹砂及细砾透镜体,具有斜层理,地下水在此带溢出,在干旱区则为绿洲所在地。

上述三个相带是逐渐过渡的,且每次因洪水大小不同而相带的位置也作前后移动。因此,垂直剖面上三个相带往往交替出现。当山麓地带多个扇形地互相连接时,便会成为山前倾斜平原,它在我国西北的天山南、北麓,昆仑山和祁连山北麓分布都很广。

四、河　流　地　貌

河流是一种经常性的线状流水,它有固定的流路,较稳定的流量和流速,作用力比较强大,由它所造成的槽形谷地,称为河谷。

（一）河　谷　地　貌

河谷由谷坡和谷底两要素组成。谷坡分布在谷地两侧,谷底是夹在两坡之间的低陷部分,内有河床和河漫滩两种地貌(图6.16)。

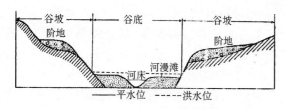

图6.16 成形河谷断面图

河谷的类型按其发育程度及形态可分成四种：嶂谷、峡谷、河漫滩河谷和成形河谷。

(1) 嶂谷。它是河流发育初始阶段的谷地，多分布在河流的上游。此时河流深切谷地，谷形狭窄，两坡几乎垂直，谷底只有巨大的砾石堆积。

(2) 峡谷。又称"V"形谷，它由嶂谷进一步演变而成，此时河谷谷底狭窄，中上部比较宽阔，但谷坡仍然急陡如"V"形，河床的纵比降很大，水流湍急，多险滩、瀑布和瓯穴，河流下蚀作用很强，如我国金沙江的虎跳涧峡谷，深达2500～3000m，谷底宽度不到100m，窄处只有30m左右。

(3) 河漫滩河谷。它由"V"形谷发展而来，此时下蚀作用减弱，以侧蚀作用为主，谷底扩宽，堆积加强，产生了细颗粒的泥沙堆积物，并且出现了河漫滩。

(4) 成形河谷。当河漫滩河谷形成后，如果侵蚀基准面下降或地壳上升，河流便会重新下蚀，形成新的河床和河漫滩，原来的河漫滩则转变为谷坡上的阶地，成为谷坡的一部分。这种具有阶地的河谷，称为成形河谷，显示它在发育过程中，经历过下蚀、堆积、再上升等复杂过程。

按河谷发育的一般规律，上游多为嶂谷和峡谷，中游多河漫滩河谷及成形河谷，下游则以河漫滩河谷为多见。

(二) 河床地貌

1. 河床纵剖面形态

河床纵剖面是指由河源至河口的河床最低点的连线剖面。其形态从宏观看，上游坡度大，中、下游坡度逐渐减小，呈下凹形曲线。但局部河段，因受岩性、构造、地壳升降和流速等因素影响而高起或深陷。如武汉以东的下游河段，低于海面数十到百米，三峡三斗坪附近也低于海面30余米。所以从微观看，河床纵剖面是起伏不平的，高起的地貌有浅滩和岩槛，深陷的地貌有深槽和瓯穴等(图6.17)。

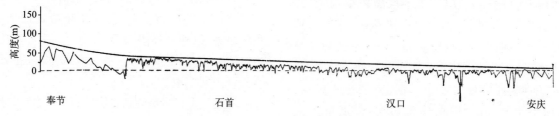

图6.17 长江奉节至安庆段河床纵剖面(左端高程自吴淞零点起算)
(据长江水利电力科学研究院)

浅滩是河床高起的浅水河段，高程在平水位之下，主要由砂砾堆积而成。位于河心的浅滩称为心滩或沙埂，心滩再淤高，便成为江心洲。位于河岸的浅滩称为边滩。浅滩的生成主要是由于该处流速骤减，挟沙能力降低而堆积所成。出现的位置多在宽浅河床的岸边，弯曲河床的凸岸，束窄河段的上游壅水处及下游扩宽处，支流汇入主流的汇口处以及上、下深槽之间的过渡处等。

深槽及瓯穴是河床中的深注河段，由地壳下降、急流或旋涡流侵蚀而成，后者多位于弯道的凹岸、直道的主流线上等。深槽与浅滩往往交替分布(图6.18)，使河床变得起伏不平。

岩槛是横亘于河底的坚硬岩层或岩脉，因难于

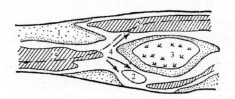

图6.18 平原河床的床底地貌
1. 边滩；2. 心滩(浅滩)；3. 江心洲；
4. 沙埂；5. 深槽

侵蚀而突出在河床上，成为上游河段的暂时侵蚀基准面。在岩槛下方常形成瀑布、急滩、瓯穴或深潭。

瓯穴是河床中的深潭，它多发育在瀑布的下方，受跌水的冲击及旋涡流作用，岩石易被冲蚀，加上瓯穴里的旋涡流挟带着砾石进行磨蚀所致。瓯

穴多呈圆形,口小肚大,宽深可达2m以上。在南方多雨的山丘河床上,它广泛发育。

2. 河床平面形态

河床是河谷中最低的常年载有流水的部分。其平面形态有四种:顺直河床、弯曲河床、分汊河床和游荡河床等。河床形态与水动力的作用有关。

1) 顺直河床

河床的顺直与弯曲,可用弯曲率去衡量。弯曲率是指弯曲河床两点之间的长度与其直线长度之比。当比值为1.0～1.2时,称为顺直河床,比值大于1.2的称为弯曲河床。

顺直河床的床底形态,受双向环流支配。因顺直河床的主流线在河心,故流速最大,河心两侧各形成环流(合称双向环流):洪水期河心水面略高于两岸,呈凸形,表层水流从中央向两岸分流,到达岸边后下潜成为底流,流向河心,然后成为补充流而

上升。这时环流会使岸边冲刷,河心堆积,故洪水期容易出现塌岸。枯水期,河心水面比两岸略低,呈凹形,表流从两岸流向河心集中,然后下沉成为底流,至河底后又分为两股向两岸分流,并沿岸上升,构成两个与洪水期流向相反的环流,此时河心受冲刷,岸边受堆积。由于年内的平、枯水期时间较长,所以一般是河心以冲刷为主,成为深槽,两岸以堆积为主,形成边滩。

顺直河床不易保持,因为主流线受河床边界条件及地球偏转力的影响而经常偏离河心,折向岸边,一旦一侧河岸受到冲击,下游水流便反复折射,于是受冲击的河岸便迅速后退,河床也就逐渐弯曲。

2) 弯曲河床

它是世界上分布最广的河床,弯曲率在1.2以上。如果弯曲率很大时,则称为曲流河床。如长江的上荆江,弯曲率为1.7,下荆江达到2.84,都属典型的曲流河床(图6.19)。

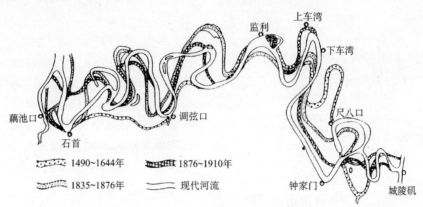

图 6.19　下荆江蛇曲河道历史变迁图(据陈钦銮等)

弯曲河床的生成因素有多种,其中最主要的是单向环流作用。当水流经过微弯河床凸岸时,在离心力作用下,水流射向凹岸,使凹岸水位抬高(图6.20a),由此产生了水面横比降和横向压力,该力作用方向指向凸岸,力的大小由水面至水底相同(图6.20b)。由于离心力在水面大,水底小,它与横压力相加后产生的合力方向是:表层向着凹岸,底层向着凸岸(图6.20c)。水流也随着合力方向而运动,即表流流向凹岸,底流流向凸岸,这样就构成了单向环流,由于它发生在弯道,故又称弯道环流。这种环流与河流的纵向流水结合起来,构成了一种螺旋形的环流(图6.21)。单向环流中的表流及其下降水流射向凹岸,流速大,侵蚀力强,结果使凹岸后退。当表流下沉时,冲击力大且指向河底,使河

底冲深,形成深槽。环流下部的底流,是从深槽流向凸岸的上升流,流速慢,搬运能力减弱,造成凸岸堆积,形成边滩。上、下游两个深槽之间的过渡河段,亦因上升流而堆积出河心浅滩(沙埂)。在凹岸不断侵蚀后退,凸岸不断堆积前移之下,原来微弯的河床也就变成弯曲河床了(图6.22)。

弯曲河床再进一步发展,就会变成曲流河床,又称为蛇曲(图6.19和图6.23)。此时每个曲流弧的弯曲率都很大,平面形状几乎成环形。上、下游曲流弧之间的距离越来越靠近,成为狭窄的曲流颈。洪水时,曲流颈被切穿,开辟出新的顺直河床,这就是自然裁弯取直。以后流水只经新河床,原来的老河床成了静水湖泊,形如弯月或牛轭,故又称月亮湖或牛轭湖。曲流的类型有两种:一是发育在

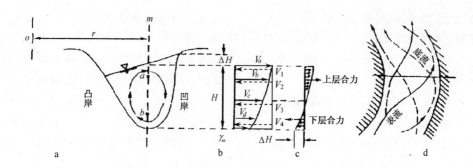

图 6.20　弯道环流的形成(北京大学等,1978)

H 为河心水面至河底水层厚度;ΔH 为水位差;

V_a、V_b、V_c、V_d 为离心力;V_1、V_2、V_3、V_4 为横向压力;r 为弯道半径

a.单向环流;b.河面至河底的离心力大小及方向;c.合力方向;d.表流与底流平面图

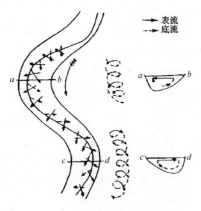

图 6.21　螺旋状环流平面图

(左)及剖面图(右)

平原上的,称自由曲流,其形态经常改变。二是发育在山区的,称深切曲流,它原是自由曲流,因地壳上升河流下切而成。深切曲流也会裁弯取直,取直后被曲流包围的基岩残丘称为离堆山。

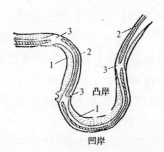

图 6.22　弯曲河床的平面形态

1. 边滩;2. 深槽;3. 过渡段浅滩

3) 分汊河床

当河流中出现心滩或江心洲时,河床便会分汊,成为分汊河床(图 6.24)。其中尤以江心洲处发育的分汊河床比较稳定。因为江心洲由心滩发展

图 6.23　曲流的发育及

迁回扇的形成

而来,具有二元结构,高度较大,且有植物生长,所以它不易被河水冲走,汊道也就固定。而心滩堆积层浅薄,高度小,年内除枯水期外,大部分时间被河水淹没和冲刷,容易消失,汊道也不复存在。

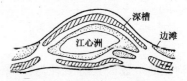

图 6.24　分汊河床的平面形态

4) 游荡河床(网道河床)

这类河床也属分汊河床的一种,但汊道极不稳定,如黄河下游的河床。这里的含沙量和输沙量都很大,造成的浅滩、心滩多,因而汊道也多,但汊道极不稳定。原因是这里的心滩时冲时淤,时生时灭,时分时合,变化无常,有"三十年河东、三十年河西"之称。所以汊道也随着心滩的变化而随时改变,终年摇摆不定,摆幅每天可达百米以上,每次长达 5～6km。

(三) 河漫滩地貌

河漫滩分布在河床的两岸,是高出平水期河床

的平坦谷底,但洪水期可淹没,故又称为洪水河床。河漫滩也称为河岸冲积平原。河漫滩的特点是在沉积上具有二元结构。河漫滩类型有三种:

1) 河曲型河漫滩

它是在弯曲河道上发育的,形成过程如图 6.25 所示。发育初期,河谷深窄,弯曲率较小,水力很强。那时只有在凸岸处因流速较慢才有粗大的砾石堆积,形成面积狭小的边滩(图 6.25a)。发育中期,河流弯曲率增大,谷底逐渐展宽,边滩扩大,且高度增加,以至平水期也大片出露,成为雏形河漫滩(图 6.25b)。但此时堆积物仍以粗粒的推移质(砂、砾)为主,细粒的悬移质(粉砂、黏土)仍因流速大而带往下游。发育晚期,雏形河漫滩进一步扩宽淤高,滩面流速减小,洪水时滩面上的悬移质也得以堆积下来。这种具有悬移质堆积的滩地,称为河漫滩(图 6.25c,d)。由此可见,河漫滩必须具有二元结构:下部为河床相(推移质)堆积,代表河床发育早期的堆积;上部为河漫滩相(悬移质)堆积,表示河床发育晚期的堆积。

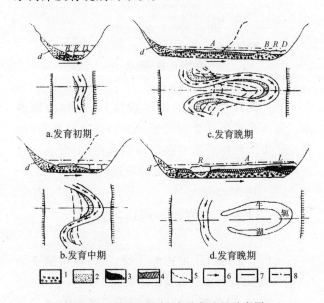

图 6.25 曲流型河漫滩形成过程示意图

(E.B. 桑采尔,1965)

1、2. 河床相冲积物(1. 砾石,2. 沙);3. 牛轭湖相;4. 河漫滩相;
5. 早期谷坡的位置;6. 河床移动方向;7. 平水位;8. 洪水位;
图中 R,A,B,d,L,D 分别为河道、河漫滩、
河岸沙堤、坡积物、牛轭湖及谷坡

该类河漫滩的凸岸岸边,往往分布着多列与岸平行的弧形沙堤(坝),又称为滨河床砂堤或迂回扇。它是在特大洪水期由凹岸带来的粗粒堆积物,由于其数量多,颗粒粗大,因此迅速堆高成砂堤。

2) 汊道型河漫滩

即具有二元结构的江心洲。该类河漫滩的特点是洲头高于洲尾,两侧多由砂堤环绕。这是当洪水漫滩时,在洲头和两侧首先有大量泥沙堆积下来所致。

3) 堰堤型河漫滩

它发育在顺直河床的两岸。洪水期河水泛滥,两岸不断堆积淤高,形成具有向岸外微倾的河漫滩,地貌结构由岸边向内可分为三带:

(1) 天然堤带。分布在岸边,与岸平行排列,由颗粒较粗的砂粒组成。它是特大洪水漫滩时,因岸边流速骤减,大量的较粗粒砂子首先堆积而成。

(2) 平原带。在天然堤带的内侧,高度较低,堆积物颗粒较细,以粉砂和黏土为主。它是洪水越过天然堤带之后,在流速减慢和堆积物数量减少的情况下堆积而成。滩面平坦,以 $1°\sim2°$ 向内微微倾斜。这是农耕的主要地带。

(3) 洼地沼泽带。它离河岸最远,一侧连接平原带,另一侧与谷坡相邻。此处由洪水带来的泥沙数量已经很少,堆积层最薄,而且颗粒最细,所以地势低洼,加上谷坡带来积水,所以往往形成湖泊沼泽地。该带成为淡水养殖和农田灌溉的水源之一。

(四) 河流阶地地貌

河流阶地地貌是河谷坡麓的一种阶级形地貌。属谷坡地貌,但其生成与河流作用有着不可分割的关系。它沿河两岸分布,并以高出洪水面而与河漫滩区别开来。

阶地主要由阶地面和阶地斜坡二要素组成。阶地面平坦,略向外倾。阶地面前缘之下为阶地斜坡,它以较大的坡度向河床倾斜(图 6.26),坡麓与河漫滩相接。

图 6.26 北京西山板桥沟的马兰阶地

(北京大学地质地理系,1965)

　　阶地高度指阶地面与当地河流平水期水位之间的垂直距离,即相对高度。阶地往往不只一级,而是有多级。级别的命名由下而上,把最低的一级称为第一级,向上分别为第二级、第三级……依此类推,级数越高,生成时代越老。

　　1) 阶地的成因

　　阶地的前身原是河漫滩,后来由于地壳上升,或海面下降,或气候变化等原因,导致河流重新下切,使河漫滩脱离了河流作用范围(最大洪水面),成为谷坡的一部分。成因分述如下:

　　(1) 地壳上升。河漫滩生成后,地壳上升,河流侵蚀基准面下降,河流活力加强,于是重新下切,形成新的河床,原来的河漫滩也就高出了洪水位,成为阶地,同时也转变为谷坡的一部分。如果地壳多次间歇性上升,阶地就会有多级。如长江三峡地区,在巫山、巴东一带,地壳上升运动最为强烈,阶地多达 9 级,向东至宜昌,向西至万县,级数逐渐减少,阶地高度也逐渐降低至 3~4 级。

　　(2) 气候干湿变化。气候干湿变化会影响到河流流量及含沙量。当气候变干时,地面植物稀少,岩石物理风化强烈,带入河流的泥沙量增多,但此时河流流量减少,搬运能力减弱,因而河床发生大量堆积。到了气候湿润时,植物茂盛,河流含沙量减少,而此时河流流量增加,下切力加强,于是河床被重新下切,前期的河漫滩也就成了阶地。

　　(3) 侵蚀基准面下降。例如冰期海水体积减小,基准面海面下降,引起河流下游的河床纵比降增大,河流下切作用加强,从而造成阶地。

　　2) 阶地类型

　　按阶地的组成物质可将阶地分为四类:

　　(1) 侵蚀阶地。它由基岩组成,但有些侵蚀阶地也有薄层的河流堆积物覆盖。该类阶地多分布在河流的上游(图 6.27a)。

　　(2) 堆积阶地。阶地全部由河流堆积物组成。如果阶地有多级,又可按各级阶地堆积层之间的接触关系分为上叠阶地和内叠阶地两种。上叠阶地是新阶地的堆积层叠置在老阶地堆积层之上(图 6.27b),说明后期河流的下切深度未超过早期阶地的堆积。内叠阶地是新阶地的堆积层被套在老阶地堆积层之内(图 6.27c),说明后期河流下切的深度都到达最老河床的底部。堆积阶地主要分布于河流的中、下游。

　　(3) 基座阶地。组成阶地的物质上、下部不同,上部为河流堆积层,下部是基岩。表示河流后期的下切强度大,深入到基岩内部(图 6.27d)。

　　(4) 埋藏阶地。早期形成的阶地因地壳下降或海面上升,被后期的堆积物覆盖而不显露于地面的阶地。例如冰期海面下降时在河流下游发育的阶地,在间冰期海面上升后被堆积物埋藏(图 6.27e)。

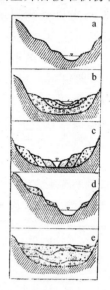

图 6.27　阶地的类型
a. 侵蚀阶地;b. 上叠阶地;c. 内叠阶地;d. 基座阶地;e. 埋藏阶地

　　非河流作用而成的阶梯状地形,统称为假阶地。如水平岩层因差别侵蚀而成的构造阶地,在山麓地带由洪积物所成的洪积坡积阶地,由滑坡和泥流作用所成的滑坡阶地及泥流阶地,等等。

(五) 三角洲与河口湾地貌

　　三角洲是河口区堆积的平原,形态像希腊字母“Δ”,顶点向着河流上游,底边靠海,故名。早在公元前 5 世纪,三角洲一词就被用作描述尼罗河三角洲了,但现代三角洲的概念却包括了各种形态的河口堆积体。

　　1) 三角洲的发育位置

　　三角洲发育于河口区,它是河流与海洋(或湖泊)相互作用的地带。在这里两种水体互相混合,发生泥沙堆积和化学絮凝。河口区的范围,上界是潮汐影响所到之处,下界是河流堆积前缘陡坎处。具体划分为三段:

　　(1) 近河口段(图 6.28)。是河流进入河口区的上段,上界为潮区界,下界为潮流界,也是枯水期的咸水界(盐度为 0.0001~0.03)。该河段的河流在潮流顶托下,水位发生涨落变化,出现潮差。

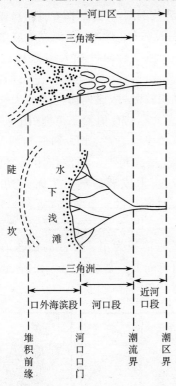

图 6.28　河口区地貌分段(据 N.B. 萨莫依洛夫,1952)

(2)河口段。它是河口区的中段,上界为潮流界,下界为河口口门,也是洪水期的咸水界(盐度为 0.03)。此段具有明显的往复流,涨潮时潮流沿河上溯,落潮时径流下泄。盐、淡两种水流在此河段混合时,由于盐水密度大而位于水体底部,淡水密度小而位于水体上部,二者的接触带上发生化学絮凝

作用,尤其是涨潮时,下部盐水呈楔状(盐水楔)(图 6.29),随潮流上溯,盐水楔的顶端絮凝堆积尤为突出,成为三角洲堆积的形式之一。在本段内,河流分汊,并出现三角洲平原及沙岛。

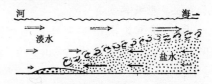

图 6.29　盐水楔图示

(3)口外海滨段。位于河口区的外侧,上界为洪水期的咸水界,下界为河流堆积前缘的陡坎。此段河流作用较弱,以波浪、潮汐和沿岸流等作用为主。在本段内出现水下汊道及浅滩。

2) 三角洲形成条件

(1)河流动力减弱。河口区是河流、潮流、波浪和沿岸流等各种动力的消能区,在动力减弱的情况下,泥沙就会堆积。首先,河流入海时水面比降逐渐减少直至趋于零,此时河水流速转变为惯性流,流速大减,产生堆积。其次,在涨潮时,由海水带入的泥沙沿河上溯,到憩流时,流速为零,此时由海外带入的泥沙也随之沉积,加上盐水楔的胶体絮凝等,都会使河口区的堆积加强。

(2)河流输沙量大,泥沙来源丰富。河流输沙量是三角洲形成的物质条件。输沙量多大才能发育出三角洲?这可用年输沙量(S)与年径流量(W)的比值来衡量。当 $S/W \geq 0.24$ 时,可形成三角洲,$S/W < 0.24$ 时,不形成三角洲而只能成为河口湾(表 6.6)。

表 6.6　S/W 值与三角洲发育关系

河 名	年平均输沙量 S(万 t)	年平均径流量 W(km³)	S/W 值	地貌特征
长 江	50080	690.0	0.73	有三角洲
黄 河	188600	126.0	14.97	有三角洲
珠 江	9000	365.6	0.25	有三角洲
钱塘江	540	32.0	0.17	河口湾
辽 河	1500	16.5	0.91	有三角洲
尼罗河	11000	70.0	1.57	有三角洲

(3)海洋动力较弱。河口区的海洋动力包括波浪、潮汐和沿岸流,如果海洋动力作用强,可将河口泥沙带走,使泥沙难以堆积。例如在强潮河口(潮差>4m),侵蚀大于堆积,三角洲就难以生成,如钱

塘江口。弱潮河口(潮差<2m)则有利于三角洲的堆积,如珠江河口。

(4)口外海滨区水浅。海滨水浅对波浪和潮汐均有消能作用,造成较为安静的沉积环境,有利于

三角洲的生成。深陡河口,不但动力作用强,而且可使河流来沙直接进入深海,三角洲就很难形成,如刚果河的口外出现海底峡谷,虽然该河的输沙量很大,但都流进洋底,不产生三角洲。

  3) 三角洲类型及其发育

  三角洲类型按其生成的主要作用力可分为三类:河流型、波浪型和潮汐型(图6.30)。

图 6.30 三角洲的分类
(W.E.Galloway,1975)

  (1) 河流型三角洲。发育在河流作用力较强,来沙丰富的河口区,发育出的三角洲主要有两种:一是扇形三角洲;二是鸟足形三角洲。扇形三角洲的发育模式是当河流进入河口时,首先在口门堆积出沙洲,又称拦门沙,它的出现,促使河口分流,形成二汊,以后又在分流河口上堆积出次一级的拦门沙及次一级分流河口。如此重复发展后,最终形成一系列的汊道及拦门沙,它们从水下浅滩淤高成为沙洲,最后露出水面成为沙岛,这些沙岛扩大和互相合并,最后成为扇形三角洲平原。其内汊河呈放射状,条数多,密度大。如伏尔加河三角洲汊道就有500多条。属这类三角洲的还有黄河三角洲(图6.31a)、多瑙河三角洲等。鸟足形三角洲,以密西西比河为典型。它的发育是河流进入河口区以后,泥沙迅速沿着河流两侧堆积,形成天然堤式的狭长形平原,并且不断向海延伸,河床纵比降也不断减小。洪泛时,天然堤被冲缺,在干流两侧产生新的入海汊道,形成新的三角洲,即亚三角洲,又称冲缺三角

洲,如密西西比河在近7000年以来就发育了16个亚三角洲,其中7个分布在表层,9个已被后期的亚三角洲掩埋。该类三角洲形如鸟足状,海岸线曲折,多小海湾及潟湖沼泽地(图6.31b)。

  (2) 波浪型三角洲。三角洲发育在波浪作用强烈的河口区,河口前缘堆积大多数经过波浪的侵蚀、搬运和改造,形成大致与海岸平行的沙坝,其中河口附近堆积较多,造成向海突出的尖头形或弓形三角洲,如意大利的台伯河三角洲(图6.31c),我国长江三角洲和美国圣弗兰西斯科三角洲等。

  (3) 潮汐型三角洲。潮汐作用强烈的河口,三角洲发育较慢,形成洲岛形三角洲,它由一系列与潮汐通道大致平行的长形沙岛(近河口部分)和指状沙脊(近海部分,在水下)组成。沙岛地势低平,以黏土及淤泥堆积为主。在沙岛或沙脊之间被宽阔的潮汐通道隔开。如湄公河三角洲、恒河三角洲及巴布亚湾三角洲等(图6.31d)。

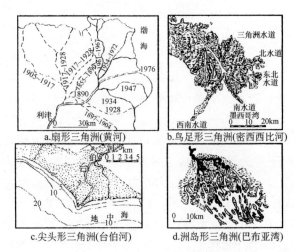

图 6.31 三角洲的平面形态种类

  4) 三角洲沉积结构

  根据三角洲不同地段的水动力、沉积物和生物组合等特点,可划分出三个沉积相,代表不同的沉积环境。

  (1) 三角洲平原相。它是三角洲的成陆部分,以河流作用为主,堆积物具有陆相特征。由于沉积环境杂复,所以沉积物类型也较多,岩相变化较大。其中,有浅滩相、心滩相、河床相和沼泽相等。沉积物以粉砂为主,夹黏土及泥炭。有水平层、交错层层理及砂质透镜体。含陆生贝壳遗体、陆相微体生物如介形虫、有壳变形虫及植物碎屑(图6.32)。

  (2) 三角洲前缘相。它是三角洲的水下斜坡部分,是在河、海作用相当的环境下堆积的。颗粒稍粗,

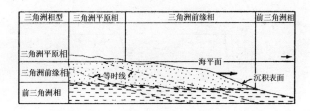

图 6.32　三角洲沉积相分带纵剖面示意图

图 6.33　河流劫夺后的地貌特征

以黏土质粉砂为主,有时夹黏土层或粉砂层。有薄斜层理及波状层理,含咸水软体动物、海相有孔虫、介形虫及棘皮动物,且数量增多。该层上界为三角洲平原的水边线,下界为波浪基面,后者实际上是以粉沙为主(在上)和以黏土(以下)为主的分界线。

（3）前三角洲相。位于波浪基面以下,距河口最远。以海相沉积为主,沉积物最细,主要是黏土及淤泥,富含有机质淤泥及海相生物化石,具有水平层理。该层往往是石油的生油层。

三种沉积相随着三角洲的发展而不断向外延伸,老的沉积相也被新的叠加于上。

河口湾是平原河口被海水淹没而成。湾口开阔呈喇叭状,水深由内向外增大。湾口两岸地势低平,发育成淤泥质潮滩或沼泽湿地。这是第四纪冰后期海面上升或海岸带下沉,河口至今未被沉积物填高所致。

（六）分水岭的河流劫夺及其地貌

河流劫夺又称为河流掠水,它是河流分水岭移动的结果。分水岭不是一成不变的,它可能因两坡的岩性、坡度、降水量、植被覆盖度以及河床纵比降等差异而使两坡侵蚀速度不同,侵蚀较强的一侧分水岭便向另一侧移动,结果是侵蚀力强的一侧河流切过分水岭,伸入相邻流域内,甚至把该流域的河流上游劫夺过来,造成劫夺现象。劫夺发生后,劫夺河的河长和水量增加,被劫夺河的河长缩短,水量减少。由河流劫夺的造成的劫夺地貌有:

（1）劫夺湾。劫夺河向被劫夺河劫夺时在劫夺点上所造成的拐弯(图 6.33),该处常有跌水出现。

（2）断头河。指被劫夺河在劫夺湾以下的河段,因为河源被劫夺,故称断头河。它因水量减少而河床收窄,与原来宽阔的河谷相比很不相称,故又称不适称谷。

（3）风口。是劫夺湾与断头河之间相隔的一段干谷,原属被劫夺河的一段,干涸后称为风口。成为后来断头河与劫夺河之间的新分水岭。风口中

遗留着古河床堆积物或阶地。

（4）劫夺河阶地。劫夺河掠水后,水量大增,下切力加强,因而产生了阶地。它随着河流溯源侵蚀而不断向被劫夺河上游延伸。

河流劫夺在我国及世界上许多河流中都可见到。如我国滹沱河上游劫夺了汾河的支流(谢家荣,1935),又有学者认为,长江在云南石鼓附近劫夺了金沙江的上游。河流劫夺是水系发展变化中的一种现象,并由此产生了流域之间的地貌也相应发生新的变化。

五、流水地貌的发育

19 世纪末至今,世界地貌学界提出过不少流水地貌发育理论,以下介绍几种影响较大的学说:

1. 地理循环论

它是美国地理学家戴维斯(W. M. Davis)于1899 年提出的一个在流水作用下的地貌发育模式。他假设一个平原随地壳急速上升成为高地后,在地壳长期稳定下,地貌发育经过三个阶段,最后成为准平原(图 6.34):

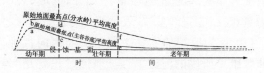

图 6.34　戴维斯的侵蚀循环中地势演变图式
（据 D. W. 约翰逊图示简化）

（1）幼年期。平原上升成为高地后(图 6.35a),地面被河流强烈切割,到该期末,地形达到了最大起伏,形成峡谷、高山形态(图 6.35b,c)。

（2）壮年期。此时侧蚀作用加强,峡谷被拓宽,山地高度降低,河流的主流河床纵剖面变得和缓,并达到了平衡剖面,地貌上以宽谷、丘陵为主(图 6.35d,e)。

（3）老年期。丘陵高度进一步降低，大部分支流河床纵剖面也达到了平衡剖面，侵蚀能力已十分微弱，地面高度接近海平面，成为起伏和缓的准平原，其上散布着一些未被侵蚀的蚀余山（图 6.35f）。

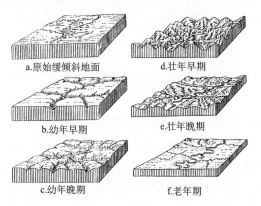

a.原始缓倾斜地面　　　　d.壮年早期

b.幼年早期　　　　e.壮年晚期

c.幼年晚期　　　　f.老年期

图 6.35　河流地貌发育阶段（北京大学等，1978）

戴氏把由平原上升为高地，再经侵蚀到准平原的过程，看做是地貌发展中的一个侵蚀旋回。以后准平原又迅速上升，地貌的发展又是第一次侵蚀旋回的重复。这就是地理循环论。戴氏的理论不被后来的学者所接受，认为它是一种主观的机械循环论。而且他把河流的下蚀作用作为地貌发育的唯一动力看待，这是很片面的。但他的地貌发展观点和准平原概念对当时地学界的影响很大。

2. 地形分析与坡面发育理论

它是德国地貌学者彭克（W. Penck）于 1924 年提出的理论。主要观点是：

（1）他认为地貌是内、外力共同作用的产物，亦即构造变动（内力）与外力剥蚀两个变量的函数。他以三种坡面形态为例作解释：①上凸形坡，表示构造上升量大于地面剥蚀量；②下凹形坡，表示两种力量相反；③直线形坡，表示两种力量平衡。

（2）认为地貌的发育主要是坡面侧向侵蚀，而并非戴维斯所说的河流下蚀。侧蚀过程就是"等坡后退"（图 6.36a，AB～CD 线），其结果是使山坡后退，坡度减小，高度降低。最后在山前出现坡度极缓的山足剥蚀面（图 6.36b 的 XBY 线及 Ⅲ 的基底线），即山足平原，相当于戴氏的"准平原"。

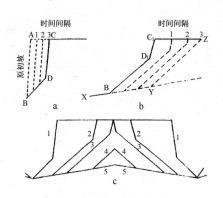

图 6.36　彭克的山坡发育模式

（王鑫，1988）

a. 原始边坡后退；b. 继续的发育；c. 两条河谷之间地形剖面的演化

彭氏理论的进步，在于一是把地貌的发育与内、外力结合起来分析；二是认为地貌的发育，主要是坡面侧蚀，补充了戴氏河流下蚀论的不足。但他的理论存在三个问题：①有较大的片面性，理论上过分强调坡面的侧蚀，而忽略了流水的下蚀。并且把侧蚀的动力仅仅局限在"重力搬运"上，因此显得更加不足。②坡面发育理论局限于数理分析，与客观事实不符。他把坡面发育简单地理想化成"等坡后退"。事实上坡面发育受到多种地理要素的影响，产生多种后退方式，后退速度也不同，并非简单的等坡后退。由于理论脱离实际，所以被后来的学者所摒弃。③研究范畴（仅是坡面发育）偏窄，未能解释整个流水地貌发育问题。

3. 流水地貌阶段发育论

该理论是由我国地貌学家曾昭璇（1921～2007年）在 1995 年后提出的[1][2]。他的主要论点是：

（1）他认为这种地貌的发育是由三种流水动力，在三个阶段进行作用，并取得相应的结果。首先是散流，它作用于分水岭及山坡，对地面进行下蚀，使其高度下降。其次是由散流汇集而成的暴流（即沟谷流水），作用于山坡，并对坡面侧蚀，使坡面后退和缩小，最后使坡面消失；再次，由散流和暴流汇成的河流，作用于河谷，对河谷进行下蚀、侧蚀或

① 曾昭璇：流水地形发育理论。见《地形学原理》第一册，华南师范学院地理系，1960 年。

② 曾昭璇：流水地貌阶段发育理论中的几个问题。见《曾昭璇教授论文选集》，北京：科学出版社，2001 年。

堆积,使之扩大成为平原。这三种作用,分工合作同时而有序进行,最终将地面夷平,成为准平面。

（2）提出准平面概念及其发育问题。认为准平面是一个适应古地质结构的和缓起伏地面。它可在流域内任何一个局部地区生成。其生成与三种流水动力的强度对比有关。如当区内存在局部侵蚀基面和存在弱质岩石,而散流和暴流的作用强度又大于河流,这时地面很快被夷平,形成了准平面(图 6.37)。如通常所见的山间盆地,云南高原内的"坝子"（大型盆地）也是准平面。它们的高度虽然不同,但生成时代有的相同,因此不能把它们都当做"准平原"（戴维斯概念）看待,硬把它们划分为几次上升来解释。又如在地壳缓慢上升区,也能生成准平面,这是当河谷溯源侵蚀还未造成峡谷前,如果散流及暴流作用强烈,使地面下降速度大于河谷下切时,准平面亦可产生,例如青藏高原上的多层地形面。

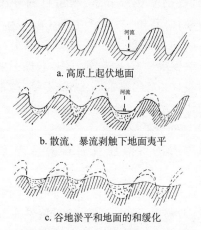

a. 高原上起伏地面

b. 散流、暴流剥触下地面夷平

c. 谷地淤平和地面的和缓化

图 6.37　散流和暴流夷平地面简示图（曾昭璇,1960）

综合曾氏的理论可见:他首先对流水地貌的发育,有着较全面和深入的分析,克服了前人如戴维斯的"地理循环论"或彭克的"坡面发育论"的主观性及片面性。其次,他提出了准平面概念及其发育观点,与戴氏的"准平原"概念截然不同,为今后研究地貌的多层性开辟了新的途径。

复习思考题

1.何谓侵蚀基准面？在山区是如何应用这个概念采取措施来阻止土壤侵蚀的？

2.作出嶂谷、峡谷、河漫滩河谷和成形河谷的横剖面图,并说明各类河谷的特征,它们之间的关系以及分布的一般规律性。

3.比较边滩、心滩及江心洲沉积上的差异。它们主要出现在河床中的哪些部位？为什么？

4.何谓河漫滩？在沉积结构上有何特征？

5.作平面简图,说明河曲型河漫滩的发育过程。

6.阶地与河漫滩有何区别？在成因上又有何关系？

7.侵蚀阶地、基座阶地与上叠阶地在结构上有何不同？是什么原因造成的？

8.三角洲形成的条件是什么？

9.从三角洲的沉积环境出发,比较三个沉积相的差异。

第四节　喀斯特(岩溶)地貌

喀斯特地貌在我国又称岩溶地貌。它是由喀斯特作用而成的一种奇特地貌。所谓喀斯特作用即指水(地表水和地下水)对可溶性岩石(如石灰岩)的破坏与改造的作用。喀斯特作用及其所产生的地貌及水文现象总称为喀斯特。喀斯特(Karst)原是南斯拉夫西北部的一个石灰岩高原名称,那里发育着各种石灰岩喀斯特地貌。19 世纪末,南斯拉夫学者茨维奇(J.Cvijic)就借用该地名来形容石灰岩的地貌、水文现象,并为后来世界各国所通用的专门术语。我国在 1966 年第一届喀斯特学术会议上,曾提出将喀斯特改称为岩溶,作为 Karst 的同义语。1988 年由全国自然科学名词审定委员会公布的《地理名词》,仍定名为喀斯特,又称岩溶。

我国对喀斯特地貌的认识历史悠久,早在 2000多年前的《山海经》一书中,对溶洞、伏流、石山等现象已有提出。后在 800 多年前的宋代《梦溪笔谈》(沈括)、《桂海虞衡志》(范成大)和《岭外代答》(周去非)中对岩溶现象已有较多的记载。但最著名的是明代徐霞客(1586～1641 年)的《徐霞客游记》最为详尽地记载了我国西南的云、黔、桂及湘西等地喀斯特区的地质地貌及水文状况,成为我国早期著名的喀斯特地貌学著作,比欧洲最早的喀斯特地貌学研究还早 250 余年。

可溶性岩石在世界上分布很广,占全球面积的10.2%。在我国裸露的可溶性岩(碳酸盐类)面积为90.7 万 km²,占全国面积的 9.4%,主要分布于广西、云南及贵州等地,是世界上喀斯特地貌最发育的地区之一,如广西桂林山水和云南路南石林皆著称于世。

喀斯特地貌不仅是一种很好的旅游资源,而且具有丰富的地下水资源。地下溶洞中,还埋藏着大量的古生物和古人类化石,或成为储存铝土矿、砂矿及油气的良好场所。因此它具有重大和科研意义与生产价值。但由喀斯特作用所引起的地貌灾害,如地基塌陷、水库漏水及地面干旱等均需积极防治。

一、喀斯特作用

1. 喀斯特作用的化学过程

喀斯特作用主要是水对可溶性岩石的化学溶解和沉淀作用,其次是机械的崩塌、侵蚀及堆积。这些作用有的在地表,有的在地下。

水的化学作用过程,可以石灰岩($CaCO_3$)为例,当水中含有 CO_2 时,它与水化合成为碳酸,电解出 H^+ 离子,而 H^+ 离子与 $CaCO_3$(石灰岩)化合后产生 HCO_3^- 离子,同时分解出 Ca^{2+} 离子。化学反应式如下:

$$CO_2 + H_2O \rightleftharpoons H_2CO_3 \rightleftharpoons H^+ + HCO_3^-$$

$$H^+ + CaCO_3 \rightleftharpoons HCO_3^- + Ca^{2+}$$

综合反应式是:$H_2CO_3 + CaCO_3 \rightleftharpoons Ca^{2+} + 2(HCO_3^-)$

石灰岩溶解后产生的离子在水中成为溶解质,随水带走。但上述反应是可逆的,当水中游离的 CO_2 减少时,化合的 CO_2 就要向相反方向转化,使水中碳酸含量减少,溶液达到饱和状态,从而引起 $CaCO_3$ 的重新沉淀。

2. 喀斯特作用的因素

1) 气候因素

包括降水量、气温和气压等方面。

(1) 降水量。水和可溶性岩石是喀斯特作用的两个必不可少的基本条件。而降水量多少是影响岩石溶解速度的主要因素。如果降水量大,水的循环也会加快,这就可以不断地补充水因溶解作用而消耗的 CO_2,使碳酸增加,溶液不致饱和,喀斯特作用也就得以持续进行。由于热带地区降水量最多,故喀斯特作用也最强。干旱地区因缺水,寒冷地区因水的冰冻时间长,都使喀斯特作用大为减弱。

(2) 温度。温度与水中 CO_2 的含量或反比关系,即温度越高,CO_2 的含量越少。但温度却能加速水分子的离解度,使水中 H^+ 离子增多,溶解力亦因而得到加强。所以热带和南亚热带地区水的溶解力较强。如我国广西的石灰岩年溶蚀量,比河北大 $5 \sim 9$ 倍,即与该地气温高、降水量多有关。

(3) 气压。水中 CO_2 的含量与气压成正比关系。在温度相同的条件下,气压越高,水中 CO_2 的含量也越多(表 6.7)。岩石的溶解度也越大。例如当温度同为 30℃,但 CO_2 分压为 1 个大气压的 CO_2 含量,比 0.0003 个大气压时的 CO_2 含量大 3200 多倍。

表 6.7　不同温度和压力下水中 CO_2 的含量(mg/L)

t(℃)	$p_{CO_2} = 0.0003$ 大气压	$p_{CO_2} = 1$ 大气压
0	1.02	3347
10	0.71	2319
20	0.52	1689
30	0.39	1250

据 Д. С. СОКОЛВ

2) 生物因素

产生酸类的 CO_2,除了无机成因(如空气中存在的、矿物的分解、火山喷发)之外,还有有机成因的(如有机物的燃烧及分解、动植物的呼吸及微生物的作用等)。其中,后者产生的 CO_2 及其所造成的溶蚀强度约占总溶蚀强度的 49% 以上。以云南省西双版纳土壤中 CO_2 含量为例,它比一般大气中 CO_2 的含量(0.03%)高 $20 \sim 200$ 倍不等,这都与生物作用有密切关系。

3) 岩石因素

包括岩石的可溶性及岩石的构造等方面的影响。

(1) 岩石的可溶性。它是喀斯特作用的另一个基本条件,即物质条件。岩石的可溶性主要取决于岩石的化学成分。按化学成分可将可溶性岩石分为三大类:卤盐类(钾盐、石盐)、硫酸盐类(硬石膏、石膏、芒硝)和碳酸盐类(石灰岩、白云岩等)。三者之中,溶解度最大的是卤盐类,其次是硫酸盐类,最小是碳酸盐类。前两者溶解度虽大,而且容易形成地貌,但在地球上分布较少,地貌又不易保存,所以造貌意义不大。后者溶解度虽然较小,但分布很广,岩体规模又大,地貌保存长久,因此造貌意义最大。当今世界上几乎所有的喀斯特地貌都出现在该岩类之中。在碳酸盐岩类内,又因 $CaCO_3$ 的含量不同而溶解度大小也有差别,其中含 $CaCO_3$ 越多的,溶解度也就越大,喀斯特地貌发育也越好。碳酸盐岩类的溶解度顺序为:石灰岩>白云岩>硅质石灰岩>泥质石灰岩。

(2) 岩石的构造。它影响岩石的透水性,透水性好的岩石,能加促水的循环,而且使水流深入地下,加快地下的喀斯特作用。一般在褶皱紧密的背斜区和断裂带上，裂隙发达，岩石的透水性能好。此外在厚层石灰岩内，其裂隙延伸深度也大，有利于溶蚀作用。相反，含泥质、硅质多的石灰岩，其裂隙紧闭，不利于溶蚀作用。夹层多及互层多的石灰岩，因具有隔水作用也不利于喀斯特深入地下。

二、地下水的分带与喀斯特作用

喀斯特地区，大部分地表水都通过孔洞或裂隙转入地下，进行地下喀斯特作用。地下水按其流态分为三带，各带的喀斯特作用特征都很不相同。

1. 包气带（垂直循环带）及其喀斯特作用

该带范围在地面之下至丰水期潜水面之间，平时干涸，降雨或冰雪融化时才有水流，流态为垂直向下运动。该带厚度在地壳强烈上升区较大，如我国桂西北及贵州高原地区厚达数百米至千米。这里以垂直性喀斯特为主，多发育出垂直性落水洞、管道、溶隙等（图6.38）。

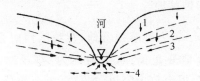

图 6.38　石灰岩岩层内地下水的
垂直分带

1.包气带（垂直循环带）；2.季节变动带（过渡带）；3.饱水带上部（水平循环带）；4.饱水带下部（深部循环带）

2. 季节变动带（过渡带）及其喀斯特作用

位于包气带之下，在丰水期与枯水期潜水面之间，也是上部包气带与下部饱水带之间的过渡带。水流流态随季节而变化：丰水期，地下水位上升，水流作水平方向流动；枯水期地下水位下降，水流作垂直方向流动。所以喀斯特作用在枯水期是垂直的，丰水期是水平的。造成的地貌有落水洞及水平溶洞等。

3. 饱水带及其喀斯特作用

位于枯水期潜水面之下，直到可溶性岩的底部。该带终年呈饱水状态，但上、下部流态不同。上部饱水带（水平循环带）的下界在谷底附近，该带有自由水面，水流方向近水平，向河谷排泄，多造成

水平溶洞及地下河。目前世界上许多大型而著名的水平溶洞都产生在该带。下部饱水带（深部循环带）在谷底之下的深处，具有承压性，水流方向虽然仍近水平，但流动不受当地河流水位的影响，而是向更低的地质减压带或更低的侵蚀基准面方向运动，水流缓慢，水体交替很弱，矿化度高，因此喀斯特作用很差，只形成小型的孔洞。

三、喀斯特地貌

喀斯特区的喀斯特作用遍及地表和地下，所成的地貌也分成地表地貌和地下地貌两大类。二者各自发展，但又互相影响和转化。

（一）地 表 地 貌

按形态成因特点可分出9种：溶沟与石芽、溶斗、溶蚀洼地、溶蚀盆地、干谷与盲谷、喀斯特石山和溶蚀平原（图6.39）。

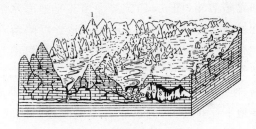

图 6.39　喀斯特形态示意图

1.峰林；2.溶蚀洼地；3.溶蚀盆地；4.溶蚀平原；5.孤峰；6.溶蚀漏斗；7.溶蚀坍陷；8.溶洞；9.地下河；a.石钟乳；b.石笋；c.石柱

1. 溶沟与石芽

溶沟是雨雪水溶蚀岩石表面而成的沟槽，深、宽数厘米至数米，呈楔形或槽形，与地面垂直。它主要沿岩石裂隙或层理面等发育，先由溶痕逐渐扩大成为沟槽。

石芽为突出在溶沟之间的岩石，呈笋状、菌状、柱状或尖刀状等。它们多沿构造裂隙（断层或节理）排列成车轨状（互相平行）、棋盘状（方格）或山脊状（不规则）。高数厘米至数米，有的高达10m以上。如云南省路南的石林，最高超过35m，那里高大的石芽密布如林，故得名。它是在南亚热带气候环境下，由高数十米的台地溶蚀破坏而成。

石芽有裸露的、半裸露的和埋藏的（图6.40）。

埋藏石芽其上披覆着厚薄不等的残积土层,石芽由地下水溶蚀而成,形态较圆滑。半裸露石芽是上覆土层部分被侵蚀后出露的。裸露石芽是上覆土层全部被侵蚀而全裸于地面,形态较尖锐。在埋藏石芽的地面,可以开垦种植。

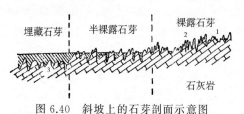

图 6.40 斜坡上的石芽剖面示意图
1. 山脊式石芽;2. 石林式石芽;3. 圆滑粗大的埋藏石芽

2. 溶斗(漏斗)

溶斗是喀斯特地面上的一种封闭性小型洼地,呈碟状、漏斗状或竖井状。直径多为数十米,深数米至十余米。它多沿裂隙交汇而密集的地方溶蚀或崩陷而成。

溶斗按成因可分为三种:即溶蚀溶斗、沉陷溶斗和塌陷溶斗(图 6.41)。溶蚀溶斗是地表水沿可溶性岩的裂隙密集处向下溶蚀而成。沉陷溶斗发生在有厚层碎屑物覆盖的地面上,当地下可溶性岩存在裂隙时,水流在下渗过程中带走了部分细粒碎屑物,使地面下沉,形成沉陷溶斗。塌陷溶斗是喀斯特地下存在溶洞,洞顶岩石崩塌而成的溶斗,其斗壁四周陡立如竖井。溶斗底部常与落水洞或溶隙相连,雨雪水可通过这些洞、隙排往地下。

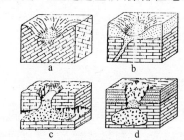

图 6.41 几种主要的溶斗(据 J. N. Jennings)
a. 溶蚀溶斗;b. 沉陷溶斗;c. 塌陷溶斗;d. 深层塌陷溶斗

3. 落水洞

它是由地面通往地下的垂向溶洞,洞口张开于地面或连接溶斗底部,洞底与地下河或水平溶洞相通。具有吸纳与排泄地表水的功能,故名,俗名天坑。洞口直径一般为数米至数十米,深度远大于直径,如我国粤北乳源的“通天笋”,深 95m,洞口宽

73m,洞底最宽处 140m,(据莫仲达)呈竖井状。又如法国的“牧羊人深渊”,曲折多弯,更深达 1122m。落水洞的形态受断层、节理及层理支配,发育成垂直形、倾斜形、曲折形和阶梯形等,大小悬殊,窄长的落水洞又称为落水坑。

由于落水洞主要发育于包气带内,降雨时吸入的水量很大,不但产生溶蚀,而且机械冲蚀和重力崩塌都很强烈。

4. 溶蚀洼地

它是由溶斗合并扩大而成的小型溶蚀盆地,规模比溶斗要大得多,直径数百米至千米,深约数十米,周围被石山环绕,四壁陡峭。底部比较平坦,并且堆积了碎屑物,但有时还可见到溶斗合并的遗迹,或有落水洞出现,如果底部的溶斗和落水洞被碎屑的堵塞,洼地会积水成为喀斯特湖。如贵州的草海,广西地区俗称天塘或龙湖等。未积水的洼地,可以垦植。

5. 溶蚀盆地

它是一种大型溶蚀盆地,在我国西南云贵高原及广西等地分布很广,当地称为“坝子”。呈长条形,长数公里至数十公里,宽数百米至数公里,面积十几至几百平方公里。四周为峰林石山所围绕,边坡陡直,横剖面呈槽形,故又称槽谷。底部比溶蚀洼地更加平坦,多覆盖着数米厚的残积红色黏土或河流冲积层;谷底常有河流穿过,它由四周石山的出水洞流出,向另一端石山落水洞没入;盆地内有时还见到未被蚀去的石灰岩孤峰。溶蚀盆地在南斯拉夫称为 Polje(坡立谷),意指“可耕种的土地”。

溶蚀盆地的发育受构造影响甚大,有的发育于向斜轴或背斜轴部,有的是断陷盆地或沿断裂带发育,还有的沿可溶性岩与非溶性岩的接触带上发育。在广西的上林、都安,云南的砚山、罗平,贵州的安顺等地发育的溶蚀盆地(坝子),面积较大,水土条件较好,是喀斯特地区最好的农业地区。

6. 干谷和盲谷

两种谷地都是喀斯特地区所特有。干谷曾经是昔日的河谷,但现在无水,成为干涸谷地。干谷的成因可能是地壳上升或侵蚀基准面下降,导致河水潜入地下,变成伏流而使地表河干涸。有的是地下河劫夺地表河,使其下游成为干谷。也有的是地

下河裁弯取直,使弯曲河段成为干谷。干谷谷底平坦,覆盖有松散堆积层。常有溶斗、落水洞分布。

盲谷是一种死胡同式的河谷,河流前方被石山陡崖阻挡,河谷消失,河水从崖下溶洞进入石山内变成伏流。这种前方失去谷形的河谷称为盲谷。如贵阳以南的涟河等地十分常见,那里的盲谷、伏流和明流等交替出现(图6.42)。盲谷的生成,主要是地下河的顶板崩塌,使地下河露出地面而成。如果崩塌中局部顶板得到保留时,这段顶板称为天生桥。

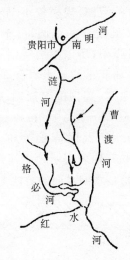

图 6.42　贵阳以南的盲谷与伏流

7. 喀斯特石山

它是在喀斯特作用下所成的山体,形态奇特,例如山峰尖削挺拔,山坡陡峭,地面岩石裸露,满布石芽溶沟和落水洞,显得十分崎岖。山内分布着大小溶洞,管隙纵横交错。洞内还有各种石钟乳、石笋和石柱等,琳琅满目,构成一幅奇峰异洞的地貌景观。这种岩石裸露而又奇异的山体,在我国南方喀斯特地区专称为石山。

单个的石山形态,受岩性和产状影响而不同。例如由质纯层厚和产状水平的石灰岩组成的石山,呈塔状或圆筒状;由水平产状但岩质不纯的石灰岩组成的石山,呈圆锥状;由单斜层石灰岩组成的石山,呈单面山状,俗称老人山。

多个石山组合形态,按地貌发育过程分为三种:峰丛石山、峰林石山和孤峰石山(图6.43)。

(1) 峰丛石山。是喀斯特高原向山地转化的初期形态。山体分为上下两部分,上部为分离的山峰,下部连接成基座。基座厚度大于山峰部分,山峰之间多被溶蚀洼地隔开。正是这些洼地的发育,才使原来的高原面分割成为峰丛。峰丛在贵州高原上分布很广,有时排列成行,表示沿地质构造线,如背斜、向斜、岩层走向等方向发育所成。

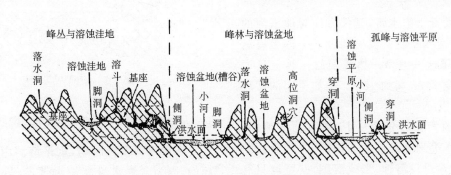

图 6.43　峰丛、峰林和孤峰的地貌组合剖面示意图(曾昭璇,1985,有修改)

(2) 峰林石山。石山发育中期的组合形态。当峰丛石山之间的溶蚀洼地再度垂向发展和扩大直至饱水带时,把峰丛的基座蚀去,成为没有基座的密集山峰群,称为峰林(图6.44)。此时,溶蚀洼地也扩大成为溶蚀盆地(槽谷)。峰林之间广泛发育了河流,它成为造就广大盆地的主要力量。如果峰林发育后地壳上升,升起的峰林则将重新变为峰丛。

(3) 孤峰石山。指零星分布于溶蚀平原上的低矮石山,高度数十米。它是峰林石山进一步发展,高度降低,个数减少,峰林间的盆地扩大成为广阔的溶蚀平原,峰林则演变为残丘,表示岩溶作用晚期的产物。

8. 溶蚀平原

原来的石灰岩高原或山地,经过长期溶蚀、侵蚀后,高度逐渐降低,最终成为起伏和缓的平原。平原上河流发育,覆盖有残积红土和冲积物,以及分布着残丘。

由上可见,喀斯特地区地表正负地貌的出现是具有一定组合规律的,而且随着地貌的演变过程而

图 6.44　峰林石山与溶蚀盆地(据《中国岩溶》)

有不同的组合形态:初期地貌以溶斗、溶蚀洼地-峰丛石山为主,如贵州高原。中期以深切洼地、溶蚀盆地—峰林石山为主,如广西北部桂林、阳朔等地。晚期以孤峰—溶蚀平原为主,如广西东南贵港等地。上述三者,由北向南,作有规律的分布。

(二)地 下 地 貌

地下地貌以溶洞为主,但在不同的地下水带,溶洞的形态和成因截然不同,种类多种多样,其中最具有地理价值,而且最长、最大的溶洞是饱水带内的水平溶洞。充水的水平溶洞,称地下河。

1. 水平溶洞

水平溶洞发育于饱水带,延伸方向与地下河的水流方向一致,呈水平状。我国和世界上许多著名的大型溶洞都属这一类型。如我国的桂林七星岩洞,长千余米,宽 70m、高约 15m。又如美国的猛玛洞,主洞长达 64km。

水平溶洞的发育可分为三个时期:①溶隙期。发育初期地下水沿细小的裂隙如层面、节理面或断层面流动,并沿途进行溶蚀,形成溶隙,其宽度只有几厘米或十多厘米。据实验,具有承压性的孔隙水,每年的溶蚀量比无承压性的水溶蚀量大 15 倍。因此溶隙虽小,但仍有相当大的溶蚀力。②地下河发育期。随着溶隙的扩大,水量和流速不断增加,溶蚀力和水的机械侵蚀力加强,溶隙也迅速扩大和合并,形成管道式的流水,也就进入地下河发育时期,即充水的溶洞期。此时流水作用更加强大,地下河的扩张更为迅速。③干溶洞期。当地壳上升或地下水面下降时,那些发育在饱水带的地下河也随之上升,到达季节变动带以至包气带中,河水下渗后,地下河床则变成了干溶洞。如果地壳间歇性上升多次,那么干溶洞也就有多级(层),如桂林七

星岩便有干溶洞两层。干溶洞的发展方向有两种:一是洞内 $CaCO_3$ 重新沉淀,形成各种石灰华地形,最后把溶洞堆塞,或者溶洞被洪积、坡积物(砂、砾、泥)填塞。二是洞顶崩塌,出露成为峡谷或干谷,溶洞也就消亡。如果峡谷中还残留着未崩塌的洞顶时,也成为天生桥。又当残留在石山内的水平溶洞,可以望穿时,称为穿洞。表示洞外两侧山体,已经破坏消失。如桂林的象鼻山,阳朔的月亮山。

水平溶洞的发育受构造影响很大:如在裂隙单一的岩石上发育的溶洞,规模较小,形如"长廊";在裂隙密集或交叉处发育的溶洞,由于崩塌和溶蚀、侵蚀作用都比较强烈,所以溶洞特别高大,形如"厅堂"、"楼房"等。如北京的云水洞有 6 个大厅;贵州的神仙楼高 40 余米;美国的卡斯帕(Carsbas)中的巨室,长 400m,宽 230m,高 100m。

水平溶洞有一个共同特征,就是洞顶平坦,两侧有边槽(图 6.45),前者表示地下河在丰水期水面的溶蚀,后者则是枯水期水面的溶蚀。

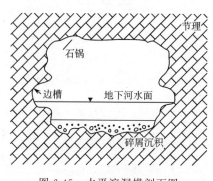

图 6.45　水平溶洞横剖面图

2. 溶洞内的化学堆积(沉淀)地貌

在地下河发育时期,水平溶洞内是没有化学堆积的,因为含钙水溶液被水带走,故它只能在干溶洞内发生。按堆积物的位置与成因分成以下三组:

(1) 石钟乳、石笋和石柱。这是由洞顶滴水而产生的一组地貌。石钟乳是由洞顶下垂的碳酸钙堆积,形如钟乳状、锥状等。它是含碳酸钙水溶液从洞顶溶隙渗出时,因压力降低和温度升高,使溶液中的 CO_2 逸出,溶液达到饱和状态而发生的碳酸钙堆积。开始堆积时围绕着出水口,以后不断向下延伸,向外围加粗,横切面具有同心圆结构特征。石笋是从石钟乳末端下滴在洞底上的碳酸钙水溶液由下往上的堆积,形如竹笋。它也具有同心圆的堆积结构。石柱是由向下延伸的石钟乳与向上生长的石笋互相对接时产生的(图 6.46)。

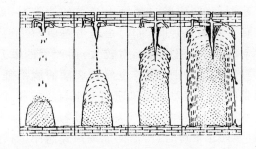

图 6.46 石钟乳、石笋和石柱的形成（Gmas，1981）

（2）石幔和石旗。两者是洞壁的碳酸钙堆积。石幔是水溶液沿洞壁漫流时产生的碳酸钙层状堆积，光滑如布幔，故名。如果溶液沿一条凸棱向下流动时，则产生突出在洞壁上薄片状的碳酸钙堆积，称为石旗。

（3）边石坝。是洞底上的碳酸钙堆积。当由洞壁流下的水溶液，到达有起伏的斜面凸起时，流速加快，引起 CO_2 的迅速逸出及碳酸钙堆积，形成弧形弯曲的石埂，即边石坝，高数厘米至二三十厘米不等。边石坝内积水，形如梯田，又名石池（我国古名石田）。每当石池水越坝流出时，都会使边石坝加积升高（图 6.47）。在九寨沟河床也可见到大型的边石坝。

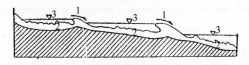

图 6.47 边石坝了纵剖面（据 A. Bogli）
1.边石坝；2.方解石晶簇；3. 石池（石田）

（4）灰华阶地（台地）。由灰华层在阶级状洞底上的沉积地貌。不论阶地面或陡坎均由灰华层组成。

（5）其他：石花、卷曲石、石葡萄和石珍珠等。前两者是附生在洞内大型碳酸钙堆积体上微型结晶体，形如花朵状、晶片体、放射针状、豆芽状，等等。它们是滴水飞溅在附着物上之后，快速结晶而成。后两者是在洞底的碳酸钙溶液，以泥、砂为核心的球状堆积体，具有同心圆结构。

3. 溶洞的机械堆积及生物堆积

水平溶洞内一般都有地下河的砂砾及黏土堆积；洞顶崩塌时有巨大的坠落石块在洞底堆积；干溶洞中可能还有古人类及第四纪哺乳类动物化石堆积；在南方溶洞中又多有鸟粪层堆积，并可作肥料开采。

四、喀斯特地貌的地带性

喀斯特作用受气候条件影响很大，不同的气候带，喀斯特作用的结果不同，因此喀斯特地貌具有一定的地带性特征，并可分出以下四种地貌带：

1. 热带喀斯特地貌

位于低纬地区，包括热带及南亚热带季风区的喀斯特。由于该气候带高温多雨，一方面水的循环快，溶蚀力强，喀斯特作用可以终年进行，而且由于气温高，水的化学反应速度快，产生的 H^+ 离子多，使水的溶蚀力加快；另一方面在湿热条件下，植物茂盛，它会产生大量的 CO_2 及分泌出大量有机酸，增强了水的溶蚀力。因此热带喀斯特的溶蚀强度居于其他气候带之首，不论地表或地下地貌都很发育，其中以峰林石山为代表，它是其他气候带所没有的。此外，大型的溶蚀盆地（槽谷）、深陷的溶蚀洼地及大型水平溶洞等都很发育。此带以我国南方、西印度群岛、印度尼西亚等地为代表。

2. 温带喀斯特地貌

处于中纬度地区，气温较低，雨量较少，而且有明显的干季，喀斯特作用受一定限制。地表地貌不很发育，只有不多的干谷、溶斗和溶蚀洼地，石芽及溶沟发育不好；而且多被风化物覆盖。但地下地貌如溶洞、地下河、溶隙及喀斯特泉等较发育，故有"隐喀斯特"之称。它以法国、捷克、乌拉尔、密西西比平原及我国华北、东北等地为代表。

3. 寒带及高寒地区喀斯特地貌

位于高纬度及高原、高山地区，由于终年气温低，水的冻结时间长或有冻土层存在，水的流动及溶蚀作用受到了极大的抑制。因此不论地表或地下地貌发育都很差，地表以溶沟为多见，地下有小型孔洞、溶隙和喀斯特泉等。此带以西伯利亚、加拿大以及我国的青藏高原等地为代表。

4. 干旱区喀斯特地貌

包括了热带、亚热带及温带的干旱气候区，终年气温较高，雨量稀少，植物缺乏，喀斯特作用极其微弱。由于还有少量地下水存在，而且水中含有较多的 SO_4^{2-} 离子，所以喀斯特作用仍能进行，不过地貌发育极差,偶有小型孔洞出现而已。

复习思考题

1. 为什么热带地区喀斯特地貌最发育? 它以哪些地貌作标志?

2. 试从喀斯特地下水的分带出发,分析:峰丛、洼地→峰林、盆地→孤峰、平原地貌的演化过程,并举我国的例子说明。

3. 水平溶洞横剖面有何重要特征? 怎样生成的? 干涸而多层的水平溶洞有何地质意义?

4. 说明石钟乳、石笋、石柱及边石坝的特点与成因。

第五节　风成地貌与黄土地貌

一、风 成 地 貌

它是由风力作用所成的地貌,主要分布于大陆内部的干旱和半干旱区,其次是海岸带。

干旱和半干旱区降水量极少,日照很长,蒸发强烈,蒸发量往往大于降水量数十倍,甚至百倍以上。加上植物稀少,地表径流欠缺,呈现出一片荒漠景观。

这些地区除了干旱少雨外,气温日较差和年较差都很大,冬季严寒,夏季酷热。如我国新疆北部气温年较差在 60~70℃ 以上,日较差达 35~50℃。温差大一方面引起岩石的物理风化剧烈,形成大量风化碎屑物,成为那里风沙堆积的物质来源;另一方面容易引起气压变化和风的生成。因此风成了干旱、半干旱区地貌的主要作用力。

海岸带盛行海陆风,另外受飓风(台风)吹袭的海岸带,风力作用也很明显,加上那里泥沙来源丰富,所以风沙地貌也很发育。如我国海南岛东北部的海岸沙丘带,长可达 20~30km,宽 1~2km,高 20~40m,最高可达 60m。

(一) 风力作用

风与流水一样,是一种流体动力,能对地面进行侵蚀、搬运和堆积,而且作用形式相似。但只因它的密度小(空气),故动力强度比流水弱。

1. 风蚀作用

风蚀作用包括风的吹蚀和磨蚀。风是气流,具有一定速度,当它吹过地面上松散的沙粒时,因动压力使沙粒脱离原位,同时由压力差(沙粒上部压力相对较小,下部压力相对较大)而产生的上升力大于沙粒的重力时,沙粒也就被起动而脱离地面,即所谓吹蚀。起动(沙)风速的大小与沙粒粒径、沙粒含水率和地表性质等有关。当沙粒越细,越干燥松散,地面越平坦时,所需的起动风速越小,吹蚀也就越强烈。

干旱区沙漠中的沙粒,多属粒径为 0.1~0.25mm 的细沙,起动风速为 4m/s 左右,如果粒径增大至 1.0mm 时,风速也相应增加至 6.7m/s(表 6.8)。被吹起的沙粒对岩石进行冲击和摩擦时,岩石表面会受到磨损,这种作用,称为磨蚀。磨蚀的强度取决于风速和挟沙量。近地表处挟沙量多而沙粒大,但风速小;离地表高处风速虽大,但挟沙量少而沙粒也小,故前后两者的磨蚀力都较弱。据实验,磨蚀最强的地方是在距地表23cm的高处。上述的吹蚀及磨蚀作用,统称为风蚀作用。

表 6.8　不同沙粒粒径的起动风速(新疆布古里沙漠)

沙粒粒径(mm)	0.1~0.25	0.25~0.5	0.5~1.0	>1.0
起动风速(m/s) (离地面 2m 高处)	4.0	5.6	6.7	7.1

2. 搬运作用

风的搬运作用与流水相拟,有三种形式,即悬移、跃移和蠕移(图 6.48)。

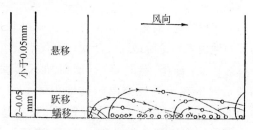

图 6.48　风沙运动三种基本形式

(1)悬移。粒径小于 0.05mm 的粉砂和黏土,被风吹起后,其沉降速度小于风的紊动向上分速(相当于平均风速的 1/5)时,就能使泥沙悬浮于空气中。例如 0.2mm 的沙子沉降速度为 1m/s,在风速 5m/s 时,它就可以悬浮。一般粒径小于 0.05mm 的粉砂和黏土,搬运距离很远,可达千里以外,如我国北方的黄土主要是由沙漠地区搬来的。

（2）跃移。粒径较大的细砂和中砂（0.05～0.5mm），一般在地面作跳跃式的移动。由于空气密度比水的密度小800多倍，故不但容易跃起，而且跃得高，跳得快。如砂粒在水中的跳跃高度只有几个粒径，而在空气中跳跃高度则有几百至几千个粒径。跳跃速度每秒数十厘米至数米。因跳得高，故在气流中获取的动能也大，下落撞击地面时，不但再次反弹跳起，而且还能把附近更多的沙粒溅起，如果这个过程反复出现，搬运的沙量就会很大。跃移沙粒的动能，可推动比它大6倍或重200多倍的沙粒。

（3）蠕移。粒径大于0.5mm的粗砂及细砾，重量较大，只能沿地面缓慢的滚动或滑动，称为蠕动。蠕动速度一般为每秒1～2cm。蠕移的动力，一是风力；二是受跃移沙粒的冲击力。

据实测资料表明，在三种搬运方式之中，以跃移为主，其搬运量约占总量的78%；蠕移为次，搬运量约占总量的22%；悬移最少，仅占总量1%以下。但搬运方式是随风力的增减而改变的，如风力增大时，蠕移可变为跃移，跃移也可成为悬移；如风力减小时，情况相反。

搬运的高度，据在内蒙古乌兰布和沙漠2m高处的风速8.7m/s的实测表明，89.7%的沙粒是在距地面30cm的范围内搬运的。其余10%的沙粒在高30～70cm的高处搬运。

（二）风成地貌

1. 风蚀地貌

（1）风蚀谷及风蚀残丘。由基岩组成的丘陵或台地，受暴雨冲刷后开始产生沟谷，以后经过长期的风蚀，扩大成为风蚀谷。它无一定形状，时宽时窄，底部崎岖不平，蜿蜒曲折，长度可达数十公里。由于风蚀谷的扩大，风蚀谷之间的高地便日益缩小，最后成了残丘。其高度一般10～30m，长10～200m不等。残丘的形状，受到构造、岩性及产状影响。如在背、向斜层上发育的残丘，成为长形丘陵。由软硬相间、产状水平的岩层所成的残丘，多成为顶平而四周壁立的丘陵，远望如塔状、锥状、垄岗状及城堡状，又称风城。如新疆准噶尔盆地的乌尔禾、东疆的吐鲁番盆地、哈密西南、柴达木盆地西北部所见。

（2）风蚀柱和蘑菇石。垂直裂隙发达的基岩，风蚀后，切割成破碎的孤立状石柱。石柱的下部由于磨蚀作用很强，特别是具有水平层理和不甚坚硬的岩石，磨蚀就更加剧烈，结果往往造成上部大、下部小的形状，称为蘑菇石。

（3）石窝及石檐。它们是附属在残丘、石柱或蘑菇石表面的小地貌。石窝是一种小的孔洞，直径约20cm，深10～15cm，孔洞之间由石条隔开，密集分布如蜂窝或窗格，故称石窝或石格窗。它是由岩石的物理风化和风蚀共同作用而成。首先，由于组成岩石的矿物胀缩系数不同，经过冷热作用之后，矿物之间产生裂隙。其次，岩石受强烈日照后，盐液可沿毛细管上升至岩面结晶，逼裂岩石。风沿这些破裂面吹蚀，开始形成浅小的凹坑，继而受沙子的旋磨，逐步深入成为孔洞。如果风蚀作用在软硬相间的岩层上进行时，其中软弱岩层受破坏严重，凹入成槽状，而硬岩层破坏较少，相对突出呈檐状，称为石檐。

（4）风蚀洼地。平坦的基岩地面，经过长期的暴流冲刷和风蚀作用，可形成大小不等的洼地，平面呈长形或椭圆形，顺风向延伸。小型风蚀洼地，直径数十米，深仅1m。大的如南非的风蚀洼地面积达300多km²，深7～10m。我国甘肃河西走廊的风蚀洼地面积也达数十平方公里，深5～10m或更大。其成因大多数是在暴流侵蚀的基础上，再经风蚀而成。有的具有断陷盆地性质，再经风蚀修饰而成。

（5）雅丹。雅丹是维吾尔语，意即陡壁小丘。现泛指垄、槽相间所组合的地貌（图6.49）。它多发育在已干涸的湖泊或河床上，由沙及沙黏土组成的堆积层，结构疏松。一旦被风沿裂隙吹蚀，便很快出现沟垄相间的雅丹地貌。垄高约5～20m，长短不一，顶面向下风方向作1°～2°倾斜。如果小丘顶面平坦，且有盐块结晶时，则呈白色，即古书中所称的白龙堆。如新疆罗布泊北部所见。

图6.49 风蚀雅丹

2. 风积地貌

在干旱和半干旱地区，由当地的风化碎屑物、洪积坡积物和河流带来的碎屑物都很多，经过风的搬运和堆积，多形成沙丘。所以沙丘是干旱区最主要的堆积地貌。按沙丘走向与风向的关系,可将沙丘分为三大类:横向沙丘、纵向沙丘和多风向沙丘。

1) 横向沙丘

指沙丘走向与风向垂直或作 60°以上交角的沙丘。如新月形沙丘、新月形沙丘链和复合新月形沙丘链等。

新月形沙丘:平面形态呈新月形,两侧前端有顺风向伸出的沙角(翼),两沙角之间为一马蹄形洼地。纵剖面两坡不对称,迎风坡凸而缓,坡度约 5°～20°。背风坡凹入而陡,坡度约 28°～34°。相当于沙粒的休止角。两坡之间的交接处为一弧形沙脊。沙丘高度一般在 15m 以下,宽度约为长度的 10 倍(图 6.50)。

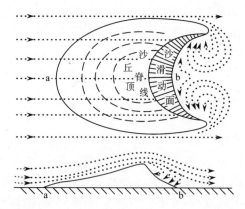

图 6.50　新月形沙丘平面图(上)和纵剖面图(下)
(据拜格诺,修改)
⋯➤表示气流和方向

新月形沙丘的生成,是由盾状沙丘发展而来的。当气流通过盾状沙丘时,大致分成上、下两部分,其流态不同:上部气流从迎风坡吹向背风坡时,风速较大,压力相对较低。但到达背风坡后,因那里是静风区,压力相对较高,由此出现了压力差及产生水平轴涡流(图 6.51b,c,d 之下图),风速因而减弱,从迎风坡搬来的沙子也在背风坡处堆积下来。沙丘丘顶也随着沙粒移动也由最高的中央向前位移。下部气流绕过沙丘两侧到达背风坡前端时,同样因压力差的原因而在背风坡前的两边各产生垂直轴涡流(图 6.51b,c,d 之上图),并把沙子带向背风坡前端的两旁,于是在背风坡前端出现马蹄形小洼地和沙角(图 6.51b)。以后,背风坡因积沙而不断增高,丘顶逐渐前移,两侧的沙角逐渐伸长,马蹄形洼地扩大,形成雏形的新月形沙丘(图 6.51c)。最后,丘顶移至背风坡后缘,成一弧脊,使背风坡坡度陡增,并达到了沙粒的休止角,当再来沙时,沙粒便以

滑落方式叠加在背风坡上。此时马蹄形洼地和两侧沙角已十分明显,形成了新月形沙丘(图 6.51d)。

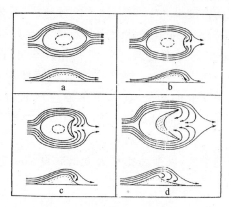

图 6.51　新月形沙丘形成示意图
a.盾形沙丘;b.小马蹄形洼地产生;c.雏形新月形沙丘;d.新月形沙丘

新月形沙丘链:在来沙供应丰富的情况下,密集的新月形沙丘便可能互相连接,形成新月形沙丘链,高度 10～30m,长数百米至 1km 以上(图 6.52)。

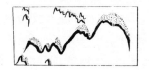

图 6.52　新月形沙丘链

复合型新月形沙丘及沙丘链:如果新月形沙丘和新月形沙丘链不断被来沙堆积时,往往在它们的迎风坡上发育出次一级的小新月形沙丘或沙丘链。这类沙丘分别称为复合新月形沙丘和复合型沙丘链(图 6.53)。如在我国塔克拉玛干和巴丹吉林沙漠中所见,沙丘一般高 50～100m,长 5～15km,宽 0.3～0.8km。

图 6.53　大型复合型新月形沙丘链

2) 纵向沙丘

纵向沙丘是长条形的沙丘,延伸方向与风向一致。高度一般为 10～25m,长数百米至数公里,更长的可达数十公里。横剖面有较对称的两坡和穹形的顶部,有的两坡不很对称,尚有摆动的脊线存在。

世界沙漠中,半数以上为纵向沙丘所分布。在一些大型的纵向沙丘之上往往叠加了许多次一级的新月形沙丘链,成为复合型的纵向沙丘(图6.54),如塔克拉玛干沙漠中的复合型纵向沙丘,长度一般为10～20km,最长45km,高50～80m,宽500～1000m。又如阿拉伯半岛鲁卜哈利沙漠中的这类沙丘,长达200km,高100m,宽1～2km。

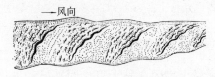

图6.54 复合型纵向沙垄

纵向沙丘的成因有多种:

(1)由草丛沙堆发展而成。有植物生长的地面,先形成草丛沙堆,当两个以上的草丛沙堆顺主风向延伸并互相连接时,则成为纵向沙丘。

(2)由新月形沙丘演变而成。新月形沙丘形成后,又在两种呈锐角相交的风向作用下,其中受主风向作用的一翼前伸,受次风向作用的另一翼萎缩,最后形成鱼钩状的纵向沙丘(图6.55)。

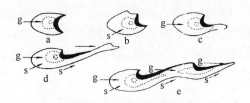

图6.55 新月形沙丘演化为纵向沙丘
(转引自北京大学地质地理系,1965)
s.主风向;g.次风向

(3)由大气卷轴涡流(水平轴)的作用所成。沙漠中常常产生强烈的顺风向的水平轴涡流,把地面沙子吹向两涡流之间堆积。

(4)由地形控制而成。如塔克拉玛干沙漠西部一些山口,风力作用特别强,可形成顺风向延伸的纵向沙丘。

3)多风向作用的沙丘

以金字塔沙丘为典型,它由有一个尖顶和三个或更多的沙坡和沙坡之间的沙脊组成。沙丘高大如金字塔形,高50～100m,甚至更高。一般单独分布,也有成行排列的。它的生成是由三种风向在不同的季节进行堆塑而成。如塔克拉玛干沙漠南部的山前所见。

3. 沙丘的移动

沙丘的移动受到风向、风速、沙丘高度、沙的含水量和植被等多种因素影响。

(1)沙丘的移动方式。沙丘的移动是通过沙子由迎风坡向背风坡搬运及堆积来实现的。移动方向和起沙风的合成风向大体一致。移动方式有三种:①前进式,在单一风向作用下进行,只有前进,并无后退。②往复前进式,它是在两个风向相反,但风力不等的情况下进行。风力大的方向为沙丘的移动方向。③往复式,在风力大小相等、风向相反的情况下进行,结果沙丘实际上没有净位移。

(2)沙丘的移动速度。移动速度首先是与风速及沙丘高度有关,如:

$$D = \frac{Q}{rH}$$

式中 D 为单位时间内前移距离;Q 为单位时间内通过单位宽度的沙量(输沙量);H 为沙丘高度;r 为沙子容重。由上式可见,沙丘移动速度与其高度成反比,与输沙量成正比。

其次,当沙子潮湿时,黏滞性较强,沙子不易搬运,沙丘移动也慢。如果植被覆盖好,风力被削弱,沙丘的移动也会减慢或停止移动。

沙丘的移动速度在各地不同,如我国沙漠内部的高大而密集的沙丘移动速度较慢,约2m/a。沙漠边缘低矮而分散的沙丘移动速度较快,达到5～10m/a。最大的在塔克拉玛干沙漠西南的皮山及东南的且末地区,沙丘移动每年可达40～50m。

受风沙作用的地区,沙子和沙丘可侵入农田和牧场,掩埋房屋、公路和铁路,对人民生活、生产活动和交通带来很大的危害,故应大力采取防沙治沙措施,削弱风速,控制地表的风蚀和固定沙丘,制止风沙流的发生,保护绿洲。

(三)荒漠及其地貌

荒漠是指气候干旱,地表缺水,植物稀少及岩石裸露或沙砾覆盖地面的自然地理景观。荒漠占全球面积1/4,主要分布在两个地带(区),一是南、北纬15°～35°之间的副热带高压带;二是温带内陆地区,如我国的新疆、内蒙古和青海等地的荒漠。

荒漠如按地貌特征及地面组成物质来分,可分为:岩漠(石质荒漠)、砾漠(砾质荒漠)、沙漠(沙质荒漠)和泥漠(泥质荒漠)等四类。

1. 岩漠及其地貌

岩漠主要是指干旱区岩石裸露的低山、丘陵及山麓剥蚀平原的地貌景观。那里基岩裸露,山坡陡峭,沟谷发育,地面石骨嶙峋,并被切割得支离破碎,山麓地带发育出山麓剥蚀平原。

山麓剥蚀平原是岩漠中较为突出的一种地貌。由于干旱区物理风化极为强烈,山坡上披覆的大量风化碎屑物,在重力及暴雨作用下,不断向山下移动。这样山坡在风化和侵蚀的反复作用下,不断后退,结果在山麓地带出现了由基岩组成的缓倾地面,称为山麓剥蚀面(图 6.56),即山足剥蚀平原。平原上散布着未被蚀平的风蚀残丘,即岛山,还有风蚀柱及风蚀谷等。地面还有薄层的残积、坡积物覆盖。

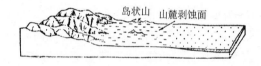

图 6.56　山麓剥蚀面

2. 砾漠及其地貌

砾漠主要是指山麓地带由大小砾石所组成的洪积、坡积倾斜平原的地貌景观,宽达数公里以上。那里的地面在强劲的风力作用下,细粒的沙土被风搬运,留下的都是粗大砾石,其表面常常被沙子磨蚀成光滑面,形成具有棱角及磨光面的风棱石。有的砾石表面被黑色的"沙漠漆"包裹,这是砾石内的附着水蒸发时,带出所溶解的铁、锰质在岩面沉淀而成。砾漠蒙古语称为戈壁,但我国习惯上把岩漠也归入戈壁之中。为了区别于砾石戈壁,岩漠称为石质戈壁。

我国砾漠分布很广,如我国的内蒙古大戈壁及河西走廊、塔里木盆地、准噶尔盆地、柴塔木盆地外围的山前地带的戈壁。

3. 沙漠及其地貌

沙漠主要分布于干旱区岩漠或砾漠外围的盆地中部。地貌上是地表覆盖着大片沙丘或"沙地"的沙质平原。沙子主要由四周山地河流带来的冲积物及湖积物,部分为当地风化残积物以及山前洪积-坡积物中的细粒碎屑物,由风力搬运而来。

沙漠是荒漠中分布最广的一种类型,全世界沙漠面积约 700 万 km²,占陆地面积的 4.7%,主要分布于北非、中亚、西南亚、澳大利亚等地,主要的沙漠有鲁卜哈利、卡拉库姆、维多利亚等沙漠。

我国沙漠面积 71.23km²(其中沙地 11 万 km²),占全国面积 7.4%。主要分布于新疆、甘肃、青海、宁夏及内蒙古西部。其中以新疆面积最大,占 58.9%,内蒙古次之,占 29.8%。

4. 泥漠及其地貌

泥漠是干旱区由黏土组成的平原荒漠,主要分布于干旱区的低洼地带或封闭盆地的中心。黏土物质主要由山地河流或暴流搬运而来,堆积后干涸而成。地面平坦,泥层裸露且有龟裂纹,亦常有盐渍化现象。这是含有大量盐分(氯化物、硫酸盐、碳酸盐)的地下水,被带到低地后,水分蒸发,盐分析出,形成盐土、盐壳或盐层,此时的泥漠又称为盐沼漠或盐漠。

二、黄土地貌

黄土是我国北方在第四纪冰期时代的风积物,在我国分布广,厚度大。冰后期至今,受到流水的强烈侵蚀与破坏,形成特种的地貌类型,对地理环境和生产活动造成很大影响。

1. 黄土的分布与特性

黄土是一种土状堆积物,在世界上主要分布于北半球中纬度的干旱地带,即北纬 35°~45° 之间。如西欧莱茵河流域,东欧平原南部,北美密西西比河中、上游以及我国西北与华北等地。面积共 1300 万 km²,占全球陆地面积的 8.7%。我国是世界上黄土分布最广、厚度最大和地貌最发育的地区,面积 63.2 万 km²,占全国面积 6.35%。分布范围主要在昆仑山—阿尔金山—祁连山—秦岭以北,太行山以西,贺兰山以东地区。主要集中在黄河的中、下游,如陕西北部,甘肃中、东部,宁夏南部及山西西部,号称黄土高原区。但黄土的吹程,可远达安徽、江苏一带。黄土厚度一般为 50~100m,在六盘山以西更达 180~200m 以上。欧洲中部的黄土厚度仅数米,莱茵河谷地 20~30m,较厚的在俄罗斯境内,局部可达 40~50m,南北美洲的黄土厚度只有数米至十多米。

黄土的特性有:

(1) 黄土是一种灰黄色或棕黄色的土状堆积物,颗粒细小,质地均一。颗粒中以粉砂(粒径0.05～0.005mm)为主,约占总量54%。其次为极细砂(0.1～0.05mm)约占总量24%。再次为黏土(粒径<0.005mm),约占总量的21%左右,没有中粗砂(据山西、陕西、甘肃黄土颗粒统计)。

(2) 结构疏松,透水性较强。黄土疏松是因颗粒间的孔隙多而且大所致。孔隙度高达40%～50%,故它以比重小而区别于其他土类。由于孔隙多,因此透水性强,遇水后容易造成湿陷,也有利于孔(裂)隙的扩大及潜蚀作用。

(3) 黄土成分中,碳酸钙的含量较高。碳酸钙含量一般为8%,仅次于SiO_2(占53%)及Al_2O_3(占11%),遇水时会溶解而使土粒分离,容易造成土壤侵蚀及水土流失。碳酸钙经过淋溶和富集后,会胶结成为钙质结核,称为砂姜石,它多呈带状分布在古土壤层的底部。

(4) 黄土无层理,但垂直节理发育。它有利于地表水的下渗和垂直侵蚀作用的进行。

以上黄土的理化特性对黄土地貌的发育影响甚大。

2. 黄土的生成时代和成因

黄土生成于第四纪更新世的冰期时代。如我国黄土可划分为三层:早更新世的午城黄土;中更新世的离石黄土和晚更新世的马兰黄土等三个时期。上、下层黄土之间,堆积间断,但有古土壤层发育,古土壤是间冰期暖湿气候下与古生物共同作用的产物。

黄土的成因,有残积说、水成说和风成说等多种学说,但以风成说为主。以我国西北黄土为例,证据如下:

(1) 黄土颗粒由西北向东南变细,厚度逐渐减薄。冰期时代,气候寒冷干燥,风力强劲,它将我国北方及西北方蒙、新荒漠地区的尘土吹起后,运至千里以外的黄河流域一带堆积下来,按风力逐步减弱而出现的堆积顺序是:颗粒由西北向东南变细,厚度也逐渐减小。如陕北榆林的黄土颗粒为粗粉砂(粒径0.045mm),至延安为中粉砂(粒径0.025mm),到了洛川及山西临汾为细粉砂(粒径0.015mm)。

(2) 黄土的矿物成分具有高度的一致性,与当地的下伏基岩成分无关。显示非当地的风化残积物,而是远地矿物在风力搬运过程中高度混合后堆积的结果。

(3) 黄土披覆在高度不一的各种地貌之上。在同一地区保持相近的厚度,且无层理,颗粒均匀,说明与风成有关。

(4) 黄土中含陆生草原动物和植物化石,并埋藏着古土壤层,表示非水成产物。

以上说明黄土是风成的,非水成或风化残积的。但局部地区具有水平层理和夹砾石的黄土堆积,属一种次生黄土,又称为黄土状岩石,但非本节所述的原生黄土。

3. 黄土地貌

在更新世的冰期时代由风积所成的黄土层,至全新世以后,由于气候转为湿暖,进入了流水侵蚀为主的地貌作用期,黄土地貌由此形成。黄土地貌可分为三大类:即沟谷地貌、沟间地貌和潜蚀地貌。

1) 沟谷地貌

由于黄土结构疏松,垂直节理发达,加上可溶性的碳酸钙矿物含量多等原因,使黄土侵蚀非常迅速,沟谷也十分发育。不但沟谷类型齐全(包括细沟、切沟、冲沟和坳沟),而且沟谷密度很大,据统计,其密度为4～6km/km²(陈永宗,1983),比南方水土流失严重的江西省南部3.7～5.0km/km²(史德明等,1982)还大。故黄土高原区也是我国水土流失最严重的地区之一。

2) 沟间地貌

指黄土沟谷之间的地貌,主要有黄土高原、黄土岭和黄土丘陵。在当地分别称为塬、梁和峁。

(1) 黄土塬:指面积广阔,地面平坦而很少受沟谷侵蚀的高原(图6.57)。塬面中央斜度小于1°,边缘也只有3°～5°。现在保存较大而完整的塬主要有陇东的董志塬(甘肃庆阳县西南),唐代称为彭塬,它以西峰镇为中心,南北长42.5km,东西宽18km,面积1360km²。此外还有陕面的洛川塬。塬受切割后,面积缩小成了"破碎塬",如甘肃的合水、陕西的定边小塬。塬是黄土在古老的平坦地形面(如平原、台地或盆地内)基础之上加积而成的。

(2) 黄土梁:指长条形的黄土岭。按它顶部横剖面的形态不同而又分为两种:一是顶面平坦的称为平梁;二是顶面呈穹形的称为斜梁。梁的生成,有的是黄土加积在古老山岭上所成,有的是由塬分割出来的(图6.58)。

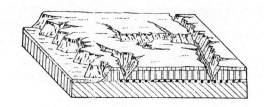

图 6.57　黄土塬（甘肃董志塬）

（3）黄土峁：是一种孤立的黄土丘陵。互相连接的峁，称为峁梁，两峁之间由凹下的分水鞍隔开。它是由梁演变成峁的过渡形态。峁的生成是由梁的分割或黄土加积在古丘陵之上而成的。

图 6.58　黄土梁、峁（丘陵）和沟谷

3）潜蚀地貌

它由潜蚀作用所造成。地表水沿黄土孔隙和裂隙下渗，然后又在土内进行溶解和带走土粒的作用，称为潜蚀作用，由此产生的地貌有：

（1）黄土碟：由于黄土孔隙多，黄土被浸湿后，重量增加，体积压缩减小，地面下陷（湿陷）成碟形洼地，直径 10～20m，深数米，常分布在平缓地面上。

（2）黄土陷穴：由黄土湿陷作用而成的漏斗状或竖井状的洞穴，深度（约 10～20m）大于宽度，多分布在沟头附近或谷坡上部，因为这里节理裂隙较多，潜蚀作用较强之故。

（3）黄土桥：如果两陷穴之间有地下通道相连，而且两穴不断扩大和互相靠拢，最后两穴连通，但地面尚残留着未崩塌的土体，成为黄土桥。

（4）黄土柱：残留在谷坡上的柱状土体，高数米至十余米。其生成由于谷坡上的水动力较大，下蚀作用较强，把坡地切割成破碎的柱状体。

黄土地貌中除了塬面保存得较完整及利用较好之外，其他地貌都受到强烈侵蚀，水土流失严重，是我国水土保持的重点地区之一。

复习思考题

1. 风蚀残丘与雅丹地貌在组成物质与形态上有何不同？

2. 作图说明新月形沙丘的生成过程。

3. 岩漠、砾漠和沙漠各有何特征？它们在分带上有何规律性？

4. 黄土（原生）风成说有何证据？

5. 试述塬、梁、峁的地貌特征及其成因。

第六节　冰川地貌与冻土地貌

一、冰 川 地 貌

极地高纬和高山地区，气候寒冷，大气降水以固体降水（雪）为主，在年平均气温 0℃ 以下的地面，终年积雪，往往形成冰川及冰川地貌。

（一）冰 川 作 用

1. 冰蚀作用

冰川对地面的侵蚀破坏力比河流强约 5～20 倍。冰蚀作用方式有挖（掘）蚀和磨蚀两种。

挖蚀作用是冰川运动时，一方面以自身的推力将冰床上的碎屑物挖起，另一方面又把与冰川冻结在一起的冰床上的岩石拔起，带向下游。

磨蚀作用是冰川中所挟带的岩块，以巨大的动压力研磨冰床基岩的一种作用。冰川的重量很大，当冰川厚度为 100m 时，冰床上每平方米的静压力达到 90t。冰川滑动时，不仅把岩石压碎，而且还挟带着这些岩块进一步挫磨冰床，结果使冰床加深，被挫磨的岩石表面也常常被磨光和刻划，出现磨光面、刻槽和擦痕，槽深数厘米，长数十厘米。

第四纪冰期时代，不论山岳冰川或大陆冰川的冰蚀作用都十分明显。受大陆冰川冰蚀的北欧、北美等地，地面起伏和缓，风化层很薄，甚至基岩裸露。地面构造脆弱地区，被蚀成洼地及湖盆。如北欧千湖之国的芬兰，北美的五大湖区等。

2. 冰川搬运作用

冰川具有巨大的搬运能力，能将成千上万吨的岩块搬至千里之外，如第四纪的北欧斯堪的纳维亚冰盖把大量的冰碛物带到遥远的英国、德国、波兰和俄罗斯等地。被喜马拉雅山冰川搬运的漂砾直径可达到 28m。此外冰川还可逆坡搬运，如西藏东南部的山谷冰川，把花岗岩漂砾抬高达 200m；苏格兰的大陆冰川冰碛物抬高至 500m。

凡被冰川搬运的物质统称为冰碛物。其中巨大的石块称为漂砾。冰川的搬运方式很特殊：有深埋在冰床底部被冰川推移的，也有夹持在冰川内或叠置在冰面上被搬运的。按冰碛物所处的位置不同而分为6种冰碛：出露在冰面上的冰碛物称为表碛；夹于冰床两侧的称为侧碛（图6.59）；由两条冰川侧碛汇合而成的称为中碛（垂直分布）；在冰床底部的称为底碛；由支冰川底碛汇入主冰川时，埋在冰内作横向分布的，或其他被埋藏的称为里碛；位于冰川舌前端的称为终碛。不过大陆冰川中只有底碛和终碛两种。

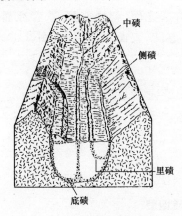

图6.59 山谷冰川冰碛物的搬运类型

在多种冰碛中以底碛和终碛为主，而且颗粒粗大，以砾石和沙为主。砾石具有较明显的磨蚀现象，砾石呈熨斗形或扁平形，表面有擦痕、压坑和磨光面。例如砾石中的钉头鼠尾擦痕就很明显。其他种类的冰碛砾石，磨蚀痕迹很少见到。

3. 冰川堆积作用

当冰川消融时，各类冰碛物就会在相应的位置上，坠落于地面，堆积出各种地貌。冰川堆积物结构疏松，没有层理，又无分选，堆积物大小悬殊，由细小的泥沙与巨大的漂砾混合堆叠而成，故总称为冰川泥砾。

此外，当冰川运行过程中，由于局部夹带的冰碛物过多，消能过大，也会把部分冰碛物堆积下来，如鼓丘上的冰碛。

（二）冰川地貌

冰川作用的地貌主要有两大类，即冰蚀地貌与冰积地貌。此外还有与冰川有关的冰水地貌。由于大陆冰川与山岳冰川的作用条件不同，所以生成的地貌类型也各异（表6.9）。

表6.9 大陆冰川与山岳冰川地貌类型比较

冰川类型	冰蚀地貌	冰积地貌	冰水地貌
大陆冰川	冰蚀盆（湖）、羊背石、冰蚀平原	冰碛丘陵、鼓丘、终碛垄	冰水扇、冰水平原、蛇形丘
山岳冰川	冰斗、刃脊、角峰、冰川谷、峡湾、羊背石	终碛垄、侧碛堤、冰碛丘陵	冰水扇

1. 冰蚀地貌

1）冰斗、刃脊和角峰

冰斗是山岳冰川源头上的一种围椅状盆地，它由陡峭的冰斗壁、凹陷的冰斗底和在冰川出口处高起的冰斗槛等三部分组成。大多数的冰斗发育在雪线附近，因为这里的融冻作用比较频繁，容易形成冰川与冰川侵蚀。冰斗发育初期，只是一些积雪洼地，在融冻作用反复进行下，洼地周围及底部的岩石逐渐破碎和崩落，岩屑通过融冻泥流作用搬往洼地以外，洼地加深后积雪量增加，并发育成冰川。此时冰斗内的冰川上部作压缩流和下部做旋转运动，故挖蚀作用特别强烈而造成深凹的冰斗底。在冰川出口处为张力流，冰蚀作用减弱而高起，成为冰斗槛。

如果山岭的两坡发育了冰斗，而且后壁互相靠拢时，山岭就变成十分尖锐的锯齿状山脊，称为刃脊。当山峰四周发育了冰斗，其后壁也互相靠拢时，山峰就变得非常尖锐和突出，如金字塔状，这种由冰蚀而成的尖峰，称为角峰（图6.60）。

冰斗具有指示雪线的意义，例如当地壳上升或气候变暖时，古冰斗便在今雪线之上。相反，如果气候变冷或地壳下降，古冰斗则在今雪线之下。

2）冰川谷及峡湾

它是山岳冰川运动时侵蚀出来的谷地，横剖面呈槽形或"U"形，故又称槽谷或U谷。谷底宽平，两坡高陡，高度可达数十至数百米。宽平的谷底与冰下冰质点运动有关。原来覆盖在"V"形谷（河谷）上的冰川，中部最厚，冰质点运动由上向下，到了谷底后向两侧分流，故底部侧蚀加强，使原来的V形谷底逐渐拓宽，成为U形谷，在U形谷两坡顶端与原来V形谷的交接处，出现明显的谷肩。它表示古

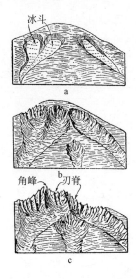

图 6.60 冰斗、刃脊和
角峰的发育

冰川的厚度。

冰川谷的纵剖面呈阶梯状下降,每个阶梯由冰蚀盆、阶地面和冰蚀岩坎等三部分组成(图6.61)。冰阶是冰川选择侵蚀的产物。一般阶地面由硬岩组成。岩坎和冰蚀盆是冰川沿弱岩或断裂、节理发育之处侵蚀而成。

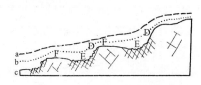

图 6.61   冰川谷地的阶梯状纵剖面
(据弗林特)
a、b、c. 河床剖面向冰川谷剖面发育的先后阶段
D.冰蚀岩坎;E.冰蚀盆;F.冰蚀阶地

当支冰川流入主冰川时,由于支冰川的下蚀力小于主冰川,故谷底深度也比主冰川谷浅,成为悬挂在主冰川谷之上的谷地,称为悬谷。

在高纬度地区所成的冰川谷,规模很大,它们被海水入侵后,成了著名的峡湾地貌景观。如北欧挪威的峡湾,长达 220km,又如南美的巴塔哥尼亚的峡湾,深达 1288m。它们的生成与第四纪大陆冰川的叠加作用有关。早在大陆冰川生成之前,山岳冰川就已经出现,后来被大陆冰川覆盖,成了深埋的冰川流。由于上部冰层加厚(北欧、大陆冰盖厚约 1000m)而使冰蚀力大增,于是造成了长、宽、深度特大的冰川谷。其冰蚀作用直至冰期末冰川消融为止。峡湾极有利于水上交通和港口的建立。

3)冰蚀湖盆

大陆冰川通过古代河谷或地质脆弱带时,冰蚀作用特别强,往往造成大型或众多的湖盆。如北欧芬兰的湖群和北美的五大湖区。它们对水上交通及建立湖港都十分有利。芬兰的湖盆内,还堆积了泥炭层,可作为工业燃料开采。

4)羊背石

冰床上坚硬的基岩,冰蚀后部分保留下来,成为微微突起的石质小丘,形如伏在地上的小羊,故称羊背石。平面呈椭圆形,长轴与冰流方向一致。纵剖面两坡不对称,迎冰面坡缓,以磨蚀作用为主,岩面上常有磨光面、刻槽或擦痕;背冰面挖蚀作用较强,坡度急陡,表面坎坷不平(图 6.62)。以挖蚀作用为主。

图 6.62   羊背石

2. 冰碛地貌

(1)冰碛丘陵。冰川消融后,原来的表碛、中碛和里碛等都降落在底碛之上,合称为基碛,并由它组成了波状起伏的冰碛丘陵。它的起伏程度一方面受基底地形的影响,另一方面与冰碛物的厚薄有关。大陆冰川的冰碛丘陵分布很广,高度也较大,一般高数十米至百余米;山岳冰川的冰碛丘陵数量较少,高度也小,仅数米至数十米。

(2)终碛垄。分布在冰川舌前端的弧形垄岗,其中大陆冰川的终碛垄较长,可达几百公里,但高度较低,约 30~50m。而山岳冰川的终碛垄相反,长度不大,但高度较大,可达百米以上。终碛垄由二种堆积作用形成,第一是冰川前进时,像推土机一样,把冰前沙砾挖起并向前挤压隆起;第二是因冰川舌内的剪切断裂作用,将底碛、中碛和里碛沿剪切面推举至冰面,后又沿冰舌斜坡滚落在冰舌前方,叠加在挤压冰碛物之上,共同组成终碛垄(图 6.63)。欧洲大陆东西走向的终碛垄,在两条终碛垄之间的低地,有的开辟成运河,作为沟通南北向河流之间的纽带。

(3)侧碛堤。位于山岳冰川谷的两侧堆积,由侧碛及坡积物共同组成的垄岗。高数十米。分布从雪线附近的冰斗以下直至冰川末端,常常与终碛

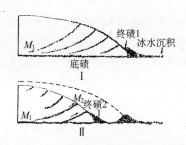

图 6.63　冰川终碛垄的成因（据弗林特）

垄相连。

（4）鼓丘。它是由冰砾泥与基岩组成的丘陵，平面呈椭圆形（图6.64）。长轴与冰流方向一致，纵剖面两坡不对称，迎冰坡陡，背冰坡缓。高数米至数十米，长数百米。鼓丘内常有基岩作核心，或者迎冰面为基岩，背冰面为泥砾。鼓丘在大陆冰川区广泛分布，如欧洲及加拿大北部，其位置多接近终碛垄几公里至几十公里范围内，并成群分布。其生成是越接近冰川的末端，冰碛物的数量越多，以至冰川负荷量超过了冰川的搬运能力，一旦遇到基岩阻碍或通过黏滞性较强的地面时，就会发生堆积。

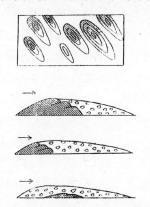

图 6.64　鼓丘的平面图（上）和剖面图（中、下）
（据雅科甫列夫）

3. 冰水堆积地貌

冰水堆积是冰碛物经过冰融水的再搬运和堆积而成。因此，它除了保留有冰碛特点之外，更多的是具有流水作用的特征。按冰水堆积的位置不同，分为冰下冰水堆积和冰外冰水堆积两种。

1）蛇形丘

主要分布于大陆冰川之下的冰水堆积地貌，形态狭长而又弯曲的一种低丘陵。因它蜿蜒如蛇形，有的在平地，有的匍匐于高地上，故得名。高度一般为 $10\sim30\,\mathrm{m}$，丘顶狭窄，宽仅数米，长数公里至数十公里。延伸方向大致与冰流方向一致。组成蛇形丘的物质较粗，主要是沙砾质，透水性强，具有流水的分选性和沉积层理，如水平层理、斜层理和交错层理等。表面常覆盖一层冰碛物。

蛇形丘的成因有两种：一是冰下隧洞沉积说。在冰川消融期，冰水沿着冰裂隙下透，形成冰下隧道，由冰水带来的冰碛物不断将隧道填充，甚至堵塞，当冰川全部消融时，堆积物便露出地面，成为蛇形丘。二是冰水三角洲沉积说。由此造成的蛇形丘宽窄相间如绳结状，宽段为隧道口外的陆上三角洲沉积，组成物质较细；窄段为冰下隧道的沉积，组成物质较粗。随着冰川节节后退，隧道口也逐步后移，从而出现了这种绳结状蛇形丘。欧洲有的蛇形丘被作为铁路或公路的路基。

2）冰水扇和冰水平原

不论冰下河流或冰面融水河流，在冰川舌前方穿过终碛垄后，它所挟带的泥沙也逐渐沉积下来，形成冰水扇形地，由多个扇形地的联合，便组成了冰水平原。它的组成物质较粗，以沙砾为主，向下游颗粒逐渐变细。冰水平原主要分布于大陆冰川外围，山岳冰川外侧只有小规模的冰水扇堆积。欧洲大陆的冰水平原，多成为农业地带。

二、冻土地貌

在极地高纬及高山高原的地下，当地温终年处于0℃以下时，被冻结的含冰的岩（或土）层，称为冻土。在这里由融冻作用所产生的地貌，称为冻土地貌。全世界冻土面积为3500 万 $\mathrm{km^2}$，占陆地面积的23％。在我国冻土面积为 215 万 $\mathrm{km^2}$，占我国面积的 22.3％，主要分布于北纬 48°以北的黑龙江省北部和我国西部海拔3500m以上的高原（青藏、帕米尔）和高山地区。冻土地貌对于公路、铁路、厂房等的工程建设和农业生产等均有重大影响。

（一）冻土及其分布与成因

冻土按冻结时间的长短，可分为季节冻土和多年冻土两类。前者每年冬季冻结，夏季融解；后者长期处于冻结状态。这里所指的冻土就是指多年冻土而言。

多年冻土分为上、下两层，上层为冬冻夏融的活动层;下层为长年冻结的永冻层。它们的厚度随纬度高低或海拔高度而变化。纬度越高,地温越低,永冻层越厚,活动层越薄。因此,活动层由高纬向低纬增厚,如极地附近厚度为0m,到了北纬48°增大为4m。永冻层相反,由高纬向低纬减薄,如极地附近厚度大于1000m,至北纬48°减为1~2m(表6.10)。同时由于温度变化而使冻土层的冻结状态也有所改变,如极地至北纬65°(或60°)附近为连续多年冻土带,从65°(或60°)以南至北纬48°附近为不连续多年冻土带。该带永冻层被融土(未冻结)分隔成岛状分布,又称为岛状冻土带(图6.65),表示地温由北向南逐渐升高。

表 6.10　多年冻土的厚度比较

北纬(°)	地温(℃)	永冻层厚度(m)	活动层厚度(m)	冻结状态
极地附近	-15°	>1000	0	连续多年冻土
74	-3°~-5°	395	<1	同上
65		45	1~1.5	不连续多年冻土
61		12	1.5~3	同上
48	<0°	1—2	>4	同上

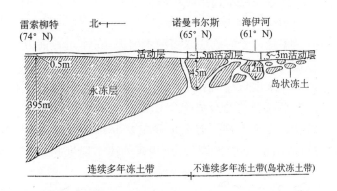

图 6.65　加拿大南北向冻土剖面(据 R.J.E. 布朗)

高山和高原地区的多年冻土,厚度受海拔影响。海拔越高,地温越低,冻土厚度也越大。如祁连山东段 3500m 处的冻土厚度超过 22m,到了4000m处厚度增大至 100 余米。

冻土的成因:目前世界上大部分的多年冻土主要是第四纪冰期气候下形成的。据研究,400~450年的气候波动周期,只能影响到地下50~70m的深度。如果深数百米至千米以上的冻土层必然是长周期气候波动所造成的。部分的多年冻土可能是大陆冰盖退却后才发育的。随着冰后期全球气温上升,多年冻土正处于退化状态,如欧洲古冻土南界,原来在北纬42°的法国中部及多瑙河的中游,而现在退至北纬68°的挪威北部。我国东北古冻土的南界也曾在北纬42°附近,现在则退至北纬47°~49°左右。山地多年冻土的下界也明显上升,例如阿尔卑斯山的冻土下界上升了2500m以上,我国西部山地的冻土下界也上升了500~1000m。

(二) 融 冻 作 用

冻土地区地温低,而且发生周期性的正负变化,冻土层中的水分也相应地出现相变和迁移,从而引起岩石的破坏、碎屑物的分选、堆积层的变形、冻胀、融陷、流变等一系列变化过程,总的称为融冻作用。作用方式有融冻风化、融冻泥流和融冻扰动等。

(1)融冻风化。冻土层中的大小裂隙常被水填充,当夜间及冬季地温降至0℃以下时,水分冻结,形成冰脉,由于冰脉体积膨胀而向两侧围岩(或土)挤压,使裂隙扩张。白天或夏季冰体融解,融水进一步向下深入,然后又再度结冰。这样经过反复冻融之后裂隙不断扩大,岩(或土)体也受压破坏。这种因冰脉冻融而使岩(或土)破坏的作用,称为融冻风化作用。

(2)融冻扰动。它发生在活动层内,每年冬季冻结由地面向下进行时,下面尚未冻结而含水的融土,在上部季节冻土及下部永冻层的挟逼下,发生塑性变形,造成各种褶曲,称为融冻扰动。另外,活动层碎屑物中的孔隙水在冬季(或夜间)冻结后,往往产生垂直性的冰针,它膨胀时可将上覆的砾石托起,因为它的压力可达到 14kg/cm² 。当夏季(或白天)冰针融化时,被托起的砾石则不能恢复原位。这个过程如果反复进行,冻土内的砾石就逐渐被抬升(在地下)和侧移(在地面)。这是冻土碎屑物质进行分选和缓慢迁移的一种重要形式。

（3）融冻泥流。发生在冻土的斜坡上，夏季活动层融化时，土中的水分因下部永冻层的存在而不能下渗，造成该土层饱含水分，甚至稀释成泥浆状，在此过度湿润的情况下，土体便沿斜坡向下蠕移，成为融冻泥流。泥流速度很慢，每年 3～4cm，至多也不过 30～50cm。融冻泥流的发育条件，除气候外，地表还要有持水性好的细粒沙土和不大的坡度。如果地面物质粗大，水分可以自由下渗，土层就不能浸湿，泥流也就不能发生。其坡度一般为几度至十几度。如果坡度大于 30° 时，细粒土则不易聚集，水分也容易沿坡流失，不利于泥流的产生。在泥流过程中，一般表层流速大于底层，所以有时把地表泥炭、草皮等卷进剖面中，形成褶皱及圆柱体形态等。

融冻泥流可以发生在多年冻土区或季节冻土深度大的地区，它是冻土区最重要的物质移动方式和地貌过程之一。

（三）冻 土 地 貌

1）石海与石河

石海是在平坦的山顶或缓坡上，平铺着大片由融冻风化而崩解的大块砾石，这种由砾石组成的地面，称为石海。

石海的生成条件，首先是组成地面的岩石要坚硬，如花岗岩、玄武岩和石英岩等，而且节理发育，容易进行融冻风化。砾石产生后，由于透水性能好，所以很难再进一步分裂，加上地面平缓，故不易被搬走，能长期保存下来。如山西五台山3000m的山顶上，仍然保留着晚更新世的石海。软弱岩石如页岩、片麻岩等，融冻风化后，容易形成细粒碎屑物被融水移走，不能产生石海。其次要有严寒而温差大的多年冻土气候。这样融冻风化作用才能深入地下，产生大块的砾石。

石河发育在多年冻土区具有一定坡度的谷地中。山坡上由融冻风化而产生的大量碎石汇集于谷地后，在重力作用下石块沿着湿润的下垫面或永冻层的顶面，整体向下缓慢移动。其中融冻作用可使石河碎屑物孔隙中的水分反复冻结和融化，促进石块的下移，导致整体膨胀和收缩，石河运动速度很慢，如瑞士的石河流速为每年 0.25～1.55m。大型的石河称为石冰川，它多以冰川谷为基础向下移动。如我国昆仑山惊仙谷山地的石冰川长 300～

400m，宽 100m。

2）泥流阶地

它是融冻泥流在向下移动过程中，遇到障碍或坡度变缓时产生的台阶状地貌。阶地面平缓，略向下倾斜，有时呈舌状伸出，宽 4～5m，前缘有一坡坎，高度一般为 0.3～1m。

3）石环

平面上它是一种以细粒土或碎石为中心，边缘为粗砾所围绕的圆形地貌。直径在极地高纬地区一般达到数十米，而在中、低纬及高山高原地区，一般由数十厘米至数米不等（图6.66）。

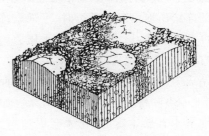

图 6.66　石环

石环的生成分为两个阶段：即前期为砾石在地下垂直上升，后期为砾石在地面作水平移动。形成过程如下：由粗细碎屑物混合组成的活动层，冬季冻结时，地面因冻胀作用而整体上升。其中较大的砾石也同样被抬高。春天解冻时，砾石以外的沙土地面，因导热快而都解冻了，地面又融缩下沉，恢复至原状。唯独砾石仍然高起，原因是砾石导热慢，使砾石以下的砂土未得解冻之故。以后当砾石下的砂土解冻时，所留出的空隙，很快便被周围融化的细土填充，结果砾石再不能回到原来的位置了，即被抬高了一点（图 6.67）。这样的过程经过多年反复多次，砾石就逐渐被挤到土层的表面上来。到达地面的砾石，再经过地面的冻胀融缩过程，沿着缓倾的地面，发生水平方向的移动，到达地面的低处，聚集成环状。

石环的形成必须要有一定比例的细粒土，一般不少于总体积的 25%～35%，而且土层要有充足的水分。所以石环多发育在较平坦而湿润的地形部位，如河漫滩、洪积扇边缘地带等。

4）冻胀丘和冰丘

冻胀丘是活动层内的地下水，在冬季汇聚并冻结膨胀时所隆起的小丘。结构上表层为冬冻的泥沙层，中间是纯冰透镜体，基底为永冻层。冻胀丘可

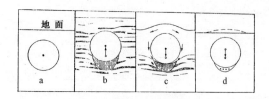

图 6.67　融冻分选过程示意图
（据 Beskow，杨景春，1985）

a.原始地面；b.冬季地面冻结；地面抬高，砾石位置也抬高；c.夏季地面开始融化并降低，砾石下部仍冻结；d.砾石下部土层全部融化，所留空间被砂土填充，砾石比原来位置(a)向上移动了一段距离

发生在湿地、干涸的湖床上或山坡上。在冬季，当活动层的冻结由地面向下进行时，下部未冻结的融土层厚度渐渐缩小，层内的地下水承压力因而不断增大，并向压力小的地点迁移与集中（图 6.68a），最后水冻结成为冰透镜体，冰体膨胀而使地面隆起成丘状（图 6.68b），高度数十厘米至数米。如果融土层中的地下水补给丰富时，丘体会更加高大，如昆仑山垭口的冻胀丘，高 20m，长 75m，宽 35m，地下冰透镜体厚 14m，目前还在扩展中。夏季冻胀丘因冰核融化而消失，地面下沉变形，引起道路翻浆等危害。

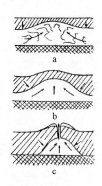

图 6.68　冻胀丘及冰丘的生成
（据 E.B. 桑采尔）

a.地下水移动聚集；b.冻胀丘；c.冰丘

　　冰丘是结冰的小丘。形成过程与冻胀丘相似，但不同的是地下水的承压力很大，以至超过表土层的抗压强度，致使地下水冲破表土层，溢出地面结冰，形成锥状冰丘体（图 6.68c）。如果地下水再次得到补充后，承压力再次增大时，就发生第 2 次甚至许多次的喷发，形成的冰丘也就有多层结构。春末以后，冰丘消融。冬季在山坡的地下水流路上，可能出现串珠状的冰丘。

由融冻作用而对生产建设所带来的破坏性的地貌，称为"冻害"。例如冻胀丘、冰丘使地面隆起，公路、铁路及建筑物变形；夏季冻胀丘和冰丘解冻时，地面又会翻浆。又如当永冻层发生融解时，会使地面下沉，房屋下陷，路基沉降，边坡滑塌，农田变成洼地或沼泽化；融冻泥流会使建筑物破坏，作物被毁等等，都应加强防治。

复习思考题

　　1.比较冰斗与暴流集水盆、冰川谷与"V"形谷在形态及成因上有何不同。

　　2.鼓丘与蛇形丘在形态、结构与成因上有何差异？

　　3.季节冻土与多年冻土有何区别？后者是如何生成的？它由高纬向低纬分布时发生了怎样的变化？

　　4.埋藏在冻土活动层内的砾石是怎样从地下上升至地面的。

　　5.冻胀丘是怎样形成的，它对生产建设带来何种影响。

第七节　海岸地貌

　　海岸是陆地与海洋的接触地带，又称为海岸带，其范围从陆向海由三个部分组成：

　　（1）潮上带（沿岸陆地）。位在高潮位之上，上界为最大波浪所能到达之处，包括海滩顶部或海蚀平台的顶端。该范围都是现代波浪堆积或侵蚀作用所及之处。地貌上称为沿岸陆地。

　　（2）潮间带（海滩）。位在高潮位与低潮位之间，高潮时被海水淹没，低潮时露出水面，地貌上称为海滩。

　　（3）潮下带（水下岸坡）。在低潮位之下，其深度相当于波长 1/2 的水深之处，该处为波浪作用基面，即波浪作用的下限。在此基面以下波浪作用十分微弱，故不列入海岸带的范围。潮下带地貌上称为水下岸坡（图 6.69）。

　　全世界海岸长 44 万 km，我国大陆海岸长 1.8 万 km，加上沿海数千个岛屿的海岸，共长 3.2 万 km。海岸带资源丰富，人口稠密，经济繁荣，港口众多，不论在生产建设和国防上都具有重大价值。

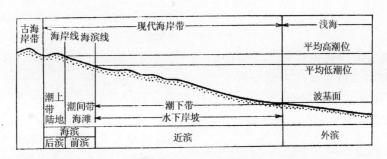

图 6.69 海岸带的划分

一、海岸地貌发育的因素

1. 波浪作用

海岸带的动力主要有波浪、潮汐和沿岸流等。其中波浪是海岸地貌作用的主要力量,按波形可分为深水波和浅水波两种。浅水波是形成于水深小于1/2波长的海岸带上。它是由深水波进入海岸带转变而成的。浅水波水质点的运动因水浅受海底影响只作椭圆形运动,波形不对称,前坡陡而短,后坡缓而长。波高随着波浪向岸运动而不断增大,最后到达岸边时,波形陡立而完全破碎,此时的波浪称为激浪(拍岸浪)。对海岸地貌发生作用的正是浅水波,它在变形过程中,一方面对海底及岸边发生侵蚀或堆积;另一方面因波浪折射而造成海湾内波浪能量的辐散,产生堆积;而在岬角处因波浪能量的辐聚而发生侵蚀(图6.70)。

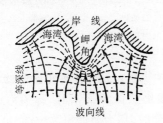

图 6.70 不规则岸线对波浪折射的影响

2. 潮汐作用

潮汐对海岸的作用有三方面:一是影响海岸带的作用范围及作用强度。在无潮或潮差很小的海岸,海面长期停留在某一海平面的位置上,波浪作用的有效能量较大,产生的地貌形态明显。但作用范围(高度)较窄。潮差大的海岸带情况相反。二是影响海岸带地貌类型的发育,如强潮海岸带以淤泥质海滩、沙脊和盐沼地发育最好(图6.71);中潮海岸带以潮汐三角洲和潮汐通道发育最好;弱潮海岸带则以河流三角洲和堡岛最为发育。三是潮流流速影响海岸带的侵蚀与堆积。当流速为7～12cm/s时,可起动黏粒,流速18～20cm/s时,可起动沙粒。海岸带的流速一般都达到40～100cm/s,侵蚀或搬运泥沙都有足够的力量。又如当涨潮流速大于落潮流速时,由涨潮流带入海岸带的泥沙落潮时不能全部带走,造成堆积。相反,当落潮流速大于涨潮流速时,海岸带不但没有堆积,而且还会发生侵蚀。

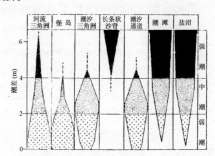

图 6.71 不同潮差海岸的地貌
发育情况(Hayes,1975)

3. 沿岸流作用

沿岸流是与海岸平行的水流,它在风浪推动下沿海岸一定方向流动,而且有一定速度,可侵蚀海岸或造成堆积。

4. 风力作用

风吹过海面时,把能量传递给海水,产生波浪以及海岸的增水或减水,从而造成海岸的侵蚀或堆积。因此不同的风向、风力强度和吹程,对海岸地貌的发育有着重要的影响。此外,风的吹扬作用,还成为海岸风沙地貌(高潮面以上)发育的主要动力。

5. 河流作用

河流每年直接输入海洋的泥沙有 17000 亿 t，另外还有大量的溶解质。这些泥沙大部分堆积在海岸带，它不仅直接堆出三角洲平原，而且还为其他海岸堆积地貌的发育提供了丰富的物质来源。

6. 生物作用

海岸带生物繁茂，生物的生长和遗体堆积，对生物海岸地貌的发育起着决定性作用。如贝壳堆积可形成贝壳堤海岸；红树林生长成为红树林海岸；珊瑚礁堆积成为珊瑚礁海岸等。

7. 海平面变动和地壳运动的影响

海平面变动或地壳运动均影响着海岸带的范围、轮廓、侵蚀与堆积。

第四纪更新世时，由于冰期和间冰期气候的变化，引起了海平面多次升降。距今 1.5 万～1.3 万前的最后一次冰期末，海平面位置比今日低约 100～130m，当时世界上许多大陆架都变成为陆地。

冰期结束后海平面上升，直至今日位置。近一个世纪以来，海平面仍以每年 1.8mm 左右的速度缓慢上升。而局部海岸带的海平面，也会因地壳变动而发生相对的升降变动。不论哪一种原因所造成的海平面变化，对海岸地貌都将发生重大影响。例如海平面上升或陆地下沉时，海水侵入陆地，海岸带向内陆迁移，形成溺谷、峡湾河口湾和水下阶地。如果海平面下降或陆地上升，海水退却，海底出露，陆地扩大，海岸带则外移。

8. 岩石及地质构造的影响

岩石和构造会影响海岸的侵蚀速度和形态。如软弱岩石和构造破碎带易被侵蚀，造成海湾及低平的海岸；坚硬岩石的海岸则难以侵蚀，多成为岬角和高陡的海岸。构造线与海岸线交角不同时，会造成不同的海岸类型，如后述。

二、海岸侵蚀及其地貌

1. 海蚀作用

波浪、潮汐及沿岸流等对海岸带的破坏作用，总称为海蚀作用。海蚀作用的方式主要有：冲蚀和磨蚀等。

冲蚀作用：是指波浪对海岸的撞击作用。在坡度较大的海岸，波浪到达岸边时，变成拍岸浪，此时波浪的能量将全部作用于海岸，岸边所受的压力，受波高影响最大，公式为

$$P = 0.01H + 2.42\frac{H}{L}(\text{t/m}^2)$$

式中，P 为压力；H 为波高；L 为波长。

拍岸浪的冲击力每平方米可达 20～30t，因此可以把岩石或防波堤击碎，将巨砾和粗砂推向岸边，甚至抛向岸上。

磨蚀作用：主要是激浪流所挟带的沙砾对海岸进行研磨与凿蚀的作用。参与磨蚀的砾石多变成扁平状、球状和杆状。

2. 海蚀地貌

（1）海蚀洞。在陆地与海面接触的地方，常年受到波浪的冲蚀和磨蚀作用，形成向陆凹进的洞穴和凹槽，称为海蚀洞及海蚀槽。海蚀洞洞顶呈穹形，中部最高，口部下弯如鸟咀状。洞穴往往在节理多和弱岩部位发育。洞的高度与海平面（图 6.72）相当。

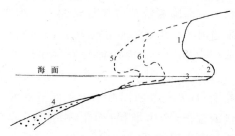

图 6.72　海蚀洞、崖及平台发展示意图
1.海蚀崖；2.海蚀洞；3.海蚀平台；
4.水下堆积平台；5、6.早期海蚀崖

（2）海蚀拱桥。发育在岬角两侧的海蚀洞互相贯通后，洞顶仍然保留下来时，称为海蚀拱桥。如果洞顶被蚀穿时，称为海蚀窗。

（3）海蚀崖。位于海蚀洞上方由基岩组成的陡崖，它是海岸岩石，在浪蚀作用和重力崩塌作用下，不断遭受侵蚀与后退而成。

（4）海蚀平台和海蚀柱。海蚀平台是海蚀洞和海蚀崖后退过程中出现的平坦石质台地。宽约数米，向海微倾，位置在高潮面附近。它是在海平面相对稳定时期，由波浪侵蚀作用所成。它与海蚀崖、洞的生成息息相关，而且最具有指示海平面高度的地貌意义，它也是海岸带上界的标态。突出在海蚀平台上未被蚀去的岩石，称为海蚀柱。

海蚀平台形成后，如果陆地上升或海平面下

降,平台就会高出海面,变成波浪作用不到的海岸阶地。若陆地下沉或海面上升,平台则沉入水中,成为水下阶地,两者都可成为古海岸的证据。

三、海岸泥沙运动及堆积地貌

1. 泥沙横向运动与地貌

当波射线与海岸正交时,海底泥沙的运动方向亦与海岸垂直,这种垂直于海岸的泥沙运动称为横向运动。泥沙横向运动后所形成的地貌有:海滩、

下水沙坝和离岸坝。

1) 海滩

海滩的生成与波浪变形有关。当波浪进入海岸带(浅水区)以后,波浪开始变形。在它带动下的水质点运动向岸(前)与向海(后)速度不同,前者大,后者小。在它们影响下,海底泥沙的移动距离,也相应是向岸移距大于向海移距。因此,在每个波浪周期之后,泥沙总是向岸前移了一小段。这种移动大约从中立带之上的位置开始,直至拍岸浪出现的地方为止(图 6.73)。

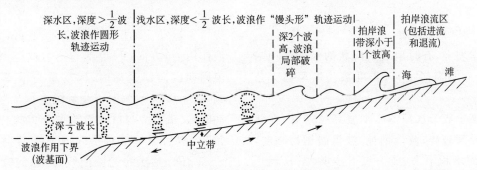

图 6.73　波浪由深水区进入海岸带(浅水区)后的变化及由此而引起的沉积物移动情况
(北京大学地质地理系,1965,有修改)

⟋在同一次波浪运动中沉积物向岸或向海移动的距离;

↗在一次波浪运动后,沉积物的最终移动距离;

◆中立带,在一次波浪运动后,沉积物向岸与向海移动距离相等

拍岸浪过后,波浪虽然消失,但在惯性力的作用下,紧接着出现一股强大的水流,冲向岸边,称为进流(冲流)。它把原来由远处海底带至拍岸浪带的泥沙进一步推向岸边,堆积成为海滩。

当进流到达海滩最高点之后,能量转化为一股重力流,沿着海滩返流回海上,称为退流。因为退流动力较小,所以它只能将细粒泥沙带回海中。结果是海滩上的堆积物在进流与退流(两种水流合称为拍岸浪流)的反复筛选下,作有规律的分布,即粗粒沙砾在海滩的中、上部,细粒沙子在海滩的下部。

海滩的种类,按堆积物的粗细,分为砾质海滩、沙质海滩及淤泥质海滩三种。

砾质海滩(砾滩):在基岩紧靠的海岸,岩石受波浪冲蚀破坏后成为大的砾石,并堆积在海岸上,成为斜坡状海滩。组成海滩的砾石呈扁平形、球形或长杆形等。

沙质海滩(沙滩):这种海滩分布最广,组成海滩的物质主要是沙及细砾。高度和宽度都较大,宽20m 以上,高约 5m 以上。典型的沙滩由三个单元

组成(图6.74):①滩面。是沙滩的主要部分,呈下凹形曲线斜坡向海倾斜,坡度下部约 2°～3°,上部约7°～8°。堆积物由下向上变粗,下部多为细沙,中上部多为粗沙和细砾。②滩肩。位于滩面背后向陆缓倾的斜坡(2°～3°)。它是进流越过滩面和滩脊之后堆积而成的。堆积物颗粒最粗,主要是细砾。它们叠置在海蚀崖前沿或老海滩之上。③滩脊。介于滩面与滩肩之间的结合带,也是海滩的最高处。滩脊和滩肩在年内大部分时间露出海面,只有在高潮大浪时才有海水到达,并进行堆积。

当水下岸坡比较宽阔,坡度小而拍岸浪流又得到充分发挥时,沙滩的形态多呈现堤状,远离海崖。

淤泥质海滩(泥滩):当水下岸坡水浅而波浪作用又很微弱时,海滩的堆积物颗粒最小,主要是淤泥及粉沙。它们由附近河口和涨潮流由海上带来堆积而成,呈席状平铺在水下岸坡上,坡度在 1°以下。如我国苏北海岸、渤海湾和莱州海岸都有面积较大的泥滩。我国苏北海岸的泥滩宽达 20～30km。

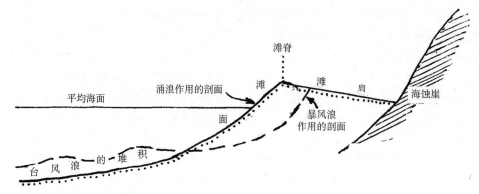

图 6.74　海滩剖面示意图(据 Komar,1976)

2) 水下沙坝和离岸坝

在水下岸坡上,有时出现垄岗状的水下沙坝一条或数条,分布与海岸平行,长度数公里至数十公里不等。

水下沙坝生成于水深约 2 个波高(2h)处,在此处波峰发生局部破碎,波能消耗,波浪搬运力减弱,部分泥沙因而堆积下来,成为水下沙坝(图 6.75)。以后波浪的尺度(波长、波高、波速等)变小,继续向岸前进。当它到达水深更小,深度又相当于 2 个新波高的地方,再次破碎,泥沙又再一次堆积。这一过程可进行多次,于是就堆积出多条水下沙坝。如果沙源丰富,沙子不断补充时,水下沙坝便可能露出水面成为离岸坝。当它再向岸前推,或互相合拼时,则形成新的海滩。

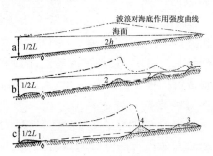

图 6.75　水下沙坝的形成及其演变(据 ЗеНКОВИЦ,1946)
1.水下堆积台地;2.水下沙坝;
3.海滩;4.离岸坝

2. 泥沙纵向运动及堆积地貌

1) 泥沙纵向运动

外海波浪进入海岸带时,波射线如果和海岸线斜交,泥沙的运动方向应当是波浪力作用方向与重力沿岸坡分力的合力方向前进。因此泥沙的运动方向总是偏离原来波射线的方向,结果泥沙沿海岸

进行了运动。如图 6.76b 所示:1~m 为波射线(波浪作用力)方向,1~2 为合力方向。泥沙在一个波浪周期内向岸运动时,因受重力沿岸坡分力的影响,从 1 移到 2,偏向于波射线之右。当泥沙向海运动时,又沿波力与重力沿岸坡分力的合力方向后退到 3。以后泥沙继续沿 4,5,6,7 等各点移动。由 1~7 点为泥沙的运动曲线,但总的方向与海岸平行,即纵向运动。

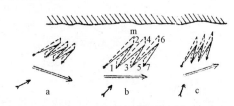

图 6.76　海岸沉积物运动
及运动时的三种方向
(北京大学地质地理系,1965)
a.波浪与海岸交角<45°时;b.波浪与海岸交角接近 45°时;c.波浪与海岸交角>45°时

泥沙纵向移动速度除了受海底坡度和泥沙粒径大小影响外,还与波浪的入射角有关。从表面上看,似乎入射角越小运动速度越快,其实越小的入射角,波浪通过浅水区的路线越长,波能大量消耗于海底摩擦上,泥沙的移动速度反而减慢。如果入射角过大,波能又大量消耗在泥沙作横向运动时通过的海滩上,所以纵向移动速度也不大。移动速度最大的是入射角(α)为 45°(φ)(图 6.77)。该入射角(φ)也是波浪输沙能力最大的角度。如果入射角大于或小于(φ)时,输沙能力都将减少而发生堆积。

2) 堆积地貌

泥沙在运动过程中,经常因海岸线方向的改变而引起波浪入射角的变化,导致输沙能力的减少而

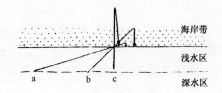

图 6.77　泥沙纵向运动速度
与海岸同波浪交角的关系
（北京大学地质地理系，1965）

a.波浪与海岸交角<45°时，
b.波浪与海岸交角成45°时，
c:波浪与海岸交角>45°时泥沙的纵向移距

产生堆积。此外，在波影区内亦因波能减小而发生堆积，形成的堆积地貌种类有毗连海滩、沙嘴、拦湾坝和连岛坝。

（1）毗连海滩。发生在海岸线向海转折的岸段上（图 6.78a）。设海岸 AB 段的波射线与岸线斜交时，入射角 α 等于泥沙输沙量最大角 φ，泥沙因而得到全部搬运。但当泥沙转入 BC 段后，入射角 $\alpha>\varphi$，

此时输沙量减小，泥沙发生堆积，填充了整个湾顶，成为毗连海滩，形状如三角形。

（2）沙嘴。当海岸线向陆转折时，将在转折处出现沙嘴地貌（图 6.78b）。设在 AB 岸线波浪的入射角 α 相等于泥沙输沙量最大角 φ，泥沙得到全部搬运。但转入 BC 段后，入射角 $\alpha<\varphi$，输沙量减小，发生堆积，并逐渐伸入海中，形成沙嘴。沙嘴常见于港湾口、海峡口、河口及海岸突出处。它妨碍了船只进出港口，但也可作为天然防波堤。

（3）拦湾坝。海岸如果受到岬角或人工建筑物的遮蔽，在遮蔽体之后的波影区内，波浪能量减小，进入波影区的泥沙也因而发生堆积。如图 6.78c 所示，BCD 为波影区，泥沙流从 A 到达 B 点以后开始堆积，开始呈沙嘴形式伸出海岸，最后连接对岸岬角 D，形成拦湾坝。拦湾坝不一定把湾口全封闭，可能留出一缺口供潮流及河水出入，拦湾坝内的海湾称为潟湖。

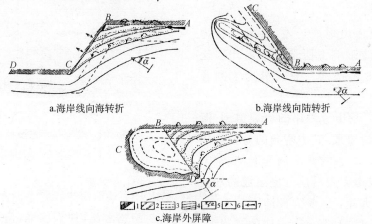

a.海岸线向海转折　　　　　b.海岸线向陆转折

c.海岸外屏障

图 6.78　海岸堆积地貌形成的三种情况（据冯怀珍，梅安新，1978）

1.基岸；2.堆积地貌增长的不同阶段；3.堆积地貌形成前的等深线；4.堆积地貌形成后的等深线；
5.波浪射线及其与岸线交角；6.泥沙颗粒的纵向运动；7.泥沙纵向运动的总方向

（4）连岛坝。海岸外侧如果存在岛屿，岛屿背后与海岸之间存在波影区，当泥沙移至波影区时，同样因波能减小而发生堆积。堆积物从大陆岸边向岛屿延伸，最后与之相连，形成连岛坝，如广东惠东港口及山东芝罘岛的连岛坝（图 6.79）。连岛坝有单股、双股、甚至三股等。

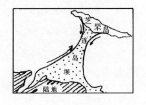

图 6.79　山东省芝罘岛连岛坝

四、海岸类型

海岸地貌虽然多种多样，但它们之间往往存在着一定的形态成因关系，而且做有规律的组合，构

成具有一定特征的海岸，即海岸类型。同一海岸类型的地质、地貌、动力作用与海岸生物等方面都有着相关性。下面按海岸地貌形态成因物质或构造成因为指标，分出五种海岸类型和十六个亚类，即：

山地海岸、平原海岸、沙丘海岸台地海岸和生物海岸（表6.11）。

表6.11　海岸分类表

主要类型	形态成因、物质成因亚类	构造成因亚类
山地海岸	岬湾海岸	纵海岸、横海岸
	沙坝-潟湖海岸	斜海岸
	溺谷海岸	"多"字形海岸
	峡湾海岸	断层海岸
	岛礁海岸	火山海岸
平原海岸	三角洲海岸	
	三角湾海岸	
	淤泥质平原海岸	
沙丘海岸	咸海型海岸	
台地海岸		
生物海岸	红树林海岸	
	珊瑚礁海岸	

现选择三种主要类型介绍如下：

（一）山　地　海　岸

构成海岸的地貌为山地或丘陵，组成物质为基岩，并且在地质构造影响下所造成的海岸。这类海岸线曲折，海蚀地貌发育。它可分为下列各种亚类：

（1）岬湾海岸。它是山地海岸的代表类型，海岸带主要由岬角及海湾组成，其中岬角的海蚀作用强烈，海蚀地貌也很发育；两岬角之间为海湾，常常发育出沙砾质海滩，或由多列沿岸沙堤组成的沙质海岸平原。海湾岸急水深，多成为良港所在地，如辽宁的大连湾，山东青岛的胶州湾，福建的泉州港、厦门港，香港的维多利亚港等海岸。

（2）沙坝-潟湖海岸。由于海湾拦湾坝的发育而造成的由沙坝、潟湖、潮汐通道、入口处（潟湖内）堆积的涨潮三角洲、出口处堆积的退潮三角洲等组成的海岸（图6.80），二者均阻碍航行。潟湖内水浅，堆积作用较强，常见沼泽及淤泥质海滩发育。如广东的水东港海岸。

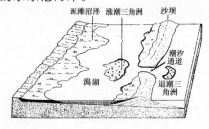

图6.80　沙坝-潟湖海岸（A. N. Strahler，1985）

（3）溺谷海岸。海水淹浸山地河谷而成，溺谷深入内陆，水面宽阔，深度大，纳潮量也大，冲刷很强，两岸堆积平原不很发育，如广东的镇海湾，浙江的象山港，福建的沙埕港、黑海的赫尔松海岸（图6.81f）等。

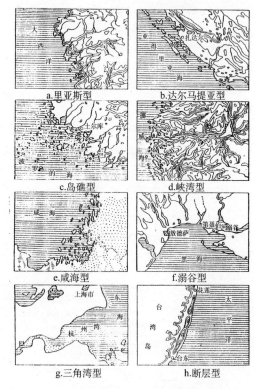

图6.81　受地貌形态及地质构造影响所成的
海岸类型（北京大学地质地理系，1965）

（4）峡湾海岸。它是海水入侵冰川谷而成的海湾。湾宽水深，伸入内陆，海岸平直陡峭。如北欧挪威峡湾岸（图6.81d）。

（5）纵海岸。指地质构造线（褶皱或断层）与海岸线相平行的海岸，所成的海湾、半岛和岛屿等排列均与海岸平行。如地中海的达尔马提亚海岸（图6.81b）。

（6）横海岸。地质构造线与海岸线直交的海岸，所成的海湾、岛屿和半岛与海岸垂直。如西班牙西部的里亚斯海岸（图6.81a）。

（7）斜海岸。海岸线与地质构造线呈一定角度相交的海岸，如我国浙江的海岸。

（8）"多"字形海岸。如果有两组地质构造线与海岸相交时，则形成"多"字形海岸，它以广东的大鹏湾与大亚湾为典型，这里有NE及NW二组构造与海岸相交。所成的海湾、岛屿和半岛互相交叉，海岸显得非常曲折，且深入内陆。又称为华南式海岸。

（9）断层海岸。断层构造线与海岸线平行，断层直接通过海岸带，岸线挺直，海崖峻峭，水下岸坡急陡。如我国台东海岸，崖高1200m，坡度达45°，海蚀地貌发育（图6.81h）。

（10）岛礁海岸。沿海岛屿众多，如芬兰西南部的土尔库海岸（图6.81c）。

（11）火山海岸。沿海为火山岩及火山岛分布，如广东的雷州半岛硇洲岛以东的海岸以及广西的斜阳岛、涠洲岛海岸。

（二）平 原 海 岸

构成平原海岸的地貌基础为平原，组成海岸的物质为松散的细颗粒泥沙，所成的海岸线比较平直，水浅，海积作用较强。

（1）三角洲海岸。有大河入海的海岸，发育了三角洲。海岸由于三角洲的沉积，向海延伸速度较快。地势低平，经常被潮水淹没，多湿地及泥滩沼泽。

（2）三角湾（河口湾）海岸。指平原地区的河口下沉或海面上升，把河口淹没的海岸。海岸呈三角形或喇叭形，故名。如我国钱塘江的杭州湾及亚马孙河口。该类海岸受潮流及波浪冲刷强烈，水下深槽发育，湾口地势低平，泥滩发育（图6.81g）。

（3）淤泥质平原海岸。海岸地貌基础是河-海积平原。如渤海湾西岸（滦河与黄河三角洲之间）、苏北海岸和台湾西部（彰化至台南）海岸等。形成海岸的沉积物质较细，主要是粉砂淤泥。物质来源丰富，多来自当地河流冲积物。海岸线较平直，水下岸坡极为平缓（坡度仅0.1‰），淤泥质海滩及盐沼洼地发达。

（三）沙 丘 海 岸

在中亚干旱区，如咸海和里海东岸，又是沙漠区，海岸带地势低平，沙丘和沙地紧连海岸（图6.81e）。

（四）台 地 海 岸

它因海岸上升而成。地面比较平坦或和缓起伏。多由基岩组成（如花岗岩、玄武岩、砂岩等），也有由早、中更新世砂砾堆积层组成的，如广东雷州半岛所见。基岩台地海岸比较曲折，多港湾及溺谷。

（五）生 物 海 岸

该类海岸生物生长繁盛，成为海岸发育的主导因素。在生物海岸之中，以热带和亚热带的红树林海岸和珊瑚礁海岸最为典型，分述如下：

1. 红树林海岸

红树林是发育在热带和亚热带泥滩上的耐盐性植物群落。由红树林及林下沼泽泥滩组合的海岸，称红树林海岸。红树林植物有广义和狭义之分。广义红树林以红树种植物为主还包括半红树种类，狭义红树林只包括红树种植物，以木本红树为主。

一般组成红树林海岸的以广义红树林为主。我国红树林主要分布于海南岛，种类较多，树型也较高大，如它东北部和北部的东寨港、清栏港、儋县等地的树高可达5～10m，个别超过15m。向北随着气温的降低，红树种类减少，树型也变得低矮稀疏，到了北纬27°左右的福建北部福鼎附近海岸，树高只有1m左右，成为灌木丛林。

红树林海岸地貌从海向陆可分为三带（图6.82）：

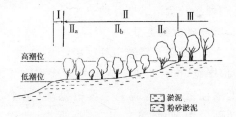

图6.82　红树林海岸的综合剖面（王颖、朱大奎，1994）

　　Ⅰ.白滩带；Ⅱ.潮间红树林沼泽带；Ⅲ.潮上红树林干地带；Ⅱa.低潮位，白骨壤—海桑群落带；Ⅱb.中潮位，红树—秋茄群落带；Ⅱc.高潮位，角果木—海莲群落带

Ⅰ.白滩带。稍高出低潮面，经常受波浪和潮流作用，无红树或仅零星生长红树。

Ⅱ.潮间红树林沼泽带。由白滩带以上至高潮面，红树生长最茂盛，林下为淤泥盐沼地，阴暗潮湿，潮沟发育，土壤稀烂，多腐枝落叶，有机质丰富，枝叶腐烂后变为NH_4和H_2S发出恶臭。

Ⅲ.潮上红树林干地带。位于高潮面之上，只有特大潮水才能到达，潜水面下降，土壤脱盐脱水加强，并逐渐疏干，被半红树及其他陆生植物所代替。

红树林海岸演变:红树林形成后,阻滞了波浪和潮流对海岸的冲刷,促进了淤积作用,使林下泥滩不断淤高,地下水位下降,土壤逐渐疏干、变淡,红树植被也渐渐被半红树植物所代替,地面长草。原来的盐沼泥滩变为坚实的土壤和泥炭层,此时红树林海岸便转化为滨海平原。

2. 珊瑚礁海岸

珊瑚礁是以死亡后的石珊瑚骨骼为主体,混合其他生物碎屑(如石灰藻、层孔虫、有孔虫、海绵、贝类等)所组成的生物礁。由大片珊瑚礁构成的海岸,称为珊瑚礁海岸。

1)珊瑚礁分布范围

珊瑚礁的分布与活体珊瑚虫生长条件有关。它的生长条件要求较高,首先要有温暖的海水,水温适宜在 25～30℃;其次是海水盐度在 27‰～40‰;此外还要求海水透明度较高;光照要充足和有坚硬的底质,以便珊瑚虫能固定生长等。由于珊瑚的生长受到一定地理条件的限制,因此其分布主要在南、北回归线之间的热带海洋内或暖流所经过的海区,总面积为 60 万 km²。集中分布于西太平洋、印度洋及大西洋热带海区。在我国主要分布在南海的东沙、西沙、中沙和南沙群岛,其次为海南岛、澎湖列岛及台湾沿岸等地。

2)珊瑚礁地貌类型

有岸礁、堡礁及环礁三种类型:

(1)岸礁,也称裙礁。它紧贴着海岸带发育,高度在低潮面之下。地貌上主要由礁坪(礁平台)和礁坡两部分组成(图 6.83)。礁坪近岸,地面平坦,内有礁沟。礁坡近海,急陡,由活珊瑚组成。我国台湾及海南岛的珊瑚礁也以岸礁为多见。现代世界上最大的岸礁分布在红海沿岸,长2700km。

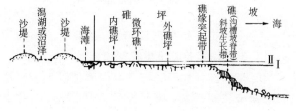

图 6.83　海南岛岸礁总剖面示意图

Ⅰ.低潮面;Ⅱ.高潮面

(2)堡礁,也称离岸礁。它呈堤状,与海岸平行分布,与陆地之间隔以潟湖或带状海。世界上最大的堡礁是澳大利亚东北岸的大堡礁,长达 2100 余公里,大堡礁与陆地之间的带状海,水深 30～40m,宽 0.9～18km。

(3)环礁。平面上很不规则,呈圆形、椭圆形,甚至不规则的三角形及菱形等。它的中央为深水潟湖,水深 100m 以内。环礁直径一般为 2～3km,大者可达 100km。环礁除了少数为封闭之外,大多数有一个或多个缺口,这些缺口成为潮汐通道,大缺口可通行大轮船或军舰。环礁的礁体,有的沉没于水下 10～20 多米,少数露出水面成为珊瑚礁岛屿。我国南海四大珊瑚礁群岛,大部分都由环礁组成。

3)珊瑚礁的发育理论

早在 1874 年英国生物学家达尔文在《珊瑚礁的结构和类型》一书中就提出了沉降发育说,他认为珊瑚礁的发育经过三个阶段:开始时在岛屿(火山岛)周围发育了岸礁。后来岛屿逐渐下沉,岸礁的外围因生长条件良好(溶解氧和饵料较多)而继续往上生长,形成了堡礁,它与岛屿之间被带状潟湖或浅海隔开。最后岛屿全部沉没成了潟湖,堡礁仍然往上生长,成了环礁(图 6.84)。

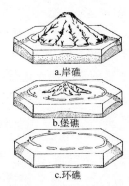

a.岸礁

b.堡礁

c.环礁

图 6.84　珊瑚礁类型演变示意图(据达尔文)

近期我国珊瑚礁地貌学者认为,南海的环礁主要发育在断裂下沉的古陆块上的。

3. 生物海岸的生态环境、效益与保护

红树林海岸及珊瑚礁海岸不但是一种特殊的海岸类型,而且在生态环境、科研和应用上都有重大意义。

1)珊瑚礁海岸环境与效益

(1)科研意义:珊瑚礁是海洋的生物礁,礁顶位置在低潮面附近,它的位置与年龄可作为地壳(或海面)升降运动的有力证据。如西沙群岛的永兴岛,钻探资料表明,珊瑚礁的厚度为 1251m,其底部最老的年龄为距今1700万年(中新世),再下为上元

古代花岗片麻岩及其风化壳。由此表明在第三纪中新世之前，南海北部曾经是大陆，称为"华南微陆块"，以后才逐渐断裂下沉（珊瑚不断往上生长）而成为海洋的。又如对比古今珊瑚礁的分布位置，发现古生代珊瑚礁的北界，到达了北纬 75°～80°，意味着北美及欧亚大陆曾经向北漂移过。再如根据珊瑚化石的生长线，可以追溯到以往的地质年代每年的天数，与现在有很大的差别，距今 5 亿年前的奥陶纪，每年就有 412 天。

（2）珊瑚礁的生态效益与经济价值有：①岸礁有削弱波能及保护海岸的作用。②珊瑚岛上植物茂盛，而且带来繁多的鸟类，以及由鸟粪堆积而成的磷矿，如我国南海诸岛中的磷矿，新中国成立以来累积开采量达 100 万 t 以上。③珊瑚岛有着美丽的海洋风光，不论水上或水下都可成为良好的旅游资源。④珊瑚礁区，是各种鱼类、虾蟹类、海藻、贝类、海参和海龟等生长的良好地点，成为远洋捕鱼的良好渔场。⑤地质时代的化石珊瑚礁，蕴藏着丰富的石油资源，是良好的储油层。目前世界上可采储量超过 8000 万 t 以上的大型生物礁油田就有 12 个，主要分布于伊拉克、利比亚、墨西哥、加拿大和美国。该类油田以高产而著称。我国南海珊瑚岛礁内也埋藏着丰富的石油资源，有待开采。⑥珊瑚体本身具有较大艺术欣赏价值，可作为装饰品和艺术陈列品。某些种属可以入药。⑦珊瑚礁岛屿具有重要的国防及军事意义。如我国南海诸岛中的一些主要岛屿都有驻军，成为海防重地。

2）红树林海岸环境与效益

（1）红树林具有防风、防浪及护岸促淤作用：红树林是海岸的绿色屏障，因它根系发达，树冠茂密，故不但有防风、防浪，保护海岸的作用，而且还有减弱潮流，促进淤积和加速海岸扩展的作用。又因它的促淤作用较强，所以使河流的入海泥沙量减少，使河口航道及港口比较通畅。

（2）生态环境好，生物产量高：红树林海岸生态环境良好，不但可调节海岸带气候，而且成为生物的聚集地。因为林下具有丰富的饲料和荫蔽的生育环境，适宜浮游生物及底栖生物的生长繁殖。而它们又成为鱼、虾、蟹等的饵料，构成红树林海岸的生物链。因此，这种海岸的生产力比沙质海岸大 10 倍以上（如海南岛）。

（3）红树林资源丰富，具有较高的经济价值：果实富含淀粉，可作木本粮食、饲料以及绿肥的来源。有的红树还可作药材、香料以及提取烤胶、丹宁等防腐、防水、鞣化皮革等的工业原料。

3）生物海岸资源的破坏与保护

（1）珊瑚礁岸礁被挖掘：被挖掘的岸礁主要烧制石灰或整块作建筑原料。岸礁破坏后，海水加深，波浪作用增强，使海岸迅速后退。

（2）红树林被大量砍伐：过去数十年来曾经遭受大量砍伐。如海南及广东两地，在 1966 年前曾有红树林面积 333km² （黄金森，1987），现仅存 130km²。大肆砍伐红树林主要是作围垦造田、造陆（如广东三灶岛）或水产养殖。由于红树林面积大量缩减，生态环境受到了严重破坏。

（3）生物海岸的保护：为了保护好珊瑚礁及红树林海岸，首先应加强管理，建立自然保护区。同时把自然保护区的建设与旅游资源的开发结合起来，发挥生物海岸的社会效益。其次，进行红树引种工作，扩大红树林的覆盖率，充分改造红树林迹地。最后，应加强我国南海珊瑚礁海区的开发利用和保卫工作。

复习思考题

1．如何区别海蚀洞与非海蚀洞？前者有何地理意义？

2．试述沙滩生成的动力过程。典型的沙滩由多少单元组成？作图说明。

3．作平面图解释泥沙纵向运（移）动的机理。

4．作平面图解释沙嘴、拦湾坝及连岛坝的生成。

第八节　地貌类型

本章的第二节至第七节，分别介绍了内力（构造）地貌及外力地貌，而本节则从分类角度出发，把上述内容进行总结。分类目的是便于对不同类型的地貌进行规划利用。现按形态、成因原则，将地貌进行分类。把地貌分为两大类，12 个亚类（表 6.12）。其中陆地地貌分 8 个亚类。介绍如下：

表 6.12　地貌类型系统表

地貌等级	I	II	III	IV	V
地貌类型及名称	陆地地貌	平原地貌 台地地貌 高原地貌 丘陵地貌 低山地貌 中山地貌 高山地貌 极高山地貌	流水地貌;喀斯特地貌 湖成地貌;冰川地貌 干燥地貌;冰缘地貌 风成地貌;海成地貌 黄土地貌;火山地貌	分 130 种(具体名称略)	分 47 种(具体名称略)
	海底地貌	大陆架 大陆坡 大陆裾 深海平原			

注:表据中国 1:100 万地貌图编委会及中国科学院地理研究所,中国 1:100 万地貌图基本图例与色标,科学出版社,1987 年。本书对 IV、V 级的地貌类型名称暂略。

一、陆　地　地　貌

(一)山　　地

山地是具有尖锐的山顶、急陡的山坡(>25°)以及平缓的山麓等三个要素组成的高地,不论海拔高度和起伏度都很大。高度在海拔 500m 以上至 8000 余米。它主要生成于地壳强烈隆起区,按其构造分为褶皱山地、断块山地和火山等。按高度形态可分为极高山、高山、中山和低山等四种(表 6.13)。

表 6.13　中国山地和丘陵的等级系统

名称	海拔(m)	相对高度(m)
极高山	>5000	极大起伏的>2500 大起伏的 1000~2500 中起伏的 500~1000 小起伏的 200~500
高　山	3500~5000	极大起伏的>2500 大起伏的 1000~2500 中起伏的 500~1000 小起伏的 200~500
中　山	1000~3500	极大起伏的>2500 大起伏的 1000~2500 中起伏的 500~1000 小起伏的 200~500
低　山	500~1000	中起伏的 500~1000 小起伏的 200~500
丘　陵		高丘陵 100~200 低丘陵<100

(1)极高山:高度>5000m,下界即雪线高度,以冰川作用、冰川地貌及冻土地貌为主。

(2)高山:高度 3500~5000m,以融冻风化和冻土地貌为主,植物稀少,下界 3500m 为西北地区的森林上限。

(3)中山:高度 1000~3500m,冬寒夏凉,冬季多雪,夏季多雨,以流水作用及其地貌为主。

(4)低山:高度 500~1000m,气候温凉多雨。流水作用强烈,植物茂盛。地形高度和坡度(>25°)比丘陵大,山地脉络比丘陵明显。

(二)丘　　陵

处于地壳轻度上升区,古地面受到强烈的侵蚀破坏而成。相对高度(200m 以下)和坡度(7°~25°)较小。形态破碎,走向不明显,风化壳较厚。以相对高度划分为高丘陵(相对高度 100~200m)和低丘陵(相对高度小于 100m)两种。丘陵在我国分布范围很广,从沿海到西部高原地区都可见到,但以东南部最多。

(三)平　　原

形成于地壳稳定或轻微下沉的地区,海拔高度小,一般为 0~200m,个别达到 600m(如成都平原)或 0m 以下(如吐鲁番盆地)。地面平坦、缓倾、轻微起伏或凹状。坡度在 2°~7°左右。如平坦的华北大平原,倾斜的祁连山北麓平原,波状起伏的东北平原及东欧平原(冰碛),凹状的如吐鲁番平原等(表 6.14)。

表 6.14　我国平原的划分

分类指标		名称	海拔(m)	坡度
按高度分		高平原	200~600	
		低平原	0~200	
		洼　地	<0	
按形态分		平坦的		<2°
		倾斜的		>2°
		起伏的		>2°,相向或相背倾斜
		凹状的		>2°,倾向中心
按成因分	堆积平原	三角洲、冲积平原、洪积平原、湖积平原、干燥堆积平原、风积平原、黄土堆积平原、喀斯特堆积平原、冰碛平原、冰水平原、海积平原、珊瑚礁平原		
	侵蚀平原	侵蚀剥蚀平原、湖蚀平原、干燥剥蚀平原、风蚀平原、喀斯特溶蚀平原、冰蚀平原、海蚀平原		

按平原的成因可分成两大类:堆积平原和侵蚀平原。兹选其中主要的简述如下:

1)堆积平原

在地壳缓慢下沉的地区,堆积的速度补偿了下沉速度,故平原得以形成和存在,如果下沉速度大于堆积时,则成为湖泊或海洋。在不同的外力作用下堆积平原的主要种类有:

(1)冲积平原。由河流堆积而成的平原,多分布在河流两岸。如长江中、下游平原。

(2)三角洲。在河口堆积的平原,以河流作用为主,加上海洋作用参与下所成。如长江三角洲。

(3)洪积平原。由山地沟谷流水堆积而成的平原,一般由洪积扇联合所成,倾斜度较大。如祁连山北麓平原。

(4)湖积平原。由湖泊堆积而成,平原围绕湖岸分布,堆积物主要来自入湖的河流泥沙,如洞庭湖平原、鄱阳湖平原等。

(5)风积平原。在干旱和半干旱地区,由风沙堆积而成。平原上布满了各种各样的沙丘,或者是平铺的沙地。

(6)冰碛平原和冰水平原。主要分布在第四纪大陆冰川作用的地区,如欧亚和北美洲北部。其中冰碛平原是由各种冰碛物组成,平原起伏较大,平原上还有冰碛丘陵、蛇形丘、鼓丘、终碛垄等残留地貌,如分布在波罗的海沿岸,包括德国、波兰和俄罗斯等地的平原。冰水平原分布在大陆冰川外侧,由冰水扇和冰水河流堆积而成,组成物主要为沙。其次在山地冰川外围也有狭长的冰水平原分布,如阿尔卑斯山北麓、大高加索北麓和我国川西的泸定磨西面等平原。

(7)海积平原。由海岸带的沙质海滩或淤泥质海滩演变而成。前者多由海岸沙丘组成,地面起伏较大。后者多由洼地、沼泽组成,地面低平,组成物质细小。

(8)珊瑚礁平原。由珊瑚礁破坏后的珊瑚砂、砾组成。如台湾南端大板湾沿岸的平原,我国南海珊瑚岛(如东沙岛、永兴岛、太平岛等等)及太平洋、印度洋和大西洋中珊瑚岛上的平原。珊瑚礁平原面积较小,四周较高(3~5m),中间低洼,如碟形。地表之下,也是巨厚的珊瑚礁块。如我国永兴岛的珊瑚礁厚度为1251m。

2)侵蚀平原

在地壳稳定或轻微上升的地区,经过外力的长期侵蚀,高地被侵蚀夷平,成为准平原或山足剥蚀平原。这类平原地面起伏较大,组成物质较粗,堆积层较薄,平原上有残丘分布。

由于侵蚀作用的外力不同,故侵蚀平原又分为:侵蚀剥蚀平原,如江苏西北的徐州平原;喀斯特溶蚀平原,如桂中南的贵港平原;冰蚀平原,如芬兰平原;此外还有海洋作用所成的海蚀平原和风力作用所成的风蚀平原等。

(四)台　地

台地是高出当地平原的高地。海拔高度一般在500m以下,相对高度小于100m的称为低台地,大于100m的称为高台地。它是因地壳上升把平原抬升至一定高度而成。台地地面平坦,但大多数台地在上升过程中,受到外力切割后成为波状起伏如丘陵状,但丘顶高度大致相同,故又称为"齐顶丘陵"，实质上它就是台地的残留面。有些台地是玄武岩喷溢时堆积而成的，与地壳上升无关。如广东雷州半岛和海南岛北部的玄武岩台地等。

（五）高　原

指海拔高度在 500m 以上，面积较大，地面平坦或起伏和缓，四周被陡坡的围绕的高地。它是准平原受地壳强烈抬升而成。由于各地高原的发育史和切割程度不同，所以地面的起伏差异很大。例如，蒙古高原是起伏和缓的高原；青藏高原内部夹着数条高大的山脉；云贵高原内也有山脉，高原面也被多条河谷切割，形成山地与高原并存的山原形态。

高原的成因除地壳上升外，有的是由玄武岩喷溢堆积而成的，如印度的德干高原、我国的张北高原；还有黄土堆积而成的，如我国西北的黄土高原。

二、海 底 地 貌

海底地貌包括大陆架、大陆坡、大陆裾、深海平原等。详见本章第二节"构造地貌"部分。

复习思考题

试作出你校附近地区的地貌类型图，并写出该图简要说明。

第九节　灾害性地貌与防治

在地貌发育过程中，由于自然条件的变化以及人类活动的影响，使地貌恶化，以至成为灾害性的破坏。灾害地貌的种类有崩塌、塌陷、滑坡、泥石流、水土流失、土地沙漠化及冻（土）害等。

上述灾害地貌的动力主要是外力。造成的灾害次数较多而比较普遍。灾害地貌发生的时间长短不一，长者过百年，如水土流失或沙漠化；短者仅数十秒或数十分钟，如山崩、滑坡和泥石流。

一、崩 塌 与 塌 陷

崩塌是斜坡上的岩（土）体，在重力作用下突然坠落的现象。它广泛出现于山坡、河湖岸及海岸上，是一种突发性的地质地貌灾害。发生速度极快，一般以 5～200m/s 的自由落体速度进行。发生

时可摧毁森林，破坏交通，堵塞河道，掩埋村庄和建筑，造成人畜伤亡与经济损失。如 1994 年 7 月 3 日乌江左岸鸡冠岭山崩，落入乌江的岩块 530 万 m^3，形成长 110m 的乱石坝，使乌江断流半小时，江水猛涨 10m，造成三个煤矿被毁、码头被掀、五艘船被击沉，死亡 6 人，经济损失 900 多万元。

（一）崩塌形成的条件和地貌

崩塌一般发生在急陡山坡或河、湖、海岸上，坡度要在 30°～60°以上。而且这里的岩（土）裂隙发达，结构被碎，特别是岩层层面及裂隙面与山坡倾向一致时，则更容易发生崩塌。

崩塌发生时间主要在暴雨、冰雪融化季节，因为此时岩土体大量吸收水分，负荷急增，同时又减少了岩土体内部的摩擦力，因而最易崩塌。此外在地震和人工大爆破时，都会破坏岩土体结构，引起崩塌。

崩塌后，在陡崖下形成倒石堆，呈半锥形，由大小石块及泥沙混杂堆积而成，结构松散（图 6.85）。

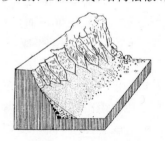

图 6.85　倒石堆的结构

塌陷多发生在石灰岩分布地区，塌陷地面出现竖井状洼地，直径一般为数十米，深小于 10m。因为在石灰岩区，常有地下溶洞的崩塌而引起地面塌陷。或因上覆土层被潜蚀，或因地下水位的急剧下降而使承压力降低，引起上覆土层压缩，造成地面塌陷。地下水位下降的原因除了气候干旱外，大多数是人为过量抽取地下水所致。塌陷会破坏土地及建筑物。

（二）崩塌的防治

在崩塌可能发生的地区，对不稳定的岩（土）体，可采用清挖、锚固、网包及拦挡等加固工程。特别是在开采地下水时要合理建井，严格控制抽水量。对已出现的喀斯特塌陷洼地，应按不同情况和要求，采用填、堵、跨越、灌浆、围封和加盖等工程。

二、滑 坡

滑坡是斜坡上的岩（土）体，在重力作用下，沿着滑动面作整体缓慢下滑的现象。滑坡经常发生，危害很大。例如1983年甘肃东乡族自治县洒勒山体大滑坡，掩埋3个村庄，2000亩[①]农田，死亡200人。

（一）滑坡形成的主要条件和地貌

（1）地面具有一定的斜坡：坡度不需太大，在岩石地面上的坡度约30°～40°，在松散堆积层上的只需20°以上即可。

（2）岩（土）体内存在滑动面：这些滑动面有岩层层面、片理面、节理面、断层面、不同堆积层的分界面及地下水含水层的顶、底面等。当滑动面与斜坡倾向一致时，最易发生滑坡。

（3）降雨或冰雪融解季节地下含水量大：地下水可使岩（土）体重量增加，加大滑动力，导致滑坡的产生。

滑坡后，地形上主要出现滑坡体和滑坡壁。滑坡体是下滑的岩（土）体（图6.86）；滑坡体有时分成几块，其地面呈台阶并向后倾斜，树木成醉林，它的前缘鼓起成滑坡舌，并向前推，可将房屋、田地挤压掩埋。滑坡体下滑后，在后缘露出的滑动面，其坡度很大，容易造成新的崩塌和水土流失。

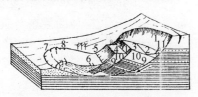

图6.86 滑坡的形态结构示意图
1.滑坡壁；2.滑坡湖；3.第一滑坡台阶；
4.第二滑坡台阶；5.醉林；6.滑坡舌凹地；
7.滑坡鼓丘和鼓胀裂缝；8.羽状裂缝；
9.滑动面；10.滑坡体；11.滑坡泉

（二）滑坡的防治

对滑坡进行综合治理时，要针对不同的情况，采用排、减、固、挡等工程措施。

（1）排水工程：在滑坡体顶部外围开挖截水沟，使流水不进入滑坡区内。在滑坡区内修建与滑坡方向平行或斜交的排水沟，以减少滑坡体的含水量。

（2）减重与反压工程：在滑坡体上部挖方，减轻重量；在下部或前缘填方，以增加滑坡体的抗滑力。

（3）抗滑拦挡工程：在滑坡体前方建立挡土墙，以固定滑坡体，但只能适用于中、小型滑坡。挡土墙根部要切入基岩0.5m以下或至稳定的土层2m之下，而且墙背后和墙上也应分别修渗水沟和泄水孔，使地下水排出墙外。

三、泥 石 流

泥石流是山区常见的一种突发性灾害。它是由大量泥沙、石块等固体物质与水混合组成的固液两相流。其中固体物质多达15%～80%。容重达到1.5 t/m³～2t/m³。泥石流发生时，山摇地动，来势凶猛，短时内可将千万吨沙石从山上搬往山外，把沿途的铁路、公路及桥梁摧毁，堵塞河道，掩埋农田和村镇，破坏性极大。

（一）泥石流类型

按泥石流的流体性质可分为黏性泥石流和稀性泥石流两种。

（1）黏性泥石流。这是典型的泥石流，固体物质含量很高，一般占40%～60%，最高达80%，容重在2t/m³以上。由于泥沙石块含量多，故泥浆黏度也高，达10泊（1泊=0.1Pa·s，下同）以上。泥石流运动时，水和固体稠成一个整体，大石块在泥浆中呈悬浮状态，作等速运动，液、固两相无垂直交换，属层流性质，故又称层流性泥石流。在运动过程中，前锋突起，形成高数米至十多米的"龙头"，沿山谷咆哮而下，泥浆飞溅，地面震动，有着强大的冲击、冲刷、爬高和掩埋能力，破坏性极大。

（2）稀性泥石流。固体物质含量较少，一般为15%～40%，容重1.5～1.8 t/m³。泥浆黏度小于5泊。稀性泥石流在运动过程中，水和固体分离，两相有垂直交换现象，具有紊流性质，又称为紊流型泥石流。如北方黄土地区，南方红土风化壳地区所产生的泥石流。这类泥石流也具有较大的破坏能力。

（二）泥石流的形成条件和地貌

（1）有丰富的物源。固体物质的多寡是决定泥

① 1亩≈0.067hm²

石流是否产生以及影响泥石流规模的物质条件。一般在岩石软弱、物理风化强烈的山区,或者洪积、坡积物、黄土堆积和冰碛物来源丰富的山区,固体物质都相当丰富,因此多成为泥石流发生的地点。此外,人类不合理的毁林开荒,陡坡垦殖,废弃矿渣等都成为泥石流的物质来源之一。

(2) 有大型的集水盆和冲沟地形。泥石流大多数发生在有储存固体物质的集水盆及排泄固体物质的沟谷地形。集水盆是积累固体物质的最好场所,平时固体物通过崩塌、滑坡、洪积及坡积等方式,从周围的山坡搬至盆内,成为泥石流发生时的物质供应地。

沟谷是泥石流发生时排泄固体物质的通道,一般沟床坡度越大,所造成的动能也大,最有利于泥石流的发育。

(3) 有充足的水分。水是泥石流发生的必需条件之一,它不仅增加固体物质的重量和下滑力,还能诱发泥石流的发生。因此暴雨和冰雪融化季节,是泥石流发生频率最多的时期。

泥石流发生后,地貌上发生巨大的变化,原来上、中游的沟谷迅速深切、扩宽和伸长,成为峡谷状。一次溯源侵蚀可达数百米,下切深度百余米,拓宽沟谷数十米以上。峡谷的出口,沙石大量堆积,形成巨厚的泥石流扇形地,其上堆积物无分选、无层理,大小混杂。

(三) 泥石流的防治

防治泥石流首先要对可能发生泥石流地区进行地质、地貌调查。其次可采取生物和工程措施,从长期和根本上看,应以生物措施为主,工程措施为辅。

生物措施主要在可能发生泥石流的范围内外,做好护林造林工作,这样既可改善生态环境,又可保持水土,减少固体物质的积累。对已经发生的泥石流区,也能把地表堆积物稳定下来。

工程措施,当生物措施尚未生效时,局部和短期内仍需使用工程措施:

(1) 修筑蓄水工程。在泥石流形成区的上游,选择适宜的地点,修建水库,以拦截及储蓄洪水,削弱泥石流区内的流量及其所产生的动力。

(2) 建立拦沙坝工程。在主沟或小流域内筑大型的拦沙坝,在支沟内筑谷坊,以便层层拦截沙石,

提高局部侵蚀基准面,削弱下切作用,避免泥石流出现。

(3) 建立排导沟工程。为了保护某些建筑和工程设施,如城镇、乡村、农田、铁路、公路、灌溉站、电站及矿山等地,选择适宜地点开挖导流沟、导流堤、溢流坝、停淤场等工程,引导泥石流排向所设计的地区堆积,阻止其任意性的破坏。

复习思考题

你所在的县(市)区曾经发生过哪些灾害地貌? 其出现时间、历史破坏程度和损失怎样? 如何防治?

第十节　地貌资源

除了灾害地貌之外,其余大部分地貌都可以从不同的角度,为人类生产和生活提供有益的帮助。即所称的地貌资源。随着科学的发展,地貌资源的开发和利用程度会越来越广。

(一) 山地地貌资源

1. 山地与农、林业生产

山地影响气候的变化,从而会引起农作物选择性的生长和分布。如广东北部山地 400m 以下,可种双季稻,400~800m 只能种单季稻,也可种植反季节蔬菜(即夏种冬菜)。树种的繁殖与栽培,亦有同理,此乃生产规律,不可违背。

2. 山地与牧业

山地牧业亦可按高度的气候变化进行放牧。如天山断块山,它存在着多级因断块而成的山顶面牧场,牧民可根据四季气候的变化作不同高度的转移。

3. 山地在科研上的应用

较高的山地,大气污染少,透明度好,可作为天文观测的优良选址。如美国在夏威夷岛冒纳罗亚山 4205m 的山顶上建立了 12 座天文台。

4. 山地在军事上的应用

山地起伏性很大,有利于军队的掩护。尤其是在喀斯特山区,地下溶洞比较多,极有利于军队的防守及军用物资的隐蔽,以及地下运动战。单面山

上的单斜崖,易守难攻,如第二次世界大战期间,法军在巴黎盆地外侧的单斜崖上,修筑了马其诺防线,成功地防御过德军的进攻。我国在两千多年前的战国时代的《孙子兵法》一书中,已十分重视地形(貌)在军事上的应用,其中有专论"地形篇"一章,认为"不知地形之不可以战,胜之半也"。并将军事地形分为 6 种,详加论述。此外,山地还是登山运动员的主要场地。

5. 山地准平面的应用

山地准平面分布在不同高度的山上,其地面广阔,起伏和缓,水、土条件较好,不仅可建立山区居民点,更可发展山区农业。另外,山地准平面夏季气候宜人,往往成为休养地及旅游地。如庐山牯岭风景区即是。

6. 山地河谷和峡谷的应用

山地河谷纵比降大,水量丰富,是水库的优良选址,并为水力发电、蓄洪、城市供水、农田灌溉、旅游及航远等提供多种功能。如我国天山天池、长江三峡水库、非洲阿斯旺水库、美国的科罗拉多大峡谷水库等。

(二) 丘陵及台地地貌资源

丘陵和台地高度不大,气候与平原接近,而且风化壳又厚,所以在水、土、气等方面都比山地优越,尤其适宜于园林、果木的开发。而且因地势高于平原,夏季气候凉爽,也是宜居之地。台地更是地形开阔平缓,且洪水不能到达之地,是建立城镇、机场、大型工业厂房、仓库的理想场地。

(三) 平原地貌资源

不论河岸冲积平原、三角洲平原、海积平原或冰水平原,在水、土、气和地形等方面,都最适宜于农业的发展,尤其是粮食作物的生产,可谓农业的粮仓。沿海的海积平原,如能引水冲淡,亦可成为千里沃野。如广东汕头的牛田洋、珠海斗门的大海环等地。

(四) 海岸地貌资源

1. 山地岬湾海岸

该类海岸有着湾宽水深、港湾深入内陆等特点,可提供众多的良港地形。包括军港、商港、渔港等。世界上重要的大港,也多出现在这类海岸上。如我国的大连、旅顺、青岛、厦门、香港、广州南沙港、深圳港等。此外,山地海岸的海滩,许多成为旅游胜地,有的成为砂矿的重要产地。

2. 沙坝—潟湖海岸

该类海岸水浅、浪小,最有利于围海造陆,如荷兰的海岸平原。此外它也是海水养殖及建立盐田的良好地点。

3. 平原海岸

该类海岸泥沙来源丰富,有利于平原的淤积和围垦。在海水盐度大的平原海岸带,可开辟盐场,如我国的苏北盐场。

(五) 旅游地貌资源

地貌是自然景观的基础,也是自然旅游的主体。旅游地貌中以山地地貌较为主要。因它分布广,种类多,且各有特色。其中又以丹霞山地(红层,如广东丹霞山、福建武夷山)、砂岩山地(如湖南张家界)、火山(如东北五大连地、广东湖光岩)、喀斯特山地(如广西桂林、阳朔)、变质岩山地(如山东泰山)、花岗岩山地(如陕山华山、安徽黄山、湖南衡山)等最有代表性。此外,高原地貌(如西藏高原)、峡谷地貌(如长江三峡)、沙质海岸(如海南岛三亚、河北北戴河)、珊瑚礁海岸(如我国南海诸岛、大洋洲的大堡礁)和红树林海岸(如海南岛清澜港)等都是很有特色的旅游地点。

复习思考题

你所在的地区(省或市)有哪些地貌资源,详细说明。

第七章　植　　物

植物是行星地球的特殊产物之一,作为自然地理环境的组成要素,它起着特殊的不可替代的作用。它通过绿色植物的光合作用将自然地理环境中的无机物质合成有机物质,同时把所吸收的太阳能转化为化学能贮藏在有机物质中,从而使有机界和无机界联合成一整体,保证了自然地理环境的稳定发展。它还通过食物链的联系,改造自然地理环境。

第一节　植物与环境

一、概　　述

植物生活过程中,任何时候都不能离开环境。因为植物在它的生命活动过程中必须不断从环境中取得日光能、水分、氧、二氧化碳、无机盐类等,以建造自己的躯体;与此同时,植物又不断地在体内进行改变和分解,把不需要的物质和能量如氧、二氧化碳、水分、有机物质、热等排出到外界环境中。在这个物质和能量的新陈代谢过程中,植物不仅受环境的影响,而且不可避免地影响环境、改变环境。

植物的生活环境是由许多因素组成的。其中,对植物产生　定影响,包括有利和不利影响的因素,称为生态因素。在生态因素中,对植物生活不可缺少的,称为生存条件,如氧、二氧化碳、光、热、水和无机盐类等六个因素,对绿色植物的生存是缺一不可的,它们是绿色植物的生存条件。而风、闪电等,对植物会产生影响,但不是生存所必需,因而只是生态因素,不是生存条件。

植物的具体居住环境,称为生境。它是植物生长地点的全部生态因素的总体。在地球表面的不同地点,各个生态因素影响的质和量是不同的。温度的南北变化;不同纬度有不同的光照强度、光谱组成和持续时间;不同地区有不同的降水量;土壤的物理、化学和生物特性有差异;生物之间的影响不一样;人类的作用有不同等。在这些因素的复杂配合下,形成极其多种多样的生境。这正是地球上植物多样性和植被复杂性的基本原因。

在不同的环境中,植物有机体的生理过程和外部的形态结构以及它的整个生命活动,都受环境的影响而发生变化,在变化的环境中,植物有机体也跟着改变它的本性,形成新的遗传性。如果环境的变化是循着一定方向进行,变化了的植物在这种环境里长期生存,它们的代谢作用和生长发育,就会与这种环境密切配合起来,产生对这种新环境的适应,形成新的遗传性。但是并不是所有的植物都能适应新的环境,特别当环境变化很剧烈的时候,往往有许多植物死亡。

植物有机体由于环境的变化而改变其本性,而至形成新的遗传性的能力,叫作适应。植物有机体一定要能够适应环境,才能够维持个体的生存,才能够维持种族的繁衍,所以,适应是植物生存的积极现象。特别是高等植物,它们的运动能力很微弱,不能像动物那样可以主动地选择良好的环境,因此,植物在生长过程中容易受环境的影响,对于环境具有较大的适应能力。

植物与环境的相互关系中,植物有其主动性,例如,植物对于环境具有选择性,任何环境中生长的两种植物,它们的代谢作用都不完全相同,无论是吸收水分的多少,还是吸收矿物盐类的种类和数量,或是光合作用和呼吸作用的强弱,都有所差异。就是生长在同样环境中同种不同个体的植物,它们的代谢作用也会有所不同。

一切事物都是运动的、变化发展的。环境不仅是可变的,而且是永远不停地变化着,这种变动不但包括我们所熟悉的、显著的和周期性的变化,而且也包括由于植物生长所造成的永远不停的环境变化。例如,植物在光合作用过程中吸收了二氧化碳,然后又放出氧,这就改变了大气的组成,使大气中的二氧化碳含量减少,氧的含量增多。植物的呼吸作用也能改变大气的组成。植物从土壤里吸收水分,土壤就相应地变得干燥了。植物的蒸腾作用又能增加大气湿度。植物死后的遗体加入到土壤中,能引起土壤微生物的活动,增加土壤的腐殖质,从而改变土壤的物理性质和化学性质。虽然植物个体的作用不那么显著,但是,大面积茂密的植物群落的作用则是很大的,它能使环境不断地朝着一定的方向改变。植物具有适应新环境的能力,也就是说它的旧遗传性能够动摇,是由于环境不断地在变化。植物与环境之间永远存在着矛盾,而且矛盾的产生总是由于环境的变动先于植物的适应。在植物还没有能够完全适应新环境的时候,环境又发生了变化,植物又再去适应新的环境。

植物与环境是统一的,但不能理解为植物与环境之间是完全协调的统一,不能理解为完全不变动下的统一,而应该理解为辩证的统一。不能适应环境变动的植物,终究不免被淘汰。在不断变动的环境里的植物,也朝着一定的方向发生变异,这就是物种形成的历史发展过程。

影响植物的生态因素是结合在一起的,对植物的影响不是单独,而是综合起作用的。为了阐明每一个生态因素的生态意义,把各主要生态因素对植物的影响分别叙述如下。

二、气候对植物的影响

气候对植物生活来说是一个复合的概念,气候因素中有光、温度、水、空气等。它们对植物的生活和生存起重要作用。

(一)光对植物的影响

光是绿色植物进行光合作用不可缺少的能量来源,只有在光照下,植物才能正常生长、开花和结实。光也影响植物的形态和解剖特征,在光照不足和缺乏光的情况下,绿色植物发生黄化现象,颜色变成淡黄。在双子叶植物方面,节间延长而叶片缩小;相反,在单子叶植物方面则节间缩短,而叶片增宽。

光对植物的影响表现在三个方面:即光谱成分、光照强度和光照时间。

1. 光谱成分

在太阳光谱中,对于植物生活起最重要作用的是可见光(波长 $0.4\sim0.76\mu m$),但紫外线($0.01\sim0.4\ \mu m$)和红外线($0.76\sim1000\ \mu m$)也具有一定的意义。

试验证明,不同波长的光对植物生长有不同的影响,如可见光中的蓝紫光与青光对植物生长及幼芽形成有很大作用,这类光能抑制植物的伸长而使其形成矮而粗的形态;同时蓝紫光也是支配细胞分化最重要的光线;蓝紫光还能影响植物的向光性。紫外线能使植物体内某些生长激素的形成受到抑制,从而也就抑制了茎的伸长;紫外线也能引起向光性的敏感,并和可见光中的蓝、紫、青光一样,能促进花青素的形成。如高山植物一般都具有茎干短矮、叶面积缩小、毛茸发达、叶绿素增加、茎叶有花青素存在、花朵有颜色等特征,这是因为在高山上温度低、风大、再加上紫外线较多的缘故。此外,可见光波的红光(波长约$0.65\ \mu m$)和不可见光波中的红外线,都能促进种子或孢子的萌发和茎的伸长。

红光还可以促进二氧化碳的分解和叶绿素的形成。此外,光的不同波长对于植物的光合作用产物也有影响,如红光有利于碳水化合物的合成,蓝光有利于蛋白质和有机酸的合成。因此,在农业生产上通过影响光质而控制光合作用的产物,可以改善农作物的品质。

2. 光照强度

光照强度对植物会产生很大影响。一切绿色植物必须在阳光下才能进行光合作用。植物体重量的增加与光照强度密切有关。植物体内的各种器官和组织能保持发育上的正常比例,也与一定的光照强度直接相联系。

光照对植物的发育也有很大影响。要植物开花多、结实多,首先要花芽多,而花芽的多少又与光照强度直接有关。

3. 光照时间

一昼夜间,光照的持续时间长短在植物生活中有很重要的意义,有些植物要求在白昼较短,黑夜较长的季节开花,如早春开花的报春花,秋天开花的菊花;有些植物要求在白昼较长,黑夜较短的季节开花,如夏季开花的鸢尾花。这种不同长短的昼夜交替对植物开花结实的影响,叫做光周期现象。根据植物对光周期的不同反应,可将植物分为长日照植物、短日照植物和中间性植物:

(1)长日照植物。植物生长发育过程中需要有一段时期,每天的光照时数超过一定限度(14~17小时)以上才能形成花芽。光照时间越长,则开花越早。一般生长在高纬度地区的植物多数是长日照植物。

（2）短日照植物。植物生长发育过程中,需要有一段时间白天短(少于 12 小时,但不少于 8 小时)、夜间长的条件。在一定的范围内,暗期越长,开花越早。例如,许多热带、亚热带和温带春秋季开花的植物大多属于此类。

（3）中间性植物。这类植物在生长发育过程中,对光照长短没有严格的要求,只要其他的生态条件适宜,在不同的日照长短下都能开花。例如番茄、黄瓜、四季豆、番薯、蒲公英等都是中间性植物。

4. 阳性植物、阴性植物和耐阴植物

不同植物对光需要的程度不同,有些植物,例如生于林下的草本植物酢浆草等,生长于非常阴暗的条件下。森林采伐以后,当它们的叶子暴露于明亮的阳光下时,由于叶绿素被破坏而呈现淡黄色,最后以致死亡,它们叫阴性植物。相反,另外一些植物,例如马尾松以及大多数草原和荒漠植物,则在明亮的阳光下发育得很好,而在遮阴条件下却引起死亡,它们叫阳性植物。但是在自然界绝对的阴性植物为数并不多,大多数植物在明亮的阳光下发育得很好,但也能够忍受一定程度的荫蔽,它们叫耐阴植物。阳性植物保证足够光合强度所需要的最低光照远高于阴性植物。

阳性植物和阴性植物的形态和解剖构造也有很大的差别。阳性植物的叶片较厚、角质层发育得很好、表皮较厚、气孔数目和毛茸较多、栅栏组织发达,而阴性植物的叶片较薄、角质层发育微弱、表皮较薄、气孔数目和毛茸较少、海绵组织发育得很好,甚至完全没有栅栏组织和海绵组织的分化,耐阴植物介乎阳性植物和阴性植物之间。在乔木中没有明显的阴性植物,只有阳性和耐阴性两类。

必须指出,生长在阳地与阴地的同种植物的不同个体,叶的形态结构也有区别。甚至同株植物的叶因着生部位不同,受光的强弱有差异,也具有这些差别,称为阳生叶和阴生叶(图 7.1)。

（二）温度对植物的影响

各种植物的生长、发育都要求有一定的温度条件,所以在不同温度的地区,就有不同的植物种类生长。

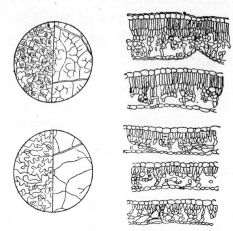

a.菜豆叶的气孔和叶脉　　b.榛子叶的横切面

图 7.1　阳生叶(上)与阴生叶(下)的比较

温度对植物生长发育的影响,主要是通过对植物体内各种生理生化过程的影响而实现的。过低的温度和过高的温度都能直接妨碍植物对水分和矿质营养物的吸收。

1. 最高、最低温度界限与最适温度范围

植物的生长和繁殖要在一定的温度范围内进行,在此范围的两端是最低和最高温度。低于最低温或高于最高温都会引起植物体死亡。最低与最高之间有一最适温度,在最适温度范围内植物生长繁殖得最好。

各类植物能忍受的最高温度界限是不一样的。一般说来被子植物能忍受的最高温度是 49.8℃,裸子植物是 46.4℃。有些荒漠植物如生长在热带沙漠里的许多仙人掌科植物在 50~60℃ 的环境中仍能生存。温泉中的蓝藻能在 85.2℃ 的水域中生活。

植物忍受低温的能力与细胞液的浓度有关,即与细胞液内含有的糖类、脂肪、色素等的多少有关。植物受冻害是由于细胞间隙的水分冰冻,形成结晶,抽吸细胞里的水,使原生质脱水,同时细胞间隙里的冰晶积累,挤压细胞引起细胞的破裂,从而损害最敏感的原生质表层,使它萎缩以致细胞死亡。细胞液浓度大即它的渗透压大,可减少向细胞间隙输水。此外糖类等还能或多或少地防止原生质萎缩。因此干燥的种子和孢子能忍受低温。有些干燥的种子可经受－100℃ 到－200℃ 的寒冷,但吸水之后就往往在不太冷的零下温度而冻死。树木的越冬芽只含少量的水,它们能顺利地越冬。但是在发芽时期,当含水较多之后,只要有一次不太厉害

的霜害,幼芽就冻死了。

植物能忍受的最低温度,因植物种类不同而变化很大。热带植物生长的最低温度一般是10～15℃。温带植物生长的最低温度在5～10℃。寒带植物在0℃,甚至低于零度仍能生存。

地球上各地带的植物需要的最适温度的范围是不相同的。热带植物生活最适温度范围多在30～35℃;温带植物多在25～30℃,而寒带植物的最适温度一般稍高于0℃。

2. 植物对低温和对高温的适应

在自然条件下,温度的急剧降低通常是由于强大寒流的来临,或是夜间辐射降温所引起。温度降得越低,植物受害越严重;低温持续的时间越长,植物受害的程度越大;降温速度越快,受伤害也越严重。一般在冬季降温时,植物抵抗低温的能力较强,但当春天回暖,植物抗低温能力减弱后,如果突然降温,植物受伤害的程度就比较严重。植物受低温影响后,温度急剧回升要比缓慢回升时受害更为严重。

不同种类的植物抗寒性不同,如热带植物橡胶,在2～5℃时就要受到严重伤害,而北方的苹果树能抗－40℃,甚至更低的温度。同种植物的不同品种,其抗寒力也有很大差别。而且同种植物在其不同的发育阶段,抗寒能力也有不同。一般说来在休眠阶段抗寒性最强,生殖阶段抗寒性最弱,营养生长阶段居中。

高温也能伤害植物。首先是高温破坏了光合和呼吸作用的平衡,使呼吸作用大大地超过光合作用,其结果是植物因长期营养缺乏而死亡;高温促使蒸腾的加强,破坏植物的水分平衡,导致萎蔫、枯死;高温如达到50℃左右还能使蛋白质凝固和有害代谢产物的积累,引起植物中毒。此外,突然高温还会使树皮灼伤,甚至开裂,引起病虫害入侵。

长期生活在高温地区的植物,对高温能产生种种生态适应。例如,植物体上密生绒毛、鳞片或者植物体呈白色,这样可以过滤、反射部分光线,减低植物体温;厚的木栓层能隔绝传热;叶缘与光平行排列可以减少光的吸收面积等。这些都是植物适应高温环境的形态特点。而细胞内增加糖或盐分的浓度,减少细胞含水量是防止原生质凝结,增强抗高温性的内在因素。此外,不少植物尚具有强的蒸腾作用,通过蒸腾来降低植物体的温度,免受过

热的伤害。

(三) 水分对植物的影响

水是植物体的重要组成部分,一般植物体都含有60％～80％的水分,有的甚至达90％以上。水又是植物生命活动的必要条件;营养物质的吸收、运输、光合作用、呼吸作用的进行和细胞内一系列的生化过程都必须有水参加。因此可以说,有了水,才有生命。

1. 大气水、土壤水和地下水对植物的影响

1) 大气水

陆生植物生活所需要的水,主要依靠不同形态的大气降水。在中、低纬度地区,雨具有最重要的意义。在干燥地区雾和露可被浅根系的植物所利用,补充了土壤中和空气中的水分不足。

地表覆雪不仅可以保护植物越冬,不致冻死,而且春季融雪可为植物提供水分。但是雪也可以给植物造成灾害;森林中常因大雪而引起树冠、树枝的折断和树干的倒伏;被雪长期掩盖的植物芽不能生长。

降雨的生态作用是随着不同的降雨强度、降雨时间的长短、土壤内水分状况以及地表植被覆盖情形而变化的。一般说来,强度较小、分布均匀的降雨较暴雨对植物有益。

空气湿度会影响植物蒸腾作用的强度,因而决定植物水分平衡的支出部分。在其他条件相同的情况下,空气湿度越大,植物丧失的水分就越少,反之就越多。

2) 土壤水

土壤中水分过多或过少都不利于植物的生长发育。土壤中水分过多土壤空气就减少,植物根系会缺氧,使呼吸作用减弱,长期下去会导致植株死亡(详见本章本节"土壤物理性质与植物")。

3) 地下水

在荒漠、热带稀树草原和其他炎热、干燥的区域内,很多深根系的植物依靠地下水的供养。但地下水位过高,会引起植物根系的缺氧。

2. 按照水分因素区分的生态类群

不同生境的供水特点不仅反映在植物的生理特性上,而且也反映在植物的外部形态和解剖构造

上。根据环境中水量的多少与植物对水分的依赖
程度,可以把高等植物分为下列几个生态类群:

1) 旱生植物

旱生植物是能忍受长期干旱而维持水分平衡
的高度抗旱性植物。在草原和荒漠地区,旱生植物
的种类特别丰富。根据旱生植物的形态—生理特
征和抗旱方式,又分为硬叶旱生植物和肉质旱生
植物。

硬叶旱生植物是最典型的一类旱生植物,体内
没有储水组织,水分丧失 50% 时仍不会死亡。它在
形态上具有一系列耐旱的特征:①叶面积强烈缩
小,甚至叶变成膜质或鳞片状,以当年的幼枝行使
光合作用,如梭梭、沙拐枣;②叶卷曲成筒状,气孔
深陷并位于卷曲叶的内表面,从而减少蒸腾,如沙
生针茅;③叶表面具发达的角质层和茸毛,如驼绒
藜;④具有发达的根系,如骆驼刺的株高仅 30～
80cm,而根系深达 10m 以上;⑤细胞液渗透压高达
20～40 个大气压。

肉质旱生植物具有发育良好的贮藏水分的薄
壁组织,成为肉质多汁的植物。这类植物依靠体内
贮藏的水分度过干旱季节,如北美荒漠中的仙人掌
科植物。肉质旱生植物具有很强的抗旱能力,但生
长缓慢,生产量低。

2) 湿生植物

湿生植物是生长在过度潮湿地点的植物。这
种过度潮湿的生境或者由于土壤中充满了水分,或
者由于在土壤足够湿润的情况下空气中充满了水
汽。前一情况见于沼泽化的草甸、河湖等淡水水体
的沿岸;后一情况见于潮湿区的林冠下。

湿生植物的最主要特点是没有争取水分和防
止蒸发的适应。叶大而薄,光滑,角质层很薄;根系
不发育,位于土壤表层,并且分枝很少;渗透压不
高,一般为 8～12 个大气压。有的湿生植物还具有
特殊的排水孔或滴水叶尖(图 7.2)。

3) 中生植物

中生植物是生长在中等湿度地方的植物,形态
解剖和生理特征介于旱生植物和湿生植物之间。
中生植物的叶通常扁平、宽阔,机械组织、栅栏组织
的发育程度中等,表皮薄,角质层一般不发达,一般
没有浓密的毛被,气孔主要出现在叶的下表皮。中
生植物又分为三类:湿中生植物,生长在接近湿生
环境;旱中生植物生长在接近旱生环境;典型中生
植物,是介于两者之间的植物。

图 7.2　滴水叶尖

4) 水生植物

植物体全部或部分沉没于水中的植物,叫水生
植物。由于水环境显著不同于空气环境,所以水生
植物形成一系列的特征:①叶片面积较大。这是因
为水中氧气很少,气体交换困难。②通气的细胞间
隙发达,通常还发育有特殊的通气组织(图 7.3)。
③表皮很薄,在有些情况下完全没有表皮组织。
④沉没在水中的部分表皮上没有气孔。相反,浮在
水面的叶片表面气孔较多。⑤当水生植物生活在
静水或流动很慢的水中时,机械组织几乎完全消
失。⑥沉水叶的同化组织没有栅栏组织和海绵组
织的分化。⑦根系发育很差,只有少量根系。⑧营
养繁殖占优势。

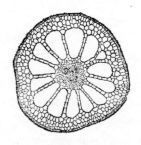

图 7.3　狐尾藻茎的横剖面
图中空腔是皮层中发育的巨大气室,即通气组织

在水生植物中,有些是长期沉没在水面以下,
或仅在开花时才把花柄花朵伸出水面,例如苦草、
眼子菜、金鱼藻、车轮藻、海带等,这类植物叫做沉
水植物。有些是着生在水底的泥土上,但其茎和叶
都伸出水面,如睡莲、慈姑、茭荀等,这一类植物叫
做挺水植物。还有一类水生植物是根不固着在地
面而在水中自由漂浮,如水浮莲、凤眼莲、浮萍等,

称为浮水植物(图7.4)。

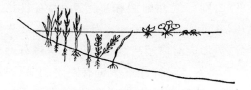

图 7.4 水生植物类型示意图
左:挺水植物;中:沉水植物;右:浮水植物

(四)大气对植物的影响

1. 空气的化学成分理

氧是植物呼吸所必需的。在大气中氧的含量几乎不发生变动,而在水中和土壤中含量非常不固定。由于这个原因,许多沼泽植物,例如热带海滨的红树林植物常常感到氧的不足,从而形成特殊的呼吸根,伸出地面进行呼吸。

植物全部地下部分的呼吸作用依赖于土壤空气的组成。

二氧化碳是植物光合作用的主要原料,植物生长盛期特别需要大量的二氧化碳。它的浓度增加,光合作用强度会大量增大,而浓度过高,就会对根的吸收产生抑制作用,从而间接影响光合作用。据计算,每日每平方厘米叶面积生产 20mg 干物质,约需二氧化碳 29mg。如在光能利用率达到 5% 的高产栽培条件下,植物最大净干物质产量可达 70mg 左右,这时则需 100mg 以上的二氧化碳。

2. 空气的运动

风是植物花粉传播的动力。地球上有 10% 的显花植物如禾本科、莎草科、灯芯草科、桦木科、栎属、山毛榉属等借助风力授粉,叫作风媒植物。风力还促使环境中氧、二氧化碳和水汽的均匀分布和加速它们的循环,形成有利于植物正常生活的环境。

在强风的作用下,可使植物体的向风面的枝叶蒸腾大量水分,使体内水分平衡受到破坏,叶片萎蔫,枝条枯死,形成树冠不对称的"旗形树冠",或使树干弯曲。其次,大风携带的砂粒打击树木、可严重损伤树皮、树叶和毁坏花果,也能使树根暴露。强风还吹倒树木,折断枝条。

此外,大气污染对植物的危害很大,当有害物质硫化物、氟化物、氯化物和氮化物等浓度超过一定限度时,使植物生长发育不良、枯萎甚至死亡。

三、土壤对植物的影响

自然界除了漂浮植物、寄生植物和附生植物外,绝大部分植物都是靠根固着在土中。土壤是植物生长发育的基质。一般说来,植物根系的干重虽然不及整个植物体干重的1/4,但它在土壤中展布的范围,有时要比植物体地上部分所占空间还要广。植物通过根系从土壤中不断吸收水分、养料和空气。植物根系在土壤里生长和进行呼吸作用,需要土壤有适宜的温度和通气条件。

土壤对于植物的影响决定于它的物理特性、化学特性和生物学特性。它们有些直接影响植物,有些则间接影响植物,有些既直接又间接地影响植物。

(一)土壤的机械组成与植物

土壤的机械组成影响土壤的水分、温度、空气和养分状况,因而间接地影响植物的生活。

根据机械组成,土壤可以区分为黏土、砂土和壤土。

1. 黏土

不易通气和透水。当降雨或灌水时容易积水。土壤里氧气比较缺乏,植物的根系发育也因土壤黏实而不易向下生长。因此,黏土只适于浅根性植物生长。干季时,生长在该土壤上的植物容易受干旱的危害。

2. 砂土

空气通透性好,但保水力很差。植物的根系在这类土壤中生长发育较好,且多为深根系。

生长在流动沙地的植物,称为沙生植物。它具有以下适应特点:

(1)乔木和灌木在被沙埋没的茎和枝条上一般能形成不定根,在被风吹露的根上能形成不定芽和枝。前者如我国荒漠地区的大白刺和沙拐枣等;后者如分布新疆北部的白梭梭等。

(2)灌木中的枝条能迅速生长,防止该植物被沙掩埋,例如沙地灌木黄芪在一个半月内枝条的增长达 90cm。

(3)叶一般强烈退化,有的发育成线状叶,如木本猪毛菜;有的则成鳞状叶,如梭梭。沙生植物的叶出现各种旱生结构。

(4) 根入土不深,侧根强烈发育,向外延伸、可达 10~20m 远,例如沙拐枣;草本沙生植物有些有较长的、生长很快的根茎,使它们能够强有力地占据地面和固定流沙,如沙竹的根茎长达 10m 以上。

(5) 根上具有由黏结沙粒构成的"沙套"。这种沙套可以保护根免受高温灼伤、干燥以及沙粒的机械损伤。例如沙生针茅、三芒草等根上都有这种沙套。某些沙生植物根的木栓化也有同样效果。

(6) 具有被风迅速传播果实和种子的各种不同的生态适应,保证果实和种子可以经常留在流沙表面,而不为流沙埋没。例如沙拐枣的果实具有刺毛状的附属物,使果实轻巧而有弹性,能在沙上滚转跳动,越过被风吹动的流沙;泡泡刺的果实形成膨胀的囊状;有些沙生植物果实带刺,如梭梭和某些沙拐枣;有些果实像降落伞,如三芒草等,使其适应沙土环境。

3. 壤土

既能通气,又能透水,有利于好气性微生物将有机养分分解,转化成能被植物吸收利用的无机养分,这样就能源源不断地满足植物生长发育的需要,为植物生长提供良好的生活条件。

(二) 土壤的物理性质与植物

在土壤中由于生物,包括微生物、动物和植物根系的呼吸作用和有机物质的分解,不断消耗氧气和释放出大量二氧化碳,使土壤空气中氧气和二氧化碳的含量与空气的含量有很大的差别。

土壤空气中的二氧化碳一部分不断地以气体扩散和交换的方式进入近地面空气层,供叶吸收;另一部分也可以直接为根部吸收。但是,当土壤中氧气缺乏,二氧化碳积累过多时,则会阻碍种子发芽,使出苗不齐,并影响根系的呼吸与生长,使根系不能扩展,吸水吸肥能力减弱,甚至因呼吸窒息而死亡。

土壤空气在缺氧的条件下,好气性细菌的活动受到抑制,这就减慢了有机质的分解与养分的释放,影响了植物的营养。嫌气性细菌则活跃起来,它们把土壤中植物可利用的氧化状态无机盐如硝酸盐、硫酸盐还原成植物不可利用的状态,并使有机质的分解作用不完全,产生各种有机酸或硫化

氢、甲烷等有毒物质,伤害植物的根系。若土壤通气条件好,则好气性细菌和真菌活跃,有机物质分解迅速,并可完全矿质化,成为能被植物吸收利用的养分,但形成的腐殖质少。所以土壤过分通气和不通气都不好。最好是土壤具有一定的通气性,使好气分解与嫌气分解能同时并存,既有利于腐殖质的形成,又使植物有效养分可以利用。由此可见,土壤空气是构成土壤肥力的重要部分。

土壤中的水分不仅是植物本身时刻不可少的生态因素,而且植物需要的养分只有溶于水中才能被植物吸收,并运输到植物体各部分去。土壤中所进行的许多物质转化过程,如矿物养分的溶解和转化,有机物的分解与合成等,只有在有水分存在并直接参与下才能进行。此外,水分还能调节土壤温度。

土壤温度一方面制约着各种盐类的溶解速度,土壤气体的交换和水分的蒸发,土壤中各种微生物的活动以及土壤有机质分解的速度和养分的转化等,因而影响到土壤的各种性状,间接地影响到植物的生长;另一方面,土壤温度对植物也有直接的影响,如影响植物种子萌发和扎根出苗。

土壤温度还影响植物根系的生长和呼吸。根系的吸收能力一般是随土温降低而减弱的,所以生产上不在中午植物蒸腾旺盛时灌水,主要就是避免因土温骤降而抑制根系的生长和降低其代谢作用,从而减弱其吸水作用。同时低的土温还会使根系的呼吸强度降低,从而也影响对矿质元素的吸收;此外土温低也可引起植物体矮小或呈匍匐型。

植物种类不同,对土温的要求也不一样。如在其他环境条件良好的情况下,大多数植物的根系适合在土温 5~40℃ 的范围内生长。浅根性植物比深根性植物需要较高的土温。

(三) 土壤酸碱度与植物

土壤酸碱度,一方面直接影响植物的生长,另一方面,它通过影响矿质盐类的溶解度和土壤微生物的活动等间接影响植物的营养。

在自然界不同植物种类对土壤 pH 的要求不同。根据各种植物对土壤 pH 的适应范围,可将植物分为酸性土植物(pH<6.5)、碱性土植物(pH>7.5)、中性土植物(pH6.5~7.5)三大类:

(1) 酸性土植物。指生长在酸性较大的土壤上的植物,如我国南方红壤、黄壤上的芒萁、马尾松、

垂穗石松等。

（2）碱性土植物。大多数草原和荒漠植物属于碱性土植物。如生长在我国荒漠的珍珠猪毛菜、戈壁藜、尖叶盐爪爪。

（3）中性土植物。指生长在接近中性土壤上的植物。中性土一般结构良好，微生物活动强烈，肥力较高。如红三叶草、猫尾草等以及阔叶林的许多植物多属于中性土植物。

（四）喜钙植物、嫌钙植物和盐碱土植物

喜欢在含钙丰富的土壤中生长的植物，叫喜钙植物，如南天竺、柏木、甘草。它们在含钙丰富的土壤上才生长良好。而嫌钙植物是在缺钙的土壤中生长的植物，如杜鹃属和松属的某些种。这些植物只能在缺钙的酸性土壤上才能生长。有些植物既能在含钙丰富的土壤中生长，也能在钙贫乏的土壤中生长，例如铃兰。

盐生植物是一类特殊的植物生态类群，其分布与易溶盐类的盐渍化基质相联系。

一般植物对于土壤中存在的有害盐类的反应是很敏感的，土壤含盐量在0.5%以下时，才可以种植普通的作物，在0.5%～1.0%的土壤上只能生长耐盐性强的作物，如棉花、水稻、苜蓿等。但是盐生植物形成了能够忍受土中大量有害盐类的适应。所以生长在盐渍土上的植物一方面必须同盐渍环境的干旱作斗争；另一方面必须同有害盐类作斗争，这就形成了它们许多特殊的生理和形态适应。盐渍土植物细胞中的渗透压很高，例如盐角草的渗透压达到60～100个大气压，这可保证它们从土壤中吸取水分；在干旱期，当土壤溶液中盐分浓度增大时，盐生植物能够显著减少自己的蒸腾，从而降低盐分从土壤进入植物体。茎和叶的肉质性是很多盐生植物的典型特征，它们大多数枝叶增厚，类似肉质植物。这种肉质性决定于贮水组织的强烈发育，例如盐角草水分可以达到植物总重量的95%，它的叶强烈缩小，彼此合生，并与茎合生成圆筒状多汁的节，使叶子只有下表面与外界环境接触。盐生植物的这种肉质性使得它们不仅能够容纳较多的水，而且也能容纳较多的盐。此外，盐生植物的根系发育比较差，入土不深。

碱土上生长的植物和盐生植物不一样。碱土植物大多是茎枝坚硬的植物，它们的叶或者深裂成小裂片，常覆盖着白色或灰色毛被，或者叶小针状，通常有很深的根，这些根抵达潮湿的含盐层。所有这些特征都表明碱土植物更接近于旱生植物。盐地假木贼、小蓬、樟味藜、伏地肤等都是碱土植物。

四、地形对植物的影响

地形对植物只是起间接的作用，但它对植物有着很大的影响。陆地表面复杂的地形，为植物提供了多种多样的生境。山区的植物种类通常比平原丰富得多，因为山区的气候条件是复杂的；同时，高山又起着保存古老植物区系成分的作用，在偏僻的山区又是植物的避难所。

山区一方面对于植物的迁移起着障碍作用，如果有一条山脉横贯平原，山的两侧植物就有很大的差异，但另一方面来说，山地又是植物迁移的途径。

地形对植物的影响取决于它的垂直高度、坡地的方位以及山地的倾斜度。在山地，温度从下向上降低，山愈高温度愈低；降水在一定范围内有增加的趋势，但超过某一限度，降水量又逐渐减少，或者以另一种降水形式出现；在山地光照和风的条件也有所改变。所有这些变化都影响着植物的生长、分布和形态。

山坡的朝向，如南坡和北坡可以观察到植物生长发育和形态上的差异。在北半球，尤其北回归线以北地区，北坡的植物多为中生植物，较耐阴，因为北坡光照条件较差，温度也较低。在南坡多为阳性植物，并表现一定程度的旱生特征，原因是南坡光照条件较好，温度较高所致。高大山系的南北坡植被差异更加显著，在干旱气候带的山地，北坡通常覆盖着森林或中生草甸植被，而在南坡则多为旱生的草原植被。如果高山南北坡都是森林，但森林的上界南坡比北坡要高得多。

山坡的倾斜度对植物的影响，表现在土壤的冲刷状况和水分流失状况上，山坡愈陡，土壤与水分就愈难保持，这也就会影响着植物的生长与形态。在高山地区常常由于坡度陡峻石块从山顶滚落下来，积压在树干的基部，造成树干基部弯曲，即所谓"犁木"状树形。

高山上的植物形态一般比较矮小，叶也较小而且集中生长在主茎附近，具有旱生构造，树冠形状奇异，有些呈匍匐状或坐垫状，有些变成旗形，这些生态都和高山风力强大和低温有关。

五、生物因素之间的相互关系

地球上没有一种植物不受其周围植物、动物和微生物的影响。对于某一特定植物来说,生长在它周围并影响它的生物,便成为重要的生态因素。

(一)动物对植物的影响

1. 直接的影响

(1)传播果实和种子。动物在采食或搬运种子和果实时,一部分被动物食用,另一部分散落地上。被食用的部分,有一些由于种皮坚硬而未被消化,随粪便排泄出来后仍可发芽。还有一些种子或果实能附着在动物身上,被散布到远处。

(2)传粉。有许多昆虫,特别是蜂类和蝶类的体外生有许多毛,当采蜜时,在花中爬行,把雄蕊上的花粉擦到身上,再飞到另一些花朵采蜜爬行时,身上的花粉就擦到另一些花朵的柱头上,这样就起到传粉的媒介作用,这叫虫媒传粉。这类植物叫虫媒植物。地球上虫媒植物分布得非常广泛,大约占有花植物总数的 9/10。

(3)啃吃和破坏。在草原地区生活着许多有蹄类动物和啮齿类动物,如野牛、羚羊、土拨鼠和黄鼠等,它们以食草为生,破坏草原植被。

森林里的动物,如大象、猩猩、松鼠、鹿、野猪等,它们喜食树叶、嫩枝、树皮和果实,折断植株,影响森林更新。

2.间接的影响

动物的践踏使土壤变得坚实,因此改变了土壤的空气和水分状况。动物,特别是牲畜的排泄物,可增加土壤的养分;反之,牲畜放牧时,吃了植物的枝叶,从地面带走了有机物质,又会使土壤有机物质的含量逐渐减少。此外,土壤中含有大量的无脊椎动物,包括昆虫、蠕虫和甲虫的各种幼虫和蚯蚓等,它们不断在土中活动,因而疏松了土壤,改变了土壤环境。

(二)植物相互间的影响

1. 直接的影响

主要为寄生、共生和附生。

(1)寄生。当一个植物寄生在另一个植物体上或体内,并从其组织中吸取营养的,叫做寄生。寄生现象广泛存在于植物界。使高等植物罹病的寄生真菌(如锈菌、黑粉病菌等)的数量很多。寄生的有花植物则分布较少。我国常见的高等寄生植物,有菟丝子、无根藤、列当、肉苁蓉、锁阳等。还有一类"半寄生植物",它们也有叶绿素,能进行光合作用,但主要从寄生植物体中获得水和矿质营养,如桑寄生、槲寄生等就属于这类。

(2)共生。两种植物在它们共同生活中,相互取得利益叫共生。例如真菌和藻类共生的结果构成了一类特殊的地衣有机体。豆科植物和根瘤菌之间,也是共生现象,因为,根瘤菌进入豆科植物根部皮层细胞中,从植物根部取得碳水化合物营养,同时吸收空气中的游离氮,以硝酸盐的状态把氮供给豆科植物。

(3)附生。附生是一种植物的某些部分,如树干、树枝、部分的叶,成为另外一些较小的植物的居住地。附生植物完全是自养植物,它们的营养依靠掉下来的尘埃和死的树皮的分解。在较高纬度地区,附生植物由地衣、苔藓和一些藻类组成;在潮湿热带森林中,附生植物特别多,不仅有苔藓、地衣,还有很多蕨类植物和有花植物的兰科植物等。热带雨林里的"绞杀植物"是以附生生活开始,然后才长出紧贴附主树皮垂直向下生长达到土壤中的根。这种绞杀植物常可把附主植物绞杀死。例如榕属、鸭脚木属等。

2.间接的影响

间接的影响是一种植物通过改变环境影响另一种植物。这是植物彼此作用的最常见的方式。

生长在一起的植物,此一植株对另一植株也有影响。前一植物所创造的环境条件对后一植物的正常生长和发育可能有利,也可能不利。在前一情况下是"互助",在后一情况下是"竞争"。例如,一种植物每年以大量枯枝落叶增加附近土壤的有机质,它的根穿透土层,并且不断从土壤中吸取营养物质和水分,因而减少了土壤中营养物质和水分的贮量。又如并排生长的植物彼此遮阴、挡风,植物地上部分向空气中分泌挥发性物质等,都导致植物周围的光照、温度、湿度、空气组成和风的改变。通过改变周围小气候影响另一株植物。

六、人类对植物的影响

人类对植物界的影响是多方面的,概括起来主要有两方面:

首先,植物的自然面貌受到破坏。现今陆地上的植被,原始面貌还保留下来的地方已经很少。绝大多数的原始森林、天然草地,由于人类的砍伐、开垦、放牧以及其他经济活动,使植物的自然面貌遭到严重的破坏,不少物种已经消失或濒于灭亡。其次,植物的天然种受到改变。人类把栽培植物从一个地方引种到另一些地方,创造栽培植物群落如大田、果园、菜园、各种人工林等。在整个地球上,栽培植被约有 9.5 亿 hm^2 的面积,约占全部大陆的 7%。

人类不仅把野生植物改变成栽培植物,扩大它们的分布区,而且通过引种、培育,创造了大量的品种。目前世界各地栽培植物的品种极为繁多,各有不同的经济价值。近年来人们应用生物技术、杂交育种、组织培养等先进技术,培育出各种植物的大量新品种,对全世界的经济建设起到重大的作用。

人类的活动除了改变植物的性质之外,还对植物的地理分布起了巨大的影响。例如,新中国成立后,大规模地进行热带经济植物的垦殖工作,使南方许多热带作物的分布区不断扩大和向北推移。又如生长在英国海滩潮间带中潮带上的大米草,我国自 1963 年从那里引进栽植,目前已推广到沿海各个省份的海滩,南至广东的电白县、北达辽宁省的锦西县等都有种植。在华南沿海各地也大量营造了以木麻黄、桉树为主的防护林,扩大了这些植物的人工分布区。

人类在改变原始的植被和植物区系时,常常会带来一些外来的有害植物。在自然界有一类所谓"伴人植物",它们伴人分布。有些是人类无意识的传播,有些是人类有意识引入,后来野生化了。例如,加拿大飞蓬大约在 1646 年输入法国公园中的美洲植物,现在不但是整个欧洲的顽强杂草,在我国也到处可见。

七、植物的指示现象

植物对于环境具有灵敏的反应,植物对于环境也具有严格的选择性。因此,一个地区的植物生长状况,往往就是当地自然地理环境的综合反映。这种反映就是植物的指示现象。

植物指示现象的研究,对于经济建设有重要意义,无论在农林业生产上,或者在地质勘查工作上都起着一定的作用。

植物的指示现象可以从一个植物的分布及其生长发育状况、形态、产量等的表现来研究。因为同一种植物在不同环境中的生长发育状况、形态、产量都有差异。譬如茶树在酸性土上栽培,其生长发育很正常,产量也高;如果把茶树栽植在碱性土中,就不能生长。又如杜鹃花,在华南地区通常是 3 月中旬便开花,而在四川盆地是到 4 月初开花,但到贵川高原北部则还要推迟半个月到一个月。因此,从茶树的分布便可以判断土壤的酸性反应情况;研究杜鹃花的开花季节就可以了解到当地的气候特征。

上面所举的两种植物还不是很典型的例子。列举它们是为了便于说明从一种植物的分布及其生长发育状况可以指示自然地理环境。实际上各种植物的生物学特征是不同的。有些属于世界或广布种的植物具有很强的适应性,如金色狗尾草在我国各地都能生长,所以,这种植物就没有什么指示意义了,属于这类广布的植物又叫作随遇植物。但也有些植物,它所能适应的环境条件范围比较狭小。它的生长分布对于环境具有特别严格的选择性。例如铁芒箕、马尾松只能生长在酸性土上;碱蓬、盐爪爪只分布在盐碱土上;蜈蚣草、甘草只长在钙质土中。又如三叶橡胶、椰子只分布在热带范围内;柑橘、柚子仅限于湿热的亚热带气候区内。这些植物,对于土壤条件、气候条件有很大的选择性,对于研究植物的指示现象有较大意义,叫做指示植物。

复习思考题

1. 试述植物在自然地理环境中的地位和作用。
2. 何谓生态因素、生存条件和生境?在植物与环境的相互关系中如何达到辩证的统一?
3. 分别阐述光、热、水、大气、土壤、地形、动物、植物等因素对植物的影响。
4. 人类如何改变植物的性质和分布?举例说明。
5. 何谓指示植物?举例说明。

第二节　植物群落

一、概　　述

在自然界,每一物种都拥有许多个体,并占有一定空间,形成许多大小不等的个体群,人们把占一定空间的某物种的个体群叫做种群。种群的集合体就是群落。

地球上,任何植物都不是单独存在,而是和其他植物在一起同住结合,这种植物之间,以及它们赖以生存的环境之间,保持着密切的联系,形成一种相对稳定的集体群,叫植物群落。而一个地区的植被,就是该地区所有植物群落的总称。

在一个植物群落中,这一种植物与那一种植物体的同住结合并不是偶然的,而是彼此之间有密切关系并且习惯地生长在一起的,是在长期的历史过程中发展而成的复合体。例如阴性植物生长在森林中,藤本植物需要乔木或灌木作为依靠。具体来说,华南地区马尾松与芒萁的同住结合,都是自然发展的结果。

植物群落是一个联系的整体,如果植物群落中任何一个环节发生变化,那么其余的各个环节也将发生变化。植物群落中任何一种植物不仅依赖着环境,而且也直接或间接和其他植株或其他种相互依赖。每一植物个体或种类都可以在它生活区中找到他们生存和繁殖所必需的一切物质。

植物群落中植物与植物之间的互助现象,使群落内的植物得以存在,使群落能比较稳定下来。植物间互助现象决定于每一种植物的生存特性。一般地说,植物群落必然是由不同生态特性的种所组成,因为生态特性不同对环境的要求就比较容易获得协调,植物的同住结合就能够比较巩固、持久。

植物群落与外界条件有很密切的关系。不同的外界环境条件就会产生不同植物种的同住结合,即产生不同的植物群落。例如潮湿地区与干旱地区的植物群落完全不同,寒带与热带的植物群落也大不一样。

但也常常可以发现,在类似的环境条件下出现类似的植物群落。例如在低洼积水地方生长着沼泽植物;在热带沿海泥滩上分布着红树林;在干旱缺水的地方生长的都是旱生植物等。同时,在类似的环境条件下,植物群落的选择以及它们之间的相互关系,也在或多或少的程度上重复出现。但必须指出,在不同地段上的植物群落,只有相似而不会完全相同,因为一个植物群落的形成与时间有很大的关系:形成的时间不同,即使环境条件完全相同,但认真观察也能发现两地的植物群落是有所差异的。

植物群落的研究,无论在理论上或实际应用上都有很重要的意义。通过植物群落的观察调查,可以了解当地自然地理条件的特性。因此,植物群落调查所获得的材料,常被当做自然区划的重要依据;同时,了解到一个地区的植物群落,也可以预见这一带的自然条件可能发生的变化。例如某一地区的植物群落正朝向森林发展,这便可能使得此地的降水增多,径流变化趋向稳定等。

二、植物群落的组成

(一)种类组成

1. 种-面积曲线和种丰富度

一个天然的植物群落,往往由相当数量的植物种类构成。但要知道它究竟包括多少种类,则要通过一定的统计,通常采用逐步扩大样地面积的方法。开始时,面积扩大,植物种类数增加很快;往后,增加的速度逐渐减慢;最后,当面积再扩大,植物种类却增加很少。按照样地扩大和植物种类增加的累积数二者的对应关系可以绘制种类-面积曲线图(图 7.5)。在曲线转折处所示的面积,称为群落的"表现面积",或称最小面积,即包含了群落大多数种类的最小空间。植物群落的表现面积随植物群落类型的不同而异。例如,在西双版纳南部的热带雨林群落中,2500m² 的面积内就有高等植物 130 种左右。在东北小兴安岭的红松林中 400m² 的面积上只有约 40 种。内蒙古呼伦贝尔盟的羊草-丛生禾草草原群落,0.25m² 约包括 12 个种。通过对各种群落最小面积所包括的种类比较,可看到这样的规律,环境条件越优越,群落结构越复杂,组成群落的植物种类就越多,群落的最小面积数量也越大。

由此可见,不同群落的植物种数差异与气候有关。种的丰富度是向着低海拔和暖热气候增加的,即从高纬度的北极地带(以及高山和南极)种贫乏的群落,发展到种丰富的热带雨林。在同类型群落中,由于地理位置、结构及群落发育历史的不同,种

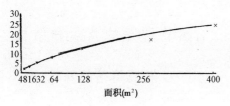

图 7.5　种-面积曲线图
（杭州次生幼年林林木层的一个实例，1964，
林木层的最小面积约为 150m²）

的丰富度也表现出差异。

2. 群落成员型

在种类成分的研究中，不少学者根据植物在群落中的作用，分为优势种和伴生种两类。

（1）优势种。是指群落中占优势的种类。它包括群落每层中在数量、体积上最大、对生境影响最大的种类。各层的优势种可以不止一个种，即共优种。在我国热带森林里，乔木层的优势种往往是由多种植物组成的共优种。此外，群落主要层（如森林的乔木层）的优势种，称为建群种。建群种在个体数量上不一定占绝对优势，但决定着群落内部的结构和特殊环境条件。如在主要层中有两个以上的种共占优势，则把它们称为共建种。

（2）伴生种。这些植物虽然在群落中出现，参加到群落的组成中去，但对群落内的环境所发生的作用则不及优势种，它们在群落中的作用不尽相同，有的是群落中常见的，即相当稳定地与优势种伴生在一起，往往可作为群落分类的一个参考。有的种类由于外界因素（如动物、人类作用）偶然进入群落的，称为偶遇种。生态幅度狭窄，而对群落有标志作用的种，可称为标志种。

优势种和伴生种的具体种类组成不是固定不变的，或者说某种起着优势种作用的植物，常常只是一定条件下的产物。随着时间和环境的变化，两种成员型的地位也可能变动，甚至在群落中消失。

（二）群落数量特征

群落的数量特征，是植物群落的最基本特征。包括如下指标：

1. 多度

指一定区域内每种植物的个体数量。可直接计算个体，也可用目测估计法。前者多用于木本植物群落，后者多用于草本植物群落。多度的表示，通常分为 4 个等级。

（1）密集。某种植物在地面部分彼此相互靠拢，记录时通常用 SOC 表示。

（2）丰盛。某种植物在群落中占多数，记录时用 COP 表示。

（3）稀疏。某植物在群落中数量不多，生长得很分散，记录时用 SP 表示。

（4）孤独。某种植物在群落中数量很少，只有三两株，孤独地生长，记录时用 SOL 表示。

2. 盖度

盖度分为投影盖度和基部盖度。投影盖度系指植物枝叶垂直投影所覆盖的地面面积。常以％表示。基部盖度，系指植物基部实际所占的面积。

3. 频度

频度系指各种群在群落内分布的均匀程度，即群落中某种植物在一定地区的特定样方中出现的百分比。

$$F（频度）=（某种植物出现的样地数/总样地数）\times 100\%$$

某种群的频度与样地中全部种类的频度总和之比值，称为相对频度。一种植物在群落内频度指数大，表示它的个体数量大、分布均匀，所以，它在群落中的作用也大。

4. 重要值

在森林群落中，特别是种类繁多，优势种不甚明显的情况下，需要用数值来表示群落中不同种的重要性时，重要值就是一个比较客观的指标。确定一个种在群落中的数量特征，主要表现为数量、高度、体积、盖度和频度，但在森林的林木层中，确定每一个种的盖度是比较困难的，高度一般用目测也难以获得精确的数据。而重要值的方法就是从数量、胸径和频度三方面进行统计，是相对密度（density％）、相对频度（frequency％）和相对显著度（dominance％）的综合，即这三项指标之总和等于一个常数（Den％＋F％＋Dom％＝300）。这样可以把三个不同性质的特征，综合成一个数值，而每一个植物种在群落中的重要性，可从这个数值的大小显示出来。这样在相当程度上可避免只用单一指标来表示植物种在群落中的重要性的偏差。我国在开展森林群落的研究时,已采用这个方法。

5. 生产量

植物群落在一定时期内单位面积上产生的有机物的数量,常以 $t/(hm^2 \cdot a)$ 来表示。群落的生产量与光合作用产物有关。单位面积内,随时间积累下来的第一性生产量,叫生物量或称植物生物量。生物量是我们在野外直接测得的当时的群落有机物质的数量,按 g/m^2,或 t/hm^2 计算。生物量包括植物的地上和地下部分,一般地下部分因不易测定而不计在内。植物量与生产量表现为正相关。生产量高的群落,其植物量也往往是高的。地球上的生物量约 99% 是植物量。

生产量是植物群落的重要指标。生产量的多少是衡量群落生产力大小的重要依据。

(三) 物种的多样性

物种多样性又称物种丰富度,是指一个群落中的物种数目,各物种的个体数目及其均匀度。它不仅仅反映了群落或生境中物种的丰富度、变化程度或均匀度,也反映了群落的稳定性与动态,以及不同自然地理条件与群落的相互关系。

植物群落物种的丰富度仅能表达种的数量多寡,当需要同时考虑植物个体数量在种间的分配情况时,就得应用物种多样性指标。多样性的计算方法多种多样,各有优缺点,其中被广泛地应用的一个是香农-韦纳指数。计算公式如下:

$$H = -\sum_{i=1}^{s} P_i \log_2 P_i$$

式中,H 为种类多样性;s 为种的数目;P_i 为属于第 i 种的样品的个体十进制分数。

该指数考虑到了种的数目和种的相对多度。这个指数,可用以预测从群落中随机取出的一定个体属于的那个种的不定性程度。

物种多样性主要受生长环境、发育时间等方面的影响,如果其生长环境稳定,各物种有同样充足的发展时间,同时空间(生境)异质性强,群落结构分化多样,可容纳更多不同习性的物种,并且可利用资源丰富,则该植物群落就有较高的物种多样性。相反,在经受过冰期突变影响的地方,现代环境恶劣,胁迫强烈及形成历史短暂,其物种多样性则较低。

三、植物群落的外貌和结构

(一) 植物群落的外貌

不同的环境,塑造了不同类型的群落,所以,群落本身形成了许多与环境相适应的特点。群落的外貌,是群落适应环境的一种外部表象,由于各种类型群落的生活型不同,季相不同,因而其外貌也不一样。

1. 生活型

人们观察和区别植物群落时,首先关注的是群落中占优势的生活型、季相不同、正是它赋予该群落一定的外貌形象。

植物的生活型是植物对一定生活环境长期适应结果所反映的形式。瑙基耶尔(Raunkiaer)根据植物在不同生长季节中,其幼嫩部分(芽和嫩枝)离地面高度和受保护的程度和方式,将全部高等植物分为五大生活型类群。

(1) 高位芽植物。这类植物在渡过一年中不良季节时,其芽或嫩枝着生在植物体上离地面较高的部位。包括乔木和灌木。

(2) 地上芽植物。这是一类小灌木、半灌木或草本。其嫩枝在条件不好的时候死去,它们非常矮小,高度不超过 25cm,芽紧贴地面上,冬季能被雪覆盖。包括许多北极和高山寒冷气候下的植物,温带也有。

(3) 地面芽植物。冬芽位于土壤的最表面,在冬季所有地上部分都死去,紧贴地面半露之芽常为枯枝落叶层所覆盖。温带草本植物大多数属于地面芽植物。

(4) 隐芽植物。越冬器官——芽,隐藏地下或水中,冬天不仅所有地上部分死去,而且一部分地下茎也死去。所有的隐芽植物都是草本植物。

(5) 一年生植物。冬季地上与地下器官均死去,只留下种子越冬。凡能在一个生长季内从萌发至种子成熟完成其生活史者的均属于此类型。

从生活型的分类中,可以看到不同的生活型植物,其外貌是不相同的。

某一地区或某一植物群落内各类生活型的数量对比关系,称为生活型谱。每一大地域的典型群落,均有其一定的生活型谱,而且在其生活型谱中,都以一两个生活型为主,它可反映植物群落的外貌特征。如表 7.1 所示,热带雨林生活型谱,主要为高位芽植物生活型,表明热带雨林外貌以乔木、灌木占优势;温带草原生活型谱,以地面芽生活型为主,次为一年生植物生活型,表现为以草本植物占优势的外貌等。

表 7.1 不同群落类型的生活型谱(%)

群落类型	高位芽植物	地上芽植物	地面芽植物	地下芽植物	一年生植物
极地苔原 (斯匹次卑尔根)	1	22	60	15	2
中国长白山 鱼鳞云杉林	23.3	4.4	39.6	26.4	3.2
中国秦岭北坡 夏绿阔叶林	52.0	5.0	38	3.7	1.3
中国东北温带草原	3.6	2.0	41.0	19.0	33.4
中国浙江常绿阔叶林	76.7	1	13.1	7.8	2.0
利比亚荒漠	12	21	20	5	42
中国云南西双版纳 热带雨林	94.7	5.3	0	0	0
巴西莫康巴雨林	95	1	3	1	0

2. 季相

群落外貌随季节的更替而发生变化的现象,叫做季相。季相变化的主要特点是周期性。在正常情况下,周期性可年复一年的重复出现。四季分明的温带地区,群落外貌的周期性变化最为显著。如落叶阔叶林,以优势种落叶乔木为背景,春季萌芽抽枝,夏季枝叶繁茂,秋季叶色转黄后逐渐脱落,秋季休眠,枝丫高举。而热带和亚热带的森林,由于林冠终年常绿,其乔木优势种的季相变化却不甚明显。反映了那里气候炎热多雨比较稳定,只是在花期或果期,才略有变化。季雨林群落的气候特点是干湿季交替,其乔木多在旱季落叶,因而出现不同的季相。

(二)植物群落的结构

在相对稳定的植物群落中,所有植物都占据一定的空间,构成了植物群落的垂直和水平的结构。这些植物又具有不同的生态学-生物学特性,组成不同的层片,增加了群落结构的复杂性。

1. 植物群落的垂直结构

垂直结构是指群落在空间上的垂直分化或成层现象。它是群落中各植物间及植物与环境间相互关系的一种特殊形式。

群落垂直结构的主要特征是成层性。群落的地上部分和地下部分都具有成层现象。在各种群落中,无论是木本群落或是草本群落,都可看到垂直分化。

对于森林群落,一般划分出乔木层、灌木层、草木层以及地被层。然而在自然界,情况变得复杂,就乔木层而言,也不是所有乔木都长到一个几乎接近的高度。在热带雨林里,乔木层的垂直高度,可以达到 30~40m 或更高,一般可分出三个亚层,而每个亚层的界限也因乔木组成复杂、高矮参差不齐而难以目测分辨。同时,还有不少灌木也能发育成幼树状态,它们与小乔木交错生长在近似的高度内,因而出现乔木亚层和灌木层的重叠。除上述基本层次外,藤本植物和附生、寄生植物,攀援或附着在不同植物的不同高度,因而并不单独形成一个层次,而是分布在整个群落的垂直高度内,这类植物称为层间植物。层间植物种类和数量的多少,是和热量、湿度的大小密切相关的。

草本植物群落的垂直结构,也具有成层性。一般分为高草层、中草层和矮草层,或分为上、中、下三层。有时还可以再划分出地被层。

群落地下成层现象也较普遍。植物地下器官根系、根茎等在地下也是按深度分层分布的。森林群落中的乔木根系可分布到土壤的深层,灌木根系较浅,草本植物的根系则大多分布在土壤的表层。植物地下成层现象,正是充分利用地下空间、水分和养分的一种生态适应。

群落的成层性，是自然选择的结果，是植物与环境相互矛盾统一的反映。成层现象，使植物群落在单位上容纳更多的种类和个体，更充分地利用空间、阳光、土壤水分与矿质营养，有效地提高了同化功能的强度，为人类提供更丰富植物资源。群落成层性的复杂程度，是生态环境好坏的指示体。一般在良好的生态条件下，群落成层性复杂；在极端生态条件下，成层性简单。西双版纳的人工橡胶林群落和农业生产中的间作套种，是人们模拟天然群落成层性的创造性实践。

2. 植物群落的水平结构

水平结构是指群落在空间的水平分化和镶嵌现象。

一个群落中的植物种类分布，在水平分布上有四种方式（图 7.6），图 III 为有规则的分布，在天然群落中罕见，但某些荒漠中的灌木，可近似于这种分布。图 I 所示的随机分布也不多见，种群一般趋向成群分布（图 II、IV）。在林地中，植物往往成斑点状聚生在一起，这种聚生的分布可称为蔓延分布。造成聚生的原因，一方面可能由于种子的散落比较集中，萌发时易于簇生生长，或与其地植物构成一定的相关性，如树荫下草本植物的密集生长；另一方面，还与林地中环境的差异有关，透过林冠到达林下的小光斑，往往是形成植物小斑点的一个原因。群落内水平方向上的这种不一致性，叫群落的镶嵌性。

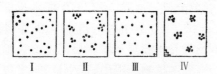

图 7.6　群落内一个种群个体在
水平空间上分布的四种方式

I.随机的分布；II.簇生的或成群（蔓延）的分
布；III.有规则的分布；IV.个体高度的簇生结
合成群，以及整个群体有规则的分布

引起不同形式水平分布的原因是多方面的。既与生态因素所表现的环境因素的不等性或特殊性如小地形的差异、土壤性质的不同、光照的强弱等有关，也与种群的生物学特性，特别是繁殖特征和传播特征（传播能力和数量）有关。因此，对某一种群水平分布的分析，要根据具体的生境条件和该种群的生物学特性。

3. 层片

层片是群落结构的基本单位之一，是由相同活型的植物或具有相似生态要求的种群所组成。层片和层的概念不同，它们有时一致，在大多数情况下不一致。如兴安落叶松纯林，层和层片含意一致；而针阔叶混交林群落，层片和层的概念就不一致。针阔叶混交林由五类基本层片组成：一是常绿针叶林乔木层片；二是夏绿阔叶木层片；三是夏绿灌木层片；四是多年生中生草本植物层片；五是苔藓、地衣层片。同类植物可进入不同层片，如苔藓、地衣层片可在地面，也可附生于树干、树枝成为层间层片。还有时间上的层片，如荒漠群落中的短命植物层片，只在春末夏初出现。

层片，是在植物之间，以及植物与环境之间相互作用过程中形成的。层片的复杂性，使植物能够充分利用环境资源，并能最大限度地影响环境。

四、植物群落的动态

植物群落动态的研究对认识群落的现在和预测它的未来，具有重要的意义。群落结构和生态的研究是群落动态研究的基础，而群落动态研究的结果，又推动了对群落结构和生态的进一步认识。植物群落的动态，包括群落的波动、演替和演化。

（一）植物群落的波动

植物群落的波动是指在短期或周期性的气温或水分变动的影响下，植物群落出现逐年或年际的变化。故群落的波动也可称为年际变化。它具有如下特点：①群落逐年或年际变化方向的不定性；②变化的可逆性，即尽管群落在成分、结构和生产量上有相当变化，但只要终止引起变化的因素，群落能恢复到接近原来状态；③在典型情况下植物种类组成的相对稳定性。据此，拉博特诺夫（1972）认为，波动是在年际或短期气候周期中，植物群落出现方向不定，多方向或周期性的变化，这种群落可以回复到原来的，更确切的是接近于原来的状态。但是，在波动中，群落生产量，各成分的数量比例，优势种的重要值以及物质和能量的平衡方面，也都发生相当的变化。

波动不但与生态环境变化的强弱有关,还与群落的类型有关。由于木本植物比草本植物更能抵抗气候的变化,森林能造成比草原较为稳定的气候,因而森林群落的波动,就没有草原明显。波动现象在荒漠、草原最为常见。

(二)植物群落的演替

演替是指在某个地段上一个植物群落被另一个植物群落代替的过程。它是植物群落动态的一个最重要特征。不论是成型的群落或是正在发展形成过程中的群落,演替现象一直存在着,它贯穿着整个群落发展的始终,不过这种演替现象往往是渐变的,人们很难直接感觉到。

1. 演替类型的划分

1)按裸地性质划分

(1)原生演替。原生裸地开始的演替,叫原生演替。原生裸地,系指从来没有植物生长过的土地,或原有的植物被彻底消灭,没有留下任何植物繁殖体的土地。这种演替,速度较慢,如火山熔岩上的演替。

(2)次生演替。原生植被破坏后重新恢复的演替,叫做次生演替。该演替发生于次生裸地。次生裸地,系指原生植被遭受水、火、动物和人为破坏后的土地。

2)按发展方向划分

(1)顺行演替。指演替早期植物群落经过一系列发展变化,向逐渐符合当地生态环境的演替过程。演替的结果,一般表现为群落的植物种类由少变多,结构由简单到复杂、由不稳定到比较稳定。

(2)逆行演替。指群落受到干扰破坏,使演替过程倒退的过程。演替的结果,导致植物种类由多变少,结构变为简单,群落退化,甚至消失。

3)按基质性质划分

(1)水生基质演替。植物群落的形成从水中和湿润的土壤上开始,由水生植物群落向中生植物群落发展。

(2)旱生基质演替。植物群落的形成从干旱的基质上开始,由旱生植物群落向中生植物群落发展。

2. 演替系列

从植物定居形成群落,到演替成为稳定群落的过程,叫做演替系列。以两个极端性类型作为代表:

1)原生水生演替系列

水生演替系列常从水陆交界的湖泊边缘开始,其演替过程如下:

(1)沉水植物群落阶段。在一个水域水深5~7m以上的地带,常常生长有许多沉水植物,如黑藻、眼子菜和狐尾藻等。它们的根生于水底泥,茎叶则随水流波动。这些植物死后的残体由于厌氧条件不易分解而沉积下来,使水底抬高,水域变浅。因而不适于原来植物的生长,而只能让位于适合浅水环境的植物。

(2)浮水植物群落阶段。在水深2~3m的地带,出现浮水植物,如莲、菱角、荇菜等。它们是浮叶生根植物,其地下茎繁殖很快,植物体具有高度堆积水中泥沙的能力,因而导致水体变浅,不适于浮水植物的生存。

(3)挺水植物群落阶段。在1m水深地带,发育着挺水的沼泽植物,如芦苇、香蒲、泽泻等,其中以芦苇最常见,其根茎极为茂密,常纠缠绞结,促使水底迅速抬高,且可形成一些浮岛。

(4)湿生草本植物群落阶段。当水底露出地面时,挺水植物已不适生存,而为湿生的沼泽草本植物所代替,它们主要是莎草科和禾本科的一些湿生性植物。在温带的干旱地带,这一阶段并不能延续很长,因为地下水位的降低和地面蒸发的加强,土壤变得干燥,湿生草类将被中生甚至旱生草类代替。

(5)木本植物群落阶段。在湿润气候条件下,最初出现的抗淹力较强的灌木和乔木,如柳、杨、赤杨等,形成茂密的群落。它们的存在促进成土作用,降低地下水位,引起耐阴植物迁入。当生长更为茂密时,早期的种类由于幼苗不能忍耐过分阴暗而逐渐稀少。经过相当长的时期后,形成了稳定性较大的中生性群落。

2)原生旱生演替系列

旱生演替系列是从岩石表面的风化开始的。其演替过程如下:

(1)地衣是原生裸地的先锋植物,它生活于岩石表面,促使岩石风化,形成薄薄的土层。

(2)苔藓生活于浅薄的土壤中,个体较地衣高大,在竞争中替代了地衣。苔藓死后在微生物的作用下形成的腐殖质,促使岩石进一步分解,并保持水土。

（3）草本植物在较厚的土壤中生活,取代了苔藓。

（4）灌木在土壤理化性质有了明显的改善以后,逐渐生长起来,并逐渐取得优势。地面湿度和营养条件不断优化,为灌木、乔木的实生苗生长创造了适宜的环境。

（5）各种阔叶树从地面生长起来,并取得竞争优势,它们枝叶繁茂,林下阴暗,灌木和草本植物亦逐渐由耐阴的种类所替代,逐渐形成一个典型的,相对稳定的阔叶林"顶极群落"。

3. 顶极群落

一个地区的植物群落,在不受外来因素的干扰下,通过顺行演替发展成为与当地环境条件相适应的、结构稳定的群落,称为顶极群落,又称演替顶极。"顶极"并不意味着群落停止发展,只是表示群落发展到与所在地区环境条件协调一致,其种群和结构相对稳定,整个群落的物质与能量的输入和输出保持相对平衡状态而已。

在演替的顺序中,最先出现的为先锋群落,经过一系列过渡群落,而达到顶极群落。顶极群落是演替系列的最终阶段,是与外界环境处于相对平衡阶段的稳定群落。

（三）植物群落的演化

植物群落的演化是植物群落的历史进化过程。现代的一切植物群落类型,都应是自然界长期进化发展的产物,都是在演化过程中不断形成的,而自然选择则是群落演化的重要动力之一。

植物群落的演化是随着地质年代的变迁和相应地气候的变化而变化发展。现代的各式各样的植物群落类型,在某种程度上反映了植物群落历史演化的进程。植物群落的演化统一在自然界历史发展的进程中。同时,植物群落的演化也与植物界系统的进化相统一,植物群落演化途径与植物类型演化途径是互相制约的。由古生代蕨类植物到中生代的古针叶林,到第三纪的热带亚热带的常绿林,迄至第三纪末期第四纪出现的草本植物群落,或者说自白垩纪以后,由被子植物组成的现代植物群落的出现,都说明了植物群落的历史发展,不但是反映了地球的历史发展,也反映了植物界的系统发育(参见第三章第四节)。

五、植物群落对环境的指示作用

在本章第一节"植物的指示现象"的叙述中,已经谈及能指示一定环境条件的指示植物。这里要谈的"植物群落对环境的指示作用",是指能指示一定环境的植物群落。植物群落比个体植物有更大的指示作用,因为它能更综合地反映环境特征。

在现代,自然地理学家和气候学家广泛地利用植物群落的特征,来说明和决定自然地理和气候区带的界限;把群落的主要类型,如冻原、泰加林、草原、稀树草原、热带雨林等,作为大气候主要类型的指标。土壤学家以植物群落来指示土壤类型及其性质。地质学家和水文学家利用植物群落指示性应用在水文地质和矿产调查。环境学家利用植物群落指示环境污染程度。林学家用它指示森林立地条件。农学家用它指示土地利用和草场评级等。

但是,一定植物群落在每一地点上的生存,不但决定于现代的土壤和气候,而且决定于当地历史、人类影响以及同其他群落的相互作用。因此,利用植物群落作为环境条件指示也不应绝对化,必须辩证地对待植物群落与环境间的相互关系,给予恰当的评价。

复习思考题

1. 何谓种群、植物群落和群落的"表现面积"?植物群落的数量特征包括哪些内容?

2. 何谓优势种、伴生种和物种多样性?物种多样性受哪些因素影响?

3. 生活型和季相如何影响植物群落外貌?植物群落结构表现在哪些方面?

4. 瑙基耶尔根据什么条件把高等植物划分生活型类群?举例说明。

5. 植物群落的波动、演替和演化有何不同?其演替类型如何划分?演替过程有何不同?

6. 如何理解顶极群落?

第三节　植被类型

植被是某一地区全部植物群落的总称。陆地表面分布着各种类型的植物群落,如森林、灌丛、草原、荒漠、草甸、沼泽等,总体为该地区的植被,又分为自然植被和人工植被。本节仅介绍自然植被。

植被类型的出现,主要决定于气候条件,由于世界陆地各主要气候带,具有不同的生态地理条件,与此相应,也有不同的植被类型。

一、热 带 植 被

热带植被主要包括下列植被类型:热带雨林、热带季雨林、热带稀树草原和红树林等。

(一)热 带 雨 林

热带雨林是由耐阴、喜湿、喜高温的常绿种类组成,并具有丰富的附生植物和木质藤本植物、种类丰富、结构复杂的植物群落。主要分布在南北纬10°之间的南美洲亚马孙河流域、非洲刚果盆地、亚洲东南亚地区。

热带雨林具有丰富的植物种类,其中70%为木本植物。通常在1hm² 范围内有乔木40～100种,分属不同的科,形成优势种不明显的混合雨林。有些森林只包含少数种的种类,成为单优雨林。如分布在东南亚的龙脑香雨林。

雨林结构非常复杂,通常分为乔木层、灌木层和草本层。乔木层高达50～60m,又可以分为上层、中层和下层。上层林木不密集,树干高大,常具板状根。中层和下层的林木形成密集的林冠,且下层林木常出现老茎生花现象。林下光照不足,灌木和草本多为阴生植物,蕨类植物在草本层起主导作用。另一方面,许多植物在长期演化过程中,适应这种弱光环境争取更多的光照条件,形成许多附生植物和木质藤本植物,前者形成"空中花园",景色奇特,引人入胜。绞杀植物也是热带雨林的一个重要特征。一般说,绞杀植物是专性植物,在亚洲雨林的绞杀植物几乎都是榕属植物,在南美洲和中美洲雨林中为藤黄科的克鲁西亚藤黄植物。热带雨林既没有老叶更新的周期性,也没有一定的开化季节,经常保持常绿的外貌。

热带雨林在最适应的生态环境下,每公顷的总植物量为350～450t,年总生产量每公顷为120～150t,其中有25%左右的有机产品当年被自身吸收消耗掉。其植物量占陆地总植物量40%,净生产量则占世界总产量的25%。

热带雨林是全球最大的生物基因库,也是碳素生物循环转化和储存的巨大活动库。它的盛衰消长直接影响全球环境,特别是人类生存条件。因此,雨林的保护也成为当前最紧迫的植被生态问题之一。

(二)热 带 季 雨 林

热带季雨林义称季风林,是德国植物地理学家A.F.W.辛伯尔(A.F.W.Schimper)于1903年提出的。他认为季雨林在干季或多或少是无叶的,特别在干季末期;且具有季节性变化的特性,高度通常不及雨林,富于木质藤本,草本附生植物很多,但木本附生植物贫乏。随后,许多植被学家也提出过与季雨林相类似的类型,但名称不同。如 R.H.威特克(R.H.Whittaker)于1970年认为:热带季节性森林,包括李风林和其他落叶林和半落叶林,分布在具有明显干季的湿润热带气候区,在干季期间,大多数的树木落叶。H.艾伦贝格(H.Ellenberg)等于1974年认为:分布在热带由具有一些芽体保护的常绿树组成、并在干旱季节部分落叶的类型,称为热带和亚热带常绿季节林。而把大多数树木林冠上层在干旱季节落叶,下层乔木和灌木林均为常绿,或为硬叶常绿,且乔木均具疏鳞保护,树皮粗糙的森林类型,称为热带半落叶林。J.S. 贝尔德(J.S.Beard)于1946年将南美北部的特里民达岛热带森林,分为四个气候群系。其中非常绿季节林和落叶季节林在外貌结构方面可以和辛伯尔的季雨林大致相等。

从以上各学者对季雨林的描述不难看出。尽管各学者使用的名称不一,但对季雨林的理解基本上包括下面几点:①季雨林是热带森林类型;②季雨林分布区的气候具有干湿季节周期性交替的特征;③组成季雨林的大多数树木在干季落叶,是一种相对稳定的群落。它不连续的带状分布于亚洲、非洲和美洲的热带地区,以东南亚地区最为典型。

由于气候上有干湿季的交替,季雨林具有明显的季相变化。主要树种在旱季落叶,当雨季来临又长出叶子。大部分灌木和草本植物也相继开花。由于花期比较集中和某些植物具有大型花朵,季雨林的外貌比雨林华丽。群落结构比雨林简单,乔木通常分为2～3层,高度平均25m左右,最高可达35m。下层常有一些常绿树种。林内藤本植物和附生植物仍然存在,但数量大为减少,特别是缺乏木本附生植物。种类组成比雨林贫乏,常见优势种类有马鞭草科的柚木,木棉科的美洲木棉、木棉、吉贝木棉,豆科的木荚豆、酸豆、楹等。

季雨林有丰富的植物资源。优良的用材树种有黄檀、紫檀、柚木、铁力木、婆罗双树等。油脂植物有降香檀、油楠、大叶山楝等。

（三）热带稀树草原

稀树草原又称萨瓦纳(Savanna),是一种阳性、旱生、适高温的多年生草本植物占优势,并散生一些耐旱、矮生、稍为直立的乔灌木的植物群落。多分布于热带较干燥的地区,年降水量在 500～1500mm,但都集中在雨季。

稀树草原是一种热带较干燥地区的典型景观。具有十分独特的群落外貌,散生在草原背景中的旱生乔木为矮生、多分枝,并具有非常特殊的大而扁平的伞形树冠,如金合欢属。叶多坚硬,具茸毛,多为羽状复叶;芽具鳞片保护;树皮厚,有些植物树干内贮存大量水分,如猴面包树。灌木地下部分特别发达。藤本植物非常稀少。附生植物几乎不存在。草本植物占优势的是高达 1m 以上的大型禾本科植物,如须芒草属、黍属,叶具旱生结构。双子叶植物多属小型叶,坚硬或完全退化。

稀树草原以非洲中南部最为典型。南美洲集中在赤道以南的巴西高原(巴西中部),称坎普群落(Compo),在委内瑞拉和圭亚那叫里诺群落(Llano)。北美洲西部的墨西哥和下加利福尼亚、澳大利亚中部荒漠周围和中南半岛部分地区也有分布。中国云南一些干热河谷、海南岛西部和台湾西南部也有类似稀树草原,但多为次生。

稀树草原的草类丰富,是发展畜牧业的良好基地。

（四）红　树　林

红树林主要分布于热带滨海地区,受周期性海水浸淹的淤泥海滩上耐盐的常绿乔灌木植物群落。

组成种类以红树科为主,次为马鞭草科、紫金牛科、海桑科、爵床科、棕榈科和卤蕨科等。

红树林的植物具有特殊的生态学特征:①以胎生方式进行繁殖,即种子在母体植株上发芽,形成幼苗后坠入淤泥中生根,固定;②有密集的支柱根、板状根和呼吸根;③具旱生结构,叶肥厚草质,表面光泽,气孔下陷;④具有盐生的生理特征,渗透压约

30～60 大气压,有泌盐作用等。

红树林从北纬 32°至南纬 44°均有分布,在赤道附近最为发育。有两种类型:一为亚洲、大洋洲和东非海岸的东方类型,以马来半岛为中心,种类组成比较丰富。另一类为美洲大陆海岸和西非的西方类型,种类组成比较贫乏。中国的红树林分布于海南、广东、广西、福建、台湾和浙江。

红树林是一种良好的海岸防护林,又是海洋动物,特别是鱼虾之类的栖息地,具有重要的经济价值。

二、亚热带植被

亚热带植被包括常绿阔叶林、硬叶常绿林和荒漠三种类型。

（一）常绿阔叶林

常绿阔叶林是发育在亚热带地区大陆东岸湿润季风气候下的森林植被类型。它主要分布在欧亚大陆东岸。在亚洲除朝鲜半岛、日本有少量分布外,以我国分布的面积最广,典型的常绿阔叶林主要分布在长江以南至福建、广东、广西、云南北部之间的山地丘陵及西藏喜马拉雅山南翼,它是世界常绿阔叶林分布最为集中、面积最大的地区。此外,南、北美洲、非洲、大洋洲也有分布,但面积不大。

常绿阔叶林主要由樟科、壳斗科、茶科、木兰科、金缕梅科、冬青科、山矾科、杜鹃花科、杜英科等常绿阔叶树组成。其建群种和优势种的叶子以小型和中型叶为主,革质,表面光泽被蜡层,且叶面与光线垂直,能反射光线,故又称照叶林。林内最上层乔木树种具芽鳞保护,林下植物无芽鳞。林相整齐,林冠浑圆,终年常绿,一般呈暗绿色。群落结构比热带雨林简单,乔木层一般分为两层,林下有明显的灌木层草本层。灌木层多为常绿种类,草本层有常绿的蕨类植物,林内没有板状根和茎花植物,层外植物虽不及热带雨林那样繁茂,但也很普遍。

（二）硬叶常绿林

硬叶常绿林又称硬叶常绿阔叶林。是在地中海气候条件下发育的典型植被。它主要由硬叶的常绿乔木和灌木组成。叶坚硬革质,机械组织发

达,叶面常被茸毛或退化成刺。树皮粗糙。林下草本层不发育,层外植物只有少量木质藤木。

硬叶现象是硬叶常绿林的特色。它的生态意义在于有合适的水分供应情况下,不是表现在硬叶植物进行气体交换的能力,而是当供水微弱直至气孔关闭时,彻底中断蒸腾能力。这就使这些硬叶植物在干旱时,既不改变原生质水合度,也不减小叶面积。当秋雨开始时,植物又立即生长。

硬叶常绿林主要分布于地中海沿岸和美国太平洋沿岸,以栎属植物占优势;澳大利亚的西南和南部以桉属植物为主;非洲南部以山龙眼科植物为主;南美洲智利中部以漆树科的 *Lithraea caustiea*、蔷薇科的 *Quillaja sapomaria*、蒙立米科的 *Peumus boldus* 为主。中国西南横断山区和喜马拉雅山区并非地中海型气候,但由于历史和地理上的原因,也有较大面积的常绿硬叶栎类林出现,它是世界常绿硬叶林的亚洲山地变型。

（三）荒　　漠

荒漠是指超旱生半乔木、半灌木、小半灌木、灌木和肉质植物所组成的稀疏植被。它主要分布在热带、亚热带和温带干旱地区。在北半球,荒漠地特别明显,从非洲北部的大西洋沿岸,东经撒哈拉、阿拉伯、伊朗、阿富汗、土库曼斯坦、乌兹别克斯坦、吉尔吉斯斯坦、塔吉克斯坦、哈萨克斯坦、中国西北和蒙古的大戈壁,形成世界上最广阔的荒漠区,即亚非荒漠区。此外,还有北美西南部的荒漠、南美西海岸的荒漠、澳大利亚中部荒漠和南非卡拉哈里荒漠等。

组成荒漠植被的种类各地不同,总的来说,温带荒漠以藜科、蒺藜科、柽柳科、麻黄科、菊科、豆科等为主;热带和亚热带荒漠以仙人掌科、大戟科和龙舌兰科等为主。种类非常贫乏,有时 100m² 只有 1～2 种植物,但生活型却是多种多样,有旱生小半灌木、半灌木、灌木和半乔木等。它们以各种不同的生理-生态方式适应严酷的生态环境。有的叶面缩小或退化,形成无叶类型,以减少蒸腾;有的具有肉质茎或肉质叶,用于贮藏水分;有的茎具有发达的保护组织,茎叶被白色茸毛,或茎具光亮的白色皮质,以抵抗灼热;有的具发达的根,以便从土层深处吸取水分;还有一些植物在春季或夏季降水期间迅速生长,到旱季或冬季来临之前,完成生活周期,以种子或根茎、块茎、鳞茎度过不良的季节。

荒漠植被的外貌,显著的特点是植被十分稀疏,地表有大面积裸露,植物种类贫乏,生物物质积累极期缓慢。但仍然构成荒漠生态系统的核心,维持荒漠生态系统的能量与物质运转,并具有防治风蚀与流沙的作用。

三、温　带　植　被

温带植被最具代表性的类型有夏绿阔叶林、针阔叶混交林、泰加林和草原。

（一）夏绿阔叶林

夏绿阔叶林又称落叶阔叶林;是指夏季长叶、冬季落叶的乔木组成的森林植被类型。它是温带海洋性气候条件下形成的地带性植被。在北半球,主要分布于西欧、中欧和东欧部分地区;在东亚见于中国华北和东北,日本北部,朝鲜半岛,俄罗斯的滨海州;北美洲东部。在南半球,主要分布于南美洲的巴塔奇尼亚。夏绿阔叶林主要由栎属、山毛榉属、槭属、椴属、白蜡树属、桦属、鹅耳枥属、杨属、赤杨属、朴属等组成。种类均属中生植物,叶的质地较薄,通常无茸毛,但树干和枝条都有较厚的皮层保护,具坚实的芽鳞。

夏绿阔叶林具有明显的季相变化:春季林冠呈嫩绿色,夏季呈深绿色,秋季呈红色或黄色,冬季树叶脱落。林内植物也有明显的季相变化:春季当上层乔木还未发叶时,有些早春植物就已抽叶开花,构成美丽的草本层;夏季林冠郁闭后,这些早春植物已完成其生活周期,另一种耐阴的草本植物相继出现,但美丽的季相已不存在;至秋季,随着林木的落叶,草本植物也逐渐枯黄。

夏绿阔叶林结构比较简单清晰,乔木通常只有一或二层,由一种或几种树种组成,林冠基本处在同一高度。乔木层下有一个灌木层和 1～3 个草本层。林中藤本植物不发达,附生植物的苔藓和地衣为主。

夏绿阔叶林分布地区是人类活动最频繁的地区。有些夏绿阔叶林已被人工栽培的针叶林所代替,或为灌草丛所代替,或为农业植物所代替。

（二）针阔叶混交林

针阔叶混交林是夏绿阔叶林和寒温带针叶林之间的过渡类型。通常由栎属、山毛榉属、槭属、椴属、榆属等落叶树种，与云属、冷杉属、松属等耐寒树种混合组成。在欧亚大陆的中高纬度形成不连续的混交林带。在北美主要分布在五大湖地区和阿巴拉契亚山地。树种比欧洲丰富，类型也具有多样性。在中国分布在东北山地和西南高山，分布在东北的红松为主的针阔叶混交林，为该地区的地带性植被。分布在西南山地亚高山和中山林区的针阔叶混交体，主要位于中亚热带常绿阔叶林以及南亚热带的季风常绿阔叶林和苔藓林的上部属山地垂直带类型。生境温和而潮湿，群落中的树种比较复杂，除铁杉为优势外，还有多种常绿和落叶的阔叶树种混生，林下有箭竹和多种杜鹃，苔藓植物也很丰富。这些植物大都是亚热带的植物区系成分。群落外貌呈现一片深绿浅绿镶嵌色调，点缀着铁杉翠绿斑点现象，因而有"五花林"之称。这些特点显然与其他温性针阔叶混交林不同。

（三）泰　加　林

泰加林又称北方针叶林，在中国称寒温性针叶林，是指分布在寒温带和中低纬度亚高山，由耐寒的针叶乔木组成的森林类型。它是寒温带典型的地带性植被类型。在欧亚大陆和北美大陆的北部，构成一条非常明显的北方针叶林带。它的北界就是森林植被最北的界线。在亚热带的高山上可分布到海拔 4000~4500m，是森林垂直带分布最高的一种森林类型。在南半球没有此类针叶林。

泰加林的外貌非常特殊，很容易与其他森林类型区别。通常由单一树种构成纯林，立木端直，树冠呈尖塔状，色调单一；群落结构比较简单，层次分明。主要由云杉属、冷杉属、落叶松属和松属的种类组成。其中云杉和冷杉为耐阴树种，组成的群落较郁闭，林内较阴暗湿润，常称为"阴暗针叶林"；落叶松为喜阳树种，又是落叶树种，组成的针叶林较稀疏，林内较明亮，称为"明亮针叶林"。

欧亚大陆的泰加林分布自斯堪的纳维亚半岛，经芬兰、原苏联的北部、西伯利亚、中国黑龙江省北部，抵堪察加半岛。其中欧洲北部和西伯利亚地区，为典型的西伯利亚树种组成的常绿针叶林，并且有沼泽化现象，这种针叶林是严格定义的泰加林。欧亚大陆东部的兴安落叶松占绝大优势，构成广阔的明亮针叶林区，间有少量云杉、冷杉和欧洲赤松林。欧亚大陆针叶林的北部主要由云杉和落叶松构成的稀疏针叶林，逐渐向冻原过渡。

北美的泰加林主要分布阿拉斯加和加拿大中南部。群落结构较复杂，针叶树种都较欧洲复杂和丰富。

中国的泰加林主要分布东北大小兴安岭和长白山以及阿尔泰山、天山、祁连山和青藏高原东南部的高山地区。分布在大兴安北部的泰加林属于地带性植被，为东西伯利亚明亮针叶林向南伸延的部分。在中低纬地区的山地以云杉、冷杉、圆柏等属的种类组成的亚高山针叶林。

（四）草　　原

草原，又称夏绿干燥草本群落，在匈牙利称为普施塔群落，在北美称为普列利群落，在南美称为潘帕斯群落。不管名称如何，凡是由低矮旱生多年生草本植物（有时为旱生小半灌木）组成的植物群落就叫草原。它是温带地带性植被类型，也是草原生态系统的基本组成部分。

草原是由所处地区的气候特点，特别是水热组合特点所决定，它在地球上占据着一定的地区。在欧亚大陆，草原植被西自欧洲多瑙河下游起，呈连续的带状往东延伸，经罗马尼亚、原苏联、蒙古，直达我国境内，形成世界最宽广的草原带。在北美洲，自北方，由南罗斯喀撒河开始，沿经度方向，直达雷达河畔，形成南北走向的草原带。在南半球，因为海洋面积大，陆地面积小，草原面积不及北半球大，而且比较零星，带状分布不明显。在南美洲，主要分布在阿根廷及乌拉圭境内；在非洲，主要分布在南部，但面积很小。

草原植物的生态特征：具旱生结构，如叶面积缩小、叶片内卷、气孔下陷、机械组织与保护组织发达等。特别是草原建群种，如针茅的一些种，上述特征表现尤为明显。此外，植物的地下部分强烈发育，远远超过地上部分，这也是对干旱环境的一种适应。多数植物根系分布较浅，根系层集中在 0~30cm 的土层中，细根的主要部分位于地下 5~10cm 范围内，有利于在雨期可以迅速地吸水。许多植物形成密丛,基部常被宿存的枯叶鞘所包围,以避免夏季地面过热,并保护更新芽度过漫长寒冷的冬天。

草原植物的发育节律与气候的适应也是很明显的。草原上主要建群植物的生长、发育盛季都在6、7月份,这时正是雨季开始,水热组合对植物最有利。不少植物的发育节律随降水情况的不同而有很大的变异,在干旱年份,直到6月,草原上还是一片枯黄,第一次降雨后才迅速长出嫩绿的叶丛;而在春雨较多的年份,草原上已普遍呈现绿色。有的植物在干旱年份仅长出微弱的营养苗,不进行有性繁殖过程,很快就枯萎了;而在雨水多的年份,不仅叶丛高大,而且大量开花结实。

许多植物虽然正常开花结实,实现种子繁殖,但在一般情况下却以营养繁殖为主。如常见的建群植物羊草以根茎繁殖称著;另一些建群植物,如针茅、羊茅等常用分株方法实现其繁衍,这是草原上一种独特的营养繁殖方式。

草原植物在严酷的生态环境,选择和创造了上述一些生态生物等特性,而且也选择和创造了适应于草原地区的各种生活型,其中以地面芽植物为主。

由于自然和历史的原因,组成草原的植物种类差异是很大的,但针茅属植物往往具有重大的意义,特别是欧亚草原表现非常明显。

在水热条件比较优越的地区,草原植被比较郁闭;但在干燥地区,草原植被逐渐稀疏。

根据建群种的生物学和生态学特点,草原分为三个亚型:

(1)草甸草原。是草原群落中最喜湿润的类型,建群种为中旱生或广旱生的多年生草本植物;经常混生大量中生或旱中生植物,它们主要是杂类草,其次为根茎禾草与丛生薹草;典型旱生丛生禾草仍起一定作用,但一般不占优势;草原旱生小半灌木层片几乎不起什么作用。

(2)典型草原。建群种由典型旱生或广幅旱生植物组成,其中以丛生禾草为主。群落组成中,旱生丛生禾草层片占最大优势,伴生不同数量的中旱生杂类草及旱生根茎薹草,有时还混生旱生灌木或小半灌木,中生杂类草层片不起什么作用。

(3)荒漠草原。是草原中最旱生的类型,建群种由旱生丛生小禾草组成,经常混些大量旱生小半灌木,并在群落中形成稳定的优势层片。在一定条件下,旱生小半灌木可成为建群种,一年生植物层片和地衣、藻类层片的作用明显增强。在基质较粗

的条件下,旱生灌木在群落中也起一步作用。

中国草原类型类,除上述三个亚型外,还增加高寒草原亚型,它是草原类型中最耐寒的类型。以寒旱生的多年生丛生和草本、根茎薹草和小半灌木植物为建群种,并出现垫状植物和其他高山植物,草群低矮、结构简单、生产力低。

四、寒带植被

寒带植被主要指冻原。冻原又称苔原,是由微温的北极和北极高山成分的苔藓、地衣、小灌木和多年生草本植物组成的群落。它是寒带的地带性植被类型。

冻原主要分布于北半球欧亚大陆和北美大陆的北部边缘地区。在南半球,因南极大陆为冰川所覆盖,只在沿海一些岛屿有小面积分布。

组成冻原的植物种类比较贫乏,约有900种维管植物,分属66科230属。冻原植被形成历史较晚,没有特有种。最具代表性科是莎草科、禾本科、杨柳科、毛茛科、十字花科、杜鹃花科、蔷薇科、桦木科等,其中苔属、羊胡子草属、早熟禾属、发草属、柳属、乌饭属、岩高兰属、虎耳草属、锦绦花属、蓼属、仙女木属等更具代表性。除此,苔藓和地衣也很典型。由于植物矮小,群落结构比较简单,地上部分一般分为1~2层,最多不过3层,即小灌木层、草本层、苔藓地衣层。其中苔藓地衣层在群落中起着建群作用,因为灌木和草本植物的根、根茎的基部和更新芽都隐藏在苔藓、地衣层中受到保护。地下部分集中融冻层上部,成单层根系。冻原植物的生活型以地上芽和地面芽为主,几乎没有一年生植物。大部分植物具有较强的抗寒能力和忍受生理干旱能力,在寒冷的环境下营养器官也不受损伤,甚至在雪被下继续生长或开花;有的植物适应寒冷环境,多呈匍匐状,如网状柳(*Salix veticulata*);垫状,如高山点地梅(*Androsace alpina*),高山葶苈(*Draba alpina*);有的植物为常绿的,如酸果蔓(*Oxycoccus palustris*)、越橘(*Vaccinium vitis-idaea*)、喇叭花(*Ledum palustre*)等;有的植物适应短暂的生长季节,进行无性繁殖,有的为"胎生植物",如珠芽蓼。

冻原按其分布,分为极地冻原和高山冻原。前者位于极地平原地区,又称平原冻原;后者位于寒温带和温带山地和高原的高山地区,具有类似极地

冻原的环境,如中国长白山和阿尔泰山的高山冻原。按群落学特征,冻原可分为苔藓地衣冻原、草类冻原和灌木冻原。

五、隐 域 植 被

(一)草   甸

草甸是发育在中度湿润的环境,以多年生中生草本植物为主的植被类型。它在世界各地均有分布,一般不呈地带分布,属隐域植被,但高山草甸属植被垂直带类型。

草甸具有浓密的草群,土壤完全生草化;种类组成比较丰富,主要有禾本科、莎草科、蔷薇科、菊科、豆科、蓼科、毛莨科等种类。生活型组成以地面芽植物为主。植物的水分生态类群以典型的中生植物为主,还有湿中生、旱中生和盐中生。根据群落中优势植物生态类群的组成,草甸分为典型草甸、草原化草甸、沼泽化草甸、盐生草甸和高寒草甸。

典型草甸又称真草甸,主要由典型中生植物组成,适生于中等湿度的生境。优势植物多为中生杂类草,外貌华丽、有"五花草甸"之称。

(1)草原化草甸。以旱中生植物为主,混有多种杂类草,草群密茂,叶层高约 50cm。如广布于中国东北和内蒙古东部的羊草-杂类草草甸。

(2)沼泽化草甸。在草群中混有相当多的湿生草本植物,以喜湿的莎草科植物占优势,是草甸向沼泽过渡类型。

(3)盐生草甸。由盐中生草本植物组成,分布在具有不同程度盐渍化土壤的低地和海滨。

(4)高寒草甸。以温冷生中生草本植物为主,草层低矮、盖度大、根系浅而密集。蒿草属植物占优势地位。分布在中国青藏高原的高寒草甸,具有高原地带性。

草甸草质优良、产草量高,为优良放牧场和刈草场。

(二)沼 泽 植 被

沼泽植被是分布在土壤过湿或常年积水条件下,多年生沼生植物占优势的植被类型。它是水生植被向陆地植被过渡类型。地球上除南极尚未发展沼泽外,各地都有分布。沼泽的种类组成比较简单,主要由莎草科、禾本科、灯心草科、毛莨科、杜鹃花科、蓼科、蔷薇科等科的种类组成。具有多种生活型:乔木、灌木、草本、苔藓等。根据群落特点和环境可分为三种类型:①木本沼泽,又称中位沼泽,以木本植物为建群种。如分布中国东北的柴桦沼泽。②草本沼泽,是典型的低位沼泽,以禾本科和莎草科植物为优势,几乎全为多年生植物,如芦苇沼泽。③苔藓沼泽又称高位沼泽,以藓类植物为优势种,如泥炭藓沼泽。

我国沼泽分布广,以青藏高原的若尔盖和松花江流域的三江平原最为集中。沼泽有重要的生态效益,其中泥炭、植物纤维、饲草等有很高经济价值。

(三)水 生 植 被

水生植被是生长在水域环境,是水生植物组成的植被类型。水生植被就其种类组成来说,包括低等和高等水生植物。就其所在水域的水质来说,包括淡水和咸水两大类。由于水域条件比较相同,同时水的流动性很大,非常有利于水生植物广泛迁移与传播,因此有较多的广布种,也有世界种。按其形态牲和生活习性,分为沉水、浮水和挺水三类生活型。它们以不同的形式组合成各种水生植被类型。其分布与水的深度、透明度和水底基质有密切关系。在浅水区,透明度大,水底多腐殖质的淤泥,水生植物群落繁茂,种类丰富;在水稍深,透明度较差,水底为一般泥质的水域中,水生植物群落不发达,种类减少;在深水或沙质水底的水域中,水生植物群落分布稀少,甚至没有水生植物群落分布。因此,在一个较大的湖泊,从岸边到湖心,水生植被有规律的作环带状分布。

复习思考题

1.热带植被主要有哪些类型?请阐述其特征、分布和生态适应性?

2.亚热带植被主要有哪些类型?请阐述其特征、分布和生态适应性?

3.温带植被主要有哪些类型?请阐述其特征、分布和生态适应性?

4.热带稀树草原、温带草原和草甸有何不同?

5.我国草原分哪些亚型?各有哪些特征?

6.沼泽植被与水生植被有何不同?

第四节 植物的分布与区系

一、植物分布区

（一）植物分布区的概念

植物分布区是指某一植物分类单位——科、属或种分布于一定空间的总和。也就是说，某一植物分类单位在地球表面上的分布区域，就是该植物分类单位的分布区。例如：毛茛科植物分布于北温带地区，故北温带地区就是该科植物的分布区；台湾苏铁分布于台湾、海南、广东、福建，故这些地区就是该植物种的分布区。可见分布区的概念适用于任何等级的植物分类单位。但种的分布区是最主要、最基本的研究对象。

分布区的概念不仅适用于天然植物，也适用于栽培植物。栽培植物也有它的分布区。确定和解释天然植物和栽培植物的分布区是植物地理学研究的重要任务之一。

（二）植物分布区的形状

各种植物分布区的形状极不相同。每种植物都能通过定居和向周围移植、扩散，扩大自己的分布范围，逐步形成自己的分布区。这一过程既受自然地理的制约，又受历史因素（如地壳变化）的制约。因此，植物分布区可以看做是植物的历史和它对自然地理环境适应能力的函数。

不同植物分布区的形状差别很大，但仍有许多植物分布区有相似点。

高纬度地区许多植物种的分布区呈东西向展布的长条形，这与分布区生存条件的空间变化东西差别小、南北差别较大有关，如七瓣莲（*Trientalis europaea*）的分布区大致在北极圈与 50°N 之间，绵延于整个欧亚大陆上。

有些分布区的轮廓往往与一定的自然地理区的边界相吻合，如我国油松的分布区，从北面的阴山山脉至南面的秦岭，从西面的黄土高原至东面的河北、山东，这一范围与我国东部半湿润到半干旱的暖温带气候区大致相符合。而赤松则分布在牡丹江流域、辽东半岛、山东东部和江苏东北部。

另有一些分布区沿着某些山脉、河谷呈狭窄的带状，如北美洲西海岸的红杉分布区，沿海岸山脉呈近南北走向的条带状，巨杉的分布区也有类似的形状（图 7.7）。

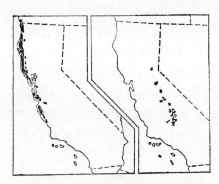

图 7.7　红杉（左）和巨杉（右）分布区

还有一些植物分布区，不是连续广阔的地区，而是分别处于相距很远的地方，呈岛状或斑状分布，如苏铁科植物，在全球呈分散的斑状分布。

此外，植物分布区的面积大小也与其自身的发展及其所处的自然地理环境密切相关。根据分布区的大小，可将植物的分布分为广域分布和狭域分布两种。前者的分布区广阔，往往遍及地球上各大洲。后者的分布区只限于局部地区。大多数植物的分布区都属于狭域分布区。

（三）植物分布区的形成

当一个植物种形成以后，它所占据的空间范围就是该种的原始分布区或起源中心。而每个植物种都具有一定的繁殖能力，并不断向外界传播种子（孢子）或其他繁殖体。只要外界存在适合它发展的条件，它就可能逐渐向原始分布区以外迁移，扩展自己的分布范围。这种植物种的地理分布的自然扩大称为侵移。植物的侵移是借助于外界各种方式实现的，如借助于自然界的各种外力（水力、风力、动物、人类等），或借助于本身繁殖体（种子和孢子、根茎、鳞茎、块茎）的繁殖。由于不同的植物种，其生物学、生态学特性不同，再加上其所处的自然地理环境条件（气候、地形、土壤、生物）不同，因此它们的侵移速度也不相同，所形成的分布区大小也不一样。一般情况下，分布区的大小与种的繁殖能力和年龄成正比。

（四）植物分布区的类型

植物分布区基本上可以分为两大类：连续分布区和间断分布区。

1. 连续分布区

表现为一个连续完整的区域。区内植物重复出现在其适宜生存的生境,不出现在不适宜的生境。可见其具体生长点在连续分布区内并不连续,连续完整只是相对而言。但生长点之间没有不可逾越的生态障碍,彼此之间联系十分密切。

连续分布的类型主要有:

(1) 世界性分布。有些植物分布单位的连续分布区遍及全球各大洲,如茅膏菜属的分布区为世界性分布。

(2) 环极地分布。有些植物的分布区环绕北极和南极分布,称为环极地分布,如十字花科的艾氏山俞草(*Eutrema edwardsii*)的分布区。

(3) 环北方分布。有些植物的分布区环绕南北半球高纬度地带(包括北方山区)分布,其一方面伸展至极地,另一方面可能伸展至亚热带范围,这称为环北方分布,如茶藨子属的分布区。

(4) 泛热带分布。有些植物的分布区贯穿亚、非、拉美几大洲的热带地区,这称为泛热带分布,如棕榈科植物的分布区。

2. 间断分布区

表现为两个或两个以上互相分离的区域,中间被高山、海洋、恶劣气候或土壤等不可逾越的障碍隔开,彼此之间不能靠自然因素传播种子,无法取得联系。这种分布区的一个极端情况是割裂成许多孤立部分或小地点,没有明显的主分布区而呈星散状分布。这样的间断分布区称为星散分布区。

世界上间断分布区的主要类型有:

(1) 北极-高山间断分布区。这类分布区在环北极及较高纬度的高山分布,或甚至分布到亚热带和热带高山区,如玄参科的黑蒴属分布区。

(2) 北大西洋间断分布区。这类分布区分布于北美洲和欧洲,被大西洋北部隔开,如七叶树属、胡桃属、栎属等的分布区。

(3) 北太平洋间断分布区。这类分布区分布于北美东部和东亚,被太平洋北部隔开,如锥属、柯属、八角属等的分布区。

(4) 南北美间断分布区。这类分布区如瓶子草科的三个相近属即加州瓶子草属、瓶子草属和圭亚那瓶子草属的分布区,分别分布在相隔很远的北美东部、北美西部和南美的圭亚那等地。

(5) 古热带间断分布区(狐猴式间断分布区)。这类分布区的各部分都在旧大陆的热带范围内,印度、马达加斯加和非洲之间以及东南亚、马来半岛和大洋洲之间。如猪笼草属分布于马来群岛、马达加斯加和中国的西南部地区。

(6) 洲际山区间断分布区。这类分布区包括各大陆山区,如杜鹃属分布于热带大洋洲、东南亚、喜马拉雅到中国的一些山区地带,有少数种经高加索分布到欧洲,还有少数种分布到西伯利亚和日本。

(7) 古地中海间断分布区。这类分布区间断分布于北美东南部、喜马拉雅山、中国西北部地区。如茄科的赛莨菪属分布于现在的地中海周围地区,我国的喜马拉雅山区有山莨菪属、湖北西部有天蓬子属、唐古特地区有马尿泡属等近亲属的分布。

(8) 泛南极间断分布区。这类分布区分布于南极附近各地,如南半球的假山毛榉分布在南美洲南部、新西兰和澳大利亚及其周围岛屿。

(9) 极际间断分布区。这类分布区间断分布于地球北极与南极及其附近地区,如岩高兰属的两个种,黑岩高兰(*Empetrum nigrum*)分布于北极附近,而红岩高兰(*E. rubrum*)分布于南极附近。

(10) 星散间断分布区。星散间断分布区指的是同一属的植物种孤立分布于彼此远隔的各大陆或岛屿上。这些植物种往往具有古老性,如马桑属星散分布于欧洲、亚洲和美洲等地。

此外,还有许多地方性和局部地区的间断分布区如地中海间断分布区、欧亚大陆间断分布区等。

(五) 特有种、孑遗种和替代种

1. 特有种

仅分布在某一地区,而不在其他地区分布的植物,称为特有种。它们的分布区称为特有分布区。它们分布的范围有大有小,可以是某个大陆、岛屿、山地等。根据起源、分布历史和环境条件,特有种可分为:

(1) 古特有种。分类上属古老的类型,是从某一地质时期遗留下来很少演变的种类,具有缩小的残遗分布区。如银杏、水杉、水松等。

(2) 新特有种。分类上属年青的进步类型,起源于近代,因时间短还未来得及扩大其分布区,或因受某种阻碍而限于其发生地区。如特产于中国广西、云南、贵州的金凤藤(*Dalichopetalum kwangsiense*),特产于青藏高原的画笔菊(*Ajaniopsis penicilliformis*)

和西藏微孔草（*Micoruleu tibetia*）等。

（3）生态特有种。与一定的生成条件相联系的特有种，如沙土、盐土、白垩土和石灰土的特有种等。

确定任何特有种或特有现象都是很有意义的，因为它们是植物区系的历史或演化的重要指标。

2. 孑遗种

一种植物过去曾有广阔的分布区，由于地质和气候原因，现在分布范围已大大缩小，只剩个别孤立的或者是星散分布的几个小区，这种分布区，称为孑遗或残遗分布区，这种植物，则称为孑遗种或残遗种。孑遗种不仅有分类上的含义，而且还有地理上的含义。

（1）分类学孑遗种。又称为活化石，在系统发生上是古老的分类群，其现代分布区可以很大，也可以很小。如水杉、银杏、银杉、鹅掌楸、枫香、腊梅等。

（2）地理孑遗种。与分类学关系不大，其形成主要决定于其分布历史，是环境因素综合影响、长期发展的结果。

3. 替代种

由一个共同祖先派生出来、特征相似的种，各自占有独立的分布区，空间上相互替代，这种现象称为地理替代现象，这种植物称为替代种。替代种的分布现象很普遍，如属中国—日本分布型的天南星，广布于中国东北至华南、台湾，西至四川、贵州和滇东北，向东止于日本，而过了云贵高原就为中国—喜马拉雅分布型的曲序南星所取代，后者分布于滇西北横断山脉，向西沿喜马拉雅山脉至巴基斯坦。

除了真替代现象和真替代种以外，还有一种似是而非的替代现象称为假替代现象，这类种的亲缘关系较远，可能起源于不同的始生种，称为假替代种。如中国的马尾松和云南松分别是东南季风区和西南季风区的亚热带代表针叶树种，马尾松从华东向西分布到贵州和四川西部而被云南松所"替代"。但两者亲缘关系较远，属于不同类群，显然是假替代现象和假替代种。

二、植物区系

植物区系是指一定地区或国家所有植物种类的总和。也就是说，某一地区植物种类（科、属、种）的总和就是该地区的植物区系。例如，中国植物区系、华南植物区系、广东植物区系等。一个地区的植物区系是组成该区各种植物类型的基础，同时也是研究该区自然历史条件的特征和变迁的根据。在研究一个地区的植物区系时，通常先把该地区的植物进行科、属、种的数量统计，然后把所有的植物按其地理分布、分布区类型以及种的发生地和迁移路线等划分成若干群，这些统称为植物区系成分。其中，按植物的现代地理分布划分的，称为地理成分；按植物种的迁移路线划分的，称为迁移成分等。但最常使用的是地理成分。

（一）植物区系的地理成分

分布区或多或少重合的植物种，可以联合成一定的植物区系成分，称为地理成分。也就是说，植物区系的地理成分是以现代分布区为基础构成的植物区系成分。划分植物区系地理成分的主要根据是植物的现代地理分布以及分布区类型。

世界植物区系的地理成分主要有北极高山、泛北极、北温带、大西洋、东亚—北美、东亚、全热带、旧世界热带、地中海、中亚、中国—日本、中国—喜马拉雅、印度—马来西亚等13种地理成分。

植物区系的成分分析，可以帮助我们了解和认识一个地区的地质历史。许多植物分布区的形状和植物区系组成不能用现在的生态因素解释，而只能用地史因素解释，因此，根据一个地区的植物区系分析，可以判断该地区的地质变迁。一般情况下，一个地质历史古老地区的植物区系种类比较丰富，而年青地区的植物区系则相对贫乏。据统计，我国维管植物约计有353科、3148属、27150种，分别占世界维管植物科属种数的56.9%、24.5%和11.4%。与世界植物区系丰富的植物区或国家比较，仅次于马来西亚（约45000种）和巴西（约40000种），居世界第三位。这与中国大陆幅员辽阔、生态条件复杂多样等原因密切相关，同时中国大陆的起源古老也是很重要的原因。

分析植物区系的地理成分可以帮助我们了解一个地区植物区系在地理上、发生上与其他地区的联系。不同地区植物区系的相似性常常用它们之间属的相似性指数来表示：

$$属的相似性指数 = \frac{两地共有的非世界属数}{其中一地的全部非世界属数} \times 100\%$$

如果两地属的相似性指数大于或等于50%,说明两地区系亲缘关系密切,否则就不密切。可见这一指标是划分植物区和研究植物区系历史不可缺少的资料。根据施姆凯维奇的资料,中国中部与有关地区之间植物区系的属的相似性指数分别为:日本67%、喜马拉雅山西部55%、土耳其斯坦38%、埃及22%、北美洲东北部38%,可见中国中部与日本和喜马拉雅山西部植物区系有较密切的联系,而与土耳其斯坦、埃及和北美东北部的关系则较疏远。

(二)世界植物区系分区

利用植物区系分析的方法研究有关地区的植物区系,把那些植物区系成分、性质和发展历史相似的地区合并,按照相似程度、关系密切程度,划分若干等级,这就是植物区系分区。

植物区系分区的等级单位,通常采用区、地区、省和县等。各等级单位的划分标准是:植物区含有高比例的特有种和特有属,还存在特有科,区内根据次要判别可分出亚区;植物地区具有一些特有属和亚属,科属组成特点(分类结构)相似;植物省具有特有属比例较低,但仍有一定的特有种;植物县中区系种类组成具有相似性。

原苏联学者塔赫他间(Тахтаджян)于1978年出版《世界植物区系区划》一书,是经典的世界范围的植物区系分区专著,以比较充分的植物科、属、种资料为基础,将世界区分为6个植物区8个亚区34个地区和48个植物省。现将6个植物区简介如下。

1. 泛北极植物区

本植物区面积最大,包括北回归线以北的北半球广大地区及其以南的部分地区。除东南亚、中国南部和日本南部外,一般是和热带区系分开的。本植物区是包括亚热带常绿阔叶林、温带落叶阔叶林、寒温带针叶林,而以温带为主的植物区系。其中有一些典型的科,与热带区系有显著的不同。这些典型的科包括壳斗科、桦木科、胡桃科、毛茛科、蓼科、藜科、十字花科、禾本科、莎草科等。在高山则以报春花科、虎耳草科、龙胆科、杜鹃花科等较普遍。

2. 古热带植物区

本植物区也称为旧热带植物区,位于北回归线以南,包括撒哈拉大沙漠以南的非洲地区、马达加斯加岛、印度、中南半岛、中国最南部、印度尼西亚,直到澳大利亚东北部及太平洋岛屿。区内气候终年炎热多雨,四季不明显,全年都适于植物生长,且气候条件在漫长的地质历史上几乎没有多大变化,所以区系种类异常丰富,大约有45000种以上。植物区系主要由热带雨林、季雨林和稀树草原中的许多特有科、属组成,最具特征的是龙脑香科,还有辣木科、露兜树科、猪笼草科、大花草科、芭蕉科、姜科。此外,棕榈科、兰科、天南星科中有很多特有属,也分布在本植物区内。

3. 新热带植物区

本植物区包括中美洲和南纬40°以北的南美大陆。区内植物种类十分丰富,仅巴西就有40000多种。特有科为仙人掌科、美人蕉科、旱金莲科、巴拿马草科、凤梨科(仅一种分布在西非)。仙人掌科植物多为各种各样的肉质植物,主要分布在炎热的山区。凤梨科植物大多是附生植物,生在乔木和岩石上,从热带雨林到干旱地区都有分布。除了这些特有科以外,还有棕榈科及苏铁科的一些属。

4. 澳洲植物区

本植物区包括澳大利亚大陆、塔斯马尼亚和新西兰。区内特有现象特别明显,特有程度高,其他植物区无法与之比拟。例如在维管植物中,有75%的种类是特有的。这种现象的产生,主要是由于澳大利亚大陆自中生代末期以来,在地理上一直处于被海洋包围的孤立状态,不可能与相邻大陆的植物区系进行种、属的交流,因而保持了高度的特有现象。本植物区特有科包括山龙眼科、桃金娘科、木麻黄科等。这些特有科都包含有许多特有属和特有种,如桃金娘科的桉属有600种,豆科的金合欢属有280种。

5. 好望角植物区

本植物区也称为开普植物区,位于非洲西南端,北界沿奥兰治河延伸,东以德拉肯斯堡山脉为界,是世界六大植物区中面积最小的一个区。区内有维管植物14000种,其中有3000种是特有种。最典型的有拢牛儿苗科的天竺葵、酢浆草科的酢浆草,肉质植物有松叶牡丹属,木本植物有山龙眼科262属,杜鹃科的石南属有460种。此外还有许多是观赏植物。

6. 南极植物区

本植物区包括 40°以南的南美大陆和大洋岛屿、南极大陆及其周围岛屿。区内共有1600种植物,其中 75% 是特有种。典型的代表是假山毛榉属、南美杉属等。还有一种蚁塔科的特大草本植物属(Gunnera),其一片叶子可以把三个骑马人连人带马都遮盖住。

复习思考题

1. 何谓植物分布区? 它是怎样形成的? 有哪些类型?

2. 怎样识别特有种、子遗种和替代种?

3. 植物区系与植被有何不同? 植物区系地理成分根据哪些条件划分?

4. 世界植物区系划分哪几个区? 各区有哪些主要代表的特有科?

第五节　植被资源

一、植被资源的特性

植被资源是生物圈中各种植被的总和。它是人类赖以生存的物质基础。植被资源属于可更新的自然资源,在天然或人工维护下可不断更新;反之在环境条件恶化或人为破坏及不合理利用下,会退化或消失,有时这一过程具有不可逆转性。植被资源具有一定的稳定性和变动性。相对稳定的植物资源,在较长时间能保持能量流动和物质循环的平衡,并对来自内外部的干扰具有反馈机制、趋于稳定。但当干扰超过其能忍受的极限时,植被资源即会崩溃。不同的植被资源类型的稳定性不同,凡是种类组成越多,结构越复杂的植被资源类型,抗干扰的能力越强,稳定性也越大。植被资源分布有很强的地区性,不同的地区有不同的植被资源,其种类组成和结构特点也不同。随着生产发展和科技进步,植被资源的承载能力与人类需求之间的矛盾也日益尖锐。

二、森林植被资源

(一)概　述

森林植被资源是一种重要的植被资源。它是人类赖以生存的物质基础。植被资源属于可更新林地及其所生长的森林等有机体的总称。包括林木、林下植物、土壤微生物资源及其他自然环境因素等。

森林是地球上最大的陆地生态系统。过去人们只把它理解为有形的木材资源。现在随着科学技术的发展,人们对森林在陆地表面物质循环和能量流通过程中的巨大作用有了更深刻的认识,对它作为无形的环境资源和潜在的"绿色能源"给予关注。一般认为,森林在保护环境、自然效益方面提供价值约占 3/4 ,而提供林产品的价值约占 1/4 。正因为这样,人们对人类历史无节制地破坏森林引起的严重后果有了更加痛切的教训,对今日森林资源继续减少感到深切的忧虑。

在陆地生态系统中,森林面积为 5 亿 km²,占陆地面积 32.6%,和过去一样,森林仍是陆地上最大、最复杂的生态系统,是维护陆地生态平衡的枢纽。

森林是一个多功能多效益的系统,它维护陆地生态平衡的枢纽作用表现在净化环境、改良气候、防止土壤侵蚀、保护动物资源等方面。

森林的种类丰富,结构复杂,生境多样化等,保证其蕴藏有非常丰富的生物资源和基因库资源,地球上大约有 25 万种植物,大部分与森林有关。人类开发和利用的植物种仅有极少数,大部分种的用途和价值还未认识,但它们是人类未来农业、工业、医药最有价值的原料来源,目前正陆续被发现。因此,森林,特别是原始森林,是许多有价值的动物的生存环境,保护森林,实际上就是保护了地球上巨大的生物基因库。

随着人口的增加和技术进步,森林面积正以惊人的速度减少。直接造成森林减少的原因主要有:森林采伐、毁林种粮、森林火灾以及利用木材为能源等。20 世纪 50 年代以来,欧洲、亚洲北部、美国东部和西北部以及澳大利亚和新西兰森林大面积减少。而由于经济和贸易等限制,在亚马孙河、东南亚和中非却还保留了一定数量的热带森林,其面积约2000万 km²。但人类在热带地区的活动正在加强,对热带森林的生态的影响达到空前的规模。有人估计,热带雨林每年被砍伐和焚毁约 1100km²。按这样速度,85 年内所有的热带雨林将消失。

由于人类对森林的掠夺和破坏,自然界的生态平衡遭到破坏,由此造成气候变化、水土流失、生物种绝灭、植物资源日益减少等一系列严重后果。因此,世界上许多国家,由主要以取得木材为主的经营方向,转变为发挥其多种功能的永续利用的经营方向。并采取多方面措施。

(二)利用和保护

1. 有计划地开发和利用森林植被资源

我国是个少林的国家,森林覆盖率1996年达到13.92%,分布又很不平衡。在大约160个国家和地区中,我国的森林覆盖率排在第120位,按人口平均拥有的森林面积排在第121位。长期以来,我国的森林由于长期集中过量采伐或无计划乱砍,许多地方缺少森林植被的保护,致使生态环境严重恶化。旱涝风沙等自然灾害频繁,影响农牧业生产。因此,一方面必须严格执行"森林法",杜绝破坏森林的种种行为;另一方面,对现有森林要采取科学的管理方法,一定要控制森林年采伐量为生产量的1/3左右,并及时进行更新,使各地的森林向优质高产发展,真正做到"青山常在,万木常青"。

2. 有计划地营造各类森林植被

如前所述,森林资源遭到严重破坏,已引起不少国家的关注,并采取相应的保护措施。奥地利规定凡占用林地的单位,都必须在别处营造同等面积的森林,伐一棵种一棵。芬兰的森林曾在第二次世界大战中遭到大规模的破坏,但由于措施得力,现在森林面积已占全国陆地面积的71%左右。目前瑞典平均每人拥有森林面积3hm² 之多,而且大部分是本世纪内有计划营造的人工林。英国由于种种原因,森林覆盖率由20%降至3.5%,从而引起生态环境变坏。为了扭转这一局面,英国政府决定把发展林业列为一项长久的国策,把育林与护林视为国家的战略储备。1920年,英国制定了发展林业的80年计划,成立了统一管理林业的全国林业委员会,颁布了保护森林的法令,一系列鼓励和优惠造林政策迅速面世并生效。经过将近70年的苦心经营,培育了人工林140万 hm²,森林总面积由20年代的80万 hm²增至220万 hm²,森林覆盖率由当年的3.5%提高到9.5%。森林虽不多,但分布均匀。综观世界各国,凡是真正注意保护森林,有计划的造林,在行动上认真采取措施,都收到良好的效果。

我国是一个少林国家,宜林荒地面积很大。采取各种有效措施,努力提高我国森林的覆盖率和森林储积量,满足四化建设和维护自然生态平衡的需要,是摆在我国人民面前的一项重大任务。

3. 抢救珍稀濒危植物

由于对植物资源过度利用,大面积森林采伐,草原过度放牧和不合理开垦,工业化和城市化发展,使大量的原生植被遭到破坏,导致许多野生植物种陷入濒临灭绝的状态。到目前为止,地球上已被描述过的植物总数为248428种。根据世界保护联盟保护监测中心估计,在21世纪中期以前,有6万种植物将要灭绝,也就是4~5种植物中有一种要灭绝。这种损失是很大的,应该引起人们注意。如果从现在起,大量的野生植物,特别是珍稀濒危植物得到保护,继续繁衍下去,它们潜在用途就会得到不断发挥,这有利于经济发展和社会进步。总之,保护自然界现有物种,特别在那些珍稀濒危植物,使之不再继续受到破坏甚至灭绝,是一项艰巨的任务。

三、草原植被资源

(一)概　　述

草原植被资源和森林植被资源一样,都是植被资源的重要组成部分。它是发展畜牧业的主要基地。草原植被资源在维护生态平衡方面起着重要作用,它本身又是一种复杂的生态系统,在合理利用的条件下,能不断更新和恢复。但是,如果外界条件恶劣,特别是人为滥垦和过度放牧,就会造成不良后果,引起草原退化。

(二)合　理　利　用

防治草原退化,除调整牧业政策以外,重要的是掌握草原的科学规律,采取合理有效的措施,建造优质高产的草原,才能维护草原生态系统平衡,最大限度地提高草原生产力。

1. 严格控制草场载畜量,实行合理放牧

根据不同类型草场的生产力状况,在保证恢复牧草生产能力的前提下,根据产草量的多少,规定合理的载畜量和存栏数,维持草原生态系统的平衡。

为了防止草原退化,要实行轮牧制度。由于夏秋草地退化比较严重,有必要进行冬春和夏秋草地间的轮换。特别对于某些过度放牧已经退化的草原,更要注意合理利用,可以减少放牧次数,或封育保护,使其有休养生息的机会,逐渐恢复优良草场。此外,在草原范围内选择水分条件或气候条件较好的局部地区,逐步建立饲料基地,培育优良牧草,积极解决冬春饲料的不足问题。

2. 严禁盲目开垦草原

草原的开垦由来已久,世界上一些草原地区,特别是温带草原,如美国的普列利、俄罗斯的草原以及中国东北和内蒙古的草原,都已成了有名的粮仓。但是,草原区所垦农田,由于耕作粗放,进行掠夺或经营,致使土壤肥力递减,不少农田已被弃荒。

开垦草原引起生态环境恶化,土地沙化。在干旱、冬春风大、降水年变幅大的草原地区,进行耕种活动,必须是有条件的。必须对可能发生的后果作充分估计,并采取有效的防治措施,如草田轮作、护田林的建立等。

复习思考题

1. 植被资源有哪些特性?怎样理解森林植被是维护陆地生态平衡的枢纽?

2. 针对我国森林植被和草原植被存在的问题,你认为应如何合理利用和保护?

第八章 动 物

动物是行星地球的特殊产物之一,也是自然地理环境的一个组成要素,而且是诸要素中最脆弱,对环境变化反应最敏感的要素。动物的存在,使地表自然环境变得更加丰富多彩,能量的利用更加充分,物质的循环速度加快。一般来说,动物的形态、生态和分布受到其他自然地理要素的强烈影响。反过来,动物对其他自然地理要素也有影响,但通常是比较微弱的。

第一节 动物与环境

一、概 述

有关生物(植物和动物)与环境之间的一般关系,在"植物"章第一节"概述"中已经谈及的,不再赘述。

在对具体的动物生态因素的分析中,通常是研究单个或几种生态因素对动物的影响作用。如何对特定生命体的生态环境进行因素划分,并没有绝对的规定。从不同的视角看问题,或者研究的目的不同,往往有不同的划分方法。一般是按主体动物的性质、环境的特点和研究工作的方便进行。如对鱼类来说,环境中的生态因素主要有水温、盐度、透明度、pH 值、溶解氧含量等。对土壤动物来说,最重要的生态因素是光照、湿度、温度和植物残落物等。但就一般情况来说,生态因素按性质通常分为自然因素(非生物因素)和生物因素两大类。前者包括光、水、温度、空气、盐分、酸碱度等,后者包括环境中的其他植物、动物和微生物以及由它们形成的食物、竞争、互惠、寄生等关系。

动物在其生长发育过程中,受到多种环境因素的影响和控制。动物一方面需要得到足够的维持其生命活动的各种物质和基本能量,另一方面又需要一个能适合其进行生命活动的基本环境条件。在众多的环境因素中,当某种因素的状态或强度对生命体的活动产生直接的限制作用时,则称这类因子为限制因素。

动物的生长、活动和分布受多种因子的共同作用。但其最大生长量或最大活动范围却受其中一个最短缺的或幅度最窄的环境因素的限制。

例如一种甲虫,专以处理象粪为生,其食物、栖居、繁殖都离不开象粪。虽然从其对温度和湿度的适应性上分析,它们可以分布到相当广泛的区域,但实际上却只能生活于大象活动的范围内。在这里,特殊的食物依赖关系成为其自然分布的限制性因素。

在自然环境中,限制因素并不是一成不变的,有时甚至是经常变换的。如鸟卵在孵化期间,温度条件在许多环境因素中起着决定性的作用,但在胚胎破壳过程中,充足的 O_2 则特别重要,因为鸟胚的呼吸已由胚膜呼吸转变为肺呼吸。

二、自然因素对动物的影响

(一)温度对动物的影响

1. 动物的热能代谢类型

温度是一个重要的生态因素,在动物的生活中起着重要的作用。温度直接影响动物的新陈代谢,从而对动物的活动、生殖、生长、发育、遗传、行为和分布等产生作用。人们根据动物的热能代谢特征,把动物分为恒温动物、变温动物和异温动物三种类型。哈蒂(Hardy)于 1979 年研究了各种类型的动物体温随外界温度的变化情况,如图 8.1 所示。

恒温动物的代谢水平高且稳定,并具有多种体温调节机制。使体温不随环境温度的改变而变化。这类动物主要是鸟类和哺乳类。变温动物新陈代谢的水平低,无特别的体温调节机制。其体温与外界环境温度的差别很小,并随外界环境温度而变化。所有的无脊椎动物以及大多数脊椎动物(包括鱼类、两栖类、爬行类)均属变温动物。异温动物活动时体温升高且较稳定,不活动或休眠时体温下降。属于异温动物的有原始哺乳动物(单孔类)、部分有袋类及哺乳类中的休眠性种类(如跳鼠、刺猬、蝙蝠、獾、熊等)。

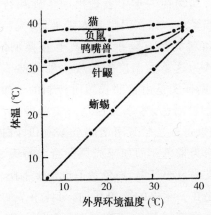

图 8.1 不同类型的动物放在不同的环境
温度中 2 小时,其体温的测量值

北极狐　　赤狐　　非洲大耳狐

图 8.2 生活在不同地带的狐狸耳朵长短的
对比(Hesse 等,1951)

2. 动物对温度变化的适应

动物的休眠是对环境温度变化的一种特殊适应,通常分为冬眠和夏眠。冬眠时动物体温下降,代谢水平降低,进入昏睡状态以度过寒冷与食物缺乏的冬季。在寒带和温带地区,动物的冬眠比较普遍。大量的地上无脊椎动物、土壤动物和几乎全部的水生无脊椎动物,以及两栖类、爬行类和部分哺乳类都进行冬眠。动物的夏眠,是一种适应高温及过分干燥环境的生理机制。夏眠虽不及冬眠普遍,但在无脊椎动物、某些两栖类、爬行类和哺乳类中也都有出现。许多昆虫往往不是以成虫形式,而是以耐受力很强的卵或蛹等形态度过寒冷、高温或干燥等不利的环境阶段。

一般来说,恒温动物对于环境的温度变化有一定的独立性。由于其独特的内部生理调节机制,以及皮下脂肪和体外皮毛、羽毛的热绝缘作用,使其能维持较稳定的体温。尽管如此,环境的温度状况对温血动物还是具有一定的影响,有关这方面的几个地理定律如下:

(1)体型定律[伯格曼定律(Bergman's Rule)]。气候较冷地区的恒温动物,体型大于较暖地区的同种动物。例如美洲狮、棕熊、赤鹿、野猪等,分布在寒冷地区的一些亚种比其在温暖地区的亚种的体型大一倍以上。

(2)比例定律[艾伦定律(Allen's Rule)]。较热地区恒温动物的身体突出部分(尾、耳、鼻等)长于并且大于寒冷地区的同类动物(防止体热丧失)。如狐、猞猁、野猫等(图 8.2)。

(3)色素定律[古罗葛定律(Gloger's Rule)]。

同一种恒温动物的体色,温暖潮湿地区的亚种比寒冷干燥地区的亚种要浓暗。如狼、狐、兔等。

(4)心重定律[黑瑟定律(Hesse's Rule)]。在寒冷地区生活的动物,其心脏的体积和重量均比分布于温暖地区同种动物(不同亚种)的显著增大。

3. 温度对动物分布的影响

环境温度对于动物在地球上的分布是一个主要的限制因素。动物种的数目从热带向极地明显减少。变温动物的分布尤其受环境温度条件的限制。如爬行动物中的鳄类几乎都分布在热带,只有两种有冬眠习性的分布到亚热带地区(扬子鳄和密西西比鳄)。而能生活于极地环境的大型动物只有鸟类和哺乳类。在海洋中,水温也控制着许多动物的分布,如珊瑚只能在水温 20℃ 以上的区域存活。很多的鱼类也只在热带海域分布。而有些冷水性鱼类却只能分布在高纬海域。

(二)湿度对动物的影响

1. 动物对环境湿度的适应

水分对于保证生命活动具有关键意义。对水生生物而言,水是其生存的基本介质,对大多数陆生动物来说,不仅要有可用的饮水,而且为了维持生命活动的需要,也要求有一定的环境湿度。

陆栖动物依照其对湿度变化范围的适应,可分为广湿性和狭湿性两种类型。广湿性动物能适应湿度较大范围的变化。例如许多的昆虫、爬行类、鸟类和哺乳类;栖息地多种多样,分布的地域比较广大。狭湿动物只能忍受较小的湿度变化幅度,其分布范围不如广湿动物广。狭湿动物又可分为两类:喜湿动物和喜干动物。前者如大多数的软体动物(蜗牛、蠕虫)、环节动物、两栖类和部分哺乳动物(水牛、河马等)。后者如生活于干旱地区的一些昆虫、爬行类和部分哺乳类（旱獭、沙鼠、羚羊、骆驼等）。

2. 湿度对动物分布的影响

湿度是影响动物地理分布的重要因子。在陆地环境中,动物的种类通常随湿度的降低而减少。一般来说,湿润地带的动物类群组成较丰富,单独一种动物的个体数量不多;干旱地带的动物类群较贫乏,但单一种群的数量可能较高。还应强调的是,动物与湿度的关系,还与环境的温度密切相关。事实上温度和湿度两个因素是相互关联、协同作用的。如地球上常热常湿地区两栖类最多。苔原地带尽管湿度较大,水分充足,但由于温度过低,即使在夏季也没有两栖类。在另一种情况下,热带荒漠虽然温度足够,但湿度小,水分不足,同样也缺乏两栖类。

（三）光照对动物的影响

动物虽不像植物那样直接利用太阳能,但光照仍对动物的生理、行为、活动、迁徙和分布产生影响。

许多变温动物依靠光照调节自己的体温。它们常常在白天活动前先晒太阳,吸收光热使体温升高,然后才开始活动。光对恒温动物的体温影响不大,但在天气寒冷时,恒温动物也会利用阳光取暖;在天气炎热时,会在遮阴处乘凉。

直接的阳光照射能伤害动物细胞,这主要是阳光中的紫外线造成的。因此,皮肤中的色素层对于保护动物非常重要。有些生活在光线缺乏生境中的动物(地下水、洞穴、土壤或寄生于动植物体内)大都没有色素,身体无色或白色,不能经受阳光的照射。根据动物对光照的不同反应,可以区分为喜光性动物和避光性动物。前者如水蠊、蝇的成虫,后者如蟑螂、蝇的幼虫。土壤中的无脊椎动物几乎全是避光性的,对光照非常敏感。如一场大雨过后,土壤孔隙中充满水分,蚯蚓爬上地面呼吸,此时如果有阳光直接照射,短时间内就会死亡。这种现象称为"光死亡"。

光还影响动物的活动周期,许多动物的活动以24小时为周期呈有规则的变化,如在水环境中,许多浮游动物都有夜间游上水面,白昼游入深层的现象。对于陆栖动物,根据它们在24小时内活动方式的不同,可分为昼行性、夜行性、晨昏性和全昼夜性

等类型。动物在一年中表现出的生理和行为方面也有周期变化。如在温带和寒带地区,大部分的哺乳动物和鸟类都有随季节而换毛和换羽的现象。过去曾认为这是受温度条件或一种内部节律的影响,现在则证实是由日照长短所控制的。如美洲兔夏季皮毛为褐色,冬季为白色。实验发现,即使在冬季,如果每日光照时间增加至18小时,白色皮毛就会脱换为褐色。而如果光照保持为每天9小时,即使温度为夏季气温,白色冬毛也全年不换。

动物在一年中的繁殖活动,与各季节的光照条件有关。春季繁殖的动物,日照增长时,光通过动物的眼睛,刺激其脑下垂体分泌促性腺激素,使性腺活动起来。这种现象与长日照植物类似。实验证明,增长光照时间不仅对鸟、兽,而且对鱼类、两栖类、爬行类的生殖活动也有作用。相反地,有些兽类如绵羊、山羊和鹿类,白天时间缩短时,才能引起性的活动,这种现象与短日照植物类似。当然也有些动物,繁殖活动与日照长短关系不大。光的季节周期与动物的迁徙有非常密切的关系。北半球温带和高纬地区,很多鸟类是候鸟,定期的南北迁移。春季日照增长,促进生殖腺成熟,向北飞往繁殖地。秋季日照变短,促其南飞越冬。

（四）风和水流对动物的影响

风对许多陆栖动物,尤其是小型动物的迁移和地理分布具有直接的影响。大量的昆虫(幼虫或成虫)和其他微小动物被风携带到大气中而称为空气浮游生物。在南太平洋距离陆地1000km以外的大气中,装置于船舶和飞机上的网具还收集到弹尾虫、白蚁、蜱螨、蛾、蜘蛛等小动物。许多淡水原生动物,当水域干涸时,便进入休眠状态,可随水底或岸边的沉积物一起借风力扩散;因此它们的分布范围很广,有些甚至是世界性的分布。比较大型的动物,包括某些脊椎动物,有时也能被风带得很远。强力的旋风能把软体动物、蛙、鱼等带到空中,然后降落到几十公里以外,甚至与其栖息地隔离的完全难以正常到达的区域。许多文献都曾报道过空中"雨鱼"的现象。鸟的"迷飞"现象,常发生于暴风雨之后,是由大风携带的结果。据统计,大约有50种鸟是被风从美洲传带到欧洲的,而有37种鸟由风从欧洲带到美洲。

风的强度也影响到动物类群的地理分异。在

经常有强风的地区,飞翔动物的种类较少,只有不飞翔或飞翔能力特别强的动物适应生存。如在海洋沿岸和岛屿,草原、荒漠和高山、苔原、极地地区,有翅昆虫很少见,占优势的是无翅昆虫。达尔文在《物种起源》中曾指出,昆虫的这种分布状况是自然选择的结果。

水体虽然分为静水水体和流水水体,但静水水体也并非完全不流动,所不同的是流水水体的流动是由落差(重力作用)引起,而静水水体的流动主要是由风和温度变化驱动的。

水的流动对水生动物的生活意义重大。如果没有水的流动,水体透光层的有机养料将迅速消耗殆尽,水生植物的生产将受到限制,以此为基础的水生动物也将难以维持。水的垂直流动可以把底部的营养物质带到表层,又可以把表层丰富的氧向下输送。水的平面流动,也给水生动物在广泛范围内的生存提供了良好的条件。如河流不断地将大量营养物质带入海洋,不仅使河口区养料丰富,各种生物大量繁衍,而且水平海流还可以将这些营养物质输送到广大海区,使大面积的海洋维持较高的生物产量。没有水的流动,无机盐类、氧气、温度等水生动物的生存条件也都会受到限制。

水流对水生动物的分布和迁移有很大作用。水流可把水生动物的卵或幼虫带到很远的地方,使许多运动器官弱小的水生动物和营底栖生活及固着生活的水生动物,也有广阔的地理分布。

(五)其他因素对动物的影响

除了温度、湿度、光照等基本的自然因素外,环境中还有其他许多因素对动物的生活和分布产生影响。这里仅就其中的几个因素略作叙述。

(1)水的盐度。水的盐度是水生动物的一个重要环境因素。因为盐度能直接影响动物身体内外的水分渗透动态平衡。根据水生动物对水环境盐分含量的耐性以及进行水盐代谢和渗透压调节的适应性,可以把它们分为两大类,即狭盐性种类和广盐性种类。狭盐性动物不能忍受水中盐分含量的变化,通常生活于含盐量比较稳定的水环境中。大多数的淡水和海洋水生动物都属于这种类型。广盐性动物能生活于含盐量变化较大的水环境中,甚至能适应从海水到淡水或相反的生境改变(图8.3)。它们的种类较少,包括一些洄游性鱼类和部分水生无脊椎动物。建礁珊瑚对盐度的降低

非常敏感,因而在河流的入海口处,环礁和堡礁形成间断。水体的盐度高低与水生动物的个体大小也有一定的联系,因为水的密度与盐度有很大的相关性。现在地球上最大的动物都生活于海洋中。同一种动物,栖居在高盐度水域里的要比栖居在低盐度水域里的个体大。

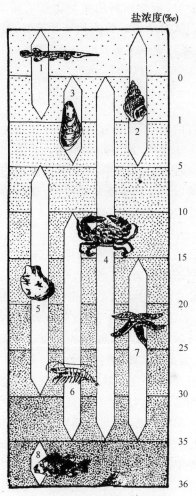

图8.3 不同动物的耐盐幅度
(陈鹏等,1986)
1.针鱼;2.淡水螺;3.淡水贻贝;4.蟹;
5.牡蛎;6.虾;7.海星;8.鲷

(2)pH。各种水生动物对 pH 也有一定的要求。据此,可分为狭酸碱性动物和广酸碱性动物。大多数的淡水动物和几乎所有的海洋动物都属于狭酸碱性类型。淡水动物主要生活于中性至微碱性环境,海洋动物都生活于碱性环境。酸性水体中的动物类群较为贫乏,可能与酸性环境中某些化学物质的有害性增加有关。广酸碱性的动物较少。

天文因素对动物的影响,参见第十章第二节。

三、生物因素对动物的影响

任何一种生物的周围环境中都有其他生物的存在,它们之间存在着错综复杂的关系。生物群落中各种生物互为环境中的生物因子(生物环境)。从类型上看,影响动物的生物因子有植物、动物和微生物。从对动物影响的相互关系看,有营养关系(食物关系)、竞争关系和栖所关系等。

(一)食　物

所有的动物,除具有叶绿素能进行光合作用的某些原生动物外,都是异养生物。即自己不能制造食物,必须以其他有机体为营养以获取能量。食物是动物赖以为生的重要环境因素,食与被食的关系也是整个生物群落中最基本的物质和能量联系渠道。

动物的营养方式多种多样,从不同的角度可以按食性把动物分为若干类型。

按照食物的性质,动物可以分为食植动物、食肉动物、食腐动物、杂食动物、寄生动物等类型。

按照取食的方式,可分为滤食性动物、碎屑食性动物、啮食性动物、捕食性动物。

按照食物成分的多寡,可以分为单食性动物、狭食性动物、广食性动物、泛食性动物。

许多动物的分布,与其所吃食物(植物和动物)的分布相关联。突出的例子是科罗拉多马铃薯甲虫。这种甲虫天然见于落基山东麓地区,以野生的喙茄(*Solantum rostratum*)为食。当人类从安第斯山区将其同属近缘种马铃薯(*Solantum tuberosum*)广泛引种栽培后,科罗拉多甲虫利用该食物资源,分布区迅速扩展,横越北美(图8.4),甚至到了欧洲的许多地区。

一般来说,植食动物种的食物要求比较严格,因此分布上比肉食动物更受食物的限制。食物偏向很狭窄的种,比起食物偏爱广泛的种,分布上也更易受食物条件的限制。

仅以一种植物或动物为食物的单食性动物,主要见于无脊椎动物,特别是昆虫纲,而在脊椎动物中几乎不存在。例如豌豆象专吃豌豆,梨木虱仅生活在梨树上。而一种鸟类——弗吉尼亚鹑,调查发现可吃927种不同植物的果实和种子,以及许多昆虫和蜘蛛。像这种既吃植物性食物,也吃动物性食

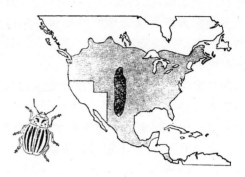

图 8.4　科罗拉多甲虫在北美和中美的分布(Cox,Moore,1980)
深暗影表示原来分布;浅暗影
表示 1962 年时的分布

物的动物就是泛食性或杂食性动物。类似的还有蜚蠊、鲤鱼、乌鸦、家鼠和猪等动物。它们的分布就基本不受食物因素的限制。

广食性动物以多种不同类群的植物或多种不同类型的动物为食物。如玉米螟以 160 多种植物为食,鳕鱼食物包括各种鱼类、甲壳动物、棘皮动物、软体动物和腔肠动物。广食动物主要分布在食物来源多变的温带和高纬地区。以某个特定类群的植物或动物为食物的称为狭食性动物。狭食性动物是最常见的动物,在各类动物中都有。如菜粉蝶以十字花科植物为食,交嘴雀主要吃针叶树的种子,蝙蝠主要吃飞行性昆虫,白鼬主要以小型啮齿动物为食等。

动物取食的食物种类多少,反映了动物食性的特化程度。狭食性和广食性,代表了动物对不同环境条件的两种适应方向。狭食性特别是单食性,通常是在所取食的一种或一类食物很丰富而其蕴藏量又十分稳定的条件下形成的。由于食物性质的一致性,动物消化器官比较简单或形成对某类食物的特殊适应功能。狭食性动物所要求的比较严格而稳定的环境条件(食物条件以及影响食物条件的各种环境因素),必然限制它们的生活范围和地理分布。所以单食性动物在自然界并不普遍,它们和许多狭食性动物主要分布在气候稳定与季节变化不明显的热带和低纬地区。而且种的分布区较小,密度较大。与此相反,在环境条件多变、食物缺乏持续稳定有保证的地区,动物的取食种类就必须增加,形成比较复杂的消化器官,于是,食性特化程度降低而成为广食性或泛食性。因此,广食性动物多分布在食物种类相对较多,但

每种食物的蕴藏量较少,且季节变化明显的温带和高纬度地区。广食动物种类的变异性和生态可塑性较大,种的分布区也较大,但种群的密度较小,数量波动较显著。

食物也影响动物的种群数量。一般情况下,动物种群数量的高低受食物的丰缺控制。如林间松鼠的多少就跟随云杉种子的丰歉程度而发生变化。加拿大猞猁和雪兔(捕食者和其食物)之间的种群波动关系,也是常被引用的经典范例(图 8.5)。

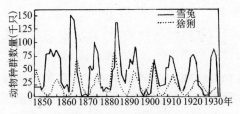

图 8.5 猞猁与雪兔数量变动的相关关系(Odum,1954)

(二)竞 争

竞争也是自然界生物之间存在的基本关系之一。作为一个环境因素,动物种群之间的竞争和种群内部个体之间的竞争,对动物的生存都是一种不容忽视的压力。竞争是为了获取食物、生活空间及保存基因的机会而进行的。争取繁殖权力的竞争通常仅限于一些种的内部,而为食物和空间进行的竞争是普遍的和主要的。

虽然环境中有很多不同的食物资源可资利用,但可利用的食物量总是有限的。特别是在环境不利的季节或动物数量太多的时期,食物是相对缺乏的。食物的丰歉不仅影响某个特定种群的个体数目,而且影响动物群落中的类群数量。高斯认为:由于竞争的结果,两个相似的生物种不能占有相似的生态位,而是以某种方式彼此替代。也就是说,一个生态位只能为一种生物所占据。这种现象通常称为"竞争排斥原理"。动物为食物而竞争最为常见。但有时也为领域空间、营巢地点或洞穴而竞争。

竞争也是限制物种分布的主要因素。一种动物进入新的生境,扩展其地理分布范围的能力,取决于其能否成功地与原有的占有相同生态位的种进行竞争、部分或完全取而代之的能力。结果可能有几种:一是新种无法与原有种竞争,被完全排斥而消灭。一是彻底战胜土著种,并取而代之。

或者是侵入种部分地替代原有种,两种各自分别占据部分生态位。例如红松鼠是不列颠群岛上的土著种,自 19 世纪从北美引入灰松鼠后,两类松鼠展开了竞争。灰松鼠凭借其对落叶林中林冠层的高度适应能力,取代了土著种;然而在针叶林地,红松鼠显然更具竞争力,仍然成功地保存下来(图 8.6)。

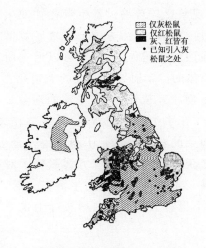

图 8.6 不列颠松鼠分布图(Cox, Moore,1980)

动物在长期的进化过程中,也发展出了许多不同的适应方式,以舒缓种间竞争的压力。其中之一是改变食物的种类,每个种取食不同种的食物,形成不同的食性,如生活在非洲的黑犀和白犀,居于同一生境,黑犀以木本植物的叶子为食,白犀以草本植物为食,它们不为相同的食物竞争,处于不同的生态位。甚至不同的动物分别只吃同一类植物的不同部位。如东非草原上,多种有蹄类动物都以禾草为食,水牛吃高大的叶子,斑马吃禾草的茎,角马和大羚羊则取食较矮小的禾草,这是种的食性分离。另一种方式是划分生活领地。每个相近的种有自己的取食区域,从而避免在同一地区取食而发生竞争,这叫做种的空间分离。对食物和空间有相同要求的种,时常在一年的不同季节、甚至一天的不同时间利用相同的食物资源和生活空间,这称为种的时间分离。如在鸟类中,以枭和鸱为一方,多夜间捕食,有灵敏的听力;而鹰和隼为另一方,它们是白天的猎手,视觉敏锐。因此,两群捕食者能在同一地域范围内共存,并捕食同一范围内有限的小型哺乳动物。

动物和动物之间,除了互相产生不利的竞争关系之外,还有其他的相互作用方式,包括共栖、互利、寄生、偏害等关系。偏害有时也叫"他毒",

即一方对他方造成危害,乙方却不受影响。如海洋中有种微小的红腰鞭毛虫,大量繁殖时造成海面一片红色,称"赤潮"。红腰鞭毛虫能产生一种剧毒代谢产物,这种毒素有封闭神经脉冲而导致麻木瘫痪的作用,能致鱼类和其他海洋动物死亡,人如果吃了吞食过这种鞭毛虫的海洋动物,也会间接受到影响。寄生也可说是一种特殊的捕食关系,寄生现象比较普遍。寄生者往往发生高度变化,以适应特殊的生活方式。寄生者对宿主有时会产生强烈的影响作用,例如可以通过所携带的致死病原体的传染而导致宿主的大量死亡。互利是两种生物相互依存、相互受益的现象。如牛背鹭、小白鹭在水牛及象的背上,啄牛鸟在犀牛、水牛等有蹄类的背上啄食虱子和其他外寄生虫,一方面自己获得了食物,另一方面减轻了对方的不适和危害。共栖是两种生物生活在一起,一方受益,但并不损害另一方。共栖实际上也是一种栖所关系。

（三）栖　　所

动物栖所与生境应是两个不同的概念,但有时又很难截然区分。对于陆生动物来说,除了居于洞穴和土壤中的动物外,植物是形成各类栖所的主要因素。植物为动物提供栖息、活动、觅食、隐蔽和繁殖的处所。森林的林冠是各种猿猴类和鸟类的理想栖所。树干则是许多鸟类和小型哺乳动物营巢的地方。腐烂的原木,地面的枯枝落叶层,都是一些小动物赖以生存的栖所。高草丛则是狮子等猎食兽隐蔽自己,接近猎物的有利地点。一种动物也可能成为另一种动物的栖所,动物的很多共栖、互利和寄生现象就属于这方面的例子。有时,甚至一种动物的排泄物也会成为另一种动物的特殊栖所。比如,专门处理动物粪便的蜣螂类,其取食和繁殖都离不开特定大型植食动物的排泄物。

对于水生动物而言,水草和大型的藻类是许多动物的天然栖所。水草还是许多动物(软体动物、昆虫、鱼类)产卵的地方,也是许多动物的幼体活动、取食、逃避敌害的地方。在海洋中,由海藻形成的"水下森林"为多种多样的动物提供了取食和隐蔽的场所。珊瑚礁可以说是海洋动物最理想的栖

息地,也是各类生物最集中而丰富多彩和生机盎然的地方。在海洋中,也有许多以别种动物为栖所的例子,如鮣鱼以吸盘吸附在鲨鱼或海龟的腹面,以鲨鱼和海龟所吃的食物残屑为食。寄居蟹以螺壳为家,藤壶则能定居于鲸鱼身上。

四、动物对环境的适应

动物对环境的适应,通常表现在形态结构、生理机能和行为生态等三个方面。

形态结构上适应的例子到处可见,如许多动物的嘴、脚和眼睛的独特构造,表现出它们对生活环境、所食食物等的惊人适应。雀科鸟类的嘴短而钝,适于咬碎种子;山雀、鹣䴗、莺类等的嘴纤细而尖,适于啄食小虫;啄木鸟的嘴坚锐如凿,适于啄木食虫;鹰类的嘴大而强,尖端具锐钩,适于撕食小动物;鹭类的嘴长而直,适于在泥地或湖滨石缝中觅食。鸟类的脚变化很大,鹰隼等猛禽的脚趾粗短强壮,爪尖而弯,适于抓捕小动物;鹤、鹭等涉禽类的长腿,适宜在浅水涉行;雁、鸭等游禽类的脚,趾间有蹼,适于游泳。哺乳类眼睛的构造与生活习性关系很大,生活在热带的鼯鼠,是一种树栖夜行动物,其眼又大又圆,瞳孔也特别大,能感受到微弱的光线;相反,鼢鼠、鼹鼠长期住在地下,眼睛很小,仅能分辨白昼与黑夜的更替。但它们的前足特别发达并呈铲状,适于地下掘土。

生理机能上的种种适应,不易被人察觉,但在生物体内却普遍存在。比如,荒漠地区的爬行动物,不以尿液而以固体尿酸盐的形式排尿,使身体水分损失达到最小限度。生活在青藏高原的牦牛,它们靠血色素含量高与氧的亲和力特别强的红细胞,适应于低压缺氧的环境(其红细胞输送氧的能力比居住在平原地区的哺乳类高很多)。鳄鱼是呼吸空气的爬行动物,当它潜到水里之后,体内气体代谢降低,心脏搏动也减缓。这样,贮存在体内的气体就可供它长时间的消耗。这是鳄鱼长期适应水中潜伏生活的生理特征。

行为生态上的适应,更为人们所熟知。中纬地带和高纬地区,几乎所有的无脊椎动物皆进行休眠或蛰伏,许多鸟类和哺乳类进行迁移,少数哺乳动物进行冬眠或夏眠。这些都是行为生态上的适应表现。

此外,动物在长期的进化过程中,对于环境的适应,总是朝着两个不同的方向发展。一个是趋同适应,一个是辐射适应。所谓趋同适应,是指在分类地位上相距很远的动物,但都适应了相同的生活环境,因而发展出相似的形态结构。例如鱼类中的鲨和哺乳类中的鲸,它们在分类上属于完全不同的类型,但由于生活于水中,都形成了流线型的身体,都具有适于划水的鳍状附肢。又如穿山甲、土豚和食蚁兽,血缘关系相距甚远,但由于食物类似,都发展出了便于掘食蚂蚁或白蚁的强化的脚爪、尖形的头部和筒状的长舌。还有,青蛙是两栖类,鳄鱼是爬行类,河马属哺乳类,但三种动物都栖居水中,并皆以肺部呼吸,因而它们的鼻孔和眼睛都位于头部靠上方的水平线上,当身体浸入水中时,鼻孔和眼睛均可突出于水面之上,如图8.7所示。

图 8.7 青蛙、鳄鱼、河马之趋同适应

辐射适应也称趋异适应。是指起源相同或亲缘关系相近的动物,由于长期分别生活于不同的环境中,而产生的不同适应特征。如哺乳动物中的真兽亚纲,在地球上出现以来,就逐渐向各个领域进行辐射。目前,它们已适应于陆地、水域、空中、地下等各种生活环境。比如,水栖的海牛、海豹和鲸,树栖的长臂猿、树懒,适于地下穴居的鼹鼠、鼢鼠,善于奔跑的羚羊、斑马,适于空中飞翔的蝙蝠等,都有各自的适应结构和生活方式(图8.8)。辐射适应的结果,使同一类群的动物产生多样化的生态类型。

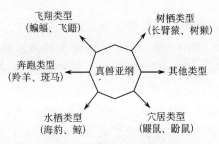

图 8.8 真兽亚纲的辐射适应

复习思考题

1. 试述动物在自然地理环境中的地位和作用。
2. 什么是 Bergman 定律?什么是 Allen 定律?
3. 光照对动物的影响体现在哪些方面?
4. 动物按食性特点可以分成哪些类型?
5. 什么是"竞争排斥原理"?一种物种进入一个新生境后可能出现哪些结果?
6. 什么是"趋同适应"?什么是"趋异适应"?

第二节 动物的生态类群

一、动物的生活类型

动物的生物学分类是根据其系统进化关系及其遗传特征进行划分的。动物的生活类型则以动物与环境的关系及其生活特征作为划分的依据。

地球表面的生境复杂多样,各具特色。长期生活于某种生境中的动物会逐渐发展进化形成适应于这种生境的生理特点和活动特征。这样一类适应于某种特定生态环境,具有相似生活方式的动物,称为动物的生活类型。

从根本上来说,地球表面有水生环境和陆生环境这两大生境。因而动物可分为水生动物和陆生动物两大生活类型。当然,也有少数动物既能生活于水中,亦能在岸上活动。在水生和陆生动物类型中,还可根据其具体生境的差异,划分出不同的生活类型。

(一)水生动物的生活类型

在水体内部,各部分的水动力条件和营养条件并不完全一致,因而出现了多种多样的生活环境。生物与此相适应,形成了不同的生活类型。通常,水生生物分为漂浮生物、浮游生物、自游生物和底栖生物四种类型。动物主要是后面三类。

（1）浮游动物。浮游动物大多数体形微小，肉眼看不见。它们不会游泳或游泳能力很弱，常常依靠水流、波浪或水的循环流动，被动地在水中移动。常见的浮游动物有原生动物、轮虫、枝角类、桡足类等。浮游动物主要生活于表层水区，因为它们主要以浮游植物（各种藻类）为食，而浮游植物需要阳光进行光合作用。浮游生物（动物和植物）是水生生物中数量最多的一类，而且种类复杂，分布广泛。它们构成水生生态系统的基础，是鱼、虾、贝类等动物的主要食物。

（2）自游动物。自游动物都具有发达的运动器官和很强的游泳能力。有些种类还可作长距离的迴游或适应较急的水流。自游动物的运动方式多种多样，有的以整个身体或尾部的弯曲摆动而前进，如大多数的鱼类；有的以成对的附肢进行划水，如许多虾类；还有的以身体的伸缩作反射运动，如乌贼、章鱼等。淡水中的自游动物主要是鱼类，海洋中除了鱼类外，还有软体动物和重返海洋生活的哺乳类、爬行类。自游动物是水域生态系统中最主要的消费者，多处于食物链的上层。

（3）底栖动物。底栖动物是指栖息于水底，不能游动或不能长时间游动的动物。底栖动物的种类很多，分类跨度很大，包括各门动物的代表，有原生动物、海绵动物、腔肠动物、扁形动物、环形动物、软体动物、棘皮动物和脊索动物等。底栖动物不仅种类复杂，而且具体的生活方式也有多种。有的固着在岩石上，称固着动物，如藤壶、牡蛎。有的埋入水底泥沙，称底埋动物，如沙蚕、蟛蜞。有的则能在水底匍匐爬行，如海星、海胆。

（二）陆生动物的生活类型

对于陆生动物的生活类型，迄今还没有一种通行的划分方法，从不同的视角和出发点看问题，往往就有不同的分类结果。我们从陆生动物的主要栖所环境的介质特点及其生存活动的空间层次考虑，将陆生动物分为土壤动物、落叶层动物、地面动物、树栖动物和飞行动物五种生活类型。当然，这种分类，也不是绝对的，有些动物的活动范围可能既在地面，也能到达林冠；有些动物的幼虫在土壤中活动，成虫则可能在空中飞行。陆生动物生活类型的区分，关键是看其最主要的活动内容集中于哪一种生境空间。譬如蜘蛛的活动踪迹从林冠、灌木到枯枝落叶层和土壤中都有，但其最主要的集中活动范围是在枯枝落叶层中。

（1）土壤动物。相对来说，土壤是一种比较紧密的环境介质。因此，生活于土壤中的动物一般是体型比较微小的动物。土壤动物的组成也是相当广泛和丰富多样的。大多数的原生动物生活在土壤中，多时能达到每克土中150万个；95%的昆虫直接生活于土中；蜗虫纲的大部分陆生类型也生活于土壤中；此外，线型动物的线虫，环节动物的蚯蚓，许多的螨类、蚁类，哺乳动物中的鼹鼠、鼢鼠等都以土壤作为主要的栖息环境。

（2）落叶层动物。地上植被的凋谢物积累覆盖在土壤表面形成枯枝落叶层。落叶层是陆生动物最佳的栖息环境，它为动物提供充分的食物和良好的荫蔽。在落叶层中活动的动物也大多是小型动物，而且很多也与土壤有关。落叶层中的动物主要是小型的节肢动物，如蛛形纲的蜘蛛类、蜱螨类，昆虫纲的弹尾类、蛰蠊类，多足纲的蜈蚣类、马陆类，还有软体动物的腹足类等，都是落叶层中的典型动物类群。落叶层动物和土壤动物是碎屑食物链的主体，并为微生物的分解创造条件，起着加速物质还原的作用。因此，它们虽然不如其他的大型动物受人关注和广泛知晓，但其无论在种类的丰富程度、生物量的大小还是对生态系统的贡献方面，都远比那些引人瞩目的动物更加重要（图8.9）。

（3）地面动物。此处所称的地面动物，主要是指活动于地面上的较大型的动物。相对来说，地面动物的种类组成较为简单，以哺乳类动物为主；另外还有一些体型较大的爬行类和不善或不常飞行的鸟类，一般都是为人熟知的动物。

（4）树栖动物。或者也可称为林冠动物，指大部分时间活动于森林地面以上，集中于树上觅食和栖息的动物类型。树栖动物的典型代表有猿猴类、爬行类和某些昆虫类动物。

（5）飞行动物。具有抵抗地球引力，在空气中有自由飞行能力的动物，属于飞行动物类型。飞行动物的主体是各种鸟类，还有哺乳类中的蝙蝠及某些有翅的昆虫。飞行动物的特点是活动的自由度较大，所受空间限制较小。但多数仍以林冠为主要栖所。

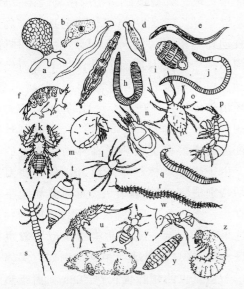

图 8.9 部分土壤和落叶层中的动物（陈鹏等，1986）

a，b.变形虫；c.笋蛏；d.蜗虫；e.线虫；f.熊虫；g.轮虫；
h.蛭；i.蜗牛；j.蚯蚓；k.拟蝎；l.蜘蛛；m，n，o.螨类；
p.横虾；q.马陆；r.蜈蚣；s.长小虫；t.鼠妇；u.跳虫；
v.甲虫；w.蚁；x.鼹鼠；y 双翅目幼虫；z.金龟子幼虫

（各动物间未按比例画出）

二、动物群落

（一）动物群落原理

对群落概念作广义的理解，动物群落就是指不同种群的动物共同生活于同一环境中的相互依赖的动物集合体。群落的范围可大可小，依研究的视角而定。大到可以是横跨整个大陆的针叶林动物群落，小到在腐烂木材上的微小动物群落。一般来说，小型的具体的动物群落属于动物生态学的研究课题；自然地理学所关注的则是宏观的、大范围的动物群落特征。

有关动物群落的研究不如植物群落研究的详细和深入。物种的多样性是群落研究的核心问题。下面是有关动物群落的几条原理（其实也是适用于植物群落的普通群落学原理）及其代表学者。

原理1：蒂曼于1918年认为，生境条件越优越，群落中种的数目越多，同种的个体数越少。例如，热带森林内的昆虫群落，在那里发现100个种，比发现1个种的100个个体更容易。

原理2：蒂曼于1918年认为，生境条件偏离正常或最适度愈远，种类组成愈趋于简单，多样性愈小，生物群落的个性越明显。少数或个别种的个体数量很多。例如草原和苔原动物群落。

原理3：弗朗兹于1952年认为，生境条件发展过程的连续性越大，生境保持同源性的时间越长，群落的多样性就越强，平衡状态越稳定。珊瑚礁动物种群的高度多样性，就是这种古老生境的例证。

（二）多样性梯度

许多不同类型的动物，在地理上也显示出明显的多样性梯度变化。例如蝙蝠，在热带的巴拿马有31种之多，到温带的密执安有7种，寒带的阿拉斯加仅有1种。北美大陆从南到北，不同生境中鸟类种数的变化（图 8.10）也清楚地展示了多样性的梯度变化，显示出动物种或属的数目从赤道向高纬度逐渐减少的规律。

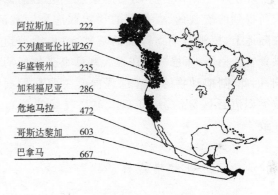

阿拉斯加	222
不列颠哥伦比亚	267
华盛顿州	235
加利福尼亚	286
危地马拉	472
哥斯达黎加	603
巴拿马	667

图 8.10 北美大陆不同地区的鸟类种数

（Cox，Moore，1980）

关于多样性梯度形成的原因，过去通常认为与植物群落的生产力有关，生产力高的地区，可以满足更多物种的需求，提供多样性的生存空间。但这种观点难以解释客观存在的相反的多样性梯度变化。例如陆地上的荒漠和深海的海底，生产力极低，虽然各个种的密度很低，但种类却较丰富。海洋中的多样性梯度与陆地上的总的梯度方向相反，即生产力最低的地区（深海底）种数最多，而生产力最高的地区（河口）种数却最少。美国生态学家桑德斯（Howard Sanders）认为，形成多样性梯度的真正原因是环境变化的强度及与之相关的物种灭绝的速度。新物种的萌生速度在不同的环境中是相同的，但它们走向灭绝的速率不同，在变化激烈的环境中物种的灭绝速度比在稳定环境中高得多，结果就使稳定环境中能积聚和保存更多的物种。陆地高纬地区受极端寒冷和季节变化影响,河口地区的盐度由于潮汐、风暴或洪水而经常变化,这都导致物种生存的机会减少。相反,热带雨林和深海海底,属于相当稳定的地区,环境变化很小,因而保存下丰富的物种。这个假说也解释了在维持不久的生态系统中种的多样性低的现象。例如莎草沼泽虽然生产力相当高,但只是生态演替中的一个过渡相,因此只有一个很短的时期积聚物种。Sanders假说被称为"稳定性-时间假说",现在看来是对物种多样性梯度的较令人信服的解释。

三、陆地动物群落

有些书中把地球上动物按生态差异形成的地理类型称为动物的生态地理群,是指在基本相似的生态环境中生活的各种动物的集合。这与前面我们所提到的宏观的、大范围的动物群落是一致的。在陆地上,植被是动物存在的基础,植物为动物提供食物及栖所,而植被又在很大程度上受气候的影响;因此,陆地动物的生态地理群落主要是根据植被类型进行区分的,并且基本上与气候的分布相一致。

(一) 热带森林动物群落

热带森林为动物的生存提供了最优越的环境条件。食物资源丰富、环境常年恒定,使热带森林中的动物组成异常繁盛。其单位面积上种的丰富度是温带地区的几百倍。此外,热带森林还有许多的特有科、属、种;因此,有人将热带森林喻为地球的物种基因库。热带森林中动物的种类虽多,但同种动物的个体数却较其他动物群落少(参见群落学原理1)。所以热带森林动物群落的一个基本特征就是种群丰富而优势不显。

热带森林动物群落的另一基本特征是树栖种类多、地栖种类少,狭食种类多、广食种类少。在浓密的热带森林中,营树栖攀缘生活的动物占有明显优势,并形成了许多适于树栖生活的形态特征,如树懒弯曲而锐利的爪,灵长类和避役适于握紧树枝的脚,树蛙和雨蛙类脚上的吸盘,猿猴类和一些爬行类特有的、能卷住树枝的尾等。森林的茂密也使能见距离受到限制,因此森林动物的视觉较迟钝而听觉非常灵敏。大型地面动物因活动受限而较少,热带森林中缺乏善于快跑和长跑的地面动物。大型植食动物如象、犀、河马等,大都生活在林缘、疏林及河谷地带。食肉兽因上层食物丰富而经常上树活动。由于热带森林中生境多样,食物丰富,因而发展出较多狭食性甚至专食性的动物,广食和杂食性的种类较少。

变温动物繁多也是热带森林动物群落的一个特征。由于热带森林终年高温、湿润,对变温动物的生活特别适宜,因此像昆虫、两栖类和爬行类等动物在热带森林中异常繁盛,许多古老的动物类群也在这里得到保存。变温动物的体型一般也比高纬地区大得多(与恒温动物相反),例如巨蟒体长可达9m,有些昆虫的翅膀也长达20cm。由于热带森林的环境稳定,没有明显的季节变化,因此动物生活也无季节性变化;无贮粮习性,无休眠现象,无特定的繁殖季节,也无特定的换毛期或明显的迁徙现象。相反,动物的昼夜活动规律却比较突出。由于日间高温,夜间和晨昏活动的种类较昼出活动的多。

地球上的热带森林动物群落,虽然生态特征相似,但由于地理的阻隔,各大洲的热带森林群落在其动物种类组成上是有差异的,各洲都有自己特有的、代表性的动物。南美洲的热带森林动物最为丰富,变温动物的种类数目及树栖种类所占的比例比亚、非两洲更高。南美的灵长目动物全部属阔鼻亚目,主要是狨科和卷尾猴科(卷尾猴、蛛猴等)。食肉目以美洲豹最典型。有蹄类中则以西猯、南美貘为代表。鸟类中以鹦鹉和蜂鸟种类最多,也最为突出。其他的还有树懒、食蚁兽、眼镜鳄、森蚺、箭毒蛙等都是南美热带森林的特有动物。

非洲热带森林中的灵长目动物主要有狭鼻亚目的疣猴、长尾猴等,类人猿亚目的大猩猩、黑猩猩和倭黑猩猩。在马达加斯加岛上则全是狐猴科的种类。有蹄类中多为小型的麑羚,也有较大的紫羚羊和霍狐狓。非洲象和犀牛一般不深入原始林内。非洲热带森林中的典型食肉动物是灵猫和豹。鸟类以太阳鸟较为突出,其生态习性与美洲的蜂鸟相似。爬行类中的避役种类高于其他地区,有40余种。

在亚洲的热带森林中,灵长目动物以猩猩、长臂猿、懒猴和跗猴等较有特色。属于翼手目的蝙蝠种类较多,主要有狐蝠、果蝠、彩蝠、黄蝠等。啮齿类中也有不少树栖的种类,例如鼯鼠、长吻松鼠、笔尾树鼠等。亚洲热带森林中的有蹄类不多,典型的林栖动物有鼷鹿、水鹿、马来貘、印度野牛等。亚洲象和三种亚洲犀牛也出没于森林间。食肉类的树栖种比其他热带森地区要多,主要是树栖的猫科动物,如果子狸、棕榈猫、豹猫、云豹和豹等。鸟类种类繁多,其中以犀鸟、孔雀和雉类最典型。爬行类中则以巨蜥、树蜥、蟒蛇、眼镜蛇等具有代表性。

大洋洲由于过早地与各大陆分离,因此其动物成分与其他各洲差异较大,独具特色。大洋洲热带森林中的动物主要是有袋类的树袋鼠、树袋熊、袋貂等。还有翼手类的多种蝙蝠。鸟类中则以极乐鸟、鹦鹉、营冢鸟、园丁鸟比较典型。大洋洲没有原生的哺乳类食肉动物。

(二)热带草原动物群落

热带草原由于植物种类比较贫乏,树木稀少,因而动物种类比热带森林少,并且以地栖种类占绝对优势,树栖动物极少。由于草本植物繁盛,食草动物得到很好的发展,在群落中占优势地位,例如在非洲,有蹄类的数量特别丰富,尤其是羚羊、角马、斑马最为繁多。热带草原的啮齿类也很多,它们多营穴居和夜行生活,这是防御敌害和对不良气候的适应。食草动物的繁盛为食肉动物提供了发展条件,并使捕食食物链在草原动物中表现得非常明显。

由于草原平坦开阔,生活在这里的动物大部分都具有敏锐的视觉、听觉和嗅觉,并且善跑,如非洲羚羊可以 60km 的时速作长距离的奔跑。此外,草原动物还有集群生活的习性,这是动物防御敌害的一种适应。如非洲热带草原上,斑马和羚羊往往相聚一群,在这些有蹄类中也常可发现鸵鸟。鸵鸟是一种机警谨慎但不能飞的动物,颈项特长,能发现来自远方的危险。当鸵鸟惊叫和逃避的时候,也引起斑马和羚羊的警惕。

干季和湿季的交替引起了热带草原动物的季节性迁徙。干季时许多草原动物由于草类黄萎而迁移他处,如羚羊、斑马和长颈鹿等迁向热带森林的边缘,食肉动物也跟随移动。没有迁移的动物则进行休眠。等雨季到来,食草动物又迁回草原,休眠动物也开始活跃起来。

各大陆上的热带草原动物群落,因为相互隔离,所以在种类组成上存在差异。其中,非洲热带草原面积最大,种类也最丰富。大型食草动物有各类的羚羊、斑马、角马、非洲水牛、鸵鸟等。非洲象、黑犀、白犀、长颈鹿多生活于疏林草原地带。主要的食肉动物有狮子、猎豹和鬣狗。

亚洲热带草原主要分布在南亚和东南亚部分地方。相对于其他地区的热带草原动物,与非洲草原动物的关系比较密切,有许多同属动物;但大型草食性哺乳动物比非洲贫乏得多。如非洲热带草原有羚羊类动物 40 余种,亚洲只有几种。亚洲热带草原代表性的草食动物是鹿科,如印度斑鹿、泽鹿等;还有印度黑羚、瞪羚、东南亚野牛等。大型食肉动物主要有虎和鬣狗。

南美热带草原动物群落与非洲相比,种类组成较为单纯。缺少大型的哺乳类,特别是缺少羚羊类,也没有地栖的灵长类(非洲的狒狒,亚洲的猕猴)。但贫齿类的大食蚁兽和各种犰狳却较繁盛,成为典型的代表动物。食肉动物主要有美洲狮和各种小型的猫类和狐类动物。

大洋洲的热带草原动物更加独特,代表性的动物主要有大袋鼠、鸸鹋,澳洲野犬是大洋洲唯一的食肉目动物(由人类带入)。

(三)荒漠动物群落

荒漠由于气候干燥,食物缺乏,因而动物的种类和数量都非常贫乏。典型的荒漠动物有:啮齿类的跳鼠、沙土鼠、沙兔等;有蹄类的骆驼、野驴、瞪羚等;食肉类的虎鼬、羊猞猁、沙狐等;鸟类的沙鸡、荒漠莺等;爬行类的各种蜥蜴,如沙蜥、麻蜥、草原飞蜥等。

荒漠动物适应干旱特性的表现:一是少喝水,有些地方方圆数百公里不见一个泉眼或积水,因而许多荒漠动物可以不喝水或少喝水,如沙鼠仅吃含水不过 10% 的种子,便能生存下去。二是少耗水,环境中缺少水,动物体内水分消耗以后,补充水分便有困难,因而许多荒漠动物没有汗腺,而且排泄的大便很干结,小便极稀少,以减少水分的耗失。三是远找水,荒漠中一些善跑的有蹄类和能远飞的鸟类,在感到需要喝水的时候,可以快速地跑到有水源的地方去。

亚洲的双峰驼与非洲的单峰驼是典型的荒漠动物。骆驼很耐渴,主要由于身上没有汗腺,在气温急增的情况下也不流一滴汗,同时其大便很干,小便次数少,量又不多。此外,骆驼还具有软垫般的脚掌,能关闭的鼻孔,有储存养料的驼峰等,这些都是它对干旱而风大的荒漠生活的适应。

荒漠中可供动物隐蔽的场所很少,所以动物的视觉、听觉很发达。此外,还具有很好的保护色,如沙兔、沙鸡的外表和沙土的颜色很相似。

荒漠动物的季相变化没有草原动物那样明显。但动物的夏眠现象却较普遍,这是因为荒漠夏季炎热、干旱、缺乏食物的缘故。相反,荒漠动物昼伏夜出的习性却十分明显,为了躲避辐射和高温,大多数动物于夜间出来活动;而少数昼间生活的动物,在最炎热时,有的躲进洞穴,有的隐藏在灌丛下,有的则钻进沙土中。

(四)温带森林动物群落

温带森林包括落叶阔叶林和针叶林,由于植物种类比较单纯,动物种类比热带森林动物少,但动物个体数量较多。温带森林较为稀疏易于通行,故如马鹿、麋鹿、梅花鹿等地面活动的有蹄类较多,而且可以在林中奔跑。树上生活的动物也很多,如松鼠、啄木鸟、交嘴雀、杜鹃、斑鸠、松鸡、苍鹰等鸟类;两栖和爬行动物较少,分布广的只有胎蜥、蝾螈等。由于植食动物数量较多,故食肉动物也得到了很好的发展,如虎、豹、美洲狮、棕熊、狼、獾、猞猁、狐等,它们有的在地面捕捉有蹄类为食,有的则在树上捕捉啮齿类或鸟类生活。

温带森林动物的季相活动非常明显。许多鸟类及哺乳类动物在冬季都向温暖的地方迁移;而定居于森林中的动物,秋天多吃或贮藏食物,躲在树洞中或掘穴冬眠,有许多夏天生活在树上的啮齿类到冬天则隐居地下。很多动物都毛长绒厚,成为贵重的毛皮动物资源。

(五)温带草原动物群落

温带草原动物群落的种类比森林地区贫乏,但比荒漠丰富。其中最多的动物是啮齿类,如黄鼠、鼠兔、草原旅鼠等。这类动物大都穴居,以草为食。温带草原上也有不少有蹄类,如高鼻羚羊、黄羊、原羊、叉角羚羊、北美野牛、马等,它们常常集群生活,并且有敏感善跑的特点,这类动物后面往往跟着很多食肉动物,如狼、狐等。鸟类在温带草原中也常见,如百灵鸟、鸨、草原雕、红脚隼和鹞等,还有以啮齿类为食的大型猛禽鹰和鹫。爬行类和两栖类在温带草原很少,主要有蝰蛇、麻蜥等。

温带草原动物和热带草原动物一样,也具有灵敏的视觉、嗅觉和听觉,并有快速奔跑的能力和集群生活的习性。

由于温度的季节变化和旱季缺水,温带草原动物的季相变化很显著,夏秋两季是动物活动最好的时节。冬天,有蹄类都迁移到较温暖而食物较多的地方去,食肉类也离开了草原;啮齿类在秋季贮藏食物,到冬季就隐居洞穴或冬眠。此外,原草动物昼伏夜出的习性也很明显。

(六)苔原动物群落

苔原带气候严寒,土壤冻结,植物贫乏。这种环境对动物生活是很不利的。因此,苔原动物无论种类还是数量都比较少。典型的苔原动物有:哺乳类的北极狐、有蹄旅鼠、雪兔、驯鹿等,鸟类的白鹎、雪鸮、铁爪鹀、毛脚鵟、白额雁、柳雷鸟、雷鸟等。苔原没有两栖类和爬虫类等变温动物。在更加接近极地的地方,则有北极熊、海豹、企鹅等动物活动。

寒冷的气候,形成了这些动物的耐寒特性。它们或者具有密而厚的毛,或者具有丰富的皮下脂肪。

苔原动物的季相非常明显。短暂的夏天,是动物最活跃的时节,从低纬来的候鸟在这里到处飞翔觅食,产卵繁殖。生活在针叶林中的动物,如驯鹿,为了躲避吸血昆虫的干扰,也纷纷来到苔原,狼也往往尾随而至。加上苔原本身的各种动物,构成一片热闹的景象。但是,一进入冬天,候鸟展翅远飞,大型野兽返回针叶林,仅剩下旅鼠和北极狐,所以,苔原的冬天成了寂静世界。

由于夏季短促,动物不能贮备足够的食物去度过漫长的冬天,同时土壤冻结妨碍挖洞,所以苔原动物没有冬眠和贮物过冬的习性。

四、水域动物群落

根据水环境介质的差异,水域动物群落有淡水动物群落及海洋动物群落两大类型。

(一)淡水动物群落

淡水动物群落按水流特点,可分为流水群落和静水群落两类,它们的环境条件和生态特征有明显差异。

流动的溪水中含氧量很高,水流不断地带来营养物质,带走废物。在这种环境中,动物为了防止被冲走,发展了一些特化现象,如身体扁平、吸盘、变异的附肢等。很多动物为了减少表面阻力而具有流线体型,或适应匍匐于岩石底面生活的体态。

湖泊、池塘等水体比较稳定,小型浮游动物占有优势,桡足类、叶脚类、轮虫和原生动物大量繁衍。此外,还有许多昆虫的幼虫,如蜻蜓、蚊子等也在静水中生活。静水的底泥中则主要是寡毛类、双壳类和水生的螺类。

(二)海洋动物群落

相对于陆地环境而言,海洋环境比较一致。影响海洋动物分布的两个主要因素是海水中营养物质的丰缺和水中的光照条件。海洋中生产力最高的地区是陆地沿岸,那里的水中富含由陆地输入的氮、磷等营养物质和被海流涌上来的有机碎屑物质。海洋中的光合作用主要限于深度在150m内的海洋表面透光层,在海水特别清澈的地方透光层可延伸至200m深处。因此,依据海水的深度及其与海岸的距离划分为三个生态带(图8.11)。各生态带都有其相应的动物群落。

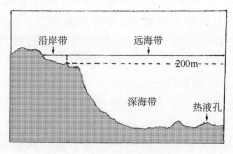

图8.11 海洋生态带的划分

(1)沿岸带。沿岸带亦称浅海带,包括从海岸线开始到水深200m左右的大陆架上面的水域。沿岸带营养丰富,光线充足,海水的温度和盐度变化较大,生境多样,有潮间带、红树林、珊瑚礁、硬质海底和软质海底等不同的环境条件。近岸带的浮游植物和水底植物都很繁盛,因而动物群落也十分丰富,浮游动物、自游动物和底栖动物都有不少。浮游动物以涡鞭毛虫类最为普遍,其次有桡足类、水母等。自游动物有各种虾类和鱼类,以及某些水生

哺乳类,如海豹、海牛、海豚等。底栖动物种类也很繁多,如腔肠动物中的海葵、珊瑚,软体动物中的牡蛎、蛤蜊,甲壳动物中的虾、蟹,棘皮动物中的海星、海胆等。

(2)远洋带。也可称为光照带,包括沿岸带以外全部海洋阳光可透入的上层水域。远洋带的初级生产者全部是浮游植物,以硅藻最多;通常分布在海面以下几十米的范围内。远洋带的动物也以浮游动物为主,主要是原生动物中的有孔虫、抱球虫和放射虫。自游动物中有甲壳类的磷虾,软体动物的乌贼,鱼类中的箭鱼、飞鱼、金枪鱼等,还有大型的鲸类。

(3)深海带。深海带的范围从透光带的下限直到深海底。深海带终年黑暗,水温低而稳定,水层压力大。深海带只有消费者,动物都是肉食性的。有的以死亡的动物尸体为食,有的则捕食其他动物。深海带动物适应特殊的环境,大多形态古怪,有些还具有发光器官(图8.12)。

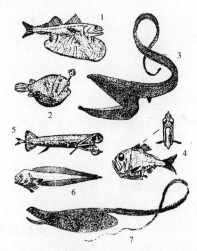

图8.12 深海带的部分鱼类(陈鹏等,1986)

1.大吞鱼;2.Borophryne apogon;3.宽咽鱼;
4.银斧鱼(Argyropelecus sp);5.阔口鱼(Paraliparis sp);
6.囊喉鱼(Saccopharynxam pullaccus)

(4)热液孔。近些年来,由于深潜技术的发展,发现在大洋中脊附近的深海海底,岩浆活动形成的海底热液孔周围,存在一种特殊的生态系统。有许多特化的动物聚集繁衍在这种通常被认为是高热、高压、有毒的环境中。其生产者不靠光合作用,而是依赖吸收"有毒"的硫化氢维持生活。

复习思考题

1.水生动物有哪些生活型?

2. 陆生动物有哪些生活型?

3. 什么是 Sanders 的"稳定性-时间假说"?

4. 试述六大陆地动物群落的主要特点。

5. 绘图说明海洋生态带的划分。

第三节 动物的分布与区系

在本章第二节"动物的生态类群"中,其主体内容实际上讲述的也是动物在地球上的分布,但那是从环境的生态的角度来阐释的。本节所讨论的动物分布,则是从生物进化和地质历史角度,解释为什么在某个地域出现某类动物,分析动物的分布形式和影响分布的因素。所以,有人曾将动物地理学分为两大内容,即生态动物地理和历史动物地理。

有关植物和动物分布区系的一些基本概念和原理是普遍性的,有些已在植物部分提及,本节重点只就与动物有关的内容作进一步的阐述和补充。

一、动物分布区

(一)分布区与栖息地

动物的分布区是指某种或某类动物存在和居住的区域。在这个区域内,此种或此类动物能进行充分地个体发育,并能正常地繁育出有生命力的后代。因此,某种动物偶尔在某地被发现,不一定说明这里属于它的分布区。

分布区是一个地理学的概念,而栖息地是一个生态学的概念。分布区是动物可以存在的空间,是地球表面一个特定的地域范围。栖息地则是动物具体生活的地方,是某种特有的生境或小生境。例如獾的分布区相当大,其分布范围从东到西几乎遍及亚欧大陆;但并不是说在这么大的范围内到处都充斥着獾。獾比较偏爱在丘陵地区的林地和矮树丛中挖洞生活,在广大的平坦地方则很少。因此可以说,动物实际上只是出现在其分布区内的适宜其生活的各种栖息地上。

一种动物在其分布区内具体的分布状况,取决于两个方面:①适宜此种动物生活的栖息地生境类型在分布区内的分布格局。②此种动物的生态能力。如果其栖息生境呈均匀分布,则动物也可在全区内随处可见。如果栖地生境呈镶嵌分布,则动物的分布则呈斑块状。根据动物生态适应能力的强弱,可以分为广栖性种和狭栖性种。生态能力强的广栖性动物,例如狼、狐等,可以在森林、草原、荒漠、苔原等不同的生境中栖息生活,因此能广布于其分布区内。生态能力弱的狭栖性动物,则只能局限于其分布区内某些合适的生境中。

(二)动物的起源和扩散

按照现代生物学理论,变异是生物自身固有的普遍现象。生物体内的基因突变是一个持续的随机过程,只要时间足够长,在自然环境的选择下,某些变异特征不断积累,就会演化出新的物种。

一个新的物种或其他分类类群,最初是由一个地点形成的,这称为这个种或类群的发生中心或起源地。新的物种一旦形成,就有一种向四周扩散分布的持续的种群压力,向外寻找新的适宜的栖息地。随着时间的推移,分布的范围逐渐扩大,直至遇到不可逾越的阻碍。

动物分布区的扩展有两种方式:主动扩展和被动扩展。主动扩展是指动物不依靠外界因素,而凭自身能力进行的积极地向外扩散活动。这种扩展活动有时是缓慢的,逐渐地向外渗透。有时是快速的,但仍是渐进的。还有一种是暴发性的大规模外迁,通常是在环境条件发生突然不利的变化,或者由于环境条件变得优越,种群超量繁殖,导致空间不堪负载时发生,以旅鼠、蝗虫等动物表现得最突出。但如果迁移到不适的环境中,也可能全部死亡,不能达到扩展的目的。

被动扩展是小型陆栖动物的重要扩展方式。这些动物自身的扩展能力有限,常借助外界动力,水流、风、其他生物的携带进行扩散。例如洪水暴发时,水上漂浮的树干树枝等漂浮物上,就可能附着各种小型动物,随水流漂送到很远的地方。澳大利亚大陆的少数啮齿类动物,它们的祖先就可能是借助这种方式由亚洲大陆,经一系列岛屿,一步步漂移过去的。大风或风暴也常将许多小动物以及它们的卵和虫囊吹送至很远的地方,如果生境合适,它们将会生活和繁衍下去。涉禽的脚趾上,经常附着混有小型无脊椎动物和卵的泥土,人类的活动,也有意无意地夹带有动物,这都对动物的扩散有所帮助。

需要注意的是,动物的扩散是单向性地向外移动、扩展,与动物的迁徙不同。迁徙是往返于两种栖息地之间的周期性移动,例如候鸟和食草兽等的季节性迁徙。扩展是一种地理过程,迁徙是一种生态行为。

动物的现代分布区一般都经过相当长的历史发展过程。如果分布区一直处于相对稳定的条件下,则其发生中心会在现代分布区内。而如果由于地壳的运动、气候的变迁等导致分布范围的多次变动,则发生中心并不一定在现存的分布区内。例如驼类动物起源于北美,在那里已找到了它的化石,在更新世时,其中的一支——真驼经自白令路桥散布到欧亚大陆,演化为现在的单峰驼和双峰驼,而另一支——无峰驼则向南通过巴拿马地峡进入南美,成为今日的羊驼。当第四纪冰期结束时,驼类在其起源地北美却灭绝了。

(三)分布的阻限和途径

动物在向外扩展的过程中,迟早会遇到各种阻碍其进一步前进的屏障,使分布的范围受到限制。另一方面,本来连续一体的分布区,也可能因为自然地理环境的改变,产生新的阻碍因素,导致分布区的隔离,失去基因交流的机会。这类阻碍动物扩散和交流的因素,称为阻限或阻障(barries)。对于不同的动物来说,具体起阻限作用的因素以及作用的程度可能是彼此不同的。但从一般意义上,常将阻限分为物理阻限和生物阻限两类。

物理阻限包括地理条件(山脉、平原、沙漠、海洋、河流等因素)和气候条件(温度、湿度等因素)。海洋和河流是陆栖动物迁移的阻限,高大的山脉是许多动物扩展的阻限,而广阔的平原则成为高山动物的阻碍因素。沙漠之所以成为许多动物的阻限,是因为沙漠中的生存条件极其恶劣,没有对极端干旱和高温适应能力的动物一般很难生存。过分寒冷或过分炎热的气候,对于许多狭温性动物来说是一种阻限。同样,过分干燥或潮湿的环境,对那些不适应的动物也是一种阻限。

生物阻限包括食物的缺乏、中间寄主的缺失、敌害的存在和种间的竞争等方面。动物是异养生物,必须依赖其他生物取得食物。因此,某种动物所需食物(植物与动物)的缺乏是其向新地区扩散的主要阻限。这对于狭食性动物尤其重要。天然敌害也是限制某些动物向新区域扩展的一种因素,

如非洲中部的刺刺蝇,当它在刺咬动物时,把一种致病的锥虫注入动物血液中,引发致命的疾病,从而限制了某些对此寄生虫敏感的动物在该区域的分布。

种间竞争是影响动物分布的重要因素之一。如果一种动物进入它先前不曾栖居的地理区域,就面临着与原有动物的竞争,并存在四种可能的结果。①侵入者没有充分的能力与原有的占据者共享生态位(小生境),偶然进入新领域的动物要么很快离去,要么死于饥饿,要么被捕食;结果是不能永久定居,正常繁衍。②侵入种具有更强的竞争能力,逐渐排斥和消灭占有相应生态位的土著种,最终取而代之。③侵入种和土著种都是有效的竞争者,竞争的结果使原有的生态位细分为两个更小的生态位,侵入种和土著种分别占据更适于自己生活的位置,并长期竞争共存。④侵入者很幸运,在新的环境中没有相应的竞争者,它所需要的生态位是空的,侵入种在几乎没有抵抗的情况下占据新的分布区。

阻限的出现或分布区的地理隔离是新种产生的重要条件。如非洲中部原有一个大型的内陆湖盆,后由于地壳变动,湖水向西注入大西洋,形成扎伊尔河。原来连续的黑猩猩分布区被河流分割为两部分,动物的遗传基因不能交流,从而分别演化为现代北岸的黑猩猩和南岸的倭黑猩猩两个独立种群。

阻限也不是绝对的,对一种动物分布构成屏障的,可能对另一种动物的分布是条通道。比如河流可以阻碍黑猩猩的交流,但对河马的扩展却是一条有利的途径。

生物地理学者一般认为动物可借三条不同的途径,在此区彼域间扩散。最容易的途径称为"甬道"。在甬道上存在多样的生境,因此,甬道两端的动物在通过甬道时遇到的困难很小,不同生活方式的动物大多能顺利穿越。其次是"孔道",即在联结地带上的生境有限,犹尤如筛子一般,只有那些能在这些生境中存在的动物,才有机会通过它散布。最为困难的扩散途径称"险道",相似的生境彼此距离遥远,或者被截然不同的环境包围:最明显的例子是广阔海洋上彼此隔离的岛屿。动物要克服阻限穿过中间地带极端困难,扩散成功的机会极小,主要是靠有利环境的机遇组合。例如雌雄动物正好附着在植物漂筏上并恰遇合适的风向。险道与

甬道和孔道的性质不同,因为通过险道的动物不可能在途中正常完成其全部生命历史。动物通过甬道或孔道进行的扩散是一种连续的、渐进的、长期的过程,而通过险道的扩散是一种偶然的、个别的、瞬时的事件。

在自然地理上的某些特殊地带,如穿越高山间的低地,贯穿荒漠地带的河流及两岸绿洲,大洲间的陆桥和地峡,往往成为动物交流的通道。人类的出现,使人类活动成为现代动、植物扩散的最重要途径。人类可以说是地球上分布范围最广泛的一个物种。许多动植物种类由于人的有意或无意携带或引种而进入不同的地域、不同的区系,并蔓延和发展。过去 100 年来由人类而引起的世界生物分布变化,可能是自然过程在数百万年间也难以达到的。

动物分布的扩散在时间上有特别明显的两个不同阶段。动物的扩散在遇到自然屏障时,扩展受阻停滞,但向外扩散的动力仍在,动物为突破阻限而持续地努力,但需花费较长的时间。而动物一旦突破阻限,则往往能非常迅速地在新环境中扩展,直至遇到新的周边阻限。

虽然动物靠自身的能力突破自然阻限非常困难,但人类却可以轻而易举地帮助动物实现。人类将某种动物引入一个新的区域内,然后它们便可以迅速地占满新的分布区。例如,1891 年人们将欧洲的椋鸟引入纽约中央公园,从那时起短短几十年的时间内,椋鸟的分布已扩展至整个北美大陆(图 8.13)。非洲杀人蜂在美洲的扩散也是一个典型的例子。从巴西一个实验室里偶而逃出的一些非洲杀人蜂,由于环境的适应力很强,在短时间内就占领了相当广泛的区域,并排斥了美洲的原有土著蜜蜂。

(四)岛屿生物地理理论

为广阔海洋所隔离的岛屿具有相对简单而明确的地理关系,因此成为研究分析生物迁移与分布的理想环境。达尔文曾撰写过一本岛屿生物地理学的书,他最早注意到生存在岛屿上的所有物种的数目比附近大陆上同样面积上生存的生物要少,且其中大部分又是本地所特有的种类。后来又有人提出物种存活数目与所占据面积之间的一般公式:$S=CA^z$(S——生物物种的数目;A——岛屿面积;

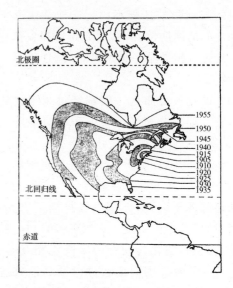

图 8.13　椋鸟从 1905～1955 年在北美的分布扩展
(Cox，Moore，1980)

C——单位面积上的平均物种数;Z——某个统计指数)。

现代的岛屿生物地理理论是 R.H.MacArthur 和 E.D.Wilson 于 1967 年提出的平衡模型。平衡理论的基本观点是:物种数目由"新物种"的迁入和"原有物种"的消亡之间的动态变化所决定,是一种动态平衡的结果。物种迁入和灭绝的速率是岛屿上现存物种数量的简单函数(图 8.14)。岛屿上的物种越多,竞争就会加剧,新物种迁入岛屿的速率就会随之减少。物种的灭绝速率也随之提高。另外,迁入的速率还是岛屿与大陆之间距离的函数,距离大陆(物源地)近的迁入速率高于距离远的。而灭绝的速率是岛屿大小的一个函数,小岛上的灭绝率高于大岛的。因此,岛屿上的物种数量可以由岛屿面积、距离大陆的远近所导致的迁入-灭绝过程的不同平衡点所决定(图 8.15)。

陆地上的一些自然景观在分布格局上与海洋中的岛屿有类似之处,比如连绵荒漠中的绿洲,大片陆地包围着的内陆湖泊,广阔草原地带的小片森林等。也可以借用岛屿生物地理的基本理论进行分析研究。

(五)动物分布区的类型

关于动物分布类型的一些基本内容,与植物是相同或相似的,此处不再赘述。只对与动物分布有关的知识作概括性的介绍。

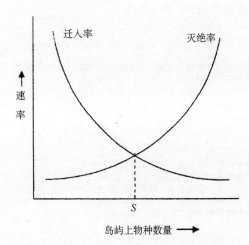

图 8.14　岛屿上物种数量平衡模型

（McArther，Wlison，1967）

生物物种数目 S 是迁入率与灭绝率曲线的交点，
迁入速率随岛屿上已有的物种数量增加而下降，
而灭绝速率升高

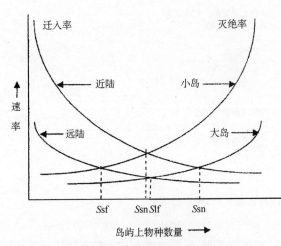

图 8.15　岛屿大小与岛屿距离大陆远近对迁
入率和死亡率的影响

生物物种数目的 4 个交点便是岛屿面积大（L）与
小（S）、距种源近（N）与远（F）的四种组合

对于动物分布区的类型，我们认为可以从两个不同的侧面去认识：一种是分布区的格局类型”，一种是“分布区的地理类型”。所谓格局类型是指分布区的形态类型，如连续分布区、间断分布区、星散分布区、长条形分布区、环状分布区、广分布区、狭分布区等等。不同的分布区式样，往往反映出某种或某类动物分布的历史演变过程。如刺猬、黑线姬鼠和大麝鼩三种动物原来在欧亚大陆呈连续分布，由于第四纪冰川的影响，使中间分隔，成为在大陆东西两端的间断分布。

陆地上的动物分布区，都与一定的自然地理区域相联系。如果有许多种动物的分布都与某一地理区域有关，并且分布区的大小与轮廓也颇为相似，则形成一个分布区相对集中的中心。分布区的地理类型，就是在综合分析许多具体物种分布区的基础上，归纳整理出的具有相似地理分布特点的一种分布组合类型。

动物分布的地理类型（在植物中称地理成分）对于分析动物区系组成非常重要。在世界陆栖脊椎动物研究中，常用的地理分布类型有泛热带分布、环极地分布、两极分布、大西洋两岸分布、太平洋两岸分布、北极-高山分布、北方-山地分布等。

二、动 物 区 系

（一）动物区系的演化

严格的动物区系概念，是指在一定历史条件下，由于地理隔离和分布区的一致所形成的动物群体。它是由许多分类上不同的、分布上相似的物种所构成的。地球上的陆地，被海洋所分隔；同一大陆的内部，又被高大的山脉和广阔的沙漠所分隔。分处于这些彼此分隔区域内的动物，在很长的地质时期内互不联系地发展起来，导致各自形成独立的动物区系，隔离的时间愈长，动物区系的特殊性就愈显著。

虽然动物区（region）也是指一定区域内各种生物的群体组合，但它与群落的概念不同。正如分布区是地理学的概念，栖息地是生态学的概念一样，动物区是一种地理学概念，而动物群落是一种生态学概念。

从全球观点出发，整个地球表面可分为海洋动物区和大陆动物区。但目前对海洋动物的分区认识不深，加之海洋是相互连通的，因此世界动物区系的研究重点是陆地动物分区。

自 19 世纪以来，许多生物地理学家接受了在各大陆隔离区域之间曾经存在过陆桥的说法，以解释动物区的现代分布。现在看来，在个别大陆之间（如白令海峡），以及在大陆与其附近的大陆型岛屿之间，确曾有陆桥的存在并帮助了动物的交流。但在各大陆之间的大洋深处，不可能有所假设存在的跨越大洋的陆桥。

20 世纪发展起来的大陆漂移和板块构造理论

（详见第二章第三节），可以很好地解释世界动物区　　　　的分化形成过程（图 8.16）。

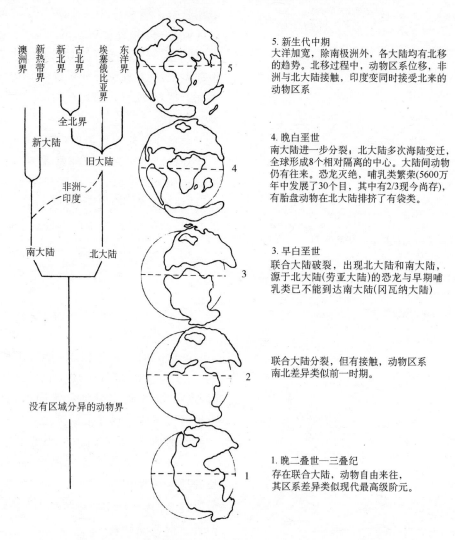

图 8.16　大陆漂移与动物区分化示意图（据张荣祖，略作修改）

5. 新生代中期
大洋加宽，除南极洲外，各大陆均有北移的趋势。北移过程中，动物区系位移，非洲与北大陆接触，印度变同时接受北来的动物区系

4. 晚白垩世
南大陆进一步分裂；北大陆多次海陆变迁，全球形成8个相对隔离的中心。大陆间动物仍有往来。恐龙灭绝，哺乳类繁荣（5600万年中发展了30个目，其中有2/3现今尚存），有胎盘动物在北大陆排挤了有袋类。

3. 早白垩世
联合大陆破裂，出现北大陆和南大陆，源于北大陆（劳亚大陆）的恐龙与早期哺乳类已不能到达南大陆（冈瓦纳大陆）

联合大陆分裂，但有接触，动物区系南北差异类似前一时期。

没有区域分异的动物界

1. 晚二叠世—三叠纪
存在联合大陆，动物自由来往，其区系差异类似现代最高级阶元。

澳洲界　新热带界　新北界　古北界　埃塞俄比亚界　东洋界
全北界
新大陆　旧大陆
非洲~印度
南大陆　北大陆

根据对哺乳动物的研究，现代南方各界的热带亚热带区系在第三纪末已经形成，并基本维持了稳定，具备了现代面貌。而古北界和新北界的动物区系，在第四纪时发生了很大变化，直到更新世的末期，才形成了现代的面貌。

（二）动物地理区的划分

对世界陆地动物地理区的划分，最早是由斯科莱特（Sclater）于 1857 年根据鸟类的分布差异提出的。后来，华莱士（Alfred Ruseel Wallace）于 1876 年在斯科莱特分区的基础上，再考虑陆生哺乳动物的分布特点，提出了六个界的动物区划分方案。六

大区系界之间都有海洋或荒漠（撒哈拉沙漠）、高山（喜马拉雅山脉）阻隔，形成明确的自然地理分界线。只有中国东部古北界与东洋界之间缺少明显的自然分界标志。虽然后来有人提出了一些新的划分方案，如将关系密切的旧北界与新北界合并为全北界（已被多数学者认同）；将一些岛区提升为新的界，增加新西兰界、玻利尼西亚界（大洋界）、马达加斯加界等。但直到目前，各种分区的基础还是华莱士的经典划分方案。

界（Kingdom）是区系划分的最高单位，界下还可再分区（Region）[①]。世界陆地动物区界的划分与陆地植物区（Kingdom）的划分基本相似，只是在北方大陆进一步细分为古北和新北两个界，在旧热带范围细分

---

①　植物区中将 Kingdom 译称区，而将 Region 称为亚区。

为非洲(埃塞俄比亚)和印度马来(东洋)两个界。另外,在动物区系中因南极没有严格意义上的陆地动物,因此不设南极界;也没有开普(好望角)界。

(三)动物分区概述[①]

1. 古北界

包括欧洲、北回归线以北的非洲与阿拉伯半岛的中、北部以及喜马拉雅山与秦岭以北的亚洲大陆。古北界与新北界的动物区系有许多共同的特征,所以有人将两界合称为全北界,鼹科、鼠兔科、河狸科、潜鸟科、松鸡科、攀雀科、洞螈科、大鲵科、鲈鱼科、刺鱼科、狗鱼科、鲟科及白鲟科等,均为全北界所共有。古北界缺乏陆栖动物特有科,但具有不少特有属,例如鼹鼠、金丝猴、熊猫、狼、狐、貉、鼬、獾、骆驼、獐、麝、羚羊、旅鼠以及山鹑、鸨、毛腿沙鸡、百灵、地鸦、岩鹨、沙雀等。

2. 新北界

包括墨西哥高原及其以北的北美洲。本界动物区系科数不如古北界多,但有一些特有科,如叉角羚科、山海狸科、北美蛇蜥科、鳗螈科、两栖鲵科、弓鳍鱼科和雀鳝科等。特有种主要有美洲麝牛、美洲河狸、大褐熊、美洲驼鹿以及鸟类中的白头海雕等。

3. 非洲界

也称埃塞俄比亚界或古热带界。包括撒哈拉沙漠以南的整个非洲大陆,阿拉伯半岛南部,马达加斯加岛及其附近岛屿。动物区系特点主要表现为区系组成的多样性和拥有丰富的特有类群。其中哺乳类著名的有蹄兔目、管齿目和长颈鹿科、河马科、金毛鼹科和非洲鼯鼠科;羚羊科虽不为本界特有,但种类极其丰富。仅分布于本界的有黑猩猩、大猩猩、狐猴、斑鬣狗、斑马、大羚羊、非洲犀、非洲象和狒狒等。森得猬科为马达加斯加所特有。狮子是典型的非洲兽,但它的分布区可达西南亚一带,鸟类中的非洲鸵鸟和鼠鸟为本界特有目,特有科主要有珠鸡科、鹭鹰科(食蛇鹭)等。爬行类中的避役、两栖类中的爪蟾、鱼类中的非洲肺鱼和多鳍鱼等均为本界的代表种。

本界与东洋界有许多共同类群,如哺乳类中的鳞甲目、长鼻目,灵长类的狭鼻猴类、懒猴科和奇蹄目的犀科等;鸟类中的犀鸟科、太阳鸟科和阔嘴鸟科等。这说明两界在历史上曾有过密切联系。此外,有些在欧亚大陆普遍分布的科却不见于本界,如哺乳类中的鼹科、熊科、鹿科以及鸟类中的河鸟科和鹪鹩科等。这是由于长期的地理隔绝而限制了其他动物侵入的缘故。

4. 印度马来界

也称东洋界。包括亚洲南部喜马拉雅山以南和中国南部、印度半岛、中南半岛、斯里兰卡、马来半岛、菲律宾群岛、苏门答腊、爪哇和加里曼丹等大小岛屿。本界动物区系多样而复杂,仅次于新热带界和古热带界而居第三位。新热带界所缺的牛科和食虫目以及古热带界所缺的熊科和鹿科等,在东洋界却有广泛分布。但与这两界相比,特有种最少,特有的高等类群为数也不多。哺乳类中只有皮翼目为特有目。鸟类中无特有目,仅和平鸟科为特有科。爬行类中有五个特有科,即平胸龟科、鳄蜥科、拟毒蜥科、异盾蛇科和食鱼鳄科。

以本界为分布中心的哺乳类中有猩猩、猕猴、懒猴、灵猫、虎、鼷鹿等,鸟类中有雉科、椋鸟科、卷尾科、黄鹂科、画眉科、鹎科、阔嘴鸟科和犀鸟科等。

本界与古热带界拥有许多共同的高级类群,但它们在两界的代表性动物多属于不同的种或属。

5. 新热带界

包括整个中美洲和南美洲大陆、墨西哥南部及西印度群岛。本界动物区系主要特点是种类繁多而特殊,其中有许多特有类群和固有类群。贫齿目的犰狳、食蚁兽和树懒为固有种;灵长目的狨、卷尾猴和蜘蛛猴,既是固有种又是特有种;特有科有新袋鼠科、安达斯鼠科(鼹鼠科)、硬毛鼠科(刺豚鼠科)等。缺乏广布其他大陆的一些类群,如食虫目、偶蹄目、奇蹄目和长鼻目等。鸟类包括20多个特有科,其中著名者为美洲鸵鸟、南美鹅和麝雉。蜂鸟虽非本界特有,但种类和数量极多。爬行类、两栖类和鱼类种类也很多,其中不少是特有种。如鬣蜥科多达300种,负子蟾、美洲肺鱼、电鳗和电鲶等均为本界所特有。

新热带动物区系的多样性、特有性和原始性,

①　动物分区内容引自(陈鹏等,1993),并略作修改。

除了与现代地理环境的多样性有关外,更主要的是历史上的原因。中生代时南美洲曾与非洲、澳洲和南极大陆联系在一起,是冈瓦纳古陆的一部分,因而动物区系至今还残留着这种关系的痕迹。如共同具有肺鱼、鸵鸟和有袋类等。从第三纪初,南美洲完全与其他大陆分离而独立发展,因此形成了许多特有类群,如贫齿类、阔鼻猴类、新袋鼠以及南美有蹄类(已绝灭)等。

6. 澳洲界

包括澳大利亚大陆、新西兰岛、塔斯马尼亚岛、伊里安岛和太平洋诸岛。本界是现在地球上最古老的动物区系,在很大程度上仍保存着中生代晚期动物区系的特征。其特点是缺乏普遍分布于其他大陆的有胎盘类哺乳动物,而保存着现代最原始的哺乳类——原兽亚纲(单孔目)和后兽亚纲(有袋目),而真兽亚纲仅有少数蝙蝠和鼠类。它们是后期从东南亚沿着许多岛屿踏脚石来到澳洲的。澳洲野狗则是近几千年来由人类带入的。

在中生代末期,地球上只有低等哺乳动物,有袋类在当时分布得最广泛。就在这时,澳大利亚大陆开始与非洲、印度分离。后来,在其他大陆上陆续出现了高等哺乳动物(真兽亚纲),由于海洋的阻隔,它们已经不能进入澳大利亚大陆。因此,有袋类等低等哺乳动物就在澳大利亚大陆保存下来,并且得天独厚地独立发展起来,成为现在该区种类最多、分布最广的哺乳动物。

本界鸟类很特殊,鸸鹋(澳洲鸵鸟)、食火鸡、无翼鸟、营冢鸟、琴鸟、极乐鸟、园丁鸟等均为特有种。地球上现存最原始的爬行动物喙头蜥,仅产于界内新西兰附近的小岛上。蛇、蜥蜴奇缺,两栖类很少。澳洲肺鱼为本界淡水河流所特有,其固有的淡水鱼奇缺。

(四) 世界动物分布规律

从以上所划的六个动物地理界中来看,古北和新北两界是很近似的,动物种类较少,特有的种类也不多。东洋界和埃塞俄比亚界,种类比较繁杂,特有的种类也较多。澳大利亚界的动物种类不如所述各动物地理界丰富,缺少许多科的动物,特别是高等哺乳动物,但是特有种类较多。至于新热带界,动物种类特别丰富,特有种类之多为各

界之冠。总结各界动物区系之间相互关系可以看出:

(1) 全世界的动物区系中北方的几个界较近似,越向南方则分异的程度越加显著。欧亚大陆和北美苔原地带的动物区系具有很大的一致性,尤其是对哺乳动物来说,几乎没有什么差别。但每向南一些,新旧大陆动物区间就会产生进一步的差异,首先反映在亚种水平上,驯鹿、驼鹿和雪兔都出现亚种的分化。在新北界和古北界的温暖区域,则有相同的属,如貂属、鹿属、野牛属、猞猁属等,但在两边的大陆上常由不同的种所代替(替代种)。再向南出现了同一科的替代属,如鼹科的真鼹属(古北界)和星鼻鼹属(新北界),松鼠科的旱獭属(古北界)和草原犬鼠属(新北界)等。继续向南就出现了替代科,如灵长目中的卷尾猴总科(阔鼻猴类,新大陆猴)和猴总科(狭鼻猴类,旧大陆猴)。至南半球则可以看到各大陆动物区系的显著差异,已达到很高的程度。

(2) 哺乳类中最低等的种类,单孔目的分布仅限于澳大利亚及附近的一些岛屿;有袋目除了一种见于北美洲的东南部以外,仅分布于中、南美洲及澳大利亚(包括附近岛屿)。鸟类中比较低等的种,例如走禽类(包括鸵形目、美洲鸵目、鹤鸵目、无翼目、鹬形目等),除了鸵鸟曾分布于阿拉伯半岛之外,其余都只存在于澳大利亚(包括附近岛屿)、非洲及南美洲。由这些实例可以看出,各个不同类群中最古老的种类,除了个别例外,都只存在于北回归线以南的地区。但是它们的化石却发现于北回归线以北的地区。例如有袋目和鹦鹉的化石曾经发现于北美洲,鸵鸟的化石也曾发现于欧洲及中国北部,而现在分布在北回归线以北的种类,迄今从未在该线以南的地区发现过化石。

根据上述世界动物区系从北向南分异的情况及化石分布的事实,说明北方大陆(古北界和新北界)是主要动物类群发生的中心。这主要由于北方大陆面积广大,便于动物移动,扩大其分布范围。动物移动越容易,其生存斗争势必愈剧烈,在自然选择中出现变异的机会就越多,动物进化的速度也就越快,因而形成了更善于适应不断变化环境条件的新种或新的类群。在此处依次形成的动物区系一个跟着一个波浪式地向南分散,并向着同一方向一个跟着一个向南排挤。如哺乳类于中生代末期,在北方大陆形成的区系(包括单孔目、有袋目),被

向南排挤到达南美洲和澳大利亚及附近岛屿，但未进入当时已与北方大陆并无陆地联系的非洲。以后真兽亚纲在北方代替了低等的哺乳动物，但由于澳大利亚当时已经与亚洲脱离，所以除了极少数的蝙蝠和啮齿动物以外，均已无法迁入。再后，北方大陆的哺乳动物区系向非洲及亚洲和北美洲的南部，排挤了早期的动物区系。当然动物历史的发展和分布过程是十分复杂的，除了主要的北方发生中心外，还有次要的发生中心，如澳大利亚中心和南美中心。

复习思考题

1. 分布区与栖息地的概念有何差别？

2. 何谓阻限？主要的阻限有哪些？

3. 何谓动物扩散的甬道、孔道和险道？它们在性质上有何差异？

4. 世界陆地动物的分区有哪几个界？举出各界的若干典型代表性动物。

5. 简述世界陆地动物的分布规律。

第四节　动　物　资　源

一、动物资源的价值和特点

动物本身及其产品可以为人类直接或间接地利用，满足人类的生活需要、生产需要，因而是一种资源，从资源利用的角度来看，动物资源可以分为驯养动物资源、野生动物资源和水生动物资源三大类。

驯养动物对人类的价值是不言而喻的。主要的驯养动物有家畜（如猪、羊、牛、马等），家禽（如鸡、鸭、鹅等），其他的经济动物（如兔、狸、鼬、鹿等）和宠物。驯养动物为人类提供日常所需的肉、蛋、奶类产品，还是天然皮毛的重要来源，而且也为食品、轻纺和医药等工业提供基本的原料。

人类对野生动物价值的认识，过去仅限于获取肉食和皮毛等内容，缺乏对其生物学、生态学价值的全面认识。无节制地狩猎对野生动物资源是一种直接的威胁。因此，随着人类社会的进步和对资源可持续利用观念的认同，直接狩猎行为越来越受到严格地控制。

水生动物是人类食物结构中优质蛋白质和一些微量元素的重要来源。有直接经济价值的水产动物主要有鱼类、虾蟹类、贝类等动物。按照水介质的性质不同，水产资源又分为淡水水产资源和海洋水产资源两部分。由于资源有限，陆上淡水水域的天然捕捞作业已渐势微，代之以密集高产的淡水养殖业为主。海洋水产资源相较于淡水动物资源更加丰富，但由于现代人类对海洋水产资源的大量需求，近海水产资源也面临着萎缩和枯竭的危险。因此，远洋捕捞和海水养殖业也日益发展起来。

广义的动物资源应包括群体资源和物种资源性质不同的两个方面。动物的群体资源属于可更新的自然资源。在天然或人工维护下，动物的种群可不断地更新、繁衍和增殖，为人类所利用。但动物群体资源的这种良性的可更新的动态过程是有条件的，前提是动物的种群数量及外界环境状况必须满足该物种止常健康地繁衍的最低标准，这对于人类大量驯养的动物似乎不成问题，但对于很多珍稀的野生动物却是一个十分迫切的问题。物种的消逝就代表一种遗传资源的永远损失。因此，可以说动物资源的一个特点就是群体资源的可更新性和物种资源的不可再生性。

动物资源的另一个特点是其资源价值的不可预知性。我们今天努力保护物种的多样性，一方面是为了维护生态系统的稳定，另一方面则是为了保存物种的遗传资源。一个物种的价值取决于其对人类社会的贡献大小。人类利用资源的技术是不断提高的，对资源的认识程度也是不断深化的。过去认为没有用的生物，今天却可以在生物制药和害虫防治工作中占有不可取代的地位。今天认为价值不大的生物，将来也有可能在疾病控制或基因工程中发挥巨大的作用。因此，为了人类未来的不可预知的需要，我们对所有的物种都应一视同仁、不遗余力地加以保护。

二、动物资源利用中的问题

在人类发展的早期阶段，原始社会和渔猎文明阶段，人类对动物资源的依赖性超过植物资源。早期人类对动物资源的利用手段主要是狩猎，通过狩猎取得食物，御寒的衣着和某些装饰品。随着农业文明的兴起和工业社会的发展，虽然狩猎行为对人类生活的直接影响作用相对减弱了，但狩猎活动却一直延续至今，其规模甚至越来越大，直至 20 世纪后期由于野生动物保护意识的觉醒，才使滥捕野生动物的行为得以扼制。

　　人类大规模狩猎行为的一个直接后果是使动物的自然分布区发生变化。例如在历史时期,犀类在中国曾有过较广泛的分布,其中较耐寒的苏门犀(*Dicerorhinus sumatrensis*)可能达至长江以北地区,爪哇犀(*Rhinoceros sondaicus*)则集中于江南地区。商代古人曾以野犀为猎,战国时的文献仍形容云梦平原中“犀兕麋鹿盈之”。但由于犀角是贵重的药材和艺术品材料,引至人们大量捕杀。加之气候的逐渐转冷,使犀类的分布区逐渐向南退缩,直到 20 世纪 30 年代在中国境内消失。犀类分布区的退缩方向和范围,与人口在各个时期向南的迁移和对天然环境的开发是一致的。枪的发明,使人类对动物的狩猎活动发生了根本性的变化。相对于中国的犀类而言,北美野牛(Bison)分布区的缩减是极其快速的。大约在 1700 年时,北美野牛还有大约 6000 万头,分布于广大的北美大陆上。由于太平洋铁路的修建和狩猎旅行的出现,导致野牛在 19 世纪初被大量射杀,尸体遍野,分布区迅速减小,到目前仅残存于少数几个保护区内。

　　虽然有许多的动物,像亚洲的犀类和北美野牛一样,由于人类的及时保护而最终幸免绝灭。但还是有许多动物难逃厄运。如大约 1 万年前北方猛犸象的突然消失,新西兰巨型恐鸟的绝灭,可能就是史前时期人类猎取造成的。美洲旅鸽的种群数量曾多达 20 亿只,但最终也被人类猎杀殆尽。有确切记载的动物绝灭案例也有不少。如欧洲野牛(auroch)在 1627 年绝灭,最后一只渡渡鸟(*Raphus cucullatus*)于 1681 年在毛里求斯被杀死,最后的斯氏海牛(*Hydrodamalis gigas*)1768 年被杀于白令岛上,撒哈拉以北的狮子 1922 年被消灭于摩洛哥等等。据动物保护机构的资料,现在的兽类和鸟类中每年有一个以上的种被消灭,有几百个种有绝灭的威胁。海洋鱼类由于活动空间广大,目前尚无因人类捕捞而绝灭的记录,但体型巨大而种群数量较少的一些鲸类,如果不是国际公约的严格保护,恐怕也难逃灭种之虞。

　　人类对动物的驯化和利用,从很早的远古时代就开始了,比植物的驯化要早得多。动物驯化是随人类的足迹传播并扩大其分布区的,曾对人类文明的发展做出了巨大的贡献。但跨区系的引入动物,有时要冒很大的风险,如果引种不当,可能招致生态灾难。在这方面,孤悬于太平洋上的澳洲(澳大利亚)大陆可以说是一个最大的天然动物实验场。在地理大发现之前的澳洲,基本上是有袋类的天下,缺少进步的哺乳动物。自从欧洲移民迁入以后,随之而来的是他们习惯于饲养的羊、牛、马、骆驼、兔子等。新来的动物居民与土著动物为争夺有限的生存空间而发生了激烈的竞争。人类站在家养牲畜一边,结果原有的动物被大量消灭。而有些驯养动物摆脱人类控制以后重新野化,成为当地新的野生动物。由于在新的大陆上缺乏有效的天敌,外来野生动物的发展速度极快,例如野兔就曾数度在澳洲爆发性地繁衍,数量达到百亿只左右,毁坏了大片的草原牧场,使畜牧业陷于绝境。后来人们冒着羊被感染的危险,从南美洲引入一种致命的传染病菌,打进一批兔子的身上,结果才使野兔大批地死亡,挽救了澳洲的牧场。牛被引入澳洲后,也曾产生过生态问题。因为澳洲没有处理牛类粪便的昆虫,使得牛类粪便在草原上遍布并不断积累,阻碍了草类植物的正常生长,也使牧场大片被毁。后来从中国引入一种专门处理粪便的蜣螂后,问题才得以解决。也有一些跨区系引种后,出现的问题迄今难以解决的例子。例如有人曾将一种非洲蜜蜂(杀人蜂)引入南美洲,希望改良当地蜂种以提高产蜜量,但不慎蜂群从实验室逃逸,结果使对人畜有威胁的非洲蜂迅速在南美洲蔓延,并排挤了当地的蜜蜂。

　　人类大规模集中式地养殖某类动物,虽然在生产上可以做到集约化,节约成本和方便管理,但却存在固有的生物学弱点,即容易爆发传染性疾病的大规模扩散。比如近年来出现的英国疯牛症问题,香港禽流感问题,还有传统的牲畜口蹄疫、家禽瘟疫和鱼虾贝类集中养殖产生的爆发性传染病等等,都造成动物的群体大量死亡,并间接影响人类的健康。

　　生物防治技术是人类对生物资源利用的一种新方式。由于化学杀虫剂的大量使用,对环境造成严重的污染,并使许多害虫产生了抗药性。因而以虫治虫、以菌治虫的生物防治技术日益受到重视。较为成功的例子如利用瓢虫防治蚜虫,利用赤眼蜂防治暝虫,利用微孢子虫和绿僵菌防治蝗虫等。

三、动物资源的保护措施

　　动物资源,尤其是野生动物资源的保护,是一项迫切而艰难的工作,它集中表现了局部利益与人类利益,当前利益与长远利益,科学价值与经济价值之间的矛盾和冲突。

从根本上说,保护野生动物的生境,给动物一个充分的生存空间维持健康稳定的生态系统,是保护野生动物的最佳方法。因此,建立面积足够大的野生动物自然保护区,并严格限制人为的蚕食和破坏,是一项重要的保护措施。

对于那些种群个体数量已非常稀少,或者分布区被分割限制在几个狭小区域内的珍稀动物,可以采用人工干预的手段,进行人工配种,促进后代繁衍;并建立遗传谱系,防止近亲繁殖,以维持种群的健康发展。例如朱鹮、大猫熊、华南虎等的保护,都需采取类似的措施。

每年入秋以后,大批的候鸟都要离开繁殖地南飞越冬,到次年春天再向北回徙。由于旅程长达数千公里,绝大部分鸟类都需要若干安全的落脚点以便休息和进食。因此,这些中途站点和越冬地点对野生鸟类的保护至关需要。候鸟比较喜欢停栖的地点多为一些沿海河口滩涂湿地或内陆湖泊沼泽湿地,这类湿地生境的丧失可能会给整个生态系统带来强烈的冲击。因此,退耕还湖和保护湿地,不但具有现实的防洪意义,而且也具有显著的生态学意义。

在发达国家的城市规划和建设中,也注意到了城市动物的保护问题。根据景观生态学的设计原则,本着"设计结合自然"的精神,在城区内预留大片的绿色林地,并在不同的城区绿地间,以及城区与郊区绿地间保留生态"廊道",以利于动物的交流和迁徙,也使城市动物群落对于局部的外界冲击有足够的缓冲余地。干线高速公路往往是绵长、宽阔和封闭式的,因而人为地使动物(飞行动物除外)产生隔离,或阻断了动物原有的迁徙通道。因此,高速公路的设计,特别是在通过郊野的地段,应在路面下建立专门的通道,以方便两侧动物的交流和迁徙。

当前,水产动物资源由于人类的过量捕捞,在某些水域已有日渐枯竭之势。政府可以通过行政手段,在鱼类的产卵期或幼鱼成长期施行禁渔或休渔的措施,以达到保护和善用鱼类资源的目的。如1999年我国政府宣布在南部沿海施行休渔期,当时曾引起香港渔民的抗议和反对;但当休渔期结束后,渔民的渔获量比以前提高了近 倍,事实说明了保护资源与经济利益之间并非有不可调和的矛盾。

对于许多回游性的鱼类来说,由于其产卵场位于河流的上游,因此水坝的修建对其正常繁殖是一个巨大的障碍。为了解决这类问题,有的在大坝上设计了专门的"鱼道";有的则采用人为补救措施,在大坝下捕捉亲鱼,人工催卵授精,孵化后再将幼鱼放归自然。

复习思考题

1. 试述动物资源对人类的价值。
2. 当前的动物资源保护中有哪些应该注意的问题?

第九章 土 壤

土壤是自然环境中各种因素相互作用的产物，是自然地理环境派生的自然体。同时，它也是自然地理环境的一个组成要素。土壤以不完全连续的状态存在于地球陆地表层，可称为土壤圈或土被。在整个自然地理环境中，土壤是结合无机界和有机界的纽带，是联系其他要素的关键环节。

第一节 土壤的组成与性质

土壤位于地球陆地表面，是覆盖于岩石圈之上的由风化产物经生物改造作用形成的具有肥力的薄的疏松物质层，一般的土壤概念不包括水下的疏松物质层（图 9.1）。它的组成比较复杂。固体物质是土壤最基本的成分，可以说是整个土体的骨骼和躯体。固体物质中占绝大多数的通常是矿物质颗粒，有机质也有一定的比例。在土壤的固体颗粒之间，有大量的空隙存在。充填于空隙中的是空气和水分（确切地说是溶液）。空隙中气、液两者的比例并非是固定不变的，经常随外界天气和其他因素的改变而彼此消长。图 9.2 表示了一种理想的矿质土壤体积组成。

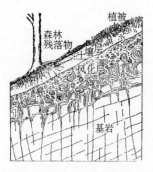

图 9.1 土壤是疏松物质层（斯特拉勒，1981）

土壤是一种疏松的多孔介质，也是一种多相共存的复杂混合体。每种组分都有其独特的作用，各组分之间又相互影响，相互反应，形成了许多土壤特性。以下我们分别介绍土壤的各种组分及其相应的性质。

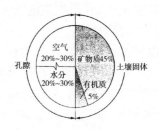

图 9.2 理想土壤的体积比例

一、土壤矿物质和有机质

1. 矿物质组成

土壤中的矿物质（无机物）源于岩石的风化作用，它在大小和组成上都是多变的。从起源来说，土壤中的矿物质包括了岩石碎屑、原生矿物和次生矿物三个部分。岩屑是大块岩石破坏后的残屑，但仍然是一种矿物质的集合体；在土壤中它们是最粗大的成分，通常以砾石和粗砂的形式出现。原生矿物是岩屑进一步分解破坏、矿物集合体分散后的产物；在形态上它们是单独的矿物晶体，但在成分上和结构上与原始母岩中的矿物一致，没有产生性质的变化。原生矿物多是一些抗风化能力较强的矿物，如石英和某些长石类矿物。原生矿物的晶体相对较大，在土壤中多以砂粒和粉砂的形式出现。次生矿物是原生矿物化学风化或蚀变后的新型矿物，是在疏松母质发育和土壤形成作用进行时，由不稳定的原生矿物风化形成的，多属黏粒一级，如铝硅酸盐黏粒（高岭石、蒙脱石、伊利石等）和铁、铝的氧化物等。

2. 土壤粒组

不管土壤矿质颗粒的来源、成分和性质如何，仅仅根据颗粒的大小进行分组，分别给予特定的名称，这些不同的组合就称为土壤的粒组（soil separates）。粒组通常是按照颗粒直径划分的。表 9.1 所列出的是国际土壤学会所建议的土壤颗粒分组方案。

表 9.1 土壤颗粒分组

粒组名称	直径(mm)
砾石	>2.00
粗砂	2.00~0.2
细砂	0.20~0.02
粉砂	0.02~0.002
黏粒	<0.002

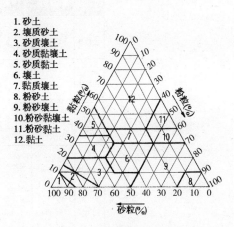

1. 砂土
2. 壤质砂土
3. 砂质壤土
4. 砂质黏壤土
5. 砂质黏土
6. 壤土
7. 黏质壤土
8. 粉砂土
9. 粉砂壤土
10. 粉砂黏壤土
11. 粉砂黏土
12. 黏土

图 9.4 土壤质地三角表

3. 土壤质地

砂、粉砂和黏粒等名词是专门针对某一特定粒组的矿质颗粒而言的。实际的土壤几乎不可能由某种粒组的颗粒单独组成,绝大部分都是由各个粒组的颗粒混合而成的。所不同的只是土壤中各粒组所占的份额有多有少而已。一种具体的土壤样品,只要通过粒组分析(图 9.3)确定各个粒级的含量比例(砾石不包括在内,另作单独的计算),就可以通过"土壤质地三角表"(图 9.4),很方便地查出其土壤质地类型的名称。一般来说,土壤的质地可以归纳为三大类型:

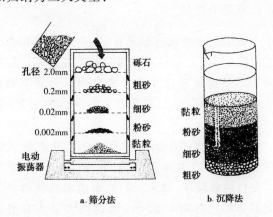

图 9.3 土壤的粒组分析

（1）砂质土类。砂质土类是指以砂粒为主的土壤,通常砂粒含量在 70% 以上。由于颗粒组成粗大,相应的空隙也较大,排水和通气条件良好。但也有保水和蓄肥能力弱的缺点,土体多呈松散状态,结构性不强。砂质土壤中还可以区分出两种具体的质地类型:砂土和壤砂土。

（2）黏质土类。黏粒占优势的土壤属于黏质土类,黏粒的含量一般不低于40%。由于黏质土的颗粒细小,具有巨大的表面积,所以对水分和养分有很强的保持力。黏质土中虽然空隙较多,但都属于小空隙。水、气的运动缓慢,排水和通气状况不佳。黏质土通常有较强的黏结性和可塑性;而且湿时黏着,干时硬结,胀缩幅度较大。黏质土类中根据所含砂粒和粉砂的比例,可分出黏土、砂质黏土和粉砂黏土三个具体类型。

（3）壤质土类。壤质土可以看做是砂粒、粉砂粒和黏粒三者在比例上均不占绝对优势的一类混合土壤。兼有砂质和黏质土壤的一些特性,并调和了它们的一些不利因素。因此是一种物理性质介于砂土和黏土之间的土壤。大多数农业价值较高的土壤都属于壤质土。

4. 土壤结构

质地这一术语指的是土壤中不同大小的分散颗粒的组成比例。但自然土体中以单独分散状态存在的颗粒不多,土壤中的颗粒大都通过某种胶结物质相互联结组合在一起,形成较大型的团聚体(进行土壤的粒组分析时首先要用物理和化学的方法破坏这种团聚体)。这种由基本颗粒聚合形成的团聚体就称为土壤结构。

土壤团聚体或结构体按形态一般分为球状、板状(片状)、块状和柱状四种基本形态。其中球状和块状、柱状又各续分为两类,土壤共计有 7 种结构形态(图 9.5)。一个土壤剖面可以是某种单一的结构类型,但更常见的是随着土层的发育,不同的土层产生若干种不同的结构类型。土壤的一些物理特性,如水分运动、通气状况、空隙度等都与土壤的结构直接有关。

结构类型	结构大小	结构体特点	结构体形态	出现部位
疏粒状	1~5mm	小型分散颗粒,多小孔隙		壤质土A层
团粒状	1~5mm	小型分散颗粒,通常无孔隙		黏质土A层
片状	1~10mm	水平方向延伸,垂直轴不发育	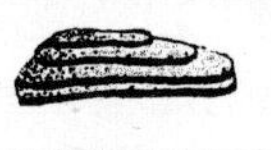	黏质土或粉砂质土的任何部位,由农具压实或母质本身形成
棱块状	10~75mm	棱角明显的块状,垂直轴与水平轴近乎相等	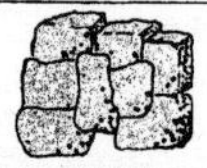	黏质或壤质土B层
团块状	10~75mm	不规则的块状,垂直轴与水平轴近乎相等		黏质或壤质土B层
棱柱状	20~100mm	垂直轴发育,水平轴较短,柱顶与边缘棱角明显		干旱和半干旱区土壤的B层或C层
圆柱状	20~100mm	垂直轴长于水平轴,柱顶及边缘较平滑	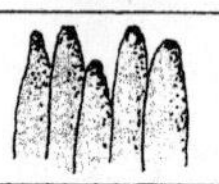	碱土或荒漠土壤的B层或C层

图 9.5　土壤的基本结构类型

由单个土粒形成大型的团聚体必须依靠某种胶结作用。担负这一任务的是土壤中大量的胶体物质。作为主要胶结剂的胶体物质有三类,其重要性顺序是腐殖质胶体＞铁的氧化物胶体＞黏粒胶体。胶体的黏结或凝聚作用与土壤溶液中的阳离子(电解质)成分也有很大关系。阳离子的电价愈高,胶体的凝聚性就愈强,所以高价 Fe^{3+},Al^{3+} 和 Ca^{2+},Mg^{2+} 都是很好的促凝剂。与此相反,如 H^+,Na^+,K^+,非但不能促进胶体的凝聚,反而会使凝胶变为溶胶,使土粒分散,起着破坏土壤结构的作用。由于风化作用的空间差异(参见第六章的风化部分),不同地带自然景观中活跃的阳离子种类不同,从而影响了土壤结构的形成,使土壤的结构性也呈现出了地理空间上的变化(图9.6)。

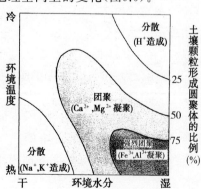

图 9.6　土壤结构性与水热条件的关系

5. 土壤有机质

土壤中的有机质含量不多,在矿质土壤的表层一般仅占 $1\%\sim5\%$,但其作用和对土壤理化性质的影响能力却远远超过其重量的比例。土壤中的有机质包括两大类:原始残体及半分解的有机质;新形成的腐殖质。

土壤有机质的原始来源是植物的死亡组织和一部分动物的排泄物及尸体,其中以植物组织为主。在自然条件下,林木、灌丛、草地和其他植被的地上部分和根部每年都为土壤提供大量的有机残体,这些物质被各种各样的土壤动物和微生物粉碎、转化和分解,再通过渗透和混合而变成土壤的一部分。

有机残体在土壤中的转化有两种不同的途径。一种叫矿质化过程,也就是分解过程。即有机残体在细菌和真菌的作用下彻底氧化分解为无机矿质养分与二氧化碳和水的过程。另外一种称为腐殖化过程,其产物是腐殖质。有机残体在微生物不完全分解时的中间产物,能重新合成一类性质较稳定的有机高分子化合物,称为腐殖质。腐殖质是棕色或暗棕色的无定形胶体物质。虽然腐殖质抗分解能力强,比一般的生物残体稳定,但在环境条件合适时,它最终还是要被矿质化作用分解转化为无机的矿质养分,所以说腐殖质只是养分生物循环中的一类附加产品或暂时的储存库而已（图 9.7）。

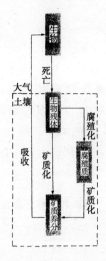

图 9.7　有机质在土壤中的类型及其转化关系

尽管如此，腐殖质的产生却强烈地改变了土壤的物理和化学性质。腐殖质胶体具有很强的活性，吸附能力特别大，同等重量的腐殖质吸收水分和保持养分的能力是矿质黏粒胶体的好几倍。腐殖质还是很好的"团粒促进剂"，发育良好的表土层的结构体大部分都是由腐殖质胶体黏结而成的。此外，腐殖质作为胶膜包被于矿质颗粒的表面，能有效地掩蔽无机物的本色，使土体颜色加深变暗。

二、土壤水分与空气

1. 土壤含水量

土壤固体颗粒之间的空隙，属于水分和空气共有的空间，空气和水分所占空间的比例处于连续不断的此消彼长之中。土壤含水量可以下式表示：

$$土壤含水量（\%）＝\frac{土壤水分重量}{土壤固相重量}×100\%$$

如果土壤表面来水（降水或灌溉）充足的话，水分会不断地向下运动，渗入土壤并排除空气。直到所有的空隙全部被水所充填，这时的土壤含水量称为饱和含水量，或者最大持水量。

假如停止供水，雨停或灌溉中断，土壤中的一些水分会继续向下运动。经过一段时间后，就会发现水分不再下渗。大空隙中的水分已经流走，位置被空气占据。但这时的土壤仍是比较潮湿的，原因就是微空隙或毛管空隙中仍然充满了水。土壤中的这部分水分都是能够抵抗重力作用而保持在土壤中的，因此这时的土壤含水量称为田间持水量。

随着植物的吸收蒸腾和土壤表面的蒸发，土壤中的水分含量会持续地下降，直到植物根系从土壤中难以再吸收到水分。这时在土壤中的一些极小空隙中和颗粒的周围仍保持着水分，但土壤对它们的吸力超过植物对它们的吸力。所以植物不能利用。在这种情况下植物会出现凋萎现象，故此时的土壤含水量称为凋萎系数或凋萎点。

存在于极小空隙中的水分虽不能被植物吸收，却可以被空气蒸发。但在土壤颗粒的表面仍然有一些被紧紧吸附的水分子，它既不能被植物吸收，也难以自然蒸发，这部分水的含量称为吸湿系数。

2. 土壤水分类型

水分之所以能保持在土壤中，是因为土壤固体颗粒对水分有强大的吸力。根据土壤水分所受吸力的大小，把土壤水分分为吸湿水、毛管水和重力水三种类型。

吸湿水就是被土壤固体牢牢束缚住，吸力大于 31 个大气压[①]，最靠近颗粒表面的几层水分子。吸湿水基本上是非液态的，与大气中的水汽相平衡。顾名思义，毛管水即是吸持在毛管空隙中的水分，它是液态的可以流动的水分。土壤对毛管水的吸力范围是 31～0.1 个大气压。在大空隙中，土壤对水分的吸力小于 0.1 大气压时，水分则受重力影响发生运动，这部分水称为重力水。重力水仅仅是土壤中的暂时过客而已，难以持久地存在（除非有不透水层顶托）。

以上三种水分类型是以吸力情况，也就是从物理的角度进行划分的。如果从植物生长的需要来分析，土壤吸水力在 15 个大气压时是一个重要的临

界点,因为植物根的吸水力约为 15 个大气压左右,受土壤吸力大于 15 个大气压的那部分水分,包括全部的吸湿水和内层毛管水,是植物难以吸收的,因而属于无效水的范围。重力水的存在时间短,而且占据空气通道,限制根的呼吸作用,也是植物难以利用的。只有处在田间持水量与凋萎点之间的部分毛管水,才是真正对植物有用的有效水分(图 9.8)。

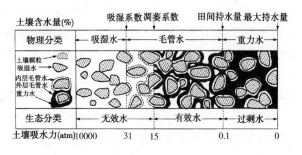

图 9.8　土壤水分类型示意图(据 D.斯蒂拉,1983 修改)

3. 土壤空气

土壤空气虽然与大气有密切的关系,但在几个方面有其自己的特点。首先,土壤空气不是连续的,而是存在于被固体隔开的土壤空隙"迷宫"中。这使得它们的成分在土壤中的各处可能很不一致。其次,土壤空气具有比较高的含水量,在土壤含水量适宜时,土壤空气的相对湿度接近 100％。土壤空气中的二氧化碳含量比大气中的含量高,氧的含量比较低。正常大气中的二氧化碳浓度约为 0.03％左右,而土壤中的浓度可高出数百倍之多。造成这种现象的原因是土壤中进行着众多的生命活动。植物根系、土壤动物和微生物的呼吸活动都在消耗氧气和产生二氧化碳,$(C) + O_2 = CO_2$。土壤空气与大气成分的差异,导致两者之间的气体交换,二氧化碳由土壤排出进入大气,氧气由大气扩散进入土壤,从而形成一种动态的平衡关系。

土壤空气的含量很大程度上取决于水分的增减,空气只能流入那些未被水分占据的空隙。雨后,土壤大空隙中的水分首先流失,接着由于蒸发和植物吸收,中空隙变空,因此,土壤空气通常是先占据大空隙,再占中空隙。小空隙中由于经常充水,空气常常难以进入。所以细小空隙比例大的土壤,通气条件往往不良。

三、土壤养分与酸度

1. 土壤养分

植物在生长的过程中需要不断地吸收营养元素或养分,比较重要的或必需的元素有 17 种(表 9.2)。植物需要量大的称为宏量营养元素,需要量较少的称为微量营养元素。除了碳、氢、氧三种成分可以从空气和水中获得外,其他都依赖于土壤的供应。

表 9.2　重要的营养元素及其来源

宏 量 营 养 元 素		微量营养元素
来自空气和水	来自土壤固体	来自土壤固体
C	N　Ca	Fe　Cu
H	P　Mg	Mn　Zn
O	K　S	Mo　Co
		B　Cl

需要特别指出的是:植物并不是直接吸收原子态的单质,而只能利用有效态的养分。比如植物不能直接吸收铁,而是吸收亚铁离子(Fe^{2+});不能直接利用磷,而是利用磷酸根(PO_4^{3-})。因此,土壤养分研究的重点是营养元素在土壤中的动态转化关系。

从植物利用的角度来看,土壤中的养分可以分为无效态和有效态两种基本形态。封闭于固体矿物之中或存在于有机质内部的营养元素,不能被植物直接利用,属于无效状态。但固体矿物和有机质是土壤中营养元素的最大储备库,无效态的养分可以通过化学风化和有机质的矿质化作用被释放出来,从而转化为可被植物利用的有效态。经风化与分解获得释放的有效态养分有两种可能的去向:一是直接进入土壤溶液,成为自由态的离子;一是被土壤胶体吸附在表面,成为吸附态的离子。溶液中的自由态和胶体上的吸附态之间存在着相互调节的动态平衡关系。

单纯从数量上来说,含量最大的是储备态,吸附态相对很少,而真正成为自由态的就更少。但三种形态之间构成一个动态的养分平衡系统,可以持续不断地为植物供应和输送养分,满足其生长过程中的需求(图 9.9)。

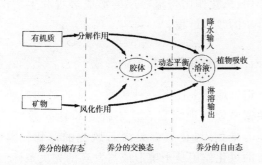

图 9.9 土壤养分的类型及其动态转化关系

2. 土壤酸度

土壤溶液中的主要阳离子分为产酸阳离子（H^+，Al^{3+}）和盐基阳离子（K^+，Na^+，Ca^{2+}，Mg^{2+}）两类。土壤酸度是指土壤溶液中氢离子（H^+）的浓度，通常用 pH 表示。自然土壤的酸度主要受母岩和气候两种因素控制。母岩和母质主要是通过其化学组成对酸度产生影响的，如花岗岩母质多含浅色矿物，风化释放的盐基离子较少，故多显酸性反应。石灰岩的主要化学成分是碳酸钙（$CaCO_3$），因此发育的土壤基本都呈碱性反应。气候对土壤酸度的影响主要是降水，降水量多的地区淋溶强度大，而盐基离子是最容易受到淋洗的成分，所以湿润地区往往与酸性土壤的分布是一致的；干旱和少雨地区淋溶弱，盐基离子富集于土壤中，所以往往是中性或碱性土壤的分布区。近年来，全球性的酸雨危害日益严重，雨水中含有大量的酸性物质，对土壤具有潜在的酸化危害。

四、土壤颜色与温度

1. 土壤颜色

土壤的颜色是观察者直接获得的最早和最强烈的土壤信息。事实也如此，土壤颜色是许多土壤性质的直接反映。颜色与土壤的矿物质成分、有机质含量、排水条件和通气状况密切相关。如前所述，铁离子和有机质是染色效果特别强的物质。许多土壤的颜色都与它们的含量和变化有关。

许多的热带和亚热带土壤因为含有较多的氧化铁（赤铁矿，Fe_2O_3）而明显地呈现出红色。高度水化后的氧化铁（$Fe_2O_3 \cdot 3H_2O$）则偏黄色，所以在

同一地带内比较阴湿的林下或降水丰富的山地上部，往往出现黄色的土壤；较干的地方或山地的下部则出现红色的土壤。

温带或寒冷地区的土壤中，由于含有大量腐解的有机质，所以表层多呈暗黑色。虽然热带土壤中也含有有机物质，但在含量较低时往往被氧化铁掩盖，仍显红色。在含量较高时，则混合为红褐色。

干旱和半干旱地区的土壤内部与盐土的表层出现偏灰白色调，原因是碳酸钙、石膏和可溶性盐的聚集。

排水不良的土壤颜色灰暗，通常呈浅灰色、蓝灰色或蓝绿色。原因是变价离子都处于低价还原状态（如 FeO，MnO 等）。如果排水情况稍好，在大的空隙中有空气流通，空隙周围的铁受到氧化，就会在蓝灰的底色上出现许多黄褐色斑点或条带。

2. 土壤温度

土壤温度取决于能量的收支。太阳辐射是土壤最主要的能量来源。能量的散失则有水分蒸发、长波辐射、对流、传导等多种途径。从长期来看，土壤的热量得失是平衡的。从短期来看，白天或夏季热量的获得显著地超过损失，因此土温上升；夜晚和冬季输入少于输出，土温出现下降。

由于昼夜的交替和季节的变换，土壤的温度也因此发生波动，出现明显的日变化和年变化。这两种变化在土壤的表面最大，随着深度的增加逐渐缩小。与地上气温的变化相对称（图9.10），土温的日变化一般只影响到土层较浅的部位，大约在 15cm 以下土壤温度的日变化就不明显了。年变化的影响相对深一些，可达 3m 左右。

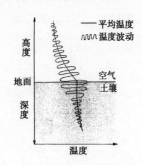

图 9.10 土温波动性及其随深度的变化模式

土壤固体的热容量比较小，1g 土壤颗粒提高温度 1℃所需要的热量仅相当于同量水提高 1℃所需

热量的 1/5。也就是说,干燥土壤的比热大约为 0.2
[cal①/(g·℃)]。因此,土壤水分含量是影响土温
的一个重要因素。潮湿土壤的温度变化比干土要
平稳和缓慢得多。

复习思考题

1. 试述土壤在自然地理环境中的地位和作用。

2. 原生矿物与次生矿物有何不同?

3. 某土壤样品的粒组分析结果为:砂粒 41%、
黏粒 23%,请问此土壤样品的质地属于何种类型?

4. 什么是土壤结构? 土壤有哪些主要的结构
类型?

5. 有机质在土壤中是如何转化的?

6. 土壤的水分类型有哪些? 什么叫"田间持水量"?

7. 试述土壤中的养分动态平衡关系。

8. 为什么说土壤的颜色能反映土壤的形成
环境?

第二节　土壤的形成和发育

一、形成土壤的两种基本作用

汉语中本无"土壤"这个词,古人用"土"泛指一
切自然土壤。中国汉字里的"土",实际上就反映了
土壤在自然地理环境中的位置和作用。《说文解
字》这部中国古代最早的字典对"土"字的定义是:
"土者,地之吐生物者也",并进一步解释说:"'二'
象地之上,地之中",代表了土壤的位置是在岩石面
以上,地面以下,处在大地的表层;"丨"则是"物出之
形也",表示土壤是能够生长植物的。两者合起来
就是"土"字(图 9.11)。

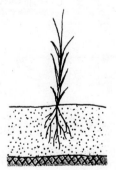

图 9.11　汉字"土"的象形含义

以现代土壤科学的观点来分析,"二"也可看做
是代表了岩石表面的风化壳,"丨"则意味着生物对
风化壳的改造作用。这体现了土壤形成的两大基

本作用:风化作用与疏松层的形成过程和生物作用
对母质的改造过程。

1. 风化作用与疏松层的形成

追索地球上任何一种矿质土壤的最初起源,都
是致密坚硬的地壳岩石。不管是原地的残留还是
异地的堆积,风化层都是岩石风化的产物。因此,
岩石的风化作用是土壤形成与发育的先决条件。

致密的岩体不透水、不通气,所有的养分元素
都被牢固地封闭在矿物晶格之中,高等植物难以立
足和利用。风化过程起着两方面的作用:①致密岩
石的破坏。②营养元素的释放。致密岩石的破坏,
形成了大小不同的颗粒物质,组成疏松的层次,水
分和空气才可以自由地进出。把营养元素从封闭
状态中释放出来,成为有效的离子形态,植物才能
吸收和利用。

风化作用主要有物理风化和化学风化两种基本
形式(一般性的生物风化可以分别归入上述两种基本
形式)。物理风化只起到一方面的作用,促进岩石的
机械崩解和破碎,但并不改变原有矿物的结晶结构和
化学性质。化学风化则是原有矿物的蚀变过程。蚀
变的结果一方面形成新的细小黏粒,另一方面使原有
矿物中的养分元素释放出来(图9.12)。

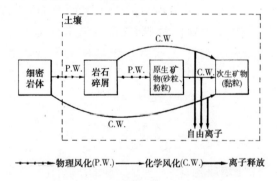

图 9.12　原岩的风化过程及其产物

2. 生物作用对母质的改造

单纯风化过程形成的疏松风化层并不等于土
壤。疏松的风化层只有经过生物的进一步改造作
用,才能出现土层的发育,形成真正的土体。生物
的改造作用也有两个方面:①有机质的加入;②养
分元素的富集。事实上,在岩石刚刚进行风化和崩
解的最初阶段,一些低等的先锋植物就已经依靠释
放出来的少量养分而生活了。一代代的生物残体
不断积累和分解,有些转化为腐殖质加入到风化层

中,逐渐使原有的风化层得到改造。腐殖质是一种暗色无定形的胶体物质,具有比黏粒还强的吸持养分和水分的能力;同时,腐殖质胶体使矿物质颗粒组合成为团聚体,改善了土壤的结构性,协调了空气流通与水分保蓄之间的矛盾。

生物改造作用的另一显著影响,是植物对养分元素的富集过程。化学风化所释放出来的可溶性盐和阳离子极易随水流失,而植物根系却能有选择地吸收那些对植物生长有用的营养成分,暂时储存在生物体内,并通过残落物的分解作用释放至土壤的表层。在这个过程中,植物好像起着"循环泵"的作用,经过长期不断的植物筛选和循环,其他元素逐渐淋失,养分元素在土壤中相对富积起来(图9.13)。

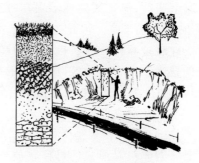

图 9.14 土壤剖面

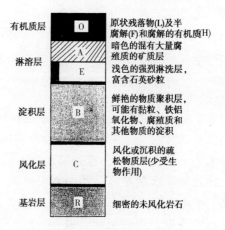

图 9.15 土壤剖面分层模式

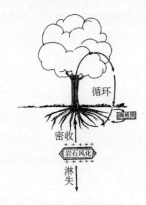

图 9.13 生物过程对土壤营养元素的选择性累积作用

二、土壤剖面及其变化

由于成土过程对疏松物质的改造作用,特别是腐殖质的形成和加入过程,以及颗粒与溶解物质的转移过程,导致土壤内部沿垂直方向发生分异,形成了一些物理和化学性质明显不同的水平层次,称为土层。自然土壤实际上就是由这些不同性质的土壤层叠合构成的。土壤由上而下,显示土层序列及组合状况的垂直切面,称为土壤剖面。图9.14为布雷迪(N.C.Brady)所绘制的土壤剖面图。

1. 土壤剖面模式

通常,土壤学家按照土壤层的性质及其在土壤剖面中的位置划分土层类型。图9.15是一种比较通用的土壤剖面分层模式:

(1) O层(有机质层)。指覆盖于矿质土壤表面的由植物和动物残落物及其腐解产物组成的层次。通常,根据生物残体的分解和腐化程度,O层还可进

一步地划分出三种不同的层次。最上一层是新鲜未受腐解的残落物质,称为 L 层;向下是半腐解状态的,有机物原状尚可辨认的 F 层;最下层是已腐解的无定形状的 H 层。在某些书中以 A_0 层代表 O 层。

(2) A层(淋溶层)。属矿质土壤的最上层,直接处于有机质层之下。这一土层的主要特征是淋溶作用占优势(此处的淋溶是广义的,包括了淋洗和淋溶两种过程),土壤物质以悬浮和溶解两种状态在水分的携带下向下淋失。因为本层直接与有机层接触,所以在矿质土壤颗粒中混有相当数量的腐殖质。由于腐殖质的强烈染色作用,A 层颜色一般比下面土层暗得多,称为暗色淋溶层。在有些情况下,A 层的下部发生强烈的淋溶作用,黏粒、铁和铝的三氧化物与腐殖质一起大量淋失,使残留的石英等抗风化性强的砂粒或粉砂相对含量增加,会出现一个颜色特别淡的灰白色层(E 层)。为了与上部的暗色层次区别,E 层也称浅色淋溶层或灰化层。也有些研究者习惯用 A_2 层表示 E 层。

(3) B层(淀积层)。位于淋溶层之下的矿质土壤,是 A 层淋洗出来的物质沉淀和集聚的层次。强烈的淀积作用是其主要特征。悬浮态的胶体颗粒

虽然可以随水迁移,但其活动性不强,一般在几英尺①的范围内就沉淀下来。因此在淋洗层之下就常常出现一个硅酸盐黏粒,或铁、铝氧化物和腐殖质大量集聚的层次。在干旱地区,微溶性的碳酸钙、硫酸钙和其他的可溶性盐类也可能在土中聚积。

(4) C层(风化层或母质层)。指土体以下疏松的、尚未受到成土过程(特别是生物作用)影响的层次。它是上部土体赖以形成的母体物质。有些母质是原地基岩直接风化的产物(残积风化壳),而有些则是异地搬运沉积的物质(如河流冲积物、风砂堆积物和黄土等)。

(5) R层(基岩层)。尚未受到风化作用影响的下垫坚硬岩石,如花岗岩、砂岩、石灰岩等。有些土壤与基岩有发生上的继承关系(通过风化层),有些则没有(异地沉积母质)。

土壤学家一般仅视A层和B层为真正的土壤,或称土体。C,R层只是土壤形成的物质基础,而O层则为土体上部的一种残落覆盖层。

上述几种层次属于概括性的划分。在一个发育成熟的土体内部,A层和B层往往还可以进一步地划分出许多次一级的层次。也有一些过渡性的层次,如AB层或BC层等。此外,在土层符号的右下方经常附加一些小写字母以指示土层的某些特征。如Ah表示含有有机质的淋溶层,Bt表示黏粒的淀积层,Bhir则表示同一土层中腐殖质与铁的共同淀积,Bca或Cca则说明碳酸钙聚积于淀积层或母质层中。

2. 土壤剖面的变化

在野外,可以对土壤剖面进行简易的观察、分层与描绘。只要仔细留意,我们周围环境中的自然土壤剖面还是很多的。例如为修筑公路而切开的地面,建筑楼宇而挖掘的地基,以及自然的冲沟、陡坎等都是可以利用的天然剖面,但在观察时应注意自然剖面经长时间的风吹雨打,最外面的一层可能已经老化,所以观察时必须首先剥掉外面的"包装",露出里面新鲜的剖面,才能正确反映土壤的层次关系。在平坦地区,没有可利用的天然剖面,这时就要亲自去挖掘一个土坑以便进行剖面的观察。

通过观察可以发现,自然界中真正完全符合上述剖面模式的土壤剖面是不多的。剖面模式只是一种通用的集中了所有可能土层的剖面样板。显然,自然界中一个真实的土壤剖面并不一定具有全部的土壤层次,土壤的厚度以及各层的厚度也因具体条件不同而有变化。

比如,O层就主要出现于森林地区的土壤上部,在荒漠和干草原地区一般是不存在或不明显的。淋溶层中E层的发育也是有条件的,浅色淋溶层多出现于降水量较大,而且寒冷湿润的针叶林植被下,其他地区的土壤则很少有E层发现。在山地丘陵地区,相当大一部分土壤因为地形坡度较大,物质流失较快,难以积聚淀积,通常土体很薄,缺少B层,一般只处于A-C型的幼年土壤阶段。在广大的冲积平原地区,由于母质异常深厚,一般也不会出现R层。

人为耕作也是改变土壤剖面的一个重要因素。特别是现代农业对土壤大面积开垦及长期使用,这种作用变得愈来愈重要。人类的耕作必然使土壤上部的原始土层受到破坏,形成一种性质近似均一的耕作层(用Ap表示)。Ap层通常是由O层和A层混合后形成的。有些土壤的原始A层比较深厚,以至A层不全包括在耕作层中。而在原始A层十分浅薄的情况下,犁底线可能达到B层的顶部甚至深入到B层中去。

自然的侵蚀与沉积过程也会使土壤剖面的层次组合发生变化。土壤的加速侵蚀往往使最肥沃的表土层流失,下伏的B层甚至C层直接暴露出来,形成"侵蚀土壤"。而当沉积活动非常旺盛的时候,外来新的母质则可能覆盖在原有的土壤之上,称为"覆盖土壤"。如果原土壤被覆盖了一段相当长的时期,则被称为古土壤或化石土壤。古土壤对于分析第四纪时期的气候和环境演变具有十分重要的价值。

3. 土壤的演进

土壤剖面也随土壤发育的时间进程而出现变化。不同的剖面结构代表着不同的发育阶段。一般来说,一旦先锋植物在风化的岩石或新近沉积的母质上立足后,土壤的发育过程事实上就已经开始了。如果土壤的自然侵蚀速率小于岩石风化的速率,那么随着时间的推移,土壤发育将不断地深化,

---

① 1英尺＝0.3048m,下同。

土层的分异越来越明显和复杂,土壤特性也相应地发生变化。这种过程就称为土壤的演进或发育。

土壤的演进是一个连续的变化过程,但这种变化非常缓慢(比植物群落的演替还要慢得多),以至许多人误认为土壤是没有变化的。为了研究的方便,土壤学家常按发育程度把土壤的发育划分为四个不同的阶段(图9.16)。

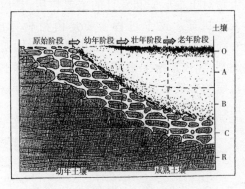

图 9.16 土壤发育阶段示意图(斯蒂拉,1983)

(1)原始阶段。土壤尚未发育的原始母质。

(2)幼年阶段。土壤开始发育,有机质在表土积累,出现土层的分化,但一般只有 A 层和 C 层,土壤在很大程度上仍保留有母质的性质。这一阶段的土壤称为 A-C 土壤或幼年土壤。

(3)壮年阶段。土壤继续发育,林溶层之下出现淀积层,基本上具备了完善的土壤层次,出现A-B-C型剖面,称为成熟土壤。

(4)老年阶段。土壤发育缓慢并趋于稳定。土层间的性质差异加大,在某些条件下出现强烈淋溶的 E 层,这个时期的土壤称为老年土壤。

上述土壤的四个阶段也称为土壤发育的相对年龄。而土壤形成经历的真正时间称为土壤发育的绝对年龄。两者的关系如图9.17所示。一般来说,土壤初期发育的速度比较快,随后逐渐缓慢,到老年阶段趋于稳定。如果没有其他的地质事件、气候变化或人为活动的影响和干扰,土壤通常会循此进程发展。

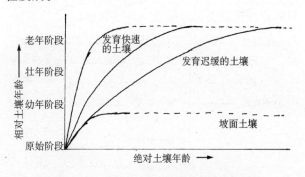

图 9.17 土壤相对年龄与绝对年龄的关系

不同土壤发育所需的绝对时间差别相当大。主要取决于土壤形成的母质、气候和地形条件。例如在新形成的河流冲积物上,土壤发育的速度远快于在新凝结的火山熔岩上的发育速度。在相同的母质条件下,湿热气候区的土壤发育速度比干旱和寒冷气候区的也要快很多。而在坡度较大的地方,土壤受地形的影响,可能永远都不会到达成熟土壤阶段。

三、土壤发育的影响因素

影响土壤的自然因素有五种,即母质、生物、气候、地形和时间,五种因素各具特点,性质不同,但从各自不同的侧面共同控制着土壤的发育和特性的形成(图9.18)。由于时间因素在土壤演进部分已做过一定的叙述,这里只集中就其他四种因素对土壤发育的影响进行介绍。

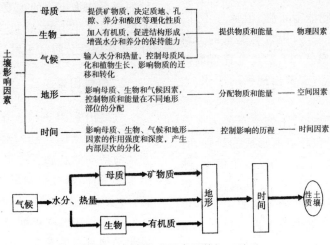

图 9.18 土壤形成因素及其相互关系

1. 母质因素

岩石风化后的疏松物质,可以停留在原处很长时间,也可由外力移至他处,因此形成两类矿质母质;残积母质和运积母质。运积母质根据搬运介质和沉积环境的不同还可进一步地划分:

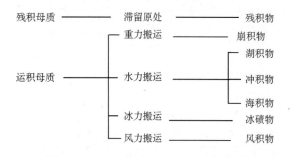

对于原位风化形成的残积母质来说,土壤特性深受下伏岩石的影响,这种影响在土壤发育的初期尤其强烈。原始岩石对土壤的影响主要是由其所含矿物的成分和性质造成的。

岩浆岩中的成分可以分为三类,即石英、浅色矿物(如各类长石、白云母)和暗色矿物(如角闪石、辉石、黑云母等)。不同种类的岩浆岩实际上是三类矿物质的不同组合。如花岗岩以石英和长石为主,暗色矿物的比例很小;玄武岩则主要是由深色矿物和一部分浅色矿物集合构成的。石英和浅色矿物中盐基成分较少,含硅质较多,化学风化比较困难,粗粒的原生矿物质残留较多,风化后的成分也多呈酸性反应,养分贫乏。暗色矿物中盐基成分丰富,抗蚀力弱,比较容易风化,形成较多次生黏土矿物,同时释放出大量的营养元素,呈碱性或中性反应。

不同类型的沉积岩性质差别很大。如砂岩主要由石英砂构成,风化形成的土壤质地粗大,漏水漏肥;养分极少,结构性差。页岩由黏土矿物集聚而成,其上发育的土壤蓄肥能力很强,但通气不佳。化学岩类如石灰岩和白云岩等,因含有大量的方解石($CaCO_3$)和白云石[$CaMg(CO_3)_2$],发育形成的土壤中钙、镁元素极为丰富,常常出现钙的淀积,土壤呈碱性或强碱性反应。

对于搬运沉积的母质来说,土壤继承的主要是由其不同的搬运方式和沉积环境所形成的特性,有时甚至直接用母质类型来命名土壤,如冲积土、冰碛土等。冲积物的特点是层次深厚、质地较好、养分丰富,所以发育在冲积母质上的土壤肥力水平很高,冲积土分布区几乎都是世界上生产力最高的粮食产地,也是农业最发达的地区。风积物,以黄土为例,由于受风力的分选作用,它的颗粒组成比较均一,基本上属于粉砂质,黄土中的养分也比较丰富,但结构性差,垂直裂隙较多,水分很容易下漏,而黄土又多分布于半干旱地区,故而缺水成为限制土壤生产力的主要原因。

2. 生物因素

生物对土壤形成和发育的主要作用,是向土壤中输入有机质。这个过程主要是由植物完成的。草地和森林是地球表面两种面积最大、差别明显的植被类型,比较草地下面发育的土壤与森林下面土壤有机质的含量和分布,可以清楚地看到生物因素对土壤特性的影响作用(图9.19)。

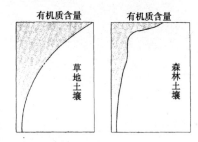

图 9.19　草地和森林两种植被下土壤有机质含量与分布的对比(Forth,1984)

草地植被的生物量虽远不如森林植被大,但土壤中的有机质含量却超过森林。这是因为草类的生命周期短,每年死亡的大量地上茎叶和底下根系,提供了相当数量腐殖化的有机质。而树木的生命周期长,大量的有机质储存在活的植物组织内,每年的残落物归还量并不很大。其次是有机质剖面分布的差异。草地土壤的有机质向下逐渐减少,暗色A层非常深厚;森林土壤有机质集中表层,向下急剧减少,A层浅薄。原因是草类以地下经常死亡的根系作为土壤的主要有机质来源,而森林植物的根系是多年生的,有机质主要来自地上的枯枝落叶,并在地面分解和积累。

3. 气候因素

气候因素为土壤直接提供水分和能量。水分和能量是土壤中一切过程,包括物质的迁移、转化和生命活动的基础。这里重点分析气候因素(主要是水热条件)通过影响母质的风化和控制植物的生长,对土壤产生的影响作用。

风化作用的强度明显地受水热条件控制,化学风化必须有水的参与。温度每升高10℃,化学反应的速度平均增加 2～3 倍。极端寒冷和干旱的环境只能进行初级的崩解过程。随着降水和温度的升高,风化作用的强度逐渐增强,风化产物,特别是次生黏土矿物呈现有规律的空间变化。从地表向下,

风化强度也有变化,物理风化和化学风化愈来愈弱,风化壳的内部也出现垂直的分异现象。地球表面风化壳随气候的变化规律,如图9.20所示。

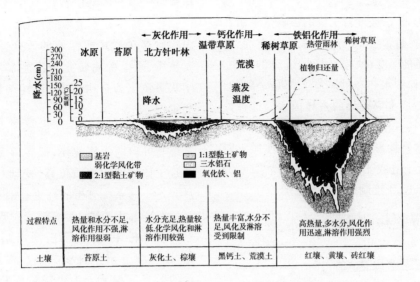

图 9.20　不同气候环境下的风化壳变化

气候也决定着自然植被的生长,从而间接地影响土壤的发育。土壤中有机质的含量是其加入量与分解量之间的平衡。气候因素既影响着植被生长和加入土壤的有机质数量,也影响着有机质的分解活动。一般来说,在其他条件基本相同的情况下,土壤中有机质的含量随降水量的增加而提高,随年平均温度的升高而降低,而且这种变化规律在草原土壤比在森林土壤中更为显著。这是因为在水分供应充足的条件下,植物可以获得更大的生产力,为土壤生产和提供更多的有机质。而温度的升高增强了土壤微生物的活性,使有机质的分解速度加快,相应的积累量就下降了。

图 9.21 是说明土壤中有机质含量与气候和植被两种因素间宏观联系的一个很好的例子。在美国大陆中部的大平原上,由西到东,随着降水增加,自然植被也出现有规律的递变,草类生长愈来愈旺盛,土壤有机质的含量也依次提高。到了降水量更高的东部地区,植被变为森林,土壤中的有机质含量则比中部草原地区低得多,显示了两种不同植被类型下的差异。在森林区内部由北向南,温度渐高,生长季节变长,有机质产量也有所增加,但土壤中有机质的储量却是南方低于北方。这清楚地反映了温度对有机质分解作用的影响。

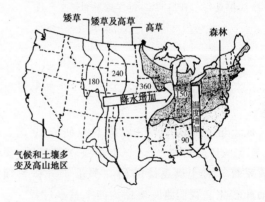

图 9.21　美国大陆上土壤有机质含量与气候和植被的关系(Forth,1984)

(图中数字单位:每英亩 40 英寸土层中有机质的吨数)

4. 地形因素

地形可以通过控制母质、气候及生物因素,对土壤的发育和特性产生强烈的间接影响作用。地形的影响可以分三个方面来分析,即高度、坡度和坡向对土壤发育的作用。随着海拔高度的增加,温度下降,湿度增加,风速加大,相应的植被也出现了分异;母质的风化、侵蚀强度、颗粒组成也随高度而有所不同;土壤特性在高度上的垂直变化在高大的山体上特别明显。

坡向主要影响太阳辐射。向阳的坡面比背阴的坡面能接受更多的太阳辐射量,土壤温度较高。土温上升导致水分的大量蒸发,因此,阳坡土壤比同地区的阴坡干燥,植物也因此出现分异,进而导致土壤有机质含量的差异。

对于局部地形来说,坡度对土壤的影响是最明显的。坡度的陡缓,控制着水分的运动、物质的淋淀、侵蚀的强弱和母质层的厚度、颗粒的大小、养分的丰缺。在局部地区内,气候的水热条件基本上都是一致的,地形坡度往往是造成土壤差异的主导因素。这种处于同一气候带内,具有相似的母质来源,由于局部地形坡度及内部排水特性影响而形成的一组性质不同的土壤,常被称为土链或土壤的地形系列。图9.22为布雷迪(N.C.Brady)所绘制的土链示意图。

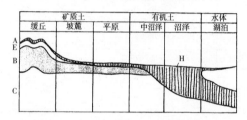

图 9.22　在湿润地区,因地形和排水条件
变化而形成的土链

四、土壤的主要成土过程

成土过程的系统分析:从系统研究的观点出发,土壤是自然环境中一个相对独立的系统,属于开放系统。对土壤系统的研究侧重于分析物质的运动和转化。我们将其概括为四个基本过程。

(1) 输入。土壤系统的物质输入主要有:岩石风化后疏松碎屑物的加入;水分通过降水、径流等形式进入土体;随水加入的溶解物质和悬浮物质;源自植物与动物的有机质;来自大气中的氧气等。

(2) 输出。土壤系统的物质输出主要有:表层土壤的侵蚀;水分向大气的蒸发和向地下的渗透;随水流发生的溶解和悬浮物质的损失;土壤矿质化和反硝化作用导致的二氧化碳和氮的释放等。

(3) 转移。转移是指物质在土壤内部的位置移动,在大部分情况下移动是向下进行的。其中包括黏粒、有机质、铁铝氧化物等胶体物质及较大的矿物颗粒以水中悬浮状态进行的向下淋洗,以及简单盐类与其他离子以溶解状态发生的向下淋溶,但有时也发生向上的转移(蒸发较强时)和侧向的移动

(坡度较陡时)。上述的物质转移主要是由土壤内部的水流带动和控制的,因此可说是物理的或机械的转移。与此相对的是生物转移。这包括一部分土壤动物的搬运活动和植物根系对养分元素的选择性吸收引起的物质转移。

(4) 转化。土壤中的物质转化主要是指在土体内物质存在形式或性质的改变。如残落物转化为腐殖质、原生矿物转化为次生矿物;养分元素从封闭状态转化为自由状态;铁锰结核的形成;结构体的组织,等等。

从整体上来说,输入和输出过程代表的是土壤系统与外界的物质交换,而转移和转化则主要反映的是土体内部的物质位移、变动与重新组合。四种过程是土壤系统分析的理论基础和高度概括。

在实际工作中,土壤学家发现在各种不同的自然环境条件下,土壤都表现出某种独特的成土作用,因此细分出了许多方面。根据主因的不同,土壤的形成过程又分为生物过程和地球化学过程两大类。下面将择其要者阐释如下:

1. 腐殖化过程

腐殖化过程是一种生物成土过程。指进入土壤的有机残体转化为腐殖物质并在土壤表层积累的过程。腐殖化过程的结果是在土壤的表层形成一个色调偏暗的腐殖质层(Ah)。腐殖化过程是矿质土壤形成中的一个普遍过程。但由于不同自然地理环境中的植被与气候条件的差异,腐殖化的程度有强有弱,影响的深度有大有小。因此各地土壤的腐殖质层的厚薄、颜色的深浅各有不同。一般说,在冷湿的草原及草甸植被下土壤腐殖质层发育最厚,腐殖质含量最高,颜色最暗。

2. 泥炭化过程

泥炭化过程也是一种生物成土过程。是指有机质主要以植物残体形式在土体上部积聚的过程。泥炭化过程主要发生在地下水水位很高或地表有积水的沼泽地带。在积水环境下,大量湿生植物的残体因缺乏氧气而不能彻底分解或完全腐殖化,逐渐堆积形成泥炭层(H)。有时泥炭层中尚能保留植物体的组织原状。

3. 灰化过程

灰化过程(图9.23)一般发生在冷湿的气候条

件下,尤其是在寒带针叶林地区最为典型。灰化作用发生的具体条件可以概括为四点:①降水量大于蒸发量,保证充足的水分形成常年向下的淋洗水流。②比较低的温度条件,微生物的活性受到限制,有机质分解缓慢,有机酸大量积累。特别是具有寒冷漫长的冬季与短暂凉爽夏季的地区,对灰化作用最有利。③地表植物残体积聚,形成较厚的覆盖层。残落物中缺乏盐基元素,腐解产生的有机酸酸性很强。④母质排水条件良好,质地不很黏重,有利于水分下行。

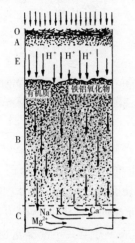

图 9.23 灰化过程示意图
据(斯特拉勒,1981)修改

地表覆盖层中产生的大量有机酸,在水流的携带下向下移动进入土体上部。活性很强的有机酸对土壤矿物有强烈的破坏性,除含硅较多的石英外,大部分的原生和次生矿物都会在有机酸的作用下分解,从矿物中分离出来的大量盐基离子和铁铝氧化物与腐殖质一起随强酸性溶液向下运动,经过一段距离的迁移后,腐殖质与铁铝的氧化物发生淀积,其他盐基离子则继续下行直至淋失。这一过程的结果产生了差别明显的淋溶层和淀积层。淋溶层又分为两部分:上部是一个薄的酸性的,腐殖质含量较丰富的 A 层,颜色偏暗;下部由于氧化铁和腐殖质等染色剂已大量淋失,仅残留下石英等浅色矿物,因而出现一个质地松脆、颜色灰白的酸性 E 层。B 层由于腐殖质和氧化铁等胶体物质的淀积,因而呈现出红棕色。愈靠近上部颜色愈浓。在 E/B 两层交接处形成一个色调差别非常明显的界面。B 层由于胶体物质的淀积,因此比较致密。特别是当氧化铁和氧化铝聚集时,可使一部分土壤颗粒胶结成如石块般坚硬的层次,这种胶结层

称为"硬盘"。

"灰化"这个词来源于俄语,意为"灰土",因为俄国土壤学家最早研究了亚极地针叶林下的土壤,发现 E 层的特性很突出,外貌像草灰的样子,故取名为灰化土。现代分类学意义上严格的灰化土也只是出现在寒带的针叶林地区和一部分山地的上部。但灰化现象的出现范围却非常广泛,在冬季寒冷潮湿的某些中纬度地带也有发生,但不如高纬地带典型。

4. 铁铝化过程

铁铝化过程(图 9.24)的发生条件与灰化作用的条件不同。它出现在高温多雨的气候条件下。湿润的低纬度地区几乎都有程度不同的铁铝化作用发生。铁铝化发生的具体条件是:①全年降雨量大于蒸发量,或者有一定的蒸发大于降水的旱季。但总起来看土壤水分以下行淋洗为主。②持续高温,土壤细菌和真菌活动强烈,死亡植物迅速彻底的分解,产生的有机酸很少。③植被繁茂,生物量较大,有机质主要分布于活体之内,地面及土壤中有机质不多,生物循环作用旺盛。④母质排水条件良好,有利于淋溶过程的进行。

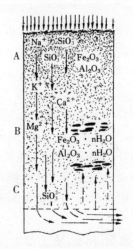

图 9.24 铁铝化过程示意图
据(斯特拉勒,1981)修改

铁铝化作用与灰化作用的最大差别就在于腐殖质的积累不多,产生的有机酸很少,表面土壤只呈微酸性反应。高温多雨地区也是风化作用最强烈的地区。土壤中的化学风化进行得比较彻底,原生硅酸盐矿物风化后,释放出盐基离子和硅酸根离子(SiO_3^{2-}),并形成高岭石及三水铝石和赤铁

矿等稳定的次生三二氧化物〔$R_2O_3 \cdot (nH_2O)$〕。在酸性和弱酸性条件下,盐基离子和硅酸根离子随水淋溶,但氧化铁和氧化铝却不受淋洗(只有当pH<4.5的强酸条件时才会移动),而是作为残余物质留在土层之中。下渗的水流带走了硅酸根和大部分的盐基离子,铁铝氧化产物由于其他成分被淋洗而变得相对富集。

铁铝化过程的结果在土壤剖面上并没有产生像灰化土那样鲜明的层次分异,而是由铁的染色作用使整个土壤剖面呈现红色(或黄色)的基调。如果表层腐殖质含量较多的话,A层也可能呈现红棕色或红褐色。在有季节性干旱的地区,土壤水分在旱季向上运行,可将底层强酸环境中的一些铁铝物质向上携带沉积,与原有的铁铝氧化物聚积发展成一种红色的铁铝胶结层,称为 laterite (来自拉丁文,意为"砖")。因为当这种物质暴露于空气中时,会变得非常坚硬。在印度支那地区就经常把它砌成砖块,干燥后作为建筑材料使用。砖红壤也因此得名。由于热带地区砖红壤中的铁铝化过程最为突出和典型,所以过去习惯上也称铁铝化过程为砖红壤化过程。

5. 钙化过程

钙化过程(图 9.25)是干旱与半干旱地区土壤中普遍存在的成土过程。以中纬度的草原和荒漠草原地带最为典型。钙化作用发生的条件是:①降水量与蒸发量接近相等或低于蒸发量,淋溶作用微弱。②温度和降水有比较明显的变化,降水集中时或有一定的淋溶作用,但干旱时期以毛管水上升为主。③由于下层土壤水分不足,难以支持深根性的森林植被生长,植物以浅根性的草类为主。④母质排水良好,土壤不受地下水位的影响。

虽然由于水分不足,使土壤的淋溶作用比较微弱,但在降水过程中仍然存在水分的向下运动。土壤中由于矿物风化和有机质分解而释放的盐基离子也必然随水迁移。但不同种类盐基离子的活性是有差异的,一价离子如 Na^+,K^+ 的溶解性最强,极易随水迁移;二价离子如 Ca^{2+},Mg^{2+} 等,溶解性较弱,活动性也差。随着下行水分的不断减少,溶液浓度逐渐升高,二价离子便会在一定范围内形成固体盐类沉积下来,其中尤以碳酸钙($CaCO_3$)的沉积最为突出。有时也有石膏($CaSO_4$)的淀积。而

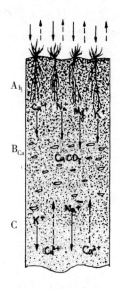

图 9.25　钙化过程示意图
据(斯特拉勒,1981)修改

一价离子则大多随水淋失,最终脱离土体。在干旱季节里,由于土壤表层蒸发强烈,雨季储存于下层深处的毛管水便会向上运动,上升到一定高度时水分蒸发,其中所含的 Ca 盐也会析出沉淀。这样就在土体之内形成一个含 Ca 量丰富的层次,称为钙积层。$CaCO_3$ 或 $CaSO_4$ 本身呈白色,在土壤中主要以细粒状和结核状出现,在含量特别大的情况下,聚集的碳酸盐会形成一个胶结致密的层次,称为石灰层。

钙化过程的结果也使土体出现明显的层次分异。上部由于草本植物的影响,形成一个有机质含量较高的暗黑或暗棕色的表层(颜色深浅视有机质含量而异),表层以下则由于 $CaCO_3$ 的积累而出现色调较浅的钙积层。钙积层的深浅或出现的部位与气候的干湿程度有关。虽然钙化过程都发生在降水量不大的地区,但降水的多寡仍导致淋溶的程度有强有弱,因此形成的钙积层也就有浅有深。在钙积层中,$CaSO_4$ 的溶解性稍强于 $CaCO_3$,故石膏淀积在碳酸钙之下。

6. 黏化过程

黏化过程(图 9.26)在温带和暖温带的湿润、半湿润气候条件下特别突出。土体中稳定和适宜的水热条件,有利于原生矿物化学风化作用的进行。但风化的强度逊于铁铝化过程,风化作用的产物主要是次生的黏土矿物,如伊利石、蒙脱石、高岭石等。黏化过程的结果通常是在土体心部形成一个次生矿物聚集的

黏化层(Bt)。黏化层中次生黏土矿物的来源可有两种途径:一是原生矿物原位转化形成,这称为残积黏化;一是由上部土层淋洗迁移而来,称为淀积黏化。一般来说,在淋溶作用较弱的地区土壤黏化过程以残积黏化为主。在淋溶作用较强的地区,则兼有残积黏化和淀积黏化的双重作用。

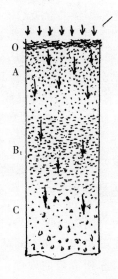

图 9.26 黏化过程示意图

以上所述的灰化、铁铝化、钙化和黏化四种成土过程都是与大范围的气候条件相联系的,它们的发生具有地带性的分布规律,因此也称为地带性成土作用。地带性土壤的发育都必须满足一个条件,即分布于排水良好的地形部位上,以保证在降水后把土壤中过剩的水分全部排走。但地球陆地表面各处都有排水不良的地方,这些地方包括湿润气候下的沼泽地、集水地和低平湿地,以及干燥气候下的碟形洼地。这些地区的共同特点是地下水位接近地表,整个土体或下层土壤处于水分饱和状态中。因局地排水条件不良而引起的成土过程包括潜育化和盐化过程。它们都是隐地带性的。

7. 潜育化过程

在湿润环境下,排水不良的土壤中所进行的成土过程称为潜育化过程。由于受地形的限制,降水后形成的过量重力水不能迅速排出,整个土体或下层土壤全年处于饱和状态,水分占据了几乎所有的空隙,空气难以流通,因此土体处于缺氧的条件下,还原作用占优势。高价状态的铁离子还原为低价的亚铁离子。其他一些变价元素(如锰离子),也呈低价还原状态,还原土层以灰色为基调,有时出现

蓝绿色。在地下水位有季节性变动的部位,大空隙部分时间会有空气的流通,因此出现一些局部的氧化现象,亚铁离子转化为氧化铁(高价),在蓝灰的基质上出现褐红色的斑块或花纹。潜育化现象在土壤剖面中用 g 表示。潜育化土壤由于水分丰富,常常是沼泽植物繁生的地方。在气候比较寒冷的中高纬地区,有机残体因为微生物活动较弱而得不到及时分解,所以在土壤的表层容易出现一个有机质大量积累的黑色泥炭层(H)(图 9.27)。

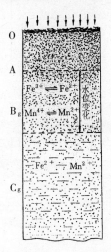

图 9.27 潜育化过程示意图

8. 盐化过程

在地下水位较高而又气候干燥、蒸发力强的地方,土壤发生盐化过程(图 9.28)。因为干燥少雨,干旱地区的土壤普遍缺乏有效的淋溶作用。在干旱区中地势相对低洼的碟形盆地,由于地下水的汇聚,饱和含水层距地面很近。干旱环境下的地下水一般是含盐分较多的高矿化度溶液,强烈的地面蒸发过程将地下溶液抽至土壤表面,水分最终蒸发汽化,所含的可溶性盐类则结晶析出。这种水逸盐留的过程持续进行,就会使可溶性盐类在土壤表面逐渐积累,甚至出现盐壳。这种含盐的表层就称盐积层,在土壤剖面中以 sa 表示。

在一些并非干旱而地下水位和矿化度都较高的地区,如果一年中有某个时期的蒸发力特别强大,土壤表面也可能出现暂时的盐分积累,但在随后雨季中则会重新将盐分淋洗下去。这称为季节性的返盐现象。地势低平的黄河三角洲一带就属于这类地区,土壤表层的盐化现象在干燥大风的春季特别突出。

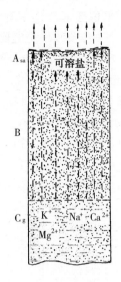

图 9.28　盐化过程示意图

自然界中天然发生的积盐过程称为盐化作用，由人为活动而产生的地面盐分积聚称为次生盐化作用。次生盐化主要是由于人类水利措施不当导致地下水位上升而引起的，包括不适当的灌溉、修建水库和引水渠等。

复习思考题

1. 说明土壤形成的两个基本过程及其所导致的结果。

2. 绘图表示土壤的剖面分层模式。

3. 土壤形成的五大因素是如何影响土壤发育的？

4. 什么是地带性成土过程？什么是非地带性成土过程？

5. 比较土壤的灰化与铁铝化过程。

第三节　土壤的类型与分布

一、土壤的分类与分布规律

1. 土壤分类概述

土壤并不像植物或动物那样具有明确的个体界线和固有的基因差异。因此，从本质上说，土壤的分类只是一种"人择体系"。认识土壤的角度不同，利用土壤的目的不同，就会有不同的土壤分类原则、标准和系统。

目前，世界上有多种土壤分类方案。但影响较大，获得广泛采用的有传统的发生学分类和20世纪

70年代正式提出的诊断学分类两大体系。前一种分类强调土壤与其形成环境和地理景观之间的相互关系，以成土因素及其对土壤的影响作为土壤分类的理论基础。同时也结合成土过程和土壤属性作为分类的依据。后一种分类则着重于土壤本身的特征和属性，以土壤具有的一些可直接感知、量测和分析的具体指标作为分类的依据。

在自然地理学中，土壤是作为自然地理环境中的一个要素，或地球表层系统中的一个圈层来看待的。土壤发生学分类强调土壤与其他自然因素的相互关系，划分的土壤类型与气候、植被等自然景观有一定的内在联系。因此，本章中的土壤分布及类型介绍仍侧重于传统的发生学土壤分类。但后面对诊断学土壤分类也作简要介绍。

2. 发生学土壤分类

以发生学为原则的土壤分类，也存在许多不同的分类方案。在不同国家和不同的方案中，土壤的命名也有不一致和相混淆的现象。但一般来说，经典的发生学分类通常将地球陆地上的土壤划分为三大类别：即地带性土壤、隐地带性土壤和非地带性土壤（表 9.3）。

表 9.3　土壤发生学分类的主要土壤类型

地带性土壤	隐地带性土壤	非地带性土壤
冰沼土	盐土	冲积土
灰化土	碱土	粗骨土
棕　壤	潜育土	冰碛土
红(黄)壤	泥炭土	砂丘土
砖红壤	红色石灰土	火山灰土
燥红土	黑色石灰土	
湿草原土		
黑钙土		
栗钙土		
荒漠土		

地带性土壤也称为显域土。是指那些受气候和生物因素强烈影响的土壤。地带性土壤大都是在不同程度的灰化、铁铝化、黏化和钙化作用下发育形成的，剖面发育完善，土壤分布与相应的生物气候带一致。

隐地带性土壤也称隐域土。是受局部条件如特殊岩性、排水不良或盐碱化等因素影响而发育形成的土壤。它们的许多性质虽然也受到所处地带

的气候条件影响,但主要的土壤特性是受局地条件控制的。这些土壤的分布超越地带性的界线,在所有条件适合的地点都会出现,故称为隐域土。

非地带性土壤也称泛域土。是指那些土壤发育极弱,剖面层次分异不明显,土壤特性主要仍受母质影响的未成熟土壤。新近冲积物、冰碛物、崩积物及砂丘和火山灰上的土壤,多数属于泛域土。

·3. 土壤分布规律

土壤的分布规律按空间范围的大小有三种研究尺度,即全球尺度、区域尺度和局地尺度。全球尺度的土壤分布主要研究的是由气候和生物因素控制的地带性土壤在地球表面的分布规律。所谓区域尺度是指土壤在一个较大的空间范围,如香港、台湾或华南地区的土壤分布格局。而局地尺度则是小范围内,即一个谷地、一个农场或一座山丘的土壤分布模式。

地带性土壤都是某种气候条件下的产物,因此每种土壤类型都有其特定的气候位置。同样,植被类型也受气候因素的控制,特定的植被类型只能出现于特定的气候范围内。因此,在土壤带与气候带和植被带之间,大体上存在着吻合现象。

二、主要土壤类型及其分布

(一)地带性土壤

(1)热带森林土壤——砖红壤。具有典型砖红壤化特征的土壤(参见铁铝化过程)称为砖红壤。由于土壤形成过程中氧化铁和氧化铝大量聚积,所以也称铁铝土。由于高价铁的染色作用,整个土体呈明显的红色基调(潮湿环境中偏黄色),氧化铁特别集中的部位显褐红色。表层则因有机质的加入而变暗。砖红壤主要分布在低纬度的热带雨林和热带季雨林地区。砖红壤属酸性土壤,养分含量不多,大部分营养元素都贮存在活的植物体内,通过快速的生物循环反复使用。所以天然植被一旦破坏,砖红壤将变得十分贫瘠。

(2)热带草原土壤——燥红土。燥红土也有的称为红褐土、红色草原土或稀树草原土。燥红土发育在热带和亚热带干湿交替的气候条件下,也有一定的脱硅富铝铁作用,但程度不如砖红壤强。水分的欠缺使植被的生产量远低于热带森林区,但残落

物的转化速度又比较快,因此生物的积累作用也没有砖红壤强。大面积的燥红土主要分布在非洲、大洋洲及南美洲的热带草原和稀树草原区。在亚洲和北美的干热地区也有零散分布。

(3)亚热带森林土壤——红、黄壤。亚热带季风气候与常绿阔叶林下发育的土壤称红壤或黄壤。亚热带季风区夏季的气候条件与热带地区类似,高温而且多雨,植物生长和有机质的分解都比较迅速。土壤的形成过程表现为砖红壤化作用。但由于冬季凉爽干燥,砖红壤化作用不能像热带一样全年持续地进行,因而属于弱铁铝化土壤。在一些冬季冷湿的地方,还出现较弱的灰化作用。土体因氧化铁的存在,呈明显的红色。在潮湿的环境下,由于氧化铁的水化程度提高而显黄色。表层有一定的物质淋溶,但由于有机质混合而使颜色偏暗。黄壤由于土壤湿润,微生物活性减弱,表层的有机质积累比红壤明显。红、黄壤分布于亚热带的大陆东岸,如美国和中国东南部就属于红、黄壤地带。红、黄壤为酸性土壤,养分含量虽不如棕壤,但由于所处地理位置及良好的气候条件,也是农业利用较多的一种土壤类型。

(4)温带森林土壤——棕壤。温暖湿润的气候和落叶阔叶林植被是棕壤形成的条件。由于落叶层分解速度较快,形成的有机酸不多,不致引起灰化作用。铁铝有少量的向下淋淀,但以黏粒的向下迁移和淀积为主。所以棕壤的特点是Bt层比较突出。表层由于有机质的染色多呈暗棕色,下部B层因少量铁质的存在一般为红棕色。棕壤即因剖面的颜色而得名。棕壤通常是微酸性的土壤,养分丰富,保水、保肥力较强,是农业价值较高的土壤类型。棕壤分布于湿润的暖温带地区,主要是在中纬度大陆东西两岸出现,如西欧和中国的辽东、山东半岛。

(5)温带湿草原土壤——湿草原土。湿草原土是温带森林土壤与典型草原土壤之间的过渡类型。湿草原地区的降水量大于蒸发量,因而淋溶作用较强,钙积层难以形成。地面草类生长旺盛(主要是高草),有机质积累量很大,形成深厚的含有丰富有机质的A层,土壤呈中性或微酸性反应。发达的团粒结构,使湿草原土成为肥力水平最高的土壤之一。

(6)温带典型草原土壤——黑钙土。黑钙土因其上部富含有机质的暗黑色土层与下部浅色钙积层而得名,是典型钙化过程所形成的土壤。土体呈

中性至微碱性反应。黑钙土分布于温带草原地区、降水量与蒸发量近乎相等、草类生长较好的范围内。由于黑钙土也具有深厚的有机质表层,因此也是肥力较高的土壤之一。

(7) 温带干草原土壤——栗钙土。栗钙土亦分布于温带草原地区,但出现于比黑钙土更为干旱的区域内,降水量逊于蒸发量。草类比黑钙土地区稀疏,根系较少,因此表层的有机质含量及分布深度均不及黑钙土。上部出现一个较浅的淡棕色 A 层,B 层则由钙化作用形成颜色浅淡的钙积层。栗钙土属于碱性土,盐基离子含量丰富,但水分缺乏,如果辅以灌溉会有较高生产力。

(8) 荒漠土壤——荒漠土。在气候极端干旱和植被极为稀疏条件下发育形成的土壤均属荒漠土范围。由于水分缺乏,化学风化作用比较微弱,土壤剖面发育较差,各类盐基离子很少淋失,因此土壤呈碱性反应。由于植被稀疏,土壤中有机质含量很低,层次不明显。荒漠土在地球上的分布范围比较广泛,主要分布在亚热带大陆西岸和温带大陆内部。

(9) 寒带森林土壤——灰化土。典型的灰化过程所形成的土壤称为灰化土(参见上节"灰化过程")。灰化土的显著特点是土层分化明显,表层是含有机质的暗色薄层,向下出现灰白色的 E 层,紧接下面的是腐殖质与铁、铝淀积形成的红棕色 B 层。灰化土属强酸性土壤,由于受强酸淋洗,养分元素缺乏。特别是 E 层对农业利用不利。灰化土主要分布在寒带针叶林地区,范围比较广泛,在欧亚大陆北部和北美北部,东西向延伸形成连续的土壤地带。

(10) 苔原土壤——冰沼土。冰沼土是严寒湿润气候和苔原植被下所发育形成的土壤。由于风化作用比较微弱,土层浅薄,质地较粗,一般深度小于 50cm。下面紧接着不透水的基岩层或永冻层,因此土体处于经常的水分饱和状态,发生潜育化作用。苔原植被由于生产量较小,故有机质的归还量不多,但残落物的分解速度也特别地缓慢,所以在不深的潜育层上面往往发育一层较薄的泥炭状态的覆盖层(H 层)。冰沼土属酸性土壤,由于土层浅薄和气候的限制,一般没有农业利用价值。冰沼土集中分布于南北两极冰原的外缘地带。在一些高山的雪线以下也有出现。

(二)隐地带性土壤

隐地带性土壤按其形成的主导因素可分为三种类型:即水成土壤、盐成土壤和钙成土壤。

1. 水成土壤

水成土壤是由于土壤排水不良而产生的,潜育化过程是土壤形成的主导因素。按土壤的特点,水成土壤可分为两类:

(1) 潜育土。土壤常年被水饱和,还原作用占优势。土壤呈蓝灰色并伴有红褐色(铁锈色)斑点或条纹。由于土壤有阻水层而导致上部土壤水分饱和的称表层潜育土。由地下水位升高而引起的称地下水潜育土。潜育土上部没有厚层的泥炭积累。水稻土是由人类长期种植水稻而形成的一种农业土壤,在东亚和东南亚国家分布比较广泛。从本质上来说,水稻土属于潜育土的范围。它可以由原来天然的潜育土不断演化而成,也可以在地带性土壤的基础上逐渐改造而成。在淹水生长期间,水稻土的表层处于还原状态,但下部仍有氧化层出现。水稻收割以后,表层要翻耕晾晒,以促进好氧微生物的分解活动。水稻土在所谓的"稻米文化圈"范围内(包括中国、日本、朝鲜、韩国及东南亚国家)分布最为广泛。

(2) 泥炭土。在土壤水分饱和而气候又过度湿润和寒冷的条件下,有机质的分解活动十分微弱,植物体的归还速度远大于分解速度,从而使半分解或未分解的残体在表层不断积聚,形成较厚的泥炭层,当此层深度较大时,就称为泥炭土。泥炭土是一种酸性极强的有机土,在这类土壤中矿质成分已不占主导地位。

2. 盐成土壤

盐成土壤是指以盐化过程为主而形成的土壤。可溶性盐由于强烈的蒸发作用积聚于土壤的表层。按其盐分组成的特点,盐成土壤可分为盐土和碱土两类。

(1) 盐土。土壤盐分浓集,但钠盐并不突出的土类。通常是浅色的,没有特有的结构形态。土壤反应呈碱性,主要出现于半干旱和干旱气候下的局部地方。

(2) 碱土。土壤盐分以钠盐占优势的强碱性土壤。表层比较松散,表层以下是暗色坚硬的具有(圆顶)柱状结构的层次。分布范围与盐土一致。

3. 钙成土壤

钙成土壤是专指发育在石灰性岩石上的,土壤性质深受母岩影响的土壤。按发育程度有黑色石灰土和红色石灰土两类。

(1) 黑色石灰土。石灰性岩石上发育的薄层幼年土壤。通常有草类植被生长,因此有机质含量较多,形成暗黑色的表层,淋溶较弱,没有 B 层发育,土壤富含钙质,呈中性到碱性反应。

(2) 红色石灰土。在多雨地区石灰性岩石上发育的土壤,土层较厚,有 B 层出现,由于风化作用和淋溶作用,硅质淋失,铁质相对增加,因而呈现红色或黄色。

(三) 非地带性土壤

非地带性土壤分布范围广,成土环境多种多样,没有一致的代表性成土背景。但非地带性土壤的共同特征是成土时间短、母质特点突出,有一个或多个阻碍土壤向成熟方向发育的因素,使土壤处于相对年幼的阶段。

(1) 冲积土。冲积土是一类非常重要的非地带性土壤。冲积土广泛分布于世界各大河流的泛滥地、冲积平原、三角洲以及滨湖、滨海的低平地区。冲积土发育在近代冲积物上,地下水位较浅,一般离地面 1～3m,土体下部经常受水浸润。上部则因生物过程而出现腐殖质的积累。冲积土地区一般地势平坦、土层深厚、灌溉条件好、土壤养分丰富,因此成为人类最重要的粮食产区。人类的古代农业文明也大都发源于冲积土地区。

(2) 石质土和粗骨土。石质土和粗骨土也是分布广泛的一类非地带性土壤。石质土主要出现在坡度陡峭的山地或不断有坡积—洪积物覆盖的山麓地区。土壤不能稳定地发育,土体构型为 A-R型。A 层极薄或不明显,直接覆盖于未风化的基岩上。土层中,含有大量的砾石、碎石等物质。粗骨土一般见于缺乏植被保护的山地,多系土壤侵蚀的结果。粗骨土剖面发育很弱,层次分化不明显,土体构型为 A-C 型。在较薄的淡色 A 层之下,即为厚薄不一的风化母质,含有大量的粗砂、砾石。

(3) 风沙土。风沙土主要分布于热带、温带的干旱和半干旱地区。在河流故道及海岸地带也有局部的分布。风沙土根据其发育的稳定程度可分为三种类型。①流动风沙土,没有任何层次分化,通体为细砂或砂土,能随风吹移。②半固定风沙土,其上已生长稀疏植被,有斑状腐殖质表层,大风时仍能吹移部分砂土,剖面没有或略有发育。③固定风沙土,地表植被覆盖度较大,地表有薄的腐殖质层,A—C 层分异明显,土壤不再随风吹移。

(4) 火山灰土。火山灰土零星分布于死火山口附近。以火山的喷发沉积物为母质。火山灰土的性质深受母质影响,其中含有大量的火山灰、火山渣或其他火山碎屑物;疏松多孔,容重很小。火山灰土一般呈微酸至中性反应,交换性盐基等营养成分含量较高。

三、土壤系统分类及其土纲和分布

诊断学分类是由美国土壤工作者提出的一套土壤分类理论和方法。其要旨是以土壤为中心,以土壤所具有的可见特征及其理化性质为指标,进行判别和分类。基本上不直接涉及其发生条件和成土背景。

美国早期的土壤分类也是采用发生学分类原则的。但在大量的调查工作实践中发现,发生学分类虽在宏观上与自然景观的分布一致,但在具体的土壤划分上主观性较强,缺乏详细、定量的判别标准,不易掌握和对比。因此,从 20 世纪 50 年代开始,美国土壤工作者就着手研究制订一种以客观诊断标准为依据的土壤分类方案,并不断地加以修订和补充。到 1975 年正式出版《土壤系统分类》一书,确立了新的土壤分类体系。此后,土壤系统分类仍不断地继续完善并在其他国家得到了发展。如中国的土壤工作者就在参照美国分类方法和自己研究成果的基础上,提出了《中国土壤系统分类方案》(1995)。

1. 诊断层与诊断特性

美国土壤系统分类中用以鉴别土壤性质的指标有两大类:即诊断层和诊断特性。

(1) 诊断层。凡是用于鉴别土壤类型,在性质上有一系列定量说明的土层,称为诊断层。按照其在土体中的位置不同,诊断层又分为"诊断表层"和"诊断表下层"两类。在具体的土壤分类方案中,对土壤的各种诊断层都有非常详尽和严密的定义。常见的诊断表层有松软表层、人为表层、暗色表层、淡色表层、有机表层等。主要的诊断表下层有淀积黏化层、灰化淀积层、高岭层、氧化层、漂白层、雏形层、钙积层、石膏层、积盐层、含硫层等。

（2）诊断特性。如果用来鉴别土壤类型的依据不是土层，而是具有定量说明的土壤性质，则称为诊断特性。在具体的分类系统中，对各类诊断特性也都有明确的定义和指标。如土壤的水分状况和土壤温度状况就是常用的诊断特性。在美国土壤系统分类中，根据土体内一年中各季节的水分存在状况，划分出潮湿、湿润、半干润、夏旱和干旱5种土壤水分状况。根据土温的高低和变化，划分为永冻、冷冻、冷性、中温、热性、高热、恒冷性、恒中温、恒热性和恒高热10种土壤温度状况。

其他还有许多如反映土壤矿物组成、质地突变、火山灰特性、膨胀性、特殊化学物质等一系列的诊断特性。

2. 分类体系与主要土纲

美国土壤系统分类中，土壤是按照土纲、亚纲、土类、亚类、土族、土系6级划分的。

土纲是分类系统中的最高级分类单元。主要是根据土壤的诊断层所反映出的土体分异和发育程度进行划分；也有以土壤的特殊组成物质为依据而划分的。亚纲则是以同一土纲中不同的水热状况、土层特征、风化程度等作为划分的依据。土类主要依据土壤中的土层性质、排列等进行划分。一般同一土类具有相同的剖面构型、土壤盐基状况和水热状况。

在美国最初的正式土壤系统分类方案中，共划分出了新成土、变性土、始成土、干旱土、软土、灰土、淋溶土、老成土、氧化土和有机土共十大土纲。

后来又将火山灰土独立为一个土纲。

（1）新成土：是指轻度发育或者新近发育的矿质土壤。成土时间短，剖面性质在很大程度上继承了母质的特性。

（2）变性土：是一类富含蒙脱石等黏土矿物的黑黏土，具有很强的膨胀收缩性。湿季土体膨胀，旱季土体收缩、开裂。

（3）始成土：是一类土层发育较弱，未成熟的各种幼年土壤的总称，包含许多不同的成因和类型，广泛分布于世界各地。始成土表层下通常只有一雏形层，而无典型的灰化淀积层、淀积黏化层或氧化层。

（4）干旱土：指具有干旱土壤水分状况、分布于荒漠或半荒漠地区的土壤。

（5）软土：是具有松软表层的一类土壤，主要出现于中纬度草原和湿草原地区。软土有机质和盐基的含量都较高。

（6）灰土：是指具有灰化淀积层的土壤，大致与发生学分类中的灰化土相当。

（7）淋溶土：具有淋溶作用所形成的淀积黏化层，但淋洗的程度不强，因此土体中仍有中等到较高的盐基含量。

（8）老成土：也是具有淀积黏化层的土壤。但受风化作用较深，淋溶作用较强，盐基含量较低。

（9）氧化土：属于风化作用和淋溶作用更强的土壤。以大量铁、铝氧化物聚集形成的氧化层或聚铁网纹层为典型特征。

（10）有机土：是指有机物质大量积累，有机质含量非常高的一类土壤。一般有机土出现在低洼积水的环境中，大致与发生学分类中的泥炭土相当。

美国土壤系统分类中各土纲的主要区别及特征概括如下：

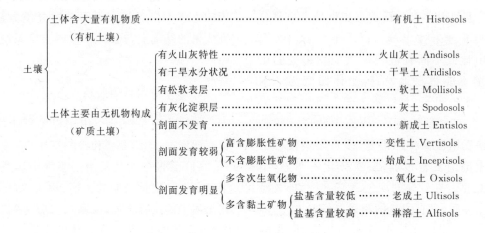

3. 系统分类下的土壤分布规律

美国土壤系统分类制虽以土壤的诊断层和诊断特性作为分类的主要依据,但由于诊断层和诊断特性也是一定成土过程的产物,因而与成土环境仍然具有相关性。该分类制的分类单元与生物气候带也具有一定的联系。

在高纬度苔原带主要分布新成土和始成土中的"冷冻"土类。在中纬度冷湿气候带主要分布灰土、始成土、冷凉淋溶土等。在中纬度温暖气候带主要分布湿润淋溶土、半干润淋溶土。地中海式气候区则主要分布夏旱淋溶土、半干润淡色始成土。亚热带湿润气候地区主要发育为老成土。温带草原地区主要分布湿润软土、半干润软土。半荒漠和荒漠地区主要分布干旱土、新成土。低纬度地区分布氧化土、老成土和变性土。美国土壤系统分类制的 11 个土纲中,分布面积大的几个土纲与气候带的关系如图 9.29 所示。此图中淋溶土细分出 4 个重要的亚纲,从而更清楚地看出其间的关系。以理想大陆上各土纲分布模式为依据,便易于掌握美国土壤系统分类制下的各类土壤与发生学分类制下各土壤的相互关系。

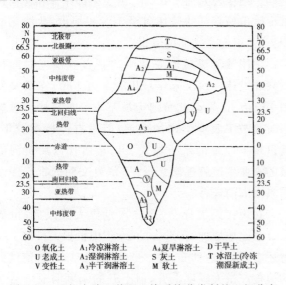

O 氧化土　A₁冷凉淋溶土　A₄夏旱淋溶土　D 干旱土
U 老成土　A₂湿润淋溶土　S 灰土　　　T 冰沼土(冷冻
V 变性土　A₃半干润淋溶土　M 软土　　　　潮湿新成土)

图 9.29　理想大陆上美国土壤系统分类制的土纲分布
(斯特拉勒,1981)

复习思考题

1. 发生学土壤分类有哪些大的类别?各有哪些主要的土壤类型?

2. 地带性土壤的分布与气候和植被的分布有何联系?

3. 系统土壤分类的依据是什么?

4. 系统土壤分类中有哪些主要的土纲?

第四节　土　壤　资　源

一、土壤资源的特点和价值

土壤资源是人类赖以生存的最基本和最重要的自然资源。人类的生活所需物质相当大一部分直接或间接地源于土壤资源。古代先民很早就清楚地认识到了这一点,总结出"民之所生,衣与食也;衣食所生,水与土也"的精辟见解。并将国家概括地称为"社稷(土地+五谷)"。

1. 土壤资源的特点

土壤资源的一个非常重要的特点是其可观的生产力和重复使用性。从种子的投入到作物的收获,产出的结果是投入的几十倍至上百倍。而且可以年复一年地不断地维持其生产力。但是,土壤资源的这种生产力和可重复使用性是有一定限度的。在良性的自然生态条件下,土壤在植物生产中所消耗的肥力会通过物质和能量的动态平衡得以恢复和补充。从而维持一个稳定的肥力水平,满足重复利用的需要。但当人类增加对土壤产出的要求,使用强度超出土壤保持相对稳定平衡的弹性范围之外时,就会引起土壤肥力和生产能力的下降。因此,需要人类的培肥和精心管理,才能保证可持续的利用和收益。否则,便会使地力下降,土壤资源发生退化,甚至枯竭。

土壤资源是不是一种可更新的资源?从自然属性上来说,土壤是一种可更新的资源。致密的岩石在地球的表面被风化作用改造成为风化壳,风化壳又进一步地在生物参与下发育为土壤,土壤又受各种外营力的作用被侵蚀和搬运。这个过程一直是持续不断地发生着的。因此,可以说土壤只是岩石地质大循环动态过程中的一个环节,是一种可更新的资源。但是,土壤又不同于光、热、水、风等常见的可更新的自然资源。土壤的形成和发育是一个相当缓慢的过程,可能需要数千至数十万年的时间。因此,土壤资源的更新周期比其他可更新资源要长得多。一处植被破坏,土壤流失殆尽,岩石裸露的山体,如果想要恢复原有的土壤和景观,恐怕在人的一次生命周期里是难以得见的。所以也可以这样认为:从土壤的自然属性和宏观的地质时间尺度来看,土壤是一种可更新的自然资源;而从人类生产利用的角度和人类生命的时间尺度来看,土壤则可被视为一种不可再生的资源。这也可促使我们正确认识土壤资源的价值,切实认真地保护土壤资源。

2. 土壤资源的价值

土壤资源不仅在历史上促成了农业社会的出现,并支撑了人类文明的发展,而且在现代社会仍是人类生存所依赖的基本资源。根据统计资料,目前人类生命活动所需要的能量,有大约88%直接或间接来自于耕地所生产的农作物,12%源自牧场和海洋水产。而且可以相信,在将来可以预见的相当长的时期内,人类的生存和发展仍将继续依赖于地球上的土壤资源。并且随着人口的不断增长和对粮食需求的增加,土壤资源愈显珍贵。

地球表面面积虽然广大,但是真正可被人类利用的土壤资源却是相当稀缺的。在有限的陆地表面上,大约有1/10的面积是被永久冰雪所覆盖的,如南极洲、格陵兰、加拿大北部等。还有约1/5是因为水分过度缺乏而难以发展农业生产的干旱地区,如撒哈拉、阿拉伯半岛、塔里木盆地等地方。另外还要除去约1/5因海拔太高或地形极度崎岖陡峻而无法利用的土壤。还有约1/10的面积属于性质不良的土壤,如盐碱地、沼泽地等。余下的地球陆地表面约2/5的面积,才是具有人类开垦利用价值的土壤资源。而且即使在这些有限的土壤资源中,仍有相当大的一部分属于茂密的热带雨林覆盖的地区,如南美的亚马孙河流域、非洲的刚果河流域及东南亚的一些地区。这些地区至今人类还难以开发,或者为了维持整个地球的生态平衡和气候稳定而不应进一步地开发。

3. 土壤资源与人类文明

人类与土壤的相互关系是长期和复杂的。在史前的原始渔猎时期,土壤只不过是人类生存环境中并不重要的一部分。随着农业文明的出现,土壤在人类的生活中起着愈来愈重要的作用。农业的基本自然资源是气候和土壤,前者给作物输入必要的能量和水分,后者是作物生长的基地和供给植物生长所需要的水分和养分的一种介质。

早期文明都在相似的环境中发展起来并不是偶然的巧合。尼罗河谷地、美索不达米亚平原、印度河流域和黄河中游地区都有可供灌溉的独立水源和不易受严重侵蚀的较平坦土地,以及周期性沉积新物质和养分的肥沃冲积土。在公元前3500年前埃及人已在尼罗河谷地进行粗放耕种,在公元前2500年前后建成金字塔,这是具有良好组织和富裕社会的证明。美索不达米亚平原具有相似的例子,公元前3500年苏美尔人已在那里建立了城市国家中心。

但不合理地使用土地、土壤的退化也是一些古老文明逐渐衰落的原因。由于美索不达米亚平原许多河流有较高的淤积量,因而其灌溉渠道要比尼罗河谷地更需要经常地疏通。帝权的衰落(公元前323年)可以作为开始结束美索不达米亚文明的标志。对灌溉系统缺乏宏观的有组织的维护和整治工作的削弱,导致渠道的淤积荒废和土壤的盐渍化危害。淤积物质来自周围山地土壤的侵蚀,主要是由于土耳其境内的河流源头地区森林破坏和过度放牧所致。

印度河文明与尼罗河及美索不达米亚的文明有许多相似之处。冲积土和灌溉也是发展经济的基础。约在公元前1700年,由于兴都库什和喜马拉雅山脉山麓森林的破坏以至于淤积加重,盐渍化面积扩展,引起了文明的衰退。

中国黄河流域的农业生产一直到汉朝时期仍然兴旺发达。西汉末年垦田800万hm^2,东汉又垦田700万hm^2;至此黄河流域基本开垦完毕。虽然当时刺激了农业生产的发展,但没有经过多少年,就出现了严重的水土流失。以至唐代以后黄河流域的农业生产就逐渐衰退了,华夏文明的重心逐渐向东南方向迁移。

在现代人类社会,第二次世界大战以后,世界人口迅速地增加,在过去的50年中世界人口翻了一番还多,现已达到60亿。虽然"绿色革命"曾使世界的粮食产量大幅度上升,但上升的幅度明显落后于人口的增加,人均粮食数量有不断下降的趋势。因此,人口与粮食和土地之间的尖锐矛盾,仍是当前人类所面临的一个最大的现实问题。

二、土壤资源的丧失与退化

与世界人口和粮食需求增加形成鲜明对比的是,本已稀缺的肥沃的土壤资源正不断地丧失和退化。这包括土壤的侵蚀、荒漠化、酸化和养分的损失、土壤板结、灌溉地的盐碱化和水渍化,以及城乡扩展和工交设施所吞没的大片土壤资源。其中影响面积较大,比较严重和突出的问题是土壤的侵蚀、土地荒漠化及耕地的人为占用。

1. 土壤侵蚀

土壤的侵蚀按营力的不同分为水蚀和风蚀两类。风蚀主要出现在比较干旱的地区,是土地荒漠化的其中一种现象。在湿润地区,土壤侵蚀则主要表现为土壤物质的随水流失,即通常所称的水土流失。

2. 土地沙漠化

广义的荒漠化是指土地变得干旱,植被渐趋稀少和难以生长,地表物质松散,易被外力吹蚀的沙化现象。又或者是沙漠扩展,吞没原有土壤层的现象。荒漠化的原因有自然因素和人为因素。自然荒漠化主要是气候趋于干燥、雨水稀少造成的。人为因素主要是过度放牧、不合理开垦和不适当地利用水资源所导致的荒漠化(详见第六章第八节)。

3. 土壤退化

土壤的退化是指由于各种原因造成的土壤物理、化学性质改变,导致土壤质量和生产力下降的现象。土壤的退化表现为许多不同的方面。如土壤受侵蚀变浅,土壤板结,结构破坏;土壤盐渍化,酸化,沙化;土壤有机质含量减少和营养元素亏缺等。

在耕作土壤中,有机质和营养元素含量下降是一种普遍的现象。由于人为耕作打断了自然土壤的物质循环,因此土壤中的有机质和养分就不能获得稳定持续的自然补充。如果是高强度地重复使用土壤资源,这种下降的速度就更快。如中国东北地区的黑土,初垦时土壤有机质高达7%～10%,但开垦不到百年,土壤有机质已下降到3%～4%,有的甚至只有2%左右。

为了弥补土壤中由于反复地收获而出现的养分亏缺,施用化学肥料成为一种广泛的做法。而长期大量施用化学肥料的后果是导致土壤表层结构的破坏,造成土壤的板结。

由于进行旱作土壤的灌溉,而又无有效的排水措施,使地下水位上升,可溶性盐分因地表水分蒸发而残留积聚于地表。在沿海平原地区,过量抽取地下水,也将引起地下咸水的入侵,造成土壤的盐渍化,不利于作物的生长,使土地质量和生产力降低。

分布于湿润地区的土壤,由于强烈的淋溶作用,本身即属酸性土壤。世界上的酸化类土壤,包括砖红壤、红壤、灰化土、酸性硫酸盐土(发育在海滨红树林下的淤泥质土壤)等约占土地总面积的35%。在酸性土壤区,如果大气中有酸雨沉降发生或施用酸性化肥,都可能导致土壤的酸性进一步加强。土壤pH过低会引起土壤中磷、钙、镁、锌、硼等营养元素有效成分的损失,并使土壤溶液中铝、锰等离子的浓度增加,对植物的根系产生毒害作用。

4. 土壤污染

土壤的污染有许多渠道,污染物的类型也较多。但比较突出和典型的是重金属污染和农药污染。重金属元素,如汞、镉、铜、锌、铬、镍、砷等,主要是通过工业废水灌溉和施用被污染的底泥而进入土壤中的。这些重金属污染物的特点是不易被分解,因此在土壤中不断地富集。农药的使用,也给土壤带来急性或持久性的损害。

5. 耕地占用

人口的增长、工业生产规模的扩大及交通运输需求的增长,都要占用一定的地表空间,这对有限的土壤资源构成了相当大的压力。

居住用地和工业用地的一个显著特点是:占地集中于城市和乡村居民点周围。而这些地方正是人类长期培肥经营,质量好、生产力高的土壤。一旦占用通常难再恢复。

世界上每年因建筑、道路和其他非农业设施而占用了多少耕地资源,很难有一个精确的权威数字。但从一些零星的不同时期的统计数据,还是可以看出问题的严重性。如20世纪80年代统计,美国每年因城市和交通建设占用的农地约65万～80万hm^2。中国自1957～1980年23年间,因各项建设而使耕地面积减少了约5亿亩,平均每年有2000多万亩。改革开放以后,伴随着大规模的城乡建设和开发区建设,耕地的侵占速度更是大大加快。

三、土壤的改良与资源保护

1. 土壤改良的主要措施

土壤作为一种资源,其主要的作用就是为农业生产提供基本的保障条件。土壤的改良工作即是指改善土壤的性状，提高土壤的肥力，为植物生长创造良好的土壤环境。

土壤有各种不同的形成和发育过程，土壤的类型和性质也各有差异，土壤中存在着许多限制农作物充分生长的障碍因素。土壤改良工作的实质，就是要找出土壤中这类具体的障碍因素，尤其是关键的障碍因素（限制因子），并加以克服和改善，使农作物获得更高的产量。

如土壤含有盐碱，或酸性过强，或土质过沙过黏，或排水和通气不良等不利因素，一经改良就可更好地发挥土壤的生产潜力，不仅使原来不能利用的土壤得以利用，而且可使低产或中产的土壤变成高产土壤。土壤改良的主要措施，可以分为水利措施、农业技术措施和化学改良措施三类。水利措施包括灌溉、排水、洗盐、放淤等。农业技术措施包括深耕、压砂、掺客土、轮作、增施有机肥等方法。化学改良主要是通过施用特定的化学物质，达到改变土壤化学特性的效果。

在干旱和半干旱地区，土壤水分匮乏是影响农业生产的主要限制因素。因此，发展灌溉是干旱土壤改良的最重要措施。传统的沟渠或漫灌方式属于粗放型的灌溉方法，喷灌和滴灌则是机械化、自动化、节水农业的灌溉技术。尤其滴灌是一种节水型的灌溉方法，特别适合于水资源紧缺的地区。对于涝洼地区和沼泽地的改良，主要是采取以排水为主的水利措施。涝洼地和沼泽地排干后，还必须进一步消除其他的低产因素才能提高生产力。例如增加磷、钾肥，施用石灰，掺和沙土等。

改良盐碱土和防止土壤次生盐渍化是一个世界各地普遍存在的问题。盐碱土的类型较多，改良的措施也各有不同。主要的水利措施是灌溉洗盐配合排水。灌溉水能溶解并洗去土壤中过多的可溶性盐分，排水则降低地下水位，防止土壤返盐。井灌井排也是常用的一种技术，利用盐碱地上的机井抽水灌溉排水，可加强土壤水分的向下淋洗作用，使土壤向脱盐方向发展。在盐碱土上采用绿肥与作物轮作，增加土壤的有机质，可以提高土壤的保水能力和渗透性，促进结构的改良，进而降低土壤盐分的含量，是比较经济有效的措施。通过一些化学手段，如施用酸性肥料、硫酸钙、石灰石粉与树脂酸（石油工业副产品）的混合物等，对改良盐碱化土壤也能起到较好的效果。

酸性土壤的改良主要是采用化学方法。常用的改良剂有生石灰、熟石灰、石灰石粉以及含石灰和水泥的工业副产品等。其中以生石灰和熟石灰的效果较好。酸性土壤施用石灰，不仅能改变土壤的 pH 值，提高许多营养元素的有效性，而且还能改善土壤的物理性状。实践证明，酸性土壤施用石灰后，增产的效果十分显著。

耕作土壤中普遍存在的一个问题是有机质含量的持续下降。这也是土壤退化的一个重要标志。对土壤连年的没有休闲的使用，使土壤有机质得不到有效的补充，也没有一个稳定的转化环境，必然导致有机质含量的下降。虽然通过施用化学肥料可以即时补充某些营养元素的需求，但长期使用化肥也带来土壤结构破坏、土壤板结等副作用，并可能污染环境。因此，给土壤增施有机肥料是改良土壤理、化性质，提高土壤资源质量的一项重要措施。有机肥料是完全肥料（相对于成分简单的无机肥料而言），既能供给作物生长所需的各种养分，又能改善土壤的物理结构，促进土壤的良性发展。有机肥料的种类相当多，常见的有饲养牲畜产生的厩肥，利用杂草、落叶和作物茎秆混合制作的堆肥，轮作或套种豆科植物形成的绿肥，以及秸秆还田，城市产生的有机垃圾和人类排泄物等。有机肥料的缺陷是体积较大，运输不便，较费劳力和肥效缓慢。但其来源广，成本低，具有无机化学肥料不能取代的独特作用。并且还能使一些本来可能会产生环境污染的废物变为对土壤有益的肥料，符合生态原则和可持续发展的要求。

2. 土壤资源的保护

土壤是一种非常珍贵的自然资源。对于人类来说，也可以看做是难以再生的稀缺资源。然而，土壤资源目前正面临着多方面的威胁，资源的丧失和退化问题严重。

要保护土壤资源，必须因地制宜采取不同的措施。从技术层面来说：

（1）对轻度侵蚀的坡地土壤，等高耕作是保护土壤免受流失的一种简单有效的常用方法。采取挖等高截水沟，修建水平梯田等工程措施能取得更佳的防护效果。植被对防止土壤侵蚀作用很大，因此生物措施也是被广泛采用的防护措施。森林的护土性能最高，所以在能够退耕还林的地区，应尽量地植树造林，建立以林地为基础的良性经营模式。在人地矛盾特别尖锐、耕地难以退减的地区，也应尽量争取在坡顶、沟头及陡坡、凸坡等敏感地段栽植树木，防止水土流失的进一步恶化。在一些表土已经侵蚀殆尽，甚至风化母质出露的地区，直接植树的成功率较小，生物措施以选种某些耐旱耐瘠的先锋草本植物为佳，以期逐渐改良恶劣的土壤环境条件，为后续的治理奠定基础。

（2）对风蚀和荒漠化的土壤，维护天然植被是保护土壤资源的最佳方法。在已经开垦和发生风蚀的地区，建设防风林和建设沙障，种植草方格，采取免耕或休闲方法等，都能在一定程度上抵御风蚀的危害。

（3）对次生盐渍化土壤，由于它主要由不恰当的灌溉引发，因此水利工程的设计、施工和管理都会影响土壤资源的利用和保护。设计合理、施工优良和管理到位、疏浚及时的农田排灌系统，能保障土壤的稳产高产。反之，设计失误、管道渗漏、沟渠堵塞等将导致地下水位的上升，出现可溶性盐在土表的积聚现象。

此外，在工业、交通及居住用地方面，也可以通过合理的选线方案论证、优秀的规划设计调整，减少占用耕地。并运用相应的法规政策或经济手段，对土壤资源加以认真地保护。尽量使用一些农业利用价值不大的土地或劣质土地，最大限度地保护有限而珍贵的耕地资源。

复习思考题

1. 土壤资源有何特点？

2. 土壤资源目前面临哪些威胁？如何改良与保护上壤资源？

第十章　自然地理环境的基本规律

本章是在阐明各自然地理要素的基础上进行叙述的。既是对各自然地理要素基本特征的概括，又是把自然地理环境作为统一整体进行综合研究。其中着重论述自然地理环境基本规律及其应用，即整体性规律、时间演化规律、空间分异规律、土地类型和综合自然区划。

第一节　整体性规律

一、概　　述

整体性包括两方面含义：一是指构成整体和各要素不是孤立存在的，而是相互联系、相互作用、相互制约组成一个统一的整体；二是指整体具有各孤立要素所没有的性质和功能。但整体功能并不等于各部分、各要素功能的任意凑合。自然地理环境是一个由一些大小不同、等级有别、内部结构复杂程度参差不一的物质系统，逐级镶嵌组合而成的。组成自然地理环境的六大要素，其各个要素的性质和功能，与自然地理环境整体性质、功能有巨大区别，即使某一要素对某一级自然地理环境的形成和特征有着重要影响，也不能取而代之。因为任何要素的作用，只有在与其他要素相联系的情况下才能发挥。

自然地理环境的整体性规律，是自然地理最基本的规律。它与其他规律有不可分割的联系。所以地理学界，都把自然地理环境作为整体来研究。

自然地理环境的整体性规律，是通过对其组成和结构的分析总结出来的，即对自然地理环境的无机和有机组成，对自然地理环境的空间结构和时间结构的分析综合，总结出来的。其实质就是自然地理环境的内部联系性，即各组成要素和各部分，综合交融，互为因果，通俗地说，就是"牵一发而动全身"。

自然地理学的奠基人洪堡在他的五卷巨著《宇宙》一书中写道："自然地理学的最终目的是认识多种多样的统一，研究地球各种现象的一般规律和内部联系。"这就是指整体性观念和内部联系的规律性。

现在人们研究自然地理环境的结构和功能以及各种结构形成的机制和规律；物质循环能量交换的调节、控制和可能途径；研究土地类型和自然地理区划，确定其综合特征，开发利用的方向和途径；研究人地关系，探求环境与发展协调的正确途径等，都必须从自然地理环境的整体性出发。不承认整体性规律就不可能取得有实际意义的成果。所以，整体性规律又是自然地理研究的出发点。

然而，地理学界对自然地理环境整体性规律的认识，同其他学科一样，有一个由浅入深的深化过程。

二、整体性认识的发展

（一）内在联系的整体性

内在联系的整体性是指自然地理环境的各组成要素（地貌、气候、水文、土壤、植物、动物）相互联系、相互制约形成统一整体的特性。其中任一要素发生变化，必然引起其余要素发生相应的变化，某一部分发生变化，必然引起其相邻部分发生相应的变化。例如，大气中的二氧化碳（CO_2）含量增加，由于二氧化碳对太阳短波辐射几乎透明，但对地球的长波辐射则基本吸收，所以大气的温度随之上升。导致大陆冰川退缩和两极冰盖消融，进而导致全球海平面上升，海岸向陆后退，沿海低地受浸淹。由于海平面上升而使侵蚀基面上升，导致流水地貌发生相应的变化。又由于全球气温上升，导致植物、动物向极迁移或从此绝灭，或出现新的物种。不言而喻，土壤也跟着发生相应的变化。自然地理环境也就出现新的面貌。事实上，当气候波动，自然地理环境将随之作南北移动（表10.1）。

人类活动对大自然的干预，引起自然地理环境的变化屡见不鲜。如英国的泰晤士河曾由于伦敦及其附近城镇的废水污染，水质变黑，发臭（水文变化），导致鱼类绝迹（生物变化）。后经二三十年整治，河水再度变清（水文变化），继而鱼类重新出现。

表 10.1　中国东南部上新世以来的年均温度变幅与自然地带的移距

地　区 （自然地带）	N$_2$		Q$_1^2$		Q$_2^1$		Q$_3$		现代	
	北纬	温度（℃）	北纬	温度（℃）	北纬	温度（℃）	北纬	温度（℃）	北纬	温度（℃）
亚热带北部	41°～42°	1～4	46°	5～6	42°～45°	1～4.5	35°～40°	1～3	33°～34°	13～15
亚热带南部	35°	0～2.5	36°～42°	1～4	33°～34°	0～2	30°～33°	0～1	28°～30°	16～20
热　带	25°～32°	0～0.5	30°～32°	0～2.5	25°～30°	0～0.5	24°～26°	0	24°～26°	20～25

据（黄镇国等，1999），略有删节。

内在联系整体性认识的理论基础是因果论。17世纪世界崇尚因果论，地理学界也不例外。认为自然地理事物和现象具有深刻的因果联系。一旦在自然综合体中有某一环节发生变化，其他所有环节必将随之发生变化。当然，整个体系的变化规模在本质上决定于各组成部分或要素的变化规模。这就是自然地理环境内部联系的整体性。

（二）结构和功能的整体性

结构和功能的整体性，其实就是以系统论的观点去认识整体性问题。系统论、控制论、信息论，被称为现代科学"三论"。现代科学三论的出现，使人们对整体性的认识进入到一个全新的阶段。

1. 系统的结构和功能

所谓结构就是系统内部各要素之间的特殊网络关系。换句话说，就是系统内部的物质流、能量流、信息流和流通渠道。也可以理解为系统的骨架。

现实世界中，往往在构成要素相同的情况下，各要素的组合方式不同，即结构不同，系统的整体功能也大不一样。最为显著的例子是石墨和金刚石，它们都是由碳元素构成的，但由于结构不同，就有完全不同的性能。前者松软，后者则异常坚硬。

所谓功能，是指物质、能量、信息在系统内传递转化的外部表现。例如土壤、草本植物和食草动物三个子系统通过结构网络构成一个生态系统，其功能正是结构网络保证物质、能量在系统中传递和转化。一旦这种传递和转化受阻，整个生态系统就会陷于解体，系统的结构网络将不复存在。现以磷在此生态系统中的传递和转化说明。人们将磷施于（输入）土壤后，它首先溶解于土壤水中，随后被植物的根系吸收而进入植物体内，参加植物体的建造。植物体的磷，一部分由于植物死亡变成枯枝落叶归还给土壤，另一部分被食草动物取食而传递到动物体内，参与动物体的代谢，输出到该生态系统之外。显而易见，每一个子系

统都有磷的输入、输出，以及在各子系统中转化。这种功能的顺利实现全赖于该生态系统的结构网络通畅。一旦由于某种原因，结构网络受破坏，例如土壤子系统的结构发生了变化，使施入的磷与土壤水中的化学物质发生反应，生成难溶的磷化合物，植物就难以吸收。这时整个系统就要受影响，其功能也就不能正常发挥。

由此可见，系统的结构与功能的关系是非常密切的。结构是保证物质、能量、信息流通的渠道。而功能是维持结构存在和发展的基础。可以说，没有无结构的功能，也没有无功能的结构。

2. 系统的整体性

按照系统论观点，整体性是由于物质、能量、信息在系统内各要素之间流通，使要素之间的联系、制约加强而形成。组成整体系统的各部分，不能离开整体而孤立存在，部分由整体决定。部分与整体的关系可约化为以下表达式：

$$2 \vee 1+1 \quad 或 \quad 2>1+1 \quad （优化组合）$$
$$2=1+1 \quad （合理组合）$$
$$2<1+1 \quad （内耗占统治地位）$$

这是系统论最基本的定律。运用系统科学，构成一个新的系统，精确无误地组织好各要素实行系统管理，就能发挥最大的功能。

3. 自然地理系统的整体性

自然地理环境由岩石、大气、水、生物等物质圈层互相联系、互相渗透、相互作用组成一个巨大的物质系统。各要素通过能量流、物质流、信息流的作用，结合而成具有一定结构和可完成一定功能的整体。1963年原苏联学者索恰瓦定义其为"自然地理系统"，它是地球系统的一个子系统。自然地理系统的进化发展，主要取决于内部联系，取决于各自然地理要素的结构网络及物质、能量、信息在其中的传递和转化。外部联系也不能忽视，特别是太

阳辐射和地球内能,是一切自然理理过程的能量基础。太阳辐射在自然地理系统中传递转换,成为自然地理系统进化的重要根据。故自然地理系统也是一个开放系统。

自然地理系统的整体性,首先表现为其组成要素所构成的网络结构。其次为任何一个组成要素都不具备自然地理系统的结构和功能。第三,要素的单独作用和作为自然地理系统整体的一员在整体中所起的协同作用完全不同。例如气候,它是自然地理系统的要素之一,其重要性不仅是其本身的存在,还在于它参与地貌的塑造和陆地水文特征的形成,影响植物、动物的类型和分布,参与土壤的形成过程等。但某地的气候状况,并不代表当地的自然地理环境。从而体现自然地理系统的整体性特点。

由于自然地理系统极其复杂巨大,因此,对自然地理系统的研究,要用系统论的观点,从事物的整体性出发,着眼于整体与要素、要素与要素、整体与环境的相互联系、相互作用、相互制约关系的综合考察,择优选取总体最好的方案。这正是钱学森教授所倡导的用"从定性到定量的综合集成法,来处理复杂巨系统问题"。

(三)非平衡有序系统的整体性

这一阶段的特点是根据耗散结构理论来认识整体性。

自然地理环境是在内外营力的作用下发展演化的,而且在演化过程中引发出许多随机性问题。所以,自然地理环境具有非平衡有序系统的整体性。一个远离平衡的开放系统,只要通过不断与外界交换物质与能量,在外界条件的变化达到一定的阈值时,可能从原有的混乱无序状态,转变为一种时间上、空间上或功能上的有序状态。这种在远离平衡情况下形成的新的有序结构,依靠不断地耗散外界的物质和能量来维持,故称耗散结构(伊·普里戈金)。耗散结构理论强调进化中的随机性和不可逆性远离平衡和不稳定。人们不能控制其发展路向,但可以影响其进化进程,故耗散结构理论可以把系统论无法解决的进化问题和许多随机问题给予解决。

1. 系统与熵

在现实世界中,系统有三种可能状态:一是平衡状态。在此状况下,物质流和能量流已经消除了系统内部的差别,系统的元素处于无序混合状态。二是接近平衡状况,系统中只存在着微小差别。一旦迫使它们保持非平衡约束条件消失,便朝平衡状态移动。三是远离平衡状态,在这种状态下,系统做功,因而产生熵。同时系统是非线性的和随机不确定的。

(1)熵。熵是一种量度体系无序程度增加的量。任何自发进行的过程都包含着无序程度的某些增大。因此,体系的自发过程,其熵值总是增大的。换言之,自发过程总是导致无序,从低概率状态向较高概率状态变化,熵是表示这趋向的一个数量。体系反应前后熵的变化等于它在可逆过程中所吸的热量除以反应所在的绝对温度。对于极小的吸收热,有

$$dS = \frac{dQ}{T}$$

式中,dS 是熵值;dQ 是吸收热;T 是绝对温度。对于宏观的吸收热 Q,则有

$$\Delta S = \frac{Q}{T}$$

由于环境以同样的速度失去热,因此而损失熵。所以,总体系(系统＋环境)的熵值不变,这是可逆过程的特点。一个反应的标准熵变 $\Delta S°$,可以通过把产物的熵值加起来减去反应物熵值之和而获得:

$$A + B = AB$$

$$\Delta S°_T = S°_{TAB} - (S°_{TA} + S°_{TB})$$

式中,A,B 是参加反应物;AB 代表产物;$\Delta S°_T$ 为标准熵变;$S°_{TA}$,$S°_{TB}$ 为反应物的熵;$S°_{TAB}$ 是产物的熵值。

以上是孤立系统的熵变情况。显然这是符合能量守恒原理的。但是对于开放系统,我们必须找到超出能量守恒原理的表达方式。因为客观实际存在着"有用的"能量交换与不可逆地浪费掉的"耗散的"能量两部分。

(2)熵的变化规律。对于开放系统,熵的变化规律可以用著名的普里戈金方程表达:

$$ds = dis + des$$

式中,ds 是系统中熵的变化;dis 是由系统内部不可逆过程产生的熵变化,也称熵产生;des 是通过系统的边界输入的熵,也称熵流。在孤立系统中 ds 永远是正的,因为它仅仅决定于熵产生 dis,它在系统做功的情况下必定增大,所以恒为正值。在开放系统中,熵流 des 可以抵消系统内部产生的熵,甚至可以

超过它。那么,在开放系统 ds 就不一定是正值,它可以是零或负值。当 $ds=0$ 时,系统处于稳定状态,$ds<0$ 时,系统复杂化或生长出新的系统。

(3)信息与熵。根据信息论原理,信息既不是物质,也不是能量。但与物质、能量有密切联系。任何物质运动和能量及其转换都可产生或转化成一定的信息。所以物质和能量的交换与转化,均可用信息的转递、变换来标识。而且信息具有许多特点:可识别性、可传递性、可变换性、可储存性、可扩散性、可压缩性、可替代性、可分享性、无限扩充性和时间性等。所以,信息对认识事物整体性更为方便有效。

众所周知,宇宙间的物质和能量的分布是不均匀的。而信息却可以反映物质和能量在空间上和时间上的分布不均匀程度,以及物质和能量的变化程度。另外,信息又在物质运动和能量交换中起着联系作用。所以,信息在系统中传递、扩散将促使系统不断进化。

信息与熵的关系非常密切。它们的数学表达式分别是信息量 $h=\lg p_m/p_n$ 和熵 $S=k\lg p$[①],两者都是概率的函数。如上所述,系统的熵是无序程度的量度,熵值越大,系统越无序。而信息量则是系统有序程度的量度。所以两者的符号正好相反。换句话说,信息就是负熵。

2. 系统的进化模式

根据耗散结构理论,开放的有序系统在负熵流的作用下,在环境达到一定的阈值时,整体系统便出现对称破缺而分叉。反复分叉的结果,导致混沌,即达远离平衡状态。在这种情形下,一个随机涨落有可能被放大,并逐渐占据了整个系统,形成具有全新功能的有序结构。这就是新的耗散结构。系统的进化可以约化为以下模式:"初级耗散结构→对称破缺(分叉)→混沌(远离平衡态)→涨落放大→高级耗散结构……[②]"。

---

① $h=\lg p_m/p_n$,其中 h 为信息量,p_n 为先验概率($=1/n$),p_m 为后验概率($=1/m$),信息的单位是比特(bit),它是根据最经典的掷硬币概率问题推导出来的。如掷硬币前出现正面与反面的概率均为 0.5,而掷后则只有一种可能,所以概率为 1,代入上式并取以 2 为底的对数得 $h=\log_2 1/0.5=\log_2 2=1$(比特)。式 $S=k\lg p$ 中,S 为熵,p 为配容数,k 为波尔兹曼常数。

② 开放的有序系统在环境达到一定的"阈"之前是相对稳定的,而对称性总是和稳定性联系在一起,运动变化则经常通过对称性的破缺反映出来。所谓对称破缺,就是对称性受到破坏。分叉,是事物发展变化的一种描述。即在某点系统达到稳定性的阈,通过这点以后,系统就变得不稳定了。如图 10.1a 所示,当 $\lambda<\lambda_c$ 时,系统是稳定的;当 $\lambda>\lambda_c$ 时,变成不稳定。反复分叉,将导致系统远离平衡状态。反复分叉情况如图 10.1b 所示。

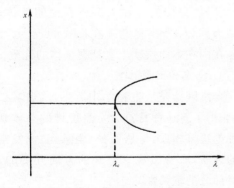

图 10.1a 对称的分叉图

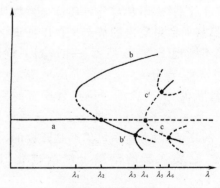

图 10.1b 分叉图

(据伊·普里戈金等,《从混沌到有序》)

当 $\lambda<\lambda_1$ 时,有定态 a。当 $\lambda=\lambda_1$ 时,可能产生两定态 b 和 b',b'原是不稳定的,但在 $\lambda=\lambda_2$ 时变为稳定态,同时 a 变为不稳定。当 $\lambda=\lambda_3$ 时,分支 b'又变为不稳定,同时出现两个稳定分支。当 $\lambda=\lambda_4$ 时,不稳定分支 a 达到一个新的分叉点而分叉,但在 $\lambda=\lambda_5$ 和 $\lambda=\lambda_6$ 前,它们是不稳定的。

由图可见,逐级分叉必然导致混沌,其间存在着一系列相继的稳定区域(受决定论支配遵循因果论)和不稳定区域(靠近分叉点),事物发展的必然性和偶然性混合组成系统的演变史。

所谓涨落放大,是指系统处于远离平衡态时,任何一个微小的涨落(如波动)都会通过自组织(或自催化)而放大,进而主宰整个系统,成为具有新的结构功能的有序系统。普里戈金在论述涨落放大时曾举出一个普通的例证,就是白蚁筑窝的第一阶段:白蚁以随机的方式搬运和卸放土块。初始的"涨落"只是土块稍大的激素浓度(每一只白蚁都能分泌激素),由于这稍高的浓度而吸引了其他白蚁前去卸土。于是卸放土块的概率增大,反过来又使激素的浓度进一步提高,吸引更多的白蚁去卸放土块,就这样初始"涨落"不断放大,结果白蚁窝建成。

3. 自然地理系统是耗散结构

从前述自然地理系统的结构、功能来看,它是一个复杂、开放的巨大的耗散结构。和一切耗散结构一样,具有相干性。这是系统的整体性标志之一。自然地理系统的相干性特点,也即整体性特点表现在它不断地与外界交换物质、能量和信息。输入太阳短波辐射,能量高,意味着熵低。输出为地球的长波辐射,能量低,意味着熵高。那么,太阳辐射就在自然地理系统中形成负熵流[①]。强大的负熵流在各要素(圈层)间传递、转化,使各要素紧密地联系在一起,形成统一的整体系统。并不断地从简单到复杂,从低级到高级,从无机到有机,从相对无序到有序的进化。有关自然地理系统的进化详情,将在稍后介绍。

综上所述,非平衡有序系统整体性阶段的特点,就是以耗散结构理论为指导,去认识事物的整体性。耗散结构理论揭示了事物发展演化的规律,强调非平衡是事物发展的必要条件,认为非平衡是有序之源。但要达到远离平衡,又必须强调系统的开放性。任何孤立的、封闭的系统,由于与外界环境缺乏物质、能量、信息的交流,最终会因系统内部的不可逆熵增过程,而致使系统内的熵达到最大值,从而达到平衡状态。自此以后,该系统就不再发展演化了,完全为机械论、决定论所支配。只有开放系统,不断与外界环境交换物质、能量和信息,从而使系统内的熵产生得以抵消,使系统的总熵不断地下降,在外界条件达到一定的阈值而发生分叉,再分叉,使系统远离平衡,产生自催化,导致新的、更高级的系统代替原有的系统。换句话说,是系统进化了。进化了的新系统不是发展演化的终结,因为新系统仍然是开放的,具有耗散结构,它要在新的基础上继续进化,以至无穷。

开放系统的进化具有普遍性,无论是宏观的还是微观的系统,也无论是自然界还是人类社会,无论是无机界还是有机界都普遍适用。耗散结构理论是先进的,但引进自然地理系统还是处于起步阶段。将有可能使自然地理学产生新的体系。

(四) 全息论的整体性

"全息"原是物理概念,意指一幅全息照片被撕碎后,每一碎片在一定条件下都能再现整个物体的像(陈传康,1990)。由此推广泛化,形成研究全息规律的全息学。由于全息学本身带有横断科学性质,使全息思维具有普适性。

1. 整体观的演进

1) 系统论的整体观

系统观念最初是作为生物学中机械论观点的对立面提出来的。其后,系统论突破了生物学的范围,从而获得了本体论的地位。系统的基本特点是它的整体性。系统论是由整体出发来确立各部分的系统质,是沿着宏观→微观的方向考察整体与部分之间的相关性。系统论强调部分依赖于整体的性质。认为系统的形成在时间上是不可逆的,而在空间上是非加和性的。

2) 还原论的整体观

系统论的对立面是还原论。还原论把复杂的高级运动形式,归结为简单的运动形式;把总体的性质还原为元素的性质,略去了客观事物之间的内在联系性。没有深入地挖掘事物的片断所潜藏的整体信息,不了解部分与整体之间的信息同构关系,而是用直接的存在去解析和说明整体,把整体归结为部分,寻找它们外在形式的统一。因此,不可能在内在本质层次上去把握整体的性质。

3) 全息论的整体观

全息理论是从生物学中诞生,其后又扩展到宇宙,获得了普适性特点。全息思维的整体观念与系统理论正好相反:是从部分(全息元)出发来确立整体的性质,沿着微观→宏观的方向开展的,强调整体对部分的依赖性。

综上所述,可知系统论虽然抛弃了还原论的局限性,但只从整体→部分方向上审视整体与部分之间的关系,而对部分→整体的相关性认识不足。由于全息论吸取了系统论和还原论的优点,而摒弃了两者的局限性。这是人类思维方式的重大进展,成为科学研究的新的方法论。

---

① 根据玻尔兹曼有序原理:$F = E - TS$,其中,F 是自由能;E 是系统的能量;T 是绝对温度;S 是熵。原式改写为 $S = \dfrac{E-F}{T}$。对于自然地理系统,其能量远低于太阳辐射能。所以,熵恒为负数($S < 0$)。

2. 全息论的方法论意义

（1）打破了整体与部分之间的隔膜，为解决系统悖论提供了一个有效途径。整个悖论的实质为：在整体性意义上，事物是一个无法打开的"黑箱"，因为一旦被拆开，整体便不复存在了。在全息论视野内，整体与部分完全以内在的方式相互联系，其中一方不再以否定另一方作为自己存在的前提。因此，全息论找到了由部分过渡到整体的桥梁，这就是整体与部分之间的信息同构。

（2）丰富和深化了整体与部分的相关性。全息论的提出，使人们对整体与部分的关系的思维方式，由线性的进展到非线性的发展阶段。它与还原方法、系统方法一起，共同揭示了整体与部分之间，多层面、多视角、多维度的联系方式。

（3）全息方法的时空展开，为预测分析和泛化分析提供依据。全息元对系统整体的表征，有两种实现方式：一种是经历时间历程的，例如人类个体思维发展过程对整个人类思维的历史折射；另一种是空间层面的，例如树木的横剖面年轮对树木年龄的折射。

（4）提供了一种新的认识方法：对系统总体性质的把握，可以通过全息元这种有限的环节来实现。全息论方法，为从部分认知整体，从有限中认知无限，提供了可能和依据。因为任何一个部分都是折射和淀积着系统的整体性质的全息元。

（5）进一步丰富和深化了唯物辩证法关于普遍联系和世界统一性的原理。首先，全息论的普适性从一个特定层面直接昭示了宇宙的统一图景。同时全息论所揭示的整体与部分的内在联系方式，是对宇宙普遍联系与内在统一的具体机制的一种揭示。其次，关于世界的物质统一性，全息论也可以从共时态与历时性两个维度上展开说明：一方面在自然界中蕴含着历史的演化与嬗变的信息；另一方面全息元与全息系统之间普遍的信息同构关系，编织了一张世界统一之网（何中华，1988）。

3. 全息联系的整体性

辩证唯物主义有关发展的主客观世界存在着普遍的相互联系原理，一般理解为复杂的网络关系。随着对发展的主客观世界的构造进行深入研究，人们认识到现实世界不只是存在着复杂的网络关系，而且是具有分级层次结构（陈传康，1990）。

探讨宇宙的层次结构是天文学的任务。而作为宇宙总体系统的低级别全息元（地球）多级层次结构，已由地球科学研究揭示；地理学把地球表层作为自己的研究对象，也已探知地球表层同样存在复杂的层次结构；探讨物质的层次结构是物理学和化学的任务。实践已经证明，从物质组成到宇观的天体系统，都普遍存在着复杂的层次结构。现已知道，由于低层次系统对高层次系统的影响，要受到高层次的惯性回弹，不可能有相应的"摄动"发生，而高层次对低层次的影响几经波折，也会通过阻尼衰减，逐渐消失其影响。所以，主客观世界的网络关系，只表现于一定的层次系统之间。更高层次与更低层次，就谈不上有实际的网络关系了。

客观现实世界是一个复杂的多级镶嵌系统，某一组织水平的系统，以比其低一级的组织水平的系统作为其组成部分。但随着整合作用，便出现一系列的限制和范围，每一组织水平都可能出现新的性质，加给该系统以新的约束。

把"组织水平"划分与高低层次系统关系结合起来，在讨论生态系统时，有人提出生态系统应把个体内的生理过程，甚至包括分子生物学与个体和群落的相互关系，列入生态系统中去。但有个约束条件：上述过程的外部"行为"表现必须加入到相应等级组织水平的内部联系中。这是因为这种外部表现构成了"黑箱"（生物个体）的输出。我们回顾几年前"非典"的发生演化过程不无道理。当时动物个体把病毒传给人类，人类个体的肺部受感染而生肺炎病患，肺炎病患又通过呼吸将病毒传播出去，使更多人受感染致病。

通过对宇宙系统的多级层次性分析，建立起地球全息元的全息联系，就可以解释高层次（宇宙因素）与超低层次（地球甚至人类）之间的关系。所以，要了解地球有关现象，即"地象"的形成，除了考虑地球本身外，还必须考虑宇宙因素的影响。

过去，地理学在探讨宇宙对地球的影响时，曾经只集中于月球和太阳对地球的潮汐作用、太阳辐射能是地球表层热能的主要来源、陨石降落到地球上、宇宙射线对地球高层大气的影响等。除此以外，近年来天文学—地学—生物学相互关系的超地球综合研究认为：宇宙因素的影响，不仅来自月球和太阳，而且来自行星、彗星、超新星、脉冲星、宇宙尘等天体；不仅来自地-月系统和太阳系，而且来自银河系，甚至河外星系；不仅来自万有引力和可见光影响,而且来自整个电磁波和高能粒子等作用。以上天文因素对地象的形成和影响仍需深入研究,而且这些研究相当复杂,有些关系只是从相关统计规律推导出来,往往不易被人们接受。

所以,陈传康先生曾告诫学人:"从全息联系出发的全息思维,可以使人们对主客观世界网络关系有一种新的认识。对一些超高层次与超低层次的关系,哪怕是统计结论,也不要去当科学的'近视'裁判者"。

三、自然地理环境的进化发展

如前所述,先进的耗散结构理论具有广泛的普遍性和强大的生命力。自然地理环境是一个复杂、开放的巨型系统,具有耗散结构,其进化发展就是耗散结构的进化。

1. 自然地理环境进化的方向性

自然地理环境发展演化是不可逆的,总是沿着"时间之矢"前进。虽然自然界存在着诸如一日之间的白天与黑夜,一月之间的月圆月缺,一年之间的春、夏、秋、冬等周而复始的"可逆"现象,但这毕竟是表面上的可逆。因为每一次重复出现都有别于从前,包含着时间对称性的破缺。例如恒星年与回归年的差别。它们不是原地打圈,而是螺旋式前进。

自然地理环境中的各圈层均存在显著的不可逆现象:岩石圈的形成过程(按康德－拉普拉斯假说)是从混沌开始到地壳→地幔→地核,绝不会倒转过来;地壳演化规律(按地洼学说):地槽—地台—地洼,螺旋式向前发展也是不可逆的;大气圈的演化:原始大气→二氧化碳大气→现代大气;水圈的演化:原始海洋(低盐、少水、高钙)→现代海洋(高盐、多水、低钙);生物圈的演化:(植物)藻类→蕨类→裸子植物→被子植物;(动物界)从单细胞动物→无脊椎动物→鱼类→两栖类→爬行类→哺乳类。如此等等,均不可逆转。

自然地理环境的进化,还具有随机性和概率性。伊·普里戈金有句名言:"对未来的预言不同于对过去的追溯"。这就是说,对过去的追溯是历史,而未来绝对不是历史的重演。此外,根据玻尔兹曼的有序原理,系统的熵是随着概率的增大而增大的,熵的增大意味着系统的无序程度增加。对于

孤立的、封闭系统来说,熵增是不可逆的,最终达到最大熵(熵垒);但对于开放系统来说,负熵流可以抵消系统自然的熵增,而趋于零或负值,出现瞬间的稳定或不断有序。故可以用 $des-dis \leqslant 0$ 作为自然地理环境进化的一个表述。

2. 原始自然地理系统的形成

原始自然地理系统的形成大概经历如下阶段:

46亿年前,地球起初是一些相互靠近的宇宙物质,星云。这些星云由宇宙大爆炸产生。这个阶段被称为天文期。

46亿年后,称为地质时期。这时由于地球内放射性热的生成率比今天高出许多倍,所以地球内能是当时地球表层演化的主要能源。由于地球内部热量大量聚积,导致地球物质熔融,喷溢大量岩浆、气体和水蒸气。于是形成了原始的岩石圈、水圈和大气圈。

作为原始自然地理系统的要素,岩石圈、水圈和大气圈的生成,标志着原始自然地理系统开始形成。但由于此时地球内能占优势,所以原始大气以甲烷(CH_4)、氮气(N_2)、水汽(H_2O)、氨气(NH_3)和二氧化碳(CO_2)等为主。原始海洋和海水为低盐、高钙型,且水少,因此物质、能量的交换受到一定的限制。

约于距今37亿～20亿年前,地壳不断增厚(表10.2)。由于地壳增厚,地球内能对地表的作用减弱,太阳辐射能逐渐成为地球表层的主要能源。

表 10.2　地壳厚度变化阶段

阶　段	1	2	3	4
年龄(亿年)	37	37～27	27～20	20
地壳厚度(km)	10	20	40	40

据(陈之荣,1983)。

太阳能取代地球内能,成为地球表层演化的主要能源后,自然地理环境的进化发展进入一个全新阶段。太阳能进入地-气系统,开始了一系列的转换和耗散过程。由于原始大气水汽少、二氧化碳多、缺氧气(据估算约为现代大气的0.1%)及无臭氧等特点,决定了直接到达地面的太阳辐射强烈,导致白天地面被灼热,夜间地面长波辐射强度大增。于是昼夜温差大,机械风化作用强烈,为土壤生成准备了物质基础。而风化物的微细颗粒,会随紊流进入大气,增加其浑浊度。从而反过来影响太阳能在

大气圈的转换。另一方面,原始大气吸收了绝大部分地面长波辐射而强烈增温,形成垂向热力梯度;又因太阳辐射平衡分布不均而形成经向热力梯度;再因作为下垫面的海陆性质不同,形成周期性变换方向的热力梯度。热力梯度必然转化为压力梯度,驱动大气运动,建立起不同尺度的大气环流。其中的行星风系又引发洋流,参与地面热量平衡的调节。而不同尺度的大气环流又促成海陆之间的水分循环,形成陆地水流,于是太阳能转换为流水动能。通过风化、侵蚀、搬运和堆积等地质过程,改变了地表形态。而被搬运到低地和海洋堆积的物质,经成岩作用形成沉积岩层。显然这是太阳能在三大无机圈层中转换、耗散和物质交换的产物,成为原始自然地理系统的重要标志。另外,由于原始大气对太阳的短波辐射基本透明,因此,在强烈的紫外线照射下,环境中的小分子和元素,在原始海洋中合成高分子化合物,如碳水化合物,为地球上生命的诞生,准备了充足的物质基础。

3. 天然生态系统的形成

原始自然地理系统是具有耗散结构的物质系统,它还要继续进化。根据浦汉昕的研究,大约在30亿年前,地壳增厚到20km,地球内能对地表的作用再减弱,相对于地球内能而言,太阳辐射能对地表的作用进一步增强。同时,海洋里的有机化合物大量积聚,这些物质在太阳能的作用下,终于合成了生命。这是因为海洋环境受到水体的保护,免除了紫外线杀伤的缘故。

这些生命的形成,最初是异养的细菌,靠海洋中的有机物和积聚能量为生。在达到与环境的动态平衡时,异养细菌感到食物匮乏,于是出现突破,产生自养生物。这些生物具有叶绿素,称为蓝藻,能进行光合作用,自身固定太阳能,制造有机物。于是产生了原始的生态系统,这是自然地理环境的一次重大飞跃。大大地改变了自然地理环境的物理、化学过程和元素迁移过程。从而改变了自然地理环境的组成和结构,逐渐形成生物圈。由于含有叶绿素的生物不断增多,因而固定太阳能的数量也随之增加。

由于光合作用的不断加强,原始大气中的二氧化碳(CO_2)减少,其中的碳以碳酸盐岩类固定在沉积岩中。而大气圈中的氧气(O_2)不断增加,并在大气圈中出现臭氧层,吸收了对生物体有害的紫外辐射(波长<0.29μm的紫外光),为生物在自然地理环境中繁衍创造了有利条件。由于大气圈中的氧含量不断增加,导致喜氧生物大量产生。当大气中氧含量达到现代大气的千分之一时,嫌气生物逐渐被喜氧生物取代。而由于有了氧呼吸,自然地理环境中的能量转换效率提高了大约19倍。

大约在距今4亿年前,生物从海洋登陆,接受太阳辐射更为充分。结果导致生物种类和数量大增,水陆都形成由生产者(植物)、消费者(动物)和分解者(细菌)组成复杂、完善的生态系统,这就是天然生态系统。

生物圈的形成,标志着自然地理环境的进化进入了一个全新的阶段。太阳能在有机界的转换,实际上是绿色植物通过光合作用把太阳能转变成潜能。然后,通过食物链转移。最后,食物链中残存的有机物质的潜能,由微生物通过发酵、腐烂等形式加以释放。就这样,太阳能进入生物圈通过固定—转移—释放过程,也就是耗散过程,把有机界和无机界联结成整体系统。

生物圈的出现,天然生态系统的形成,使自然界的两个极重要的地球化学循环建立起来。瑞茄德于1972年以示意图描述了二氧化碳和氧的地球化学循环,如图10.2与图10.3所示。

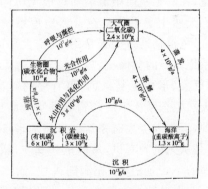

图 10.2　二氧化碳在自然界中的循环

4. 人类生态系统的形成

大约在距今二三百万年前,人类从动物界中分化出来。人类的出现,是自然地理环境进化史上又一次重大飞跃。也是人类生态系统形成的标志。人类从天然生态系统取得食物,实际上是取得太阳能的固定形式。又从自然地理系统取得低熵物质(水、矿物、水电)。还利用地质时期的一些潜能(煤、石油、天然气、油页岩),形成人类生态系统。

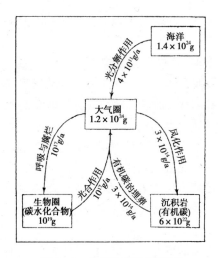

图 10.3　氧的地球化学循环

人类社会的生产方式在不断演化:从狩猎、采集—农耕放牧—农业—工业—后工业阶段等,不断改变着太阳能在天然生态系统中的流通与转换,不断增加能量的投入。时至今日,人类生态系统已受到人口、粮食、资源、能源、环境污染等问题的滋扰。

综上所述,自然地理环境的进化发展,实质上是三大系统,即自然地理系统—天然生态系统—人类生态系统,既相互联结,又彼此有别的三大耗散结构的进化。自然地理系统是太阳能进入地球形成负熵流,在三个圈层中流通而形成无机的自然地理系统。天然生态系统是在自然地理系统中孕育出来的,绿色植物通过光合作用,固定太阳能,使天然生态系统获得的负熵流,较之自然地理系统多得多,作用更大,形成更复杂的、更有序的耗散结构。人类从天然生态系统中的动物群类脱颖而出,成为支配物种,形成人类生态系统。自然地理环境的进化发展,是从无机到有机,从简单到复杂,从比较无序到有序的不可逆过程,充满随机性,而不受决定论支配。三大耗散结构除在发生学上相互联系外,在物质、能量、信息交换方面也紧密联系,是一个复杂的统一整体。

复习思考题

1. 自然地理环境基本规律有哪些? 它们是怎样得来的?

2. 简述自然地理环境的整体性规律。

3. 以大气中的"二氧化碳含量增加"为例,论述自然地理环境内在联系的整体性规律。

4. 简述全息论的整体性。

5. 简述系统的结构与功能的关系。

6. 指出自然地理环境进化诸发展阶段的关键事件。

7. 回顾第三章第四节"动物界的演化与发展"相关内容,阐述自然地理环境进化的随机性和概率性。

8. 试述自然地理环境进化的方向性表现及其对开发利用和改造自然的启示。

9. 试论述天然生态系统的形成。

第二节　时间演化规律

一、周期性节律

周期性节律是自然地理过程按一定的时间间隔重复的变化规律。它发生在地球自转和公转及地表光、热、水的周期性变化基础上。具体而言,周期性节律主要发生在一定地区的昼夜更替日周期和季节更替年周期基础上。前者称昼夜节律,后者称季节节律。

(一)昼 夜 节 律

人类感觉最深刻的自然节律是昼夜的循环更替。地球绕地轴自转,使地表大部分地区在每天 24 小时中都经历一段光明和一段黑暗,以及相应的一段加热和一段冷却的时间。自然地理环境的各种成分对此作出了积极的反响,许多自然地理过程及其现象都随着昼夜更替复而出现。举例来说:气候要素的日变化是大家熟知的,一日之内一地气温、气压、云量、风等都存在着一定的日变化。光的性质也存在日变化,晨昏长波光占优势,中午短波光相对增加。地表水体的温度在白天升高,在夜间降低。冰川补给的河流白天融冰量大,河流水位上涨;晚间融冰量小,河流水位下降。岩石的机械风化在白天为热胀,在夜间为冷缩。植物在白天主要进行以积累自身物质为主的光合作用,在晚上则进行以消耗自身物质为主的呼吸作用。植物含水量也有日变化,白天蒸腾作用强,植物充水度低;晚上蒸腾减弱,植物充水度大。无论在海水或淡水水体中,每天都可以见到浮游生物在白天潜入水下,而晚上升上水面。昼行性动物"日出而作,日落而息",夜行性动物则相反。类似的例子,在自然界中是不胜枚举的。

值得注意的是,极地地区由于出现极昼现象,使那里昼夜的节律性复杂化了。

(二) 季 节 节 律

如果说昼夜节律是地球自转对自然地理环境产生的效应,则季节节律就是地球公转的效应。由于黄赤交角的存在,地球公转产生了季节更替,使许多自然地理过程和现象随之而出现以季节(年)为周期的节律变化。例如:气候的夏热冬冷,夏雨冬雪;季风进退;冰川运动夏快冬慢;河流水情冬封春解或夏洪冬枯;岩石热季膨胀,冷季收缩;植物季相变化,春华秋实;动物季节移栖和冬眠(动)夏动(眠)等。

自然地理环境的周期性节律并不限于昼夜节律和季节节律。潮汐的周日变化也是一种周期性节律。海洋中很多动物觅食的时间安排同潮汐的节律是一致的。像蛤蜊、藤壶、蜗牛、牡蛎等生物,涨潮时就积极地寻找食物,而落潮时就躲在紧闭的硬壳内。另外也有以周月为基础的月节律变化。海洋生物似乎都以某种方式对月相变化或月球引力变化作出反应。例如,每当夏日月圆之夜,大量的大西洋萤火虫就聚集在百慕大群岛附近;蜉蝣满月前后群集飞在特定的海域,以利繁殖和存活;鱼类洄游和繁殖也常以月周期进行。

周期性节律在不同区域具有不同的性质和特点。一般地说,季节节奏的显著程度是随纬度的增加而增加的,而昼夜节奏却是随纬度的增加而减少的。所以在两极地区的节律表现特殊,这里的昼夜节律可以和季节节律相重叠,两者相互制约又相互加强。在赤道地区则基本不存在季节节律,而昼夜节律却十分突出。在纬度相同的情况下,一般内陆区域的节律振幅和频率大于沿海及海洋区域,且时相也不同。

自然地理过程和现象的昼夜节律和季节节律主要根源于地球的自转和公转运动,以及由此而引起的能量输入与转换的节律性变化。

二、旋回性节律

旋回性节律是以不等长的时间间隔为重复周期的自然演化规律。比较于周期性节律,这是更高一级、更为复杂的自然节律。在自然界中,地质旋回和气候旋回是旋回性节律的典型范例。

(一) 地 质 旋 回

顾名思义,地质旋回具有旋回性节律。岩层的沉积层序非常鲜明地反映了地质旋回的节律性。例如在地层剖面上见到的由老渐新反复出现砾岩→砂岩→页岩→石灰岩的岩相更迭演化,就反映了从海退到海侵又到海退的旋回性节律。

地质旋回不仅历程漫长,而且周期长短变化很大。地壳的演化可分为太古代、元古代、古生代、中生代和新生代等若干个时期,这些时期实际上就是地质旋回的周期。各个地质时期的时间长度是不等的,如早古生代经历了 2 亿年,晚古生代持续了约 1.75 亿年,中生代持续的时间约 1.55 亿年。在每个时期里,我们都可以看到地壳运动仿佛重复着上一时期运动过程的特点。例如,每一个地质时代的首末总是以大规模的地壳上升、强烈的褶皱和造山运动、大陆广泛扩展以及气候的变异等为其特征,而在每一地质时期其间都以地壳长期的相对稳定、持续的剥蚀夷平和沉积作用、稳定的气候等为其特征。

地质旋回具有级别不同的周期,它们对应于相当的地质年代单位。如 4000 万年左右的周期相当于地质纪的长度,1000 万～2000 万年左右的周期相当于地质世的长度等。

天文地质学的研究成果显示,地质旋回的周期基本决定于天文因素。周期为 4000 万年以上的地质旋回,作用相当广泛,可作全球性对比,其共同特点是均与太阳系在银河系中的运动状况有关。太阳系参与银河系的整体运动,绕银心运行一周的时间(银河年)约 2.5 亿年,相当地质代的长度。其间太阳系处在银河系的不同位置,在银河系的旋臂间穿行。同时太阳系还相对于银道面作上下往返运动,其往返周期约为 8000 万年,在银道一侧约 4000 万年,相当地质纪的长度。蒋志(1981)把关于地球地质历史上一些重要界限的经验关系与银河系密度波理论联系起来。他指出,由于银河系旋臂是螺旋扰动引力场势阱所处的位置,地球通过银河旋臂时,扰动引力场将对地球产生引潮效应,破坏地球的能量平衡,而使地球发生一幕幕的造山运动。星系的旋臂有级次之分,不同级次的旋臂对应着不同级别的地质年代单位。另外,综合多位学者的研究结果可知,周期为 1000 万～2000万年的地质旋回与太阳演化大周期关系密切,太阳内部物质成分的长期变化可能有1200万年的周期；而1万～10万年的地质旋回则与地球公转轨道参数的变化有关。

（二）气 候 旋 回

气候的变迁也呈现一种旋回性节律。6亿多年来的地球气候史是以温暖时期和寒冷时期交替演变为其基本特征的。气候旋回又可分为世纪内旋回、超世纪旋回和冰期－间冰期旋回三种。

（1）世纪内旋回。是波动周期较短的气候旋回，其旋回周期在几年至几十年的范围内。王绍武

研究了我国20世纪气候波动的资料，他把20世纪以来我国的冷暖干湿演变情况列成表10.3。即大致按：暖干—冷湿—冷干—暖湿—暖干的顺序变化，从干到湿以10年为周期，从暖到冷以20年为周期，两者结合起来从暖干再到暖干的周期是40年。张家诚等人分析了长江中下游五站（上海、南京、芜湖、九江、汉口）1885～1972年5～8月降水的多年变化以及北方五站（北京、天津、保定、石家庄、营口）1891～1972年7～8月降水的多年变化，也发现有明显的以35年为周期的三个少雨期，其中北方对应的三个少雨期比南方落后7～8年。

表10.3　20世纪我国气候趋势

时间	1901～1910	1911～1920	1921～1930	1931～1940	1941～1950	1951～1960	1961～1970	1971～1980	1981～1990	1991～2000
降水气温	暖干	冷湿	冷干	暖湿	暖干	冷湿	冷干	（暖）（湿）	（暖）（干）	（冷）（湿）

注：表中括号内的内容是预报结果。

（2）超世纪旋回。其旋回周期在100～10000年之间。目前在世界上已被确定的世界范围内的超世纪旋回是以1800～1900年为周期的气候旋回。这种旋回有两个阶段：一是寒湿气候阶段，长约300～500年，其间冰川扩展，河流水量增加，湖泊水位上升；二是干热气候阶段，长在1000年以上，其间冰川退缩，河流变浅，湖泊水位下降。竺可桢曾根据我国古代文献和一些考古发现，研究了我国历史时期的气候变迁，他指出5000年来我国气候变迁规律具有400年、800年、1200年和1700年四种不等的周期。段万倜等（1978）在研究我国第四纪气候变迁时指出，我国自从进入冰后期的1万年时间以来，曾出现了三次寒冷期与两次温暖期：泄湖寒冷期—仰韶温暖期—周汉寒冷期—普兰店温暖期—现代小冰期。

（3）冰期－间冰期旋回。是波动周期在1万以上，甚至超过100万年的气候旋回。最长的周期可达4000万～8000万年之久。近7亿年来地球表现曾有几个时期广泛分布了冰川，气候明显变冷，出现大量冰碛物，这些时期称为冰期。在两个冰期之间的间冰期，冰川面积退缩，气候转暖。

气候旋回的形成是多种因素的综合结果。世纪内旋回与太阳黑子活动和火山活动有关。超世纪旋回受太阳黑子活动长期变化和九大行星运行轨道影响。九星会合的地心张角大小与我国气候冷暖期相对应，说明两者之间有联系（任振球等，

1981）。地球围绕太阳的公转轨道参数变化是气候发生几万至十几万年变化的重要因素。几百万年的旋回周期变化可能与太阳长期变化有关。太阳长期变化表现在太阳核反应性质和强度的变化、太阳与地球距离的变化、行星际空间密度的变化以及太阳系内部结构的重大变化等。太阳的长期变化不会是孤立的，有可能与太阳在银河系中所处环境有关。太阳系在银河系中的位置变化，则与上千万年的冰期－间冰期旋回有关。麦克利（McCrea）于1975年指出，太阳系经过银河系的一个旋臂时遇到密度较大的星际物质云，可以使地球上产生类似冰期的气候突变。这是因为当太阳系进入一个相当稠密的星云区时，天体间的星际物质可以阻碍太阳风吹临地球，而使地球大气中宇宙尘埃增加，提高了地球行星反射率，输入地球的太阳辐射减少，气候变冷，导致冰期形成。对于冰期的成因还有多种解释，但20世纪80年代以来发表的有关文章，大部分是天文因素控制冰期的论点，主要涉及的天文因素包括银河系、太阳和地球轨道参数等方面。

三、自然地理环境的稳定性

如果比较周期性（包括生物生长节律）与旋回性（包括生物进化节律）两类节律现象，不难看出二者的本质区别在于：周期性节律过程中，每一个节律重复，自然地理环境保持着稳定的空间结构；而

在旋回性节律过程，每一个节律重复，自然地理环境的空间结构会发生巨大的改组。也就是说，在自然地理环境不断向前演化的历史进程中，在一段相当长的阶段内维持着相对的稳定状态。在这样的阶段内，各自然地理要素之间有着平稳的联系，物质及能量的输入和输出处于动态平衡，自然地理环境的结构与功能保持着稳定的状态；外界变动或人为干扰所致的不稳定影响受到自然地理环境自我调节机制的制约，使得自然地理环境总是力图恢复原态，维持稳定。

　　自然地理环境是具有复杂反馈回路的控制系统，因此它有自我调节能力。反馈分为负反馈和正反馈。如果反馈的结果是抑制系统偏离原状态的就是负反馈。控制系统有一理想状态或调整点，在这个点的附近，系统保持着稳定状态。负反馈能制止或扭转某种脱离调整点的趋势，使系统回到调整点来。图10.4表示了河谷坡面与河道系统中坡面侵蚀的负反馈回路。如果谷底河道侵蚀增加，则谷坡角度增大，坡面侵蚀随之加强，导致更多的坡面组成物质进入河床，河床的堆积加强使河道侵蚀受到抑制，这样系统便恢复到稳定状态。正反馈与之相反，反馈的结果加剧了系统偏离调整点的趋势，使其脱离原状态。正反馈可以引起"雪球效应"，最终使原系统瓦解。例如坡面侵蚀过程中，土壤渗透能力减小能引起坡面径流增加，进而加强了对土壤疏松表层的侵蚀，使得土壤渗透能力进一步减小。这种雪球效应使坡面土壤渗透能力不断下降，很快就把土壤渗透能力和坡面侵蚀之间的联系破坏了，系统也不复存在（图10.5）。

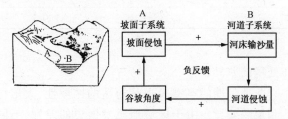

图10.4　河谷坡面－河道系统中坡面侵蚀的负反馈回路

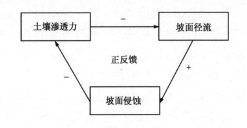

图10.5　坡面侵蚀与土壤渗透力之间的正反馈关系

　　自然地理环境是一个开放、复杂的巨系统，由原始自然地理系统、天然生态系统和人类生态系统三大子系统组成。可想而知，它包含大量复杂的反馈回路，系统的稳定性决定于正、负反馈的竞争。当负反馈的自我控制作用强于正反馈的自我增强作用时，自然地理环境趋于稳定，否则趋于不稳定。

　　由于自然地理环境由三大子系统构成，各子系统又有次一级子系统，例如无机自然地理子系统由地貌系统、气候系统、水系统等子系统组成；次级子系统又有再次一级子系统，例如地貌系统由构造地貌系统、流水地貌系统、风成地貌系统、冰川地貌系统以及一些特殊地貌系统等子系统组成；再次级子系统又有更次一级子系统，例如风成地貌系统又由沙漠（戈壁）地貌系统、雅丹地貌系统等子系统组成，等等。这许多系统构成了复杂、庞大的网络结构，使物质、能量、信息交流（即通信）通道纵横交错，畅通无阻。自然通信的稳定作用和扩散的稳定作用非常有效。涨落（不稳定性因素、波动）就难以扩散，最终自行衰退，系统保持稳定。相比之下，简单系统的通信通道不多，涨落容易扩散而支配整个系统。所以简单系统的稳定性较差。例如，我国半湿润与半干旱的交错地带，生态环境十分脆弱。原因是那里的自然地理环境结构简单，气候偏干，降水少。植被以草本植物为主，伴有小灌木，类型简单，种类不多。土壤沙多，有机质少。过去由于片面理解"以粮为纲"的方针，不少地方毁草开荒。结果导致土地沙化，有的变成生产力极低的沙地。相比之下，我国海南岛的热带季雨林区域，生态环境就稳定得多。建国前当地居民习惯刀耕火种，但不少地区仍保持着次生林环境。又如，北极的苔原带结构比较简单，苔藓、地衣是主要的第一生产者，一旦它们受到破坏，整个系统就面临崩溃。因为那里的其他生物都直接或间接依靠它们来生存，不像温带和热带系统中，有多种食物可供利用，个别组分的破坏，也不致危及整个系统。

　　由此可见，系统的稳定性还与其结构的复杂程度有关。但另一方面，系统越复杂，威胁系统稳性的涨落类型越多。自然地理环境是一个极其复杂的巨型系统，威胁其稳定性的涨落之多可想而知，诸如地貌系统的变迁，大气系统的波动，水系统的异常以及生物系统和人类社会系统中的不稳定因素等，都可能影响自然地理环境的稳定。然而，自然地理环境却如此稳定，以至在长达几年、几十年、上万年,甚至长达8000万年间,保持着相对的稳定,靠的是自然地理环境本身复杂的网络结构。它对涨落的稳定性阈异常宽广,使随机涨落不易扩散,只局限于某一部分,而后自行衰退下去,自然地理环境整体保持稳定。一旦出现重大的结构调整,导致不平衡,达到某阈值以后出现不稳定,随机涨落就有可能迅速被放大,并扩散到整个系统,形成新结构,出现新的稳定。所以,自然地理环境的稳定与不稳定是对立的统一。稳定—不稳定—新的稳定,以至无穷。在自然地理环境的进化过程中,表现为节律性发展。

复习思考题

1. 试述周期性节律的地区差异。
2. 回顾第六章第三节,以河流阶地的发育为例阐明旋回性节律的实际意义。
3. 分析自然地理环境的稳定性。
4. 举例说明简单系统稳定性较差的原理。

第三节　空间分异规律

自然地理环境是一个开放、复杂的巨系统,它是一个统一的整体,但同时存在着明显的特征差异。无论是纬向、经向、垂向三维都存在差异。本节所说的空间分异,就是6大自然地理环境要素或自然综合体沿着确定的方向(纬向、经向或垂向)发生分化而引起

的差异。研究自然地理环境的空间分异,揭示其一般规律性,是自然地理学的基本理论之一。

一、基　本　规　律

自然地理环境空间分异的基本规律,是由自然地理环境进化发展的主要能源决定的。前已述及,太阳辐射和地球内能是自然地理环境进化发展的最主要、最基本的能源,被称为空间分异因素。在这两个空间分异因素的作用下,形成地带性与非地带性规律。这是自然地理环境空间分异规律本质的概括,其他分异规律是此基本规律的具体体现或由此派生。

（一）地　带　性

所谓地带性,就是由于地球形状和地球的运动特征引起地球上太阳辐射分布不均而产生有规律的分异。

地带性的典型表现是地球表面的热量分带。因为热量分带是地球球形引起的太阳辐射呈东西延伸、南北更替的分异,因此它最能反映地带性的本质特点。

地球表面获得的太阳辐射是随纬度的增加而减少的,详见第四章第二节。

人们通常根据热量状况把地球表面分成热带、亚热带、温带、亚寒带和寒带等几个热量带(表10.4)。

表 10.4　热量分带

热量带	寒带	亚寒带	温带	亚热带	热带
热量[亿 J/(m² · a)]	<8.4	8.4~14.7	14.7~21.0	21.0~31.5	>31.5

注:热量分带决定了其他要素的地带性分布。

（二）非　地　带　性

所谓非地带性,是指由于地球产生海陆分布、地势起伏和构造运动而形成的有规律分异。非地带性原指非纬度地带性,若按照广义理解,凡是导致自然景观呈非带状分布,都叫做非地带性。非地带性有大、中、小尺度的地域分异规律。大尺度地域分异包括海陆分布、大陆与海洋的起伏以及干湿度地带性等;中尺度地域分异包括由地貌类型差异而引起的分异现象;小尺度分异涉及岩性、沉积物

和处境的差异。

非地带性的典型表现是构造的区域性、大地构造和地貌差异。由于区域地质发展史的差别,不同地区有不同的地质构造组合,形成一系列大地构造单元。每一个大地构造单元,不仅具有区域地质发展史的构造组合的共同性,而且具有岩性组合的共同性和共同的地貌特点,与其他单元相区别。如表现为相应的大山系、大平原或大高原地貌,或表现为山脉、平原、高原等中级地貌组合。在大地构造——地貌分异的基础上,便可形成自然要素或自然综合体的非地带性分异。大地构造——地貌分

异,破坏了纬度地带性,起着重新分配地表热量和水分的作用。在我国,非地带性的典型表现就是分异出三大区域:东部隆陷区、西北差异上升区、青藏高原新褶皱高隆区。形成相应的三大自然区域:东部季风区、西北干旱区和青藏高寒区。

二、纬向地带性和经向地带性

纬向地带性和经向地带性是空间分异基本规律的具体表现,即地带性与非地带性规律相互联系、相互制约,共同作用于地表的具体表现。

(一)纬向地带性

纬向地带性是地带性规律在地球表面的具体表现,它表现为自然地理要素或自然综合体大致沿纬线延伸,按纬度发生有规律的排列,而产生南北向的分化。

在热量分带的基础上,各自然要素表现出明显的纬向地带性。对应于一定的热量带、气候、水文、风化壳和土壤、生物群落,乃至外力所形成地貌都具有相应于该热量带热力特征的性质,于是产生了各自然要素或自然综合体沿纬度的地域分化。

纬向地带性首先反映在大气过程中。热量带影响气压带和风带的分布,不同气压带和风带的降水量及降水季节不同。可见,气温与降水都与纬度相关(其中起主导作用的是气温),因而地球表面就存在自赤道到两极的东西向延伸、南北向更替的气候带。气候的纬向地带性分异往往成为导致其他自然要素纬向地带性分异的主导因素。

大气降水是地表水来源的主要形式。由于不同气候带内降水量和降水季节不同,因而地表水资源分布及水文过程具有地带性特征。诸如径流的补给形式,流量的大小,流量的年变化;潜水的埋深和矿化作用,湖泊的热力状况,沉积类型,化学成分;沼泽的沼泽化程度,泥炭堆积程度,沼泽类型等,都具有明显的纬向地带分异。

地貌纬向地带性往往被人们所忽视。但是由于地貌的外营力因素具有纬向地带性,因此决定于外力作用的地貌特征都具有一定的纬向地带性。地貌的纬向地带性分异尤其与气候带相适应。在不同气候带内有不同的水热组合,促使外力作用的性质和强度发生变化。例如,寒冷气候以融冻风化

为主,冰川作用突出;干旱气候以物理风化为主,风力作用、间歇性流水作用强烈;高纬地区的冰川和冰缘地貌、冻土地貌发育等,表现出一定的纬向地带性分异。

生物(首先是植物)和土壤的纬向地带性更是地带分异的集中表现和具体反映。不同地域的特定水热组合长期与地表物质作用而形成该地域中有代表性的植被和土壤类型。

植物的纬向地带性最为鲜明,不同地带具有显著不同的植被外貌和典型植被型。植被的种类、组成、群落构造、生物质储量、生产率等也都受到地带性规律的制约。不同的植物带内有相应的动物生活着,因而动物亦具有鲜明的纬向地带性差异。此外,自然综合体的地球化学过程都具有地带性。

土壤的纬向地带性表现在土壤的水热和盐分状况,淋溶程度,腐殖质含量、种类和组成等方面。与此相联系,风化过程和风化壳类型和厚度也具有明显的地带性差别。

各自然要素的地带性决定了自然地理环境的地带性,因为后者是前者相互作用的结果。因而在地表上就产生一系列的纬向自然带。

不仅陆地表面存在着纬向自然带,而且在海洋表面,水温、盐度以及海洋生物、洋流等也具有纬向地带性差异,因此在海洋上也可以分出一系列纬向自然带。

(二)经向地带性

经向地带性是非地带性规律在地表的具体表现。它表现为自然地理要素或自然综合体大致沿经线方向延伸,按经度由海向陆发生有规律的东西向分化。

产生经向地带性的具体因素主要是由于海洋和大陆两大体系对太阳辐射的不同反响,从而导致大陆东西两岸与内陆水热条件及其组合的不同。在本质上,这种差异可以归结到干湿程度的差异,通过干湿差异而影响其他因素分异。一般来说,大陆降水由沿海向内陆递减,气候也就由湿润到干旱递变。与海岸平行的高亢地形,由于其对水汽输送的屏障作用,因此往往加深了这种分异。而大陆东西两岸所处大气环流位置不同,更会引起气候的极大差异,形成不同的气候类型。

从全球范围看,世界海陆基本上是东西相间排

列的。在同一热量带内大陆东西两岸及内陆水分条件不同,自然地理环境便发生明显的经向地带性分化。在赤道带和寒带这方面的分化是不大的;在热带则形成了西岸信风气候和东岸季风气候的差别;在温带形成了西岸西风湿润气候、大陆荒漠草原气候和东岸干湿季分明的季风气候的差别。相应于气候的东西分异,自然要素以及自然综合体也发生了东西向的分异,表现出诸如森林—森林草原—草原—半荒漠—荒漠等不同景观的规律性更替。

必须指出,经向地带性的名称没有从本质上反映上述规律的实质,因为经向地带性实际上与经线(度)没有本质的联系。我们不要被这表面的字眼所束缚而忽视了它的本质内容。

此外,并非举凡经向地带性因素都必然导致东西向的地域分异。在局部地段它可能加剧了纬向地带性的作用。例如,在华南(指南岭以南的区域)的地域分异中,纬向地带性分异是鲜明的。其原因除了纬向地带性因素起着巨大的作用外,同时诸如地势的北高南低、山脉多为东北—西南或西北—东南走向—东部及南部濒海等非地带性因素不仅没有减弱或抹煞地带性因素,反而起着促进作用,加强了该地域的南北分异。

(三) 水平地带分布图式

水平地带性是由纬向地带性与经向地带性结合产生的。

(1) 水平地带延伸方向,取决于纬向地带性与经向地带性影响程度的对比关系。如果纬向地带性因素影响占优势,水平地带沿着纬线延伸。例如亚欧大陆中部的大平原,从南到北依次出现温带荒漠带、温带草原带、森林草原带、泰加林带。若经向地带性占优势,则基本沿经线延伸,如北美西部,从海洋到内陆,水平地带由森林—湿草原—干草原—荒漠。若纬向地带性与经向地带性势力相当,则水平地带呈斜交分布。如我国东北和华北、青藏东南部等。

(2) 带段性分异。是非地带性区域内的地带性差异。较明显的例子是我国东部季风区属非地带性区域,其中出现南北向更替的自然地带差异。

(3) 省性分异。是地带性区域内的非地带性差异。例如,我国中亚热带自然地带内,由沿海到内陆存在明显的省性差异:东部(浙、闽)沿岸是台风

侵袭的范围,暴雨影响很大;中部(湘、赣)每年梅雨之后常受伏旱影响,冬受寒潮影响较大;西部(川、贵)降水比较均匀,降水强度不大,多云雾。

总之,水平地带性是地带性因素和非地带性因素共同作用的产物,它有两种表现形式,即带段性和省性。由它支配地表水平方向的地域分异,产生水平地带。

(4) 水平地带图式。在介绍水平地带图式之前,需要明确两个概念:一是地带性谱,即水平地带(自然地带)的更替方式。二是海洋地带性谱与大陆地带性谱。海洋地带性谱是分布于暖流流过的地方,从低纬—极地自然地带的更替方式是:各种森林—草甸—苔原;大陆地带性谱,除分布于大陆内部外,还延伸到寒流流过的海岸(如西非信风带),从低纬—高纬,其更替方式是:荒漠—草原—泰加林—苔原。

关于水平地带的更替规律,П.C.马尔科夫提出了一个比较复杂的理想大陆自然地带分布图式(图10.6)。由图可见如下规律性:①地带性谱在南北半球基本对称。②环球分布的水平地带,只分布于极地、高纬度和赤道,其他纬度出现经向分异,即出现沿岸森林—草原—内陆荒漠的经向变化。③大陆西岸,暖流经过的地方出现海洋性地带谱的更替方式。④大陆西岸寒流流经的地方出现大陆性地带谱的更替方式。⑤在寒流发生分流的地方,出现地中海式水平地带。

(5) 水热对比关系与水平地带。自然地理学对水平地带的研究,特别注重有关水平地带性分异的控制因素的研究。这个控制因素就是水热对比关系。

根据 М.И.布德科和 А.А.格里高里耶夫的研究,认为水热对比关系可用辐射干燥指数来表示。而辐射干燥指数与水平地带界线之间的关系非常密切。可以利用这一指标来表示各种地带的理想分布和相互关系。布德科的辐射干燥指数的表达式如下:

$$辐射干燥指数 = \frac{R}{Lr}$$

式中,R 为年辐射平衡量,在数值上等于相应地段的太阳辐射总量减去有效辐射与反射辐射之和;L 为蒸发潜热;r 为年降水量。

显而易见,这个指数是某地的年辐射差额(即辐射平衡)与用热量单位表示的年降水量(蒸发该地降水量所需要的热量卡数)之比。根据这个比值

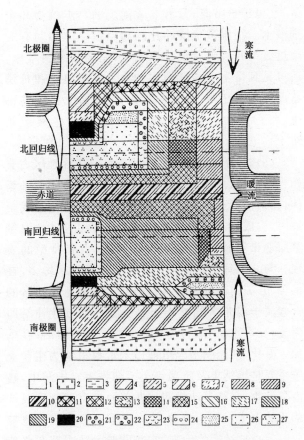

图 10.6　理想大陆自然地带分布图式

1.长寒地带；2.冻原地带；3.森林冻原地带；4.泰加林地带；5.混交林地带；6.阔叶林地带；7.半亚热带林地带；8.亚热带林地带；9.热带林地带；10.赤道雨林地带；11.桦树森林草原地带；12.栎树森林草原地带；13.半亚热带森林草原地带；14.亚热带森林草原地带；15.热带森林草原地带；16.温带草原地带；17.半亚热带草原地带；18.亚热带草原地带；19.热带草原地带；20.地中海地带；21.温带半荒漠地带；22.半亚热带半荒漠地带；23.亚热带半荒漠地带；24.热带半荒漠地带；25.温带荒漠地带；26.半亚热带荒漠地带；27.亚热带荒漠地带

的大小，可以定量地划分自然地带的界线，如图10.7所示。当辐射干燥指数 <0.35 为冻原；各类森林（0.35～1.1）；热带稀树草原和温带草原（1.1～2.3）；半荒漠（2.3～3.4）；荒漠（>3.4）。

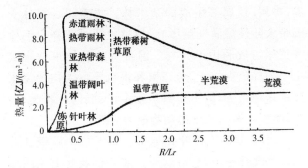

图 10.7　自然地带与水热条件的关系

总之，水热对比关系是水平地带更替的主要原因。

（四）陆地自然地带

纬向地带性和经向地带性共同作用的结果，在大陆上产生了水平自然地带。由于每一陆地自然地带的典型的和最富有表现力的特征是植被类型，因此，通常自然地带就以该地带中的典型植被类型的名称命名。

本书把陆地自然地带划分为以下地带类型：

（1）赤道雨林地带。分布于赤道带的湿润大陆地区和岛屿上，如南美的亚马孙平原、非洲的刚果盆地和南洋群岛。气候终年炎热潮湿，降水量超过可能蒸发量，呈现出过度湿润状态，引起稠密而经常满水的水文网发育，沼泽众多，典型植被赤道雨林树种繁多，层次复杂。乔木高大，常绿浓密，四时常花，林内藤本植物纵横交错，附生植物随处可见。森林动物种类丰富多样，但茂密的森林使动物行走不便，因而地面上几乎没有善于奔走和长跑的动物；却给营巢树栖、攀缘生活的动物提供了丰富的食物和居所，因而此类动物特别繁盛，各种猿猴和鸟类常年喧闹，使森林活跃起来。风化过程进行迅速，风化层厚，淋溶过程非常强烈，铁、铝氧化物相对累积，发育着砖红壤。

（2）热带季雨林地带。主要分布在印度半岛、中南半岛及我国云南南部等地区，大致与热带季风气候区相当。这里降水量略次于赤道雨林地带，且有明显干湿季，气温年较差也较大。因此热带季雨林季相分明；雨季时林相颇似赤道雨林，树种也相当复杂；干季时则多数树种都要落叶。土壤主要为砖红壤性红壤和红壤。

（3）热带稀树草原地带。在非洲和南美洲有广泛分布，在澳大利亚、中美和亚洲的相应地带也有局部出现。气候属于热带干湿季分明的类型，年中有长达四个月的干季。这里草本植被植株很高，在广阔的草原上，点缀着散生的乔木，它们具有能储存大量水分的旱生构造。热带稀树草原季相非常分明：雨季草木欣欣向荣，百花吐艳；干季草原死气沉沉，一派黄褐色调。广阔的草原，茂盛的草本植物，使善于疾驰的食草动物，如长颈鹿、羚羊等，在这里得到很大的发展；食草动物的繁盛，又给食肉动物创造了良好条件，所以食肉动物也很丰富，常见的有狮、豹等动物。季节性的干湿交替有利于土壤有机质和氮的累积，形成燥红土。

（4）热带荒漠地带。位于副热带高压带和信风带的背风侧，在北非的撒哈拉、西南亚的阿拉伯、北美的西南部、澳大利亚中部和西部、南非和南美部分地区表现明显。气候属于全年干燥少雨的热带干旱与半干旱类型，可能蒸发量大大超过降水量，所以没有地方性水文网，只有少数"外来河"。植被贫乏，存在着大面积表土裸露地段，植物以稀疏的旱生灌木和少数草本植物以及一些雨后生长的短生植物为主。动物的种类和数量都很贫乏，占优势的是那些能迅速越过长距离的动物，以及一些爬虫类和啮齿类。成土过程进行得十分微弱，形成荒漠土。

（5）亚热带荒漠草原地带。位于热带荒漠和亚热带森林地带之间。在北半球很清楚地出现于热带荒漠地带的北缘，在南半球则出现于澳大利亚南部、南非和南美南部的部分地区。气候属于亚热带干旱与半干旱类型。随着由热带荒漠向纬度较高地区的推进，年降水量有所增加，但最大降水量常在低温时期，夏季的高温和干旱促使强烈的蒸发，使本地带仍是一个缺水地区。植被类型属于荒漠草原，通常生长有旱生灌木及禾本科植物，在较湿润的季节里有短生植物生长。土壤属于半荒漠的淡棕色土。

（6）亚热带森林地带。亚热带森林地带被大陆内部的荒漠草原所隔开，分成大陆东岸和大陆西岸两种类型。大陆东岸的亚热带森林地带，在北半球主要分布在我国的长江流域、日本的南部和美国的东部，在南半球主要分布在澳大利亚的东南部、非洲东南部以及南美的东南部。亚热带大陆东岸的气候属于亚热带季风气候和亚热带湿润气候，这里主要形成常绿阔叶林，又称照叶林，发育着亚热带的黄壤和红壤。大陆西岸的亚热带森林地带又名地中海地带，在北半球主要分布在地中海地区和北美洲加利福尼亚沿海地区；在南半球主要分布在澳大利亚的西南部、非洲的西南端以及南美洲西岸的智利中部。亚热带大陆西岸的气候属于亚热带夏干型，又名地中海式气候，这里主要形成常绿硬叶林地带，发育着褐色土。

（7）温带荒漠地带。主要分布在亚欧大陆中部和北美大陆西部的一些山间高原上，在南美大陆南部也有所出现。气候属于温带大陆性干旱类型，这里植被贫乏，只有非常稀疏的草本植物和个别灌木。在温带荒漠的外围和温带草原之间有一个过渡带叫温带荒漠草原地带，主要是蒿属草原，还可见到旱生禾本科植物。温带荒漠地带和荒漠草原地带的土壤主要是荒漠土、棕钙土和淡栗钙土，在它们中间还有成斑状分布的一些碱土及盐土。

（8）温带草原地带。在欧亚大陆中纬地区占有相当面积，从东欧平原南部起呈连续的带状往东延伸，经西伯利亚平原南部、蒙古高原南部，直达我国境内，构成世界最宽广的草原带。在北美洲，温带草原地带呈南北向带状分布形式，也有典型的表现。与北半球相比，南半球草原面积要小得多，在南美、非洲南部等地有局部分布。温带草原地带的气候属于温带大陆性半干旱类型。地方性补给的河流，夏季水位低，甚至干涸，变成一串湖泊；春季积雪融化，河流满水。植被以禾本科植物为主。土壤主要是黑钙土及暗栗钙土。动物多穴居洞中，啮齿类动物、有蹄类动物和一些草原肉食动物是温带草原的主要动物。温带森林草原地带是草原地带向温带森林过渡的地带，它在欧亚大陆中部和北美大陆中部都有分布，其过渡性质反映在气候、土壤、植被及动物界诸方面。本带温度适中，在原始森林草原中，杂草草原景观与森林景观相互更替，森林主要是阔叶林、小叶林及松林。灰色森林土是本带的代表土壤。动物界也具有从森林到草原带动物的混合型。

（9）温带阔叶林地带。又称夏绿阔叶林地带。主要分布在欧洲西部、亚洲东部、北美洲东部，在南半球仅分布在南美洲的巴塔哥尼亚。欧洲西部的夏绿林受温带海洋性气候的影响，往往形成由单一树种组成的纯林，如山毛榉林、栎林等。亚洲东部夏绿林受温带季风气候的影响，这里阔叶树种类成分较欧洲丰富，有蒙古栎林、辽东栎林以及槭属、椴属、桦属、杨属等组成的杂木林。北美洲夏绿林受温带大陆性湿润气候影响，植被主要是美洲山毛榉和糖槭组成的山毛榉林。温带阔叶林地带的土壤主要为棕色森林土、灰棕壤和褐色土。动物种类比热带森林为少，但个体数量较多，主要以有蹄类、鸟类、啮齿类和一些食肉动物最为活跃。

（10）寒温带针叶林地带。属于整个温带森林地带的北部亚带，它沿欧亚大陆北部及北美大陆北部连成非常广阔的自然带。这里气候属于寒温带大陆性气候,冬季十分寒冷,夏季温暖潮湿,形成了由云杉、银松、落叶松、冷杉、西伯利亚松等针叶树种构成的针叶林带,发育着森林灰化土,活跃着松鼠、雪兔、狐、貂、麋、熊、猞猁等耐寒动物。针叶林地带以南,气候较温暖湿润,渐渐出现阔叶树种,形成针、阔叶混交林,是针叶林地带与阔叶林之间的过渡带。

(11) 苔原地带。苔原地带也称冻原地带。它占据着欧亚大陆及北美大陆的最北部以及邻近岛屿的广大地区。苔原气候严寒而湿润,土壤冻结,沼泽化现象普遍,这样的环境条件极不利于树木生长,因而形成以苔藓和地衣占优势的、无林的地带。本地带土壤属于冰沼土。动物种类不多,特有驯鹿和北极狐等,夏季有大量鸟类在陡峭的海岸上栖息,形成"鸟市"。在针叶林地带和苔原地带之间,有一个比较狭窄的过渡带,称森林苔原地带。

(12) 冰原地带。冰原地带亦称冰漠地带。它几乎占有南极大陆的全部、格陵兰岛的大部以及极地的许多岛屿。本地带终年被冰原覆盖,环境条件极为严酷,没有水文网和土壤,植被罕见,仅在突出于冰雪之外的岩崖上有某些藻类和地衣生长。冰原带动物种类极为单一而贫乏,在南极大陆没有陆生哺乳动物,仅在沿岸地区分布着特有的企鹅一类海鸟,在北极诸岛上主要有白熊。

(五) 海洋自然带

与陆地相比,海洋的性质较为均一。因而海洋自然带较为单调,自然带的类型少,界限模糊。海洋自然带存在于大洋表层,约为海面以下 200m 深的范围。在这个范围内,海洋与大气对流圈、岩石圈之间进行着能量交换和物质循环,海洋生物也主要集中在这里活动。由于太阳辐射按纬度方向分布不均引起了大洋表层的温度、盐度以及含氧量的纬向分异,海洋生物种群也相应产生分异,形成了海洋自然带。全球海洋自然带基本是南北对称的,但由于北冰洋与南极大陆对立,导致海洋自然带分布呈现出某些非对称性。和陆地自然带划分一样,生物种群的分布是划分海洋自然带的主要标志。

结合多位学者的意见,本书在世界海洋中划分出八个自然带:

(1) 北极带。本带以北极为中心,分布着常年

存在的北极冰丛,气温和上层水温均在 0℃ 以下,气流下沉无风,生物非常贫乏。

(2) 亚北极带。即北冰洋边缘的近陆海域。这里海面冰层发生季节性变化,冬季冰封,夏季冰层逐渐融化形成浮冰。由于近岸,海陆物理性质不同,常有明显的"季风"变化,而且风速很大。生命在短促的夏季很快发展起来,沿岸有相当丰富的浮游生物,吸引了鱼类及其他动物。虽然动物的数量不少,种类却不多,主要的有北极鳕、白海鲱等鱼类和北极鲸、议鲸、海象、海豹、白熊等哺乳类以及一些形成"鸟市"的海鸟。

(3) 北温带。包括北半球中纬度的辽阔海域,终年受极地气团影响,大气活动非常强烈,经常发生大气旋和狂风暴雨,降水量和云量都很大。水温为 5~15℃,盐度小,含氧量多,水团垂直交换强,水中饱含营养盐类,因而浮游生物很丰富(可达 2000~3000mg/m³),鱼类大量繁殖,种类丰富,世界著名的渔场都集中在此带。主要鱼类有太平洋鲱鱼、鳕鱼、大马哈鱼等,还有一些哺乳类动物繁殖,如海狗、海獭、日本鲸、灰鲸、海豚等。

(4) 北热带。本带基本上与副热带高压带相吻合,强大而稳定的高压是这里天气变化和气候形成的基础。在多数情况下,风力微弱,风向不定,或者风平浪静,空气下沉,降水量小,蒸发量大,水面温度在 18℃ 以上,含盐高。由于本带受高压控制,广大海域水体垂直交换微弱,因此深层水的营养盐类不易上涌,加上含氧量少,故本带浮游生物以及有经济价值的鱼类很少。海水清澈明净,色彩蔚蓝。

(5) 赤道带。这里气温很高,一般都达 27~30℃,气温变幅很小,不大于 2℃;盐分不高;年中大部分时间浓云密布、雨量充沛、风平浪静。由于本带南北有赤道逆流,引起海水的垂直交换,使水中营养盐类和氧气相当丰富,因此赤道带生物的种数极多,但一定种的个体数量和热带一样都小于温带。赤道带鲨目和鲟目鱼类特别多,飞鱼也很典型。温暖的海水使珊瑚礁得以大量发育。

(6) 南热带。本带特征和成因与北热带基本相似,但在非洲大陆西南和南美洲的秘鲁沿海都有上升流,海水的垂直交换较北热带明显,因此这两个海区的浮浮生物大量繁殖,使上层鱼类,如南非沙丁鱼和秘鲁鳀鱼,也随之大量生长,形成南半球的重要渔场。

（7）南温带。该带位于从南亚热带辐合线以南一直伸展到南极辐合线（40°~60°S）的广大海域，形成了一个完整的环形水域。这里天气多变，风暴和巨浪频繁；洋流全年受西风漂流控制，没有暖流影响，水温稍低于北温带。但海洋生物的基本生态条件与北温带很相似，植物繁茂，巨藻生长极好，浮游生物丰富，是南半球海洋生物最多的海区，具有与北温带同种或相邻几种的巨大类群。这种两极性分布特点在兽类（如海豹、海狗、鲸等）、鱼类（如刀鱼、小鲹鱼、叟鱼、鲨鱼等）以及无脊椎动物和植物中都有典型的表现。

（8）南极带。本带从南极辐合线伸展到南极大陆边缘，也是一个完整的环形水域。风向及洋流也自西向东。全年水温很低，冬季基本冰封，夏季短暂解冻。动植物种类组成普遍贫乏，除个别种（如硅藻、磷虾）外，缺乏广泛分布的种群，但浮游生物很丰富。哺乳动物中鲸类相当丰富，其中南极鲸和侏儒鲸为特有种。海豹也占有重要地位。南极海狗和长鬃海驴是这里的特有种。南极鸟类最著名的是王企鹅和白眶企鹅。南极带鱼类特别少，特殊的有南极杜父鱼。南极大陆架海域全年冰封，部分水域为冰川占据，形成广阔的陆缘冰和高大的冰障。

三、垂直地带性

垂直地带性是叠加了地带性影响的一种非地带性现象。因此，也可以认为是隐域性表现。

（一）垂直带性的概念

垂直带性是指自然地理要素和自然综合体大致沿等高线方向延伸，随地势高度，按垂直方向发生有规律的分异。只要某一山地有足够的高度，那么，自下而上就可形成一系列的垂直自然带。一般，山体高度越大，垂直带就越多。垂直带的底部称为基带。

产生垂直地带的必要条件，是有足够高度的山地，充分依据是山地水热条件随高度的变化。即温度随高度的增加而降低，以及在一定高度范围内降水随高度的增加而增多，超过这一限度则相反，随高度的增加而减少。两者结合起来，形成了制约植被、土壤生长发育的气候条件也随高度发生有规律

的变化，从而产生山地自然地带的垂直更替。平原地区的自然地理要素和自然综合体不存在垂直分异，因为不具备足够的高差这个必要条件。平坦而完整的高原面垂直分异也不明显，原因它虽有足够的高度，但缺少形成水热条件随高度变化的充分依据。我国青藏高原情况比较特殊，它是由众多大山系构成的山原。所以，不仅在边缘部分自然地带的垂直分异十分明显，而且在高原面上仍可见垂直分异现象，也是符合逻辑的。因为是山原，高原面上存在1000多米以上的相对高度，具备产生垂直分异的充要条件。

（二）垂直地带谱

垂直地带谱是山地垂直带的更替方式。它反映了自然综合体在山地的空间分布格局，是地域结构的一种特殊形式。垂直带谱中的每一垂直地带都不是孤立的地段，而是通过普遍存在的能量传输、转换和物质循环联系起来的整体。

垂直地带谱的完整性标志是存在几条重要界限（或带），即基带、树线、雪线和顶带：

（1）基带。垂直带谱的起始带（山地下部第一带）称为基带。在整个垂直地带谱中，基带与所处的水平地带一致。基带往上各垂直地带的组合类型和排列次序与所在水平地带往高纬方向更替相似。基带的类型决定了整个带谱的性质，也决定了一个完整带谱可能出现的结构。图10.8给出了两种不同性质的垂直地带谱。

（2）树线。森林上限是垂直地带谱中一条重要的生态界线，常称为树线。这条界线以下发育着以乔木为主的郁闭的森林带；而界线以上则是无林带，发育着灌丛或草甸，常形成垫状植物带，在海洋性条件下有的可发育成高山苔原带。树线对环境临界条件变化反应十分敏锐，其分布高度主要取决于温度和降水，强风的影响也很显著。树线通常与最热月平均气温10℃的等值线相吻合。在干旱区，树线受水分条件影响较大，林带高度与最大降水带高度相当。一些低纬山地的顶部，其海拔高度和水热条件远未达到寒温性针叶林的极限，仍然出现森林上限，这是由于山顶部经常受到强风作用的结果。如粤北南岭山地海拔高度不超过2000m，树线出现在1800m处，其下是已明显矮化的常绿阔叶林，其上为灌丛草甸植被。

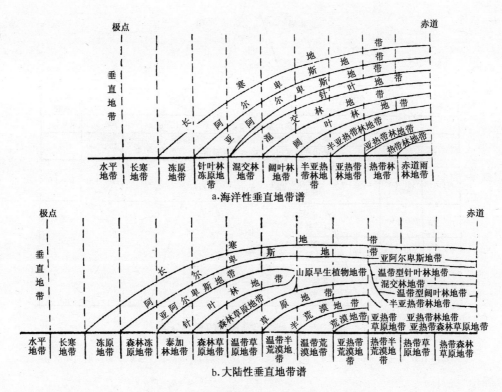

图 10.8　垂直地带分布图式(马克耶夫,1958)

(3)雪线。垂直地带谱中另一条重要界线是雪线。雪线是永久冰雪带的下界。其海拔高度受气温与降水的共同影响,一般气温高的山地雪线也高,而降水多的山地雪线又低。因此,雪线高度是山地水热组合的综合反映。例如,喜马拉雅山南坡虽然日照高于北坡,但有丰富的降水,所以雪线低于北坡。

(4)顶带。是某一山地垂直地带谱中最高的垂直地带。它是垂直地带谱完整程度的标志。一个完整的带谱,顶带应是永久冰雪带。如果山地没有足够的高度,顶带则为与其高度及生态环境相应的其他垂直地带所代替。

垂直地带的类型差异是通过带谱比较进行研究的。在比较研究时,应着重上述重要的垂直地带、界线以及不同带谱中同类型垂直地带的比较,并研究形成这种差异的原因。比较不同区域垂直地带的差异可以把水平分异与垂直分异联系起来,取得自然地理环境地域分异更全面的认识。

垂直地带谱受纬度位置的影响显著。由图10.8可以看出,不同的水平地带具有不同的垂直地

带谱类型。不过这是模式化了了分布图式。而具体的水平地带上,垂直地带谱仍有相当大的变化。例如,处于热带区域的喜马拉雅山南坡,基带是低山热带季雨林,由此往上依次出现山地亚热带常绿林带、山地暖温带针阔叶混交林带、山地寒温带暗针叶林带、高山寒带灌丛草甸带、高山寒冻风化带和高山冰雪带等。北坡却明显不同,反映了坡向也是影响垂直地带谱的重要因素(图10.9)。

又如中国的秦岭,其南北坡的垂直带谱,虽只有一山之隔,却有极大差异,南坡属于亚热带型垂直带谱,而北坡则属于暖温带型垂直带谱。

此外,距海远近也是山地垂直带谱的影响因素。如同处温带纬度上的长白山和天山,其北坡的垂直带谱却有明显差异。表现在:其一,基带不同。前者为针叶阔叶混交林山地暗棕壤地带,而后者则是山地荒漠草原棕钙土地带。其二,相同垂直带的分布高度不同。如山地针叶林带,在长白山北坡分布在 1200～1900m 之间,而天山北坡的针叶林带却分布到 1600～2500m 之间,两者相差 400m 以上。

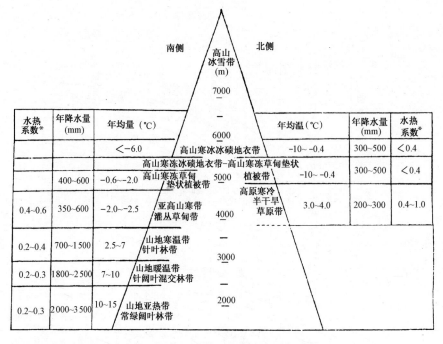

图 10.9　珠穆朗玛峰地区的垂直分带

* 水热系数 $=\dfrac{0.16 \times \sum t}{r}$，式中，$\sum t$ 为日温 $\geqslant 5℃$ 持续期间活动温度总和；r 为同期的降水量

四、垂直地带的特征

在外貌上垂直地带与水平地带有不少相似之处。例如，在热带或亚热带地区的高山常可见在水平距离不足 100km 范围内，从基带向上的几千米高度上，重现从低纬到极地的几千公里的水平距离上相似的自然景象的变化。然而，绝不能因此而把垂直地带与水平地带二者的性质混为一谈，认为前者是后者在垂直方向上的重现。与水平地带比较，垂直地带具有如下显著的特征。

（1）带幅窄，递变急剧。垂直地带的带幅宽度比水平地带的带幅宽度狭窄得多。水平地带的带幅宽度可达 500km 以上，只在其尖灭处才较窄，且最窄也在 100km 左右；而垂直地带的带幅宽度最窄的只有几十米（以基带或顶带常见），一般在 300～1000m 之间，最宽也不超过 2000m。在这样窄带幅的情况下，仅数千米的高差范围内出现了多个垂直自然地带更替的现象，可见垂直地带递变之急剧。造成上述特征的主要原因，显然是因为气温沿山坡的垂直递减率远大于其在平地上的水平递减率的缘故。

（2）带间联系密切。水平地带之间虽然可以通过多种物质循环形式相互联系、相互作用，但由于带幅较大，与垂直自然带相比，其带间联系则逊色多了。垂直地带由于带幅狭窄，同时重力效应显著，所以带间联系密切。在大规模、大范围的物质循环和能量转换的基础上，通过特殊的山地气流（如山谷风、焚风等）、山地地表水和地下水的径流、植物花粉飘落、动物季节性的上下迁移等过程，都进一步加强了垂直地带之间的联系。加之在山地经常发生突发性的过程，诸如洪水、泥石流、滑坡、山崩、雪崩和冰崩等，使垂直地带的联系更为密切。这些重力参与的过程在水平地带之间的联系中则是微不足道的。

（3）水热对比特殊。山地的降水量，在多雨带以下呈现由下向上递增的规律；背风坡由于焚风作用，一些地区的降水量递增甚微，而且在同一高度上，背风坡降水量往往少于迎风坡。这些特殊的山地降水分布状况与山地热量分布状况相结合，便形成了种种特殊的水热对比关系。此外，山谷风、焚风、逆温层、云雾层等因素也加深了其特殊性。因此，垂直地带与那些外貌类似的水平地带存在着本质的差别。而且，垂直地带谱并不完全重现水平地带的序列，许多水平地带在山地并没有相应的垂直地带，而一些高山垂直地带在平地上也不成带状。例如，大陆性草原荒漠垂直地带谱中不出现高山苔原带，而高山草甸带也没有相应的水平地带。

（4）节律变化同步。水平地带由于带幅广,跨越地域宽阔,各地带之间的昼夜节律和季节节律便有很大的差别。而在同一山体的各垂直地带的节律变化则是基本一致的。由此可知,垂直地带的时间结构与那些外貌类似的水平地带的时间结构是完全不同的。

（5）微域差异显著。复杂多变的山地地貌使得山地小气候复杂化,因而使垂直地带微域差异十分明显。常可观察到同一垂直地带中在很短的距离内,由于地貌的局部变化,气候、土壤、植被便相应发生变化。如果加上山区第四纪堆积物类型众多、泉水和风化壳类型复杂等因素的影响,则垂直地带的微域差异比平原地区的微域差异更为明显。

五、地　方　性

1. 地方性的概念

地带性与非地带性支配着自然地理环境的大、中尺度地域分异规律。而局部地区的小范围地域分异则由地方性支配。

所谓地方性,就是在地带性与非地带性因素影响下,由局地分异因素影响而形成的陆地表面小范围、小尺度的分异规律性。地方性分异是自然地理环境最低级的地域分异。在野外考察时,能直接观察到的往往是地方性差异现象。因此,对地方性的研究更具实际意义。

2. 地方性分异因素

引起地方性分异的局地分布因素主要有地貌部位的差别、小气候的差别、岩性和土质的差别以及人类活动的影响等。虽然这些因素在一定程度上互相作用、互相联系着,但其中某一因素可能成为主导的分异因素,支配着局部地区自然地理环境的分异。

1) 地貌部位引起的分异

局部地形(中等地貌形态)往往可以进一步分异为一系列的地貌部位。例如,从河谷低地走向分水高地,可观察到这样的变化:河床—河漫滩—阶地(可能有数级,即一级阶地、河滩阶地、高阶地等)—谷坡—山坡—山顶。局部地貌自身的这种分异,进一步引起了地表物质和能量的再分配,从而

影响了植被、土壤的地方性分布。

局部地形对植被分布有很大影响,因为地形的微细变化也会引起水分状况的变化,从而引起矿物养分、盐类等的变化。一般而言,自然环境中高地较干,低地较湿;植物及其组合就按照生态序列沿斜坡排列,从高处较喜干的种类到低处较喜湿的种类,或从高处的贫瘠种类到低处的养分较多的种类等,构成一个生态系列。局部地形的分异作用在干旱、半干旱地区尤为明显。因为那里每一滴水对植物都很重要,甚至几厘米的地形微小起伏都会引起植被显著的改变。在中纬度和高纬度的山区因坡向不同往往引起地面水热条件的差异,而出现不同的植物群落。

地形对水分和热量再分配作用也影响了土壤特性。在同一地区内,不同地形有着不同的土壤水分状况和土壤温度,从而也影响物质的机械组成和地球化学分异过程,使土壤形成过程表现出地方性分布规律。例如,位于褐土地带的华北平原,由山麓到滨海地带依次出现褐土、草甸褐土、草甸土、滨海盐土等。

2) 小气候引起的分异

小气候的形成起因于下垫面的局部差异,其中主要的是地形的差异,不同坡向和坡度的地貌部位具有不同的日照和通风条件。在野外工作时,阴、阳坡的差异以及迎风、背风坡的差异,常可通过植被的差异而显示出来。

当然,小气候分异因素并不完全被地貌部位所控制,而自己具有相对独立性。山谷风虽然由地貌原因引起,但其影响并不限于某一地貌部位。而可大大地加强整个山地河谷的通风条件。海陆风所形成的小气候条件具有更大的相对独立性,形成沿海岸带较好的通风条件。

局部地形与小气候条件结合在一起,共同制约了局部地方的干湿状况,这是地方性分异的重要因素。不同干湿程度的局部环境决定了不同的生活条件,相应地形成不同的植物群丛,也就构成了小范围的地域分异。

3) 岩性和土质引起的分异

岩性和土质的差异也是一种地方性分异因素。土壤中的矿物质部分来源于岩石的风化产物(土质)。不同性质的岩石,其风化后,土质的机械组成、矿物质组成、酸碱度等不同,因此所发育的土壤性质不同,从而引起生物生境的差异。例如,在华

北的气候条件下,石灰岩风化的山坡土壤呈碱性,那里多生长柏树;花岗岩风化的山坡土壤呈酸性,那里多生长松树(油松)。

土质的差异还包括了沉积物相分的不同。沉积相的差别往往受到地形的很大影响,一般坡度不同的地形部位大体具有不同的沉积特性。但是土质在地域分异上表现出相对独立性,原因是沉积物的机械组成也影响潜水的分布状况。例如,黄河下游的泛滥冲积平原,其中沙丘、沙垄地段,排水良好,地表堆积的细粉砂在冬季常随风移动,自然植被是稀疏的旱生沙生草类;而在浅平洼地上,潜水接近或出露地表,排水条件差,常有滞水现象,土壤潜育化和盐碱化明显,自然植被多为水生草本植物和耐盐碱的草类或灌木丛。这样的沙丘、沙垄地和滞水盐碱洼地是黄河下游泛滥冲积平原两种突出的地方性景观。

4) 人类活动引起的分异

人类活动对自然地理环境的地方性分异作用是非常明显的。在现代社会,随着农业发展和都市化,使自然地理环境发生剧烈的变化。现代人类活动已成为一种重要的地貌营力。它可以改造自然的地表形态,造成农田、道路、矿场、水库等局部环境。如丘陵、山地区域的梯田系统;干旱半干旱地区的防护林体系和灌溉系统;物种的迁移、引进;跨流域调水工程;大规模的改土工程;城市化造成的城区环境等。所有这些活动已大大超出地方性。

3. 地方性与地带性、非地带性的联系

地方性分异规律如何反映地带性与非地带性问题,这是一个具有深刻实践意义和理论意义的课题。我们知道,小尺度地域分异中,通常把地貌部位区分为三种处境,即排水良好的残积处境、受地下水影响的水上处境和经常积水的水下处境,如图10.10所示。由于残积处境分布于高亢部位,潜水面埋藏很深,对土壤和生物的影响不显著。所以形成了符合当地的地带性水热条件的土壤植被,称为地带性土壤和植被,或称为显域(zonal)土壤和植被。水上处境,由于潜水面接近地面,潜水可通过蒸发,上升到地表影响土壤的发育和植物的生长。水下处境接受从残积处境和水上处境输入的水流、物质流和易迁移元素,并在此堆积,因而成为矿物养分丰富、水分充足的生境。所以,在水上处境和水下处境形成了与当地的地带性土壤不同的草甸

土、盐碱土、沼泽土。形成了与地带性植被不同的草甸、盐生植被、沼泽植被等。这些土壤和植被,正如前面讨论纬向地带性时指出的,属于隐域(infazonal)土壤和植被。

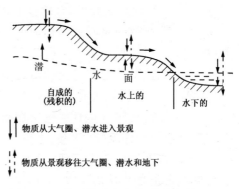

自成的　　　　水上的　　　水下的
(残积的)

↕ 物质从大气圈、潜水进入景观

⇡ 物质从景观移往大气圈、潜水和地下

图 10.10　单元景观基本型(彼列尔曼,1958)

由此可见,显域处境反映了水平地带性分布规律。换句话说,水平地带性主要根据显域处境的土壤和植被变化情况来划分。隐域处境,表面看来是非地带性,然而不同水平地带的隐域性土壤和植被仍然有区别。

六、空间分异规律的相互关系

空间分异规律之间的相互关系是一个分若干层次的网络系统,如图10.11所示。自然地理环境的显著特征就是综合性和区域性。自然地理环境的区域性,是空间分异规律的综合表现。它是由地带性因素和非地带性因素相互作用的性质决定的。换句话说,地球表面区分为大、中、小尺度的区域系统,首先要依据的是地带性和非地带性这两个最基本的地域分异规律。其他分异规律,只是它们的具体表现或派生形式。所以,可以认为地带性和非地带性是最基本的地域分异规律性。

倘若仅以字面意义上理解,地带性可以包括纬向、经向和垂直这三种分带性。我们不采取这种广义的地带性概念,而把地带性只视为与纬度热量分异直接相关的地域分异规律,其典型表现是地表的热量分带性。非地带性并非指其不存在带状分布,而仅因其作为地带性的对立面而存在,故冠以这个"非"字。非地带性因素常使地带性分布发生偏离与畸变,其典型表现是构造区域性。

在地球表面,地带性具体表现为纬向地带性,非地带性则具体表现为经向地带性。它们均以各

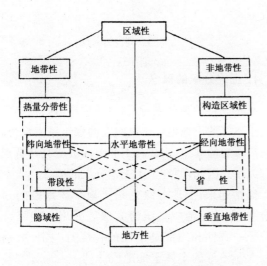

图 10.11　空间分异规律相互关系

自然要素或自然综合体的分异为其标志,两者共同支配了自然地理环境在水平方向的分异。因此,纬向地带性和经向地带性的综合表现就是水平地带性。

带段性和省性是水平地带性的两种不同形式,各自反映出其主要和次要的分异因素的作用及其相互联系的状况。

垂直地带性是叠加了地带性影响的非地带性。在这里,非地带性因素(地势起伏)起了主导作用,它使地带性产生了垂直方向上的强烈畸变,而产生了垂直地带性分异。但是,垂直地带谱的基带仍在地带性因素的控制之中。

隐域性是地表相对高度变化而产生的分异规律性表现,显然是受非地带性因素控制的。但同时在一定程度上反映了纬向地带性分异。因此,隐域性可看作是水平地带性派生的规律性,是叠加了地带性因素影响的非地带性现象。如上所述,垂直地带性是叠加了地带性影响的非地带性。因此,也可视为另一种隐域现象。因为由于地势起伏引起的垂直地带性本身是非地带性现象,而各类垂直带谱的特征又反映水平地带性分异规律。由此可见,凡是由地势高低而导致水平地带性发生变异的现象都可以称为隐域性。

地方性是在小范围内的地带性和非地带性的综合表现。它是在两种基本空间分异因素共同作用下,由于地貌切割起伏和地面组成物质的差异而引起的局地分异性。

复习思考题

1. 试述自然地理环境空间分异规律及其形成原因。

2. 试述纬向地带性和经向地带性及其表现。

3. 什么是水平地带性分异的控制因素?并阐明水平地带性的表现形式。

4. 熟悉陆地自然带的类型。

5. 何谓垂直地带性?说明垂直地带谱的地区差异及其成因。

6. 何谓地方性?指出地方性的分异因素。

7. 阐明空间分异规律的相互关系。

第四节　自然地理环境基本规律的应用

本章前面几节讨论了自然地理环境的基本规律,即整体性规律、时间演化规律和空间分异规律。明确了自然地理环境是一个复杂、开放的巨大系统。

本节将进一步讨论,自然地理环境的基本规律的应用问题。主要介绍两个相互衔接的工作,即土地类型和自然区划。终极目的是把自然地理环境划分为大小不同、等级有别的区域,并掌握其综合特征,为进行生产布局提供科学依据。

然而,要对自然地理环境进行区域划分,必须首先承认其整体性,否则毫无意义。此外,自然地理环境整体之所以可划分为区域,是因为其内部存在着差异,包括空间上的和时间上的差异,而且是有规律的。所以进行区域划分还需要遵循自然地理环境的空间分异规律和时间演化规律。这就是说,土地类型和自然区划是自然地理环境的空间分异规律和时间演化规律。这就是说,土地类型和自然区划是自然地理环境基本规律的具体应用。

一、土　地　类　型

从地理学的角度来说,土地类型学是自然地理学的重要部分。由于它具有较大的理论和生产实践意义,因此成为自然地理学直接解决生产问题的有力杠杆之一。

(一)土地的概念

作为科学的土地概念,从各家从各自学科特点和应用角度出发,对土地所下的不同定义看,可以认为人们对其实质的认识已臻明确。

综合各家的观点,土地概念可以表述为:土地是地表某一地段的自然综合体,包括地质、地貌、气候、水文、植被、土壤等全部自然地理要素以及人类活动对它们作用的结果。

无论如何表述,土地概念都包含着下列基本内容:

(1) 土地是自然综合体。其综合自然特征主要取决于各组成成分及它们之间相互作用的性质和特点。

(2) 土地是陆地表面具有一定垂直厚度和水平范围的地段。各具体的地段有大小之别,空间分布有一定的地域组合关系。

(3) 土地是历史自然体,受自然规律制约,具有发生和发展的历史过程。

(4) 土地是人类活动和生产的场所,又是重要的自然资源,除自然属性之外,还具有经济利用价值,因此它在过去、现在和将来都受到人类不同程度的利用和改造。

(二) 土 地 分 级

1. 土地分级的概念

从本学科的角度来看,自然地理环境归根到底是由大小不等的土地地段逐级组合的多组镶嵌系统,要深刻揭示它的规律,需要自下而上逐级研究其特点和组合关系。因此,便产生了土地分级的概念。

概括起来,土地分级是指土地个体地段的划分或合并,即采用地域系统研究法区分出一些综合自然特征一致性和内部复杂性的程度有差别、级别不同和大小不等的个体土地地段。

2. 土地分级系统

土地分级研究一般采用三级系统,即划分出三个基本的土地分级单位(表10.5)。不同作者对等级单位概念的理解不尽相同,因此没能取得完全一致的划分,但不同系统中相应等级的单位大致上可作相互对比。

表 10.5　土地分级系统对比

国　家	等 级 系 统		
	低 级 单 位	中 级 单 位	高 级 单 位
原苏联(1950)	相(фация)	限区(урочище)	地方(местностb)
澳大利亚(1968)	立地(site)	土地单元(land unit)	土地系统(land system)
英　国(1965)	土地要素(land element)	土地片(land facet)	土地系统(land system)

我国的土地分级研究主要是沿用原苏联的土地分级系统。

1) 相

相是土地地段最低级的单位,即自然地理综合体最基本的单元。地理学家们提出了许多关于这个基本单元的不同名称。例如 Б.Б.波雷诺夫称之为"单元景观",В.Н.苏卡切夫称为"生物地理群落",Л.С.贝尔格采用"相"这一概念。

А.Г.伊萨钦科认为:相是最简单的地理综合体,在它的范围内所有组成成分都具有一致的性质,即它是最细小的分类单位。这就是说,这样的地域是位于一个地形单元范围内,具有一个生物群落,形成一种小气候,一个土壤变种。如果再对这种地域进行划分,那就已经是每个组成成分内部的个别要素的划分了。对伊萨钦科的看法加以概括,就是:

① 相是最简单的自然地理单位,是土地分级的下限。② 相是不能再分的自然综合体。③ 相是自然特征最一致的地段。

根据相的实质,可以给出较为明确的定义:相是最低级的土地单位,是在同一地貌面上,具有相同的岩性、土质、地下水和排水条件,并具有一种小气候、一个土壤变种、一个植被群丛的自然特征最一致的土地地段。

例如,一条干沟的横剖面可分出沟底相和沟坡相;一个小丘的剖面可分出丘顶相、丘坡相和丘麓相(图10.12)。实际上,相的组成比较复杂,但都可先划分出地貌面,然后考虑同一地貌面的其他组成成分的一致性。如果在同一地貌面上其他成分发生分异,而形成不同的自然综合体,就应在同一地貌面上划出不同的相。

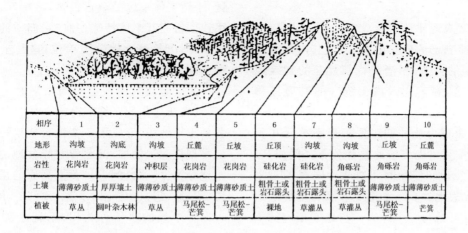

相序	1	2	3	4	5	6	7	8	9	10
地形	沟坡	沟底	沟坡	丘麓	丘坡	丘顶	沟坡	沟坡	丘坡	丘麓
岩性	花岗岩	花岗岩	冲积层	花岗岩	花岗岩	硅化岩	硅化岩	角砾岩	角砾岩	角砾岩
土壤	薄薄砂质土	厚厚壤土	薄薄砂质土	薄薄砂质土	薄薄砂质土	粗骨土或岩石露头	粗骨土或岩石露头	粗骨土或岩石露头	薄薄砂质土	薄薄砂质土
植被	草丛	阔叶杂木林	草丛	马尾松-芒箕	马尾松-芒箕	裸地	草灌丛	草灌丛	马尾松-芒箕	芒箕

图 10.12 相的基本划分

在实际土地调查中,如何正确划分相,是至关重要的,而且又不是轻而易举的。解决问题的关键是找寻到简单而可靠的划分标志。要达此目的,就要确定各自然地理组成成分的最小基本单位。如上所述,地貌的最小基本单位是地貌面。确定地貌面至少需有坡度、坡向两个条件。坡度、坡向不同,会使风化壳、小气候和水分条件随之出现差异,导致土壤、植被出现差异。地貌面确定之后,还要查查岩性、土质、风化壳的厚度及分层情况,如果都具有一致性,就应划分为同一个相。因为地貌部位、岩性、土质、潜水条件和间接气候条件可确立一个"生境",而同一"生境"只能发育一个土壤变种和一个植物群丛。

水文和气候的最小基本单位较难确定。作为相的组成成分的水文应根据潜水深度和流动性的差别来区分其最小基本单位。这是因为它对土壤水分状况的影响较大。因此,土壤水分一致的地段,其排水条件应该相同,故土壤水分状况可作为划分相的参考标志。小气候是气候的最小基本单位,但它不易界定。在划分相时,可作如下理解:即由下垫面性质的差别引起,具有相同表现的,一定范围内的近地面层气候。若范围与地貌面一致,则可划为一个相,如果不一致则可划分为几个相。

2) 限区

限区是相有规律地组合成的中级土地分级单位,它通常相当于一个初级(中等)地貌形态单元,是外貌最清楚的自然地理综合体。在其范围内,水的运动、固体物质的搬运、化学元素的迁移方向相同。

可以举出限区的几个典型例子。例如,一条冲沟,假若忽略其内部的土种、植被群丛、人类活动等的差别,则它就是至少由两个沟坡相和一个沟底相所组成的冲沟限区;同理,一座小丘是至少由一个丘顶相、两个丘坡相和丘麓相所组成的小丘限区;一个阶地是至少由一个阶面相和一个阶坡相所组成的阶地限区,等等。上述的冲沟、小丘和阶地都相当于初级地貌形态。这些初级地貌可以是凹型(如冲沟)、凸型(如小丘)或过渡型(如阶地),通常它们都有比较清楚的界限。由于一个限区具有相同的地貌基础,所以构成限区的各个相的联系比较密切,这种联系尤其表现在同一限区内物质迁移特点的一致性方面,这就是为什么限区成为一个独立的土地单位的重要原因。

土地是一个历史自然体,它经常处在发展变化之中,因此可能造成一些未发育成熟的、不典型的土地地段。例如,某些相或其一部分,在进一步发展中形成一些内部分化不明显的限区,它处于相与限区之间的过渡形式。这样一种自然地理综合体被称之为"环节",意思就是从相到限区的过渡环节。

再如,当阶地或丘陵上发育出了冲沟,即一个限区被叠加上一个新限区时,也形成了新的自然地理综合体。我们称之为"复杂限区"。相对地,一般的典型限区就称为"简单限区"。

总之,限区相当于一个初级地貌形态单元,它可以是雏形的,典型的(简单的),或复杂的。根据上述不同的发展阶段,便可把限区分出三个不同的级别:环节、简单限区和复杂限区。

3）地方

地方是限区有规律地组合成的高级土地单位。每一个地方都有自己的一套限区，因此其内部结构复杂，具有复区的特点，相当于特别复杂的初级地貌形态单元组合，在其范围内无统一的物质迁移方向。

地方通常表现为几种初级地貌形态单元在其范围内典型地重复出现或彼此叠置分布。例如，一个沙丘带具有沙丘和沙丘间凹地两种限区的重复分布，便可划分为地方。一个遭受多级切割的阶地或黄土梁地，也可视为一个地方。与地方相应的土壤和植被是土壤种和植物群丛的复域。

地方的空间划分，起主导作用的是地貌形态和新构造运动，它们决定着限区组合的特点，使每一个地方都具有自己独特的结构格局。

综上所述，土地分级是小尺度的区域划分。可划分为相、限区、地方三级。它们之间有着紧密的联系，其联系情况可由图10.13简洁给出，并且还可看到土地分级与自然区划工作的天然联系。

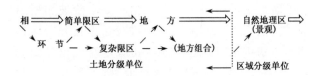

图 10.13　土地分级单位的相互关系

（三）土 地 分 类

1. 土地分类的概念

土地分类是指对土地单位的类型划分。在土地分类工作中，必须分清土地的个体单位和类型单位两个概念。所谓个体单位是指单独的具体的土地地域，如相、限区、地方和自然区等，都是根据它们各自的性质划分出来的，各自占据有完全确定的具体位置，具有空间的连续性和区域的完整性。类型单位是根据那些土地单位在发生上的共同性和基本特征的相似性归纳出来的。因此，必然略去了许多个性而保留住它们的共性。这就是说，类型单位是抽象的、概括的，不是具体的。这种类型单位在实际地面上和地图上都是呈斑点状重复出现的，空间上是不连续的。

由于在一个区域范围内（如一个自然区或行政区）土地个体单位的数目很多，除特殊需要外，一般不逐个研究其个体特征，只按它们质的相似性进行概括，得出各种土地分类单位，这是土地分类的类型系统研究法。

我国劳动人民根据长期以来对土地的综合认识，常在所居住的区域划分出一些自然特点相似的各种土地地段，形成了一些没有严格分类级别的土地类型概念。例如，河北省井陉盆地的居民把当地土地分为：坪、梁、涧、川；黄土高原的居民所划分的塬、梁、峁、川，也是土地类型；珠江三角洲的居民把可以种水稻的耕地称为田，不种水稻的耕地称为地，山地和丘陵统称为山或半山，实质上都是土地类型。

2. 土地分类系统

对土地进行分类研究，土地个体经过逐次地概括和归纳，结果形成分类层次高低不同的土地分类单位系统，也就是建立了一定的土地分类系统。

根据土地个体单位的多级特点，土地分类也应是多系列的，即应对每一级土地单位分别进行类型的划分，各自形成一个类型系统。以相为例，我们可以把性质相似的某些相归纳为"相种"。性质相近的相种再归纳为"相属"，性质相近的相属又归纳为"相科"。同样，性质相近的限区或地方也可以分别构成自己的种、属、科系列（图10.14）。这里对不同层次土地类型单位的划分，我们借用了生物分类的术语，而在用于实际目的的土地分类表或土地分类图例中，"种"、"属"、"科"的名称一般都被省略。

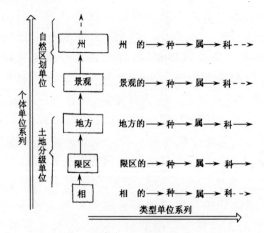

图 10.14　个体单位与类型单位的相互关系

（据 А.Г.伊萨钦科，并作一定的修改）

图 10.14 反映了个体单位与类型单位的相互关系。其中个体单位系列包括了等级较低的土地分级单位系列和等级较高的自然区划单位系列。

从图中可见,每一等级的个体单位都可以划分出相应该等级的类型单位系列。但是,由于个体单位系列是个体单位的逐级合并,越是高级的单位其内部结构越复杂,相似性越少。因此,在实践中,只在等级较低的土地分级单位中进行分类研究;等级较高的区域分级单位一般不作类型的划分而进行自然区划研究。

在实际工作中,编制分类系统通常采用两种方法:一是顺序法,即按种、属、科的顺序直接列出分类系统。一般用拉丁数字Ⅰ,Ⅱ,Ⅲ,…表示科,用英文字母 a,b,c,…代表属,用阿拉伯数字 1,2,3,…表示种。最后按科、属、种依次组合为Ⅰa1,Ⅰa2,Ⅱa1,Ⅱa2,…等。这种方法简单明了,适应性广。另一方法是两列指标网络法(图 10.15),主要用于相的分类。具体做法是以纵列表示地貌形态,自上而下按低到高列出各种地貌面;横列表示土壤和植被类型,自左至右由湿润到干旱和由湿生到旱生;纵横二列交叉构成一个网络。从理论上讲,每一个格子就表示一种类型,但实际上土地类型只集中出现在 AB 连线两侧附近,自然构成一个系统。这种方法比较复杂,但有助于分析组成土地各要素之间的相互关系。

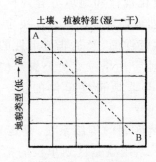

图 10.15　两列指标网络(陈传康,1993)

土地类型的划分包含着类型的命名。关于土地类型的命名方法大致有三种:①采用当地习用的名称。其特点是简单、通俗、宜于推广应用,但有局限性,须进行挑选和加工。②采用地貌名称代替或与当地习用名称合并使用。这对非专业人员来说是较为易读的。③特征成分组合命名。如由植被、土壤、地貌等决定土地特征的主要成分名称组合而成,有时还加以土地利用特征。其特点是内容较详细明了,适合于专业人员使用,但颇为烦琐。

(四) 土 地 结 构

1. 土地结构的概念

在生产实践中,相同的水热条件下,一个地区的生产和建设仍存在内部的差异。产生这种差异的原因,除了社会经济因素不同的影响外,主要与该地区土地结构有关。因此,在土地分级、分类和评价工作之后,还需要进一步研究土地结构。

所谓土地结构是指各种土地类型在某区域内的组合方式、比例和彼此间的相互联系所构成的格局。土地结构包括各种土地类型的质和量的对比关系。所谓质的对比关系是指有哪些种类的土地类型及其组合关系,所谓量的对比关系是指各种土地类型所占的面积比例。例如,通常说某地区是"七山、一水、二分田",就是概括地指该地区的土地结构特征,其中的山地、水域和农田三种土地类型之间在性质上的差异和组合上的联系,构成了这些类型的质的对比关系;它们之间的面积比例便构成了量的对比关系。通过土地类型间质和量对比关系的分析,就可以了解一个地区的土地结构及其整体性特征。

2. 土地的组合形式

(1)阶梯状结构。如在河谷两旁或海岸带。

(2)环状结构。如盆地和湖盆、小山丘等。我国的塔里木盆地、北美洲的大湖盆地,土地类型组合具有明显的环状结构特点。

(3)重复型结构。指土地类型的空间分布无一定顺序更替,而是呈相间排列或斑点状结构。如冲沟切割台地区、平原区上的残丘(珠江三角洲)。

(4)扇形结构。最突出的例子是黄河冲积扇。

(5)树枝状结构。指土地类型呈树枝状分布,如长江中下游平原。

(6)斑点状结构。如冻土区的鼓丘、冻土喀斯特的分布格局。

3. 土地结构与农业构成

研究土地结构具有重要的实际生产意义。从综合自然地理学角度来看,一个地区的农业生产构成方向,也即农、林、牧、副、渔等业的生产构成方向,主要决定于下列两个条件:一是区域的水热条件,二是区域的土地结构。水热条件决定了该区最适于栽培的作物组合,最适于饲养的家畜种类及其品种组合等,实质上是决定了该区农业构成的基本方向。而土地结构则使相应的农业构成基本方向具体化。

一方面,一定的水热条件下总有其最适宜发展的个别作物或牧畜种类,据此农业生产可考虑专门化的发展方向;而相同的水热条件下可能有多种土地类型,不同的土地类型适合于相应不同的生产,据此农业生产又应考虑综合发展。二者结合起来,就导致一个地区的农业生产有一定的构成方向。这个方向可以是比较集中的专门化,或是综合发展,或是具有一定的专门化方向的综合发展。具体构成取决于当地的土地类型组合结构的特征。例如,平原区域,土地结构较为单一,故比较集中的区域农业专门化多在这里形成;地貌变化起伏较大的地区,土地结构较复杂,不易形成单一优势,却具有结构优势。根据土地结构的复杂程度不同,可以形成具有一定农业构成专门化的综合发展方向,或形成综合发展的集约多元化方向。

另一方面,土地结构影响到当地的大农业各种内部构成,包括农林牧渔等业的构成、土地利用方式构成、农作物和牧畜种类构成、农田水利措施和田间工程种类构成、农业机械配套构成等。我们知道,各种土地类型的自然特点是各不相同的,农业生产要求因地制宜利用不同的土地类型,因此各种土地类型都有与其相适应的最适合的大农业内部的构成方向。例如,适于农业的土地类型比例大时,农业在生产构成中的比重就大,而不同的宜农土地类型其农业利用方式也有差别;适于发展牧业的土地类型多,分布面积又大时,牧业在生产构成中的比例就大,而不同的宜牧土地类型适于放牧不同种类的牧畜,等等。

一个地区的大农业构成方向是非常重要的,它决定了该区的生产战略部署。在区域水热条件的基础上,根据区域的土地结构合理确定当地的生产发展方向,并进行与之相适应的改造、利用和保护措施,将大大促进该区的开发建设和自然保护。

农业集约化程度高的地区,特别要考虑土地利用方式的合理构成,这是大农业内部的构成。如珠江三角洲的水网洼地,经过相应的地貌改造,形成了基田和池塘两种土地类型经常重复出现的组合方式,这样的土地结构,使当地形成了"桑基鱼塘"、"蔗基鱼塘"和"果基鱼塘"等的土地利用方式。基、塘两种土地类型之间建立了彼此有利相互促进的生态循环,这是一种典型的集约化农业地域类型。

总之,土地结构,即所谓土地类型的质和量的对比关系,对于确定一地农业总体的和内部的构成方向很有关系,它使由大气候条件决定的生产构成更为具体化了。

二、综合自然区划

(一)概　述

综合自然区划简称自然区划,它是划分地球表面自然区域的方法。它是根据地域内部差异性,把不同的地段加以区分,把相似的部分加以合并,组成一个单元,确定单元界线,然后根据区域的从属关系,建立一个区域的等级系统。自然地理区划分为两类:一类是综合自然地理区划,其对象是自然综合体;另一类是部门自然地理区划,区划对象是某个自然地理要素(如中国地貌区划、中国气候区划等)。

综合自然区划的理论基础主要是空间分异规律,前述空间地理规律性的各方面(自然地理环境的组成和结构,外部因素和内在联系所反映的整体性规律、演化规律和地域分异规律),都具有区划意义。自然地理环境的区域性决定了所有区划单位,既是地带性的,又是非地带性的,这是地带性单位与非地带性单位有机叠置后的必然结果。地带性单位与非地带性单位的统一,即为综合单位。

综合自然区划的等级系统,是区划的最终成果。所谓等级系统就是区划单位的排列方式。但至今仍存在一些认识和做法上的分歧,即存在双列系统和单列系统的不同。尽管存在分歧,但在关于区划的实践意义方面的认识却是基本一致的:①区划是区域研究的总结;②区划是国民经济发展规划的根据之一;③区划是推广某些与地域有联系的经验的根据;④认识性区划是实践性区划的基础。

(二)综合自然区划的基本原则

前已述及,综合自然区划的理论基础是空间分异规律。但在区划工作中如何贯彻这些规律,则需要根据一定的原则。1956 年《中国综合自然区划》所依据的原则，即有发生统一性原则、相对一致性原则、区域共轭性原则、综合性原则和主导因素原则，其中综合性原则和主导因素原则是带根本性的、主要的原则，故可称之为基本原则。

（1）综合性原则。在自然界，没有纯粹地带性的自然区域，也没有纯粹非地带性的自然区域。因此，进行综合自然区划必须综合分析地带性和非地带性因素之间的相互作用及其表现程度和结果。任何自然区域都是由各个自然地理要素组成的整体。进行综合自然区划必须综合分析各自然地理要素相互作用的方式和过程，认识其地域分异的具体规律性。只有这样才能真正掌握区域自然地理综合特征的相似性和差异性，以及相似程度和差异程度，才能保证划分出的地域单位是不同等级的自然综合体。

（2）主导因素原则。进行综合自然区划时，必须在形成各自然区域特征的诸要素中找出起主导作用的因素，这就是主导因素原则。抓主导因素并非忽视其他要素的作用，而是通过分析各自然因素之间的因果关系，找出一两个起主导作用的自然因素，并选取主导标志作为划分自然区域的依据。主导因素必须是那些对区域特征的形成、不同区域的分异有重要影响的组成要素。它们的变化不仅使区域内部组成和结构产生量的变化，而且还可导致质的变化，从而影响区域的整体特征。

主导因素原则与综合性原则并不矛盾。后者强调在进行区划时，必须全面考虑构成自然区域的各组成要素和地域分异因素；前者强调在综合分析的基础上查明某个具体自然区域形成和分异的主导因素。基于上述认识，有的自然区划工作者把这两个原则合称为综合性分析与主导因素分析相结合原则。

（三）综合自然区划单位

地域分异的结果，使自然地理环境分化为一系列范围有大小、级别有高低的自然区域。这些自然区域就是综合自然区划所要划分的单位。我们从地域分异理论中知道，任何一个自然区域都是同时在地带性和非地带性两种因素共同作用下形成的。然而，一部分区域的分化取决于地带性因素，另一部分区域的分化则取决于非地带性因素。据此，可以把自然界存在着的区域单位分为两种基本的类型，即地带性单位和非地带性单位。而综合自然区划的下限单位（景观）是地带性因素和非地带性因素共同作用最一致的区域，它在综合自然区划的等级单位中占有特殊的地位。

1. 地带性单位

1）自然带

地理学界对于自然带的定义及其划分依据尚存争议。我国多数地理学者赞成自然带是最高级的地带性区划单位，认为自然带应按热量的地域差异及其对整个自然界的影响来划分。自然带之间的差异不仅在于热量分配上的差别，而且还表现在大气环流、植被、土壤和动物界等方面明显的差别。因而自然带不等同于温度带，它是一个具体的综合性的景观带，即自然综合体。

基于上述理解，自然带的划分应该在地理相关分析基础上找出主导标志。通常选取的主导标志是综合性气候特征及其指标，如地面热量平衡、最热月与最冷月平均气温、活动积温等，这是因为自然带的结构和动态与气候过程中占主导地位的各种矛盾及其性质密切相关。自然带没有明显的界线，而为过渡带所衔接，因此在决定自然带范围时，还应参照其他自然标志。土壤与植被是重要的参考标志，与自然带的气候特征相互映照。

2）自然地带

自然地带是次一级的地带性区划单位，通常被视为最基本的地带性区划单位。

每个自然地带都具有特定的、反映地带分异的土壤和植被类型，从而构成一定的优势景观型。在地势和构造地貌差异支配下，每一自然地带内部通常形成从属于该自然地带的景观型和垂直带谱，它们与平地的显域景观型有所差别，并且不成为优势分布。

自然地带划分的主导标志往往是构成优势景观的显域性土壤和植被类型，并可以把它们的界限作为自然地带的分界线。在缺乏上述资料的情况下，往往选用某些气候指标（如温度指标、水热指标等）作为划界依据。必须注意到，气候指标与自然地带关系只是相关关系，因此对指标的选用要因地而异。例如，在确定华南的地带界线时，温度指标的意义较大，这里的地带界线呈东西向延伸；在确定华北和东北的地带界线，水热指标的意义较大，这里的地带界线呈东北－西南向延伸。

3) 亚地带

亚地带是自然地带内再划分的地带性单位。在宽广的自然地带内部,某些组成部分的量变(还不足以引起整个自然地带质变)引起地带内自然综合体的地带性分异,从而产生了亚地带。亚地带并非见于所有的地带,许多范围较窄的自然地带划分不出这级单位。目前只在地域分异层次较明显和研究较为深入的地带内进行这种划分。从局部地区的研究成果来看,亚地带是以显域性的植被亚型和土壤亚类为主要标志。我国的实例如表 10.6 所示。

表 10.6 我国的部分亚地带

地 带	亚 地 带
温带半湿润地区 森林草原黑土地带	森林草原－淋溶黑土亚地带 草甸草原－黑钙土亚地带
温带半干旱地区 干草原栗钙土地带	干草原－暗栗钙土亚地带 干草原－栗钙土亚地带

4) 次亚地带

次亚地带被认为是最低级的地带性单位。它不是普遍存在的自然区域,在某些亚地带内自然地理综合特征或自然地理要素发生局部的和更次级的地带性分化才构成次亚地带。

进行综合自然区划时,次亚地带划分的可能性只有深入研究后才能判断。一方面由于其地带性特征十分微弱;另一方面由于受非地带性因素的干扰强烈,使其地带性特征更为削弱。

2. 非地带性单位

1) 自然大区

自然大区是最高级的非地带性单位,往往占据大陆的巨大部分。自然大区与大地构造——地貌单元紧密联系,通常相当于古地台(包括其周围比较年幼的褶皱构造地段),或巨大的造山运动带。并因其地理位置和地势特点的影响,每个大区在全球大气环流中都占有特殊地位,形成大气活动中心。因此,自然大区之间在地质地貌基础、热量带性质以及大气环流特征等方面都存在明显的差异。自然大区内所含有自然地带的数量、排列形式和基本轮廓因各大区差异而各具特色,甚至位于不同大区范围的同一自然地带的不同地段也各具有自己的特征。

我国疆域主要位于东亚大区和亚洲中部大区范围。东亚大区的特征是具有湿润的季风气候以及由南向北连续更替的森林地带谱。亚洲中部大区的特征是具有干旱气候以及荒漠草原地带谱。青藏高原高耸于亚洲中部大区的南半部,具有特殊的气候和地带谱,应视为一个特殊的"亚大区",或看作一个独立的大区。上述三个大区的大地构造差异非常显著,地势差异悬殊,大区的界线几乎完全决定于地势界线。

2) 自然地区

自然地区是比大区次一级的非地带性单位,通常被认为是最基本的非地带性单位。原苏联有的学者把这级区划单位称之为"国"。

自然地区与自然大区两者的地域分异因素及其特征标志(如地势与地质构造的统一性、大气候特征、地带性结构等)基本一致,但自然大区的特征标志在自然地区范围内得到比较具体的反映,尤其在地势与地质构造方面,自然地区具有明显的确定性。因此,自然地区比自然大区的发生统一性和区域界限更加鲜明。

自然地区除了水热条件的差异以外,一般分别与第二级大地构造单元相适应,各具有一定的地貌组合特征。当然,如果上述构造单元处于深厚沉积覆盖之下,或它们受新构造运动所改变时,同一自然地区也可能处于不同年龄的构造单元上。地区划分的主要根据是地质地貌基础,但每一个地区仍有自己的植被、土壤和景观的共同特征。

至于我国境内自然地区划分,东部季风大区自北而南大致可分为:东北地区(寒温带和温带湿润半湿润针叶林与草原地区)、华北地区(暖温带湿润半湿润至半干旱夏绿林与草原地区)、华中华东地区(亚热带湿润常绿阔叶林地区)、华南西南地区(热带湿润季雨林地区)等;西北干旱大区可分为:内蒙古地区(干旱草原荒漠草原地区)、甘新地区(干旱荒漠地区)等;青藏高原大区大致可分为:青藏高原西北部地区和青藏高原东南部地区。

3) 自然亚地区

自然亚地区是自然地区的一部分,其范围内具有最明显的地势起伏与地质构造一致性,每个自然亚地区的地质构造、地貌形态、地表沉积物性质等基本相似,气候、土壤、植被以及土地类型的组合等也具有明显的共同性。

在地势与地质构造分异比较清楚的区域,自然亚地区应以地质地貌特征为主要标志,大致相应于第三级大地构造单元；当地势与地质构造分异不太清楚时，自然亚地区的划分需以相应的地貌组合特征为标志，但由于自然亚地区的划分有时要反映气候省性的差异，所以其分界线不一定与地质地貌相应单位完全符合。

我国典型的亚地区实例主要有：东北平原、黄土高原、四川盆地、柴达木盆地、秦巴山地、闽浙丘陵等。

4）自然州

自然州是比自然亚地区低级的非地带性单位，也称为次亚地区。目前对自然州的研究很不充分。一般认为，自然州的划分标志是自然亚地区内地质地貌的差异，以及由此而产生的其他自然特征的变化。在山地区域划分自然州时应注意山脉的中等组合情况；在平原区域则应注意沉积物的性质及其分布特征和气候省性分异。

（四）综合自然区划方法

如前所述，综合自然区划的原则是为了贯彻地域分异规律的。但要使这些原则得以贯彻，又必须有相应具体方法来保证。1959 年中国综合自然区划工作委员会，不仅确定了原则，而且确定了相应的方法。为了贯彻发生统一性原则，采用古地理法；为了贯彻相对一致性原则和区域共轭性原则，则采用类型制图和顺序划分与合并法；为了贯彻综合性原则，采用部门区划叠置法和地理相关分析法；为贯彻主导因素原则，采用了主导标志法。这些方法在区划工作过程中是交替使用、相互补充的。所有这些方法都是合理的。但归根结底，就是两种方法：一是自上而下的划分，二是自下而上的合并法。

采取自上而下的划分法，必须在综合分析的基础上，找出空间分异的主导因素，进而划分出主导标志，自上而下逐级划分。而综合分析必然包含区域的演化史和特点的分析，也包含景观形态类似性和区域完整性分析。同样，自下而上的合并仍要根据发生共同性、形态类似性和区域共轭性来进行。具体的划分和合并方法如下：

1. 顺序划分法

顺序划分法即"自上而下"的区划方法。这种方法着眼于地域分异规律——地带性与非地带性，按区域的相对一致性和区域共轭性划分出最

高级区域单位，然后逐级向下划分低级的单位。图10.16给出了采用这种方法进行区划的一种示意图式。

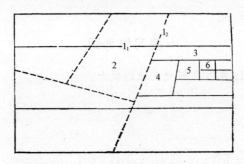

图 10.16　综合自然区划顺序划分法图式

（陈传康，1993）

①根据最大尺度的地带性和非地带性分异划分自然带和自然大区（图中：1_1 为自然带界线，1_2 为自然大区界线）；②自然带和自然大区互相叠置得出地区一级单位（图中：2），地区可视为自然带的高级省性分异单位；③根据地区内的带段性差异划分地带、亚热带（图中：3）；④根据地带、亚地带内的省性差异划分自然省（图中：4）；⑤自然省内划分自然州（图中：5）；⑥自然州内划分自然地理区（图中：6）

1959 年《中国综合自然区划》（草案）基本采用此法。

2. 合并法

合并法又称"自下而上"的区划方法。这种方法是从划分最低级的区域单位开始，然后根据地域共轭性原则和相对一致性原则，把它们依次合并为高级单位。在实际工作中，合并法通常是在土地类型图的基础上进行的。图 10.17 是合并法划分出Ⅰ、Ⅱ、Ⅲ三种土地类型的示意图。

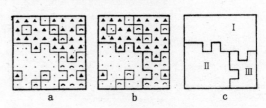

图 10.17　综合自然区划合并法图式

（陈传康，1993）

a. 三种土地类型及其结合关系的土地类型图；

b. 根据土地结构的地域差异画出自然地理区界线；

c. 去掉土地类型界线，即为自然地理区的区划图

关于综合自然区划方法，国内外学者都做过大量的研究工作，摸索总结出不少方法。但多数方法仍停留在定性分析的基础上，以致同一地区相同的

资料,不同作者的区划结果往往不相同。为了克服这种缺陷,有的研究者试图渗入数学分析的手段。从而把综合自然区划方法论的研究引向定量化的方向。

复习思考题

1. 熟悉并探究土地的概念。

2. 土地分级单位与土地分类单位有何不同?

3. 相、限区和地方有何不同?

4. 论述土地结构研究的实际意义。

5. 何谓自然区划? 有哪些类型? 自然区划的实际意义何在?

6. 试述综合自然区划的基本原则和方法。

第十一章　人类与自然地理环境

人类与自然地理环境息息相关。人类的产生和发展依赖于自然地理环境,而人类的出现又意味着自然地理环境进入了另一个质变的阶段,因为人类成为了环境演化的能动因素。人类活动的影响,随着人口不断增加和社会生产力不断提高而日益强化;而其中盲目的活动造成了许多具有反馈性质的环境问题。

由于这一原因,于是促使人们迫切地去探讨人类本身与其周围自然界的相互作用。

自然地理学研究的一个重要方面,便是人类与自然地理环境的相互关系。

第一节　自然地理环境对人类发展的影响

一、人类是自然地理环境的产物

人类的进化与自然地理环境密切相关。第三纪晚期是古猿的繁盛时期,同时草原植物开始向森林进逼,夺得了广大空间。自然条件的变化迫使古猿开始适应新的、较为不利的生活环境。由于自然选择的作用,森林古猿中衍生出一支地栖性的草原古猿,对它们来说,求生存的斗争是大大复杂化了。

草原环境的生活促使它们直立行走和利用前肢抓取物体,并不得不以草原动物作为食物(草原灵长类的杂食性)。这样一来,便引起身体器官功能的改变和发达起来,尤其是脑的发达。

正是由于各自在不同的自然地理环境中生活,草原古猿才按着与森林古猿所不同的道路发展。

当地面生活的古猿不仅学会使用工具,而且学会制造工具时,人类就诞生了。当然,最初的人类是原始的,兼有古猿和现代人的特征。爪哇猿人是最古的、生理结构最原始的人类之一,已能用石头制造工具。北京猿人比爪哇猿人进化,他们无疑已经会使用火了。以后人类的发展又经历了古人和新人的阶段,大约在5万年前开始逐渐进化成为现代世界的各类人种。

在第四纪人类的进化过程中,自然地理环境发生了剧烈的节奏性演变,冰期和间冰期、海侵和海退、地壳上升和下降等自然地理过程和现象交替发生。自然界这种节奏变化曾深刻地影响了人类的进化。原始的人类一方面改造着自己的形体和大脑,以适应变化的环境;另一方面又不断地扩展到世界各地,以寻求各种适于生存的环境。自然因素加上社会因素的共同作用,人类便产生了体质特征不同的各种人种类型以及不同的地理分布特点。

二、人种形成的自然地理因素

1. 人类的三大种族

人类的种族,即人种,是指在体质形态上具有某些共同遗传特征的人群。不同的人种主要是根据其体质的性状(如肤色、睛色、发色、发型、面部特征、头型、身材等)而区分。

根据上述性状,一般把人类划分为三个基本的种族,即三大人种,分别是尼格罗人种、欧罗巴人种和蒙古人种(图 11.1)。

尼格罗人种:基本的体质特征是皮肤呈黑色或深棕色,头发为黑色卷发或波发,鼻梁宽扁,口宽度大,唇厚而突出,体毛发达程度中等。

欧罗巴人种:基本的体质特征是肤色浅淡,头发为柔软的波发或直发,发色浅,睛色碧蓝或灰褐,鼻狭而高,唇薄,胡须和体毛很发达。

蒙古人种:基本的体质特征是皮肤呈深或浅的黄色,发直而黑,睛色深,两眼角有特别的内眦褶,面部扁平,颧骨突出,鼻宽度和高度中等,唇厚中等,胡须和体毛不发达。

虽然三大人种在外貌上看来彼此明显不同,但是从全人类来看,三大人种彼此借着一系列不明显的,从一个过渡到另一个的中间类型而互相联系着。不同人种的各种体质特征与一定的地理区域相关联,亚洲大陆中部和非洲的东北部是不同种族类型接触的地区,在这里产生出人种的中间类型,如乌拉尔人种、埃塞俄比亚人种等。在同一基本种

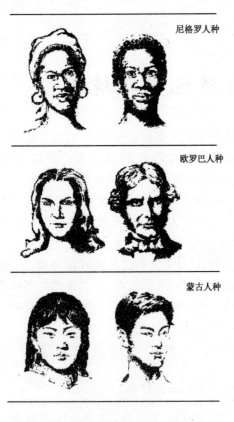

尼格罗人种

欧罗巴人种

蒙古人种

图 11.1　世界三大人种

不同区域的人群通过遗传和突变产生出一系列人体外部形态变异,这种变异具有明显的适应环境的意义。见表 11.1。

表 11.1　人种类型的划分(C.M.托尔斯托夫,1960)

基本种族	亚种族	人种类型
尼格罗人种	非洲种族	南非人(布须曼人)
		中非人(矮人)
		苏丹人(尼格罗人)
		东非人(埃塞俄比亚人)
	大洋洲种族	安达曼人(尼革利陀人)
		美拉尼西亚人
		澳大利亚人
		千岛人(虾夷人)
		斯里兰卡巽他人(维德人)
欧罗巴人种	印度地中海种族	南印度人(达罗维荼人)*
		印度帕米尔人
		西亚人
		地中海巴尔干人
		大西洋黑海人
	波罗的海种族	东欧人
		大西洋波罗的海人
		白海波罗的海人
蒙古种人	大陆种族	乌拉尔人
		南西伯利亚人*
		中央亚细亚人
		西伯利亚人(贝加尔人)
		东亚人
	太平洋种族	东南亚人*
		波利尼西亚人
	美洲种族	北美人
		中美人
		巴塔哥尼亚人

注:①各人种类型名称由其原始居住地名而定;②两条波纹线之间表示过渡类型;③带 * 者为混合种。

族内部,也存在次一级的体质特征差别,可分为不同的人种类型。

2. 人种形成的自然地理因素

人类的起源是统一的,在生物学上同属一个物种,有着共同的祖先。然而,人类的各个群体在相当长的一段时期内彼此隔离地生活在不同的自然地理区域之中,人的身上便留下了各自居住环境的烙印。在第四纪,非洲、欧洲和亚洲是全球范围内的三大人种活动中心。对于人类活动来说,这三个地理区域由于存在严重的天然屏障而彼此相对孤立起来。例如,广阔的干旱荒漠带把非洲和欧洲分隔开来,高峻的大高原、大山脉以及遥远的距离使亚洲与欧洲及非洲分开。尽管其间冰川多次进退,人类活动范围多次收扩或缩张,在一定程度上改变了这些屏障的影响,并引起人类群体的迁徙和混杂,但是三大活动中心从人类形成的早期直至旧石器时代仍然存在,因而有足够时间使人类在地理环境的自然选择作用下不断地演变。

人类的三个基本种族正是在这样一种分化的地理环境中形成的。在若干万年的时间内,生活在

尼格罗人种形成于热带炎热的草原旷野上,那里日照强烈,而色素较深的黑色皮肤和浓密的卷发能对身体和头部起保护作用,宽阔的口裂与外黏膜发达的厚唇以及宽大的鼻腔也有助于冷却吸入的空气。

欧罗巴人种主要形成于欧洲的中部和北部,那里的气候寒冷、云量多而日照弱,因此人体的肤色、发色和睛色都较为浅淡。人的鼻子高耸、鼻道狭长使鼻腔黏膜面积增大,这有利于寒冷空气被吸入肺部时变得温暖。

蒙古人种形成的环境没有非洲的炎热和欧洲的寒冷,故形成较为适中的体质形态特征。典型的蒙古人种具有内眦褶,可能与草原和半沙漠的环境有关。这样的结构能保护眼睛免受风沙尘土的侵袭,并能防止冬雪反光对眼睛的损害。

人类的群体在历史上曾经多次往复迁徙,又经过人种的混杂过程。混杂产生的种族类型,以后又可能长期处于隔离状态,受到新的环境的影响而产生新的类型,其过程是极为复杂的。因而要说明某一种族特征的形成原因,必须追溯它的发展历史。例如,非洲有些黑人现在住在密林的树荫下面,阳光照射不多,但皮肤仍然很黑,其原因可能是其祖先历代居住在旷野草原,在近代才搬进森林。又如拉丁美洲在赤道附近居住的人群肤色并不很黑,也可能是不久前才迁居来的。

自然条件在人种分化的早期阶段起着某种选择作用,这是不可否认的。但人类与动物有着本质的不同,人类形成了社会,有生产劳动和创造文化的能力。物质生产随着生产力的发展,在改变着人类的生存条件,渐渐地人类通过劳动使环境适合自己的需要,而不是改造自己的器官来适应环境。因而,自然地理环境对人种形成的作用随着社会生产力的发展而减弱,人类的种族特征愈来愈失去其适应生存环境的意义,只是在现代人类中还以其残余形式繁衍着[①]。

由此可见,人类种族的差别仅限于若干外部的体质特征,而且其形成年代也属于一定的历史范畴。在人类的发展史上,各人种尽管生活的地理环境不同,但都走着大体相同的历史发展道路,对人类的文明均有自己的贡献。无论从生理的或社会的特点来看,各个种族之间的共同点都是本质的和大量的,而差异则是次要的和少量的。因此,种族没有优劣之分,任何种族都可以创造出灿烂的民族文化。

三、人口质量的自然地理因素

自然地理环境对人口质量的作用,主要表现在对人口健康的影响方面。虽然环境对一个地区的生活水平、教育水平以及科学技术发展进程的影响

也会进而影响到人口素质,但本节的讨论只涉及前一问题。

如前所述,人类是自然地理环境的产物。因此,两者之间必然存在着某种内在的、本质的联系。这种联系是通过物质循环而实现的。一方面,人们通过新陈代谢与周围环境不断地进行着物质和能量的交换,由环境中摄取空气、水、食物等生命必需物质,在体内经过分解、同化而形成细胞和组织的各种成分,并产生能量以维持机体的正常生长和发育;另一方面,在代谢过程中,机体内产生各种不需要的代谢产物通过各种途径排入环境中,在环境中又进一步变化,作为其他生物的营养物质而被摄取。许多化学元素,经常反复地进行着环境⇌生物循环这样的过程。因此,人类与自然地理环境在物质构成上有着密切的相关性。有关研究表明,人体血液中60多种化学元素的含量与地壳及海水中这些元素含量有明显的相关关系(图11.2)。

既然人体与自然地理环境存在着上述相关性,则环境中的某些化学元素的含量的多少必然会影响到人体的生理功能,甚至可能造成对健康的影响而引起疾病。我们知道,地球表面各种化学元素分布是不均一的。在一定区域某些化学元素富集或贫乏,导致当地居民身体内相应元素的含量过多或缺少,当超过了人体生理功能调节范围时,就破坏了人体与环境之间的平衡,使机体的健康受到损害,甚至发生某种地方病和流行病。例如,在环境中缺乏碘,可导致地方性甲状腺病的发生和流行;环境中含氟量过多,可引起氟骨症。另外,如克山病和大骨节病,虽然致病原因迄今还是个谜,但初步研究证明,这两种地方病与发病区微量元素硒缺乏有关。我国化学地理工作者研究了地方性心肌病的地域分布,发现高发病区大致呈长条状分布:北起兴安岭,经太行山、六盘山到云贵高原,正好是我国东部平原-丘陵区与西部高山区的过渡带。这个地带出露的岩石主要是陆相碎屑沉积岩、黄土、变质岩等。这些岩石出露的地区不但水质软,而且钼的含量低。在日本,人们发现脑溢血病的分布与食用水的酸度有明显关系。这是继查明富山县神通州骨痛的病因后震动国际的又一发现。大量事实表明,人口健康受到自然地理环境一定程度的影响。

---

① 在人类种族形成的自然因素减弱之后,却出现了一种新的因素,即异族通婚,它深刻地影响着现代世界居民种族成分的构成。

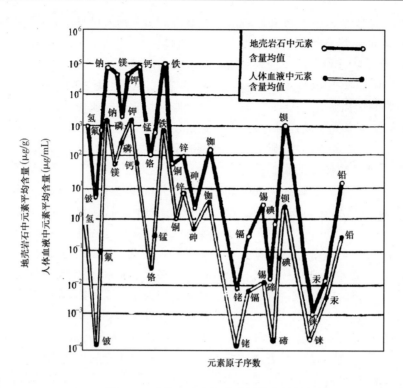

图 11.2　人体血液和地壳中元素含量的相关性

在我国,人口质量与自然地理环境的关系越来越被人们所重视。几十年来,科学不断发现,很多过去认为病因不明、神秘莫测的疾病都与人们所生活的环境条件有很大关系。因此,研究我国各种生命元素的地域分布规律,揭示自然环境对人民健康的影响,是提高我国人口质量的一个必不可少的重要方面。

四、人类社会发展的自然地理因素

人类社会的发展不可能脱离周围自然界而孤立地进行。马克思主义关于社会发展的学说强调生产力在人类社会发展中的决定作用,但并不否认自然地理环境对社会发展的影响。恰恰相反,认为它是社会发展的经常必要的条件之一,起着加速或延缓社会发展进程的作用。

在社会发展的早期阶段,当人类生产力还是十分原始的时候,自然地理环境对社会发展的影响表现得特别强烈。人类早期的社会大分工,便是以自然为基础的。在那些水草丰足适于放牧的地区,逐渐出现了专门从事畜牧业的部落;而在那些土地肥沃宜于垦殖的地区,逐渐出现了专门从事农业的部落。这就是人类历史上第一次社会大分工。社会的分工,促进了生产力的发展。在原始社会生产力

发展过程中,它是一个重要的里程碑。构成这种社会劳动分工的自然基础,正是自然地理环境的地域差异性。

地表自然界的千差万别,自然资源分布的不平衡,造成了生产条件的差别。这种差别,对人类社会的发展不可能不产生某种程度的有利或不利的影响。一般说来,优越的自然环境有助于加快社会发展的进程,恶劣的自然环境则会阻碍社会的发展。亚非的一些大河流域气候温和、土壤肥沃、水源充足,有利于人类定居和耕作,甚至在较低的生产力水平下也可能出现剩余产品。历史上这样的大河流域往往形成古代文明的中心:在北非有尼罗河流域的埃及,在西亚有两河流域的巴比伦,在南亚有印度河流域的印度,在东亚有黄河流域的中国。它们早在公元前3000多年至公元前2000多年就脱离了原始社会,建立起奴隶制国家。世界发展到今天,社会的历程普遍已进入资本主义或社会主义阶段。然而,令人惊讶的是在文明世界的侧旁却残遗着许多原始社会的部落。在南美的亚马孙雨林中,在非洲的丛林里,在太平洋的岛屿上,都居住着至今仍维持着石器时代的原始人群。1971年,在菲律宾棉兰老岛南部的原始森林里,发现有世代居住在山洞中的塔萨代人。他们使用石斧、木棒、竹刀等工具,过着采集和渔猎的生活,男女各尽所能,

平均分配食物。其社会组织和生产力水平都处于石器时代。由上可知,当代的原始居民大都分布在热带区域的孤立环境中,高山、密林、海洋等自然屏障限制了他们与外部社会的沟通,又由于当地的自然条件能满足其原始生活所需,因此抑制了这些原始部落发展生产的要求。社会的发展被自然因素所延缓了。

应该指出,我们在探讨自然地理环境对社会发展的作用时,不能把这一命题与自然条件对生产力分布的作用混为一谈。前者着眼于社会发展的历史长河,后者针对着社会生产的具体布局。经济地理学的研究表明,自然条件对于地区经济差异和地区生产布局每每起着决定性的作用。

还应指出,自然地理环境对人类社会发展的影响,还因生产力发展的不同历史阶段而有所不同。例如大河、大海和大洋在社会发展的早期阶段是不可逾越的障碍因素,而随着人类科学技术的进步,却渐渐地转变为积极因素。因为造船和航海技术的发展使它们成为沟通世界各地经济联系的重要条件。再如,从前树木主要被用作薪柴、建材和细工用材,后来则成为造纸工业的原料,还被用于生产人造纤维等产品。在过去很长的时间内,石油一直没被生产利用,但现在已作为极其重要的能源和化工原料被广泛使用。

总之,自然地理环境对社会发展起着促进或阻延的作用。这种作用,在社会发展的早期尤为深刻和重要。随着生产力不断提高和自然资源不断开发,社会与其周围自然界的联系便日益加深,而同时人类对于自然界的影响也日益加强。

复习思考题

1. 研究人类与自然地理环境相互关系的意义何在?

2. 试述人类的进化与自然地理环境的关系。

3. 指出地球上的三大人种及其形成的自然地理因素。

4. 在地球上自然地理条件有优劣之分,而人种又是自然选择的结果,但为什么说种族没有优劣之分?

5. 为什么说自然地理环境是人类生存、生产和生活的必要条件,而不是决定条件?

6. 自然地理环境如何影响人的健康?举例说明之。

7. 怎样正确理解自然地理环境在社会发展中的作用?

第二节　人类发展对自然地理环境的影响

一、人类主观能动作用的发展

人类和其他动物一样都与周围环境息息相关。不同的是人类具有主观能动性,能够积极作用于自然界,从而成为自然界发展变化的重要因子。这是因为人类能够进行思维活动、制造工具和从事生产劳动,并通过劳动不断认识自然,掌握自然规律,从而有目的、有计划地改造自然和有意识地协调人类与自然地理环境的关系。

自然地理环境虽然是人类诞生的摇篮,但也存在着种种束缚人类发展的因素。因此,人类为了自身的发展,总是与自然界进行顽强的斗争,克服自然的束缚,力求在更大程度上利用自然、改造自然和控制自然。一部人类的发展史,也是一部人类开发自然的斗争史。人类每一个新的时代几乎都给自然地理环境带来新的变化,科学上每一个划时代的成就都会造成对自然地理环境的新的影响。随着人类的发展,人类活动对自然界的作用越来越广泛,也越来越深刻。

在原始的渔猎时代,人们使用石器采集野果,狩猎动物,利用自然界现成的食物为生。这个时期,人类的主观能动作用处于低级阶段,人类完全依附于自然界,自然景观保持着原生状态。从锄耕农业开始,人类进入了农业时代。这一时期,人类发挥了显著的主观能动作用,直接利用人力、畜力以及风、太阳、水等自然能源,仿效自然过程进行农业生产。人们饲养动物,培养良种,使用铁制工具牛耕马种,利用水利灌溉农田,施用有机肥料改良土壤,建立了人工控制的农业生态系统。同时,农业发展也造成一些消极的影响,引起局部环境退化。到了工业时代,人类以矿物能源代替人力畜力,用各种机器代替手工劳动。由于煤、石油、天然气等矿物能源远比自然能源效能高,社会生产突飞猛进,人类的主观能动作用得到空前的发展。人们减少了对自然的直接依赖,而运用科学技术展开了大规模的和专业化的自然改造。这个时期,地球表层形成了一个充满人类智慧的技术圈。技术圈是人类用以改造环境的各种技术的总和,是人类出于自身需要而创造出来的人工技术环境。技术圈的形成固然给人类社会带来了空前丰富的物质财富,但也使人类赖以生存的自然地理环境陷入了空前脆弱的境地,给人类造成了一系列前所未有的忧患和危机。

也就是说,人类对自然地理环境施加的种种作用及其影响,既有建设性的一面,也有破坏性的一面。由于人类对大范围、长时间的自然过程还缺乏预测能力,因此人类对自然的改造难免陷入某种程度的盲目性。因此,人类对自然的改造和利用不能单凭主观意志出发,而应遵循自然规律和法则。毫无疑问,随着科学技术的发展、生产力水平的提高,人类对自然的控制力会越来越大,依赖性会有所减少。然而,人们在社会、经济的发展中,必须采取可持续发展的战略,保持发展与环境的协调性和统一性。即人类在作用于自然界时不能作为外在的征服者出现,而应与自然界相适应,在改造自然中顺应自然规律,以保持环境的生态平衡以及人类与环境的协调。否则,虽然可能取得某些暂时的效益,最终却必遭大自然的惩罚。

二、人类活动的自然地理效应

人类对自然界的影响,只是与自然地理环境长期演变中的最近时期有关,它仅仅意味着只是修饰经过漫长地质时代所塑造的地表自然界而已。由于人类具有主观能动性,因此为了求得生存和发展,人们从未停止过改造周围环境的活动,以致现在地球上几乎不存在不受人类影响的原始状态的自然界。

现代自然地理学的一个重要任务,就是要阐明人类活动对自然地理环境作用的效应。这里尤其是指那种有组织的、大规模的生产活动。因为这些活动对改变自然环境的速度是惊人的,其地理效应也是可观的。人类活动对于自然地理环境的影响表现在许多方面,概括起来包括如下五类:

1. 对于地表状态的改变

今天,人类已开拓陆地表面的 56% 左右,其中强烈开拓区占全球的 15%。人类的各项活动,可以把相当数量的岩石、砂土、水、植物等地表组成物质从一个地方迁移到另一个地方,或从低处搬运到高处。人类的这些活动大大改变了原有的地表状态,并造成一系列的人为景观。例如城市的建造、水库的修筑、矿山的开采、森林的砍伐等。地表状态的改变及其改变过程,也引起了自然地理环境中物质循环及能量转换的改变。

2. 对于物质循环的改变

人类改变物质循环的作用是多方面的,对水的控制则是其中一个重要方面。很久以来,人类为了改变地表水分布不均匀的状况,作出了不懈的努力,其主要的措施:一是用储水排灌的方法来改变一个流域内的水平衡;二是采取大型调水工程来改变一个或一个以上的水文网的水平衡。地表水的人为汇集,引起水分蒸发加强和降水量增加,从而改变了局部的水分循环。美国的堪萨斯州、俄克拉荷马州等地,自 1930 年以来,曾在一片面积为 62000 km² 的灌溉土地作过系统分析。初步结论认为,在初夏时,大约有高于平均值 10% 的降雨发生,其原因被归结为由于灌溉土地上的水分蒸发所造成。另外在对密西西比盆地进行氢的同位素测定后也指出,在该地区内降雨的 2/3 是由局部的表面水蒸发后再凝结而造成的。此外,人类活动不断向自然环境中排放污水和废气,也是改变物质循环的一种形式。

3. 对于热量平衡的改变

一定区域的热量收支,毫无例外地受到其下垫面状态的影响。人类活动改变了地表状态,也就相应地改变了地表面的反射率和其他热力特性,从而改变了区域的热量平衡。森林是一种特殊的下垫面,其气温日(年)较差比林外旷地小,从而降低了气候的大陆度。而砍伐森林则起了一种相反的作用。城市对热量平衡的影响是非常显著的,城市的热岛效应使其中心区气温要比周围郊区高好几度。水库对热量平衡的影响与湖泊相似,由于水的热容量大,使水库及其附近地区气温的日(年)较差变小,年均气温也有所提高。据研究,一个水面为 32 km² 的水库,库区的平均气温可比外围地区高出 0.7℃。

此外,人类大规模生产活动又会向周围大气发散各种化学物质和微粒,尤其是二氧化碳气体的不断增加,可造成显著的"温室效应"。有人做过计算,大气中二氧化碳含量达到今天的两倍时,气温将平均上升 3℃,其幅度在 1.5～4℃ 之间。倘若如此,气候的变化便相当惊人,将因极地的融冰而导致全球性自然界的改观。

4. 对生态平衡的改变

自然生态系统由于人类活动而处于变化状态，只要有人类集居的地方就会有人类活动的干扰。在中纬度大陆表面的许多地段，精耕细作的农业、牧业或都市化，几乎完全处于人类的支配之下。应该看到，人类改变原有的生态平衡，代之以新的平衡，是一种进步的趋势。这不仅是由于人类建立的人工生态系统所提供的产品数量、质量及品种，可以远比自然生态系统提供的好，而且还由于人工生态系统并不总是带来危害的结果。例如，人们在广大平原区按照生物圈的组织原理建立的农田生态系统，并没有使自然界的平衡遭受破坏。珠江三角洲特有的桑基鱼塘生态系统更是构成了一个彼此有利、相互促进的生态循环。新加坡在城市化过程中十分注意城市布局和环境绿化，因而创造出理想的城市生态系统。诚然，人类对自然地理环境的改造和利用并不都是成功的，破坏生态平衡的现象却是广泛地存在着。譬如，在山区大规模毁林开荒，引起严重的水土流失；在森林草原地带大规模毁草开荒和在半草原半荒漠地区过度放牧，引起土地沙化或沙漠化，等等。

5. 对自然地理过程速率的改变

人类大规模的经济活动打破了原有的自然生态平衡，迫使自然地理过程朝着新的方向发展，同时，也促使自然地理过程的速率发生变化。有人曾作过计算，在土壤侵蚀过程中，由于人的作用，全球每年每平方公里土地上平均损失掉的土壤为 $1500 \sim 85000 m^3$；而天然侵蚀的背景值却只有 $12 \sim 1500 m^3$，前者是后者的 $125 \sim 170$ 倍。也就是说，由于人类活动，使得土壤侵蚀过程加快了 150 倍左右。另据美国在 13 个州约 5 万个测点上所测得的数据表明，原具有草木覆盖的土壤，每年每公顷侵蚀损失 0.85t，一旦被人工开垦后，土壤损失的数字一下子上升为 83.55t，提高了 98.3 倍。以上两个从不同角度进行的测算数字，说明了一个共同的问题，即人类活动可以极大地改变某些自然地理过程的速率。

如上所述，人类活动对自然地理环境的影响是多方面的，但是我们不要忘记自然地理环境的整体性，人类无论从哪一方面触动自然，都可能引起环境的整体变化。这一点似乎不必赘述了。

三、人口增长对自然地理环境的压力

20 世纪以来，世界人口增长呈现史无前例的高峰状态。进入 20 世纪 80 年代后，人口增长速度依然很快。除去死亡人数，全世界每天约增加 21 万人，每年约增加 7700 万人。这是相当惊人的增长速度。至 1996 年中，地球上已经居住有 576775 万人[①]，现在世界人口已超过 65 亿[②]。

人口剧增对自然地理环境的压力，首先表现为人类对自然资源消耗量的急增，其次是加剧了环境的恶化。

第二次世界大战后，发达资本主义国家自然资源的人均消耗量达到历史最高水平，发展中国家的资源消耗也随着人口增长而不断增加，地球上自然资源消耗空前增加，而出现紧迫感。

最令人触目惊心的是，世界人均耕地日益减少而导致人类粮食供应日趋紧张。迄今，人类的食物供应绝大部分还是来自粮食作物，也即来自耕地。如果以世界人口需要的食物能量为 100，则来自耕地的部分高达 88％。换言之，占地球陆地面积 1/10 的耕地资源，提供了人类需要的 90％的食物。可见人类的生存目前还是要依赖于耕地。然而，随着人口增加，世界人均耕地面积将日益减少（表 11.2）。当代出现了大量"消耗耕地"的现象，诸如城市扩大、修筑交通道路、兴建厂矿企业等，都占用了大面积耕地；加上人类过度的经济活动，破坏了自然生态平衡，造成土地沙化日益严重。据联合国 1977 年统计，全世界因沙化丧失的耕地，每年多达 600 万 hm^2。而且，若不尽快采取有效措施，世界受沙化威胁或行将受沙化影响的土地面积将多达 3800 万 km^2。在人口增加、人均耕地减少的情况下，为了增加粮食单位面积产量，人们广泛施用化肥和农药。由于化肥和农药被无节制地大量施用，已造成诸如土壤板结、理化性能变劣、有机质减少、肥力减退等严重后果。并由于大量施用化肥和农药，土壤及农作物中积蓄起来的有害化学元素越来越多，造成了环境的污染，并通过食物链的传递，影响着人类的健康。

---

① 资料来源：1997 年 10 月，联合国《统计月报》。引自《中国统计年鉴》附录 3，1998 年。
② 据美国科普杂志《生活科学》网站预测，全球人口将于美国东部时间 2005 年 12 月 25 日晚 7 时 16 分达到 65 亿。

表 11.2　1950～1979 年世界人均耕地减少情况

年份	世界人口 （亿人）	世界耕地 （亿 hm²）	世界人均耕地 （hm²）
1950	25.13	14.18	0.57
1960	30.27	14.26	0.47
1968	35.7	14.60	0.41
1974	39.6	14.60	0.37
1979	43.4	13.89	0.32

资料来源：联合国粮农组织 1979 年《生产年鉴》；引自邬沧萍《世界人口》。

世界淡水资源有限。由于人口激增和物质生产迅速发展，淡水资源日见紧张。据计算，1882～1952 年的 70 年内，世界用水量增加 43 倍，20 世纪 60～70 年代增加更快。当代淡水资源紧张主要表现在：①农业用水大量增加。②生活用水量大幅度增加。③工业用水量增加。④由于破坏水源和造成水质污染而使供水量减少。有些国家虽然拥有较丰富的淡水资源，但由于人口众多，人均水资源量却较少，也感到水资源紧张。随着世界人口的增加和工农业生产的发展，特别是大量人口密集于大城市，以及水资源不断遭到污染，必将进一步加剧淡水资源的紧张状况。

森林具有涵养水分、防止水土流失、供养保护动物、净化空气、降低噪声、调节气温等多方面的环境功能，还为经济建设提供建材、燃料、工业原料以及其他林副产品，因而是发展国民经济和改善人民生活的重要资源。有史以来，人类就从未停止过森林砍伐。从新石器时代开始，当人类放牧牲畜，并用刀耕火种的方法进行生产之时，森林便遭到破坏。16 世纪起，森林面积减少速度加快。进入 20 世纪 70 年代，世界上森林平均每年减少 1800 万～12000 万 hm²。资料表明，1959 年郁闭森林面积还占地球陆地的 1/4，1978 年已减少到约 1/5。森林大量减少，加重了水土流失，土壤肥力减退，耕地沙化，物种减少，大气污染，气候反常等一系列的生态灾难，严重地影响了人类的生产和生活。

能源和矿产资源消耗也与人口增长和物质生产发展有着密切关系。最初，人类满足于以自己的体力和畜力作为从事物质生产的能源，依靠木柴即植物能源和畜粪作燃料。后来，随着人口的增加、人们生活方式的改变、物质生产的发展、科学技术的进步以及军备竞赛和此起彼伏的总体或局部战争的消耗，能源的开发和消费日益增加。大约在 12 世纪前后，人类开始用煤作燃料；19 世纪开始了全球性的石油开采；20 世纪以来，世界能源消费量近乎级数般地上升。仅 1961～1980 年这 20 年间，全世界就开采出煤炭 600 亿 t，占以往 100 年中开采总量的 40%。同期，世界共消费石油 440 亿 t，天然气 2 万亿 m³，分别是人类有史以来石油和天然气消费总量的 80% 和 67%。类似地，有限的矿产资源也在飞速消耗之中。以美国为例，20 世纪前半叶，人口翻了一番，人均矿产品消费随之增加了 6 倍。1970 年和 1960 年比较，每人平均的金属消费量又增加了 1 倍。随着时间的推移，人类对这些不可更新的有限资源的消耗量越来越大，终有一日要完全耗尽。并且，在能源和矿产资源开采和利用过程中，自然地理环境不断地遭受着破坏和污染，造成环境质量严重恶化。

总之，随着人口增长，自然资源消耗量剧增，以及环境质量严重恶化的事实，正日益危及人类赖以生存的自然地理环境。进入 20 世纪 80 年代以来，世界人口增长率虽然已经缓缓下降，但人口数量毕竟继续增加，并且仍将增长一个很长的时期。此外，各国经济继续向前发展，各国人民的物质和文化生活水平有力求升高趋势。凡此种种，决定了人类向自然界索取的资源将越来越多，如不高度重视，采取合理措施，必将进一步加大人口增长对自然地理环境的压力。

复习思考题

1. 简述人类主观能动作用的发展。

2. 阐明人类活动对自然地理环境的作用，具体表现在哪些方面？

3. 环境问题产生的根本原因何在？为什么？应如何解决？

4. 人类在改造自然的过程中有什么不当之处？应吸取什么样的经验教训？

第三节　自然地理环境与可持续发展

一、可持续发展的实质和意义

1. 可持续发展的实质

上述因人口膨胀而出现的资源危机和环境恶化，引起人们的反复思考和探索。终于在 20 世纪

80 年代出现人类发展道路上的一种划时代的新思路——可持续发展。最早提出可持续发展概念的是 1987 年联合国环境与发展委员会出版的《我们共同的未来》一书。该书指出：可持续发展是既满足当代人的需要，又不对后代人满足其需要的能力构成危害的发展。根据这一定义，可持续发展包含两个重要的内涵：一是需要，指满足人类基本需要和提高生活质量的需要，将基本需要放在特别优先的地位来考虑；二是限制，指人类的发展和需要应以地球上资源的承受能力为限度，它通过人类技术的进步和管理活动，对发展进行协调与限制，也就是说要对环境满足眼前和将来需要的能力施加限制，以求与自然环境容量相适应。因为没有限制的发展，便不能持续。由此可见，可持续发展实质上就是人与自然关系协调发展的规范。

至今，可持续发展逐渐变成人类实现社会全面发展的行动纲领、行动计划，它是可实践的、全面的发展观，使发展有明确的蓝图。如《中国 21 世纪议程》就强调发展经济要充分考虑自然资源的长期供给能力和自然环境的长期承受能力，体现了可持续发展的战略思想。在发展过程中，要兼顾全局和局部、眼前和长远、发达地区和落后地区的利益，体现了可持续发展的公平性、持续性与共同性三个基本原则，使环境与发展得以协调。《中国 21 世纪议程》的结构框架（图 11.3），就是一个较全面的发展蓝图。它包括可持续发展总体战略以及生态、社会和经济三者的可持续发展。它们之间的关系是：生态持续发展是可持续发展的保障，经济持续发展是可持续发展的手段，社会持续发展是可持续发展的最终目标。

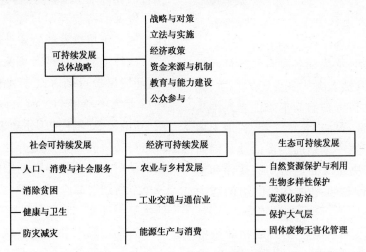

图 11.3　《中国 21 世纪议程》的结构框架

2. 可持续发展的意义

（1）使人们重新认识人类与自然的关系。当今世界面临着人口、资源、环境和发展一系列重大问题。可持续发展概念是在人类深刻认识环境与资源的可持续能力基础上提出的。它源于环境保护却又是人类对传统发展模式的反思。它认识到：人类是自然的一部分，人类与自然界是不可分割的整体，人必须与自然协调才能持续生存，它否认人与自然的对立，承认自然的价值和权利。

（2）使人类改变旧的思维方式和生产生活方式。地球环境所面临的最严重问题之一，就是不适当的生产和生活方式。工业革命以来，尤其是第二次世界大战以后，西方国家竞相追求经济的高速发展，通过大量消耗不可再生资源，促进经济的快速增长和维持较高消费水平的需要。以追求物质转化的数量作为社会经济发展的标志，并以此带来财富和文明。工业生产虽然增长了几十倍，但却出现人口膨胀、资源短缺、环境恶化、生态破坏、贫困加剧和各国发展失衡的社会矛盾。因此，可持续发展从理论上结束了长期以来把发展经济和保护环境资源相对立的错误观点，呼吁人们放弃高消耗、高增长、高污染的粗放型生产方式和高消费、高浪费的生活方式。把保护环境与发展经济看作相辅相成、不可分割的两个方面，并明确提出它们是互相联系、互为因果的关系。

（3）重新建立新的人地协调发展模式。传统发展就是高消耗、高增长、高污染的经济模式，不考虑自然的承受能力,以大量消耗自然资源来促进经济发展,造成人与自然环境的不协调。可持续发展是将自然界普遍存在的物质不灭和能量守恒定律,应用到作为有机整体的人与自然地理系统。满足人类需求是社会发展的中心。要求人类在尽量减少资源消耗的基础上,提高资源的利用率,做到少投入多产出,促进可再生资源的增长,使系统内部在相互协调的情况下,物质能量的转化率达到最佳效果,以满足人们的需求。同时要求人们在消费时,尽可能地多利用少排放,以减少自然环境的负荷,使系统协调持续发展。

二、自然地理环境与可持续发展

1. 自然地理环境的功能

自然地理环境是人类社会生存的基础,具有三个主要功能:

(1)提供人类活动所必需的各种自然条件和自然资源。自然地理环境是人类从事生产的物质、能源的源泉,也是各种生物生存的基本条件。人类从自然地理环境中开采煤、石油、天然气等,利用土地资源生产谷物,从而产生一系列的经济活动。因而环境资源的多寡、优劣决定着经济活动的规模和速度。当人类索取资源的速度超过自然供给的能力时,便难以维系和持续发展。

(2)消纳和同化人类活动产生的废物和废能量。人类通过生产活动把物质、能量进行转化,提供人类所需的产品,同时也会有一些一时未能被利用的副产品排入环境,成为废物。而人类新陈代谢和消费活动,也产生各种废弃物归还给周围自然环境。环境通过各种各样的物理、化学、生物、生化反应,来消纳、稀释、转化这些废弃物的能力,称为环境的自净能力。当废物排放量超过环境的自净能力时,则环境质量下降。

(3)满足人类生存的精神享受。自然地理环境不仅能为人类提供物质资源,而且还能满足人们对舒适的要求。清洁的空气和水是工农业生产必需的要素,也是人们健康、愉快的生活需求。优美舒适的环境,使人们心情轻松、精神愉快,有利于提高人体素质,更有效地工作,促进社会经济持续发展。

联合国《21世纪议程》指出,"在制定长期的发展战略时,必须更好地了解形成地球系统的陆地、海洋、大气及其相互联系的水、养分和生物地球化学物质循环和能量流动"。其中,陆地、海洋、大气是构成自然地理环境的主要组成成分,生物地球化学物质循环、能量流动是自然地理环境的主要过程。可见,自然地理环境在人类社会可持续发展中的重要性。

2. 自然地理环境质量与可持续发展

自然地理环境的质量,是指原生自然环境和次生自然环境质量,包括人类生存环境质量两个方面。一是指全球大气环境、生物多样性等;二是主要包括土地、水、人类居住区环境等。人口增加、经济增长、社会发展、产生资源的消耗和环境的恶化,是发展所带来的必然结果。大规模的工业污染,对生存环境来说,是更大的潜在威胁。自然地理环境质量的逐渐恶化,影响到人类的前途和后代生存。所以资源的持续利用与环境保护的程度,是区分传统发展与可持续发展的分水岭。

从环境与发展的关系来看,19世纪末、20世纪初,环境保护运动着眼于地表的自然资源的保护;1972年人类环境会议时,讨论的重点是环境污染;至20世纪80年代初,对全球环境问题的关注,成为最迫切的研究课题。随着社会发展和科技进步,人类活动对自然地理环境的影响愈加激烈,如前面有关章节所述及的全球气候变暖、酸雨、臭氧层耗损、淡水资源耗竭、地质灾害频发、荒漠化、土地退化、生物多样性锐减等全球及局部环境问题,已构成对人类社会持续发展的严重威胁,从而引起公众和各国政府的密切关注。目前开展国际性研究的全球环境问题主要有:

(1)全球气候变暖。由于追求经济增长,大量消耗石油燃料和大面积毁坏森林等原因,大气中二氧化碳、氮氧化物、甲烷、臭氧、氟氯烃等温室气体增加,这些气体比较稳定,在大气中的寿命多在10年以上,使其在大气中的含量与日俱增,据联合国政府间气候委员会2007年11月7日在西班牙巴伦西亚公布的第四纪气候变化评估报告,全球温室气体排放量在1970~2004年增加70%,从而产生温室效应,导致气温升高。在没有人类干预的情况下,自然地理环境中,气温也会因自然原因发生节律性变化。在历史时期中,地球温度一直是波动的,不同规模和强度的冰期和间冰期交替出现。实际上,目前正处于相对温暖的间冰期。但地球温度的自然变化是一个相当缓慢的过程。从最近一次冰期至今,经过了约 18000 年,气温才上升 5℃,每千年平均升高约 0.3℃。即使在气温升高最快的时期,也只是每千年升高 2℃。而最近 100 年来,地球的平均气温就上升了 1℃,是自然过程的 20 倍。根据研究,近百年来全球气温上升 0.4～0.5℃,北半球上升 0.5～0.6℃。据联合国气候专业委员会评估报告预测,21 世纪末全球气温继续上升 1.1～6.4℃,其后果对全球的持续发展能力有很大影响。如导致经向温度梯度减少,大气环流加强,热能向极输送减弱,从海洋输送到陆地的水汽减少,降水量减少,干燥带向高纬度移动,从而改变农作物的种植界限,影响耕作制度的改变,对欧亚大陆中心广大地区的农业生产力带来巨大的威胁。同时导致地面温度上升,使蒸发力增大,促使农田变得更为干旱,土地沙化、碱化、草原化,水分条件及土地耕种面积也发生变化,农业经济需要重新布局。根据美国科学院研究报告,美国玉米带将向北移至酸性灰壤土地带,从而要实施更多的土壤改良和农业措施,增加农业投资。在中亚的哈萨克斯坦,则表现为温度增加 1℃,降水减少 10%,小麦的产量将降低 20%。在中国则表现为华北、西北地区变得更干旱以及草原退化危害加重。

温室效应导致地球温度上升,所带来的另一个全球环境问题是海平面变化。在地质历史时期,海平面曾经历过多次大幅度的升降变化,但都是相当长的地质历史时期活动缓慢的自然变化。由于人类活动造成海平面的加速变化,与地质时期海平面变化造成的后果是显著不同的,它直接对人类生存空间和物质利益产生深刻的影响。

全球气候变暖导致海平面上升,是目前比较符合逻辑、且比较容易被人们接受的观点。温度的升高导致海水体积膨胀、极地冰原和高山冰川范围缩小,融化的冰水将注入海洋。据计算,近百年来全球海平面上升速率为 1.8mm/a。据国家海洋局《2012 年中国海平面公报》,1982 年至 2012 年我国沿海海平面上升速率为 2.9mm/a,高于全球水平。预测 21 世纪全球海平面将上升 20～86cm。当然,由于不同地区的地壳运动状况不一样,海平面在世界各地的变化也是不同的。

海平面上升,对人类的影响是多方面的。显而易见,随着海平面上升,一些沿海陆地将被海水淹没。据统计,目前世界上约有 1/3 的人口生活在沿海岸线 60 公里范围内。更令人担忧的是,世界上大部分经济发达的地区和重要的大型城市也都分布在沿岸地带,相当一部分还在沿海低洼地带,如上海、东京、伦敦、鹿特丹、曼谷、雅加达、纽约、华盛顿等。它们在海平面上升的威胁下,将首蒙其害。而有些大洋中的岛国,如马尔代夫,则可能在海平面上升的过程中完全消失。

世界上大部分的湿地生态系统位于沿海低洼地带和河流三角洲地区。湿地生态系统是重要的野生动植物天然保护区,海洋咸水的入侵将大面积地毁坏这些天然生态系统。世界上一些大河的三角洲和冲积平原是重要的粮食生产基地,海平面上升不仅会使一部分沿海耕地丢失,还会由于地下盐水范围向内陆扩展,使大面积土地无法耕种或产量下降,这对当前世界日益严重的粮食危机来说,更是一个不利的因素。

海面温度的升高会增加地球上风暴产生的频率和强度,海平面上升则会加重风暴潮灾害的程度和扩大影响范围,孟加拉国的风暴洪水灾害是最为典型的,该国 80% 面积处在孟加拉河三角洲上,数百万人生活在接近海平面的低洼地带,每年由热带风暴带来的洪水造成大规模的生命和财产损失。与之相类似的有台风及飓风影响的东南亚、东亚和北美东部地区。

气候变暖造成的恶果,正引起世界各国重视,正在采取措施延缓气候变暖的趋势,例如征收更高的温室气体排放税,制定更高的排放标准和更严格的排放限制,鼓励生产使用清洁能源以及推动相关研究进程等。

(2)臭氧层损耗。平流层中的臭氧是一个自然过滤器,能吸收来自太阳的有害紫外线辐射,保护地球上的生物。人类活动使大气中增加了某些化合物,如氟利昂,从而使臭氧的产生、消失过程失去平衡。这些化合物中最重要的是氟氯烃、哈龙、四氯化碳和二氯乙烷。它们在低层大气中都不活泼而会转入平流层。在平流层中由于紫外线的作用会释放出氯原子和溴原子,而氯和溴在臭氧破坏过程中会起到催化作用,从而加速臭氧层损耗。

研究表明,南极上空臭氧总量在 1974～1985 年已减少 30%～40%,故出现了南极臭氧空洞,面积大小和美国本土面积差不多。而据美国、日本、英国、俄罗斯等国家联合观测,北极上空臭氧也减少了 20%,出现另一个臭氧空洞,其范围约为南极臭氧空洞的一半。我国青藏高原上空臭氧也在以每10年2.7%的速度减少。

臭氧层日益耗损主要是由于氟利昂类物质长期排放和积累引起的,全球每年排放这类物质约130万吨。如果对其排放不加任何限制,则在100年后臭氧总量将减少50%以上。

臭氧层耗损,将增加地球表面紫外线的辐射量,对生物造成危害,尤其可能导致许多浮游生物死亡,如自1987年以来,南极大陆附近海域的浮游植物总量减少了12%～36%。它还影响植物的开花和叶绿体的光合作用,降低农作物产量,植物种群组成因此可能发生变化,影响生物多样性和水生生态系统的平衡与持续。臭氧层耗损,使人类患皮肤癌、白内障等疾病增多。据联合国环境规划署报告,如果臭氧层继续按目前速度减少和变薄,则到21世纪初,全世界患皮肤癌患者每年将超过30万,白内障患者将超过170万,而且还会改变生物遗传基因,破坏人的免疫系统,对人类健康造成重大危害。伴随平流层臭氧减少而来的是平流层变冷,这会对全球的环流和气候变化产生尚不完全为人们所明了的影响。保护臭氧层是一项紧迫而艰巨的任务。

(3)酸雨。全球大气环境对人类社会持续发展的又一大威胁,是硫氧化物和氮氧化物等污染物质排放形成的酸雨。国际上公认,pH小于5.6的降水是酸雨,而且以降水的pH年平均值作为衡量酸雨对生态环境影响的指标。降水pH为5.6～5.0,为弱酸性,可认为无害;pH为5.0～4.5时,为酸性,对敏感地区可能有长远的影响;pH为4.5～4.0时,为重酸性,有潜在长远危害;pH小于4.0时,为严重酸性,这种酸雨对生态环境有直接危害。酸雨已成为一个全球性的环境问题。

酸雨直接影响植物的生长,洒在植物枝叶上的酸雨,可使那些惧酸植物茎叶枯烂。1982年5月,我国江苏郊区降了一场酸雨,造成当地大片西瓜田的瓜苗枯萎而失收。酸雨降到地面渗入土中,会使土壤酸化而逐渐贫瘠。例如美国南加利福尼亚,20世纪70年代以来连年降落酸雨,使当地土壤酸碱度逐渐变化,pH从7.0降到5.8,即从中性土变为酸性土,导致当地历年盛产的大豆、马铃薯、西红柿等产量逐年减少。

酸雨汇入江河湖泊中,对江湖鱼类造成威胁。例如挪威南部,由于近几十年连降酸雨,已使这一带上千个湖泊鱼类绝迹,而江河中原本众多的鲑鱼和姆鱼也相继消失。

酸雨对人类健康也有很坏的影响。酸雨淋湿人体会使眼睛发炎和皮肤刺痛,酸雨微粒侵入肺部会引起肺气肿、哮喘等疾病;而饮用水受到酸雨污染的地区,往往脑溢血患者特别多,1982年日本《读卖新闻》在一篇题为"解剖酸雨实况"的社论中提到:仅在1980年的一年中,美国因酸雨而死亡的人数达5万人以上。

酸雨对水系、植物、土壤等的影响,干扰了自然生态系统,从而波及野生动物。在受酸雨危害的地区,野生动物被迫吃受污染的草和昆虫等,饮用受污染的水,长期积累势必对其生长产生有害影响。

酸雨加速了建筑结构、桥梁、水坝、工业装备、供水管网、地下储罐、水轮发动机、动力和通信电缆等材料的腐蚀,对文物古迹、历史建筑、雕刻、装饰以及其他重要文化设施造成严重损害。

随着工业的发展,大气中的硫氧化物和氮氧化物逐渐增加,酸雨分布范围和频率越来越大,酸雨的浓度也日见增高,最近几年不少地区测得浓度很高的酸雨记录。1987年,美国东北的佛蒙特州降了一场pH为3.0的酸雨;1990年,挪威南部降了一场pH为2.8的酸雨。

酸雨越来越严重的趋势,已引起各国高度重视。许多国家已在采取积极措施,以减少二氧化硫的排放,控制酸雨的发生。

(4)生物多样性减少。自从约30亿年前开始,地球上的生物逐渐进化,并趋向多样化。新的物种的形成伴随着旧物种的绝灭,这已成为进化过程中经常出现的自然现象。整个物种谱经历了多次变化,从而形成今天地球上丰富多彩的生物世界,物种灭绝是生物进化过程的一个组成部分,直到今天,物种的自然灭绝和自然形成过程仍在继续。但是,自从有了人类,物种形成和灭绝除受自然因素制约外,更多受到人类的影响。尤其是近几个世纪以来,人类活动使物种灭绝的速率大大加快,从而导致生物多样性减少。目前,世界上每年有5万个物种灭绝,平均每天灭绝物种140个。现在全球有10%的高等植物的物种面临消灭的危险,平均每年有一个较高等的物种灭绝,3/4的鸟类在逐渐减少,北美洲有1/3的淡水鱼类处于濒危状态。一项调查还表明,到2050年,全世界将有超过100万个物种灭绝。

人类活动使生物多样性减少,多由于狩猎、环境污染、栖息地缩小等原因。人类的狩猎活动,使大量动物灭绝,人类大肆猎杀动物,多为了食用和营利,北美洲的猛犸象、马和骆驼可能是因主要为食用、遭印第安人过度捕杀而消灭的;现代的捕杀多为营利,很多珍贵动物为人类提供的皮毛、皮革、药材等原料的价值是昂贵的,因而有人不顾法律制约,而去猎杀和贩卖,使华南虎、孟加拉虎、南美洲的豺猫、亚洲犀牛、非洲犀牛、非洲象、鸵鸟、鳄鱼等濒临灭绝或已灭绝。大气和水体污染对动植物构成严重威胁,人类排放温室气体,使气候变暖,使陆地上生物群落无法适应气候的迅速变暖,物种无法通过自然迁移来适应,必然加快灭绝速度,很多鱼类因水体污染而死亡。人类不断的土地开发及对其他资源的大量需求,大大缩小生物的繁殖范围,生物的灭绝就不可避免。这种情况曾使北半球中纬度地区不少动植物绝迹,今天则正在热带地区出现。热带雨林的开发,可能会使已知和未知的物种消灭,这可能是今后地球上物种灭绝最主要的地区。

由于食物链的作用,地球上每消失一种植物,往往有 10~30 种依附于这种植物的动物和微生物也随之消失。每一种物种的丧失,将减少自然和人类适应变化条件的选择余地。生物物种减少,必将恶化人类的生存环境,限制人类生存与发展机会的选择,甚至严重威胁人类的生存与发展。因此,保护和拯救生物多样性是实现可持续发展的迫切需要。

3. 自然资源的合理利用与可持续发展

(1) 自然资源的种类。自然资源是社会发展的物质基础,分为可再生资源和不可再生资源两大类。能够通过自然力以某一增长率保持或增加蕴藏量的自然资源,是可再生资源。例如太阳能、森林、各种野生动植物等。资源质量保持不变,蕴藏量不再增加的资源,是不可再生资源,如矿产资源等。不可再生资源的持续开采过程也就是资源的耗竭过程。可再生资源的持续性,受人类利用方式的影响。在合理开发利用的情况下,资源可以恢复、更新、再生产甚至不断增长。而在开发利用不合理的情况下,其可更新过程就会受阻,使蕴藏量不断减少,以至耗竭。例如水土流失导致土壤肥力下降;过度捕捞降低鱼群增长率,使渔业资源枯竭。不可再生资源按其能否重复使用又可分为可回收

的和不可回收的两种,前者主要是指金属矿产资源,回收利用可以减缓其耗竭速度;后者指煤、石油、天然气等能源资源,它是人类社会发展的经济动力,减缓这些不可回收的不可再生资源的消耗速率,关键是提高资源利用率。

(2) 自然资源的合理利用与可持续发展。自然资源的蕴藏量是指已探明储量与未探明储量之和,是地球上所有资源储量的总和。对于不可再生资源来说,蕴藏量是绝对减少的,其可持续利用主要包括两个方面:①在不同时期合理配置有限的资源。②使用可再生资源替代不可再生资源。对于可再生资源来说,蕴藏量是一个可变量,其可持续利用主要是确定资源的最佳收获期和最大可收获量,通过控制使用率和收获率实现最大可持续收获量,达到资源的永续利用。

自然资源的补给和再生、增殖是需要时间的,一旦超过极限,需要恢复是困难的,有时甚至是不可逆的。随着工业化和人口的发展,人类对自然资源的巨大需求和大规模的开采、消耗,已导致资源基础的削弱、退化和枯竭。资源的不合理利用是引起资源环境衰退,影响持续发展的主要原因。

森林采伐应不超过其可持续产量。全世界现有森林面积 36.25 亿 hm^2,1980~1990 年,每年平均砍伐量为 1680 万 m^3,相当于每年砍伐总量的 0.5%。森林具有涵养水源、储存二氧化碳、栖息动物、植物群落、提供森林产品、调节区域气候等功能。过度砍伐森林将使生物多样性面临毁灭性威胁。

土地利用应谨慎地控制其退化速度。全球土地面积的 15% 已因人类活动而遭到不同程度的破坏,土壤侵蚀年平均速度为 0.5 亿~2.0 亿 t。1988 年,全世界耕地约为 46.87 亿 hm^2,其中 12.3 亿 hm^2 已退化。全世界干旱、半干旱土地总面积为 61.5 亿 hm^2,其中近 70% 已中等程度荒漠化。

淡水资源应开源与节流并重,提高水资源有效利用率。淡水资源是人类生存不可缺少的要素,是陆地生态系统不可缺少的组成部分。人类消耗淡水量和排放废污水量的迅速增加,导致淡水资源的严重短缺。20 世纪以来,全球淡水消耗量增加了 8 倍,且每年仍以约 5% 的速度迅速增长。联合国 1997 年发表的一份研究报告指出,目前全球有 1/5 以上人口面临中高度到高度缺水的压力。除非更有效地使用淡水资源,控制河流和湖泊的污染,以

及更多地利用净化后的废水,否则到 2025 年,全球将有 1/3 的人口遭受中高度到高度缺水的压力。水资源匮乏是人类 21 世纪面临的最为严重的资源问题。

海洋资源也有其可持续产量。过度捕捞会造成渔业资源的枯竭。在南极洲,蓝鲸的数量已不到捕捞前存量的 1%,驼背鲸约为 3%。南乔治亚鳕鱼在 20 世纪 70 年代开始被过度捕捞,现在已濒临灭绝。生物资源提供了地球生命的基础,包括人类生存的基础。

4. 城市化的影响与可持续发展

1) 世界城市化的发展

随着社会经济的发展,世界城市化进程在加速,表现在人口越来越向城市集中,城市人口在总人口中所占的比例越来越大,城市数量越来越多,城市规模越来越大,大城市、超级城市越来越多。例如,1970 年世界城市人口 14 亿,1990 年增加到 26 亿,2010 年增至 35.6 亿。1960 年全球 100 万人口以上的城市 114 座,1980 年增加到 222 座,预计 2025 年将增至 639 座。人口超过 500 万的城市,1950 年全球有 10 座,2000 年增至 44 座。城市在资源耗用、能源耗用和社会经济发展中所占的比重越来越大,它对自然地理环境的影响也越来越重要。城市系统已成为地球上一个主要的生态系统。

2) 城市化对自然地理环境的影响

目前世界城市人口已约占总人口的 50%,而且正以每天 15 万的速度增长。我们脚下的土地和我们身处的空间,正迅速地被"人"填充着。据"雅典人居中心"估计,20 世纪 60 年代全球住区占地 35.8 万 km²,其中,城市(2000 人口规模以上)占 62%。人类生存空间——城市,不仅占有建筑物、道路和交通等,还包括提供粮食的耕地,提供丰富物种资源,维持空气和碳循环平衡的森林,以及生命之源——海洋,和其他一切为人类生存和发展提供可能的环境场所。这些都是自然地理环境的重要组成部分。因此,城市膨胀,人口激增,给自然地理环境带来巨大的影响。

(1) 城市开发建设占用大量土地资源,使耕地、林地、草地、水体等自然环境的性质改变,代之以人工建造的密集高大的钢筋混凝土建筑物。

(2) 城市开发,大量地下工程和高层建筑的兴建,动摇了原来的地质基础,从根本上改变了地下水文地质条件,造成地面沉降,产生地裂缝;城市建设,劈山、填河、开渠、修路等,人类作用代替了自然地貌营力,自然地貌被夷平,消失,代之以房屋、道路、桥梁等人工地貌体。城市建设过程,人为作用强烈,破坏自然地貌体的平衡稳定,加速地面侵蚀、水土流失、崩塌、滑坡、泥石流等地貌灾害频发。

(3) 改变水文条件,影响地表水文循环过程,改变对地表物质的冲刷、剥蚀、运移,加速河湖淤积,加剧洪涝灾害等。

(4) 城市化改变了气候形成的下垫面因子,产生热岛、干岛、湿岛、雨岛、混浊岛效应,形成热岛环流,影响区域气候和气候变异,使各种洪涝、干旱、暴雨等气象灾害频发。

(5) 城市化自然环境被开发利用,生境改变,原生自然植被荡然无存,以人工培育的单优种群占优势,植物发展受到限制,物种减少,生物多样性消失。使自然环境的缓冲能力减弱,造成生态环境的脆弱性,影响生态系统的稳定性。

前述气候变暖、臭氧层耗损、酸雨、土地退化等全球环境问题,也与城市化、人口增加、工业发展密切相关。因此,城市化对自然地理环境的影响是明显的,它不但影响住区环境,而且破坏自然生境。以我国为例,20 世纪 50 年代以来,全国平均每年净减少耕地 48 万 hm²,1981～1985 年,平均每年净减少约 100 万 hm²,长江流域水土流失面积达 56 万 km²,沙漠化土地平均每年扩大 2400 余 km²,近 1/3 国土受到风沙的威胁,耕地萎缩。全国有 300 多个城市缺水,日缺水量达 1600 万 t 以上。受城市工业废水污染的农田达 700 万 hm²。全国河流总长的一半水质受到污染。

除上述对区域自然地理环境各要素的影响之外,城市本身由于人类活动强度过大,人口数量负担过重,资源承载负荷过高,人工生态环境抵御外界干扰的能力减弱,使其在实现可持续发展战略目标时,面临着极大的困境。事实上是,许多快速发展的城市,由于人口高度集中,工业及经济发达,社会活动频繁,其资源、能源消耗量巨大,对环境造成污染,致使城市生态系统失调,产生诸如城市大气污染严重,废污水排放量大,水体污染,水源短缺,设施不足,城市超负荷运转,交通拥塞,生活垃圾固体废弃物成灾,噪声污染扰民,居住环境恶化等一系列城市病,给城市居民生活和健康带来威胁,使城市变得越来越不适合人类居住。因此,为提高城市的可持续性,必须综合地协调人口、资源、环境与发展问题。创建适合人类居住的城市环境,如提出创建园林城市、创建环境保护模范城市、创建生态城市等。

三、人类与自然地理环境的协调发展

1. 人类与自然地理环境的对立统一

人类作为自然界的一个物种存在于地球,我们生存和依赖的物质基础实际上就是自然地理环境。人类与自然地理环境的关系,从对立的方面看,人类总是向自然地理环境索取资源,包括自然地理环境给人类提供的整体环境条件,如整体的温度范围、整体的湿度范围和地表存在的位置等,还包括土地资源、水资源、能源,以及人类赖以生产和生活的各种矿产资源。人类的主观要求与自然地理环境的客观属性之间、人类有目的的活动与自然地理过程之间,都不可避免地存在矛盾。从统一的方面来看,自然地理环境总是作为人类生存的特定环境而存在。人类与其周围的自然地理环境是相互作用、相互制约的。人类既是自然地理环境的产物,在一定意义上讲,也是它的塑造者。从全球范围来看,人类的生态足迹已经超越全球承载能力的20%,人类正在加速耗竭自然资源的存量。人类在自己生存和发展过程中,索取了自然的各种财富,但我们对自然的回馈水平和强度是否抵消了人类向自然的索取?这是可持续发展非常关注的关键问题。

人类与自然地理环境的对立统一关系,主要是通过人类的生产和消费活动。所以在人类社会生态系统工程中,人类与自然地理环境之间的物质流和能量流的运转是否处于平衡状态,就决定了上述对立统一关系的矛盾转化。要解决人类与自然地理环境对立的矛盾,促进两者的统一,就要研究人类应该以怎样的方式、方向和速率索取和归还自然界的物质和能量,才能既满足人类不断提高物质生活水平的需要,又能保护环境和建设高质量环境。若能达到这一发展目标,人类与自然地理环境的关系就是统一的。反之,则既不能或只能暂时满足人类发展的需要,同时又严重损害环境,降低环境质量,影响甚至危及子孙后代和人类生存,这就是人类与自然地理环境的对立。

人类与自然界已构成一个极其复杂的复合系统,现代人类活动已成为主动改变环境的强大动力,使社会发展与环境变化发生着激烈的冲突。要使人类与自然地理环境协调发展,就必须解决人类与自然地理环境的对立矛盾,促进人类与自然地理环境的统一,以求在人类社会发展的同时,建设一个更加美好的生存环境。

2. 促进人类与自然地理环境协调发展的途径

以科学发展观为指导的可持续发展思想,其核心是人与自然的和谐,发展与资源、环境相协调,即人口、资源、环境与发展(PRED)的协调。"发展"是人类对未来的寄托和希望。一些经济学家把发展概括为:收入持续增长、技术进步、生产结构变化、资本积累、国际经济关系的发展和扩大、需求结构的变化、制度结构的变革和人们价值观念的改变。发展的意义是社会经济水平得到提高,人民生活得到普遍改善,自然生态系统得到永续。因此,发展首先是经济增长,而经济发展必然引起人口转化和再分布,引起资源的更大规模开发利用,对环境进行干扰和改造。人与自然关系的协调是可持续发展的核心,无论是宏观的思想和对策,还是微观的技术和方法,都涉及人与自然地理环境关系的协调和优化调控的根本问题。实现人与自然地理环境关系协调发展的途径如下:

(1)控制人口数量,提高人口素质。人类自身的生产不仅受经济水平的制约,而且也受环境承载量的限制。只有一个地球,资源和空间都是有限的。因此,人口增长不仅要与经济发展水平相适应,也要与环境的承载量相适应,不能无节制地发展。要实行计划生育,控制人口增长,保持适度人口。人是生产力中最活跃的因素,人所能提供的生产力与其文化、科学、技术以及身体健康水平有关。因此,要提高人口素质,以适应社会经济各项事业发展对劳动人口的需求,是协调人与自然地理环境相互关系的前提。

(2)振兴经济发展,改进增长方式。经济发展是人类自身生存和进步所必需,也是保护和改善自然地理环境的物质保证。贫穷是环境恶化的一个重要根源,必须促进经济发展,提高环境资源的价值。发展经济,消除贫困,是当前的首要任务。同时经济发展不能脱离环境的承受能力,要实行保持生态系统良性循环的发展战略。例如实行对环境无害的能源政策,发展绿色化学取代造成严重环境污染的传统化学;鼓励采用无污染生产技术,实现"零排放";有效利用太阳能,解决人类的能源和有机化工原料的需求。在技术进步的带动下,将经济发展从外延扩大的粗放式生产转变到集约化经营的轨道,实现经济建设与环境保护的协调发展。

(3)改善自然地理环境质量,有效利用自然资源。自然地理环境一方面提供经济发展的资源条件,另一方面它又消纳人类社会经济活动的废弃物。保护环境是人类与自然地理环境协调发展的基本要求。环境问题的实质在于人类经济活动索取资源的速度超过了资源本身及其替代品的再生速度和向环境排放废弃物的数量超过了环境的自净能力。上述全球环境问题,是自然地理环境质量变化的问题,因此,人类必须深刻认识到:环境容量是有限的;自然资源的补给、再生和增殖是需要时间的,一旦超过了极限,要想恢复是困难的,有时甚至是不可逆的。环境与发展密不可分,保护环境为的是保证发展。环境保护的目的,就在于防止自然地理环境遭受过度的人为影响而被逼迫朝不良方向演化。人们为此设立各种自然保护区,挽救各种濒临灭绝的生物物种,整治各种酿祸为害的环境。例如,新中国成立以来,我国先后实施"三北"防护林、长江中上游防护林、沿海防护林等一系列林业生态建设;开展黄河、长江等七大流域水土流失综合整治;治理荒漠化;推广旱作节水农业技术;加强草原和生态农业建设,等等,都是改善自然地理环境的举措。

(4)大力开展自然地理环境建设。自然地理环境是多要素组成的有机综合体。从系统的角度来看,自然地理环境保护和改善不可能仅仅依靠各种个别的局部措施来实现,而必须要从整体观点出发,改良和防治人类面临的全球环境问题。当前最重要,也是最困难的事情在于如何对自然地理环境的功能结构进行合理的干预,以便调整其演化方向,提高其经济潜力与生态潜力,使人类发展与自然演化一致。近年来,人们检讨了在以往三次工业革命过程中,人类先是破坏环境,在经济发展之后再来保护环境的曲折经历,提出了"环境建设"的新概念,也有人称之为"生态建设"。所谓环境建设是指人类在与自然合作的基础上,既按照社会经济规律合理组织社会系统和经济系统,又遵循自然规律设计和营建人工与自然协调的人类生态系统;在生产发展的同时建设一个人类与自然界互利共生的、更有利于人类发展的自然环境。这种环境有以下三个基本特征:一是具有高效的经济潜力;二是保持高水平的生态稳定;三是具备美学价值的环境外貌。这无疑是人类追求的长远目标。

从现在起,我们就应改变以往那种对自然环境无目的、无计划改造的旧观念,代之以对自然环境的积极建设。我国现阶段正在进行的生态环境建设,生态村、生态县、生态镇、生态城等试点建设,实质上就属于环境建设工程。它是自然系统、社会系统和经济系统协调成为统一的整体。人类作为地球上唯一具有智慧的成员,面临着把自己的生存环境作为统一的整体而积极建设的艰巨任务。我们唯有在社会经济建设的同时,大力建设自然环境,才能真正实现人类与自然地理环境的协调发展。

复习思考题

1. 试述可持续发展的概念、意义及其实质。

2. 自然地理环境对人类社会可持续发展有哪些主要功能?

3. 试分析当前主要的全球环境问题。

4. 城市化对自然地理环境带来哪些影响? 应如何解决?

5. 如何促进人类与自然地理环境的协调发展?

6. 为何要开展自然地理环境建设? 如何建设?

主要参考文献

巴里 R G，齐利 R J. 1982. 大气天气和气候. 施敢等译. 北京:高等教育出版社

北京大学等. 1978. 地貌学. 北京:人民教育出版社

北京大学等. 1980. 植物地理学(第二部分). 北京:高等教育出版社

北京大学地质系. 1978. 地质力学教程. 北京:地质出版社

彼列尔曼 A H. 1958. 景观地球化学概论. 陈传康,王恩涌译. 北京:地质出版社

布里奇斯 E M. 1989. 土壤地理学原理. 朱鹤健等译. 北京:高等教育出版社

柴东浩,陈延愚. 2000. 新地球观. 太原:山西科技出版社

陈传康,伍光和,李昌文. 1993. 综合自然地理学. 北京:高等教育出版社

陈传康. 1990. 全息学与全息地学. 科学技术与辩证法. 6期

陈鹏等. 1986. 动物地理学. 北京:高等教育出版社

陈鹏等. 1993. 生物地理学. 长春:东北师范大学出版社

陈业裕. 1994. 应用地貌学. 上海:华东师范大学出版社

陈之荣. 1983. 地球的一生. 北京:科学出版社

程伟民,谢炳庚. 1990. 综合自然地理学. 长沙:湖南师范大学出版社

邓绶林等. 1985. 普通水文学. 北京:高等教育出版社

丁登山,汪安祥,黎勇奇等. 1987. 自然地理学基础. 北京:高等教育出版社

郭瑞涛. 1988. 地球概论. 北京:北京师范大学出版社

何中华. 1988. 全息论的方法论意义初探. 大自然探索. 2期

河北师大,开封师院,华南师院,北京师院. 1978. 普通自然地理. 北京:人民教育出版社

胡文耕等. 1978. 生命的起源. 北京:科学出版社

华东师大等. 1982. 动物生态学. 北京:人民教育出版社

怀特克 R H. 1977. 群落与生态系统. 姚壁君等译. 北京:科学出版社

黄秉维等. 1999. 现代自然地理. 北京:科学出版社

黄润本等. 1986. 气象学与气候学. 第2版. 北京:高等教育出版社

黄锡荃. 1993. 水文学. 北京:高等教育出版社

黄镇国等. 1999. 中国红土与自然地理变迁. 地理学报,54(3):101~105

金性春. 1984. 板块构造学基础. 上海:上海科学技术出版社

金祖孟,陈自悟. 1997. 地球概论. 第3版. 北京:高等教育出版社

景贵和. 1990. 综合自然地理学. 北京:高等教育出版社

李克煌. 1990. 气候资源学. 开封:河南大学出版社

李汝燊. 1984. 自然地理统计资料. 北京:商务印书馆

里昂节夫. 1955. 大陆坡分类图(转引自:同济大学海洋地质系. 1982. 海洋地质学. 北京:地质出版社)

梁必骐. 1995. 天气学教程. 北京:气象出版社

梁必骐等. 1990. 热带气象学. 广州:中山大学出版社

梁朝仪. 1992. 土地评价. 郑州:河南科学技术出版社

刘本培,赵锡文,金秋琦等. 1986. 地史学教程. 北京:地质出版社

刘东生等. 1985. 黄土与环境. 北京:科学出版社

刘洪杰,李文翎. 1998. 人类环境学. 北京:科学出版社

刘南威,郭有立. 1998. 综合自然地理. 北京:科学出版社

刘南威. 2001. 中国的北回归线标志. 广州:广东省地图出版社

刘南威等. 1999. 地理景观. 第2版. 香港:香港教育图书公司

刘卫东. 1994. 土地资源学. 上海:百家出版社

马克耶夫 Л С. 1958. 自然地带与景观. 陈传康译. 北京:科学出版社

南京大学,中山大学地理系. 1994. 普通水文学. 北京:人民教育出版社

南京大学地理系. 1961. 地貌学. 北京:人民教育出版社

牛文元. 1994. 持续发展导论. 北京:科学出版社

潘树荣,伍光和,阵传康等. 1985. 自然地理学. 第2版. 北京:高等教育出版社

彭清玲,方明亮,苏佩颜. 1993. 地球概论. 重庆:西南师范大学出版社

奇野正敏. 1989. 局地气候原理. 郭可展等译. 南宁:广西科学技术出版社

曲仲湘. 1984. 植物生态学. 北京:高等教育出版社

沈玉昌等. 1986. 河流地貌学概论. 北京:科学出版社

施成熙. 1959. 陆地水文学. 北京:科学出版社

斯蒂拉 D. 1983. 土壤学原理. 王云,杨萍如译. 北京:高等教育出版社

斯特拉勒 A N. 1981. 自然地理学原理. 田连恕,刘育民等译. 北京:人民教育出版社

宋春青,张振春. 1996. 地质学基础. 第3版. 北京:高等教育出版社

苏文才,朱积安. 1986. 基础地质学. 北京:高等教育出版社

苏正贤. 1987. 自然地理. 福州:福建科学技术出版社

孙广忠,吕梦麟. 1964. 地壳结构的轮廓和形成. 地质科学,4(4):331~340

托尔斯托夫 С М. 1960. 普通民族学概论. 周为铮等译. 北京:科学出版社

王伯荪. 1987. 植物群落学. 北京:高等教育出版社

王荷生. 1992. 植物区系地理. 北京:科学出版社

王鸿祯等. 1980. 地史学教程. 北京:地质出版社

王献溥等. 1994. 生物多样性的理论与实践. 北京:中国环境科学出版社

王鑫. 1988. 地形学. 台北:联经出版事业公司

王颖等. 1994. 海岸地貌学. 北京:高等教育出版社

翁笃鸣等. 1981. 小气候和农田小气候. 北京:农业出版社

沃尔特 H. 1984. 世界植被. 中国科学院植物研究所生态室译. 北京:科学出版社

吴积善等. 1993. 泥石流及其综合治理. 北京:科学出版社

吴积善等. 1997. 中国山地灾害防治工程. 成都:四川科学技术出版社

吴正. 1999. 地貌学导论. 广州:广东高等教育出版社

武吉华等. 1995. 植物地理学. 第2版. 北京:高等教育出版社

夏伟生. 1966. 人类生态学初探. 兰州:甘肃人民出版社

夏文臣，金友渔. 1989. 沉积盆地的成因地层分析. 武汉：中国地质大学出版社

徐宝荣，应振华. 1984. 地球概论教程. 北京：高等教育出版社

延军平. 1990. 灾害地理学. 西安：陕西师范大学出版社

严春友，王存臻. 1985. 宇宙全息论. 自然信息，2 期

严钦尚，曾昭璇等. 1985. 地貌学. 北京：高等教育出版社

杨景春. 1985. 地貌学教程. 北京：高等教育出版社

杨坤光，袁晏明. 2009. 地质学基础. 北京：北京地质大学出版社

杨士弘等. 1996. 城市生态环境学. 北京：科学出版社

叶笃正. 1991. 当代气候研究. 北京：气象出版社

叶锦昭，卢如秀. 1993. 世界水资源概论. 北京：科学出版社

袁道先等. 1994. 中国岩溶学. 北京：地质出版社

曾昭璇. 1985. 中国的地形. 广州：广东科技出版社

曾昭璇. 1999. 人类地理学概论. 北京：科学出版社

张宝政，陈琦. 1983. 地质学原理. 上海：上海科学技术出版社

张坤民. 1997. 可持续发展论. 北京：中国环境科学出版社

张声才. 1994. 水资源概论. 广州：华南理工大学出版社

浙江水产学院. 1983. 海洋学. 北京：农业出版社

中国 21 世纪议程——中国人口、环境与发展白皮书. 1994. 北京：中国环境科学出版社

中国科学院贵阳地球化学研究所《简明地球化学手册》编写组. 1997. 简明地球化学手册. 北京：科学出版社

周淑贞，束炯. 1994. 城市气候学. 北京：气象出版社

周淑贞. 1997. 气象学与气候学. 第 3 版. 北京：高等教育出版社

朱鹤健. 1986. 世界土壤地理. 北京：高等教育出版社

竺可桢. 1979. 竺可桢文集. 北京：科学出版社

卓正大等. 1991. 生态系统. 广州：广东高等教育出版社

左大康等. 1963. 中国地区太阳总辐射的分布特征. 气象学报，33(1)：78～95

Cox C B，Moore P D. 1980. 生物地理学. 赵铁桥等译. 北京：高等教育出版社

Daringron. 1957. 蟾蜍(Bufo)的发生中心及向各方向扩展的示意图(转引自：陈鹏等. 1993. 动物地理学. 长春：东北师范大学出版社)

David A R. 1997. 世界各大洋的面积及深度(转引自：李汝燊. 1984. 自然地理统计资料. 北京：商务印书馆)

Dietz，Holden. 1970. 按照现代活动论推断的二叠纪海陆分布图(转引自：苏正贤. 1987. 自然地理. 福州：福建科学技术出版社)

Dietz，Holden. 1970. 晚白垩世古大陆位置及新海洋的分布(转引自：苏正贤. 1987. 自然地理. 福州：福建科学技术出版社)

Dietz，Holden. 1970. 新生代大陆位置和海洋分布图(转引自：苏正贤. 1987. 自然地理. 福州：福建科学技术出版社)

Dietz，Holden. 1970. 早侏罗世古大陆位置及新海洋的形成(转引自：苏正贤. 1987. 自然地理. 福州：福建科学技术出版社)

Edward，Fredcrick. 1976. 汇聚型边界的三种形式(转引自：苏文才，朱积安. 1986. 基础地质学. 北京：高等教育出版社)

Forth H D. 1984. Foundamental of soil science. 7th Edition. New York：John Wiley & Sons.

Galloway W E. 1975. 三角洲的分类(转引自：同济大学海洋地质系. 1982. 海洋地质学. 北京：地质出版社)

Hayes. 1975. 不同潮差海岸的地貌(转引自：严钦尚，曾昭璇. 1985. 地貌学. 北京：高等教育出版社)

Hesse 等. 1951. 生活在不同地带的狐狸耳朵长短的对比(转引自：陈鹏等. 1993. 动物地理学. 长春：东北师范大学出版社)

Holzner W. 1983. Man's impact on vegetation. Dr W. Hague：Junk Publishers

Illies. 1971. 世界大陆动物区系比较向南差异增加(转引自：陈鹏等. 1993. 动物地理学. 长春：东北师范大学出版社)

McArther，Wison. 1967. 岛屿上物种数量平衡模型(转引自：陈鹏等. 1993. 动物地理学. 长春：东北师范大学出版社)

Odum. 1954. 猞猁与雪兔数量变动的相关关系(转引自：陈鹏等. 1993. 动物地理学. 长春：东北师范大学出版社)

Paul A C. 1973. Introduction to ecology. New York：John Wiley & Sons

Pitman W C. 1974. 世界大洋洋底年龄图(转引自：宋春青，张振春. 1996. 地质学基础. 第 2 版. 北京：高等教育出版社)